INTERNATIONAL ACADEMY OF ASTRONAUTICS

ENGINEERING SCIENCES BOOK AWARD

PRESENTED TO

Liu Jiyuan, Editor in Chief
& Fan Yida, Gu Xingfa, Li Ming, Tian Yulong, Wang Chengwen,
Wu Meirong, Xu Wen, Yang Ruliang, coeditors

FOR OUTSTANDING ACHIEVEMENT AS EVIDENCED BY THE PUBLICATION OF

"Spatial Information System for Natural Disaster"

CAPH, Beijing, China, 2013

AWARDED THIS DAY OF September 22nd 2013, BY THE INTERNATIONAL ACADEMY OF ASTRONAUTICS.

CHAIRMAN
ENGINEERING SCIENCES SECTION

PRESIDENT
INTERNATIONAL ACADEMY OF ASTRONAUTICS

本书荣获国际宇航科学院 2013 年度工程科学图书奖

自然灾害与空间信息体系

刘纪原 主编

中国宇航出版社
·北京·

图书在版编目(CIP)数据

自然灾害与空间信息体系/刘纪原主编. -- 北京:
中国宇航出版社, 2013.9(2014.8 重印)
ISBN 978-7-5159-0492-4

Ⅰ.①自… Ⅱ.①刘… Ⅲ.①空间信息系统—应用—自然灾害—灾害防治 Ⅳ.①X43-39

中国版本图书馆 CIP 数据核字(2013)第 223096 号

责任编辑 易新 王妍 封面设计 文道思

出版发行 中国宇航出版社
社址 北京市阜成路8号 邮编 100830
(010)68768548
网址 www.caphbook.com
经销 新华书店
发行部 (010)68371900 (010)88530478(传真)
(010)68768541 (010)68767294(传真)
零售店 读者服务部 北京宇航文苑
(010)68371105 (010)62529336
承印 北京画中画印刷有限公司

版次 2013年9月第1版
2014年8月第2次印刷
规格 787×1092
开本 1/16
印张 32.5
字数 817千字
书号 ISBN 978-7-5159-0492-4
定价 150.00元

《自然灾害与空间信息体系》
编审委员会

序　言

四川汶川特大地震、青海玉树大地震等一系列重大自然灾害既让人们感到十分的痛心，也引发了我们深深的思考，那就是迫切需要扭转被动应灾的局面，大力加强重大自然灾害的预警预报能力。现代科学理论、高科技手段特别是空间技术为我们预报地震等重大自然灾害提供了前所未有的条件，极大地增强了监测的范围、监测的要素、监测的清晰度、监测的频度以及监测的连续性，从而极大地突破了自古以来预报地震等重大自然灾害的种种条件限制。

积极推进建设"国家自然灾害空间信息基础设施"、提升我国自然灾害预警预报能力的方案的深化论证实施，更加充分、更加系统、更加协调、更加有效地发挥空间技术和其他先进技术在自然灾害预警预报及减灾中的强大威力，构建自然灾害监测—研究—预警预报—评估体系，显得尤为重要和紧迫。

党中央高度重视通过建设"国家自然灾害空间信息基础设施"、提升自然灾害预警预报能力的方案论证。该方案是一个民心工程方案，是一个执政为民的示范工程方案，是党中央以人为本的施政理念的生动体现。方案论证中要特别注意以下几点：

1）要做好顶层设计。需要把系统科学的理论引入自然灾害的监测、预警和评估中，特别是要加强对以航天技术为核心的遥感、地理信息系统、全球定位系统、网络通信等高新技术在自然灾害监测—研究—预警预报—评估以及减灾应用方面的统筹谋划、总体论证和数据信息融合，处理好国家已有的相关系统与资源的衔接。

2）要大力运用钱学森同志倡导的"综合集成研讨厅"的科学方法。提高对重大自然灾害的预警预报能力，关键是弄清重大自然灾害的成灾机理。这涉及多个学科，包括天体、地球、海洋和环境等学科，是一个复杂的科学研究体系。让各个领域的科学家、专业人士和热心人各抒己见、纵横阐释，提倡百花齐放、百家争鸣，鼓励相关的理论学说创新、相关的科技创新，在综合集成研讨中弄清现象与机理之间的关系。

3）要群策群力、群测群防。我国在重大自然灾害机理的研究和预测方面有着独特的优势，那就是社会主义制度下能够集中力量办大事，能够让各相关行业、相关领域的研究力量和预测预报力量紧密联系，充分协作，发挥专家与广大群众相结合的智慧和力量。老专家在学识、阅历和经验三方面兼而有之，其重要作用不可替代。有些社会力量既有参与自然灾害机理研究和预测的积极性，也拥有独特的知识点和丰富经验，他们的参与将给研究和预测工作注入新的活力。让各群体的潜能得以充分施展，协力提升研究和预测预报水平。

4）要加强对成功案例经验的挖掘和总结，并努力探寻自然灾害之间相互的关联性。有不少自然灾害预测预报的成功先例有待进一步从原理上分析、解释。而且有些自然灾害虽然表象不同，但实际上它们有着内在的关联性。进行多学科交叉研究，深入厘清现象与本质之间的内在联系，上升到理论高度，以便理论指导实践。

5）要充分运用现代高科技不断提升重大自然灾害预测预报的能力。要充分利用航天技术具有的全球性、高动态、连续性、全天候、多样化物理数据获取和实时传输定位等特点，融合空地网，充分发挥各自的优势，形成自然灾害立体监测体系，为重大自然灾害的连续监测、预测预警预报、灾情速报、应急救援提供不可或缺的科学准确的信息，提高重大自然灾害的预警预报能力。加强技术攻关，提高卫星的分辨率，大力提升监测要素与监测精度。要在整合现有空间信息资源的基础上，根据用户需求，发展“天、空、地”融为一体的立体数据获取系统，建成功能强大的国家自然灾害空间信息综合处理与服务应用系统，通过网格与云计算实现信息的综合集成与信息资源的共享及应用，辅助国家地震防灾减灾规划，以强震短临预报为突破口，带动我国防灾减灾能力的全面提升，彻底扭转目前被动应灾的局面。

6）要加强国际合作。重大自然灾害的发生往往不只影响一个国家，而是波及周边国家甚至很多个国家。建成国家自然灾害空间信息综合处理与服务应用系统，不仅可以大大提升中国对于重大自然灾害预测预报的能力，而且可以共建或利用这套系统开展实质性国际合作，共享资源及研究成果，服务于周边国家。这对我国、周边国家乃至世界的防灾减灾事业将产生重大而深远的历史性影响。

7）“国家自然灾害空间信息基础设施”是一项复杂的系统工程，其建设与实施必需高度集中、统一协调、科学高效的管理机制与国家法律法规的支撑。

我国正处于信息化和工业化融合、转变经济增长方式、走创新发展道路的关键时期。在党和国家的鼎力支持下，我们秉承唯物主义认识论的思想，按照科学发展观的要求，正确认识自然灾害问题，通过广泛获取空间信息，分析解释自然灾害现象和发生发展机理。坚持群众路线，在防灾减灾中发挥广大人民群众的积极性，将广大人民群众与专家的智慧和力量相结合，群策群力，群测群防。充分运用空间技术和其他先进技术，提升我国对抗自然灾害的能力，提升我国的科学技术水平，保障国家安全，促进经济社会发展，促进人、自然和社会的和谐。

刘纪原

2013 年 8 月

前　言

我国是世界上自然灾害最为严重的国家之一，灾害种类多，分布地域广，造成损失重。据近10年统计，我国发生的自然灾害平均每年造成经济损失3300亿元，仅汶川地震就造成了8400多亿元的损失，死亡失踪达8万多人。2008年6月23日，胡锦涛总书记在两院院士大会上明确提出："要加快遥感、地理信息系统、全球定位系统、网络通信技术的应用以及防灾减灾高技术成果转化和综合集成，建立国家综合减灾和风险管理信息共享平台，完善国家和地方灾情监测、预警、评估、应急救助指挥体系。"

为响应党中央的号召，航天等领域的专家提出构建"天、空、地"一体化的自然灾害空间信息基础设施的设想，该基础设施涉及地球科学、信息科学、空间科学和认知科学等众多领域，需要专家群的多学科交叉、多领域集聚，深入研究地球物理化学信息探测、空间平台和载荷、数据处理和定标、信息集成与共享、各灾害领域的应用以及综合灾害管理等技术。经过多领域专家长期的研究、交流、集同攻关，研究了从数据获取到信息提取，再到知识转化的系统方法，对空间信息解决自然灾害的灾前预报、临灾预警、灾中应急和灾后评估的技术方法和系统构建问题有了更进一步的认识，并形成了自然灾害空间信息基础设施的初步思路。现将这些成果汇集成书，供本领域科研人员参考。

全书共12章：第1章综合防灾减灾分析研究由民政部国家减灾中心等单位的范一大、王薇、刘三超、林月冠、申旭辉、王辉、陈子丹、辛景峰、温铭生、李增元、陈尔学、陈仲新、王利民、方翔、郑伟、屈晓辉、丁一、王桥、孙中平等编写，综述了防灾减灾现状，分析了防灾减灾需求，提出了空间技术应用目标，并建立了综合防灾减灾观测体系技术指标；第2章基于空间信息的防灾减灾体系由刘纪原、吴美蓉，中国空间技术研究院的李明、傅丹膺、周宇、李潭、侯小瑾，以及中国科学院遥感与数字地球研究所的顾行发、邵芸等编写，研究了天地一体化防灾减灾体系架构，讲述了数据获取、信息集成和应用等内容，并分析了天地一体化防灾减灾体系的综合效能；第3章面向自然灾害的遥感观测技术由中国科学院电子学研究所的杨汝良、李道京、郭智、潘洁、杨宏，中国空间技术研究院的李明、傅丹膺、周宇、李潭、侯小瑾，以及中国科学院遥感与数字地球研究所的邵芸、谢酬等编写，介绍了遥感观测系统组成与工作模式、遥感观测平台及载荷；第4章数据采集卫星星座与系统由中国国际安全战略学会安全战略研究中心等单位的陶家渠、余明晖、刘正全、王晓波、沈桥、王山虎、黄辉、皮本杰等编写，讨论了数据采集卫星星座与系统的设计理念以及运载火箭上面级、微纳卫星、数据采集终端、网关站和运管与数据处理站等各个组成部分；第5章卫星遥感数据处理技术由中国资源卫星应用中心的闵祥军、郝雪涛、孙业超等编写，综述了现状和趋势，阐述了高精度和高性能处理技术，以及新型载荷数据处理关键技术；第6章卫星载荷定标校检技术由中国资源卫星应用中心的傅俏燕、王爱春、韩启金、刘李、卢有春等编写，综述了载荷定标校检技术现状，并分别介绍了光学和合成孔径雷达的定标技术；第7章信息综合集成与共享技术由中国资源卫星应用中心的闵祥军、万伟、陈琦等编写，综述了发展现状，并指出关键问题，阐述了空间信息资源集成共享平台技术；第8章空间信息应用于防灾减灾的共性技术由中国科学院遥感与数字地球研究所的顾行发、刘亚岚、魏永明、杨健、胡新礼、孟庆岩、任玉环等编写，分析了面向各灾种应用的共性技术，重点介绍了多源数据配准融合技术、灾害信息快速提取技术、灾害信息提取案例分析；第9章灾害关联性科学研究由陶家渠，中国地质大学（武汉）的朱培民、李德威等，华中科技大学的陈忠等编写，介绍了灾害关联性的概念、内涵、研究意义、现状、研究方法及应用；第10章天文因素对地震灾害的影响由中国地质大学（武汉）的徐道一、朱培民等编写，介绍了太阳活动与地震的联系，研究了天体及其运动对地球的作用，探讨了天文因素与地震关系的特点和机制；第11章自然灾害现代群测群防体系由华中科技大学的余明晖、毛子骏等编写，讲述了群测群防的发展历程，并分别介绍了现代群测群防体系以及自然灾害综合集成研讨厅体系；第12章综合防灾减灾的科学管理由中国资源卫星应用中心的祝令亚、王山虎等编写，介绍了灾害背景，阐述了综合防灾减灾的内涵，并讨论了科学管理的方法。全书由中国资源卫星应用中心审阅统稿。

空间信息技术体系一直处在不断发展和完善中，本书作者尝试着对该体系进行梳理汇总。书中引用了国内外同行的研究成果，在此，对相关作者一并表示衷心的感谢。由于本书涉及的范围广、作者多，协调各章节之间关系的工作量大，书中不足之处在所难免，恳请读者不吝指正。

徐　文
2013年8月

目　录

第1章　综合防灾减灾分析研究

1.1　防灾减灾现状

近年来，伴随着全球社会经济的发展与工业化、城市化、全球化进程的加快，日益严峻的人口、资源、灾害和环境等问题成为了人类生存和发展不可回避的重要问题。在全球气候变化背景下，我国自然灾害风险加剧，灾害的形成机制、发生规律、时空特征、损失程度以及影响深度和广度出现了新的变化和新的特点，区域和全球尺度的灾害预报、监测、评估、预警、管理与决策能力亟待提升。

我国防灾减灾形势十分严峻。我国是世界上自然灾害最严重的国家之一。自然灾害种类多、分布范围广、发生频率高，并呈现出多灾并发、群发和集中爆发的特征，一些历史罕见的重特大自然灾害近年来频繁发生，灾害损失持续加重，严重影响了经济发展和民生改善。1990年至2009年20年间，我国因灾直接经济损失占国内生产总值的2.48%，平均每年约有五分之一的国内生产总值增长率因自然灾害损失而抵消。严重的自然灾害造成了社会财富损失、威胁着群众生命安全、破坏了正常的社会秩序，严重影响了经济发展、社会进步、民生改善和国家安全。严峻的灾害形势迫切需要加强灾害监测、预报、预警能力，促进地球空间信息科学支持的灾害监测、预报预警和应急救援体系建设，提高国家防灾减灾能力。在我国，最为严峻的几种灾害如下：

1）干旱、洪涝灾害以及台风、风雹、低温冷冻、雪、沙尘暴等气象灾害是我国的主要灾害类型。我国近些年来开展了基于气象卫星、环境减灾卫星、雷达、自动气象站等的热带气旋（台风）、风雹（致灾强对流天气）、洪涝、干旱、低温雨雪冰冻、沙尘暴等气象灾害监测业务，初步建立了国家级、省级气象灾害监测预警服务体系。

2）我国位于亚欧板块和太平洋板块之间，历史上就是地震多发国家，除浙江、贵州等极少数地区外，其他各省都曾发生过6级以上强烈地震。近年来，我国重特大地震灾害频繁发生，汶川特大地震、玉树地震、芦山地震都给社会经济发展和人民生命财产造成了巨大损失。中国地震局长期开展地震预报监测工作，国家减灾委、民政部负责灾情综合评估和灾害救助，为防震减灾工作提供了重要决策支撑。

3）我国地质构造复杂、地形地貌起伏变化大，具有极易发生滑坡、崩塌、泥石流等地质灾害的物质条件。特定的地质环境条件决定了地质灾害呈现长期高发态势，人为工程活动引发的地质灾害也呈不断上升趋势，地质灾害点多面广，严重威胁人民群众的生命财产和国家级重大工程与城镇安全，地质灾害防治任务十分繁重。发展空间信息技术在地质灾害防治中的应用，提高地质灾害综合调查评价、监测预警能力是国家综合防灾减灾的需要。

4）我国森林、草原和作物分布地域广、资源丰富，同时，也是森林草原火灾以及虫害、病害等生物灾害多发频发国家，对林业牧业资源和生态环境保护、粮食安全带来较大威胁。目前，林业、气象等部门已经初步建立了森林草原火灾监测预警业务系统。

5）风暴潮和赤潮是我国主要海洋灾害。风暴潮方面，我国的风暴潮预警预报工作始于20世纪70年代，已初步形成风暴潮灾害监测、预警预报网络。但由于缺乏海上及沿海基础观测资料，无法为沿海及海上防灾救灾提供定量的观测数据，对沿海大风、风暴潮等只能采取卫星监测资料反演、内陆地面资料外推等方法，制作一般的定性预报，时效短、准确率不高。赤潮方面，依托科研项目，开展了赤潮预警、预报技术的研究，重点开发赤潮短期数值预报和统计预报模型以及有毒赤潮诊断技术，目前的赤潮发生率预报精度为25%。

6）环境事件是由自然灾害和人类活动引起环境恶化所导致的。环境事件与自然灾害之间有着复杂的相互联系，重大自然灾害必然引发生态破坏和环境污染事件，甚至导致生态灾难的发生。干旱、洪涝、沙尘暴、地震、冰雪、森林火灾、泥石流等自然灾害导致土地荒漠化、水土流失、生态破坏、湿地减少、生物多样性减少、水体污染、核泄漏等次生环境问题。同时，因经济结构不合理和经济增长方式粗放，我国环境污染和生态破坏所导致的环境问题也极为严重。控制、预防和减轻环境事件，维护广大人民群众环境权益，确保经济和社会的健康、持续发展，是当前我国环境保护的重要任务，也是防灾减灾的重要内容。

1.2　防灾减灾需求分析

我国大陆地跨热带、亚热带、温带和寒带，西踞高原，东濒大洋，天气气候复杂，加之大陆区地势起伏多变以及地下放热放气、生物繁衍、人类活动等的影响，决定了我国是世界上灾害发生最频繁、灾害损失最大的少数国家之一。我国灾害的特点是种类多、频度大、强度高、损失重、影响面广。在严峻的抗灾救灾形势下，我国虽然已经建立了较为完善、广为覆盖的气象、海洋、环境、地震、水文、森林火灾和病虫害等地面监测和观测网以及气象卫星、海洋卫星、陆地卫星系列，形成了由国家、区域、省、地、县五级分工合理、有机结合、逐级指导的基本信息加工分析预测体系，但是仍然存在着信息保障不足问题。因此，建立国家自然灾害空间信息基础设施已迫在眉睫。

1.2.1　防灾减灾对空间信息技术的需求

1.2.1.1　综合的数据获取能力需求

灾害监测评估指标多样，成因复杂，不同探测目标的光谱响应能力差异很大，需要多类型传感器综合观测。在天基平台上，要满足灾害应急响应需求，对灾区观测的时效性要求很高，通过极轨光学星和雷达星进行星座组网观测，实现对优于12h的灾害详查观测能力，在全球范围内，利用静止轨道卫星机动灵活、凝视观测的特点，进行灾害动态监测和全球化服务，同时需要光学、红外、超光谱、SAR等多载荷结合，实现灾害风险普查和评估、灾害目标精细识别、实物量评估，结合静止轨道卫星，以实现分钟级的灾害应急观测。空基平台上，利用有人机、无人机、飞艇等空基平台分散部署、手段多样、机动转场、快速响应的特点，发展面向灾害应用的有效载荷、处理系统，来弥补天基平台重访周期相对较长、空间分辨率相对较低、获取手段相对单一的不足。

1.2.1.2 实时的数据接收传输和应急通信需求

在现有陆地、气象、海洋等系列卫星地面接收站网布局的基础上，重点补充增加我国中西部地区（如武汉、西安等）的数据接收能力，实现高中低轨卫星的全国范围无缝覆盖接收，以进一步优化接收站点的布局，满足灾害应急数据的实时接收和传输需求。

卫星通信以其覆盖面广、通信容量大，通信距离远、不受地理环境限制、质量优、经济效益高等优点，在我国减灾救灾工作中成为应急通信的支柱。卫星通信技术将在灾害应急阶段公众通信中断的情况下，为指挥决策、应急联动、物资调配、信息交换等灾害救助工作提供基本通信保障；为灾害信息上报、预警信息发布、减灾知识宣传、实用技术推广等综合减灾工作提供技术支撑；为灾害应急信息系统提供有效补充和延伸，与国家应急平台通信指挥系统实现互连互通和统一指挥调度。

1.2.1.3 高效数据处理分析需求

数据处理与减灾应用分析是遥感技术减灾应用业务的核心。为了满足常规模式、应急模式以及减灾特殊业务对遥感数据的需求，设计与建立高速的数据处理与减灾应用分析系统是实现对天基和空基获取的可见光、红外、超光谱、雷达传感器数据和其他国内外卫星数据资源的高效处理、减灾应用的基础。

1.2.1.4 “天、空、地、现场”一体化立体验证体系需求

产品生成与质量检验是减灾应用系统的重要组成部分，也是发挥卫星工程综合效益、保证产品质量的核心内容。针对环境与灾害监测预报小卫星星座数据特点和卫星减灾业务的实际需求，建设高效、实用和业务化运行的“天、空、地、现场”一体化的产品生成与质量立体验证体系，建设以实现减灾应用产品制作的自动化、规范化和工程化，为卫星、航空遥感数据及地面数据和产品的质量分析、控制与检验提供依据与技术支持，为用户提供切实可用的定量化数据和产品，保证信息产品服务质量。

针对减灾救灾业务需求，在全国范围内选址建设综合辐射校正场，有效补充现有辐射校正场的数量与功能不足，并选址建设若干个几何定标场，满足抗震救灾对高精度几何地理定位的要求。建设微波定标场和海洋定标与检验场，实现微波遥感器、海洋观测传感器的在轨高精度定标。建设移动式辐射定标平台，满足载荷的及时快捷辐射标定需求。建设减灾应用与评价综合试验场，满足灾害应急救援的效果验证、分析评估等需求。

1.2.1.5 “横向联合、纵向贯通”的减灾综合应用服务需求

在涉灾行业应用系统的应用服务体系基础上，为满足灾害应急业务需求，迫切需要在

后续建设中，加强各级相关部门防灾减灾信息互联互通、交换共享与协同服务，形成国家自然灾害信息交汇共享和业务有机协同平台，为国家相关部门和公众提供防灾减灾信息共享与服务。

1.2.2 灾害监测评估对空间信息技术的需求

在灾害监测评估方面，需要更多不同类型、不同分辨率的卫星组成星座，以缩短卫星重复观测的时间，真正实现大范围、全天候、全天时的自然灾害动态监测。

探测地质灾害重点防治区地质灾害隐患现状、形成的环境地质条件，查明地质灾害隐患灾害体在自然和人为因素作用下发生、发展规律，尤其是地质灾害隐患点发展趋势及对当地人民生命财产以及经济社会的危害程度，进行地质灾害易发程度区划和风险评估及地质灾害基础图件更新，为地质灾害防治提供全面、系统、准确的基础资料。

利用空间分辨率优于2.5m的遥感数据开展地质灾害调查与监测工作。具备1:25万至1:1万比例尺的地质灾害调查与遥感监测、基础图件更新的能力；具备日处理专题产品不低于100幅的能力；具备两三年完成一次全国崩塌滑坡泥石流等主要地质灾害及地质生态环境监测和一年一次全国地面沉降监测的能力。

在海洋监测方面，灾害监测所依赖的卫星传感器的波段设计、影像质量需要进一步的提高。当灾害发生时，需要有不同分辨率、不同覆盖范围、回访周期短、机动灵活的系列卫星，可较快获得监测海域卫星影像，并且能较快提供监测结果。

对于气象监测，例如风暴潮要素包括风场、海面高度、有效波高、受灾范围等，赤潮监测要素包括赤潮分布、赤潮优势种等。对于高分辨率影像监测精度优于90%，中低分辨率影像监测精度优于80%。其中，赤潮、绿潮和海冰灾害争取每天一次全海域监测。风暴潮、台风灾害往往具有突发性，对卫星的数量和机动灵活性要求高，争取在灾害发生几小时后能获得监测影像，兼顾照顾范围和精度，并快速得出监测分析结果。大尺度上的对气象灾害的发生、发展和演变的全方位的监测，需要气象卫星、海洋卫星、陆地资源卫星等多源卫星遥感在空间上无缝、要素上齐全、时间上连续的动态监测；提供全球、全天候、多光谱、多维、多要素、定量的卫星遥感探测数据，包括风、温、湿等大气基本状态的观测信息，包含云、降水和气溶胶等观测信息。中小尺度上的对气象灾害，灾害性天气过程的形成、发展机理和内部结构的监测，在气象卫星等监测的基础上，更需要高分卫星、航空遥感飞机、遥感无人机、遥感气球、飞艇的快速精准、灵活机动的监测。

多源遥感数据对农业自然灾害的反映具有宏观性、动态性、客观性强等特点，尤其是在灾害信息提取方面优势突出。农业自然灾害发生、跟踪中需要知道自然灾害的分布范围、灾害强度等信息，由于不同农业自然灾害间差异大，监测尺度具有全国、省级、县级到田块等不同尺度，空间分辨率从1m到1000m不等，需要的时间分辨率也不同，从一天到几天不等。

水灾害监测工作是减灾的重要环节。通过实时的监测，掌握第一手的灾情，是对水灾害及其危害充分认识的必需手段。传统的评估一般由当地统计部门统计上报，效率不高。

遥感技术在水灾害信息获取中得到越来越多的应用，逐渐代替了传统的以人工为主的信息采集手段，使得灾情评估分析实现从定性的评价量化到具体的损失的转变，通过遥感和GIS实现监测范围与区域社会经济数据的结合，实现灾情信息的快速评估。

1.2.3　灾害预测、预报、预警对空间信息技术的需求

统筹地质灾害动态监测预警应用，建设专业监测预警系统，实现预警信息的实时获取，建立地质灾害预警发布和信息反馈通信网，地质灾害防御指挥机构等多部门联合的地质灾害监测预警平台，实现实时信息共享，为国家有关部门进行地质灾害防治和应急响应提供客观及时的基础信息和决策支撑需要。达到常时32Mbit/s的卫星带宽，实现监测数据、预警信息实时传输。

开展各灾害要素遥感监测，为海洋灾害预测、预警、预报提供初始场。加强与灾害相关的水文、气象等环境因子的遥感监测，为预测预报提供技术支持，提高预测预报的准确性和精度。

对于气象灾害的监测、预警，气象灾害造成的危害以及天基、空基气象灾害监测方法的验证、改进，同样需要气象、水文、地质、海洋、生物和土壤等行业部门设立的自动及人工站点（地基）监测信息，以及民政等部门的地面灾情实况调查数据、测绘部门的基础地理信息和相关部门的社会经济数据的支持。

与农业灾害监测和跟踪的需要相比，农业自然灾害预测、预报、预警需要的空间数据技术指标可以适当降低。预测范围主要是全国尺度、省级尺度以及县级尺度，需要的空间分辨率从10m到10000m不等，需要的时间分辨率也不同，从5d到10d不等。

水灾害方面，降低洪涝灾害风险要求在洪涝灾害发生前就做好预报预警工作，由此通过科学合理可信的方法和模型，在水文、气象、地理等数据的支撑下，做好水文预报及洪涝灾害程度预警是降低洪涝风险的必要条件。近年来，频繁发生严重干旱造成了巨大的经济损失，因此迫切需要旱灾发生之前、旱情发生过程之中有效地提高预报预警水平和能力，从而有效地运用抗旱手段，尽可能地减少因旱损失。目前，国内外相关部门在干旱预警业务能力上都有待提高，尤其是在空间技术的应用方面还需要不断提升。

1.2.4　灾害应急救援对空间信息技术的需求

地震应急救援的基础是对灾区受灾程度、分布范围的快速、实时、动态和准确的把握，其对空间信息技术的需求包括地震灾区灾情信息的获取、定位、传输，因而涵盖了卫星遥感、卫星通信和卫星导航，同时也包括各种机载信息获取平台。

地震灾情信息内容十分丰富，震后迫切需要了解的灾情信息包括灾区受灾程度和范围，灾区建筑物破坏，交通、电力、通信等各种生命线破坏，地震造成的人员伤亡，地震导致的地表破裂、地面变形、滑坡、泥石流、地面震陷、海啸、堰塞湖等地震地质，地震引发的放射性泄露、毒气泄露、火灾和水灾等次生灾害，地震对农田、生态和环境的破坏等。震后地震应急救援指挥调度、灾民安置和恢复重建情况等，也是指挥抗震救灾的重要

信息。灾后首要的任务是救人，最重要的要求是时效，地震巨灾的灾区范围巨大，仅靠单一手段（机载、星载）、单一传感器（光学、雷达等）和单个遥感设备均难以满足实际灾害监测的需求，只有构建系列多种多套（多星和机载平台）信息获取系统才能从根本上保证信息的准确实时获取，并借助高效的数据传输系统，才能实现灾情信息的快速整体把握和准确及时的应急指挥决策，实现真正意义上的减灾实效。

保障崩塌、滑坡、泥石流等地质灾害事件发生后极短时间内有数据、有分析、有应急处置建议，提高应急信息快速响应能力需要空间信息技术支撑。应急处置时保障语音、数据、视频等业务的传输，快速完成地质灾害应急调查和评估，以及支撑地质灾害应急响应保障体系，也同样需要空间信息技术。

汛期时，2～3个月内完成全国情况的快速调查，迅速形成专题信息。空间分辨率最大可达0.05m的光学、雷达数据，光谱分辨率为0.1μm，时间分辨率为1～30d，应急响应时间在2h以内，GPS定位精度为0.01m。

在灾害发生较短时间内，监测受灾地区全面、详实的信息，并结合灾前数据库信息，制定科学合理的救援措施，对降低生命、财产的损失尤为重要。

灾害发生时，提供实时的能覆盖全部灾区的分辨率高的卫星资料，监测灾后灾区地物分布实际情况。同时迅速检索灾区周边地区人力、物力分布储备状况等因素，制定科学合理的人员疏散、人员安置、资源调配等救灾措施。

农业灾害应急救援需要的空间数据及时性要求比较高，洪涝灾害监测需要每天一次数据覆盖量，而干旱、风雹、病虫害应急救援可以用3～5d的数据。

水旱灾害应急救援，需要以雷达技术为代表的遥感手段发挥全天候的工作能力；针对干旱灾害受灾面积大、持续时间长的特点，包括遥感在内的空间技术大有用武之地；对于突发水污染来说，空间技术可以发挥动态、快速监测的优势。

1.2.5 灾后重建对空间信息技术的需求

利用航空和卫星快速获取震区的高分辨率光学遥感数据，通过快速识别技术，掌握灾区建筑物破坏的整体情况，为有效地指导救灾工作的部署提供技术支持。大震发生后往往伴随着大雨天气，利用高分辨率雷达卫星的穿透能力可及时反映出房屋、道路、交通和通信设施的破坏情况，可靠地获取地震灾情，有效地提升救援指挥的准确性和反应速度，为地震应急救援与指挥工作提供第一手的灾区信息资料。红外遥感能够在夜间成像，对于夜间发生的地震，通过分析红外数据可获得第一手灾情资料，为组织地震紧急救援争取宝贵时间。

原址重建时对工程规模评估、次生地质灾害危险性的快速评估，异地重建时的场址比选、地质灾害危险性、建设适宜性、环境承载力等的快速评估等都离不开空间信息技术。

储备灾前地质地貌调查成果，开展灾后地质地貌调查工作。为灾后家园重建等各个环节提供技术支持。

农业灾后重建对空间数据需要实效性相对稍弱，与各种灾害重建和农业生产特点相关。在关键生育期，一些受灾是可以通过后期条件弥补损失的，有些作物如果过了物候期会减产很大。数据尺度覆盖全国、省级以及县级尺度，需要的数据分辨率从10m到1000m不等，灾后重建需要的分辨率甚至更高，需要的时间频率也不同，从5d到10d不等。

1.2.6　灾情信息传送、保障对空间信息技术的需求

卫星通信已经成为我国地震信息传输的重要应急手段。灾害发生后，针对急需应急通信与通信设施瘫痪的矛盾，需要建立“天、空、地”立体的灾害监测系统，以及将卫星通信系统与地面通信系统（地面移动通信系统）进行紧密有机的集成，使其具备具有一定并发用户能力和数据流量的灾害应急卫星通信系统。

保障地质灾害与环境支撑部门间日常工作联系，实现重点地下水国家级监测点数据、重大地质灾害监测点监测数据实时传输。满足多地连发大型地质灾害远程会商、省级终端信息共享，保障重大地质灾害事件中特大数据包传输等需要充分开发利用空间信息技术。应急时可提供96Mbit/s的卫星带宽，保障重大地质灾害事件中临时带宽的需求。

建设完备的地面、空间多套通信设施，保证灾害发生时通信的安全畅通。受灾害影响，地面通信设置往往处于瘫痪状态，为保证通信畅通，必须建设灾害发生时不受干扰的卫星通信设施，保证灾情信息的及时传达。

气象灾害预警信息的及时发布、灾情信息的及时传送和保障，需要灾害空间信息共享应用网络系统，地面站网、移动与卫星通信地面网络与无线网络传感器网络构成的地网基础设施的支持，对重大气象灾害的重点监测区域，需要可以持续监测、应急保障和现场数据获取能力的空基（飞机、无人机等）和车载（气象应急保障车辆等）移动数据获取系统的支持。

农业灾情信息传送，在空间背景数据库支持下，防灾减灾信息要及时从灾害发生地区传送到管理部门进行汇总分析，而防灾、抗灾、预报预测信息需要传送到农户个人、农业生产企业、生产管理者以及各级农业管理部门手中，需要传输网络的支持。

1.3　空间技术应用目标

1.3.1　总体目标

面向国家防灾减灾重大应用需求，充分利用空间先进技术，围绕灾前、灾中和灾后灾害管理不同阶段开展灾害监测、预警、评估和应急响应工作，突破以自主卫星、航空平台数据源为主导的空间信息技术监测、预警、评估以及灾害应急响应等空间信息应用集成关键技术，形成“天、空、地”一体化灾害监测手段相结合的技术与方法体系；针对在不同行业应用的基础上，紧密围绕行业防灾减灾的应用需求，推进重大行业应用和协同共享，实现将空间技术纳入灾害监测、预警与评估业务体系中，提升国家灾害管理科学决策水平和应急响应能力。

1.3.2 工程目标

按照“填平补齐”的原则，基于各行业应用基础，针对不同行业应用目标，构建综合减灾、气象灾害、防震减灾、地质灾害、水灾害、海洋灾害、农业灾害、林业灾害、环境事件、次生卫生灾害等应用系统，制定多灾害综合监测、预警和评估业务技术流程和标准规范。具备利用多源数据开展灾害监测、预报预警和灾情评估的能力，为灾害预测预警、连续监测、应急响应以及灾情评估提供及时准确、持续稳定的决策支持产品。

1.3.3 科学目标

探索多种灾害的承载体、孕灾环境和致灾因子之间的关系及相互作用机理，充分利用空间先进技术，重点围绕灾前、灾中和灾后灾害管理不同阶段开展灾害监测、预警和评估，突破以自主卫星、航空平台数据源为主导的空间信息技术监测、预警、评估以及灾害应急响应关键技术，包括“天、空、地”多源数据多灾害数据同化、灾害异常信息综合分析与提取、灾害过程与灾害链建模、灾害监测、灾害预警与评估技术、灾害应急决策等，为自然灾害持续监测、早期预警、科学预报和快速应急提供强有力的科学依据。

1.3.4 应用目标

针对台风、洪涝、地震、干旱、风暴潮、沙尘暴、地质、风雹、赤潮（溢油藻华）、森林草原火灾、植物森林病虫灾害、低温雨雪冰冻和环境事件等灾害开展全天候、全天时的灾害监测、预报预警和灾情评估业务，建设空间信息资源共享、产品共享和业务协同，形成及时准确、持续稳定的决策支持产品，有效提升各行业空间信息应用能力，进而提升自然灾害管理科学决策水平与灾害应急响应能力。同时，通过对全球范围内自然灾害的监测预警以及应急响应等能力建设，形成全球自然灾害信息服务能力。

1.4 综合防灾减灾观测体系技术指标

由于灾害监测指标多样，成因复杂，要实现对灾害前兆的发现识别和特征目标的监测，需要多种观测平台和多类型传感器综合观测。观测手段包括：

1）光学谱段：可见光、近红外、短波红外、中波红外到热红外；光谱分辨率包括纳米级的超光谱、十纳米级的多光谱信息和全色；

2）微波频段：多种波段的SAR成像数据；

3）其他手段：地表形变观测、高精度电磁场及重力场测量。

根据不同灾害类型的观测要素的遥感特征和主要应用特点，从光谱范围、光谱分辨率、空间分辨率、时间分辨率、辐射分辨率、定位精度等主要指标进行观测指标分析。根据灾种及灾情的不同阶段，归纳出近190项指标，详见表1.1至表1.10。

表1.1　孕灾环境、承灾体监测评估需求

阶段	工作体系	灾害异常特征	覆盖区域	需要的遥感信息参数	遥感信息参数指标要求						灾害类型	载荷类型
					空间分辨率/m	光学、微波等	时间分辨率	定标精度	幅宽/km	定位精度/m		
灾前	风险预警	孕灾环境监测	全国，灾害多发区、频发区	灾害背景信息	10～30	可见光近红外、热红外、高光谱	小时级	相对3% 绝对5%	≥400	5	自然灾害	成像
		脆弱性分析	全国，灾害多发区、频发区	灾害风险信息	10～30	可见光近红外、热红外、高光谱	小时级	相对3% 绝对5%	≥400	5	自然灾害	成像
		风险评估	全国，灾害多发区、频发区	灾害风险信息	5～20	可见光近红外、热红外、高光谱、微波	小时级	相对3% 绝对5%	≥400	5	自然灾害	成像
灾中	应急监测与评估	灾害范围监测	灾区	不同灾种灾害范围	1～5	可见光近红外、中红外、热红外、微波	小时级	相对3% 绝对5%	≥100	3	自然灾害	成像
		异常信息提取	灾区	灾害变化信息	1～5	可见光近红外、中红外、热红外、微波	0.5h	相对3% 绝对5%	≥100	3	自然灾害	成像
		灾害范围快速评估	灾区		1～5	可见光近红外、中红外、热红外、微波	0.5h	相对3% 绝对5%	≥100	3	自然灾害	成像

续表

阶段	工作体系	灾害异常特征	覆盖区域	需要的遥感信息参数	遥感信息参数指标要求						灾害类型	载荷类型
					空间分辨率/m	光学、微波等	时间分辨率	定标精度	幅宽/km	定位精度/m		
灾中	应急救援	帐篷	灾区	目标探测	0.2～1	可见光近红外、微波	0.5h	相对3% 绝对5%	≥100	3	自然灾害	成像
		安置点	灾区	目标探测	1～4	可见光近红外、高光谱、微波	0.5h	相对3% 绝对5%	≥100	3	自然灾害	成像
	灾情评估	房屋	灾区	目标探测	0.2～0.5	可见光近红外、高光谱、微波	0.5h	相对3% 绝对5%	≥100	3	地震	成像
		基础设施	灾区	目标探测	0.5～2	可见光近红外、高光谱、微波	0.5h	相对3% 绝对5%	≥100	3	地震	成像
		土地资源	灾区	目标探测	2～10	可见光近红外、高光谱、微波		相对3% 绝对5%	≥100	3	自然灾害	成像
灾后	恢复重建	生态环境	灾区		10～30	可见光近红外、高光谱、微波	1d	相对3% 绝对5%	≥100	3	自然灾害	成像
		房屋重建	灾区	目标探测	0.2～0.5	可见光近红外、微波	1d	相对3% 绝对5%	≥100	3	地震	成像

表1.2　气象灾害监测需求

阶段	工作体系	灾害异常特征	覆盖区域	需要的遥感信息参数（地球物理参数）	遥感信息参数指标要求						灾害类型	载荷类型
					空间分辨率/m	光学、微波等	时间分辨率	观测精度要求	应急响应时效	定位精度		
灾前	连续监测	台风	东南沿海，包括广东、福建、浙江等省市	中心位置	10～100	可见光，红外	极轨：大于4次/日				台风	
				强度（中心最大风速和最低气压）	10～100	可见光，红外	极轨：大于4次/日				台风	
				眼区结构	10～100	可见光，红外	极轨：大于4次/日				台风	
				温度廓线	百米级	微波： (183.11±1)GHz (183.11±3)GHz (183.11±7)GHz 150GHz 干涉式大气垂直探测仪	极轨：至少4次/日 静止：分钟级	<1K	获得数据1h内提取信息	1个像元	台风	成像
				湿度廓线	百米级	微波： 50.3GHz (53.596±0.115)GHz 53.94GHz 57.29GHz 干涉式大气垂直探测仪	极轨：至少4次/日 静止：分钟级	90%	获得数据1h内提取信息	1个像元	台风	成像

续表

阶段	工作体系	灾害异常特征	覆盖区域	需要的遥感信息参数（地球物理参数）	遥感信息参数指标要求						灾害类型	载荷类型
					空间分辨率/m	光学、微波等	时间分辨率	观测精度要求	应急响应时效	定位精度		
灾前	连续监测	台风	东南沿海，包括广东、福建、浙江等省市	雨量	百米级	水汽、红外云图 微波： 89GHz 150GHz 星载降雨雷达：13. 8GHz	极轨：至少4次/日 静止：分钟级	<1K	获得数据1h内提取信息	1个像元	风暴潮	成像
灾前	连续监测	台风	东南沿海，包括广东、福建、浙江等省市	风场	百米级	水汽、红外云图（云导风） 星载散射计C波段（洋面风）	极轨：至少4次/日 静止：分钟级	90%	获得数据1h内提取信息	1个像元	风暴潮	成像
灾前	连续监测	台风	东南沿海，包括广东、福建、浙江等省市	闪电分布		闪电仪					台风	
灾前	连续监测	台风	东南沿海，包括广东、福建、浙江等省市	海温	十米级	红外、微波	极轨：至少4次/日 静止：分钟级	<1K	获得数据1h内提取信息	1个像元	台风	成像
灾前	连续监测	台风	东南沿海，包括广东、福建、浙江等省市	云参数	百米级	微波成像仪 微波湿度计 星载雷达	极轨：至少4次/日 静止：分钟级	80%	获得数据1h内提取信息	1个像元	台风	成像
灾前	连续监测	冰冻灾害	华北，华中	地表温度	十米级	中红外：3. 55～3. 95μm 热红外：10. 3～11. 3μm 11. 5～12. 5μm	极轨：至少2次/日 静止：分钟级	<1K	获得数据1h内提取信息	1个像元	低温冰冻灾害	成像
灾前	连续监测	冰冻灾害	华北，华中	降水估计	百米级	热红外：10. 3～11. 3μm 星载降雨雷达：13. 8GHz	极轨：至少2次/日 静止：分钟级	90%	获得数据1h内提取信息		洪涝	成像

续表

阶段	工作体系	灾害异常特征	覆盖区域	需要的遥感信息参数（地球物理参数）	遥感信息参数指标要求						灾害类型	载荷类型
					空间分辨率/m	光学、微波等	时间分辨率	观测精度要求	应急响应时效	定位精度		
灾前	连续监测	冰冻灾害	华北，华中	温度廓线	百米级	微波： (183.11±1)GHz (183.11±3)GHz (183.11±7)GHz 150GHz 干涉式大气垂直探测仪	极轨：至少2次/日 静止：分钟级	<1K	获得数据1h内提取信息		低温冰冻灾害	成像
				湿度廓线	百米级	微波： 50.3 GHz (53.596±0.115)GHz 53.94GHz 57.29GHz 干涉式大气垂直探测仪		90%	获得数据1h内生成产品		低温冰冻灾害	成像
		沙尘	内蒙古，新疆	强度指数	十米级至百米级	中红外：3.55～3.95μm 热红外：10.3～11.3μm	极轨：至少2次/日 静止：分钟级	90%	获得数据1h内生成产品	1个像元	沙尘暴	成像
				光学厚度	十米级至百米级	可见光：0.55～0.68μm 近红外：0.725～1.25μm 红外高广谱大气探测仪 干涉式大气垂直探测仪 星载雷达	极轨：至少2次/日 静止：分钟级	90%	获得数据1h内生成产品	1个像元	沙尘暴	成像
				粒子大小	十米级至百米级	红外，星载雷达	极轨：至少2次/日 静止：分钟级	90%	获得数据1h内生成产品	1个像元	沙尘暴	成像
				风场	十米级至百米级	水汽，红外云图	极轨：至少2次/日 静止：分钟级	90%	获得数据1h内生成产品	1个像元	沙尘暴	成像

续表

阶段	工作体系	灾害异常特征	覆盖区域	需要的遥感信息参数（地球物理参数）	遥感信息参数指标要求						灾害类型	载荷类型
					空间分辨率/m	光学、微波等	时间分辨率	观测精度要求	应急响应时效	定位精度		
灾前	连续监测	森林草原火灾	东北林区，内蒙古东部	火点强度		中红外：3.55～3.95μm 热红外：10.3～11.3μm 热红外：11.5～12.5μm	极轨：至少2次/日 静止：分钟级	90%	获得数据1h内生成产品	1个像元	森林草原火灾	成像
				地表温度	十米级至百米级	中红外：3.55～3.95μm 热红外：10.3～11.3μm 热红外：11.5～12.5μm	极轨：至少2次/日 静止：分钟级	1K	获得数据1h内生成产品	1个像元	森林草原火灾	成像
				降水估计	百米级	热红外：10.3～11.3μm 星载降雨雷达：13.8GHz	极轨：至少2次/日 静止：分钟级	90%	获得数据1h内生成产品	1个像元	森林草原火灾	成像
		洪涝灾害	淮河流域、江西等地	土壤湿度	十米级（高分资料）至百米级	可见光：0.55～0.68μm 近红外：0.725～1.25μm 微波：10.7GHz，6.9GHz 高分雷达资料	极轨：至少2次/日 静止：分钟级	90%	获得数据1h内生成产品	1个像元	洪涝	成像
				降水估计	百米级	热红外：10.3～11.3μm 微波	极轨：至少2次/日 静止：分钟级	90%	获得数据1h内生成产品	1个像元	洪涝	成像

续表

阶段	工作体系	灾害异常特征	覆盖区域	需要的遥感信息参数（地球物理参数）	遥感信息参数指标要求						灾害类型	载荷类型
					空间分辨率/m	光学、微波等	时间分辨率	观测精度要求	应急响应时效	定位精度		
灾前	连续监测	雪灾	新疆、内蒙古等地	雪深		近红外:0.725~1.25μm 短红外:1.58~1.65μm 热红外:10.3~11.3μm 微波:37GHz,19GHz	极轨:至少2次/日 静止:分钟级	2cm	获得数据1h内生成产品	1个像元	低温雨雪冰冻	成像
				雪水当量	百米	微波:37GHz,19GHz	极轨:至少2次/日 静止:分钟级	2mm	获得数据1h内生成产品	1个像元	低温雨雪冰冻	成像
				降水估计	百米级	热红外:10.3~11.3μm 星载降雨雷达:13.8GHz		90%	获得数据1h内生成产品	1个像元	低温雨雪冰冻	成像
		干旱	黄淮等地	土壤湿度	十米级	可见光:0.55~0.68μm 近红外:0.725~1.25μm 微波:10.7GHz,6.9GHz	极轨:至少2次/日 静止:小于次/15min	90%	获得数据1h内提取信息	1个像元	低温雨雪冰冻	成像
				植被指数	十米级	可见光:0.55~0.68μm 近红外:0.725~1.25μm	极轨:至少2次/日 静止:小于次/15min	95%		1个像元	干旱	成像
				相对蒸散	十米级		极轨:至少2次/日 静止:小于次/15min	90%		1个像元	干旱	成像

续表

阶段	工作体系	灾害异常特征	覆盖区域	需要的遥感信息参数（地球物理参数）	遥感信息参数指标要求						灾害类型	载荷类型
					空间分辨率/m	光学、微波等	时间分辨率	观测精度要求	应急响应时效	定位精度		
灾前	连续监测	干旱	黄淮等地	地表温度	10～100	中红外:3.55～3.95μm 热红外:10.3～11.3μm 热红外:11.5～12.5μm	极轨:至少2次/日 静止:小于次/15min	1K		1个像元	干旱	成像
				降水估计	百米级	热红外:10.3～11.3μm 星载降雨雷达	极轨:至少2次/日 静止:小于次/15min	90%		1个像元	干旱	成像
	预测预警	冰冻灾害	华北,华中	地表温度历时	10～100	可见光:0.55～0.68μm 近红外:0.725～1.25μm 短红外:1.58～1.65μm 中红外:3.55～3.95μm 热红外:10.3～11.3μm 11.5～12.5μm	极轨:大于2次/日	90%	获得数据1h内提取信息	1个像元	低温冰冻灾害	成像
		沙尘	内蒙古,新疆	沙尘光学厚度	千米级	可见光:0.55～0.68μm 近红外:0.725～1.25μm 红外高广谱大气探测仪 干涉式大气垂直探测仪	极轨:大于2次/日	90%	获得数据1h内提取信息	1个像元	沙尘暴	成像

续表

阶段	工作体系	灾害异常特征	覆盖区域	需要的遥感信息参数（地球物理参数）	遥感信息参数指标要求						灾害类型	载荷类型
					空间分辨率/m	光学、微波等	时间分辨率	观测精度要求	应急响应时效	定位精度		
灾前	预测预警	森林草原火灾	东北林区，内蒙古东部	地表温度、地表蒸散历时	百米级	可见光:0.55～0.68μm 近红外:0.725～1.25μm 短红外:1.58～1.65μm 中红外:3.55～3.95μm 热红外:10.3～11.3μm	极轨:大于2次/日	90%	获得数据1h内提取信息	1个像元	森林草原火灾	成像
		洪涝灾害	淮河流域、江西等地	水体面积	米级至十米级	可见光:0.55～0.68μm 近红外:0.725～1.25μm 短红外:1.58～1.65μm 热红外:10.3～11.3μm SAR	极轨:大于2次/日	90%	获得数据1h内提取信息	1个像元	洪涝	成像
		雪灾	新疆、内蒙古等地	积雪面积、深度和历时	十米级至百米级	可见光:0.55～0.68μm 近红外:0.725～1.25μm 短红外:1.58～1.65μm 热红外:10.3～11.3μm 微波:37GHz,19GHz	极轨:大于2次/日	90%	获得数据1h内提取信息	1个像元	低温冰冻灾害	成像

续表

阶段	工作体系	灾害异常特征	覆盖区域	需要的遥感信息参数（地球物理参数）	遥感信息参数指标要求						灾害类型	载荷类型
					空间分辨率/m	光学、微波等	时间分辨率	观测精度要求	应急响应时效	定位精度		
灾前	预测预警	干旱	黄淮等地	土壤湿度、地表蒸散、地表温度、植被指数历时	十米级至百米级	可见光:0.55～0.68μm 近红外:0.725～1.25μm 短红外:1.58～1.65μm 热红外:10.3～11.3μm 热红外:11.5～12.5μm	极轨:大于2次/日	90%	获得数据2h内提取信息	1个像元	干旱	成像
灾中	灾情评估	冰冻灾害	华北，华中	冻害程度	10～100	可见光:0.55～0.68μm 近红外:0.725～1.25μm 短红外:1.58～1.65μm 中红外:3.55～3.95μm 热红外:10.3～11.3μm 11.5～12.5μm	极轨:大于2次/日	90%	获得数据1h内提取信息	1个像元	低温冰冻灾害	成像

续表

阶段	工作体系	灾害异常特征	覆盖区域	需要的遥感信息参数（地球物理参数）	遥感信息参数指标要求						灾害类型	载荷类型
					空间分辨率/m	光学、微波等	时间分辨率	观测精度要求	应急响应时效	定位精度		
灾中	灾情评估	沙尘	内蒙古，新疆	沙尘面积	10～100	可见光:0.55～0.68μm 近红外:0.725～1.25μm 红外高广谱大气探测仪 干涉式大气垂直探测仪	极轨:大于2次/日	90%	获得数据1h内提取信息	1个像元	沙尘暴	成像
		森林草原火灾	东北林区，内蒙古东部	过火区面积	米级至十米级	可见光:0.55～0.68μm 近红外:0.725～1.25μm 短红外:1.58～1.65μm 中红外:3.55～3.95μm 热红外:10.3～11.3μm	极轨:大于2次/日	90%	获得数据1h内提取信息	1个像元	森林草原火灾	成像
		洪涝灾害	淮河流域、江西等地	淹没面积和受灾程度	米级至十米级	可见光:0.55～0.68μm 近红外:0.725～1.25μm 短红外:1.58～1.65μm 热红外:10.3～11.3μm	极轨:大于2次/日	90%	获得数据1h内提取信息	1个像元	洪涝	成像

续表

阶段	工作体系	灾害异常特征	覆盖区域	需要的遥感信息参数（地球物理参数）	遥感信息参数指标要求						灾害类型	载荷类型
					空间分辨率/m	光学、微波等	时间分辨率	观测精度要求	应急响应时效	定位精度		
灾中	灾情评估	雪灾	新疆、内蒙古等地	雪灾面积和受灾程度	十米级至千米级	可见光:0.55～0.68μm 近红外:0.725～1.25μm 短红外:1.58～1.65μm 热红外:10.3～11.3μm 微波:37GHz,19GHz	极轨:大于2次/日	90%	获得数据1h内提取信息	1个像元	低温冰冻灾害	成像
		干旱	黄淮等地	干旱面积和程度	十米级至千米级	可见光:0.55～0.68μm 近红外:0.725～1.25μm 短红外:1.58～1.65μm 热红外:10.3～11.3μm 热红外:11.5～12.5μm	极轨:大于2次/日	90%	获得数据2h内提取信息	1个像元	干旱	成像
	连续监测	风雹	全国	温度廓线	百米级	微波: (183.11±1)GHz (183.11±3)GHz (183.11±7)GHz 150GHz 干涉式大气垂直探测仪	极轨:至少2次/日 静止:分钟级		获得数据1h内提取信息	1个像元	风雹	成像

续表

阶段	工作体系	灾害异常特征	覆盖区域	需要的遥感信息参数（地球物理参数）	遥感信息参数指标要求						灾害类型	载荷类型
					空间分辨率/m	光学、微波等	时间分辨率	观测精度要求	应急响应时效	定位精度		
灾中	连续监测	风雹	全国	湿度廓线	百米级	微波： 50.3GHz (53.596 ±0.115)GHz 53.94GHz 57.29GHz 干涉式大气垂直探测仪	极轨:至少2次/日 静止:分钟级	90%	获得数据1h内提取信息	1个像元	风雹	成像
				雨量	百米级	水汽、红外 微波:89GHz 150GHz 星载降雨雷达:13.8GHz	极轨:至少2次/日 静止:分钟级	70%	获得数据1h内提取信息	1个像元	风雹	成像
				云参数	百米级至千米级	微波成像仪 微波湿度计 星载雷达	极轨:至少2次/日 静止:分钟级	80%	获得数据1h内提取信息	1个像元	风雹	成像

表 1.3　海洋灾害监测需求

阶段	工作体系	覆盖区域	监测要素	空间分辨率	光学微波	时间分辨率	定位精度/m	灾害类型
灾前	连续监测 预测预报	全国近海	气旋、大气锋面	500m	光学(可见光、近红外)	15min 重访	100	台风
			海面高度 波浪	20m	微波	6h 重访	50	风暴潮
			风场	25km	微波	6h 重访	50	台风
灾中	应急监测 预测 应急救援	气旋海域 及周边	气旋、大气锋面	500m	光学(可见光、近红外)	15min 重访	100	台风
			海面高度 波浪	10m	微波	2h 重访	50	风暴潮
			风场	25km	微波	2h 重访	50	台风
灾前	连续监测 预测预报	全国近海	海温、叶绿素 悬浮物、浊度	100m	光学(可见光、近红外)	12h 重访	100	赤潮
			风场	25km	微波	6h 重访	50	台风
灾中	应急监测	赤潮发生地 及其附近海域	海温、叶绿素、悬浮物浓度、浊度	50m	光学(可见光、近红外)	6h 重访	50	赤潮
	漂移预测		风场	25km	微波	2h 重访	50	台风

表1.4　地震灾害监测需求

阶段	工作体系	灾害异常特征	需要提供遥感信息参数	遥感信息参数指标要求：空间分辨率	光谱分辨率	时间分辨率	观测精度要求	应急响应时间/h	GPS定位精度/m	灾害类型	遥感数据类型：成像	非成像
灾前	连续监测-科学预测	灾害背景信息	区域地形、地质背景	10～20m		180d重访			20	地震	高分辨率光学遥感、干涉雷达	
		地壳形变信息	地壳形变及其分布范围	10m		90d重访	具备重轨干涉测量能力，形变测量1mm		20	地震	差分干涉雷达、激光雷达	
			微重力变化	250km		90d重访	1μGal		20	地震		重力梯度仪
		红外遥感信息	亮度温度(TBB)变化	50m	8～15μm	8h覆盖	0.5K			地震	热红外遥感	
			长波辐射通量(OLR)变化	1km	0.3～100μm	8h覆盖	0.1W/m^2			地震	热红外遥感	微波辐射计
		电磁	电磁场、等离子体	300km		2d重访	1μV/m 0.1nT		20	地震		电磁
		气体	气体地球化学成分变化	100～500m	1nm	4d重访	Rn,10Bq/m^3； Hg,1ng/m^3， CO_2\\CH_4,0.1%； He/H_2,50×10^{-6}			地震	高光谱遥感	
	早期预警	红外	亮度温度(TBB)变化	50m	8～15μm	8h	1K	4		地震	热红外遥感	
			长波辐射通量(OLR)变化	1km	0.3～100μm	8h	0.1W/m^2	4		地震	热红外遥感	微波辐射计
		电磁	电磁场电磁波等离子体高能粒子变化	200km		2d	1μV/m 0.1nT	4	20	地震		电磁

续表

阶段	工作体系	灾害异常特征	需要提供遥感信息参数	遥感信息参数指标要求						灾害类型	遥感数据类型	
				空间分辨率	光谱分辨率	时间分辨率	观测精度要求	应急响应时间/h	GPS定位精度/m		成像	非成像
灾前	早期预警	地壳形变信息	地壳形变及其分布范围	10~20m		15d	具备重轨干涉测量能力，形变测量1mm	4	20	地震	干涉雷达遥感、激光雷达遥感	
		气体	气体地球化学成分变化	100~500m	1nm	2d	Rn,10Bq/m^3；Hg,1ng/m^3，CO_2/CH_4,0.1%；He/H_2,50×10^{-6}	4		地震	高光谱遥感	
		声重力波	0.0001~20Hz	200km			750mV/Pa			地震		
		灾害背景信息	预警区域地形、地质详细背景	1~2m					5	地震	高分辨率光学遥感、立体成像	
	准实时预测	电磁辐射异常	电磁场、等离子体	200km		2d	1μV/m 0.1nT	2		地震		电磁
		红外辐射异常	亮度温度(TBB)变化	50m	8~15μm	8h重访	1K	2		地震	热红外遥感	
			长波辐射通量(OLR)变化	1km	0.3~100μm	8h重访	0.1W/m^2	2		地震	热红外遥感	微波辐射计
		声重力波	0.0001~20Hz	200km			750mV/Pa			地震		
灾后	应急保障	应急决策	区域损失情况；道路交通状况	5~10m		4~6h		2~3		地震	可见光/近红外/雷达	
		现场救援辅助决策	灾害现场破坏与建构筑物类型确定	1~2m		4~6h		12		地震	可见光/近红外/雷达	
		灾情评估	灾害损失实物量	1~2m		15d				地震		
		灾后重建	重建工作跟踪	1~2m		30d				地震		

表1.5　水灾害监测需求

阶段	工作体系	灾害异常特征	覆盖区域	需要的遥感信息参数	遥感信息参数指标要求						灾害类型	载荷类型
					空间分辨率/m	光学、微波等	时间分辨率	观测精度等指标要求	应急时间/h	定位精度		
灾前	连续监测	干旱灾害背景信息	全国	光学卫星影像、反射率	优于10	光学(B/R/NIR三通道)	45d		24	1:25万三级产品	干旱	成像
		抗旱水源配置工程监测	地级以上城市应急地表水源地	光学卫星影像、反射率	优于1全色/4多光谱	光学	1a		24	1:2.5万三级产品	干旱	成像
		水源监测信息	地级以上城市常规地表水源地	光学、雷达卫星影像、反射率	优于10	光学(可见光、近红外)/微波	10d		24(每天能响应)	1:10万三级产品	干旱	成像
	预测预警	土壤墒情监测	全国耕地面积(特别是易旱区域,农作物主产区)	地表反射率、地表温度、植被指数	可见光10,热红外50,SAR 10	光学(B/R/NIR三通道)、热红外(10.3~11.3、11.5~12.5μm)	5d	热红外等效噪声温度差优于0.1K	24	1:15万三级产品	干旱	成像
灾中	灾情速报	地表水源信息监测	旱区地表水面	光学、雷达卫星影像、反射率、后项散射系数	优于1全色/4多光谱	光学/微波	3d		6	1:5万三级产品	干旱	成像
		土壤墒情监测	灾区	地表反射率、地表温度、植被指数	可见光10,热红外50,SAR 10	光学(B/R/NIR三通道)、热红外(10.3~11.3、11.5~12.5μm)	2d	热红外等效噪声温度差优于0.1K	6	1:15万三级产品	干旱	成像
		反映作物生长状况间接指标	灾区	光学卫星影像、植被指数等	优于30	光学	1d		2	1:25万三级产品	干旱	成像

续表

阶段	工作体系	灾害异常特征	覆盖区域	需要的遥感信息参数	遥感信息参数指标要求						灾害类型	载荷类型
					空间分辨率/m	光学、微波等	时间分辨率	观测精度等指标要求	应急时间/h	定位精度		
灾前	连续监测	承灾体本底监测	全国	光学卫星影像	优于2全色/8多光谱	光学(可见光、近红外)	180d		48	1:5万三级产品	洪涝	成像
		汛前工程安全检查(“十三五”期间进行)	大型水库,重点中型水库,31个重点防洪城市	光学卫星影像	1m全色/4m多光谱	光学(可见光、近红外)	汛前30日内全覆盖1次		24	1:1万三级产品	洪涝	成像
		江河湖库水面	全国	光学、雷达卫星影像	10~20m	光学(可见光、近红外)/微波	10		24	1:10万三级产品	洪涝	成像
灾中	灾情速报	水体范围遥感监测	灾区	光学、雷达卫星影像	1~10	光学(可见光、近红外)/微波	6h		1	1:5万三级产品	洪涝	成像
		水利工程损毁情况	光学、雷达卫星影像	光学、雷达卫星影像	光学优于1米全色/4m多光谱,SAR优于5m	光学(可见光、近红外)/微波	8h		1	1:1万三级产品	洪涝	成像
灾后	恢复重建	承灾体灾后状况监测	灾区	光学卫星影像	优于1全色/4多光谱	光学(可见光、近红外)	30d全覆盖		48	1:1万三级产品	洪涝	成像
事前	连续监测	事件本底监测	全国	光学卫星影像	优于2全色/8多光谱	光学(可见光、近红外)	180d		48	1:5万三级产品	自然灾害	成像

续表

阶段	工作体系	灾害异常特征	覆盖区域	需要的遥感信息参数	遥感信息参数指标要求						灾害类型	载荷类型
					空间分辨率/m	光学、微波等	时间分辨率	观测精度等指标要求	应急时间/h	定位精度		
事中	灾情速报	污染团监测、堰塞湖、溃坝决堤、冰塞冰坝、山洪泥石流	事件发生地	高光谱影像、光学卫星影像	高光谱影像优于15，光学优于1全色/4多光谱	光学(可见光、近红外)	3~6h	光谱范围400~1000 nm，谱宽5nm	1	1:1万三级产品	自然灾害	成像
		遇险工程及阻塞河道监测	事件发生地	雷达、光学卫星影像，反射率，后向散射系数	光学优于1全色/4多光谱，SAR优于5	光学(可见光、近红外)、微波	3~6h		1	1:1万三级产品	自然灾害	成像
事后	恢复重建	遇险工程及阻塞河道恢复状况监测	灾区	光学卫星影像	优于1全色/4多光谱	光学(可见光、近红外)	30d覆盖		48	1:1万三级产品	自然灾害	成像
		污染水体恢复状况监测	事件发生地	高光谱影像	高光谱影像优于15	光学(可见光、近红外)	1d覆盖	光谱范围400~1000 nm，谱宽5nm	12	1:15万三级产品	自然灾害	成像

表 1.6　地质灾害监测需求

阶段	工作体系	灾害异常特征	覆盖区域	需要的遥感信息参数	遥感信息参数指标要求					灾害类型	载荷类型
					空间分辨率/m	光学、微波等	时间分辨率	观测精度	定位精度		
灾前	连续监测	地质环境变化	全覆盖	区域地表形态特征	2.5	光学（可见光、近红外）	5d 重访	0.8（同 SPOT 5 辐射精度要求）	0.25	地质	成像
		降水量、强度、时长	全覆盖	降雨量大小及时间	1000	微波	0.5h	0.9（准确度）	100	洪涝	非成像
	预测预警	地表变形	变形位置	地形变及分布	0.01～0.05	微波	0.1h	1（准确度）	0.01	地质	非成像
灾中	灾情速报	房屋倒塌、农田损毁等	灾区	房屋倒塌、农田损毁等分布范围	1	光学（可见光、近红外）、微波	0.5h	1（准确度）	0.1	地质	成像
	应急救援	通信、交通、电力及地表变形信息	灾区	通信、交通、电力及地表变形特征	0.5	光学（可见光、近红外）、微波	0.5h	1（准确度）	0.1	地质	成像
	灾情评估	灾前、灾后地表信息	灾区	灾前、灾后地表信息	1	光学（可见光、近红外）、微波	1h	1（准确度）	0.1	地质	成像
灾后	恢复重建	灾前、灾后地表信息	灾区	灾前、灾后地表信息	1	光学（可见光、近红外）、微波	5d	0.9（准确度）	0.1	地质	成像

表1.7　农业灾害监测需求

阶段	工作体系	灾害异常特征	覆盖区域	遥感信息参数指标要求					灾害类型	载荷类型
				空间分辨率/m	可见光、微波等	时间分辨率	观测精度等指标要求（定标/SNR）	定位精度		
灾前	连续监测	地表反射率	全国	10	可见光（含多光谱）/短/中红外	1d覆盖	绝对定标精度5%	1个像元	干旱	成像
		冠层温度	全国	40	热红外	1d覆盖	热红外优于0.5K	1个像元	干旱	成像
		作物LAI	全国	10	可见光（含多光谱）/短/中红外	1d覆盖	热红外优于0.5K	1个像元	干旱	成像
		作物NPP	全国	10可见/40短/中/热红外	可见光（含多光谱）/短/中/热红外	1d覆盖	热红外优于0.5K	1个像元	干旱	成像
		作物叶绿素	全国	10/可见/40短/中红外	可见光（含多光谱）/短/中红外	1d覆盖	热红外优于0.5K		干旱	
		土壤水分	全国	40热红外/10微波	热红外/微波	1d覆盖	微波绝对定标精度优于0.5dB	1个像元	干旱	成像
		作物蒸散	全国	10/可见/40短/中/热红外	可见光（含多光谱）/短/中/热红外	1d覆盖	微波绝对定标精度优于0.5dB	1个像元	干旱	成像
		农业干旱灾害监测	全国	10可见光（含多光谱）/40热红外/1微波	可见光（含多光谱）/热红外/微波	1d覆盖	微波绝对定标精度优于0.5dB	1个像元	干旱	成像

续表

阶段	工作体系	灾害异常特征	覆盖区域	遥感信息参数指标要求					灾害类型	载荷类型
				空间分辨率/m	可见光、微波等	时间分辨率	观测精度等指标要求（定标/SNR）	定位精度		
灾前	连续监测	农业洪涝灾害监测	全国	10 可见光（含多光谱）/40 短/中/热红外/1 微波	可见光（含多光谱）/短/中/热红外/微波	1d 覆盖	微波绝对定标精度优于 0.5dB	1 个像元	洪涝	成像
		农业病虫害监测	全国	10 可见光（含多光谱）/20 短中红外	可见光（含多光谱）/短/中红外	1d 覆盖	微波绝对定标精度优于 0.5dB	1 个像元	植物病虫害	成像
		农业低温冷冻灾害监测	全国	10 可见光（含多光谱）/20 短红外/40 热红外	可见光（含多光谱）/短/热红外	1d 覆盖	微波绝对定标精度优于 0.5dB	1 个像元	低温雨雪冰冻	成像
灾中	灾情速报	地表反射率	灾区	10 可见光（含多光谱）/20 短/中红外	可见光（含多光谱）/短/中红外	1d 覆盖	绝对定标精度 5%	1 个像元	干旱	成像
		冠层温度	灾区	40	热红外	1d 覆盖	热红外优于 0.5K	1 个像元	干旱	成像
		作物 LAI	灾区	10	可见光(含多光谱)	1d 覆盖	热红外优于 0.5K	1 个像元	干旱	成像
		作物 NPP	灾区	10 可见光（含多光谱）/20 短/中红外/40 热红外	可见光（含多光谱）/短/中/热红外	1d 覆盖	热红外优于 0.5K	1 个像元	干旱	成像

续表

阶段	工作体系	灾害异常特征	覆盖区域	遥感信息参数指标要求					灾害类型	载荷类型
				空间分辨率/m	可见光、微波等	时间分辨率	观测精度等指标要求（定标/SNR）	定位精度		
灾中	灾情速报	作物叶绿素	灾区	10可见光（含多光谱）/20短/中红外	可见光（含多光谱）/短/中红外	1d覆盖	热红外优于0.5K		干旱	
		土壤水分	灾区	40热红外/1微波	热红外/微波	1d覆盖	微波绝对定标精度优于0.5dB	1个像元	干旱	成像
		作物蒸散	灾区	10可见光（含多光谱）/20短/中/40热红外	可见光（含多光谱）/短/中/热红外	1d覆盖	微波绝对定标精度优于0.5dB	1个像元	干旱	成像
		农业干旱灾害监测	灾区	10可见光（含多光谱）/40热红外/1微波	可见光（含多光谱）/热红外/微波	1d覆盖	微波绝对定标精度优于0.5dB	1个像元	干旱	成像
		农业洪涝灾害监测	灾区	10可见光（含多光谱）/20短/中/40热红外/1微波	可见光（含多光谱）/短/中/热红外/微波	1d覆盖	微波绝对定标精度优于0.5dB	1个像元	洪涝	成像
		农业病虫害监测	灾区	10可见光（含多光谱）/20短/中红外	可见光（含多光谱）/短/中红外	1d覆盖	微波绝对定标精度优于0.5dB	1个像元	植物病虫害	成像

续表

阶段	工作体系	灾害异常特征	覆盖区域	遥感信息参数指标要求					灾害类型	载荷类型
				空间分辨率/m	可见光、微波等	时间分辨率	观测精度等指标要求（定标/SNR）	定位精度		
灾中	灾情速报	农业低温冷冻灾害监测	灾区	10 可见光（含多光谱）/20 短/中/40 热红外	可见光（含多光谱）/短/热红外	1d 覆盖	微波绝对定标精度优于 0.5dB	1 个像元	低温雨雪冰冻	成像
	灾情评估	地表反射率	灾区	10 可见光（含多光谱）/20 短/中红外	可见光（含多光谱）/短/中红外	1d 覆盖	绝对定标精度 5%	1 个像元	干旱	成像
		冠层温度	灾区	40	热红外	1d 覆盖	热红外优于 0.5K	1 个像元	干旱	成像
		作物 LAI	灾区	10	可见光(含多光谱)	1d 覆盖	热红外优于 0.5K	1 个像元	干旱	成像
		作物 NPP	灾区	10 可见光（含多光谱）/20 短/中/40 热红外	可见光（含多光谱）/短/中/热红外	1d 覆盖	热红外优于 0.5K	1 个像元	干旱	成像
		作物叶绿素	灾区	10 可见光（含多光谱）/20 短/中红外	可见光（含多光谱）/短/中红外	1d 覆盖	热红外优于 0.5K		干旱	
		土壤水分	灾区	40 热红外/1 微波	热红外/微波	1d 覆盖	微波绝对定标精度优于 0.5dB	1 个像元	干旱	成像

续表

阶段	工作体系	灾害异常特征	覆盖区域	遥感信息参数指标要求					灾害类型	载荷类型
				空间分辨率/m	可见光、微波等	时间分辨率	观测精度等指标要求（定标/SNR）	定位精度		
灾中	灾情评估	作物蒸散	灾区	10 可见光（含多光谱）/20 短/中/40 热红外	可见光（含多光谱）/短/中/热红外	1d 覆盖	微波绝对定标精度优于 0.5dB	1 个像元	干旱	成像
		农业干旱灾害监测	灾区	10 可见光（含多光谱）/40 热红外/1 微波	可见光（含多光谱）/热红外/微波	1d 覆盖	微波绝对定标精度优于 0.5dB	1 个像元	干旱	成像
		农业洪涝灾害监测	灾区	10 可见光（含多光谱）/20 短/中/40 热红外/1 微波	可见光（含多光谱）/短/中/热红外/微波	1d 覆盖	微波绝对定标精度优于 0.5dB	1 个像元	洪涝	成像
		农业病虫害监测	灾区	10 可见光（含多光谱）/20 短/中红外	可见光（含多光谱）/短/中红外	1d 覆盖	微波绝对定标精度优于 0.5dB	1 个像元	植物病虫害	成像
		农业低温冷冻灾害监测	灾区	10 可见光（含多光谱）/20 短/中/40 热红外	可见光（含多光谱）/短/热红外	1d 覆盖	微波绝对定标精度优于 0.5dB	1 个像元	低温雨雪冰冻	成像

表 1.8　林业灾害监测需求

阶段	工作体系	灾害异常特征	覆盖区域	需要的遥感信息参数（地球物理要素）	遥感信息参数指标要求					灾害类型	载荷类型
					空间分辨率/m	光学、微波等	时间分辨率	观测精度	定位精度/m		
灾前	连续监测	大气信息	甘肃、内蒙古、新疆、青海	沙尘信息	250～1000	光学（可见光、近红外）	1d 重访	绝对辐射定标精度优于 5%	250～1000	沙尘暴	成像
		植被覆盖信息	甘肃、内蒙古、新疆、青海	NDVI	250～1000	光学（可见光、近红外）	1d 重访	绝对辐射定标精度优于 5%	250～1000	植物病虫害	成像
		土壤信息	甘肃、内蒙古、新疆、青海	土壤水分	250～1000	光学（可见光、近红外）	1d 重访	绝对辐射定标精度优于 5%	250～1000	地质	成像
		土地利用信息	甘肃、内蒙古、新疆、青海	土地利用	10	光学（可见光、近红外）	1d 重访	绝对辐射定标精度优于 5%	10	地质	成像
	预测预警	沙尘信息	甘肃、内蒙古、新疆、青海	沙尘暴发生区	250～1000	光学（可见光、近红外）	12h 重访	绝对辐射定标精度优于 5%	250～1000	沙尘暴	成像
			甘肃、内蒙古、新疆、青海	沙尘暴强度	250～1000	光学（可见光、近红外）	12h 重访	绝对辐射定标精度优于 5%	250～1000	沙尘暴	成像
灾中	灾情速报	沙尘信息	甘肃、内蒙古、新疆、青海	沙尘暴发生区	250～1000	光学（可见光、近红外）	1h 重访	绝对辐射定标精度优于 5%	250～1000	沙尘暴	成像
			甘肃、内蒙古、新疆、青海	沙尘暴光学厚度及含沙量	250～1000	光学（可见光、近红外）	1h 重访	绝对辐射定标精度优于 5%	250～1000	沙尘暴	成像

续表

阶段	工作体系	灾害异常特征	覆盖区域	需要的遥感信息参数（地球物理要素）	遥感信息参数指标要求					灾害类型	载荷类型
					空间分辨率/m	光学、微波等	时间分辨率	观测精度	定位精度/m		
灾中	灾情速报	沙尘信息	甘肃、内蒙古、新疆、青海	沙尘暴强度	250～1000	光学（可见光、近红外）	1h重访	绝对辐射定标精度优于5%	250～1000	沙尘暴	成像
		土地利用信息	甘肃、内蒙古、新疆、青海	公路和铁路等交通设施破坏状况	10	光学（可见光、近红外）	1h重访	绝对辐射定标精度优于5%	10	沙尘暴	成像
	应急救援	土地利用信息	甘肃、内蒙古、新疆、青海	公路和铁路等交通设施破坏状况	10	光学（可见光、近红外）	1h重访	绝对辐射定标精度优于5%	10	沙尘暴	成像
	灾情评估	植被信息	甘肃、内蒙古、新疆、青海	NDVI	10	光学（可见光、近红外）	12h重访	绝对辐射定标精度优于5%	10	植物病虫害	成像
		土地利用信息	甘肃、内蒙古、新疆、青海	农田和果园沙埋、公路和铁路等交通设施破坏状况	10	光学（可见光、近红外）	12h重访	绝对辐射定标精度优于5%	10	沙尘暴	成像
灾后	恢复重建	土地利用信息	甘肃、内蒙古、新疆、青海	土地利用	10	光学（可见光、近红外）	1d重访	绝对辐射定标精度优于5%	10	沙尘暴	成像

表 1.9 环境事件监测需求

灾害异常特征	覆盖区域	需要的遥感信息参数（地球物理要素）	遥感信息参数指标要求						灾害类型	载荷类型
			空间分辨率/m	光学、微波等	时间分辨率/d	观测精度	应急响应时间/h	定位精度/m		
沙尘灾害	全球	反射率	<500	可见、红外	0.5	绝对辐射定标精度优于5%	0.5	800	沙尘暴	成像
森林草原火灾	全球	亮温	<300	可见、红外	0.5	绝对辐射定标精度优于5%	0.5	800	森林草原火灾	成像
城市灰霾	全国	霾光学厚度	<300	可见、红外	0.5	绝对辐射定标精度优于5%	0.5	800	环境事件	成像
酸雨灾害	全球	SO_2、NO_2柱浓度	<500	紫外	0.5	绝对辐射定标精度优于6%	0.5	800	环境事件	非成像
城市光化学烟雾	全国	氮氧化物、碳氢化合物浓度	<500	紫外	0.5	绝对辐射定标精度优于6%	0.5	800	环境事件	非成像
二氧化碳、甲烷、一氧化碳、臭氧等温室气体	全球	O_3、CH_4、CO、CO_2柱浓度	<500	紫外	0.5	绝对辐射定标精度优于6%	0.5	800	环境事件	非成像
有毒气体泄漏	事故地区	AOD、SO_2、NO_2等	<500	紫外	0.5	绝对辐射定标精度优于6%	0.5	800	环境事件	非成像
水体的理化特征发生变异	主要水系	污水类型和分布	10～30	高光谱	1	绝对辐射定标精度优于30%	10	1	环境事件	
藻类的大量繁殖，布满水面	主要水系	叶绿素 a、水华分布面积	1～30	光学多光谱传感器、高光谱	1～3	绝对辐射定标精度优于20%	24	5	环境事件	

续表

灾害异常特征	覆盖区域	需要的遥感信息参数(地球物理要素)	遥感信息参数指标要求						灾害类型	载荷类型
			空间分辨率/m	光学、微波等	时间分辨率/d	观测精度	应急响应时间/h	定位精度/m		
藻类的大量繁殖导致海水颜色异常	全国近海	叶绿素a、水温赤潮分布	1~30	光学、高光谱	1~3	绝对辐射定标精度优于20%	24	10	环境事件	
溢油流向海面，形成油膜	全国近海	溢油分布与厚度	5~30	微波、高光谱	1~3	绝对辐射定标精度优于20%	24	10	环境事件	
浒苔大量繁殖分布水面	全国近海	叶绿素a、浒苔分布、水温	1~30	光学多光谱、红外、高光谱	1~3	绝对辐射定标精度优于20%	24	10	环境事件	
荒漠化	北方	地表反照率	<1000	光学、热红外、微波	0.5	绝对辐射定标精度优于5%	2	<50	干旱	成像
干旱	全国	ET,地表含水量	<500	光学、热红外、微波、高光谱	1	绝对辐射定标精度优于5%	2	<50	干旱	成像
外来物种入侵	全国	光谱曲线	<5	光学、高光谱	1	绝对辐射定标精度优于5%	2	<1	环境事件	成像
冻融灾害	全国	地表反照率	<100	光学、热红外、高光谱	0.5	绝对辐射定标精度优于5%	24	<10	低温雨雪冰冻	成像
水土流失	全国	地表反照率,地表粗糙度	<500	光学、热红外、微波	0.5	绝对辐射定标精度优于5%	24	<50	干旱	成像
地震灾害	全国	植被指数,地表粗糙度	<10	光学、微波	0.5	绝对辐射定标精度优于5%	2	<1	地震	成像

续表

灾害异常特征	覆盖区域	需要的遥感信息参数(地球物理要素)	遥感信息参数指标要求						灾害类型	载荷类型
			空间分辨率/m	光学、微波等	时间分辨率/d	观测精度	应急响应时间/h	定位精度/m		
滑坡泥石流	全国	植被指数,地表粗糙度,地表形变	<10	光学、微波	0.5	绝对辐射定标精度优于5%	2	<1	地质	成像
土壤污染	全国	光谱曲线	<100	光学、高光谱	1	绝对辐射定标精度优于5%	24	<10	环境事件	非成像
固体废弃物	全国	光谱曲线	<30	光学、高光谱	2	绝对辐射定标精度优于5%	24	<1	环境事件	成像
洪涝灾害	全国	植被指数,地表粗糙度	<100	光学、微波、高光谱	1	绝对辐射定标精度优于5%	24	<10	洪涝	成像
石漠化	西南	植被指数,地表粗糙度,土壤水	<1000	光学、微波	1	绝对辐射定标精度优于5%	24	<50	干旱	成像

表1.10　次生卫生灾害监测需求

阶段	工作体系	灾害异常特征	覆盖区域	需要的遥感信息参数（地球物理要素）	遥感信息参数指标要求					DCP（通信流量流速）	载荷类型
					空间分辨率/m	光学、微波等	时间分辨率/d	应急响应时间/h	定位精度/m		
灾前	连续监测	红外遥感信息	全国	地表温度变化	1	光学	7	12	1000	公共卫生	成像
		降水强度、时长	全国	降水植被	1	光学	7	12	1000	洪涝	成像
	预测预警	地表状况	全国	动植物等	1	光学微波	7	12	100	公共卫生	成像
灾中	灾情速报	居民点	全国	灾区范围	1	光学	0.5	6	30	公共卫生	成像
	应急救援	交通水系	全国	道路水源	0.2	光学与微波	1	6	30	公共卫生	成像
	灾情评估	受灾范围	全国	受灾范围、人口分布	30	光学	7		30	公共卫生	成像
灾中	恢复重建	受灾范围	全国	受灾范围、人口分布	30	光学	7		30	公共卫生	成像

第2章　基于空间信息的防灾减灾体系

2.1　天地一体化防灾减灾体系架构研究

天地一体化防灾减灾体系的建设将立足于我国面临的防灾减灾严重局面，建立以天基为核心的“天、空、地”、外（国）一体化的综合信息集成复杂巨系统，充分整合利用国内外已有资源，具有公益性、基础性、实用性和战略性的特点，针对灾害的各个阶段（灾前、灾中、灾后等），实现全天时、全天候、全方位、动态、准确、面向重点部门、重点灾害频发区域的灾情监测、预警、预报与评估信息服务，最终具备“连续监测、预测预警、灾情速报、应急救援”所需的能力，为防灾、抗灾、救灾全过程提供空间信息支撑，同时也为社会需求提供信息服务，支持国家和地方灾情监测、预警、评估、应急救援与指挥体系的建设，体现中国政府在面对自然灾害时以人为本的执政宗旨，体现我国防灾减灾事业的科学技术水平。

自然灾害是人类共同面临的重大生存挑战，需要世界各国的共同努力和真诚合作，最大程度地减少自然灾害对人类社会造成的损失。天地一体化防灾减灾体系的建设将为全球，特别是我国及周边国家自然灾害的监测、预测和应急救援提供全天时、全天候的卫星观测与探测数据、空间信息综合集成分析和灾害成灾机理与关联性研究成果，促进全球灾害科学研究和空间信息资源共享，进一步提高中国防灾减灾工作在国际社会中的作用和地位，促进国际防灾减灾事业的发展，进一步提升人类对自然灾害的抵御能力，有力保障人类生命和财产安全，造福全人类。

2.1.1　总体目标

天地一体化防灾减灾体系作为国家空间基础设施的重要组成部分，统筹利用国家在航天、航空、通信和导航等技术成果的基础上，重点基于空间信息源，采用“天、空、地”一体化手段，建设立体数据获取、处理、信息综合集成与共享网格服务系统，形成具备业务化信息保障能力的国家防灾减灾支撑服务系统，为国家和地方应对自然灾害的**连续监测**、**预测预警**、**灾情速报**和**应急救援**提供信息保障以及决策支持，为显著提高我国防灾救灾效能，减少人民生命财产损失，为国家综合防灾减灾规划目标的实现提供有力支撑，为保障社会稳定、经济发展和国家安全，实现全面建成小康社会的宏伟目标作出重要贡献。

2.1.2　指导思想与设计原则

2008 年 6 月 23 日，胡锦涛总书记在两院院士大会上提出：“**要加快遥感、地理信息系统、全球定位系统、网络通信技术的应用以及防灾减灾高技术成果转化和综合集成，建立国家综合减灾和风险管理信息共享平台，完善国家和地方灾情监测、预警、评估、应急救援指挥体系**”。胡锦涛总书记的讲话是建设天地一体化防灾减灾体系的重要指导思想。在此重要思想的指引下，我们要以科学发展观为指导，坚持唯物主义认识论和系统工程方法论，重点围绕国家防灾减灾事业发展和应对重大自然灾害的紧迫需求，加速推进空间科学技术转化与应用，统筹建设天地一体化防灾减灾体系，大幅提升空间信息保障国家防灾减灾能力，全面服务经济社会和谐发展；并要立足长远发展，站在未来发展高度，抓住建设机遇，深刻领会中央领导对实施航天事业发展的精神，齐心协力支持航天、航空、遥感技术发展。

必须统筹利用好方方面面资源，并且在技术上统一标准、统一规范，尽可能协调好各部门工作，突破重点和难点。

2.1.2.1　设计原则

设计工作要体现以下 5 个统筹的原则：

1）统筹好牵头部门和会同部门之间的工作关系。牵头部门要加强与会同部门的沟通协调，广泛听取各部门意见，集思广益，共同推进工作。

2）统筹好现行部门职责分工和部门合作的关系。要尊重各部门和行业现有职能分工，充分发挥各部门和行业在管理、业务运行和专业上的优势，做好协调和分工，明确责任。要集中优势力量办大事。

3）统筹好系统先进性和现有工业基础间的关系。既要体现技术先进性和创新性，又要使科研和建设重点项目安排与现有工业基础和资源相协调。

4）统筹好论证继承性与创新性之间的关系。充分继承前期专家论证组开展论证的技术成果，注重机制、体制和技术创新，推进资源共享、优化共用、有效运行。

5）统筹好技术方案与现有其他项目之间的关系。要做好与其他卫星工程的衔接，同时要加强各部门地面基础设施的统筹利用。

2.1.2.2　建设原则

建设需要站在全局的角度来考虑，遵循以下建设原则。

（1）统筹建设，填平补齐

在充分利用现有资源和设施的基础上，针对我国自然灾害空间综合观测能力和地面设施资源不足进行填平补齐，加强与国家信息基础设施的统筹衔接，加强与国家综合防灾减灾规划的有机衔接，互为补充，避免重复建设，推动与电信基础设施的共建共享，显著提高对自然灾害的高精度、高时效、全要素综合观测能力，显著增强地面系统和应用系统信息集成共享能力、自动化应急处理能力和业务化应用能力。

（2）信息集成，资源共享

通过信息综合集成、云计算、网格、物联网等先进科技手段，为自然灾害的连续监测、预测预警、灾情速报、应急救援提供科学准确的信息共享产品，有力支撑各灾害管理部门和地方政府的指挥决策。

（3）自主创新，突破关键

集中突破空间信息系统技术、地面综合集成技术和灾害机理研究等核心关键技术，显著提高我国对地观测数据获取能力，大幅提升数据综合集成、自动化处理和定量化遥感应用能力，引领我国空间科技领域和防灾减灾领域的自主创新。

（4）数据融合，部门协同

在现有卫星、航空观测系统的基础上，统筹协调国家各部门防灾减灾设施资源，重点攻关、形成合力，为我国防灾减灾提供高性能空间数据服务和有力信息保障。

（5）强化应用，突出重点

重点针对地震、水旱气象（农业）、地质、海洋、生态环境等五大类自然灾害，兼顾其他自然灾害，以对自然灾害连续监测、预测预报、灾情速报、应急救援为目标，为各灾害主管部门决策提供高效保障。

建设天地一体化防灾减灾体系要有大局观念，避免重复建设，特别是低水平的重复；要统筹协调好建设的内容、进度的安排，避免重复投资，特别是低水平的重复投入；要注重加强现有各种资源、渠道的协调和统筹，做好与国家有关部门当前的规划、基础设施，以及863、973等各类科研计划的统筹协调，争取使国家投资发挥出最大的效益；要突出重点，突破难点，多出亮点。需要突出两个重点问题，一是提高自然灾害的预测预报成功率，二是保障应急响应的时效性；建立空间信息集成与灾害关联性科学研究体系，通过信息综合集成、网格共享、系统仿真、系统工程等先进手段，来解决实施过程中的科学技术难点难题；通过天地一体化防灾减灾体系的实施，为自然灾害的连续监测、预测预警、灾情速报、应急救援的决策，提供科学准确的共享信息产品，支持各空间信息应用部门、行业和各级政府的防灾减灾工作，取得明显成效。

2.1.2.3　建设思路

天地一体化防灾减灾体系的建设思路为：

1）利用各类卫星综合监测，发挥航天技术具有的全球性、高动态、连续性、全天候、全方位、多样化数据获取和传输与定位等特点，结合空基、地基监测的优势，为灾害成灾机理研究和预测预警提供空间数据和研究平台，解决当前地震、气候异常等自然灾害数据源不足、缺乏信息综合集成和成灾机理不清等问题，为我国减灾防灾领域基础科学和应用研究提供支持。

2）在局部地区，以强震短临预报及地质、海洋、水旱、农业、气象灾害的预测预警预报为重点，兼顾其他自然灾害，明显提高地质、地震、水旱、海洋、农业、气象等灾害预测预报与应急决策水平。特别是通过包括首都圈地震危险区综合利用多源空间信息以及地面和井下观测站网数据，辨识地震发生前夕热、流体、电磁、应力应变、重力、次声波、宏观异常等信息，探索其形成与诱发机制，发展新型地震前兆信息采集技术和分析反演方法，探索跨学科多源数据模拟仿真等科学手段，通过融合各种信息实现多种预报技术的综合集成，显著提高地震预报的准确率。

3）加强空间信息与地理、人文信息的综合集成，提高灾情信息时效性和准确性，解决重大灾害应急救援中的信息融合和有效统筹，向用户输送先进、成熟、完整的科学分析平台、共性技术工具以及灾害标准辅助信息产品生产与实验验证手段，对灾情快速判断和有效组织救援形成有力支持，提高应对巨灾的数据共享和应急保障能力。

4）建立灾后应急通信保障机制，形成灾害管理部门、信息提供部门等跨部门、跨地区的信息快速传送网络，提升灾情信息上报与下传的效率和质量，为灾区救援指挥提供高效的决策信息支持。

以我国目前已有的卫星系列为基础，不断补充完善，融合空地观测网络，逐步建设天地一体化防灾减灾体系，为建立国家空间信息基础设施奠定基础。

2.1.3　总体设计与组成

天地一体化防灾减灾体系主要由“天、空、地”立体数据获取系统、国家自然灾害空间信息集成服务系统、部门（区域、行业）灾害空间信息应用系统三大部分组成，主要为灾害管理部门提供有力的决策信息支持，为社会应用提供灾害信息服务。其总体结构如图2.1所示。

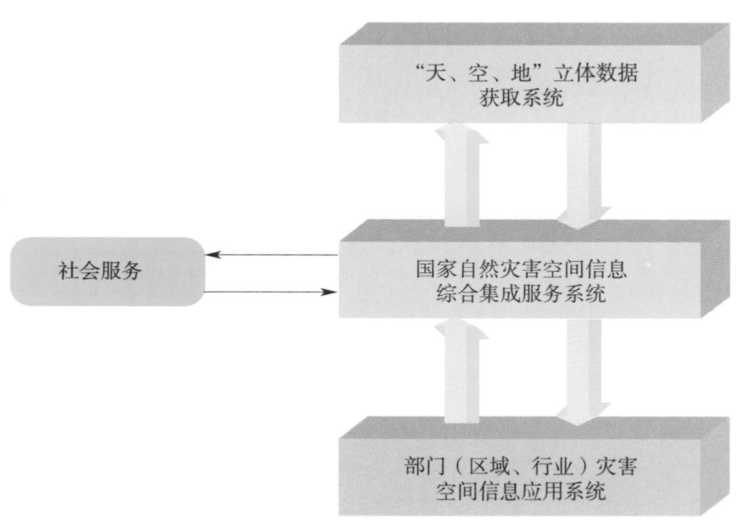

图2.1　系统组成及其相互关系示意图

"天、空、地"立体数据获取系统是整个基础设施的源头，其建设成果将增强和完善我国独立自主的"天、空、地"灾害空间信息获取能力。自然灾害空间信息集成系统是实现"天、空、地"多源数据到灾害应用信息有效转换的关键，是整个建设的核心。自然灾害空间信息应用系统从自然灾害空间信息集成系统获取多源、多级数据资源，进行灾前、灾中和灾后的灾害预测、预警、灾情评估产品生产，进而快速上报中央有关职能决策部门，为国家重大自然灾害的指挥决策提供及时有效的技术支持。

天地一体化防灾减灾体系总体设计方案如图 2. 2 所示。围绕灾害管理各阶段需求，综合利用"天、空、地"数据获取设施，形成自然灾害立体监测体系。天基系统平台包括灾害监测卫星星座、数据采集卫星星座、应急通信卫星以及导航定位卫星星座。空基系统平台包括有人机、无人机。地面段包括天基数据接收和处理系统、空基数据接收和处理系统、应急通信卫星关口站、数据采集卫星星座的数据采集网关站和地面监测预测台站网。国家自然灾害空间信息综合集成服务系统包括数据接收系统、数据处理与管理系统、共性技术及其产品公共服务系统以及国家自然灾害空间信息资源集成共享网格，为各级用户提供服务。此外，还有一些系统为国家自然灾害空间信息综合集成系统提供信息，如导航定位服务系统、专家系统、教育培训远程终端系统、地理信息系统等。针对灾害管理的不同阶段，地面接收站接收的卫星、飞机地基数据在国家自然灾害空间信息集成系统中归档管理，并通过共享网格进行信息集成和业务协同，实现多源灾害信息实时连续获取、高效综合集成、定量化科学处理、标准化产品服务，合理、有效统筹应用卫星资源。积极利用拓展国际卫星数据资源，包括商业卫星和非商业卫星数据资源，最终建立灾害空间信息集成服务系统；构建服务于国家、地方、现场一体联动应急指挥的空间信息决策支持基础设施，并实行"常规模式下科研和业务并举、应急模式下全部转为业务"的运行模式，最终形成"天地一体、精准迅速、灵活高效、上下联动"的空间信息技术减灾体系。

在成灾机理和探测技术研究、模型算法研制、软硬件、网络平台、云计算平台、通信链路、人才队伍建设的基础上，构建灾害监测卫星星座、区域灾害空基监测网、数据采集卫星星座与系统、数据接收系统、数据处理与管理系统、共性技术及其产品公共服务系统、国家自然灾害空间信息资源共享网格、卫星应急通信系统以及 10 个行业灾害空间信息应用系统，详见图 2. 3。其中，数据接收系统负责接收卫星数据；数据处理与管理系统负责归档管理原始数据并生成 0 ~ 2 级基础数据产品；共性技术及其产品公共服务系统负责 3 ~ 5 级信息产品共性技术研发和灾害关联性科学研究；所有数据、产品、共性技术都通过国家自然灾害空间信息资源集成共享网格向自然灾害空间信息应用与服务系统进行分发和服务。各行业自然灾害空间信息应用系统在国家自然灾害空间信息综合集成服务系统的支持下，将建立产品体系完善、应急响应高效、上下贯通的业务系统。天地一体化防灾减灾体系的总体功能结构如图 2. 4 所示。

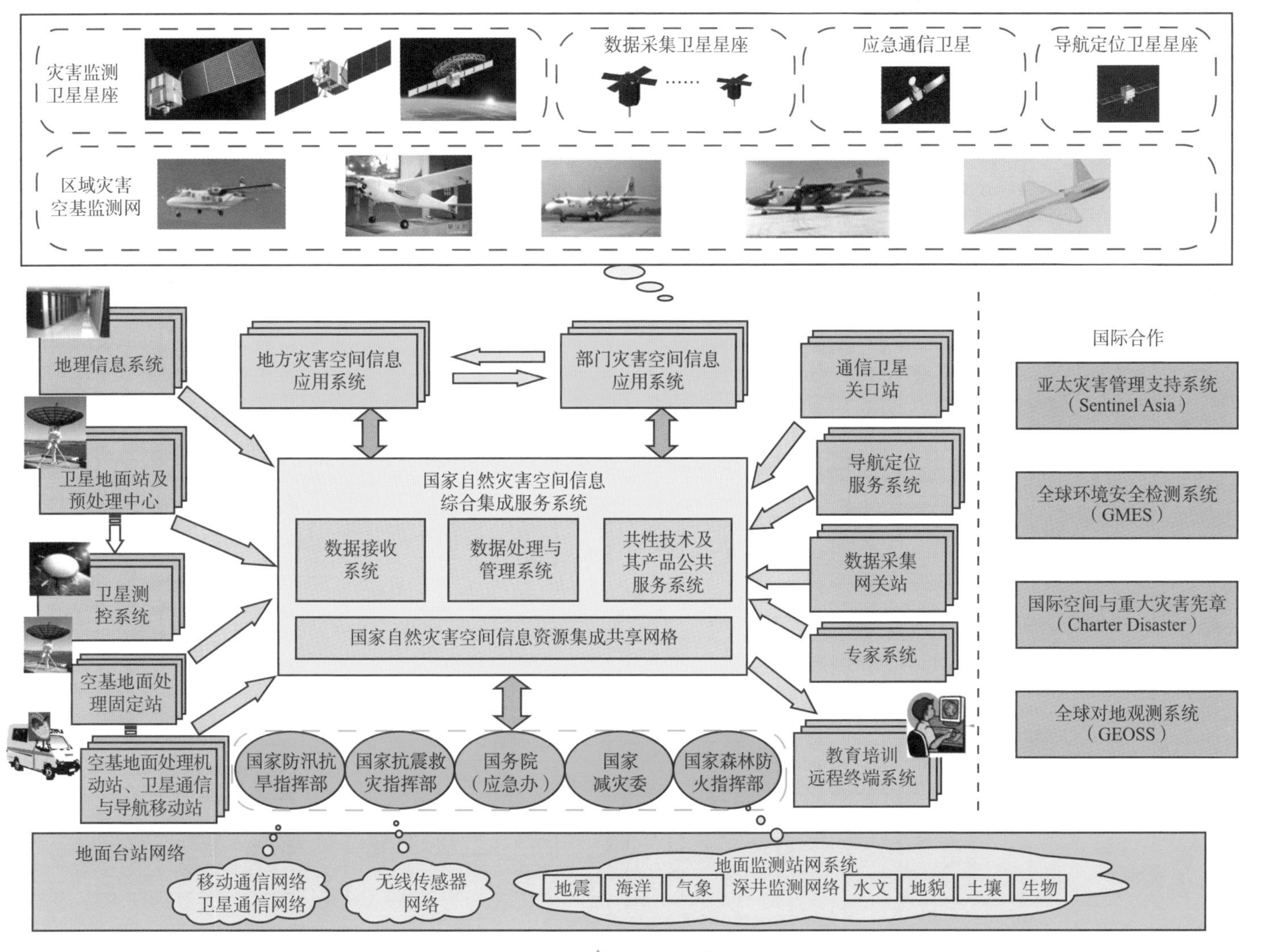

图2.2　天地一体化防灾减灾体系

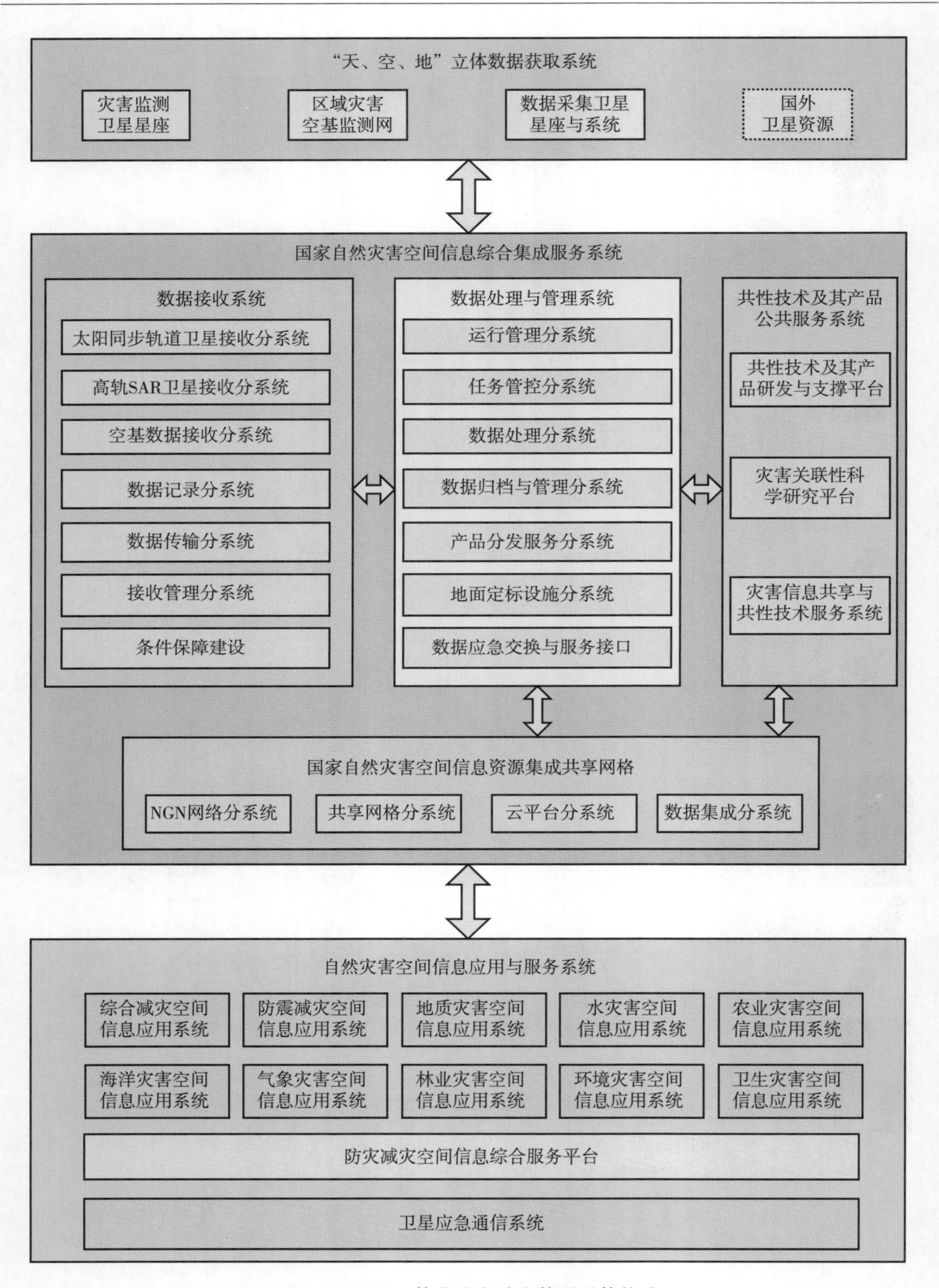

图 2.3　天地一体化防灾减灾体系总体构成

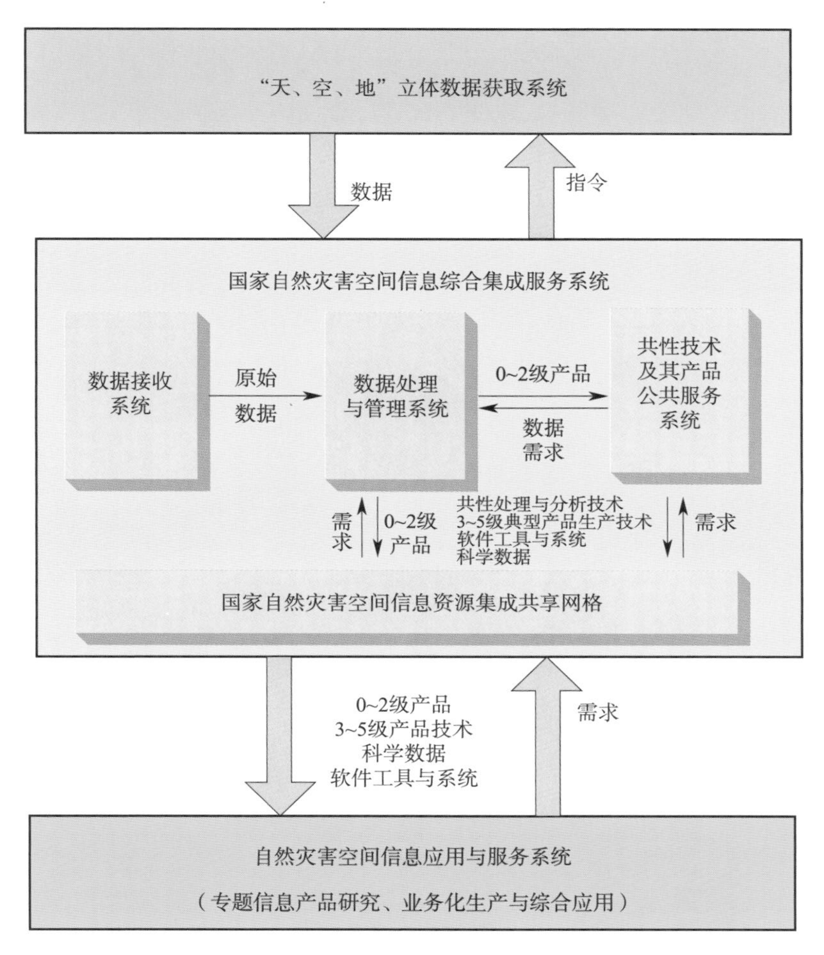

图 2.4　天地一体化防灾减灾体系功能结构

2.1.4　空间信息服务体系与架构

天地一体化防灾减灾体系的设计充分体现了“填平补齐”、统筹多方资源的原则，对各部分的任务分工、业务流程和接口关系予以了明确划分。由天基、空基与地面台站观测网获取的空间数据通过其接收系统生成原始数据；通过具有数据接收、数据处理与管理、共性技术研发、灾害机理研究和资源共享网格等功能的国家自然灾害空间信息综合集成服务系统，综合集成空间信息产品和其他信息，包括国际卫星、社会经济人文与基础地理信息，支撑国务院应急办、国家减灾委、国家防汛抗旱指挥部、国家抗震救灾指挥部、国家森林防火指挥部以及各自然灾害的主管部门、单位和指挥决策机构，生成灾前的监测、预测、预警信息，灾中灾后的监测、灾情速报信息，支撑用户形成上报中央的灾害预测报告、灾情速报及应急指挥报告和灾情通报，支撑用户向社会发布灾害预警，发出社会与军队救援命令与请求等。

“国家自然灾害空间信息资源集成共享网格”以“多中心、大网格、云计算、高速效”为设计理念，以创新为先导，以网格思维与技术为空间信息共享的实现手段，突破信息共享机制建立与在现有分工体制、机制情况下实施的困难局面。图 2.5 描述了国家自然灾害空间信息资源集成共享网格的总体架构，以及浸入共享网格中方方面面的部门、单位和资源。共享网格作为一个数据信息的集散交换平台，实现空间信息供给方与用户方的无缝链接，面向专业地球观测数据用户、一线抗灾救灾机构、各级地方政府、各灾种与各行业管理部门，提供包括数据产品、决策支持信息产品、预测预警和灾情速报信息产品在内的各个级别、各种类型、多种灾害的数据与信息产品，是信息服务体系的核心组成部分。

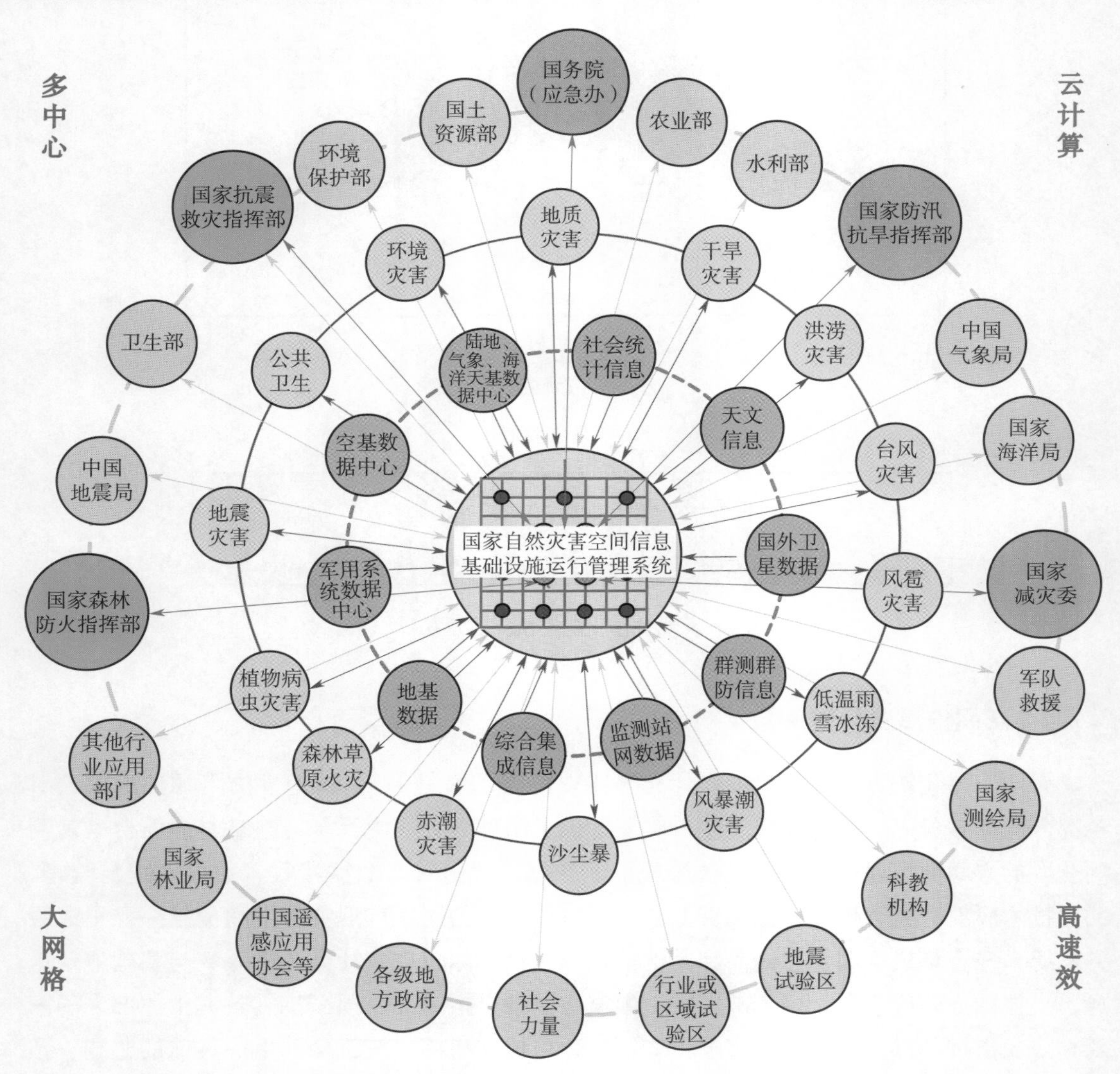

图 2.5　国家自然灾害空间信息资源集成共享网格总体架构

天地一体化防灾减灾体系的信息服务流程设计充分体现了优势信息资源共享的理念。陆地、气象和海洋天基数据中心负责接收和处理国产遥感卫星数据。由有人机、无人机等装载的各类有效载荷获取的数据则进入各类航空遥感接收处理系统。各灾种的地面台、站观测网数据、现场采集的数据、车载机动站采集的数据进入各灾种的地、网台站信息中心。所有卫星遥感数据，包括国际商业卫星数据、国际非商业卫星数据及其他相关数据，导航卫星数据、地面数据采集卫星星座数据以及各类航空遥感数据，地面台站网数据，社会经济、人文和基础地理数据，均通过国家自然灾害空间信息共享网格，提供各用户使用。

自然灾害空间信息集成系统通过共享网格向各种自然灾害的管理与应急指挥部门（行业）提供相应灾种的科学准确的共享综合集成信息产品，支持空间信息应用系统的防灾减灾工作。由国家减灾委会同各种自然灾害管理与应急指挥部门形成综合减灾信息上报中央，并传送给各级地方政府，形成畅通的空间信息服务链，显著提高我国自然灾害的应变能力，全面提升我国防灾救灾效能。

2.1.5　社会公共服务

建立与社会公共服务相互衔接的信息交换接口，运用灾害空间信息提取和网络服务等技术，达到信息共享共用，为社会服务，从而实现除在灾害管理中的应用外，还可在土地利用、农作物估产、城市管理等许多方面发挥重要作用，进一步促进国产卫星数据的综合应用。

2.1.6　国际合作

在坚持自力更生、自主创新的同时，也倡导积极开展国际合作，通过消化引进，集成创新，加速天地一体化防灾减灾体系建设速度，显著提高减灾救灾的效能。

国际合作重点主要体现在以下几个方向：

1）积极利用拓展国际卫星数据资源，包括商业卫星、非商业卫星数据资源。

2）积极引进卫星、有效载荷制造的关键技术，适当购置我国紧缺的关键元器件和设备。

3）建立国际化的灾害关联性综合集成研讨厅体系，努力学习和继承国际学术界有关自然灾害成灾机制的科学知识，监测预测预报方法和经验，引进国际减灾救灾领域的高新技术，避免低水平重复。

4）深入研究国际空间信息共享政策和机制，促进我国空间信息资源的充分共享。

2.1.7　关键技术

需要重点攻克自然灾害立体数据获取、灾害信息处理与集成服务、灾害机理研究与监测评估等全链路、各领域中的瓶颈问题，完成以下关键技术研发。

2.1.7.1　自然灾害立体数据获取领域

1）“天、空、地”立体数据获取系统总体协同技术；

2）卫星星座编队组网、面向重大灾害的多星联合应急观测技术、星座管理与应急通信等关键技术；

3）以高光谱、红外、干涉雷达、电磁、重力等为代表的新型航天、航空先进有效载荷研制关键技术，数据处理与信息提取新技术；

4）航空灾害监测系统总体设计和系统集成技术；

5）数据接收处理系统总体设计和集成关键技术；

6）观测站网数据采集、快速传输与处理技术；

7）多源数据快速高精度处理、存储与实时分发共享技术；

8）灾害应急状态下的数据及信息快速传输通信技术。

2.1.7.2 灾害空间信息集成服务领域

1）有机整合不同类型、时空、尺度的灾害应急信息技术，跨平台、多载荷、动态高分数据申请规划与多用户数据共享与服务技术等一系列数据获取与规划整合关键技术；

2）针对突发自然灾害的遥感数据快速处理、灾害特征信息提取与反演，自适应灾情监测、灾情信息综合集成与快速判读评估等一系列空间信息综合处理关键技术；

3）多源、多类型应急支持海量数据一体化组织技术，快速信息共享和网络服务技术等一系列应用服务关键技术；

4）基于面向不同灾害类型的多尺度时空数据同化与高效组织、地球灾害模拟仿真模型的数值计算算法并行化、可扩展高时效地球环境可视化的地球灾害模拟技术；

5）集群高性能多任务并行的灾害信息产品生产线技术以及多源遥感信息数据的归一化技术及灾害产品验证样本的数据质量控制技术；

6）基于“天、空、地”多源立体观测数据的多灾种专题信息同化融合技术；

7）用于多灾害预警预报的“天、空、地”多源立体观测空间数据综合处理、分析技术。

2.1.7.3 灾害机理研究与分析领域

1）多灾害机理和前兆模型构建技术，多种灾害前兆信息判别与提取技术，多灾害空间信息综合提取和应急响应技术；

2）基于云的综合产品制作和协同服务技术及高精度实物量评估技术、灾害实时预警预报技术、灾害综合评估技术；

3）结合专业的多源数据处理、信息挖掘和业务化应用产品生产、行业应用业务流程标准化与评估。

2.2 “天、空、地”立体数据获取系统顶层设计

2.2.1 概述

如何构建针对重大自然灾害的“天、空、地”立体数据获取系统，是基于空间信息的

防灾减灾体系研究的重要内容之一。实现对地球涉灾现象动态变化信息的快速观测获取，能够为国家和地方有关部门自然灾害的连续监测、预测预警、实时预报、应急救援决策提供及时准确、科学的立体数据，从而显著提高自然灾害空间信息获取能力。因此，建立“天、空、地”立体数据获取系统具有非常重要的意义。

“天、空、地”立体数据获取系统的建立运行，将获取丰富的立体观测信息，为揭示地震等自然灾害过程及影响的物理机理、探讨规律及其发生过程的关系、发展和完善灾害物理模型提供有效观测数据；突破“天、空、地”立体自然灾害监测信息获取技术，为灾害空间信息处理方法的优化、灾害时空动态变化特征的研究、灾害监测和数值预报模型的构建以及短期和临灾预报提供数据支撑；发展灾害防御和应急救援信息获取技术，为建立完善的灾害链预测模型和灾害风险管理模型提供数据保障。

考虑到我国已有的相关信息获取手段和能力，在灾害信息的立体数据获取系统的研究和构建中，应当做到“统筹兼顾，数据共享”。具体而言，需要充分利用我国现有空间信息获取体系资源，整合各类自然灾害观测空间数据，面向灾害监测、预警与灾情速报，重点建设由卫星、飞机、地面系统等组成的“天、空、地”一体化自然灾害数据立体获取和采集系统以及用于灾害信息传输的应急通信卫星系统。初步设计的“天、空、地”立体数据获取系统组成如图 2.6 所示。

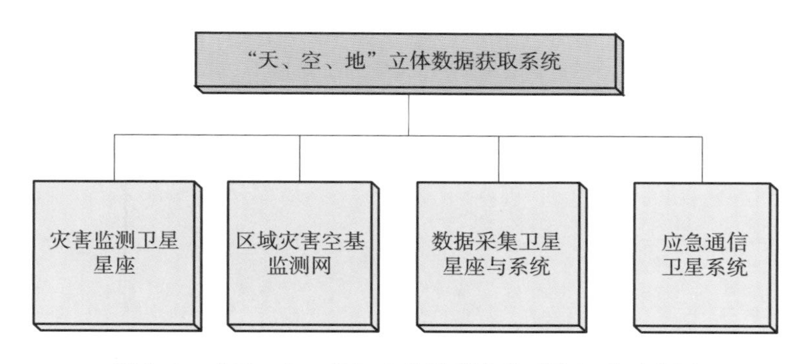

图 2.6　“天、空、地”立体数据获取系统组成示意图

“天、空、地”立体数据获取系统主要由灾害监测卫星星座、区域灾害空基监测网、数据采集卫星星座与系统（Data Collection Satellite constellation and System，DCSS）和应急通信卫星系统（Emergency Communication Satellite System，ECSS）4 个部分组成。

灾害监测卫星星座主要用于较大时空范围内全天时、全天候、全方位、多尺度的数据获取，是信息获取的主要手段，用于满足多灾种、多学科手段的大部分对地观测与场源探测需求。通过光学、微波及综合观测与探测 3 个星座的配置和优化，可实现中高分辨率光学及微波遥感天重访（或天覆盖）、微波干涉测量地球高程及地表微小形变、高光谱/红外手段监测地温及大气成分等精细观测，以及高轨光学（近实时）与微波（数小时级）的中分辨率快速重访能力，并且配置了新的空间探测手段获取空间电磁以及重力场变化，为防灾减灾的各个阶段提供多样化的丰富数据。

区域灾害空基监测网主要满足重点时空范围内特定的获取需求，特点在于区域覆盖和应急快速获取，是对天基手段区域时效性的增强和有效补充。通过有人机、无人机以及配套载荷等的配置和优化，实现重点区域的高分辨率光学、微波详查能力以及电磁、重力场等探测能力的补充，获取有限时间段内的近实时遥感观测和场源探测数据。

数据采集卫星星座与系统由微纳卫星星座、数据采集网关站和中心站、相关灾种灾害监测预测台站以及数据采集终端（DCP）组成，主要用于为我国分布在全国各地的相关灾种地面灾害监测预测台站提供即时的连续不断的可靠传输通信手段。传输的数据主要包括地面台站监测灾害的平时本底数据、灾前及临灾出现的前兆紧急信息数据、灾后最紧急时间段即时的灾情基本数据，以及灾后次生灾害发生前出现临灾前兆的各种信息数据。通过该系统建设形成覆盖我国国土最直接、可信的灾害数据采集业务化运行系统，为相关灾种灾害数据传输提供空间信息保障，也可为国际合作提供灾害数据传输空间信息共享平台。

应急通信卫星系统主要完成灾区与安全区域之间、灾区内人员之间的应急通信保障以及卫星系统应急时期的中继数据传输，可为灾害发生区域的数据采集、信息上报、指挥调度等任务提供不间断的信息传输服务。该系统涵盖灾前、灾中及灾后救灾的全过程，以卫星固定通信和卫星移动通信为主要手段，重点保证连续不间断的应急通信和救灾指挥，形成能够应对一场特大灾害的“天、空、地”立体应急通信保障体系。

“天、空、地”立体数据获取系统的主要组成及其链路关系如图 2. 7 所示。

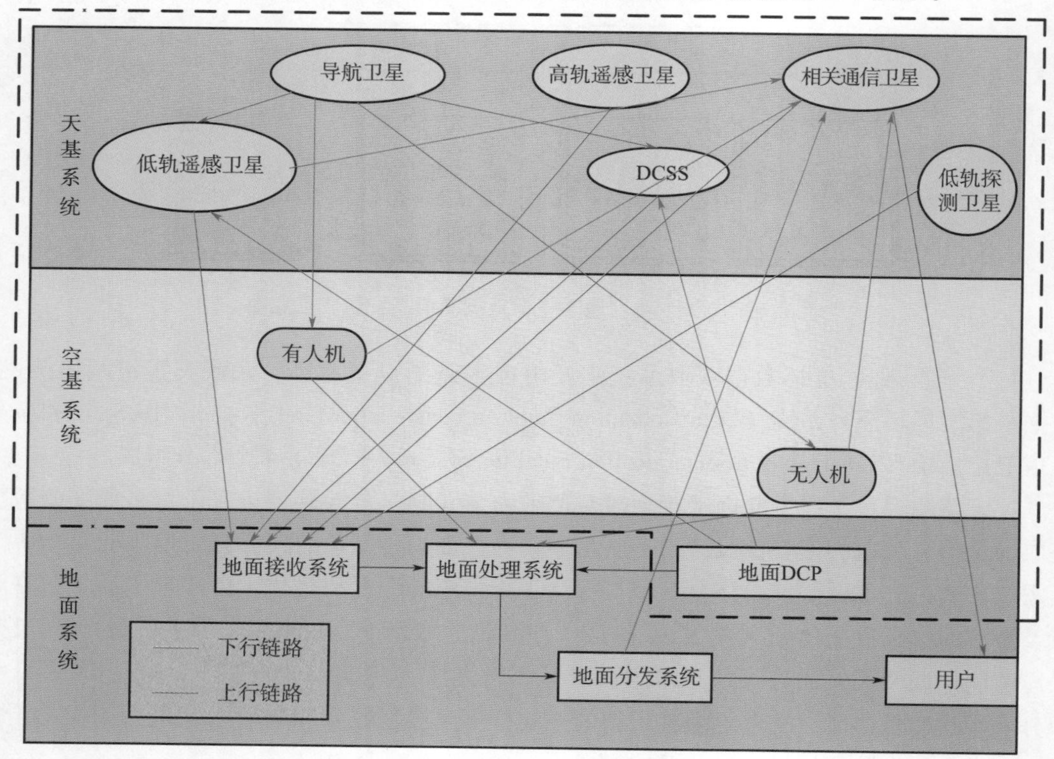

图 2. 7　“天、空、地”立体数据获取系统组成及链路关系示意图

“天、空、地”立体数据获取系统通过多种手段，形成全天时、全天候、全方位对地连续监测能力，具备可见光、红外、多光谱、微波、电磁、重力等多要素观测能力，为连续监测、预测预警、灾情速报、应急救援提供数据保障。其中，灾害监测卫星星座具备从中分辨率到高分辨率的多尺度光学及微波遥感灾害观测能力，以及电磁、重力等监测能力，区域灾害空基监测网具备超高分辨率遥感观测能力以及电磁、重力场等多种探测能力。数据采集卫星星座与系统的主要功能是采集我国国土范围内的各种自然灾害数据，为灾害的连续监测、预测预报提供数据支持，具有一定区间内不间断的数据采集能力。应急通信卫星系统则具备全天候、全方位、全时段、全覆盖、不间断的应急通信保障能力，保障灾害发生后指挥救援通信不中断，并具备灾前预警和灾后高速数据下发的广播能力，支持音频、数据、视频传输，具有保障一场特大型灾害的应急通信能力。

2.2.2　灾害监测卫星星座

2.2.2.1　系统组成与功能

天基数据获取是立体数据获取的主要手段，在我国目前已有的气象、资源、海洋、环境减灾等卫星的基础上，运用最新航天技术，通过光学遥感、微波遥感、电磁探测等综合手段构建灾害监测卫星星座，形成高低轨道优化配置、多物理量覆盖的观测能力，用于完善补充我国现有航天技术在地震、洪涝、地质等自然灾害空间信息获取方面的不足，使我国对自然灾害的连续监测、预测预警、灾后速报能力达到国际先进水平。

在灾害监测卫星星座中，包括极轨光学观测卫星星座、极轨微波观测卫星星座以及综合观测与探测卫星星座，可实现对自然灾害信息的光学、微波对地遥感观测和电磁场、重力场的在轨探测。

极轨光学观测卫星星座由多颗低轨太阳同步轨道的光学遥感成像卫星组成，极轨微波观测卫星星座由多颗极轨微波遥感卫星组成，综合观测与探测卫星星座则包含高轨光学、高轨微波、高光谱、红外、电磁监测及重力测量等手段的多颗卫星。

灾害监测卫星星座总框架如图 2.8 所示。

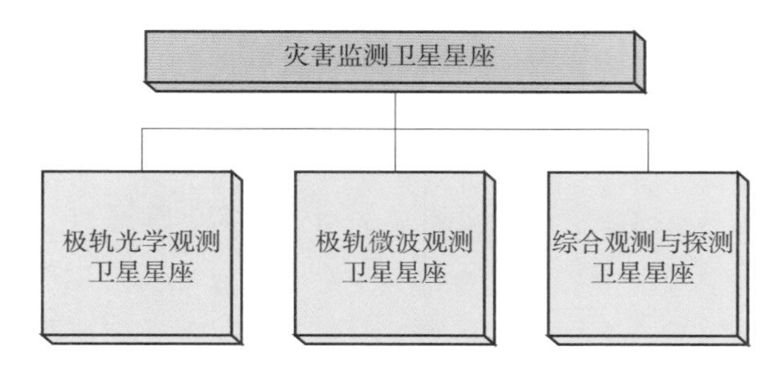

图 2.8　灾害监测卫星星座总框架

灾害监测卫星星座作为“天、空、地”立体数据获取系统的重要组成部分，将增强和完善我国独立自主的灾害信息天基获取能力，实现多手段、多时空尺度灾害数据的全天时、全天候获取，为连续监测、预测预警、灾情速报、应急救援提供数据保障，具体包括：

极轨光学观测卫星星座通过相似配置的光学卫星组网运行，可实现高分辨率天重访或中分辨率天覆盖观测能力以及红外成像能力，可用于不同尺度的灾害监测。

极轨微波观测卫星星座通过极轨合成孔径雷达卫星组网运行，可以实现高重访微波成像观测，获取高分辨率的微波遥感数据，也可实现干涉测量，获得高精度的地表高程数据以及地表微小形变测量数据。

综合观测与探测卫星星座通过不同类型卫星综合运行以实现应急救灾所需要的多手段探测、高时间分辨率获取等要求。高轨微波卫星及高轨光学卫星配合可实现针对灾害应急观测的中分辨率、近实时全天时、全天候观测，高光谱、红外等手段通过组网配合，可实现针对气候、环境、火灾、地震等灾害的多类型光谱和红外数据的综合获取，以及高光谱分辨率与中等空间分辨率的红外观测，还可实现针对地球电磁、重力等空间物理量的高精度测量。

2.2.2.2　系统建设重点与关键技术方向

根据灾害监测卫星星座的建设思路，为满足应用需求，需要在现有天基系统基础上新增一些卫星项目，拟优先满足地震等主要灾种对获取手段的全面性要求，并适当兼顾其他灾种的需求。在对地观测卫星的覆盖性方面，充分利用高低轨和大小卫星的相对优势进行优化配置。新增遥感及探测卫星的逐步建成，将显著加强我国已有天基遥感系统的应灾能力。

极轨光学观测卫星星座由多颗光学遥感卫星组成，运行于同一个轨道面，相位均匀分布，多星组网运行。

极轨微波观测卫星星座由多颗微波遥感卫星组成，卫星通过轨道优化设计实现联合观测，同时考虑实现干涉应用。

综合观测与探测卫星星座由多颗遥感及探测卫星组成。高轨微波遥感卫星主要用于地震、洪涝、地质等灾害监测，具有多模式、数小时级高时间分辨率等特点，可获得中分辨率的微波遥感数据，以及我国地形微小形变信息。与高轨光学遥感卫星搭配，可实现近实时光学与微波观测能力，满足灾害高时间分辨率与全天时、全天候观测需要。配置高光谱、红外观测手段的光学综合观测遥感卫星用于全球、长期、定量、多维的气候、环境和资源变化监测，以及火灾、地震等灾害数据获取。电磁监测卫星用于监测全球空间电磁场、电磁波、电离层等离子体、高能粒子等物理量的空间平台，为探索地震前兆信息、空间环境监测预报和地球系统科学研究提供数据支持。重力测量卫星主要用于获取高阶地球重力场模型，也是服务于地震中长期监测的一种有效手段。

灾害监测卫星星座作为一个有机的整体，需要实现在轨系统运行，而其中包含的多个新增卫星项目都涉及了较多的新技术。构建这个星座需要研究并突破以下关键技术。

（1）卫星系统顶层设计技术

系统顶层需要解决卫星星座、编队设计及管理技术，包括卫星同轨组网技术以及干涉协同工作技术等；还需解决面向重大灾害的多星联合应急观测技术，包括不同灾种多手段联合监测预案设定、多星应急联合观测任务体系研究、多星多手段任务分配与应急调整、数据获取与应急通信适应性研究，以及典型应用流程的演示验证、测试和效能评估等。

（2）先进有效载荷关键技术

面向灾害监测的高精度定量化应用，需要突破一些新的载荷技术，包括重力测量载荷、高轨微波载荷、干涉测量技术、宽幅高光谱成像技术、多角度红外成像技术、高精度高灵敏度地球辐射探测技术、高精度辐射与光谱定标技术，以及多载荷高速数据处理技术等。

（3）先进卫星平台技术

针对新型载荷的应用，卫星平台也需要突破相应的支撑技术，包括高精度定轨技术、高精度星间同步技术、高精度星间基线测量技术、重力测量超低轨卫星气动力构型技术，以及无拖曳轨道和姿态控制技术等。

2.2.3　区域灾害空基监测网

2.2.3.1　系统组成与功能

区域灾害空基监测网是“天、空、地”立体数据获取系统的重要组成部分，具有高时空分辨率、观测手段齐全、综合集成能力强、机动灵活、反应快速等特点，是获取高分辨率灾情数据信息的主要手段。区域灾害空基监测网系统与天基系统各有侧重、相辅相成，共同完成灾害监测和应急减灾的任务，并可为天基系统设备的研发提供试验条件。

我国航空对地观测存在资源分散、不成规模、作业效率低等诸多问题，近年来尽管有一定的发展，但在形成运行产品方面还有较大差距，不能满足全天候、全天时、全方位灾害监测的需求。考虑到目前缺乏国家级先进的能持续稳定运行的航空对地观测系统，难以满足国家级航空灾害监测和自然灾害应急响应的重大需求，因此建立我国航空灾害监测系统十分必要。按照综合利用、统筹协调的原则，我国将建设区域灾害空基监测网，建立国家自然灾害航空运行服务体系，发挥空基系统快速应急响应能力的技术优势，满足国家灾害监测的需求，不断提升我国防灾减灾的能力。

如图 2.9 所示，区域灾害空基监测网由飞机监测系统和空基地面系统两部分组成。这两个部分相互配合，共同完成区域灾害的应急监测任务。

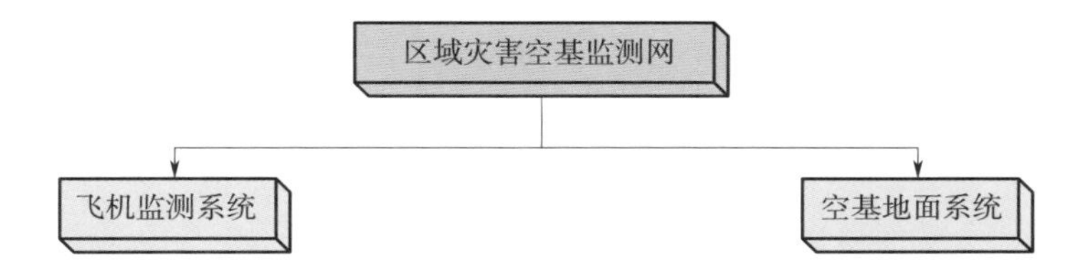

图 2.9　区域灾害空基监测网组成

（1）飞机监测系统组成

区域灾害空基监测网飞机监测系统（以下简称飞机系统）主要由航空飞行平台、灾害监测有效载荷、通用载荷等部分组成。

飞行平台包括有人机平台和无人机平台。灾害监测有效载荷主要包括光学、微波、重力、电磁等多种观测设备，获取高分辨率、宽测绘带陆地、大气、电磁波信息和空间几何信息，以及区域的重力和磁场信息。

（2）空基地面系统组成

空基地面系统是防灾减灾体系共享网格的一个节点，包括空基处理分系统、空基数据分系统、空基运管分系统以及空基集成测试分系统。每个分系统具有特定的功能和作用，同时各分系统紧密配合，相互作用，形成一个统一的空基地面系统整体架构（见图2.10）。

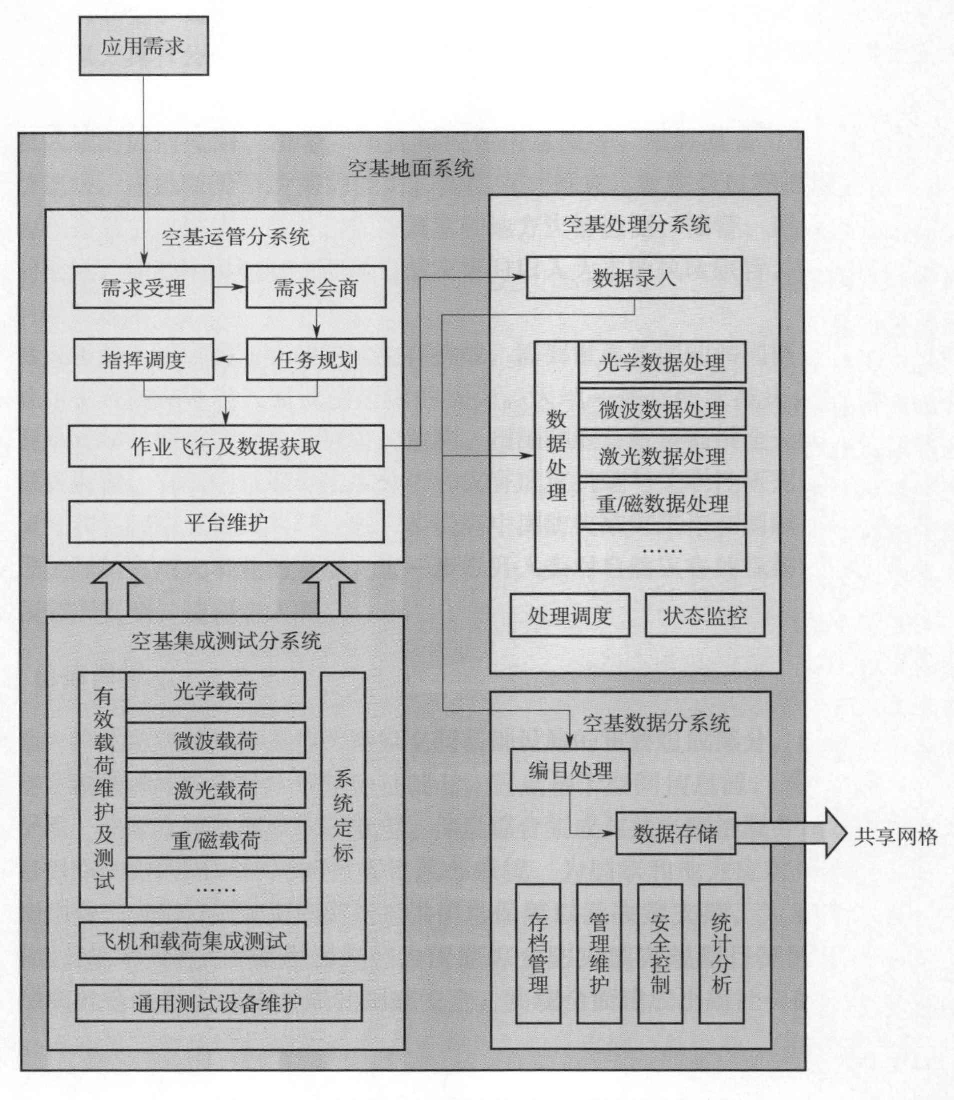

图2.10　区域灾害空基监测网地面系统组成与功能

区域灾害空基监测网具有时间/空间分辨率高、观测手段齐全、综合集成能力强、机动灵活、响应快速的特点，能够满足地震、洪涝、干旱、地质、海洋、气象、环境、森林、农业等各种灾害管理过程中的风险预警、应急响应、灾情评估、恢复重建等各个阶段对区域空间信息获取的需求。

区域灾害空基监测网具有灾害应急、区域详查两种工作模式。应急响应模式主要进行突发性监测任务，要求系统稳定可靠、反应快速、机动灵活；区域详查模式主要是开展有计划的定期监测任务，是天基数据获取系统的有益补充。两种业务模式相互配合即可满足整个灾害管理周期的任务需求。

为确保灾害发生后1h内进行灾情速报，区域灾害空基监测网采取的主要措施是：

1）接到前期的灾害预测预报后，通过调度飞行合理部署，保证飞机的飞行范围覆盖预测的主要灾区范围，并保证飞机30min内飞抵灾区上空；

2）装载高分辨率、宽测绘带的有效载荷，确保实时大面积采集灾情数据；

3）机上实时数据处理，实时形成灾情遥感图像；

4）机-星-地实时数据传输，确保灾情遥感图像速报。

2.2.3.2　系统建设重点与关键技术方向

区域灾害空基监测网飞机系统主要由航空飞行平台、灾害监测有效载荷、通用载荷等部分组成。

通过对飞行平台的适应性改装以及对灾害监测有效载荷和通用载荷的优化组合合理配置，形成灾害航空应急系统和航空地震地质灾害监测系统两种专业系统，完成灾害应急快速响应以及对地震地质灾害的持续监测等任务。空基地面系统包括空基处理分系统、数据分系统、运管分系统和集成测试分系统，覆盖了数据从获取、处理直至存储等数据流程以及系统的建设、管理、运行、维护等功能。

灾害航空应急系统主要瞄准灾后短时间内灾情信息获取以及灾后通信保障的目标开展建设。灾害航空应急系统在灾区上空获取灾区地面灾情数据，机上实时处理，经过机-星-地数据链，将灾区遥感图像及时传输到抗灾指挥部门，为救灾指挥决策提供强有力的数据支撑。灾害航空应急系统需突出机动灵活、快速响应、高效作业的特点，以满足对灾害的快速响应需求。灾害航空应急系统通过在专属飞行平台上配备可见光、多光谱、微波、激光等综合观测手段，实现对灾害的全天时、全天候、多手段、快速高效监测。

航空地震地质灾害监测系统充分发挥中小型有人机机动灵活的特点，将可用于形变精确观测的如干涉合成孔径雷达等新型有效载荷和光学、激光、光谱、重力/磁等多种观测手段相结合，形成稳定运行的航空地震地质灾害监测系统，在天基系统普查的基础上对重点孕灾地区进行详查，为地震的预测预报和滑坡、泥石流、山体崩塌等地质灾害的监测预警提供航空遥感数据。航空地震地质灾害监测系统由飞行平台、地震地质灾害监测有效载荷以及数据处理等部分组成，可为地震地质灾害的预测预报提供精确的地表形变、红外、敏感气体、重力磁力等异常信息。

空基数据获取系统的研究建设需要重点关注两个系统的总体设计、集成工作和相关平台载荷专项技术等难点，具体体现在：区域灾害空基监测网拟建设的数据获取飞机系统将在有人机和无人机平台上实现多种类型遥感设备的作业能力，具有多用途、高度自动化、集成化、快速实时接收处理等特点；考虑到同一种航空平台需要具备装载光学、微波、电磁等多种遥感设备的能力，要求多种遥感载荷与航空平台具有统一的接口，因此高水平的系统总体和集成技术是保证其有效实施至关重要的关键技术，其运行还涉及飞机系统快速应急响应技术和新型灾害航空监测载荷的总体设计技术等。

2.2.4　应急通信卫星系统

2.2.4.1　系统组成与功能

应急通信卫星系统利用多种通信手段，实现互为备份的通信能力，支持多种业务快速响应。系统应用涵盖灾前、灾中及灾后救灾全过程，具备灾前传输灾害监测信息和发布灾害预警信息，灾中及灾后保障实时通信、灾情信息传输、发布灾害救援信息和灾情高速数据广播的能力，保障受灾区域与安全区域之间应急通信和室内、废墟等受灾环境下的生命探测与定位通信功能的实现。

应急通信卫星系统由卫星中继灾害应急通信专网和卫星移动通信应用系统组成。其中，卫星中继灾害应急通信专网为灾区提供灾情信息、决策信息发布等服务，支持音频、数据、视频广播。卫星移动通信应用系统为灾区与安全区域之间、灾区内救灾人员之间提供卫星移动通信保障。

应急通信卫星系统主要确保受灾时专网的通信，公众的日常通信靠民用的移动公网保障。应急通信卫星系统运行模式包括应急数据传输模式和应急通信模式，详见 2.4.3 节。

2.2.4.2　系统建设重点与关键技术方向

通过对应急通信卫星系统功能和组成的设计，根据我国现有通信资源的基础，可以进一步明确构建应急通信系统的重点建设内容。

（1）卫星中继灾害应急通信专网

建立机制可实现租用相关的通信卫星和卫星通信关口站作为中继卫星工作；同时建设应急通信专网管理系统，以及应急通信专网车载、箱式基站支持中继应用；此外，还需开发双频专网手机、基于移动通信的相关应急应用装备。

（2）卫星移动通信应用系统

卫星移动通信应用系统重点加强卫星移动通信灾害专用终端的建设和配备。一个是手持卫星移动通信终端，应用于灾区的应急语音通信；另一个是视频传输卫星移动通信终端，重点满足灾区所需的视频信息传输需求。

应急通信卫星系统的建立需要突破以下地面应用及卫星数据传输等相关技术。

（1）多频段可编程微波模块设计技术

多频段可编程微波模块包含了多个地面网3G频段和卫星频段。中频处理通道可以根据主控制器（MCU）的控制在多个频段间进行信号收发。由于每个频段收发信号的带宽不一致，因此需要研究实现能够在不同带宽滤波器之间进行切换的可编程微波模块。

（2）多协议融合的快速高精度生命探测与定位通信技术

研究多协议融合的快速高精度生命探测与定位通信技术，包括多协议探测信号体制设计、手机弱信号检测与通信、信号高速并行处理、多径与互相关干扰抑制、复杂环境高精度定位和探测信息实时通信等关键技术。

（3）高效能卫星传输技术

重点研究实现高效能卫星传输的关键技术，具体包括高效编译码、高阶调制解调、低信噪比解调和抗干扰等技术。

2.2.5　数据采集卫星星座与系统

2.2.5.1　系统组成与功能

针对地震、滑坡、泥石流、崩塌、干旱、洪涝、森林与草原火灾、农业病虫害、低温冷冻灾害、水、大气、沙尘暴等环境灾害和其他灾种，以及灾害关联性科学研究，相关灾种业务主管部门在全国重点试验区已布置了大量的监测预测台站。对灾害前兆信息、灾中信息及灾后次生灾害信息，进行实地实时数据采集，供相关业务主管部门进行灾情综合分析决策。目前，我国卫星的数据传输能力还不能满足灾害监测应急反应需求，尚不能对灾区实时快速覆盖，不能保证及时提供防灾减灾等灾情数据的通畅传输，迫切需要建立数据采集卫星星座与系统。

数据采集卫星星座与系统，具备无时间缝隙覆盖全国国土的能力，可以不受地形遮挡，可以覆盖地面通信网络盲区，可以保障地面通信网络因灾而中断情况下的通信畅通，为相关灾害中的“信息孤岛”提供数据链路，实现我国境内地震、滑坡、泥石流、干旱、洪涝、森林火灾、农业灾害、环境污染、沙尘暴等多灾种监测预测台网可靠的数据采集与传输，将重大灾害前兆等信息数据及时传输到相关灾种主管部门，供其分析判断和决策指挥。

此外，数据采集卫星星座与系统还能够覆盖全球范围的主要灾害区，可以对国外的灾害监测和预测提供支持，促进灾害防治工作中的国际交流与合作。

数据采集卫星星座与系统由空间段、地面段和用户段3个部分组成（见图2.11）。

空间段由运载火箭与多星发射上面级、微纳卫星星座以及应急发射补网卫星的运载火箭构成。空间段的主要功能是进行星座卫星的发射及多星快速部署，建立星座后收集星下可视区域内由地面DCP发送的灾害数据，并将数据直接转发或处理转发至数据采集网关站。

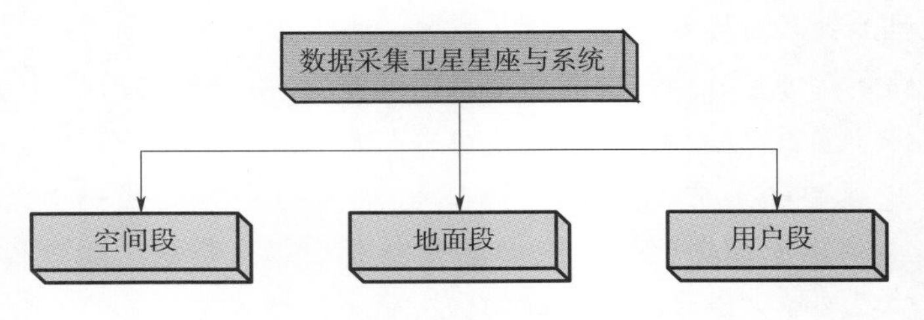

图 2.11　数据采集卫星星座与系统组成

地面段主要由数据采集网关站和运管及数据处理站组成，网关站的主要功能是接收卫星转发的 DCP 采集数据，并监控卫星运行。运管及数据处理站统一管理 DCP，调度卫星资源，处理、存档、分发采集的数据，为用户提供综合服务。

用户段由相关灾种灾害地面监测预测台站的 DCP、灾害关联性研究平台试验区的地面监测预测台站和 DCP 组成。相关台站主要功能是对灾害前、灾害中、灾害后多灾种灾害进行监测和预测。DCP 的主要功能是收集各种灾害监测数据，并发送至部署于空间轨道的微纳卫星。

数据采集卫星星座与系统主要用于为农业部、环保部、国土资源部、林业局、地震局等部门和自然灾害关联性研究试验区提供数据采集功能。有关地震、滑坡、泥石流、崩塌、干旱、洪涝、森林与草原火灾、农业病虫害、低温冷冻灾害、水、大气、沙尘暴等环境灾害以及关联性灾害，通过微纳卫星星座数据采集网的数据传输手段，为灾前特别是前兆数据的连续监测和预测，对灾中紧急信息及灾后次生灾害信息，提供实地实时采集数据的支持，为相关业务主管部门等对灾情综合分析决策提供服务。

2.2.5.2　系统建设重点与关键技术方向

数据采集卫星星座与系统的建设内容，包括运载与上面级、微纳卫星星座和地面应用系统 3 部分。

数据采集卫星星座由多颗微纳卫星组成星座，组网运行。微纳卫星采用功能模块化设计，主要由高功能密度集成一体化的有效载荷、综合电子、姿态与轨道控制、热控、结构、电源等功能模块组成。

运载与上面级需要在现有运载基础上，研制相应多星上面级以满足一箭多星发射，并自主完成星座的快速均布轨道部署。如果在组网卫星中的个别卫星失效，则可采用小型应急运载火箭发射微纳卫星补网，直接将微纳卫星送入目标轨道，完成数据采集卫星星座快速补网。

星地通信链路由相关灾种的上百种、数十万个地面数据采集监测预测台站及其 DCP，微纳卫星的有效载荷，以及数据采集网关站和中心站 3 个部分组成。

地面应用系统包括数据采集网关站、运管及数据处理站、相关灾种灾害监测预测台站和 DCP、灾害关联性研究监测预测台站和 DCP。相关台站的主要功能是对灾害前、灾害中、灾害后灾种灾害的监测和预测；DCP 完成对数据的采集、编码发射，并发送至数据采集卫星；数据采集网关站完成接收并译码卫星转发的 DCP 数据、对 DCP 的调度管理以及实现对卫星的监控；运管及数据处理站负责数据处理、数据存档、数据资源交换、星座运营，并进行统一管理协调，最终将用户数据分发至国家自然灾害空间信息共享网格。

数据采集卫星星座与系统充分利用微纳卫星技术实现对地面数据采集点的覆盖和采集，需要突破相关微纳卫星设计、星座部署与组网运行以及系统运行管理等相关技术，具体包括以下几个方面。

(1) 微纳卫星高可靠、长寿命、低功耗先进微系统综合集成一体化技术

为了保证微纳卫星轻质、低功耗，需改变传统分立设备的设计，采用芯片上系统（SOC）、单封装系统（SIP）、微光机电系统（MOEMS）多重集成技术，突破微纳卫星综合电子系统、导航和控制、微型通信载荷的高功能密度集成一体化的技术，实现国产化，提高可靠性、长寿命。

(2) 微纳卫星透明/处理双模转发微型化通信载荷先进集成技术

综合采用 SOC、SIP、MOEMS 和软件无线电技术，实现透明转发和处理转发通信功能的一体化集成，完成 DCSS 对 DCP 的数据传输能力的支持。

(3) 上面级多星快速组网部署技术

上面级多次变轨，将多颗卫星均匀分布组网，需解决高精度制导、导航及控制，逐个释放卫星的非对称分离，多星轨道部署等相关技术。

(4) 数据采集卫星星座与系统运管技术

DCSS 需即时转发分布在全国地面的上万个灾害监测台站终端的数据，依靠地面网关站完成在轨微纳卫星载荷数据的高密度实时获取，需采用集中的资源调度策略，实现 DCP 的灵活、应急、有序调配，同时实现数据采集卫星星座与系统的星座构型保持、运行状态监控等功能。

2.3　自然灾害空间信息集成

国家自然灾害空间信息综合集成服务系统是集数据接收、数据处理与管理、共性技术研发集成及其产品服务、信息资源集成共享网格为一体的基础设施和技术支撑系统，具有应急和常规不同模式下的数据信息资源获取、处理、分析和服务的功能。

国家自然灾害空间信息综合集成服务系统的建设原则是充分利用现有各部门的设施资源，整合网格、数据及信息产品等资源，构建标准化的接收、处理和信息生产模式，增加系统功能和规模，提高系统能力和时效性，为应用部门构建各自的减灾救灾应用业务提供“一张图、一套数”的基础。

国家自然灾害空间信息综合集成服务系统主要包括数据接收系统、数据处理与管理系统、共性技术及其产品公共服务系统和国家自然灾害空间信息资源集成共享网格，如图 2.12 所示。

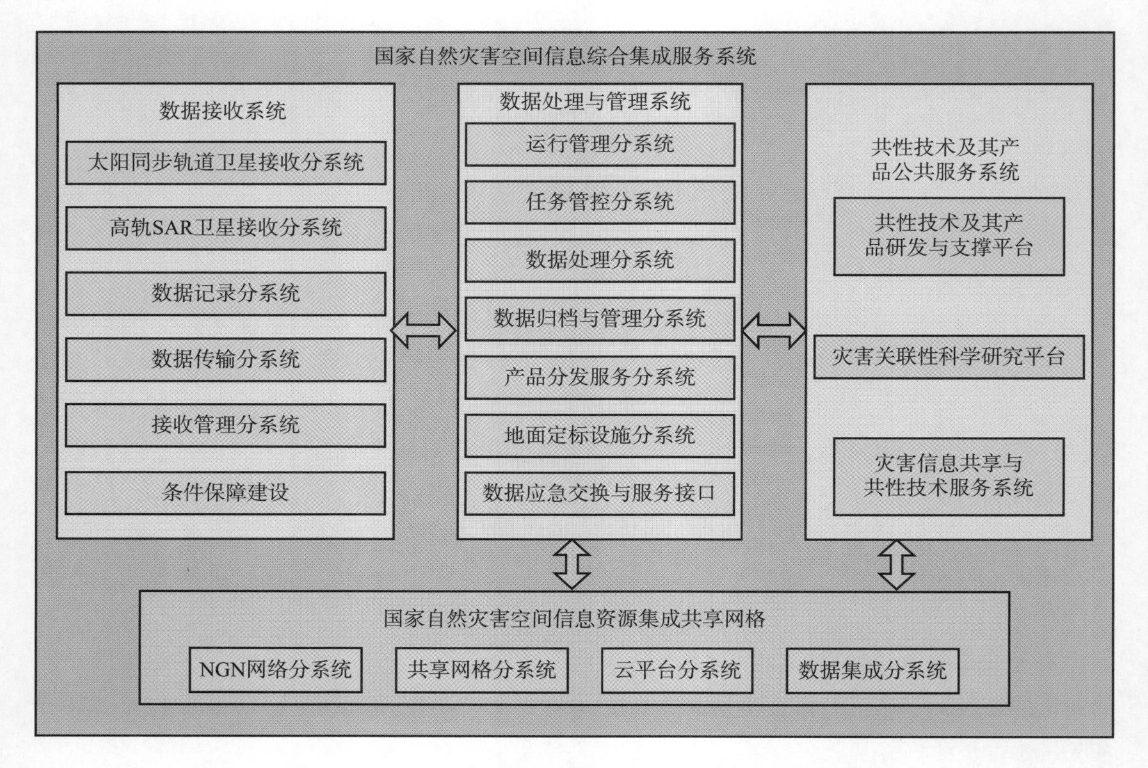

图 2.12　国家自然灾害空间信息综合集成服务系统组成

2.3.1　总体目标

国家自然灾害空间信息综合集成服务系统是“天、空、地”数据获取系统和应用系统间的重要“信息中枢”，具备快速接收处理、科学研究、共性技术支撑服务的能力。构建信息共享与协同的开放环境，实现天空地资源统一调度，提高数据整合、信息融合和信息保障能力。突破综合集成系统技术、网格及云计算、海量信息同化、灾害关联性科学研究和高质量、定量化遥感应用等关键技术。

2.3.2　数据接收系统

2.3.2.1　系统目标

数据接收站承担天地一体化防灾减灾体系所包括卫星的数据接收、记录、传输工作。在充分利用现有地面设施基础上实施改扩建。对数据接收站的接收及记录能力进行提升，升级现有数据传输系统和接收管理系统。通过上述工作，形成功能完善的国家自然灾害空间信息地面基础设施，通过对设备资源的统一、高效使用，为灾害预警、监测与评估、应急救援和恢复重建提供稳定可靠的数据支撑。

2.3.2.2 系统构成

数据接收系统由太阳同步轨道卫星接收分系统、高轨微波卫星接收分系统、数据记录分系统、数据传输分系统、接收管理分系统和条件保障建设6个部分组成，如图2.13所示。

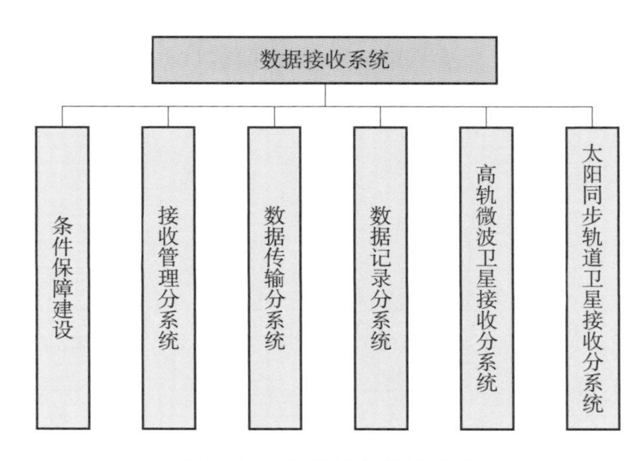

图2.13 数据接收系统组成

2.3.2.3 系统功能

数据接收系统的主要功能如下：

1）能够接收天地一体化防灾减灾体系运行管理系统下达的任务计划，按照计划安排统筹调度数据接收系统所有设备资源执行各项任务，并将任务执行情况上报；

2）能够支持新发太阳同步轨道卫星的跟踪和接收；

3）能够支持新发地球同步轨道卫星的接收；

4）能够对新发卫星下行数据稳定可靠记录，并具备质量分析手段；

5）能够对卫星数据快速传输，数据传输具有接收完整卫星数据文件的自动传输和指定数据段的实时传输两种模式。

2.3.2.4 关键技术

（1）高码速数据接收与采集

卫星码速的不断提高给地面接收链路提出了更高的技术要求，需要在高带宽信道的幅相特性、高码速数据的调制解调技术、接收链路的体系结构、高速数据实时采集、卫星数据快速处理等方面进行研究。包含接收链路体系结构的优化设计技术，实现平坦幅频响应和群时延特性的盲均衡等先进技术，实现低损失高速解调译码的全数字解调方案及并行传输/处理技术，高性能FPGA器件或万兆以太网络实现卫星数据的可靠采集技术。

（2）高效可靠的数据网络传输技术

在远距离的数据传输网络中，网络通信的时延问题会非常突出，造成网络间的数据传输等待确认时间过长，导致网络带宽实际使用率的低下，降低数据网络传输的速度，因此需要研究高效可靠的数据网络传输技术。

（3）多星对地观测综合任务规划调度技术

如何合理有效地使用地面接收资源，快速、高效、最优化地制定多站多星任务规划，是系统建设过程中的一个关键问题。通过采用多站多星任务调度的特征与主要约束条件、提炼优化目标函数；基于约束的多站多星的任务规划模型优化技术；采用合理有效的算法对多星对地观测综合任务规划调度进行求解。

2.3.3　数据处理与管理系统

2.3.3.1　系统目标

数据处理与管理系统建设的总体目标是：充分依托现有基础设施，突破新型传感器数据处理等关键技术，统筹管理与控制天基对地观测任务；快速处理并生成卫星载荷各级标准化数据产品及融合产品；进行高效、统一的数据存储管理和分发服务；对多类载荷进行全寿命的有效载荷管理、图像质量分析与评价、在轨几何定标与辐射定标；建成面向重大自然灾害的快速处理与综合管理地面系统，形成天地一体化防灾减灾体系天基载荷的数据处理、存档、分发、模拟评价及定标校检等综合运营能力。

通过构建基于云计算技术的体系架构，包括物理资源层、资源池层、管理中间层和面向服务架构层，实现处理系统的设备管理和负载均衡，实现高性能并行计算、数据存储和分发服务，提升系统快速响应能力和可扩展性。

系统建成后，将形成面向综合防灾减灾的，覆盖可见光、红外、多光谱、高光谱、微波、电磁、重力等多种数据获取手段的具有时空协调、全天时、全天候的地面数据处理与管理业务运行体系，达到 PB 级产品日处理能力和 EB 级数据产品存储管理能力。

2.3.3.2　系统构成

数据处理与管理系统由运行管理分系统、任务管控分系统、数据处理分系统、数据归档与管理分系统、产品分发服务分系统、地面定标设施分系统和数据应急交换接口等 7 个部分组成，如图 2.14 所示，其工作流程如图 2.15 所示。

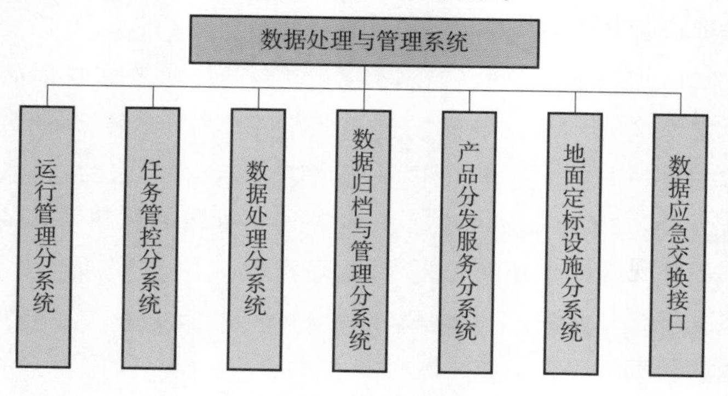

图 2.14　数据处理与管理系统组成

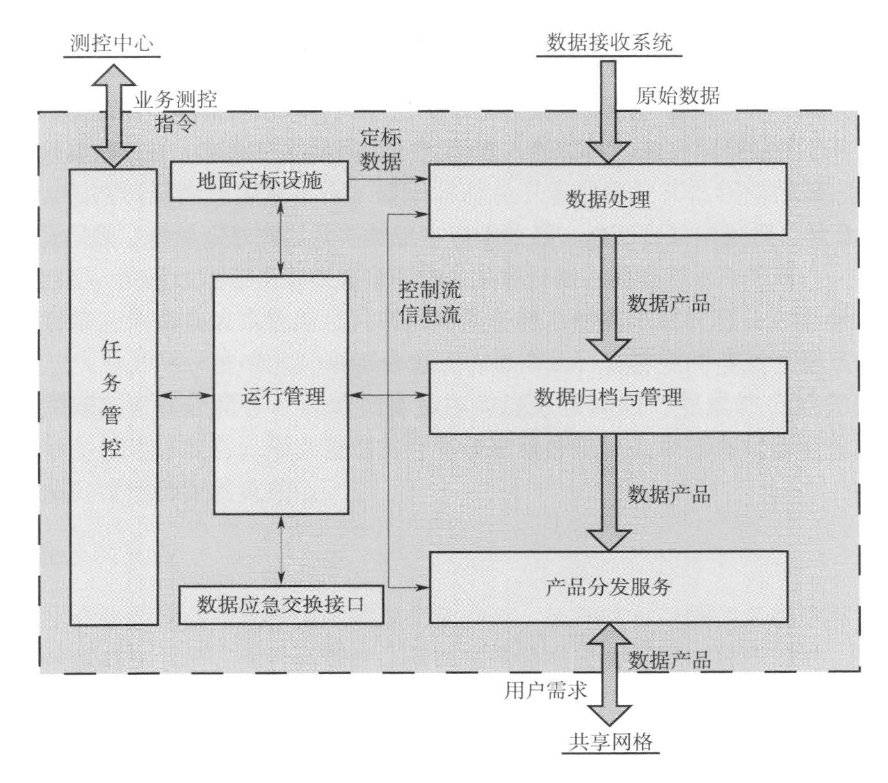

图 2.15　数据处理与管理系统工作流程

（1）运行管理分系统

运行管理分系统负责数据处理与管理系统的综合管理，优化配置系统资源，保障系统高效、安全运行。运行管理分系统的功能包括网络管理、业务管理、系统安全管理和测试试验管理，为系统维护、扩展、升级提供环境和技术支撑。运行管理分系统包括网络管理子系统、业务管理子系统、安全管理子系统和测试试验子系统 4 个部分，其核心是业务管理子系统，是任务管控分系统与其他分系统的纽带，其工作流程如图 2.16。

（2）任务管控分系统

任务管控分系统根据用户需求，统一规划、管理和控制各类对地监测任务，制定载荷观测计划和接收计划，并生成相应的指令数据，完成卫星业务测控；监测并管理有效载荷的工作状态。任务管控分系统包括轨道计算与预报子系统、任务计划编排子系统、业务测控子系统、遥测处理与显示子系统 4 个部分，其工作流程如图 2.17 所示。

（3）数据处理分系统

数据处理分系统在现有设施和能力基础上，采用云计算技术实现大规模、高可靠、负载均衡的数据处理能力，实现国家自然灾害空间基础设施天基各类载荷的 0 ~ 2 级数据产品和定制产品的处理和生产，包括录入下行原始数据，快速生成标准化的各级产品，并对数据和产品进行质量检测，提供数据模拟、评价等功能。数据处理分系统包括数据录入子

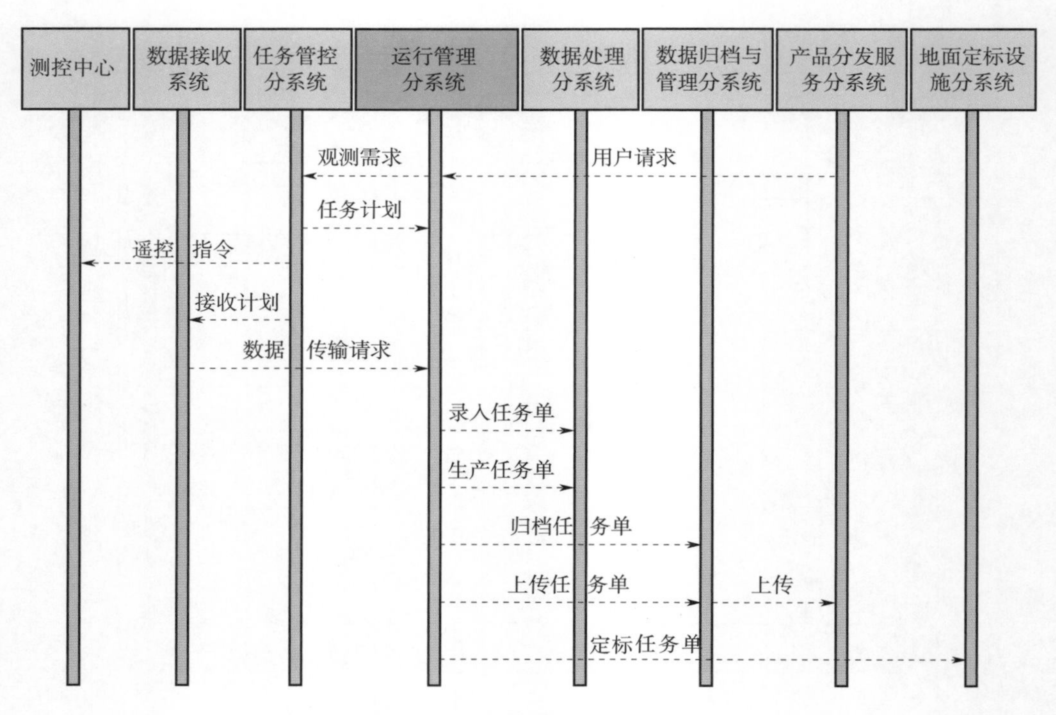

图 2.16　运行管理分系统工作流程

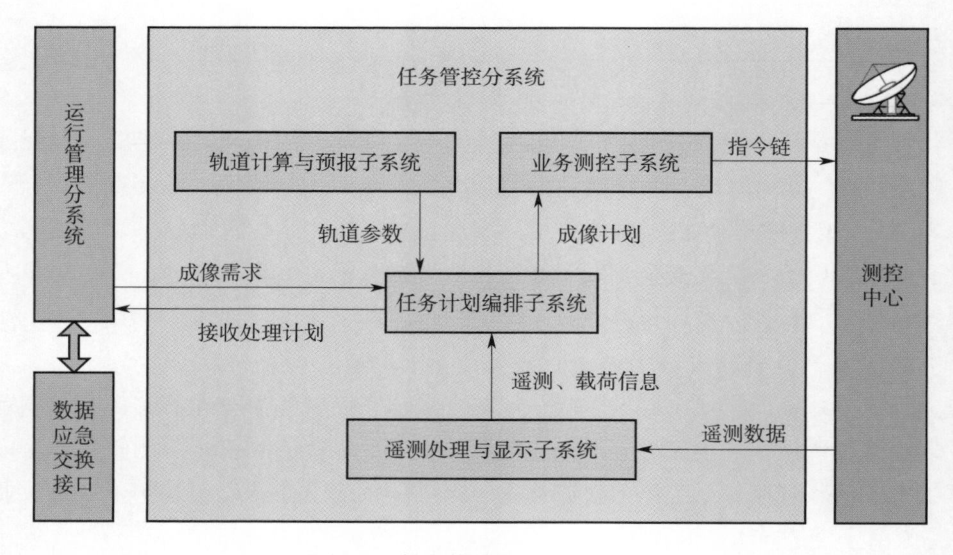

图 2.17　任务管控分系统工作流程

系统、常规处理子系统、应急处理子系统、电磁数据处理子系统、重力场数据处理子系统、评价检测子系统、数据模拟子系统和融合产品生产子系统 8 个部分，其工作流程如图 2.18 所示。

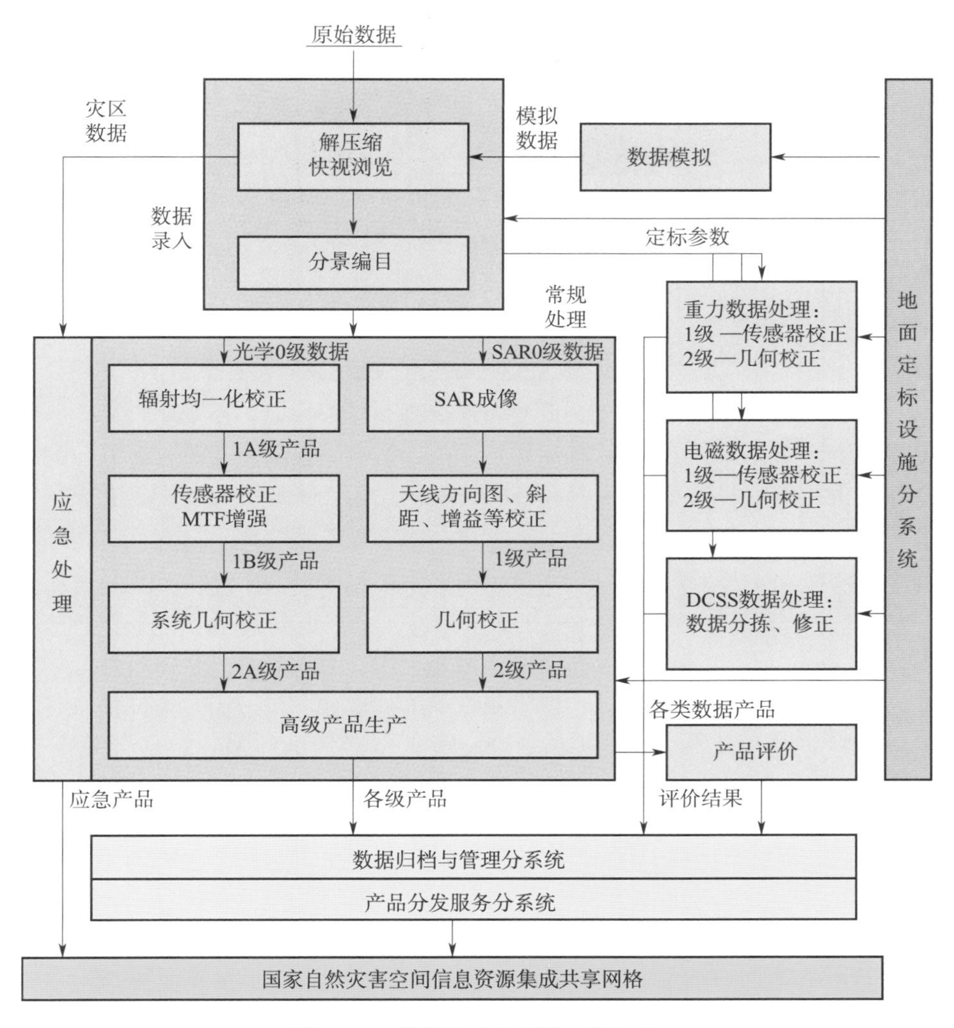

图 2.18　数据处理分系统工作流程

（4）数据归档与管理分系统

数据归档与管理分系统采用当今先进成熟的云计算技术、数据库管理技术，完成对天基的各种数据及元数据的统一、长期存储管理与远程备份，提供在线、近线和离线数据的全生命周期自动管理；实现灾难发生后的数据快速恢复；满足核心业务对数据高速存取要求。通过对多源数据库进行抽取、转换、统一等变换操作，构建面向应用的海量空间数据仓库，并提供空间数据联机分析处理、空间数据挖掘服务、空间数据快速查询和可视化服务，为众多应用提供高效的数据仓库元数据搜索、数据获取服务，为国家自然灾害空间应用工程提供安全、稳定、全面、高效的数据服务支持。数据归档与管理分系统主要由海量数据仓库和数据仓库管理系统组成。数据仓库管理系统包括海量数据存储管理子系统、多源空间数据变换子系统、空间数据挖掘分析子系统和数据备份子系统 4 个部分，其工作流程如图 2.19 所示。

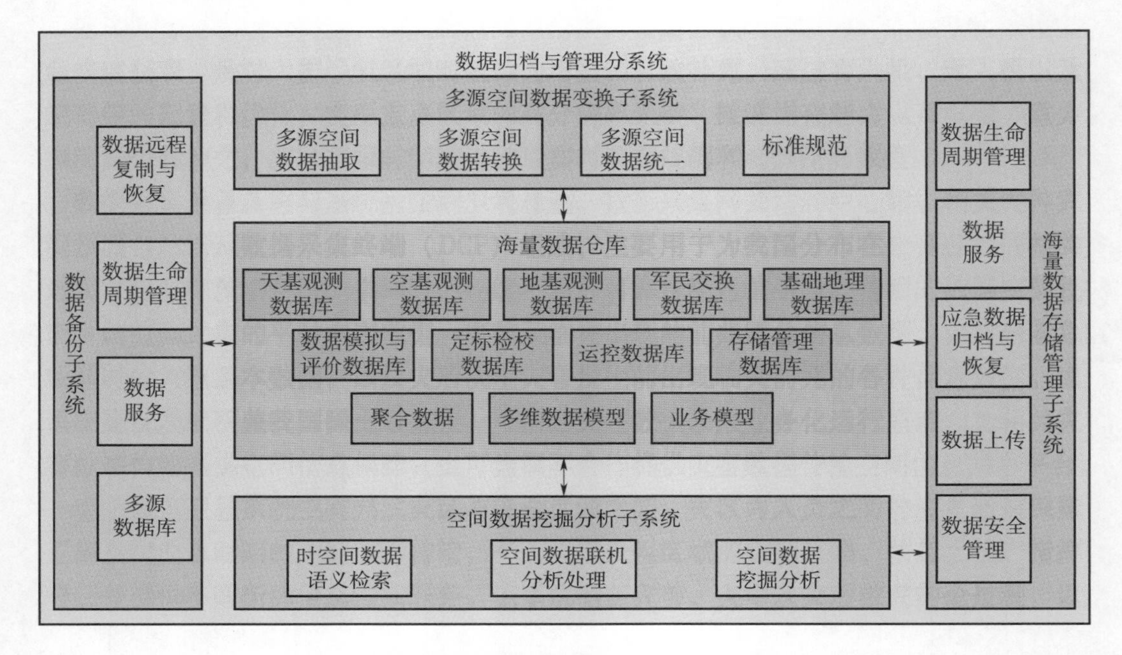

图 2.19　数据归档与管理分系统工作流程

（5）产品分发服务分系统

产品分发服务分系统通过国家自然灾害空间信息资源集成共享网格，为各节点用户提供海量卫星遥感数据的分发服务。同时，建设用户服务网站，为各类用户提供高效的数据检索、浏览、下载服务和多种定制分发功能，并实现元数据服务和空间数据共享服务，促进卫星遥感数据在灾害应急及其他应用领域的分发与共享。产品分发服务分系统包括分发任务调度子系统、数据分发子系统、用户服务子系统、元数据服务子系统、数据共享服务子系统、虚拟地理环境服务子系统 6 个部分，其工作流程如图 2.20 所示。

（6）地面定标设施分系统

地面定标设施分系统针对国家自然灾害空间信息综合集成服务系统卫星不同载荷的定标要求，充分依托现有定标基础，统筹规划和建设新的定标设施，建立定标基准，形成统一的检校标准，装备车载、机载、船载等多种手段具备立体、机动定标能力，满足多星共用、数据共享的业务化定标需求，提升我国遥感卫星定量化应用水平。地面定标设施分系统包括定标试验运管子系统、定标设备子系统、定标数据处理子系统和定标场网子系统 4 个部分，其工作流程如图 2.21 所示。

（7）数据应急交换接口

数据应急交换接口面向重大自然灾害应急响应需求，为相关军民数据的快速汇集、交换和共享提供标准规范和服务接口。

数据应急交换接口由应急空间数据格式规范、协同应急响应机制、数据快速交换接口、应急空间数据库、安全与控制模块 5 个部分组成。

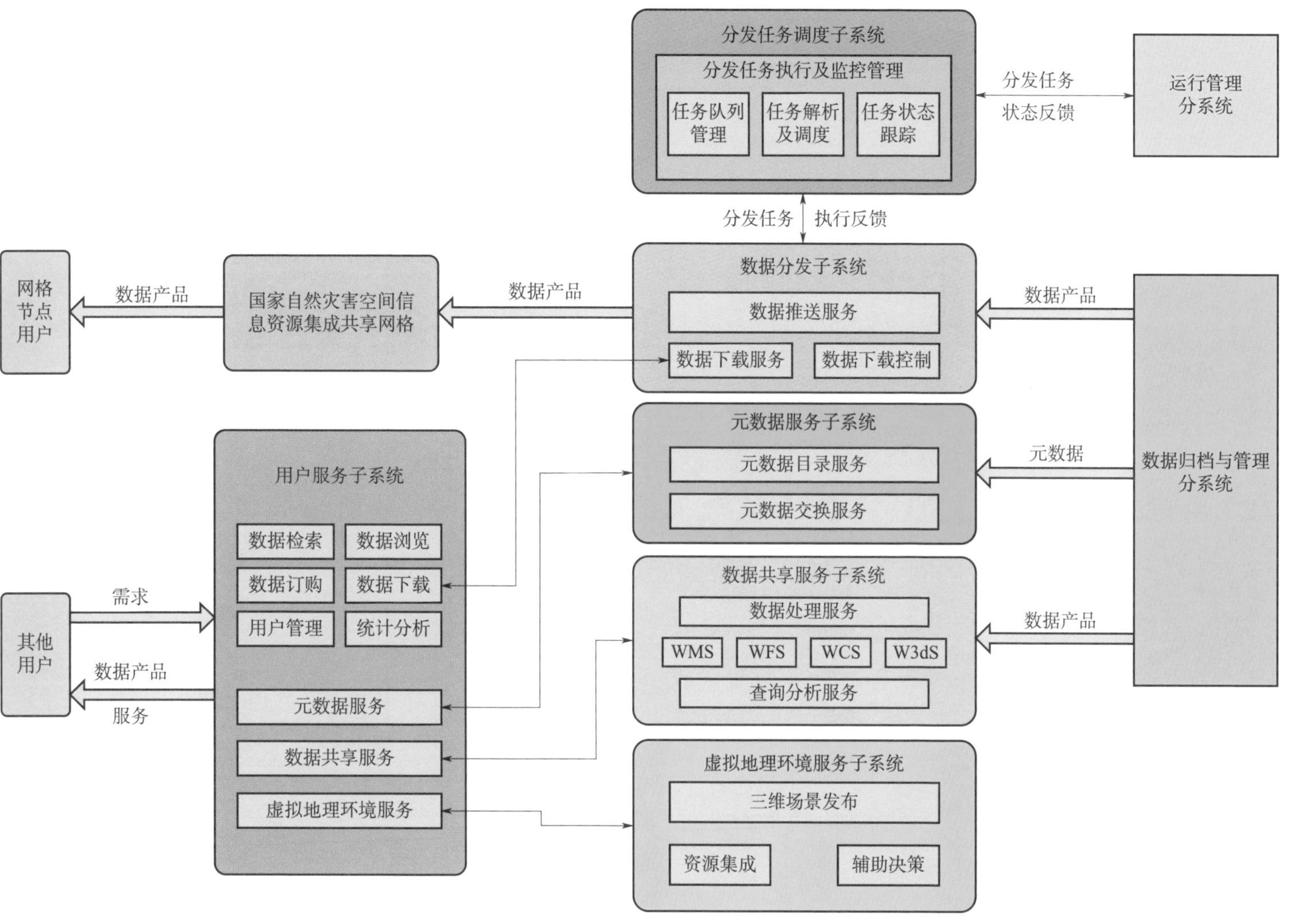

图2.20 产品分发服务分系统工作流程

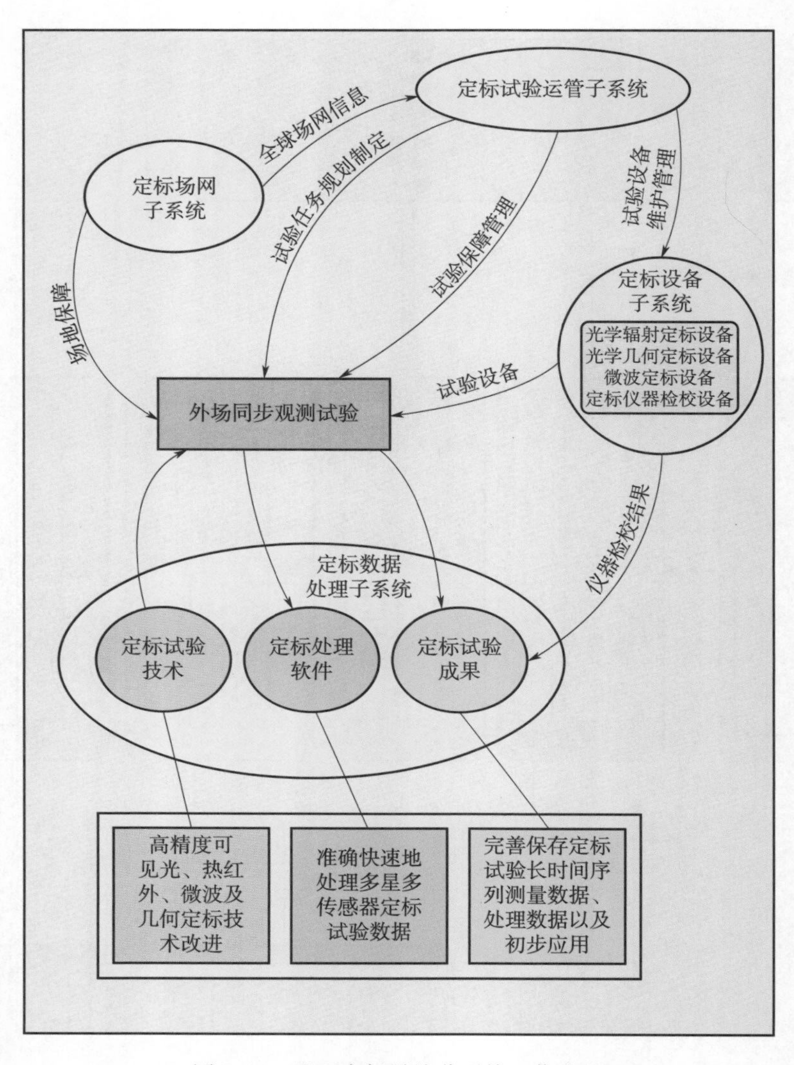

图 2.21　地面定标设施分系统工作流程

2.3.3.3　系统功能

数据处理与管理系统的主要功能如下：

1）收集、分析、汇总各类用户需求，对天基对地观测资源及系统运行实施统一任务规划和调度；监控各类卫星有效载荷的运行状态。

2）对天地一体化防灾减灾体系天基数据进行高效的批量化处理，生成标准数据产品；载荷类型涵盖全色、多光谱、高光谱、红外、SAR、电磁、重力等。

3）实现国家灾害应急对地观测数据的统一存储管理、容灾备份，建立信息档案，采用在线、近线和离线 3 级存储方式，有效存储和管理原始数据、各级产品和元数据。

4）通过网格平台，提供面向应用的数据与产品共享服务，统一管理用户信息和用户定制服务，采用网络化手段向不同的用户提供所需产品。

5）对天基载荷进行全链路数据模拟、全生命周期数据质量分析和定标校检。

6）提供各类用户数据应急交换与服务接口。

7）统一管理系统运行、设备资源调度和安全防护，将所有的分系统和功能都有机地整合在一个系统框架内，使系统具有易扩展、易维护、易升级的能力。

2.3.3.4　关键技术

在研制数据处理与管理系统过程中，需要重点突破以下几类关键技术。

（1）多载荷协同任务规划建模和求解技术

天地一体化防灾减灾体系的任务规划涉及多星多载荷的天基观测平台和地面接收站网，因此，灾害应急对地观测计划的制定是一个关联多平台、多载荷、多地面站、多种需求以及多种优化目标的复杂的规划与调度问题。

（2）新型载荷数据处理技术

本数据处理中涉及的传感器包括可见光、红外、高光谱、干涉 SAR 等，其中极轨干涉 SAR、电磁、重力等新型载荷的数据处理技术是数据处理与管理系统需要重点解决并突破的关键技术之一。必须根据新型传感器的技术特性，特别是地面实验数据的处理分析结果，设计和选择合适的处理算法，以实现新型载荷数据的高精度处理。

（3）海量空间数据存储和数据挖掘技术

利用云计算、云存储技术，针对海量空间数据资源的空间地理特征，探索适于海量空间数据存储的时空数据模型，基于云计算架构，构建分布式的时空数据存储与共享系统，实现多源、海量时空数据的高效组织管理和高性能数据挖掘。

（4）新型载荷定标校检技术

由于涉及极轨 L 波段干涉 SAR 等新型载荷，需要针对新型载荷的定标需求，开展多功能有源定标器的研制和相关定标方法的研究，以确保新型载荷定标校检任务的完成。

（5）新型载荷模拟评价技术

本模拟评价的载荷无论是观测方式、成像谱段、成像方式都与以往对地观测卫星数据有很大的不同，因此需在大气传输影响、卫星成像过程、数据质量评价等方面开展相关关键技术研究。

2.3.4　共性技术及其产品公共服务系统

共性技术及其产品公共服务系统立足于有效解决“天、空、地”多源异构数据资源在灾害应急过程中多源数据整编、海量数据的综合处理、灾害信息提取、灾害信息产品校验、高性能集群计算与数据挖掘分析和信息集成共享与快速服务关键技术；通过开展灾害关联性研究，探索灾害机理。研发共性技术及其产品公共服务系统，为自然灾害空间信息应用与服务系统提供技术支撑与技术服务，并对灾害应用系统开展技术培训、技术服务和典型产品示范；满足国家、行业、区域等各层次用户开展灾害监测、预测预警、灾害应急和灾后重建等应用需求。

2.3.4.1　系统目标

突破多平台、多载荷海量数据快速整编与综合处理，灾害信息提取分析与典型灾害信息产品质量验证，灾害机理科学研究与模拟等方面的关键技术；建立具有多元数据快速整编、集群计算、综合信息自动化与流程化处理、灾害信息产品高精度验证及高效典型灾害信息产品服务等功能的共性技术及其产品公共服务系统；满足国家、行业、区域、科研机构及社会大众等多层次用户在灾害监测预警、灾害应急及灾后重建等阶段对共性关键技术及灾害典型信息产品的需求。

通过共性技术及其产品公共服务系统建设，推进实现数据处理流程化、信息提取快速化、产品处理标准化、产品校验精准化、多源信息集成化、技术服务高效化；探索灾害关联性系统理论和技术，为各灾种的预测预警和监测提供科学依据和共性技术支撑。

2.3.4.2　系统构成

共性技术及其产品公共服务系统由共性技术研发与支撑平台、灾害信息共享与共性技术服务系统以及灾害关联性科学研究平台等 3 个部分组成，如图 2.22 所示。

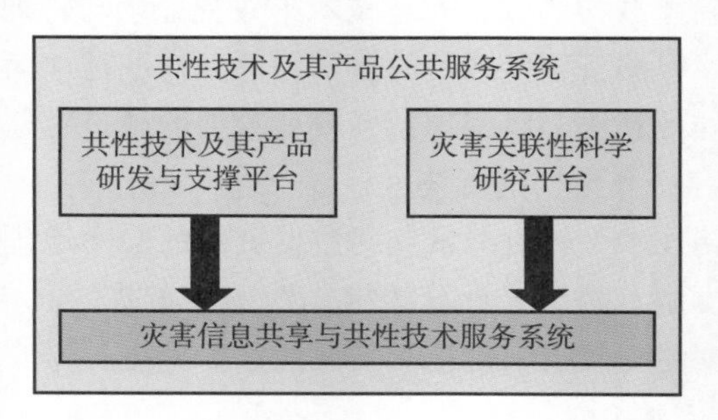

图 2.22　共性技术及其产品公共服务系统组成

（1）共性技术及其产品研发与支撑平台

共性技术及其产品研发与支撑平台由共性关键技术、数据整编技术系统、灾害信息综合处理与校验技术系统、灾害信息存储与计算支撑平台、验证设施与实验平台等 5 个部分组成，如图 2.23 所示。

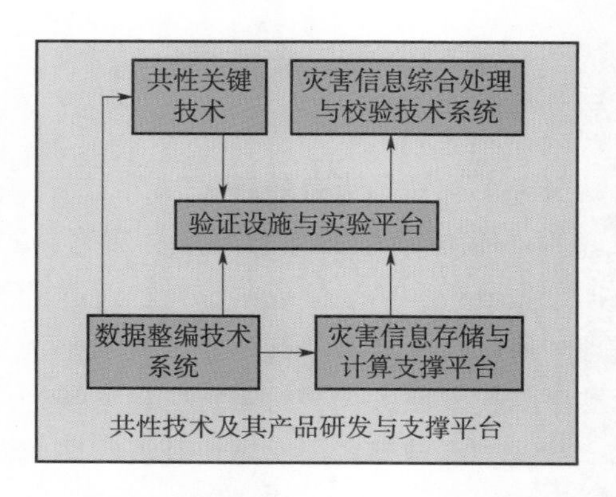

图 2.23　共性技术及其产品研发与支撑平台组成

①共性关键技术

为满足基于空间信息的典型灾害信息产品研发以及灾害关联性研究的需求，开展遥感信息处理技术、融合技术、信息提取、识别等灾害信息处理领域的关键技术，各个系统涉及的公共技术，典型产品研发以及遥感信息图像仿真等关键技术攻关研发，为自然灾害信息应用与服务系统提供灾害共性产品、模型、软件技术等支撑，需要解决针对现有平台、新型载荷的数据整编、处理、信息提取与参数反演、信息服务等问题，将重点攻克海量数据快速整编、高效时空数据检索、空间信息产品同化处理、灾害信息综合处理与产品质量控制、灾害关联性监测、模拟和机理研究等技术，使其具有移动、快速、高效、容灾等能力。

②数据整编技术系统

数据整编技术系统由多源基础数据目录体系构建技术、数据快速汇交技术子系统、数据整编门户子系统、灾害数据信息资源群建设与数据整编技术标准规范 5 个部分组成（如图 2. 24 所示）。多源基础数据目录体系构建在对已有自然灾害涉及的内容、分布、管理状况，以及信息资源共享、交换需求分析整理的基础上，建立数据目录构建的技术路线，按照路线的要求对数据进行调研、数据现状分析，并梳理国内已建立的数据中心及数据库，按照体系标准形成数据目录体系统结构。数据快速汇交技术子系统主要包括多源异构数据汇交、联邦数据库接口访问、数据汇交任务控制等功能。数据整编门户子系统主要包括多源数据处理工具集、数据质量控制、数据整编门户等功能。灾害数据信息资源群建设包括多源基础空间数据库、灾害信息产品库、模型知识库等数据库群的库体设计、建库，数据整编技术标准规范主要包括数据汇交规范、数据集成规范与数据质量控制规范等内容。通过研发多源数据快速整编技术，实现灾害信息快速汇交、整理、质控等关键过程，解决灾害监测、应急中多源数据整编的技术难题。

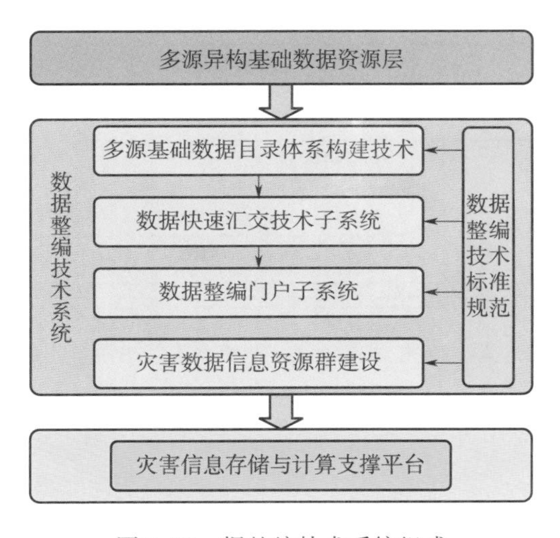

图 2. 24　据整编技术系统组成

③灾害信息综合处理与校验技术系统

灾害信息综合处理子系统由多源数据综合处理子系统、灾害空间信息提取与分析技术子系统、典型灾害产品生产子系统、灾害支撑信息共性评价技术与校验子系统等 4 个子系统组成（如图 2. 25 所示）。研发现有平台、载荷和新型平台、载荷的多源数据辐射精校正、几何精校正、仿真模拟等技术，突破灾害空间信息提取和挖掘技术，建立完整的灾害数据综合处理、灾害信息挖掘与灾害典型信息产品研发及其质量检验的技术体系及软件系统。

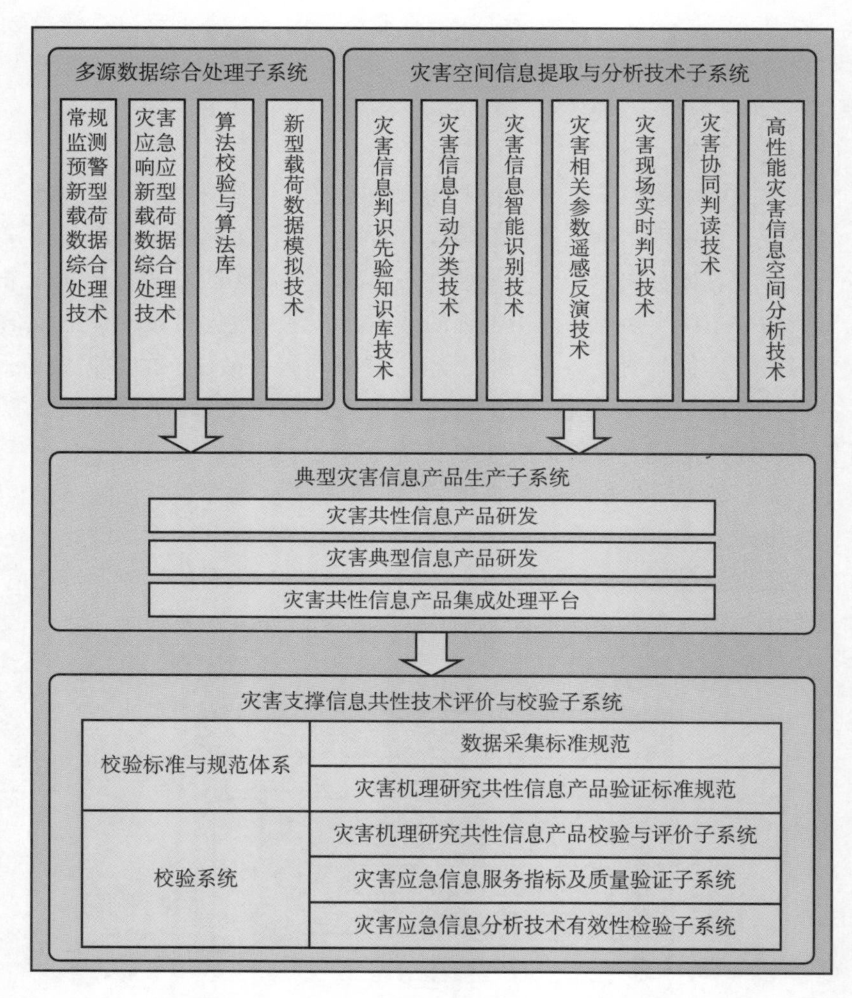

图 2. 25　灾害信息综合处理与校验技术系统组成

④验证设施与实验平台

验证设施与实验平台由灾害信息共性技术真实性检验场网和灾害信息共性技术样本采集子系统组成（如图 2. 26 所示）。依托已有的地面观测样本数据获取场网和样本数据获取实验平台，针对灾害信息增加相应的实验仪器和设备，形成类型齐全、数据丰富的海量样本数据采集子系统，为典型灾害共性信息产品的研发与精度检验、遥感应用效能评估等提供必备的基础设施。

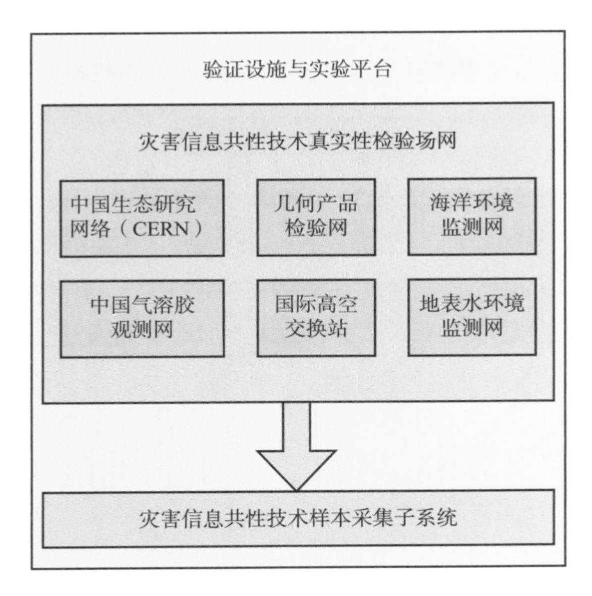

图2.26　验证设施与实验平台组成

⑤灾害信息存储与计算支撑平台

灾害信息存储与计算支撑平台主要由灾害信息与计算资源集群环境、灾害信息与计算资源集群管理服务平台组成（如图2.27所示）。构建分布式高性能计算资源集群环境，拥有TB级的存储能力和万亿次的计算能力，支持计算资源负载均衡与多任务协调管理，为满足灾害共性技术研究与产品服务所需要的信息技术资源服务提供数据、产品、知识的快速检索、资源交换服务以及服务调度等支持。

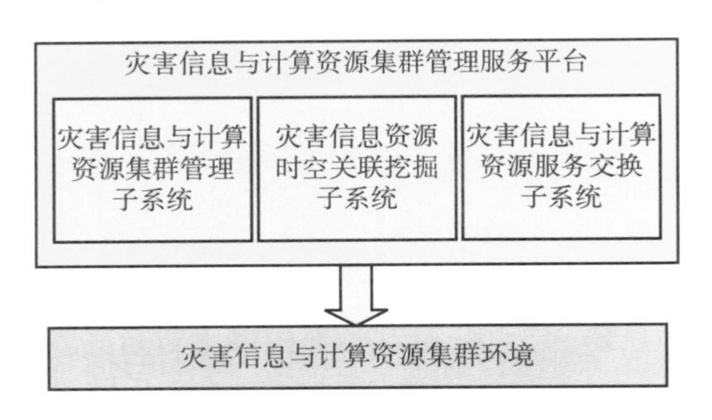

图2.27　灾害信息存储与计算支撑平台组成

（2）灾害关联性科学研究平台

建立灾害关联性科学研究综合集成研讨平台，主攻干旱－洪涝（或冰冻）－地震－滑坡－泥石流（堰塞湖）灾害链，由灾害关联性模型建立、灾害关联性模型检验、灾害关联性模型应用等3个子系统组成（如图2.28所示）。综合利用提供的天基、空基和地基观测数据和多元灾害信息，在典型多灾连发区（西南和华北）开展灾害综合调查，从盆山耦合、地气耦合、固流耦合的角度，建立灾害链结构、前兆和成因模型，通过物理实验、数值模拟和三维可视化，检验系列模型的科学性，然后应用灾害关联性模型指导灾害预测，探索取能减灾的新思路和新方法，从实践的角度进一步检验灾害关联性模型。

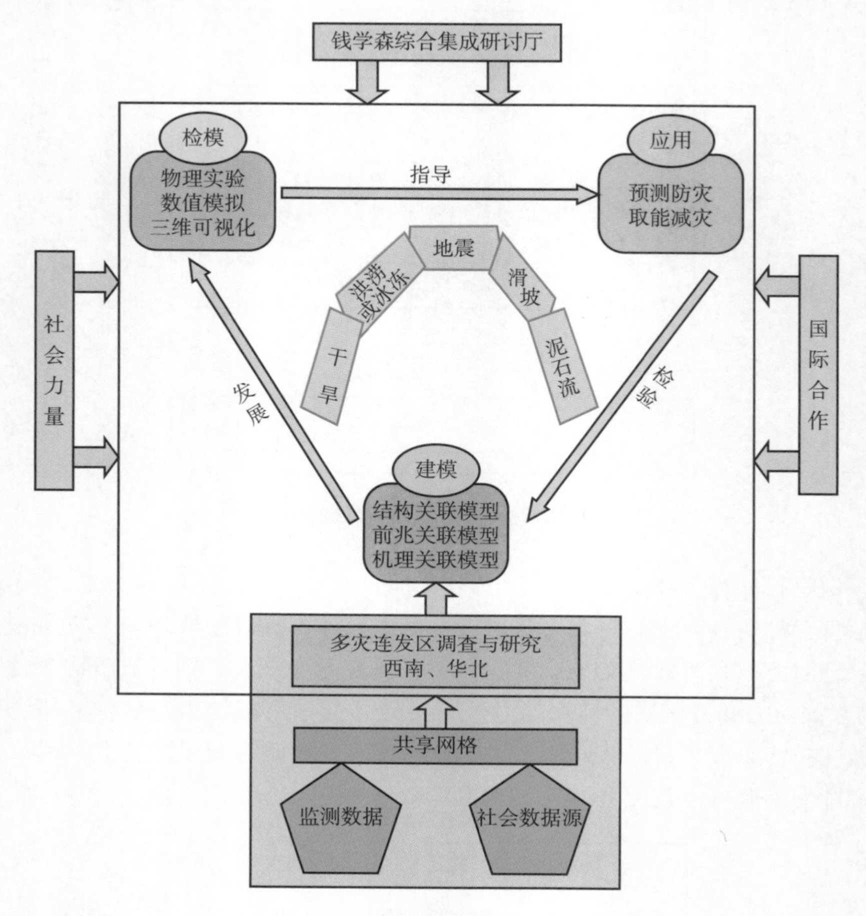

图 2.28　灾害关联性科学研究平台组成

（3）灾害信息共享与共性技术服务系统

灾害信息共享与共性技术服务系统由灾害现场实时协同与服务子系统、灾害信息即时场景支撑服务子系统、信息资源服务技术子系统 3 个部分组成（如图 2.29 所示）。面向不同层次的用户，提供共性技术集成和灾害科学研究应用服务平台，为行业应用和灾害科学机理研究等提供技术和科学数据支撑。

2.3.4.3　系统功能

共性技术及其产品公共服务系统的主要功能如下：

1）具有高效的多源数据整编、数据汇交、质量控制、格式转换等功能；

2）具有多源数据综合处理、灾害信息快速提取与挖掘、灾害典型信息产品生产的功能；

3）具有典型灾害信息产品验证与实验功能；

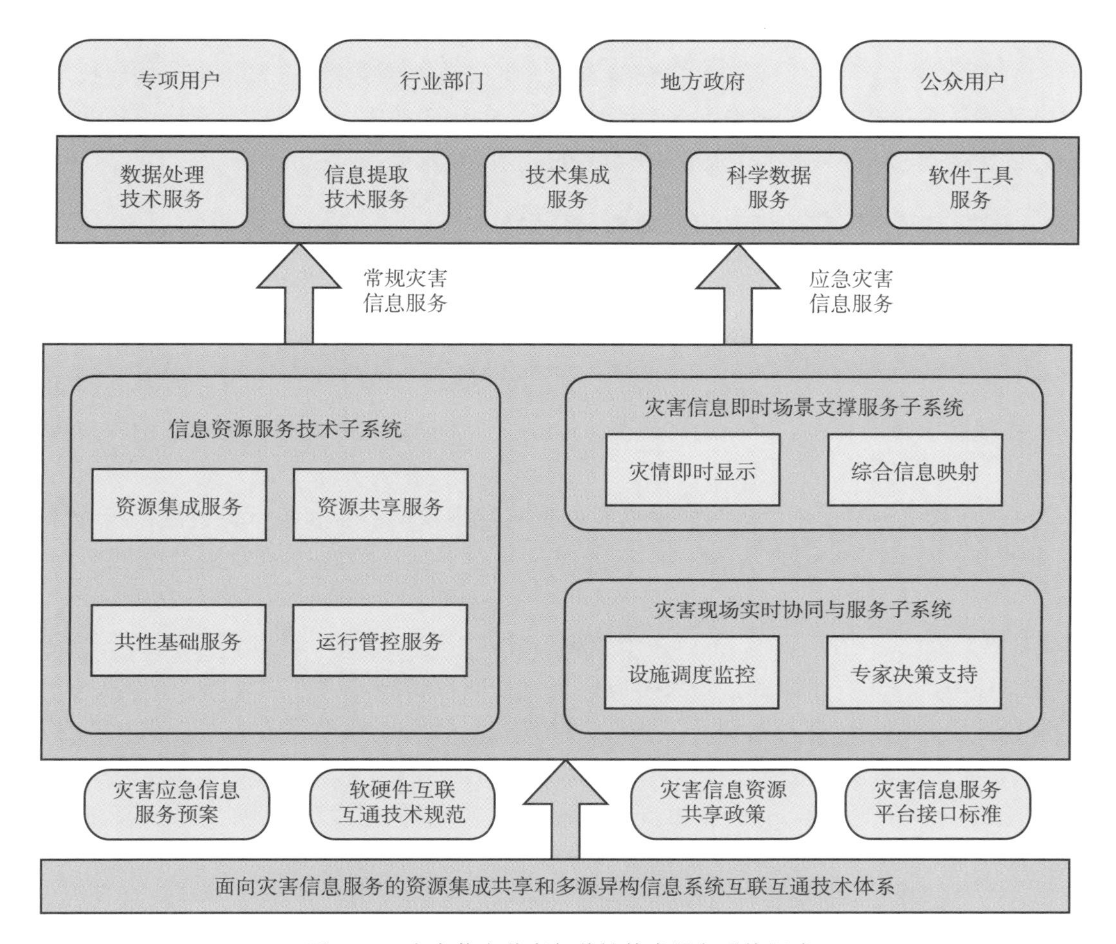

图 2.29　灾害信息共享与共性技术服务系统组成

4）具有资源共享服务和灾害即时场景服务等共性技术支撑服务功能；

5）具有监测重大自然灾害关联性、灾害链和前兆异常关联性的机理研究以及推演灾害发生的可能性与时空强度的功能。

2.3.4.4　关键技术

（1）海量数据快速整编、同化与处理技术

该关键技术包括异构多源数据整编技术、多源灾害时空数据云存储技术、多尺度时空数据同化及并行运算技术等。

（2）灾害信息综合处理与灾害共性信息产品质量验检技术

该关键技术包括多源数据综合处理技术、空间信息快速提取与挖掘技术、典型灾害共性信息产品研发与验证技术等。

（3）灾害关联性监测、模拟和机理研究技术

该关键技术包括灾害链中物质－能量－时空关联度与前兆关联性的判定、灾害关联性

监测技术、地球系统与灾害系统的快速建模技术等。

（4）具有移动、快速、高效和容灾能力的灾害信息共性技术服务系统的云构建技术

该关键技术包括分布式环境下灾害信息服务云的构建技术、面向灾害现场服务的移动云中心快速构建技术、灾害信息服务的高效并发访问技术等。

2.3.5 国家自然灾害空间信息资源集成共享网格

2.3.5.1 系统目标

国家自然灾害空间信息资源集成共享网格的主要系统目标是：

1）建立网络数据信息互联体系，依托光纤传输系统，基于专网、电子政务外网和互联网，实现遥感数据和信息产品的高效快速传输，为满足防灾减灾等主体业务的需求提供支持。

2）建立数据网格系统，协调和集成各种观测监测数据节点和各行业节点，实现异构数据服务节点的网格化互联互通；在灾害应急状态下，提供快速响应的数据服务组合能力。

3）建立云计算平台，有效聚合多地数据、计算、存储资源、软件资源和服务，提供公共支撑环境及一站式云服务，为灾害应用提供按需可扩展的高性能计算、存储、软件、技术等按需服务。

4）建设灾害数据集成分系统，具有多源数据快速汇集、转换、综合、发布与服务功能。依托云平台基础设施，由网格汇聚多源数据资源，提供连续动态的灾害标准数据集成产品。

2.3.5.2 系统构成

为实现各灾害空间信息资源、灾害应用单位的跨单位、跨区域、跨系统的信息共享，国家自然灾害空间信息资源集成共享网格总体架构设计如图 2.30 所示。

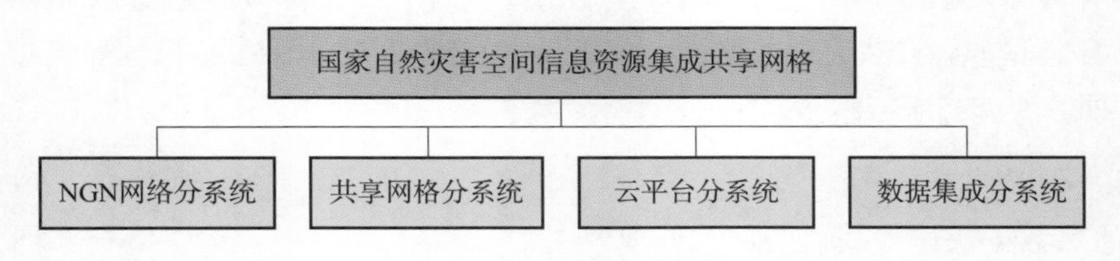

图 2.30　信息共享网格系统总体架构

（1）NGN 网络分系统

NGN 网络系统包括 NGN 核心网、接入网、区域网络 3 个网络。

NGN 核心网包括数据接收系统、数据处理与管控系统、共性技术与灾害机理研究系统、信息资源共享服务网格系统。核心网采用星型拓扑结构。接入网包括各部委的接入节点、各数据源单位的接入节点，采取星型网络拓扑。区域网络包括全国区域节点：东北区域节点、华北区域节点、西北区域节点、西部边疆区域节点、华东区域节点、华南区域节

点、华中区域节点、西南区域节点。区域网络主要采取网状网络拓扑。

NGN网络分系统包括网络路由交换、通信栅格、综合网络管理、安全防护等子系统。

①网络路由交换子系统

网络路由交换子系统包括核心网、部委接入网、区域网络三个网络。采取三层次网络设计：在核心网上采用DWDM波分复用光传输系统；路由器网络；接入交换机网络。核心网包括数据接收中心、数据处理中心（运管）、共性技术研发中心、国家减灾中心和交换节点等。部委接入网包括部委的接入节点，采取星型网络拓扑。区域网络包括全国区域节点。

②通信栅格子系统

采用NGN网络体系，在传统的网络路由设备之上配置通信栅格子系统。通信栅格子系统支撑云服务和数据网格系统，主要完成数据信息、控制信息、服务信息在网络传送过程中的QOS传输服务质量的保障。

③综合网络管理子系统

综合网络管理子系统主要进行通信栅格分系统、网络传输与网络路由交换分系统、网络安全与安全认证分系统的统一综合管理。综合网络管理主要完成网络规划与拓扑管理、网络资源统一管理、网络监控管理（系统与网元的性能、故障、配置、安全和维护管理）。

④安全防护子系统

安全防护子系统包括网络安全系统和安全认证系统两个方面。安全防护子系统采用面向安全、网络和应用一体化设计的动态防御体系，为承载信息与服务的数据网格提供安全检测和防护功能，实现网络与服务的真实性、可用性、完整性、一致性和不可否认性。安全防护子系统由网络安全和安全认证两部分组成。

（2）共享网格分系统

国家自然灾害空间信息资源集成共享网格系统工程建设的一个重要任务就是为各参与提供数据、使用数据的单位和区域建立网格节点，提供各单位信息资源的网格接入。需要为分散在管理部门的数据提供一个共享平台，形成核心的观测/监测数据节点；并为14个灾种所涉及的各级政府灾害管理部门提供数据、信息、应用共享以及管理服务。

网格节点按功能分可以分为数据节点、服务节点、监控节点和交换节点等4类；按类型分可以分为数据获取节点、数据处理节点、行业节点、区域节点、用户节点等5类。

共享网格分系统分为以下6个子系统。

①网格数据接口总线子系统

网格数据接口总线子系统实现跨部门、跨地区、异构多源数据的集成共享。针对多机构多用户的超大规模文件传输，通过副本管理和多点协同，为专线高时效用户提供可靠、安全、高性能并发的文件数据传输。

②网格服务接口总线子系统

网格服务接口总线子系统实现自然灾害相关基础软件、共性软件和应用软件的集成共享。采用通用、标准的服务技术对软件进行服务封装，屏蔽底层程序语言、运行平台、软件协议的差异性，向上提供统一的标准的共享服务。

③移动接入网格子系统

移动接入网格子系统针对移动网格服务环境的异构性、动态性、分布性、开放性，针对移动接入网格的情境、数据、终端、运行状态及服务本身这五类最核心资源的高效管理进行研究，重点实现移动接入网格的主动性与自主迁移性。

④应急协同网格子系统

应急协同网格子系统在灾害发生的应急情况下，提供灾害现场的快速网格节点部署、快速数据接入功能。同时为应急情况下各部门的灾情研判、减灾赈灾决策所需的大数据实时数据汇交、显示、协作调度等提供底层协同支持工具和服务。

⑤网格资源管理子系统

网格资源管理子系统实现整个自然灾害空间信息共享网格系统中的数据资源、信息资源、软件资源、网格节点机等的全生命周期管理，包括资源描述、资源注册、资源发现、资源分配、资源配置、资源调度、资源回收和资源重用。网格节点资源的回收和重用，有助于提高网格资源的利用率和使用效益；提供网格资源状态可视化工具和视图，提高网格运行的易维护性，提高管理效率。

⑥网格安全管理子系统

网格安全管理子系统实现跨域跨部门的资源安全访问；提供用户单点登录；提供网格环境的自动入侵检测，避免对网格环境中的资源、数据以及基础设施的完整性、保密性和可利用性的安全威胁。

（3）云平台分系统

云平台建设内容包括云计算基础服务、海星云存储、弹性计算云平台、超级计算平台、大数据计算平台、云服务支持、云处理引擎、系统监控与应用管理、软件部署与配置管理等 9 个子系统，如图 2. 31 所示，为数据处理、综合集成以及各业务提供计算和存储环境。

①弹性计算云平台子系统

基于高性能计算的弹性计算云平台子系统通过对基于高性能计算的数据中心资源和其他多种计算资源的有效聚合、管理和科学调度，为天地一体化防灾减灾体系中的数据接收系统、数据处理与管理系统和信息集成与研究系统等提供按需可扩展、具有服务质量保障的高性能计算基础设施，支持各系统通过多种方式访问和使用云计算服务。

②海量云存储子系统

海量云存储子系统针对海量异构多源空间信息的存储管理需求，提供可扩展、稳定、高效、安全、可靠的数据云存储与管理环境，屏蔽不同空间数据存储系统在物理上和逻辑上的差异，为应用和用户提供统一的视图，并实现对异构、分布数据的透明访问。

③云处理引擎子系统

云处理引擎子系统提供公共的并行运行库支撑，屏蔽底层计算资源、数据资源、存储资源等资源特性给业务系统设计和开发带来的复杂性，使得业务系统开发人员可将注意力

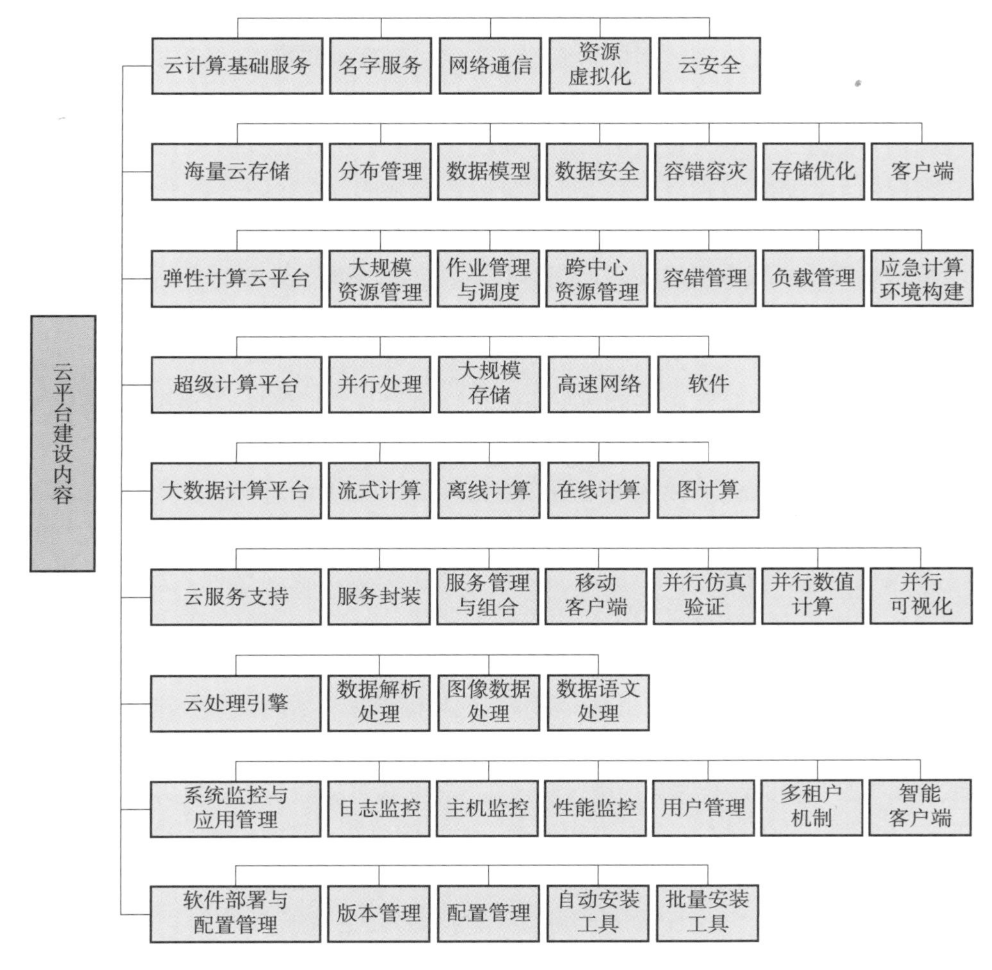

图 2.31　云平台建设内容

集中在各自的业务上，降低共性关键技术的重复开发。

④云服务支持子系统

云服务支持子系统以服务的形式封装计算资源、存储资源、数据资源和应用业务，支持资源和业务应用以云服务的方式共享和访问；提供高效的基础服务，支持服务的注册、发布和管理，支持服务组合、协同和流程动态重组；提供开发工具，支持云服务的开发、部署和运行。

⑤超级计算平台子系统

超级计算平台子系统为空间信息综合集成服务系统提供高性能计算环境，通过超高速专用互联网络进行节点间的通信连接，提供超高计算能力和通信能力，与大规模数据存储能力，配以高性能、高容量、高可靠的全局共享并行文件系统，提供与计算和通信能力相匹配的高速并发输入/输出（I/O）访问能力。

（4）数据集成分系统

数据集成分系统实现灾害数据快速汇交、集成、整理、质控等关键功能，辅助解决基础数据资源快速集成与服务的问题；对“天、空、地”平台获得的多源数据进行格式转换、整理归纳等处理，并对灾害数据产品进行质量检验；实现高效的灾害标准数据集成产品生产；面向用户，提供数据集成与发布服务。数据集成分系统包括以下 3 个子系统。

①多源数据汇集子系统

多源数据集成子系统重点建设灾害数据汇集与整合标准规范体系、多源灾害数据快速汇集、一站式灾害数据整合等几部分，实现多源异构数据的数据汇交、快速整合、数据整理、质量控制等关键过程，保障多源异构灾害数据的可获取性、一致性及互操作性，辅助解决监测预警、灾中应急过程中基础数据资源快速集成与共享服务的问题。

②灾害数据综合子系统

灾害数据综合子系统是构建集灾害多源数据集成、校验为一体的系统，由多源数据转换、灾害空间数据校验以及灾害数据产品集成 3 个模块构成，具有快速高性能、自动化、智能化、规模化的灾害数据综合功能；实现多源灾害数据的快速整合、数据的有效处理、验证的完备配置等能力，为灾种相关应用提供长期稳定的服务保障。

③数据发布服务子系统

数据发布服务子系统主要面向信息资源集成网格内部用户、减灾行业应用部门用户和公众用户，实现常规灾害数据资源综合服务、现场快速应灾的信息资源服务；面向不同层次用户，提供常规灾害数据的综合服务。通过软硬件一体化设计，建设面向灾害现场服务的客户端，实现灾害数据现场便携式采集、并行处理、大容量存储、高速传输、自适应组网和定位通信等云端服务；在公共基础运行环境的支持下，构建应急救援辅助决策服务等。

2.3.5.3 系统功能

国家自然灾害空间信息资源集成共享网格的主要功能如下：

1）通过网络数据信息互联体系，具备遥感数据和信息产品的高效快速传输的功能，为满足防灾减灾等主体业务的需求提供支持。

2）通过数据网格系统，协调和集成各种观测监测数据节点和各行业节点，具备异构数据服务节点的网格化互联互通，在灾害应急状态下，提供快速响应的数据服务组合的功能。

3）通过云计算平台，具备为灾害应用提供按需可扩展的高性能计算、存储、软件、技术等按需服务的功能。

4）通过建设灾害数据集成分系统，具备多源数据快速汇集、转换、综合、发布与服务的功能，提供连续动态的灾害标准数据集成产品。

2.3.5.4 关键技术

（1）国家自然灾害空间信息资源集成共享网格标准与规范设计论证

分析国家自然灾害空间信息资源集成共享网格建设、使用中的标准化的需求，研究网格标准化工作内容，为国家自然灾害空间信息资源集成共享网格建设、使用过程中的标准化工作进行技术支撑和总体规划。

根据国家自然灾害空间信息资源集成共享网格方案，构建满足国家自然灾害空间信息资源集成共享网格建设、使用需要的标准体系框架及主要需要编制的标准目录，制定数据信息集成过程中涉及的规范。国家自然灾害空间信息资源集成共享网格标准化要站在顶层进行综合考虑，系统分析网格的作用及各个系统对网格的需求，以网格建设的标准化工作入手，以满足建设需求为目标来进行标准化规划，逐步开展急需标准的研究和编制。

（2）支持应急协同的服务流程快速组合和柔性集成技术

支持应急协同的服务流程快速组合和柔性集成技术可以将现有的流程和新的流程根据业务需要进行各种组合，以适应不用的应用场景。其技术包括应急协同服务流程快速组合技术和应急协同服务流程柔性集成技术。在应急的条件下，若干应急协同服务流程可以按照一定的业务逻辑和过程约束进行快速组合，以满足特定的业务需求，同时可以减少流程执行占有的资源，达到资源的有效利用。

（3）支持易变移动环境的大规模多中心网格集成技术

极大规模多中心虚拟数据聚合搜索技术旨在处理海量规模的，来自不同数据源的异构数据进行聚合，对这些数据进行综合建模，并且为不同的数据源提供统一的搜索与查询视图，为用户提供高响应，极大数据规模，高准确性高查全率的数据搜索技术。同时，多中心虚拟数据聚合搜索技术还提供了多个中心的高效快速的数据同步策略及实现。

针对移动网格服务环境的异构性、动态性、分布性、开放性，对移动接入网格的情境、数据、终端、运行状态及服务本身这 5 类最核心资源的高效管理进行研究，重点实现移动接入网格的主动性与自主迁移性，从而为移动接入网格成为移动网格服务软件基础设施提供支撑。

多粒度、多因素的大数据网格分发优化技术是为极大规模数据传输和分发定制的分布式并行传输技术。该优化技术综合 I/O 吞吐、网络传输、负载均衡、服务质量、任务优先级等多个因素。

（4）面向灾害空间信息服务的云平台体系结构技术

研究灾害空间信息的日常处理和应急处理对高性能计算系统的需求，分析灾害空间信息数据量和应急业务等特性对大规模云计算系统构建、资源访问、容错和规模扩展等的影响，提出以平衡存储、计算、共享、传输为目标的云计算系统可扩展性设计方法，以基于高性能计算的大规模数据中心、业务处理资源等资源为基础，实现可扩展、支持灾害应急的云计算平台。

基于每秒千万亿次双精度浮点运算的高性能云计算平台，灾害空间信息云处理引擎子系统具有 CPU/GPU 协同计算能力，提供空间信息数据的整合、图像处理、高级语义处理和产品生成的共性关键技术，并提供仿真与验证、数值计算、可视化等基础引擎。

研究海量灾害空间数据弹性伸缩自适应存储与管理技术。研究面向 ZB 级空间数据感知的低能耗、弹性自适应分层存储体系，支持离线、在线结合的大数据深度分析，构建 PB 级数据的实时计算、EB 级数据的高效能存储与管理、ZB 级数据感知的海量数据存储与管理体系。

（5）多源海量数据与共性技术快速集成技术

该关键技术包括异构多源基础数据汇集技术、多源灾害时空数据云存储技术、多尺度时空数据同化及并行运算技术等。针对异质、混杂颗粒度、不同规模数据的空间海量数据特征，研究面向空间海量信息的大数据深层价值挖掘技术。

2.4 自然灾害空间信息应用

自然灾害空间信息应用与服务系统是天地一体化防灾减灾体系需求牵引和最终应用的出发点和落脚点，是发挥社会经济效益的重要保障和实现空间技术在防灾减灾决策链条中核心作用的重要基础。自然灾害空间信息应用与服务系统的建设按照“填平补齐”的原则，在行业部委现有系统的基础上，充分利用灾害监测星座和区域空基监测网的对地观测能力，建立技术流程清晰、标准规范配套、产品体系完善、应急响应高效、上下贯通的综合的自然灾害空间信息应用系统，形成持续、稳定、高效的业务运行能力，具备多灾种的预测预警、实时预报和快速应急的能力，为国家和地方重大自然灾害监测和快速响应提供强有力的决策支持信息，最大限度地发挥其在多领域防灾、减灾的支撑作用。图 2.32 为自然灾害空间信息应用与服务系统总体架构。

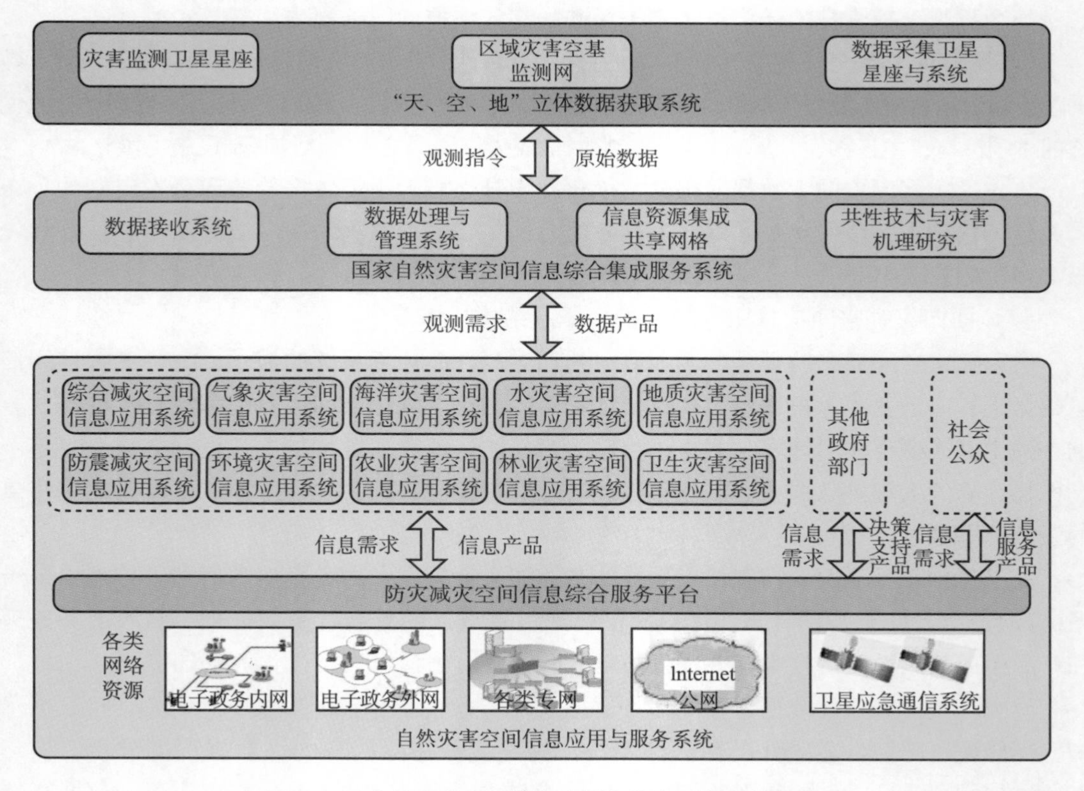

图 2.32 自然灾害空间信息应用与服务系统总体架构

2.4.1　总体目标

面向国家防灾减灾重大应用需求，充分利用空间先进技术，围绕灾前、灾中和灾后灾害管理不同阶段开展灾害监测、预警、评估和应急响应工作，突破自主卫星、航空平台数据源为主导的空间信息技术监测、预警、评估以及灾害应急响应关键技术，形成“天、空、地”一体化灾害监测手段相结合的技术与方法体系。

针对不同行业应用基础，紧密围绕防灾减灾应用需求，确定分层次的建设目标：

1）在现有基础上，全面提升业务化运行能力，包括综合减灾和气象灾害 2 个分系统。

2）应针对典型灾害的预测预报，形成业务化运行能力，包括地震灾害、地质灾害、水灾害和海洋灾害 4 个分系统；针对地震监测及应急救援信息的支持，形成业务化运行能力，为实现《国务院关于进一步加强防震减灾工作的意见》（国发［2010］18 号）提出的“力争作出有减灾实效的短期预报或临震预报”任务目标提供技术支撑。

3）应针对典型灾害的预测预报形成业务示范应用能力，包括农业灾害、林业灾害、环境灾害 3 个分系统。

4）应重点补充卫生分系统，建设现有业务系统能力，建成 1 个防灾减灾空间信息综合服务平台和 1 个卫星应急通信系统，形成完整的防灾减灾卫星应用链条；实现将空间技术纳入灾害监测、预警与评估业务体系中，提升国家灾害管理科学决策水平和应急响应能力。

2.4.2　防灾减灾空间信息综合服务平台

2.4.2.1　系统目标

防灾减灾空间信息综合服务平台是实现灾害信息高效应用的核心关键环节与中枢纽带，是实现防灾减灾信息服务的信息数据、服务功能及其运行支撑环境的总称。防灾减灾空间信息综合服务平台充分依托现有航天、高分、国家通信等基础设施，为统一防灾减灾信息服务，实现灾害数据资源分布式管理，优化信息获取和发布流程，提升防灾减灾信息共享和服务的效率，将在国家电子政务内网、外网、专网以及互联网基础上建立基于 SOA 架构的防灾减灾空间信息综合服务平台，为各涉灾行业部门和公众提供防灾减灾产品及信息的共享交换服务，增强国家防灾减灾信息综合服务能力。

2.4.2.2　系统构成

防灾减灾空间信息综合服务平台共分为 6 个业务分系统，包含防灾减灾信息接入服务分系统、防灾减灾数据资源管理分系统、防灾减灾信息处理与分析服务分系统、防灾减灾应用服务集成分系统、防灾减灾信息分发服务分系统和防灾减灾业务协同与运行管理分系统。该平台底层由软硬件环境进行支撑，面向民政部、地震局、气象局、海洋局、水利部、地质调查局、环保部、农业部、林业局、卫生部 10 个行业用户以及公众用户提供防灾减灾信息的产品共享服务。其总体架构如图 2.33 所示。

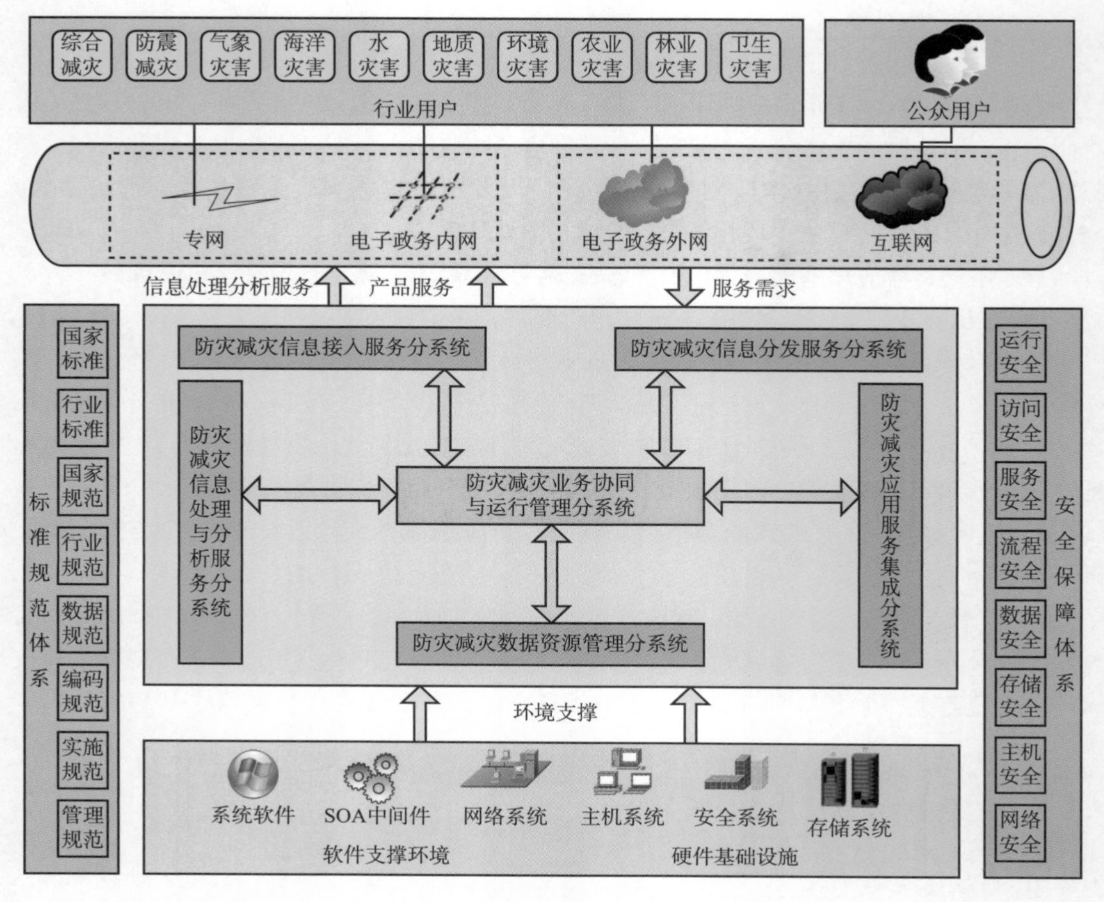

图 2.33　防灾减灾空间信息综合服务平台总体架构

2.4.3　卫星应急通信系统

2.4.3.1　系统目标

卫星应急通信系统在国家灾害应急平台的体系下，解决救灾过程中的通信及特种数据回传问题，重点保证连续不中断的应急通信和救灾指挥。卫星应急通信系统（ECSS）以卫星固定通信、卫星移动通信为主要手段，两种手段发挥不同的作用，可以互为备份。其中，卫星移动通信保障在地面线路中断时，特别是在没有灾害预警情况下的语音通信不中断，保证灾区灾后视频信息等数据及时有效传输；卫星固定通信重点保障灾后救援时现场救灾专用通信的畅通，并兼顾公众移动通信。

卫星应急通信系统（ECSS）主要开展卫星应急通信系统的关键技术攻关和相关设备研制，并选取一定区域进行应用示范，对系统的关键功能和性能进行全面测试验证，为后续的大规模部署提供支撑。待卫星应急通信系统大规模部署后，实现灾害区域通信不中断的目标。

2.4.3.2　系统构成

（1）系统组成

卫星应急通信系统由卫星中继灾害应急通信专网、卫星移动通信应用系统组成，如图 2.34 所示。

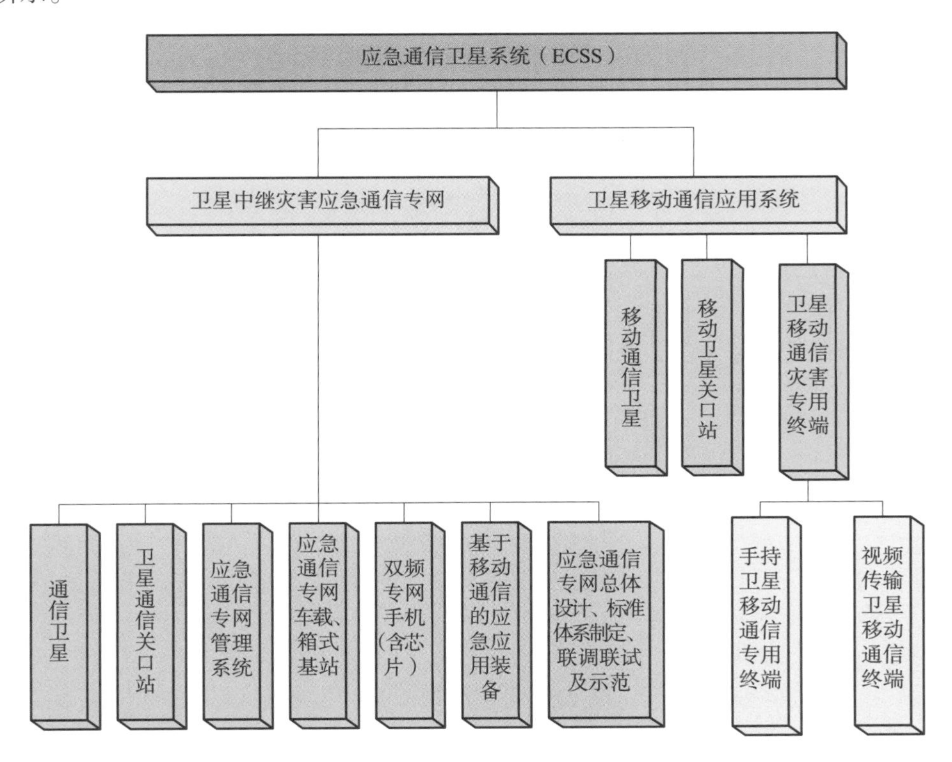

图 2.34　卫星应急通信系统组成

在研发过程中还需要研究卫星应急通信系统的总体技术，梳理总体技术路线，在研制的各个阶段要进行联试和测试验证，通过示范应用对研发阶段突破的关键技术和装备指标进行验证和测试，为后续大量装备部署提供基础实验数据和基础设施。因此，研究内容还包括系统总体设计、系统联调与测试验证和应用示范等。

（2）系统运行模式

卫星应急通信系统提供灾区与安全区域之间、灾区救援人员之间通信服务保障，为抗灾、自救和生活秩序的恢复提供帮助，并起到稳定灾区群众情绪，防止灾后突发事件发生的作用。卫星应急通信系统还可提供灾区震后视频信息及震测数据等特种数据，使灾害管理部门和地震局等相关单位能够及时准确地进行灾害预警和灾情分析，确保救援的及时性和有效性。

卫星应急通信系统主要确保受灾时的指挥通信，同时兼顾灾区的公众通信。卫星应急通信系统的运行模式包括应急数据传输模式和应急通信两种模式。

①应急数据传输模式

卫星应急通信系统应急数据传输模式如图 2. 35 所示。

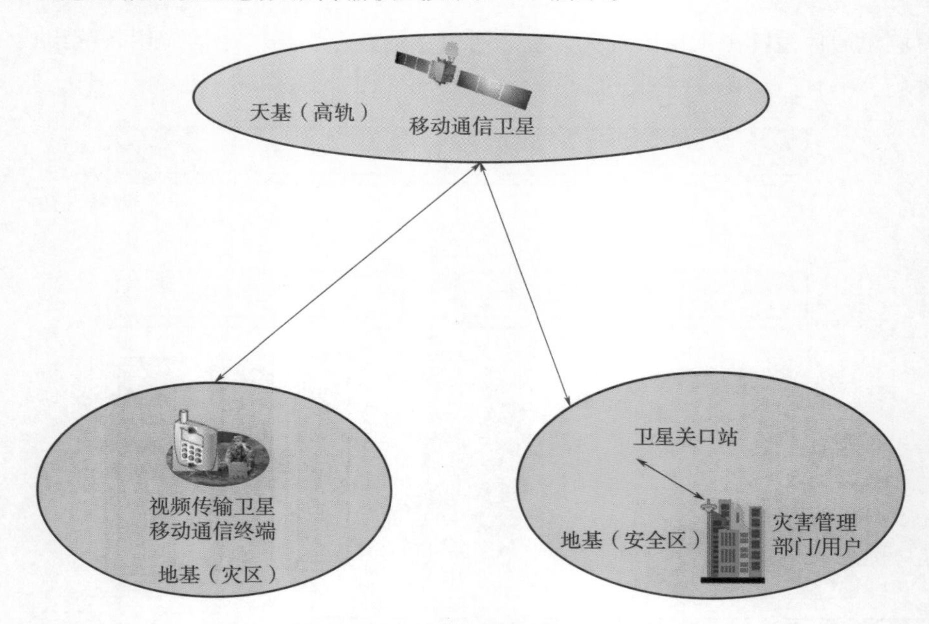

图 2. 35　应急数据传输模式

本系统中的应急数据传输模式是指利用卫星移动通信系统向后方传输语音、视频等数据，具体的通信流程如下：

视频传输卫星移动通信终端采集灾区受灾情况，通过移动通信卫星和卫星关口站，将数据以视频、图片等形式传回灾害管理部门/用户，使其实时了解灾区现场情况。

②应急通信模式

本系统中的应急通信模式（如图 2. 36）包含两种通信方式，分别为利用卫星中继灾害应急通信专网实现与后方通信和利用卫星移动通信系统实现与后方通信两种方式，具体的通信流程如下：

卫星中继灾害应急通信专网通信【1】：灾区人员使用双频专网手机，通过应急通信专网基站、通信卫星和通信卫星关口站，与灾害管理部门/用户建立联系，实现话音、数据和视频通信传输；生命探测信息通过通信卫星发送给灾害管理部门/用户。

卫星移动通信【2】：灾区人员使用手持卫星移动通信专用终端，通过移动通信卫星和卫星关口站，与灾害管理部门/用户建立联系，实现话音和短信通信。

2. 4. 3. 3　关键技术

（1）多频段可编程微波模块设计技术

多频段可编程微波模块包含了多个地面网 3G 频段和卫星频段。中频处理通道可以根据 MCU（主控制器）的控制在多个频段间进行信号收发。由于每个频段收发信号的带宽不一致，因此需要研究实现能够在不同带宽滤波器间进行切换的可编程微波模块。

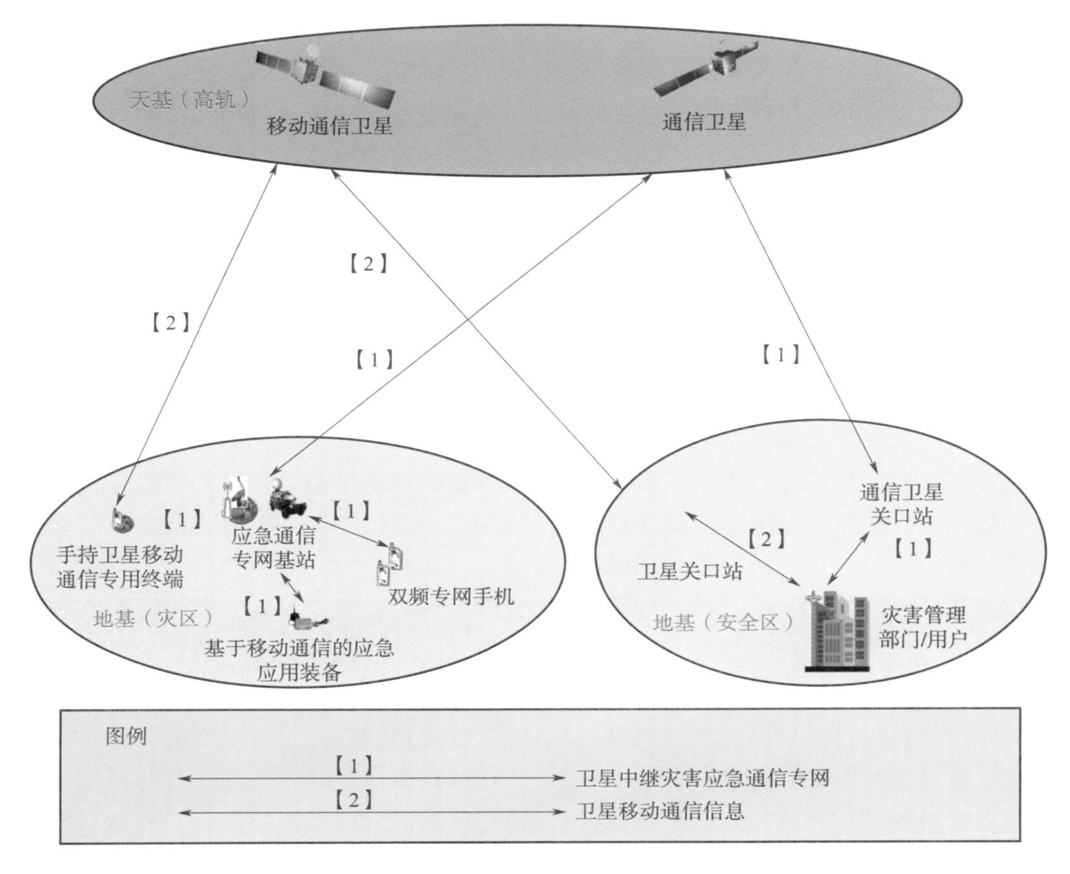

图 2.36　应急通信模式

（2）多协议融合的快速高精度生命探测与定位通信技术

针对灾后室内外及废墟等环境下生命探测与定位通信需求，研究多协议融合的快速高精度生命探测与定位通信技术，包括多协议探测信号体制设计、手机弱信号检测与通信、信号高速并行处理、多径与互相关干扰抑制、复杂环境高精度定位和探测信息实时通信等关键技术。

（3）高性能卫星传输技术

重点研究实现高效能卫星传输的关键技术研究，具体包括高效编译码、高阶调制解调、低信噪比解调和抗干扰等技术。

2.4.4　综合减灾空间信息应用系统

2.4.4.1　系统目标

综合减灾空间信息应用系统的建设面向综合减灾业务需求，以综合减灾软硬件设施为基础，基于 SOA 架构和云计算理念，围绕国家自然灾害监测预警、应急救援、恢复重建等防灾减灾各个阶段的任务，建设国家级、区域以及应急指挥车业务化运行系统，实现防灾减灾业务的高效、有序运行，形成对“天地现场”一体化的灾害防灾减灾业务应用能力，实现灾害监测、灾害风险评估与预警、灾害应急响应、灾情评估、灾害信息服务和减灾救灾指挥会商等业务功能，为国家灾害管理体系建设提供稳定、可靠、高效的卫星、航空遥感和地面应用业务支撑平台，提高国家综合减灾的科学决策与应急处置能力。

2.4.4.2　系统构成

根据国家自然灾害综合减灾的实际需要，综合减灾空间信息应用系统建设包括三类业务系统，其中业务支撑类包括资源管理分系统、数据管理分系统、业务运行管理分系统以及灾害信息移动采集分系统；业务应用类包括数据处理分系统、灾害模拟仿真分系统、虚拟灾害环境分系统、灾害监测分系统、灾情预警分系统、灾情评估分系统、产品制作分系统以及减灾产品综合验证分系统；信息服务与辅助决策类包括用户服务与信息发布分系统、指挥调度会商分系统。应急移动指挥分系统和区域应用中心分系统的建设复用国家级中心系统功能，支撑区域中心以及移动指挥车的业务应用。图 2.37 为综合减灾空间信息应用系统组成。

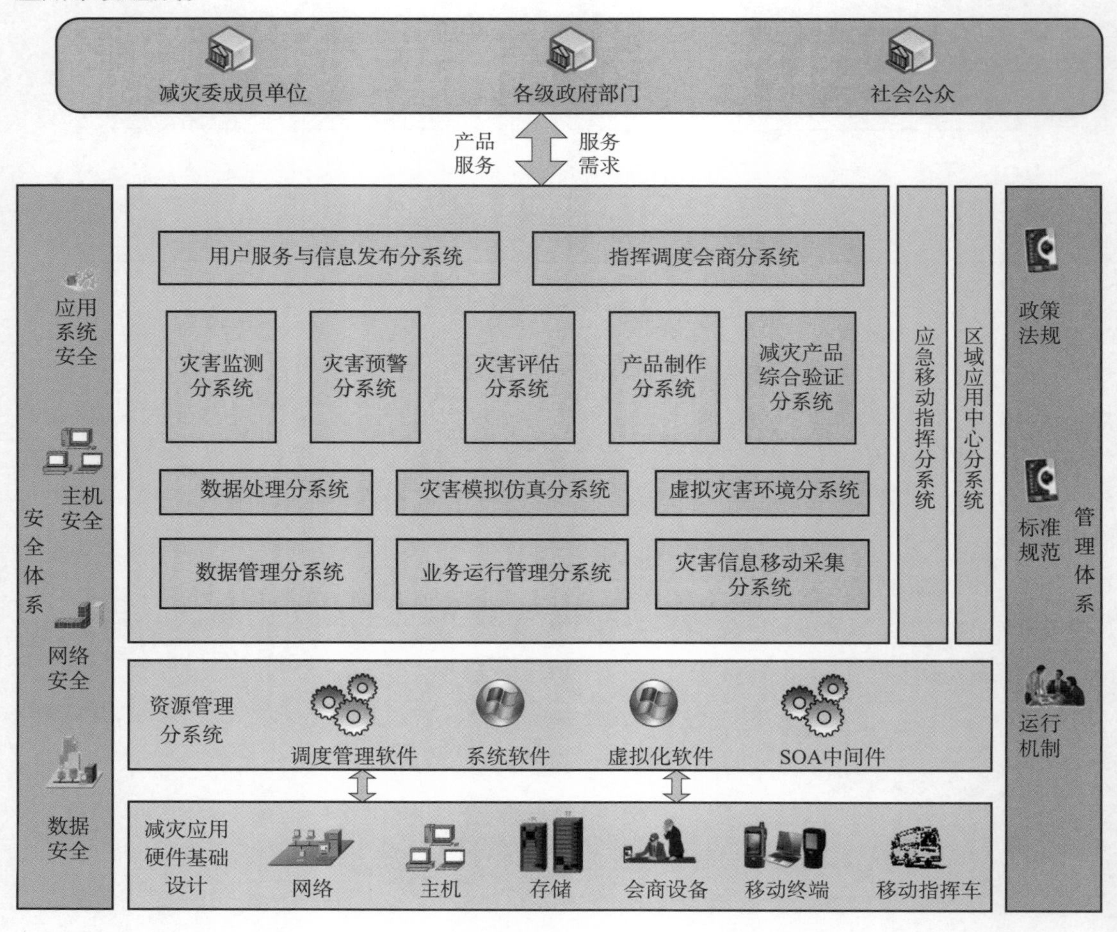

图 2.37　综合减灾空间信息应用系统组成

2.4.5　防震减灾空间信息应用系统

2.4.5.1　系统目标

防震减灾空间信息应用系统建设，针对防震减灾三大业务体系发展应用需求，补充建设地基比测和校验系统，发展天地一体化空间信息处理技术和应用模型，初步建成服务于地震监测预测、震害预防、应急救援和地震科学研究的综合性空间信息示范应用系统。到 2025 年，初步建立天地一体化地震立体观测和信息应用体系，逐步提高国家防震减灾能力。

2.4.5.2　系统构成

防震减灾空间信息应用系统由地基比测与校验分系统、空间信息管理分系统、地震监测预报应用分系统、地震应急救援应用分系统、信息处理与应用模型分系统和示范应用与推广分系统 6 个部分组成，如图 2.38 所示。

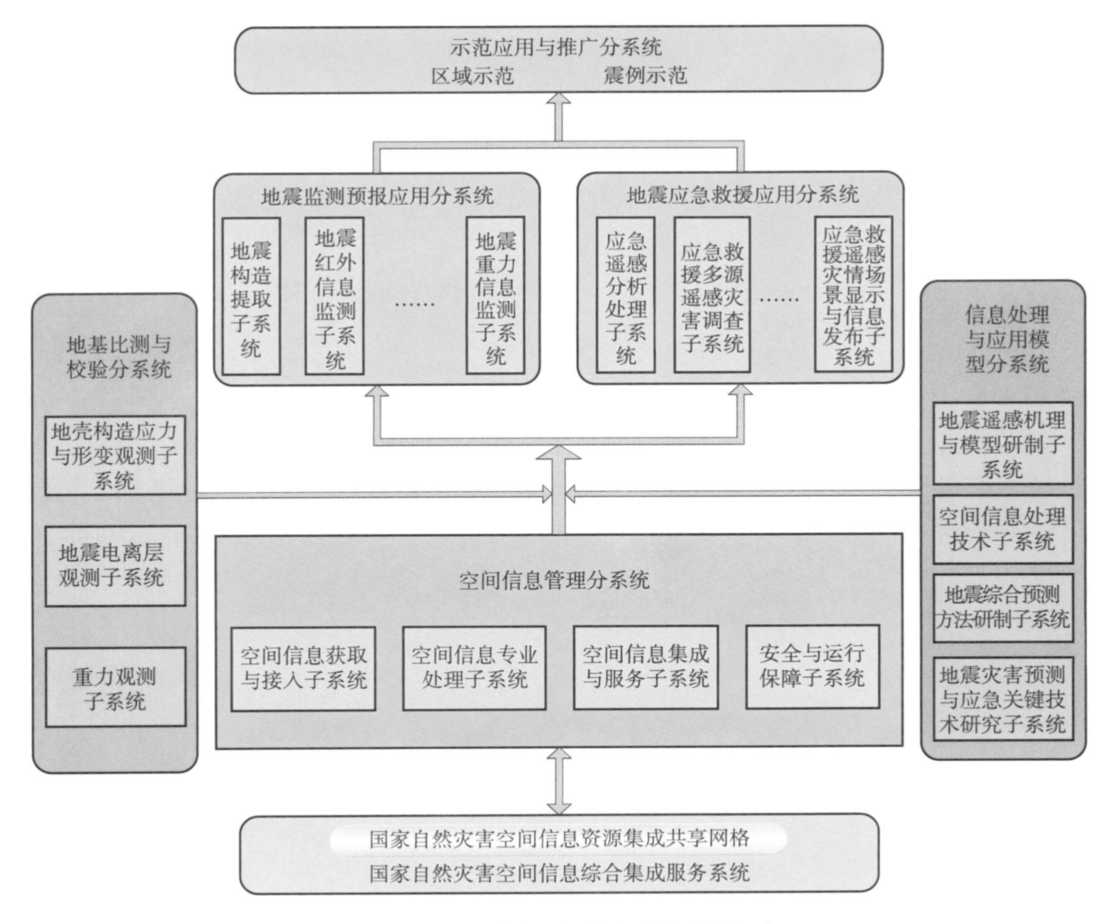

图 2.38　防震减灾空间信息应用系统组成

地基比测与校验分系统通过现有台网优化布局，固定台网与流动观测结合，在示范应用区分阶段重点建设地壳构造应力与形变观测子系统、地震电离层观测子系统和重力观测子系统，开展天地对比观测与校验，针对卫星载荷特点和地震行业遥感应用特殊需求，建立对应的比测与校验技术系统，具备系统的行业应用检验和数据质量评价能力，提高对全国基本地球物理场、地球化学场动态变化的监视能力和对重点实验区的强化监视能力，并建立进行新技术观测实验的开放平台。

空间信息管理分系统是防震减灾空间信息应用系统的中枢。按照业务流程划分，空间信息管理分系统由空间信息获取与接入子系统、空间信息专业处理子系统、空间信息集成与服务子系统、安全与运行保障子系统组成。此外，还包括空间信息数据库群和空间信息应用标准规范。按照系统建设布局，空间信息管理分系统将在现有的地震行业空间信息应用中心的基础上，对通信支撑平台、安全保障平台、高性能计算服务平台、存储和数据管理平台、信息共享和综合服务平台等进行系统升级改造。

地震监测预测应用分系统主要利用的“天、空、地”基监测数据和其他多源空间数据，监测分析多种地震前兆和同震变化，逐步实现地震实时监测，研制“天、空、地”一体化信息地震监测、地震前兆信息提取和地震预测的关键技术，应用与地震预测、震情会商与预报预警。

地震应急救援应用分系统是地震应急救援决策遥感支持系统。该系统包括应急遥感分析处理子系统、应急救援多源灾害调查子系统、应急救援遥感综合评估子系统，应急救援指挥和现场救援遥感信息支持子系统和应急救援遥感灾情场景显示与信息发布子系统，具有地震应急救援遥感信息高速存储以及高性能处理和分析功能。

信息处理与应用模型分系统主要包括地震遥感机理与模型研制子系统、空间信息处理技术子系统、地震综合预测方法研制子系统、地震灾害预测与应急应用关键技术研究子系统，为防震减灾空间信息应用系统提供信息处理与应用模型支持。

示范应用与推广分系统旨在提供防震减灾空间应用模型检验，示范应用和推广等。考虑到空间信息的前沿性，该分系统将建立一个教育培训基地，并根据防震减灾战略布局选定首都圈、川滇和新疆地区作为示范应用区。

2.4.6　气象灾害空间信息应用系统

2.4.6.1　系统目标

通过与国家自然灾害空间信息综合集成服务系统有机结合，开展气象灾害（热带气旋、风雹、洪涝、干旱、低温雨雪冰冻、沙尘暴和森林草原火灾）空间信息基础设施应用建设，研究基于多源、多时空尺度的空间观测数据的气象灾害发生、发展过程与危害的监测、预警关键技术，建立“天、空、地”一体化的气象灾害空间信息应用系统，完善基于现代空间信息技术的气象灾害综合监测技术体系，提高气象灾害空间信息的准实时获取和决策服务能力，提升我国气象灾害监测预警信息综合处理水平和系统应急处置能力。

2.4.6.2　系统构成

以国家自然灾害空间信息综合集成服务系统获取的数据及信息产品为基础建立气象灾害空间信息应用系统，形成气象灾害综合数据库软件分系统、气象灾害多源数据自动化处理分系统、气象灾害多源数据综合显示与处理分系统、气象灾害业务运行管理软件分系统、热带气旋（台风）灾害监测预警分系统、风雹灾害（致灾强对流天气）监测预警分系统、沙尘天气监测预警分系统、干旱灾害监测预警分系统、低温雨雪冰冻灾害监测预警分系统、洪涝灾害监测预警分系统、森林草原火灾监测与气象预警分系统等（见图2.39），并通过气象灾害服务产品发布分系统向中央及各级地方政府提供监测预警产品。

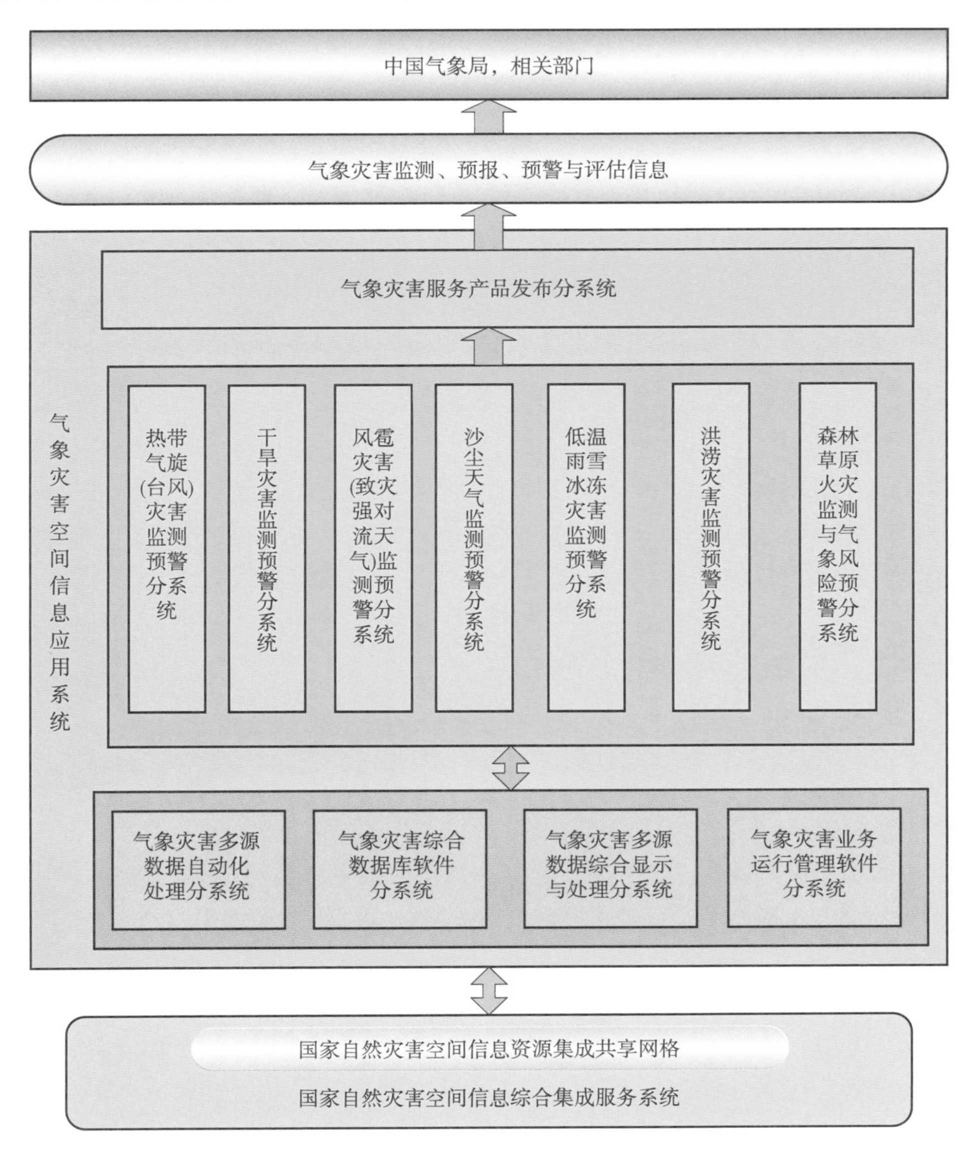

图2.39　气象灾害空间信息应用系统组成

2.4.7　地质灾害空间信息应用系统

2.4.7.1　系统目标

通过与国家自然灾害空间信息综合集成服务系统有机联系，集成地质灾害多源、多级信息产品，面向地质环境、地质灾害应急调查遥感监测业务应用和数据平台建设要求，构建统一的卫星遥感数据存储、管理、分析体系，实现海量数据的存储、管理和及时调用分析与应用。整合地质环境信息资源，建立规范的地质环境信息化标准体系，完成地质灾害重点防治区调查任务，全面查清地质灾害隐患的基本情况。完善软硬件及网络环境等信息化基础设施，建设集数据采集、分布式存储、协同处理、集群化服务、智慧化管理和高性能网络发布为一体的地质环境信息服务平台，应用系统模拟与虚拟现实等高技术手段，获取灾前、灾中和灾后决策支持信息，开展地质灾害遥感自动识别、地质灾害监测、预测、预警、预报及灾情发展、趋势预测、灾后受灾影响评估，建立与全面建成小康社会相适应的地质灾害防治体系，在地质灾害防治区基本建成调查评价体系、监测预警体系、防治体系和应急体系等一体化服务体系，实现卫星遥感数据与地质灾害调查监测数据的一体化综合应用和管理。基本解决防灾减灾体系薄弱环节的突出问题，显著增强防御地质灾害的能力，最大程度地避免和减轻地质灾害造成的人员伤亡和财产损失，实现同等致灾强度下因灾伤亡人数明显减少，年均因灾直接经济损失占国内生产总值的比例逐步降低，地质灾害对经济社会和生态环境的影响显著减轻，为构建和谐社会，促进社会、经济和环境协调发展提供安全保障。

2.4.7.2　系统构成

根据国家山洪地质灾害防治规划、全国地质灾害防治“十二五”规划、《国务院关于加强地质灾害防治工作的决定》及广大居民对地质灾害防治的需求，地质灾害空间信息应用系统主要由地质灾害应急决策会商指挥分系统、地质灾害数据综合管理分系统、突发性地质灾害监测预警分系统、缓变性地质灾害监测预警分系统、“天、空、地”地质灾害数据信息提取与综合分析展示分系统等组成，如图 2.40 所示。

2.4.8　水灾害空间信息应用系统

2.4.8.1　系统目标

以多学科为基础，构建“天、空、地”一体化的水灾害监测体系，建立水灾害监测、评估、预警的综合指标体系，突破水灾害应对关键技术，研发水灾害监测、评估、预警分析模型，逐步形成为水灾害防灾、减灾提供信息和决策支持服务的业务化运行系统。按照“填平补齐”的原则，基于水利行业现有系统，充分利用遥感、地面站网等信息，形成对全国典型流域和区域洪涝、干旱、重大突发水安全事件进行监测、预测、预警的能力，逐步形成稳定的业务化运行水灾害空间信息应用系统。探索水灾害的承载体、孕灾环境和致灾因子之间的关系及相互作用机理，揭示不同条件下重大水灾害发生及灾害链的形成机制，为洪涝、干旱灾害及突发水安全事件的跟踪监测、早期预警、预测预报和快速应急提供

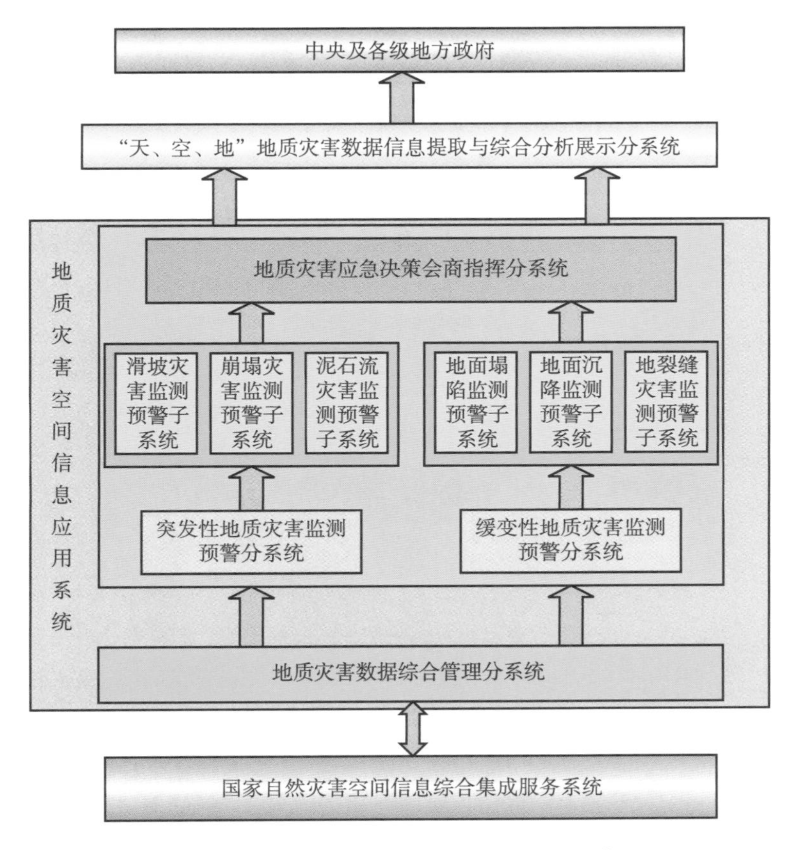

图2.40　地质灾害空间信息应用系统组成

强有力的科学依据。结合水灾害的多源数据处理、信息挖掘和业务化应用产品生产，制定洪涝、干旱灾害及水安全事件综合监测、预警和预报业务技术流程和标准规范。对重点流域，针对洪涝、干旱及突发水安全事件等自然灾害进行常规模式下的全天候、全天时的早期预警和预测预报，形成及时准确的灾害速报决策信息。在应急模式下，对洪涝、干旱灾害及水安全事件进行灾中和灾后监测、评估、预测等灾害空间信息决策产品的快速生产，水灾害综合监测评估、预测预警和灾情速报信息上报国务院等决策部门，为水灾害的指挥决策提供及时有效的技术支持。通过水灾害空间信息应用系统的建设，提高灾害监测、评估、预测、预报精度，具备快速识别灾情的能力，并将应用成果逐步由重点地区推广到全国范围。

2.4.8.2　系统构成

根据国家涉水灾害抗灾减灾发展的实际需要，水灾害空间信息应用系统包括水灾害数据库分系统、水灾害业务应用支撑平台、洪涝灾害遥感监测评估与预警分系统、干旱灾害遥感监测评估与预警分系统、突发水安全事件应急监测与预警分系统、水灾害信息共享与服务分系统和水灾害运行管理分系统和基础支撑环境等部分组成。图2.41为水灾害空间信息应用系统总体结构。

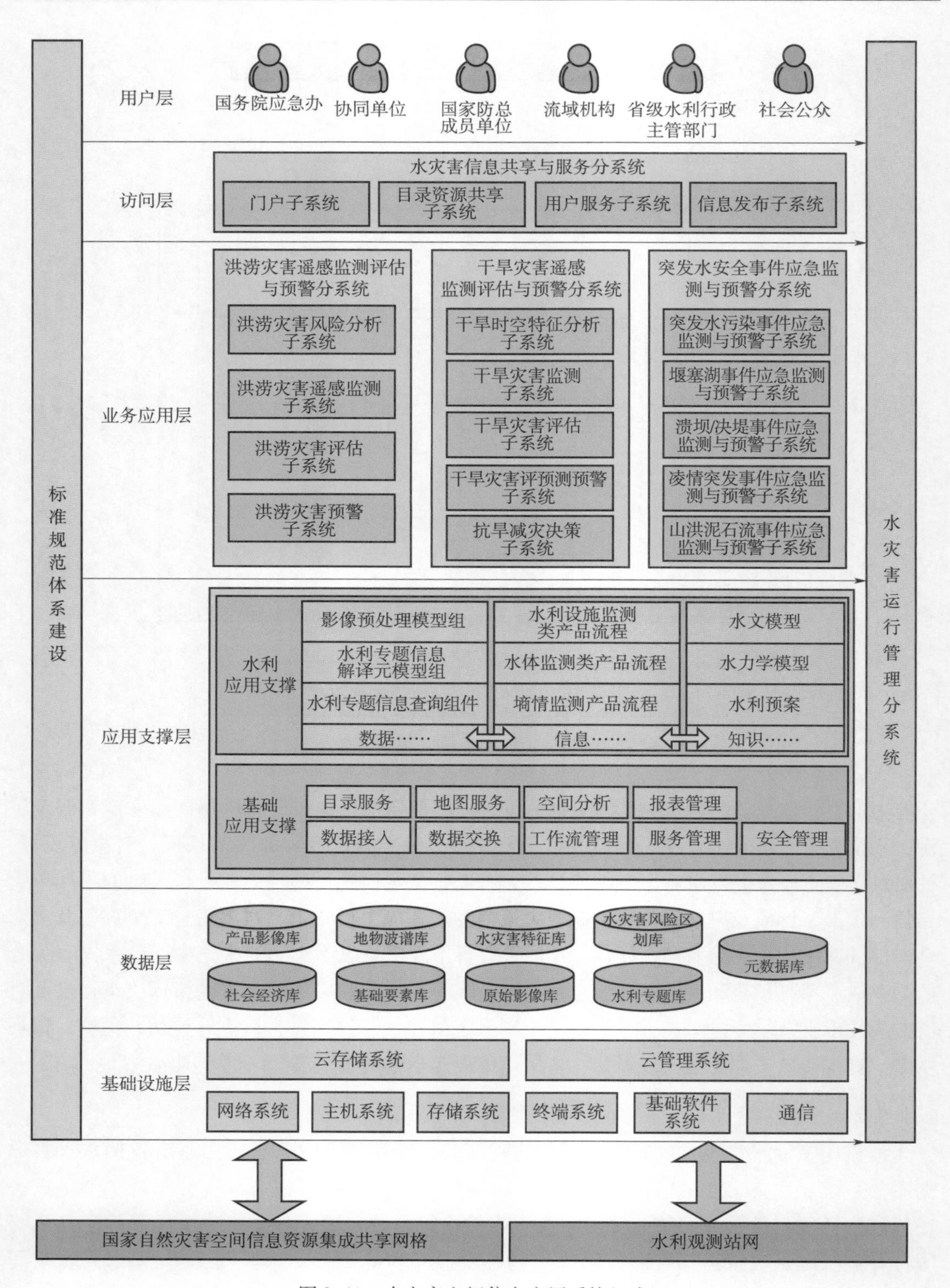

图 2.41　水灾害空间信息应用系统组成

2.4.9　海洋灾害空间信息应用系统

2.4.9.1　系统目标

通过与国家自然灾害空间信息综合集成服务系统有机联系，集成海洋灾害多源、多级信息产品，获取灾前、灾中和灾后决策支持信息，开展海洋灾害监测、预警预测、预报及灾情发展、趋势预测、灾后受灾影响评估，快速生成的空间决策支持信息，为海洋灾害减灾、防灾提供有力支撑。建成“天、空、地、海”一体化的海洋灾害应急信息获取和通信网络系统，时空分辨率分别满足灾前、灾中、灾后监测预测和快速应急响应需求，形成业务化运行能力；完善海洋灾害空间信息应用系统，提升通信和现场应急通信保障能力，增强海洋灾害信息系统安全防护水平，建成“天、空、地、海”一体化综合数据管理平台和信息共享服务平台；研制和完善海洋灾害处理系统和应用模型，建设防灾减灾“天、空、地、海”一体化信息处理系统。海洋灾害空间信息应用系统稳定业务化运行；突破海洋灾害信息监测、预警、预测关键技术，提高灾害监测精度、预警准确率，预报精度；应急通信和导航能力能够满足重大灾害应急需要，具备海量突发信息快速传送能力；标准化海洋灾害空间信息产品制作流程。完善海洋灾害预警指标体系建设，完善预警等级划分；发展海洋灾害监测信息获取和处理方法，提高灾害信息准确度；发展以多学科为基础、“天、空、地”一体化观测相结合的海洋灾害预测模型和数值预报模型，使海洋灾害预测预报科技水平显著提高；完善的灾害风险管理和灾害评估模型，为损害评估和灾后恢复提供更加科学的依据。

2.4.9.2　系统构成

根据国家海洋减灾发展的实际需要，海洋灾害空间信息应用系统建设的主要内容为：以国家自然灾害空间信息综合集成服务系统为主要数据源构建海洋自然灾害综合数据库系统，研究海洋灾害预测数值模型同化技术、海洋灾害空间信息标准规范建设和海洋灾害监测预警预测模型等关键技术，建设海洋灾害空间信息处理分系统、海洋灾害应急决策会商指挥分系统、典型海洋灾害业务运行与决策分系统，并通过海洋灾害空间信息发布分系统向中央及各级地方政府提供灾害评价产品、预警预测产品、损害评估产品以及资源调配产品。海洋灾害空间信息应用系统组成如图 2.42 所示。

2.4.10　农业灾害空间信息应用系统

2.4.10.1　系统目标

以现行“国家农业遥感监测业务运行系统”为基础，充分利用信息共享平台提供的多源数据、产品，结合国际上农业自然灾害遥感监测、评估与预测的新技术，针对我国农业自然灾害的具体特点，建设我国“农业灾害空间信息应用系统”，并形成业务化的运行能力。

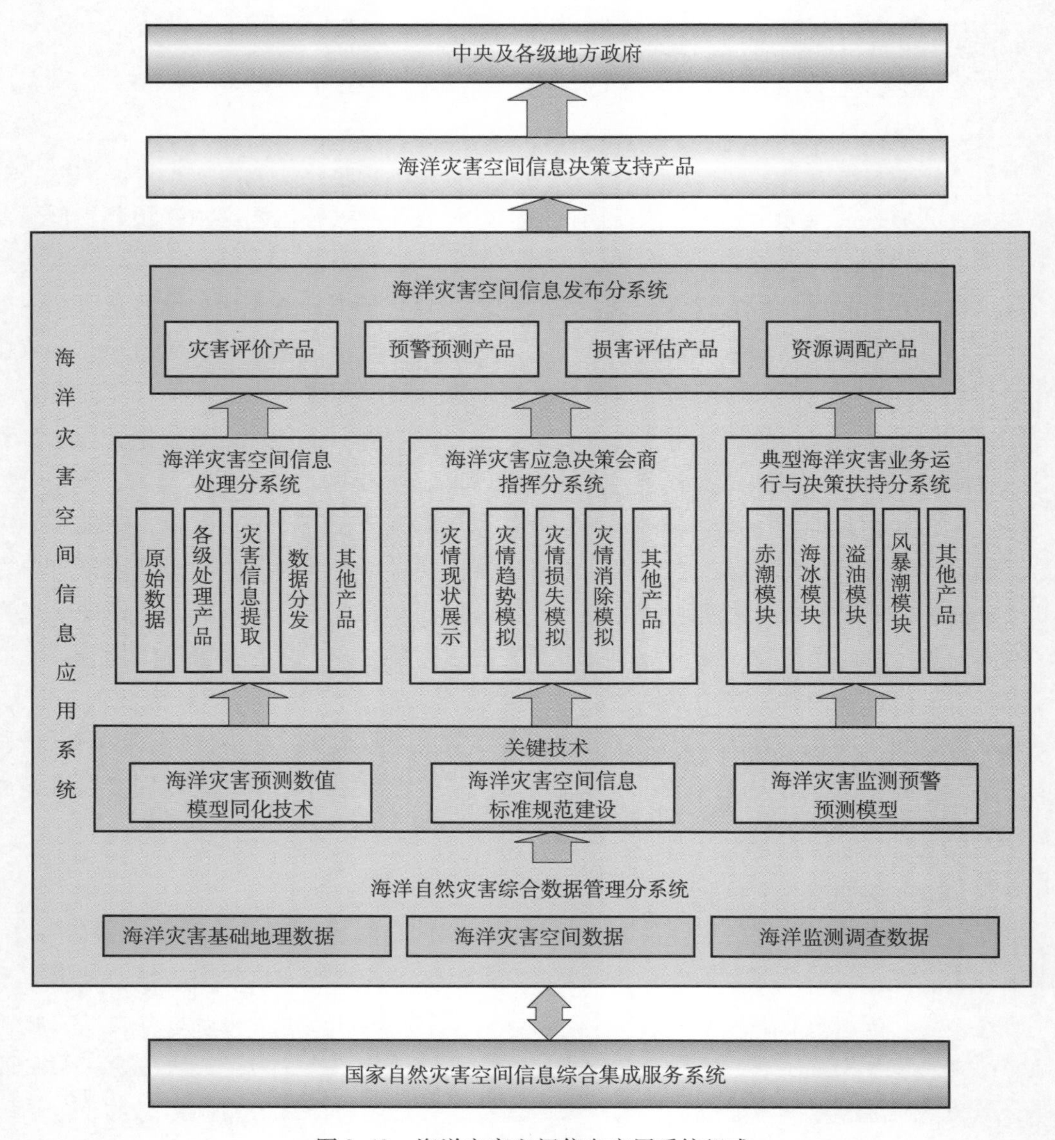

图 2. 42　海洋灾害空间信息应用系统组成

2. 4. 10. 2　系统构成

农业灾害空间信息应用系统建设内容主要包括农业地面传输接口系统、农业灾害空间信息数据库、农业灾害空间信息同化、农业干旱灾害监测、农业病虫害监测、农业洪涝灾害监测、农业低温冷冻害监测、主要农业灾害评估、农业灾害信息发布、农业灾害决策支持服务等 10 个分系统、41 个模块、20 种农业灾害遥感监测产品的研制与建设内容，如图 2. 43 所示。

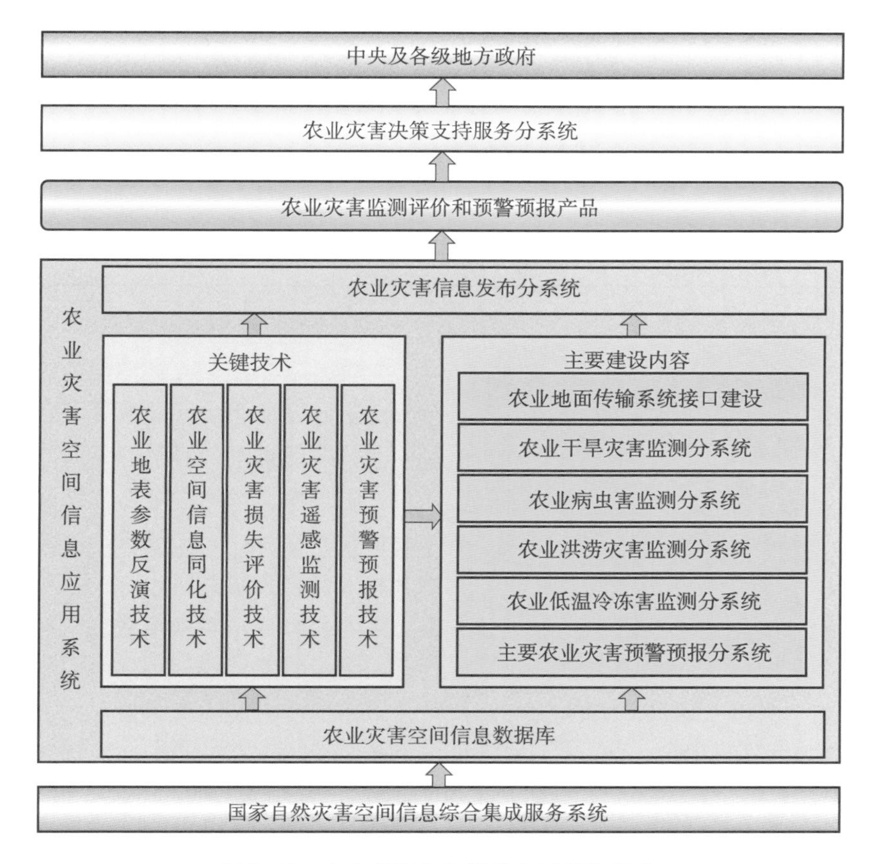

图 2.43　农业灾害空间信息应用系统组成

2.4.11　林业灾害空间信息应用系统

2.4.11.1　系统目标

利用遥感技术、地理信息系统技术、全球卫星定位技术、通信技术和网络技术等现代信息技术，遵循《全国林业信息化建设纲要》确立的“四横两纵”体系结构，通过与“自然灾害空间信息集成系统”有机结合，开展林业灾害（森林火灾、林业有害生物灾害、沙尘暴灾害）空间信息基础设施建设，研究基于多源、多尺度空间观测数据的林业灾害发生、发展过程与危害的监测、预警和应急响应关键技术，建立“天、空、地”一体化的林业灾害空间信息应用系统，实现林业灾害空间信息的准实时获取和决策服务，形成完善的基于现代空间信息技术的林业灾害综合监测技术体系，全面提升我国林业灾害监测预警信息综合处理水平和系统应急处置能力，将年均森林灾害受害率控制在 1% 以内，更加有效地保护森林资源与生态环境建设成果。

2.4.11.2　系统构成

林业灾害空间信息应用系统主要建设内容包括：林业灾害空间信息应用技术规范建

设，林业灾害空间信息数据库的建设，林业灾害预警、连续监测和灾后评估方法、模型、成灾机理、真实性检验等关键技术的研究及模块开发，林业灾害空间信息应用支撑平台建设，森林火灾空间信息应用分系统建设，林业有害生物灾害空间信息应用分系统建设和沙尘暴灾害空间信息应用分系统建设。林业灾害空间信息应用系统的组成如图 2. 44 所示。

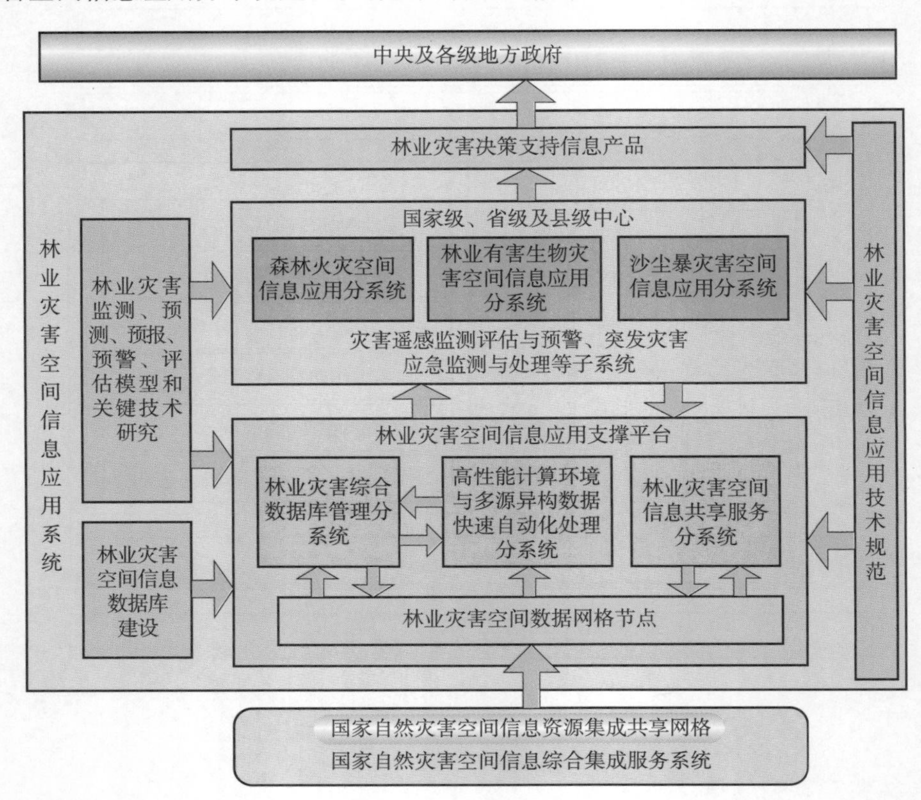

图 2. 44 林业灾害空间信息应用系统组成

2. 4. 12 环境灾害空间信息应用系统

2. 4. 12. 1 系统目标

依托天地一体化防灾减灾体系建设，通过与地面系统、国家自然灾害空间信息综合集成服务系统的有机联系，综合利用高时间分辨率、高空间分辨率、高光谱分辨率、宽覆盖多源灾害遥感数据和标准化空间信息产品，开展环境灾害发生、发展规律机理、防灾减灾技术与对策系统研究，建设“天、空、地”一体化的具有重大环境灾害监测、评估与预警能力的环境灾害空间信息应用业务运行系统，显著提高环境灾害的预警成功率和监测精度，为国家和地方环境灾害的预测预警、连续监测、应急响应、紧急救援、后期处置提供及时科学准确的立体信息产品支撑，全面提升我国环境灾害的防灾救灾能力。开展环境灾害发生、发展规律机理、防灾减灾技术与对策系统研究，攻克水、大气和生态环境灾害参数定量反演和真实性检验等关键技术，建立和完善基于多源、多级数据的环境灾害监测预警模型。依托先进的智能数据采集设备、3S 技术、计算机网络信息技术、数据库技术，以“天、空、地”数据同化为基础，构建环境灾害“天、空、地”立体化空间信息应用和服务平台，建设具有重大环境灾害监测、评估与预警能力的业务运行系统。应用目标是面向国家环境减灾需要，通过灾害灾前监测和预测预警、灾中灾情监测与趋势预测、灾后环境影响评估工作的业务化运行，为国家和地方环境灾害的预测预警、连续监测、应急响应、紧急救援、后期处置提供及时科学准确的立体信息产品，为环境减灾工作提供多层次的、全方位技术支持服务，提高国家对环境灾害防灾救灾能力。

2.4.12.2　系统构成

根据国家环境灾害应用业务发展的实际需要，环境灾害空间信息应用系统主要包括环境灾害数据综合管理分系统、环境灾害信息产品综合服务分系统、环境灾害业务运行管理与应急决策会商指挥分系统、天地一体化环境灾害数据信息提取与综合分析分系统、大气环境灾害应用分系统、地表水环境灾害应用分系统、生态环境灾害应用分系统和计算机支撑平台，如图 2.45 所示。

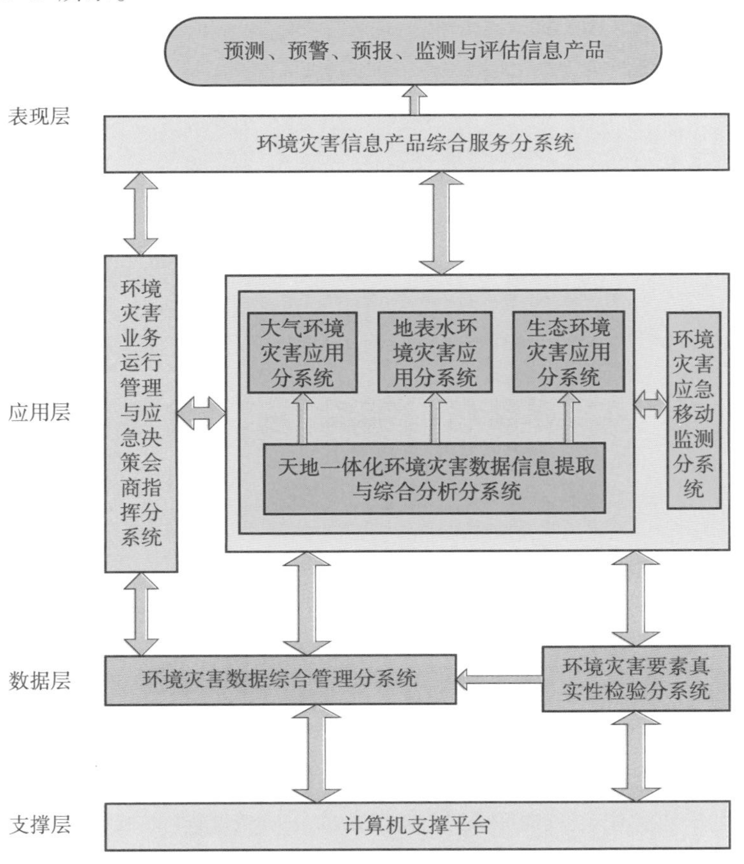

图 2.45　环境灾害空间信息应用系统组成

（1）天地一体化环境灾害数据信息提取与综合分析分系统

天地一体化环境灾害数据信息提取与综合分析分系统借助信息自动融合、智能提取和批量快速处理等技术，采取多源时空序列数据进行综合分析（比对、关联、预测、挖掘）模型和方法，基于天基、空基和地基等多源、多级空间数据环境灾害指标的同化与提取算法模型研究，实现天基、空基和地基等多源、多级空间数据环境灾害指标的融合与提取，为水、大气、生态环境灾害应用分系统提供预警、监测、评估指标数据产品。

（2）环境灾害数据综合管理分系统

环境灾害数据综合管理分系统是环境灾害空间信息应用系统数据存储与管理的基础平台，是整个环境灾害空间信息应用系统实现业务化运行的核心和基础。环境灾害数据综合管理分系统针对多源环境灾害空间信息数据及产品进行分级、分类有序地管理，形成对海量数据的集成、存档、管理与共享能力，为用户提供方便、快速地检索和获取数据平台，满足常规业务化灾害信息产品生产与应急灾害信息生产对数据快速获取的要求。

（3）环境灾害信息产品综合服务分系统

环境灾害信息产品综合服务分系统是环境灾害空间信息应用系统与用户之间实现信息交互与服务的门户。通过构建环境灾害数据产品综合服务平台，拓展数据服务的内容和形式，增强数据服务分发能力，利用专用网络和门户网站，向各类环境灾害信息产品用户提供服务。

（4）环境灾害业务运行管理与应急决策会商指挥分系统

环境灾害业务运行管理与应急决策会商指挥分系统是环境灾害空间信息应用系统的中枢，通过构建环境灾害综合会商决策支持平台，基于先验知识和对策方案库，利用虚拟现实等技术，实现环境灾害发生、发展全过程动态数值模拟，提供环境灾害应急决策方案，完成计划制定和任务调度，实现环境灾害综合会商分析、决策支持以及统一调度指挥。

（5）大气环境灾害应用分系统

大气环境灾害应用分系统针对我国大气环境灾害监测预警的实际需求，基于天地一体化环境灾害数据信息提取与综合分析分系统生成的大气环境灾害专题信息产品，结合地基、空基环境空气监测数据以及气象监测预报数据，在环境灾害空间信息数据库与支撑平台的支持下，确定空气污染物的反演方法和计算模式，建立定量描述大气环境灾害的“天、空、地”一体化监测预警指标体系和监测预警模型，生成大气环境监测应用信息产品、预警应用信息产品，为大气环境灾害灾前监测和预测预警、灾中灾情监测与趋势预测、灾后环境影响评估等应用提供业务保障和决策支持。

（6）地表水环境灾害应用分系统

地表水环境灾害应用分系统针对我国地表水环境灾害监测预警的实际需求，基于天地一体化环境灾害数据信息提取与综合分析分系统生成的地表水环境灾害专题信息产品，结合地基、空基地表水环境监测数据以及气象、水文、地质等监测预报数据，在环境灾害空间信息数据库与支撑平台的支持下，确定水体污染物的反演方法和计算模式，建立定量描述地表水环境灾害的“天、空、地”一体化监测预警指标体系和监测预警模型，生成地表水环境监测应用信息产品、预警应用信息产品，为地表水环境灾害灾前监测和预测预警、灾中灾情监测与趋势预测、灾后环境影响评估等应用提供业务保障和决策支持。

（7）生态环境灾害应用分系统

生态环境灾害应用分系统是针对我国生态环境灾害监测预警的实际需求，综合利用“天、空、地”一体化地表水环境灾害监测空间信息，获取大范围、动态的宏观生态环境变化信息，构建生态环境灾害监测指标体系、标准规范、模型方法，实现重点生态功能区生态安全监测预警，为生态环境灾害监测评价、预测预报、应急救援和恢复重建等方面提供业务保障和决策支持。生态环境灾害应用分系统是环境灾害空间信息应用系统的重要组成部分，是在系统总体设计的基础上，针对各种灾害导致的生态环境破坏、生态影响及环境灾害后果，实现生态环境状况的动态监测、生态灾害预报预警、生态环境影响评估等多种功能的应用分系统，满足国家生态灾害和其他各种复合灾害类型的监测、预报、预警与评估工作的需要。

（8）环境灾害应急移动监测分系统

环境灾害应急移动监测分系统针对国家对突发环境事件应急处置的需求，在车载平台上集成了应急指挥系统、应急监测仪器和设备、遥感卫星数据库系统、小型无人机数据获取与处理系统、现场视频无线传输和通信系统、监测车辅助系统、个体防护器材等。主要功能是快速获取“天、空、地”环境监测数据，并通过各灾种数据处理模型迅速分析环境灾害发展态势，形成应急流动实验室，在重大环境突发灾害中发挥重要作用。

（9）环境灾害要素真实性检验分系统

环境灾害要素真实性检验分系统是环境灾害空间信息应用系统的重要组成部分，也是发挥系统综合效益、保证产品质量的核心分系统。环境灾害要素真实性检验分系统负责定期或者不定期地对各种信息产品进行辐射量、物理量或者生物量参数的真实性与准确性的检验。

（10）计算机支撑平台

计算机支撑平台是环境灾害空间信息应用系统的基本支撑与运行平台，是环境灾害空间信息应用系统正常、稳定、安全可靠运行的重要保障。计算机支撑平台负责为环境灾害空间信息应用系统的数据管理、数据处理、数据分发等环节提供系统资源与运行环境，为应用软件的设计提供计算机、网络、存储、数据库管理等系统资源。计算机支撑平台包括应用系统需要的网络环境平台、主机及存储设备、软件支撑平台、信息资源和数据库访问及管理服务的配置，以及计算机支撑系统运行需要的安全与运行维护体系。针对环境灾害业务化运行提出的快速、高效要求等需求，结合网格计算的网络计算及资源共享的优势，建立网格综合计算平台原型。

2.4.13 卫生灾害空间信息应用系统

2.4.13.1 系统目标

近年来，自然灾害直接导致或衍生的突发公共卫生事件逐年增多，给卫生灾害的应急和救援工作带来了新的挑战。现有的卫生灾害信息资源已经不能满足卫生灾害的预测、预警、应急处置以及疾病防治工作的要求，有必要利用新的，特别是空间信息资源和信息技术，建立面向疾病疫情的预警预报和重大自然灾害应急管理的卫生灾害空间信息应用系统，增强卫生灾害的应急能力，降低自然灾害导致伤害、疾病和死亡的发生，提高人群健康水平。卫生灾害空间信息应用系统建设目标将基于国家自然灾害空间信息资源集成共享网格，充分利用已有公共卫生信息资源，从卫生灾害相关的伤害、疾病和死亡预测、预警和卫生灾害应急救援部署信息需求出发，在综合利用国家自然灾害空间信息综合集成服务系统的基础上，采用互联网与空间信息技术等多种技术获得多级、多源空间信息产品，结合其他相关数据生成满足灾前、灾中和灾后的决策支持信息。卫生灾害空间信息应用系统功能旨在采集卫生应急、疾病预测预警相关的多源数据，通过数据处理，获取卫生灾害有用信息进而辅助决策和灾害应对。其主体为数据存储与处理系统、信息分析系统及专家系统，通过共享网格技术获得多源、多级数据产品，集成空间数据库、模型库、虚拟现实、空间决策支持信息上报等模块，建成卫生灾害应用系统，可以为突发公共卫生事件灾前监测、预测、预警、预报和灾中受灾状况信息获取、灾情发展趋势预测及灾后受灾影响评估等应用提供急需的空间信息，保证灾前预测预警及时准确、灾中应急救援决策科学有效、灾后评估全面准确，为医疗、卫生、疾控、救援等部门提供服务。

2.4.13.2 系统构成

根据卫生灾害应急和疾病预测预警的实际需要，充分利用国家自然灾害空间信息资源集成共享网格的资源和现有数据资料，根据与卫生领域关系紧密的自然灾种（地震、洪涝、台风、地质）灾前预测、预报、预警和灾后应急救援过程中对空间信息的需求，完善公共卫生信息化基础设施建设，实现共享空间信息、疾病监测和疾病流行病学调查信息的动态采集，建立卫生灾害基础空间信息和疾病信息数据库，利用信息资源整合技术，建立多尺度多源信息集成的疾病预测预警模型、卫生灾害救援和风险评估算法、决策支持和应急调度机制，开发具备风险分析、信息报告、监测监控、预测预警、综合研判、辅助决策、综合协调与总结评估等功能的早期评估系统和应急决策支持系统，加强卫生灾害空间信息技术人才培养，形成卫生灾害疾病控制信息服务体系，提高重大灾害应对过程中的疾病控制能力。卫生灾害空间信息应用系统的组成如图 2.46 所示。

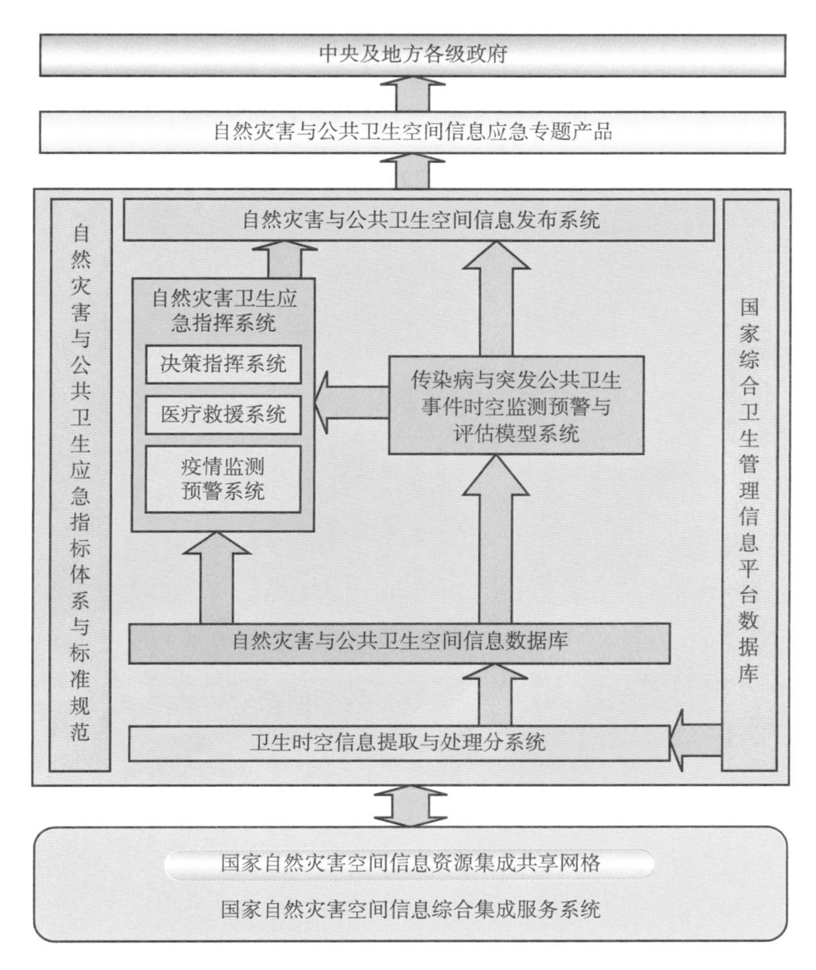

图2.46　卫生灾害空间信息应用系统组成

第3章 面向自然灾害的遥感观测技术

3.1 国内外现状

3.1.1 国外遥感观测技术发展状况

3.1.1.1 卫星遥感技术

目前，随着资源枯竭、环境退化和气候变化等问题的日益突出，自然灾害已经成为影响一个国家经济建设和社会发展的重要因素之一，预防和减轻自然灾害成为全人类所面临的共同难题。作为新兴高技术之一的航天遥感技术，自产生之日起，就与自然灾害管理密不可分。航天遥感技术具有高空间优势，观测手段更加全面丰富，覆盖全球，能实现长期持续观测，并可以避免受到传统自然灾害的破坏和影响，极大地丰富了人类在自然灾害管理方面的认识和应对方法。因此，世界上任何一个掌握和利用卫星遥感技术的国家都无一例外地把减灾作为其应用的重点，遥感技术在防灾减灾方面的应用已显示出巨大的潜力。在应对自然灾害方面，航天遥感技术主要涉及光学卫星遥感技术、SAR 卫星遥感技术、地震电磁监测遥感技术等，以下将分别加以介绍。

光学卫星遥感技术是卫星遥感技术的重要组成部分，具有覆盖面大、数据连续、动态性强等优势，可获得可见光、红外、高光谱等多种数据，因此被广泛用于地球活动构造研究、地震监测、灾害防御和灾害应急等方面的灾害研究工作中。20 世纪 70 年代后，美国和苏联先后发射了成系列的气象（NOAA 系列）、海洋、陆地资源（Landsat 系列）等光学卫星，所获取的数据被用于开展区域地震构造的宏观研究，以及自然灾害危险性评价等应用研究。20 世纪 90 年代后，一系列的高分辨率卫星（如 Landsat ETM +、SPOT - 4、SPOT - 5、IKONOS、Resurs - DK1、EROS - A/B、QuickBird - 2 等）相继上天，缩短了卫星的重访周期，进一步提高了卫星对于自然灾害应用的时效性。这些卫星获取的数据在灾害危险性评价、损失评估、应急救援、灾后重建规划等方面都有广泛的应用。近几年，GeoEye - 1、WorldView - 1 等分辨率优于 1m 的光学卫星陆续发射，为防灾减灾等领域提供了更灵活的成像方式、更强的数据获取能力，也提供了更高精度的光学遥感数据。与光学遥感技术相比，合成孔径雷达（SAR）卫星遥感技术具备全天时、全天候的特点，可以和光学手段形成互补。SAR 卫星技术是在 20 世纪 70 年代后期得以开始迅速发展的。1978 年，美国成功发射了世界上第一颗载有 SAR 载荷的卫星——海洋卫星（Seasat - A），开创了星载 SAR 空间微波遥感的先河，而之后陆续发射的具有代表性的 ERS - 1、ERS - 2、Cosmo - Skymed 星座、Tendem - X、RadarSAT - 1、RadarSAT - 2 等卫星，逐步扩展了 SAR 卫星的应用。随着SAR数据的大量积累和获取速度的不断提高，对地震灾害及各类次生灾害进行动态监测和预警的应用更加深入。1989年，Gabriel等首次论证了SAR干涉测量（InSAR）可用于探测厘米级的地表形变。随后，Massonnet等于1993年利用ERS-1的SAR数据获取了1992年的某次7.2级地震的同震形变场，结果与其他类型的测量数据以及弹性形变模拟结果一致，SAR干涉测量在监测地震形变方面的能力由此被大家所认识。此后，国外开展了大量的用InSAR技术进行地震形变观测的研究工作。近几年，各国还非常重视SAR遥感结合GPS等综合探测模式的研究，并且提出了一系列预测地震、火山灾害的方法和理论，并取得了一定的成果。但从总体来看，SAR遥感技术在地震等灾害研究中还将有更深入广泛的应用。

除了光学遥感技术和SAR遥感技术以外，为了研究与地震、火山以及其他大规模的自然灾害有关的电离层电磁和等离子体扰动等前兆，研究大气、电离层、地球磁层之间相互关系的动力学机理，探索地震预报方法，在全球尺度上监测地震异常现象，各国陆续发射了Predvestnik-E（俄）、COMPASS-II（俄）、QUAKESAT（美）、DEMETER（法）等专门用于地震电磁监测研究的卫星，在全球尺度上监测地震异常现象。目前，地震电磁卫星的主要作用是获取空间数据，支持地震前后的空间现象研究及其机理研究。通过对DEMETER卫星数据进行分析，如汶川地震前后的数据分析，已经可以初步认为，地震电磁卫星在地震监测与震前信息的分析研究中具备一定的作用。

除以上单颗卫星的发展计划之外，针对观测目标多样化和任务多样化等需求，世界各国也开始开展基于国际合作的集成化和综合化的大型系统研究，比较有代表性的有欧洲的GMES计划和多国合作的GEOSS计划等。GMES计划是欧盟和欧空局实现地球环境和安全信息服务的重大计划，通过多种数据来源获得及时有效的地球“健康信息”。卫星系统建设将是该计划实施过程中的四大支柱之一，提供的信息服务主要面向陆地、海洋、大气以及突发事件响应等。除了统筹协调欧洲原有的气象、海洋、环境等卫星外，GMES还包含哨兵（Sentinel）系列专用卫星计划。其中，哨兵-1（Sentinel-1）是SAR卫星，哨兵-2（Sentinel-2）是高分辨率多光谱卫星，哨兵-3（Sentinel-3）是陆地海洋卫星，将同时载有光学和微波载荷，为海洋和陆地提供服务。与GMES相比，全球对地观测集成系统（GEOSS）则包含更新、更广泛的概念，其实质是一个包括卫星对地观测系统在内的多系统组成的集成系统，包括地基、海基、空基、天基观测，使用卫星、浮标、地震仪等设备，而每个子系统均由观测、数据处理与存档、数据交换与分发组件构成。GEOSS作为一个分布式系统集，实现各类对地观测系统之间的联合和协同工作。此外，英国SSTL通过全球合作的形式实施DMC计划，通过5~7颗低成本的小卫星组成对地观测星座，以中等地面分辨率（32m）和较大幅宽（大于600km）形成每天重访的观测能力。目前DMC第二代也进行了部署，并将在后续不断升级功能。

美国利用3颗静止轨道气象卫星上的数据采集系统（DCS），采集常规气象要素并在其他领域也建立了许多专用网，如通过大西洋、太平洋、加勒比海商船上的数据采集平台监测海况。美国水文局建有由5000台数据采集平台组成的水文预报网用于监测河流水情。

而在西海岸的哥伦比亚、科罗拉多等贫瘠地区也建有2500台数据采集平台来采集水文数据。国家渔业服务局在渔船上建有500台数据采集平台渔情网，用于调查水质和捕鱼品种。巴西专门发射了两颗数据采集小卫星，布设了500台以上的数据采集平台。在中巴两国共同研制的中巴地球资源卫星（CBERS）发射成功后，巴西在全国布设了1000台的数据采集平台，用于收集国内气象、海洋、热带雨林和亚马逊河的水文监测数据。此外，欧洲、日本也在大力发展数据采集系统的应用。总体来看，世界各国在地震、海啸预报、农业、森林防火中已大量采用了数据采集平台。

美国、法国、日本等国在使用遥感技术进行灾害监测评估系统建设上起步较早，而且发展得也较为成熟。美国在1993年密西西比河的大洪灾期间，利用地球卫星数据处理得到洪水淹没图，为救灾的快速反应提供了重要受灾信息；法国率先在世界上建立了灾害遥感监测快速制图机制，并应用遥感技术开展了灾害风险区划、灾害风险监测预警、灾害损失评估等灾害管理业务应用工作；印度使用获自NOAA/AVHRR、IRS、SWiFS图像的NDVI数据进行农业旱灾评估，并可提供准确的减灾信息；联合国粮农组织（FAO）在非洲建立了遥感监测系统，用来监测旱灾；湄公河流域的国家使用卫星数据进行洪涝灾害监测。目前，国际上已经研制成3个影响较大的灾害应急管理系统，即美国的EMS系统、欧洲尤里卡计划（EUREKA）的MEMbrain系统与日本的DRS系统。这些系统均采用基于包括遥感在内的3S技术，实现了多源卫星遥感数据的处理和综合应用，并具有分布组合式结构、综合性能突出、可操作性较强等特点，是提高减灾管理决策速度与进行大范围减灾救灾管理的有效工具。

3.1.1.2 航空遥感技术

当前，欧美等发达国家在积极发展航天对地观测系统的同时，仍然大力发展航空遥感系统及其相关技术，十分重视航空遥感系统的建设与发展，并将其作为国家发展对地观测技术、满足国家安全和经济建设需求的重要手段。据统计，在美国、加拿大等国家，林业灾害监测主要以航空系统获取的数据为主。

从发展趋势上看，国外航空遥感技术正在向更高分辨率（空间分辨率、辐射分辨率和光谱分辨率）和更多维信息（三维、多角度、多极化等）方向发展，并注重系统的定量化研究和设备的小型化，强调航空遥感对航天遥感技术的验证和支持，在其配置上注重多波段、多种类遥感设备的集成，以获得综合观测数据；在科学应用上强调航空遥感系统对地球系统科学研究的支持，主要用于获取高分辨率区域响应数据。目前，国外基于大型飞机平台的航空遥感系统有以下几种。

（1）美国宇航局（NASA）机载科学计划的多遥感设备飞机

美国宇航局所属的Dryden和Ames飞行研究中心，为发展机载和星载遥感设备，为先进遥感设备设计及卫星模拟实验提供测试平台，开展机载科学实验项目，对地球表面和大气进行科学研究；同时，为美国在特殊情况下开展遥感飞行获取遥感数据。NASA拥有2架ER－2和1架DC－8型飞机。此外，美国能源部的航空遥感系统所属飞机也可以为NASA和其他遥感设备的研究发展单位提供多层次的飞行平台。这些平台既可以为NASA

的地球科学计划，也可以为大学或国家其他部门，收集大气、陆地和海洋的遥感数据。这些系统还用于与卫星同步飞行，提供“地面”实况数据，验证NASA地球观测系统的算法和应用效果。

在NASA的支持下，许多遥感设备被安装在这些飞机上进行飞行实验，包括机载可见光红外成像光谱仪（AVIRIS）、中等分辨率成像光谱仪机载系统（MODIS）、机载多视角成像光谱辐射计（AirMISR）、机载合成孔径雷达（AIRSAR）、热成像仪（TMS）、机载海洋色谱成像仪（AOCI）、机载降雨雷达（ARMAR）、极化扫描微波辐射计（PSR）、毫米波成像辐射计（MIR）、多光谱大气成像遥感设备（MAMS）、航空相机系统（ACS）、电子光学相机（EOC）、卫星遥测和数据传输链路（STARLink）等。所有这些遥感设备都按照基本程序进行过光谱、空间及辐射标定。飞机平台上安装了导航系统，可以连续记录GPS数据和平台姿态。表3.1给出了NASA的DC－8和ER－2装载的主要遥感设备情况。

表3.1　NASA的DC－8和ER－2装载的主要遥感设备

遥感设备	主要性能
机载可见光红外成像光谱仪	·波段数：224 ·总视场：30° ·瞬时视场：1mrad ·幅宽：10.6km ·分辨率：20m 用于获取地表可见光和红外波段的光谱数据，进行地物分类和识别
中等分辨率成像光谱仪机载系统	·光谱波段：50 ·幅宽：36km ·总视场：85.92° ·分辨率：50m ·瞬时视场：2.5mrad 获取中等光谱分辨率的光谱数据，用于对卫星遥感数据的验证
机载多视角成像光谱辐射计	机载多视角成像光谱辐射计获取图像的视角与星载遥感设备相同，用于从事地球生态学和气候学的研究
机载合成孔径雷达	可以同时获取P、L、C波段的多极化散射数据，该系统设计用于支持航天飞机成像雷达计划（SIR－C），也广泛应用于遥感研究领域
热成像仪	·波段数：12 ·分辨率：25m ·总视场：42.5° ·瞬时视场：2.5mrad 模拟LANDSAT热成像仪，并具有稍高的空间分辨率和额外的波段，用于地表温度的测量
机载海洋色谱成像仪	·通道数：10 ·总视场：85° ·分辨率：50m ·瞬时视场：2.5mrad 用于获取海洋水色遥感数据，进行海洋科学研究

续表

<table>
<tr><th>遥感设备</th><th colspan="6">主要性能</th></tr>
<tr><td>多光谱大气成像遥感设备</td><td colspan="6">· 总视场：85.92°
· 瞬时视场：2.5～5.0mrad
· 通道数：12
· 分辨率：50～100m
· 研究暴雨系统结构、云顶温度、大气层水汽等天气现象
用于获取大气遥感数据，进行大气科学研究</td></tr>
<tr><td>电子光学相机</td><td colspan="6">· 通道数：13
· 瞬时视场：0.52mrad
· 总视场：60°
· 数字化：12bit
用户获取地面图像信息，进行测绘制图、城市规划等</td></tr>
<tr><td>航空相机系统</td><td colspan="6">多种胶片相机系统，经过精密光学定标的航空相机，获取的遥感数据可以生成正射影像图和高精度的数字高程模型（DEM）</td></tr>
<tr><td rowspan="5"></td><td>相机类型</td><td>镜头</td><td>胶片规格</td><td>地面覆盖/km</td><td>分辨率/m</td><td>比例尺</td></tr>
<tr><td>RC－10</td><td>6″/f 4</td><td>9″×9″</td><td>30×30</td><td>3.0～8.0</td><td>1:130000</td></tr>
<tr><td>RC－10</td><td>12″/f 4</td><td>9″×9″</td><td>15×15</td><td>1.5～4.0</td><td>1:65000</td></tr>
<tr><td>HR－732</td><td>24″/f 8</td><td>9″×18″</td><td>7.4×15</td><td>0.6～3.0</td><td>1:32500</td></tr>
<tr><td>IRIS</td><td>24″/f 3</td><td>4.5″×35″</td><td>3.7×40</td><td>0.3～2.0</td><td>1:32500</td></tr>
<tr><td>卫星遥测和数据传输链路</td><td colspan="6">将机载遥感设备的数据经 NASA 跟踪与数据中继卫星系统实时连续地传送到地面站</td></tr>
</table>

（2）美国环境遥感设备机载实验平台（RASTER－J）

RASTER－J 是美国海军实验室联合 7 个政府部门（能源部、环境署、地质调查局、宇航局、农业部、USACE、国家海洋大气局）建立的遥感设备实验平台计划，属于美国战略环境研究与发展计划（SERDP）全球环境变化主题下的项目。该项目的目标是，现场展示多遥感设备同时用于环境现象和事件的监测，根据其有效性和价值，将国防部和能源部发展的遥感技术向环境领域的研究转移。

RASTER－J 计划是针对特殊的地区和时机，提供高空间分辨率的数据，更适合对高复杂结构地表进行短期、不规则现象研究。RASTER－J 所提供的工程环境可以不断改进并能采用最先进的遥感设备。RASTER－J 的飞行平台是 C－141 大型飞机。C－141 飞机上装备的主要遥感设备包括高性能的超光谱成像仪（HYDICE）、毫米波无源成像系统、先进的合成孔径雷达系统和激光雷达系统等。

（3）俄罗斯多频、多极化雷达系统飞行实验室（IMARC）

IMARC 是安装在 TU－134A 大型飞机上的多频段（VHF、P、L、X）、多极化（VV、HH、HV、VH）合成孔径雷达系统空中飞行实验室，可以对地球表面进行全天候的高分辨率遥感。其雷达成像系统由莫斯科仪器工程科学研究所设计开发，TU-134A飞行实验室由俄罗斯飞行实验与产品公司设计。IMARC可提供大量民用遥感信息。

（4）巴西亚马逊警戒系统（EMB145RS）

为实施著名的"保卫亚马逊"计划，巴西政府将ERJ145飞机改装为遥感飞机，代号为EMB145RS。作为支线客机的ERJ145飞机有45座，航程仅有2000多km，改装为遥感飞机后，通过在后机身增加6个770L的油箱，使EMB145RS的空中作业时间提高到6~8h。

EMB145RS装载合成孔径雷达、光学相机、前视红外热像仪、成像光谱仪等遥感设备，可全天候用于对地观测，包括热带雨林和植物生态变化、生物群落自燃、地质调查和搜索非法活动等。EMB145RS可实时获得遥感图像，并可在飞行过程中进行分析。飞机上装有数据链，用于飞机和地面中心的联系或将图像实时传输到地面中心。

总之，与航天遥感系统不同，航空遥感系统的种类繁多，应用门槛较低，涉及的领域又极为广泛，资源分布在各个部门，故航空遥感资源的整合和发展问题一直得到各个国家的重视。欧盟通过统一的空间政策整合了航空遥感资源，承担整个欧洲大比例尺测图；美国将国家级大型、多功能、综合航空遥感系统与部门和企业中小型航空遥感系统资源统筹配合，在国家、联邦和企业三个层次上发展其航空遥感系统，承担国家周期性航空测图计划和城市发展规划的测图任务。但无论是欧盟还是美国，都依然强调国家级大型航空遥感系统的骨干和不可替代作用。

基于飞机平台的航空遥感系统具有以下基本特点：拥有专属的飞行平台，有效载荷较多，可同时采用多种遥感设备实施对地观测，主要用于地球系统科学实验和民用领域高分辨率空间数据获取。事实上，在美国用于城市规划和基本地图测绘大约65%以上的高分辨率空间数据是靠航空遥感系统来保证的。

值得注意的是，基于飞机平台的航空遥感系统对航天遥感设备的实验可提供有力的支持，如法国的SPOT系列卫星、加拿大的RADARSAT系列卫星和美国的LANDSAT、EO-1等卫星载荷遥感设备都经过航空平台的校飞和定标实验，从而减少了投入风险，并增加了运行效率。

3.1.2　国内遥感观测技术发展状况

3.1.2.1　卫星遥感技术

40年来，我国陆续形成了气象卫星、资源卫星、海洋卫星、环境与灾害监测卫星等四大卫星系列，在防灾减灾和各部门业务运行方面发挥了重要的作用。

（1）风云卫星系列

风云一号系列卫星（见图3.1）是我国自行研制的第一代极轨气象卫星，目前共发射了4颗，分别为风云一号A、风云一号B、风云一号C和风云一号D。卫星携带多通道可见光红外扫描辐射仪，用于获取昼夜可见光与红外云图、冰雪覆盖、植被、海洋水色、温度等数据。

图 3.1　风云一号卫星

于 2008 年 5 月 27 日发射的第二代极轨气象卫星风云三号 A 共配置了 7 种对地观测有效载荷，其中 10 通道扫描辐射计由风云一号卫星改进而来，其余 6 种均是新增加的，包括中分辨率成像光谱仪、红外分光计、地球辐射收支仪、紫外臭氧探测仪、微波辐射计、微波成像仪。风云三号卫星搭载的 10 通道扫描辐射计和 20 通道中分辨率成像光谱仪，可以用于近岸海域水环境监测，其中，带有 4 个 250m 通道的中分辨率成像光谱仪也具有大型湖泊水环境监测能力；利用 26 通道红外分光计等遥感器可以获得大气 O_3、CO_2、大气气溶胶、温湿廓线等信息。

风云二号系列卫星（见图 3.2）是我国第一代静止轨道气象卫星，包括两个批次，已经发射 5 颗卫星。风云二号 01 批两颗星风云二号 A/B 为试验试用型卫星，均已成功发射；风云二号 02 批卫星为业务卫星，共计 3 颗，即风云二号 C、风云二号 D、风云二号 E 卫星，分别于 1999 年、2002 年和 2008 年成功发射。

图 3.2　风云二号卫星

（2）资源卫星系列

1999 年、2003 年和 2007 年，我国分别发射了 CBERS－01、CBERS－02、CBERS－02B（见图 3.3）资源卫星，星上搭载了 CCD 相机、IRMSS 红外扫描仪、广角成像仪和

HR相机等有效载荷，提供了空间分辨率从2.6～258m、幅宽从30～890km的总共十几个波段的遥感数据，具有较高的空间分辨率，用于资源探测、陆域生态环境评价、大型湖泊水环境的评价等。

2011年，我国成功发射了资源一号02C卫星。该卫星运行于高度780km的太阳同步轨道，重访周期为3～5d。星上载有全色/多光谱相机和全色高分辨率相机，主要任务是获取全色和多光谱图像数据。该卫星配置了10m全色/20m多光谱的中等分辨率相机以及两台2.36m高分辨率载荷，幅宽54km。该卫星具备侧摆成像能力。

资源三号卫星于2012年1月成功发射，运行于505km轨道，具备侧摆成像能力，重访周期为3～5d，能够长期、连续、稳定、快速地获取覆盖全国的高分辨率立体影像和多光谱影像，是我国首颗民用高分辨率光学传输型立体测图卫星。该卫星集测绘和资源调查功能于一体，星上的前、后、正视相机分辨率分别为3.5m、3.5m和2.1m，幅宽52km，具有三线阵立体测图能力，多光谱相机具有4个谱段，分辨率为6m，幅宽51km，用于国土资源普查。

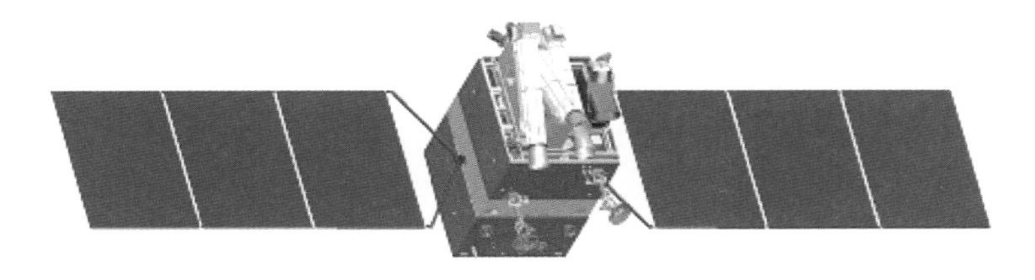

图3.3　资源三号卫星

（3）海洋卫星系列

2002年和2007年，中国分别成功发射了海洋一号A和海洋一号B卫星（见图3.4），通过搭载的10波段水色水温扫描仪和海岸带成像仪探测出海洋水色、水温、悬浮泥沙、赤潮、溢油、热污染及浅海水深等环境要素，为我国海洋生物资源开发利用、河口港湾的建设和治理、海洋污染监测和防治、海岸带资源调查和开发以及全球环境变化研究等领域服务。

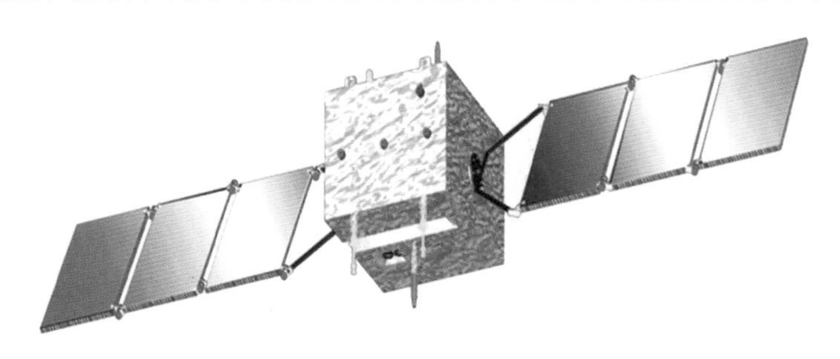

图3.4　海洋一号卫星

海洋水色卫星是专门的水环境遥感卫星，其中海洋水色水温扫描仪有8个可见光与近红外通道和2个热红外通道，分辨率为1.1km，而海岸带成像仪用于近海大陆架、海岸带动态监测，地面分辨率为250m，波段设置兼顾海洋和陆地。

2011 年 8 月，海洋二号卫星（见图 3.5）成功发射，这是我国首颗海洋动力环境卫星。该卫星运行在 970km 的太阳同步轨道上，配置了雷达高度计、微波散射计、扫描微波辐射计和校正微波辐射计等多种微波遥感器，实现全天时、全天候对海面风场、海面高度、浪场、海洋重力场、大洋环流和海表温度等重要海洋参数的监测，为国民经济建设提供服务，为海洋科学研究、全球气候变化提供实测数据。

图 3.5　海洋二号卫星

（4）环境与灾害监测卫星系列

环境与灾害监测预报小卫星“2 + 1”星座的两颗光学卫星于 2008 年 9 月 6 日成功发射，雷达卫星于 2012 年 11 月 19 日发射。

环境与灾害监测小卫星星座是我国环境和灾害监测系统的空间段，该星座的主要任务是对生态破坏、环境污染和灾害进行大范围、全天候、全天时动态监测，及时反映生态环境和灾害发生、发展的过程，对生态环境和灾害发展变化趋势进行预测，对灾情进行快速评估，并结合其他手段，为紧急救援、灾后救助和重建工作提供科学依据，与地面监测手段相结合，提高环境和灾害信息的观测、采集、传送和处理能力。该星座第一期由两颗光学成像卫星环境一号 A/B（见图 3.6）和一颗合成孔径雷达卫星环境一号 C（见图 3.7）组成，其中两颗光学成像卫星运行于同一轨道平面内，载荷主要包括：30m 分辨率、幅宽 720km 的宽覆盖多光谱可见光 CCD 相机，平均光谱分辨率 5nm 的可见光近红外超光谱成像仪，分辨率优于 150 ~ 300m、幅宽 720km 的红外相机。环境一号 A/B 已经在我国减灾、环境及其他领域得到了深入应用，遥感数据产品基本解决了我国对突发自然灾害、重大环境污染和生态变化情况的大范围、及时、准确动态监测，填补了卫星动态监测与预报数据的空白。在国土、农业、林业、矿业、城市等遥感领域也得到应用，用户遍布全国各省市，为国内外环境灾害监测及预报发挥了重要作用。2009 年 2 月澳大利亚森林火灾时澳方主动向中方申请使用环境一号 A/B 卫星遥感数据，凸现出环境一号 A/B 卫星星座快速数据获取能力。截至 2011 年 9 月，环境一号 A/B 卫星监测了 70 余场国内新发重特大灾害事件、15 场国际重大灾害，为我国争得了荣誉。已有多个国家提出建站接收卫星数据的申请，泰国于 2011 年 4 月建站接收环境一号 A 卫星图像数据。

图 3.6　环境一号 A/B 卫星

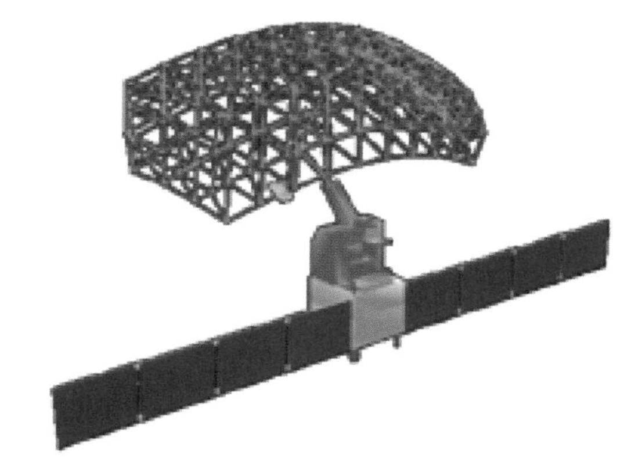

图 3.7　环境一号 C 卫星

环境一号 C 卫星于 2012 年发射，主要用于我国及周边地区的环境与灾害监测。环境一号 C 卫星是“环境与灾害监测预报小卫星星座”中的 1 颗 SAR 小卫星，是我国立体环境与减灾观测系统的重要组成部分之一。环境一号 C 卫星配置 S 波段 SAR，具有全天候、全天时的观测能力。

除了上述四大系列卫星外，我国还发射或拥有一些其他的遥感卫星，如北京一号、高分一号等，特别是最新发射的高分一号卫星具备分辨率为 2m 全色/8m 多光谱以及 16m 多光谱、800km 幅宽的宽覆盖能力，使得我国天基对地光学成像观测能力又得到了进一步补充。

我国已统筹建设了多星多任务对地观测卫星数据接收处理综合地面系统，开展了环境减灾、气象、海洋、资源系列卫星等遥感数据的接收、处理、归档、分发和服务工作，初步具备了可见光、红外、高光谱、微波等多种类型遥感数据的标准化处理与分发服务能力，基本实现了对地观测卫星地面系统的常规业务化运行，为灾害监测等防灾减灾业务应用提供了基础支撑服务。

环境卫星系统目前已建立了一套以环境卫星为主要数据源、综合利用其他卫星数据的环境遥感监测评价技术体系，逐步构建了水、空气、生态等业务化应用系统。国家减灾中心将环境一号 A/B 卫星纳入到国家减灾救灾业务体系，使环境减灾卫星成为卫星减灾业务不可或缺的信息资源。

近年来，中国发射的极轨和静止气象卫星已成为世界对地观测网的组成部分。国家卫星气象中心，每天接收、处理 10 多颗国内外极轨、静止轨道气象卫星资料，并获得气象灾害重点监测区域的部分台站探空仪的探空观测资料，为气象预报、灾害监测等提供了很好的服务。另外，还可以通过因特网订购下载陆地资源卫星和环境减灾卫星数据。

3.1.2.2　航空遥感技术

航空遥感在我国已有几十年的应用历史。为满足基础测绘、专业调查、工程勘察以及军事等对高分辨率影像数据的需要，在我国形成了一支由军队、通用航空、科研等单位组成的航空遥感队伍。

具备航摄飞行能力的单位分布在我国不同的地区，有国家遥感中心航空遥感一部、中科院航空遥感中心、中航技四维航空、飞龙通用、中飞通用航空公司、中国煤航、江南航空等；也有一些单位，如中国测绘研究院、核工业遥感中心等则通过租用飞机开展航空遥感服务。

上述航空遥感单位为我国航空遥感发展做出了很大的贡献，但我国现有的航空遥感系统以航测相机为主，功能单一。通过国家“863 计划”和其他国家计划研制成功一批先进的机载遥感设备，但仍处于样机阶段，且管理分散，未能实现业务运行，只能为用户提供初级服务。鉴于目前在我国运行的主要航空遥感系统及其飞行平台情况，我国航空遥感的飞行平台技术相对滞后。主要的问题是没有中大型、高空、远程、多遥感设备的综合性飞行平台和先进遥感设备。这种状况已经无法适应我国科学技术发展、国家信息化建设、应急减灾以及经济建设和社会发展对高质量遥感数据的需求。

在应急减灾的应用方面，航空数据是国内应急减灾数据最主要的来源。玉树地震和舟曲泥石流灾害中，国家减灾中心紧急启动国际减灾合作机制和国内卫星数据减灾应用协调机制，向有关机构提出卫星遥感数据申请，并进行了航空灾害应急监测飞行。玉树地震灾害期间，共获取并使用来自 7 个国家的卫星资源，以及航空遥感、无人机等各类数据 1178 景，如图 3. 8 所示，其中航天数据 101 景，航空数据 1077 景。在舟曲泥石流灾害期间，共获取并使用各类数据 449 景，如图 3. 9 所示，其中航天数据 29 景，航空数据 420 景。

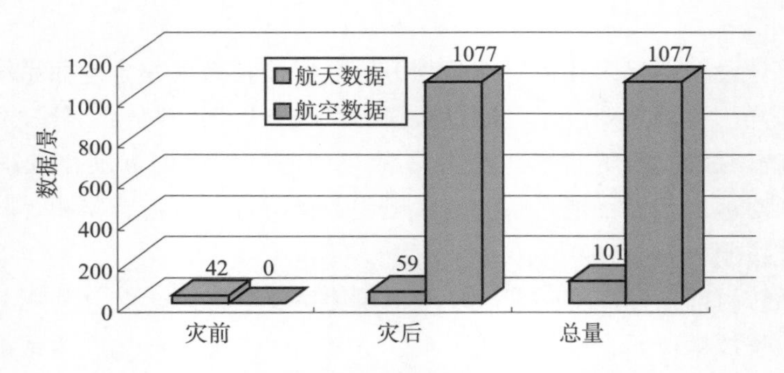

图 3. 8　玉树地震灾害遥感数据使用情况统计

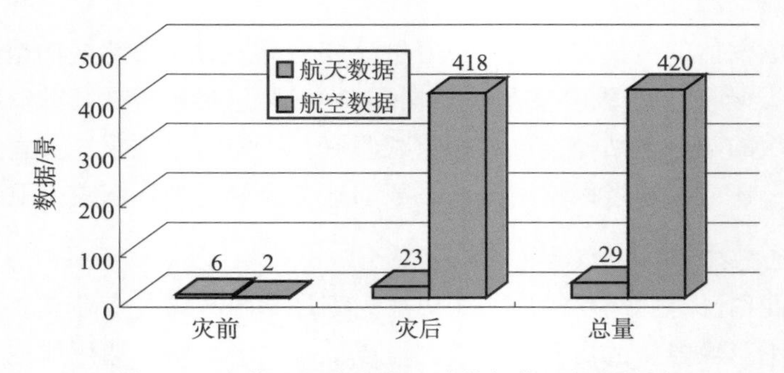

图 3. 9　舟曲泥石流灾害遥感数据使用情况统计

2008年5月12日在四川汶川发生特大地震，给人民的生命财产造成了重大损失。地震发生时，道路不通，交通中断，次生灾害频发，气象条件恶劣，灾情不明成为当时抢险救灾面临的重大难题。中国科学院及时组成了“汶川地震遥感应急指挥部”和“汶川地震灾害监测与灾情评估工作组”利用航空遥感飞机和遥感卫星地面站，发挥多平台、多波段、多模式、高空间分辨率、高光谱分辨率、高时间分辨率、全天时、全天候快速获取信息的能力和优势，在汶川灾区进行了灾情数据快速获取、信息处理、灾害分析、灾情评估和情况专报，为政府决策提供了大量的数据、信息和建议，出版了汶川地震灾害遥感图集，记录了汶川地震遥感数据，以及地质灾害、江河堰塞、道路损坏、农林损毁、工程破坏和灾情分析情况。

2013年4月20日8时2分，四川省雅安市芦山县发生7.0级地震。中国科学院立即启动应急响应预案，组织相关单位和人员积极参与抗震救灾工作，紧急协调飞行航线。中科院遥感飞机B－4101于9时50分从绵阳机场起飞，开始执行雅安地震灾情遥感监测任务。

4月20日13时30分，中国科学院航空遥感飞机完成第一架次飞行，获取高分辨率灾区遥感图像，于16时传回第一批航空遥感数据。经分析处理，获得了芦山县宝盛乡、太平镇灾情监测初步结果，以及地震影响人口及范围评估报告。

中国科学院研究人员利用高分辨率航空遥感影像，叠加高精度DEM数据、地名、道路、水系等基础地理信息数据，制作了四川芦山县地震灾区灾情三维监测与评估系统；并可结合灾区的地形、地貌，分析灾区的滑坡等次生灾害及潜在危险区域，分析灾区道路、建筑物损毁情况，为抗震救灾提供一系列实时灾情评估报告。

地震灾害航空遥感的实践促使我们认识到，应进一步建立具有先进、实用、快速、可靠技术能力的灾害遥感航空应急监测系统，实现遥感信息获取、处理、传输、分析和灾情速报一体化，为提升我国防灾减灾能力做出贡献。

3.2 遥感观测系统组成与工作模式

3.2.1 面向自然灾害的天基观测系统组成

面向自然灾害的天基观测系统，在我国目前已有的气象、资源、海洋、环境减灾卫星系列的基础上，按照“填平补齐，不搞重复建设”的思想，运用最新航天技术，通过光学遥感、微波遥感、电磁探测等综合手段构建“灾害监测卫星星座”，形成高低轨道优化配置、多物理量覆盖观测能力，完善补充我国现有航天技术在地震、洪涝、地质等自然灾害空间信息获取方面的不足，使我国对自然灾害的连续监测、预测预警、灾后速报能力达到国际先进水平。

如图3.10所示，灾害监测卫星星座包括极轨光学观测卫星星座、极轨微波观测卫星星座以及综合观测与探测卫星星座，可实现对自然灾害信息的光学、微波对地遥感观测和电磁场、重力场的在轨探测。

极轨光学观测卫星星座由多颗光学遥感卫星组成，极轨微波观测卫星星座由多颗 SAR 卫星组成，综合观测与探测卫星星座则覆盖高轨光学、高光谱、高轨微波、电磁监测以及重力测量等探测手段，由多颗不同卫星组成。

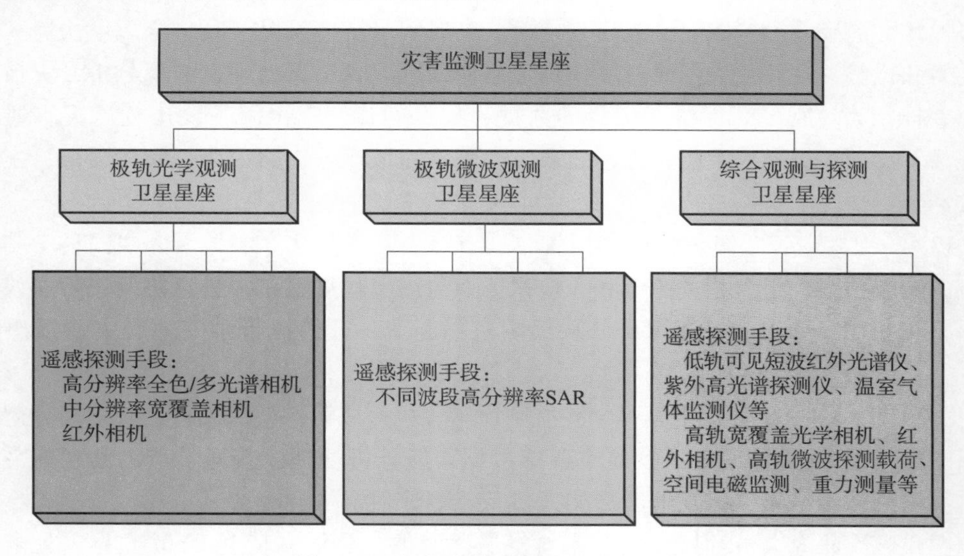

图 3.10　灾害监测卫星星座组成示意

3.2.2　面向自然灾害的空基观测系统组成

面向自然灾害的空基观测系统具有高的时间和空间分辨率、观测手段齐全、综合集成能力强、机动灵活、响应快速等特点，通过应急监测及区域详查两种工作模式，可以有效满足地震、洪涝、干旱、地质、海洋、气象、环境、森林、农业等各种灾害管理过程中的风险预警、应急响应、灾情评估、恢复重建等各个阶段中对空间信息获取的需求。

自然灾害空基观测系统主要由航空飞行平台、对地观测载荷、空基地面系统、空基卫星通信终端等部分组成。

飞行平台包括有人机平台和无人机平台两种形式。对地观测设备主要包括光学、微波、重磁学载荷。光学载荷包括可见光相机、成像光谱仪、激光雷达、红外扫描仪、偏振相机等观测设备；微波载荷主要为合成孔径雷达；重磁载荷包括重力、磁力测量仪以及低空地震电磁监测设备。数据传输系统包括视距链路和卫通链路。

空基地面系统包括空基数据处理机动站、固定站和运行基地，覆盖了数据从获取、处理直至存储等数据流程，以及系统的建设、管理、运行、维护等功能。

空基卫星通信终端包括 Ku 频段航空数据传输终端和航空型卫星移动通信终端。

3.2.3　系统工作模式

面向自然灾害的遥感观测系统的工作模式是指灾情数据的获取方式，主要有长期监测和灾害应急响应两种模式。长期监测模式主要是开展有计划的周期性监测任务，天基数据和空基数据互为补充；灾害应急响应模式主要承担突发性监测任务，要求系统稳定可靠，反应快速，机动灵活。这两种业务模式相互配合即可满足整个灾害管理周期的任务需求。

3.2.3.1　天基观测系统工作模式

（1）星座联合长期监测模式

天基观测系统通过星座化设计运行，形成高低轨道优化配置、多物理量覆盖观测的应用模式。具体而言，通过极轨光学观测卫星星座的稳定运行，提供全球中分辨率天覆盖和高分辨率天重访的观测能力，极轨微波观测卫星星座和极轨光学观测卫星星座持续配合运行，形成针对全球的全天时、全天候高重访的灾害成像观测能力。此外利用高轨光学和高轨微波卫星的配合工作，实现针对我国领土及周边地区的高时间分辨率区域监测。综合观测与探测卫星星座中的其他卫星通过红外、高光谱、电磁场探测以及重力场探测等手段，加强针对地震等特定灾害的监测能力。综合看来，灾害监测卫星星座可实现“全球与区域结合、高轨与低轨配合、多手段综合监测”的长期监测模式。

（2）灾害应急响应模式

灾害监测卫星星座的常规运行可为全球覆盖监测和我国国土及周边地区的持续观测提供数据支持。在灾害发生过程中，面向灾害监测和救灾，将通过下述模式，实现对防灾救灾的信息支撑。

①高轨持续监测

灾害发生后，通过指令控制，可以利用高轨光学卫星和高轨微波卫星配合实现针对灾害特定区域的持续监测能力，提供灾害过程连续监测的可见光、红外、SAR等全天时、全天候、多手段监测数据。

②中继数据传输

常规运行时，灾害监测卫星星座的数据主要通过星地链路下传，而针对灾时数据快速回传需求，灾害监测卫星星座中的卫星可启动中继通信功能，通过高轨通信卫星实现监测数据的快速分发，以保障救灾需要，即通过上行再下行的“星-星-地”链路实现数据及时回传。

③卫星共享应用

灾害发生后，通过卫星共享渠道，调配国内可用的卫星资源，实现灾害应急观测，形成对灾害监测卫星星座的补充。

④国际合作支持

启动国际合作机制，通过Charter宪章等渠道获取国际天基资源的支持，实现监测数据共享，进一步补充国内天基数据应急获取能力。

3.2.3.2　空基观测系统工作模式

（1）灾害应急响应模式

在灾害发生后的应急救灾和恢复阶段，需要根据响应等级启动航空应急规程，紧急飞赴灾区开展航空灾害监测，获取高分辨率遥感图像；数据应急处理人员开展灾害目标检测，并将监测评估结果报告救灾指挥部门。按照国家对灾害应急监测的要求，应在灾害发生后 1h 内进行灾情报告。区域灾害空基观测系统的灾害应急响应模式是实现对灾情准确判断和快速响应，为灾害救援赢得黄金救援时间的重要保障。

在灾害发生后，区域灾害空基观测系统启动应急响应模式，其工作流程为：根据救灾要求，除在指定地域上空实施飞行任务外，系统还应具有机上全分辨率实时成像处理能力，系统获得的图像数据经机上应急快速数据处理，通过机上的卫星通信系统下传至地面接收站，通过宽带网络传至空基数据处理分系统或指定的指挥中心。应急响应模式的工作流程如图 3. 11 所示。

与此同时，飞机在被测区当地机场落地后，利用系统配置的跟随飞机运抵被测区附近机场的地面应急快速数据处理分系统，也可对原始数据进行精处理，支持后续的应急应用分析工作。

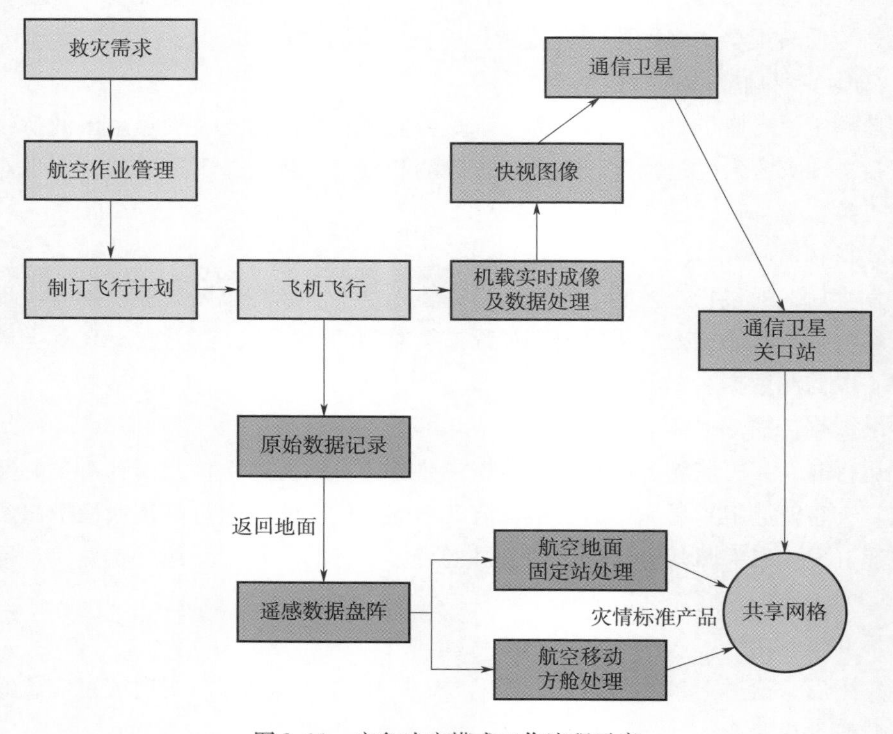

图 3. 11　应急响应模式工作流程示意

（2）区域详查模式

所谓区域详查模式，即是根据灾情预报和灾情监测的实际需求，在天基系统普查的基础上，对于灾情预测区以一定时间间隔安排飞行和数据获取计划，进行航空灾情遥感覆盖飞行，不间断获取灾情数据信息；地面的数据处理系统进行相应的数据处理、存储和管理，开展灾情预测预报服务。

区域详查模式主要是在天基数据获取系统普查的基础上，发挥飞机系统机动灵活、高时空分辨率的优势，对天基数据获取系统发现的孕灾区开展详查。

区域灾害空基观测系统通过有计划的巡航飞行监测，与地面监测结合，获取灾害孕育背景信息、灾害类型、灾害分布位置及范围大小，分析地质灾害影响范围，为防灾减灾提供科学依据；利用多期数据实现连续监测以分析其动态变化，为灾害预报预警提供支撑信息。此外，飞机监测系统在重建阶段定期开展对重建区域的飞行，监测房屋、基础设施、土地资源、生态环境等重建进度，评估重建效果。

区域详查模式启用正常工作流程，即根据应用要求，选配航空遥感系统的遥感设备；制订飞行计划；在指定的测区上执行数据获取的飞行任务；完成飞行任务后，将原始数据存储器带回到空基数据处理分系统，读入地面数据处理系统；实施信号成像处理、图像的系统校正、原始数据和图像的编目后，生成初级图像产品进行分发，或根据需要生成标准图像产品，供用户使用。区域详查模式下的工作流程图如图3.12所示。

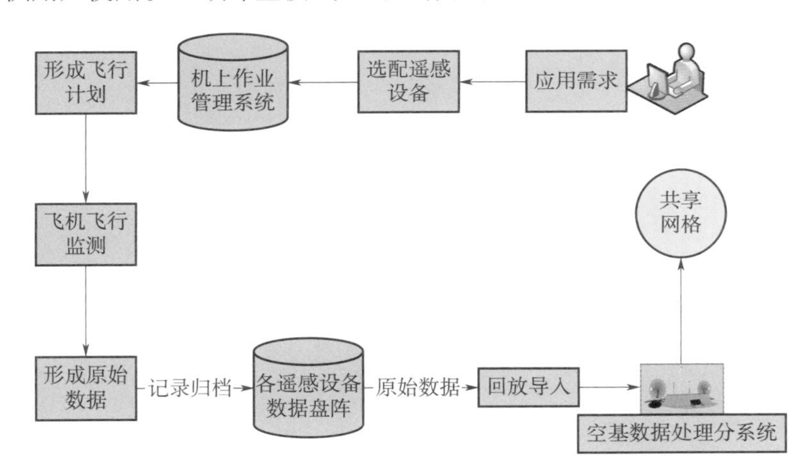

图3.12　区域详查模式工作流程示意

3.3　遥感观测平台

3.3.1　天基观测平台

充分利用已有资源，借助全国优势力量发展天基平台，优先满足地震等主要灾种对获取手段的全面性要求，并适当兼顾其他灾种的需求；在天基对地观测卫星的覆盖性方面，充分利用高低轨和大小卫星的相对优势进行优化配置，显著加强我国已有天基遥感系统的应灾能力。

未来的系统建设可以考虑以下几点：

1）采用增星替补方式解决演化接替问题和加密观测问题；

2）采用关键技术攻关和升级改造实现能力提升；

3）通过新研星（新载荷、新技术、新手段）持续提高应灾能力。

为满足自然灾害应急需求，需发展多种类对地观测卫星，构建自然灾害观测卫星星座。具体的天基观测平台及特点如表 3. 2 所示。

表 3. 2　面向自然灾害的天基观测平台

<table>
<tr><th>名　称</th><th>应用方向</th><th colspan="2">主要特点及载荷支撑能力</th></tr>
<tr><td>低轨遥感卫星平台</td><td>中/高分辨率对地观测及全球普查；全球微波遥感观测及干涉测量；针对大气、地震、火灾、地质等灾害，通过多种有效载荷使光谱覆盖宽而细，其中红外部分主要面向地震的短临预测预报</td><td colspan="2">· 轨道：低轨太阳同步轨道
· 可配置侧摆机动成像能力
· 支持双星干涉模式
· 可具备中继数传能力
· 支持载荷：
1）高分辨率全色/多光谱相机
2）中分辨率宽覆盖相机
3）红外相机（近红外、短波、中长波）
4）高分辨率 SAR
5）可见短波红外高光谱成像仪
6）热红外地球辐射探测仪
7）紫外高光谱探测仪；
8）温室气体监测仪
……</td></tr>
<tr><td>高轨遥感卫星平台</td><td>实现高时间分辨率、大范围连续成像观测，面向减灾、地震监测、火山预报、滑坡监测等应用；实现高时间分辨率、大范围连续监测形变，与低轨合作实现干涉测量</td><td colspan="2">· 轨道：地球同步轨道
· 具备一定姿态机动能力
· 支持载荷：
1）高轨全色/多光谱高分辨率相机
2）高轨红外相机
3）高轨微波探测载荷</td></tr>
<tr><td rowspan="2">物理场探测卫星平台</td><td rowspan="2">在全球范围内获取空间电场、磁场、等离子体数据等，为地震监测提供支持；获取世界先进的高精度重力梯度数据，确定地球重力场精细结构及时间变化，可反演高阶重力场模型，为地震中长期监测服务</td><td>电磁监测卫星平台</td><td>· 轨道：太阳同步轨道
· 具备较高的电磁洁净度控制水平
· 支持载荷：
1）电场探测仪
2）高精度磁强计
3）感应式磁力仪等</td></tr>
<tr><td>重力测量卫星平台</td><td>· 轨道：较低轨道
· 面向高阶静态重力场测量和动态重力场测量</td></tr>
</table>

3. 3. 2　空基观测平台

针对自然灾害空基观测系统的需求，选购并改造建设适合多种先进遥感设备同时工作的高性能航空遥感飞机平台，是自然灾害空基观测系统的重要建设内容之一。在建设过程中，应充分考虑到自然灾害空基观测系统的建设目标、系统性能、运行管理及可实现性，提出对飞行平台的选型要求：

1）自然灾害空基观测系统须尽可能满足对高、中、低空的覆盖，以适应灾害监测和应急响应对不同分辨率的需求；

2）自然灾害空基观测系统应满足大、中、小型平台以及无人机、有人机的合理搭配，统筹飞行作业能力、飞行成本、灵活性以及对任务的适用性等方面的平衡；

3）自然灾害空基观测系统建设的有人机平台，应配备精确的导航系统，具有先进的通信及飞行安全航空电子设备，可以保障飞机全天候和全天时的安全飞行；

4）为保证尽快形成能力，选择国内已有改装基础或成熟的飞行平台，且有良好的培训和服务保障，有定检或大修能力，使用和维护成本较低。

基于以上原则，自然灾害空基观测系统可采用有人机飞行系统和无人机飞行系统相结合的体系。

3.3.2.1　有人机平台

（1）新舟 60 有人机平台

新舟 60 飞机（见图 3.13）是中航工业西飞公司研制的新一代涡桨支线客机，实现了航电设备的集中控制和综合显示，具有较宽敞的舱内空间和较低的舱内噪声，而且具有完全自主知识产权，是研制新型特殊飞行作业的理想平台。

新舟 60 飞机经改装应形成具有多种观测窗口的高性能航空飞行平台，满足多种设备（光学、红外、微波等）同时安装、工作（数据获取、记录、处理、传输）等要求以及多名操作人员工作空间的要求。

根据自然灾害空基观测系统建设对新舟 60 飞机的改装技术要求，在新舟 60 平台基础上进行改装设计方案论证，可采用与新舟 60 客机相同的总体构型和主要机载设备。

图 3.13　新舟 60 飞机

（2）运-12E 有人机平台

运-12E 型飞机是中航工业哈飞公司在运-12Ⅳ型飞机基础上改进和发展的轻型多用途飞机，如图 3.14 所示。该飞机采用了双发、上单翼、剪切翼尖、单垂尾、固定式前三点起落架的总体布局。飞机是按照美国联邦航空条例 FAR-23 部（包括 23-1 至 23-42 号修正案）设计、试验和制造的，起飞噪声符合 FAR-36 部要求。运-12E 使用简单，机动灵活，可在简易跑道上起飞和着陆；可在白天和夜间按目视飞行和仪表飞行规则使用。

其飞机改装的主要工作包括设置光学相机窗口、SAR 系统安装接口，卫星通信系统接口，并进行气动布局、结构、供电系统适应性改装及气动、强度、电磁兼容性分析计算和试验。

图 3.14　运-12 飞型飞机

3.3.2.2　无人机平台

我国地域广博，地质、自然条件复杂，是自然灾害频发的国家。频繁的自然灾害给我国农业、林业、渔业、制造业、矿业、交通、水利、电力等行业造成了极大的危害。自然灾害具有突发性特点，灾害应急救援的关键是灾害发生后的快速反应。目前，由于卫星遥感和载人航空遥感在获取灾害信息时受时空分辨率、外界环境和使用成本的影响，其在灾害应急救援过程中的作用受到限制。无人机系统具有实时性强、机动灵活、影像分辨率低、飞行高度低、可低于云层、人员危险小、成本低、能够在高危地区作业等特点，便于迅速赶到灾情现场，及时发回信息，为地震、火灾、防汛检查、气象监测等各个方面的应急机构提供全新的遥感解决方案，能很好地适应目前的民政救灾的应急工作模式，加强现场工作组的应急数据采集和数据传输能力，提供灾害救助辅助决策依据，提高灾害救助时效性，提升抗灾救灾科技水平，有利于我国对地观测技术在减灾救灾中的应用。

无人机平台的主要功能如下：

1）能够实现全自动自主飞行（含自主起飞、自主降落、自主悬停）；

2）具有遥控、GPS 自主导航两种飞行模式；

3）具有一定的容错控制功能；

4）具有无控制信号自主归航并着陆的能力，当姿态异常时具备自动回收等失控保护功能；

5）系统内部时钟采用GPS授时统一时间信息；

6）配套测试、保障设备具备完善的检测、维护和故障维修功能；

7）可通过更换不同任务设备，完成其他使命任务。

（1）直5旋翼无人机平台

根据系统的使用环境及要求，结合无人机平台技术指标分析，在应急机动监测站方面，需选用具有大载荷、长航时、高升限特点的无人机，同时平台内部还需有较大空间便于携带载荷及数据链设备外，平台还需具有较强的抗风、耐高温、耐低温环境适应性能才能适应系统的应用环境。综合以上需求可选择直5（Z5）旋翼无人直升机作为系统的无人机平台，如图3.15。

图3.15　直5无人机平台

（2）彩虹3固定翼无人机平台

为满足固定监测站快速对远距离、大面积进行监测的需求，可选择彩虹3（CH3）大型长航时固定翼无人机作为监测平台。该固定翼无人机具有大载荷、长航时、高升限特点，同时平台内部需具有较大空间便于携带各类载荷及数据链设备；平台适用范围广，环境适应力强，具有较强的抗风、耐高温、耐低温性能；平台采用滑跑起飞方式，常规平直路面即可满足要求，如图3.16。

图3.16　彩虹3无人机平台外形

彩虹 3 无人机平台主要分为 3 个单元，分别是机体结构、发动机系统和电气系统。其中，机体结构组成了无人机的整体外形，电气系统提供无人机能源和控制，发动机系统提供对动力的操作和控制。

3.4　遥感观测载荷

灾害监测主要分为 3 个阶段：一是灾区受灾实况监测及灾后损失评估；二是为救灾提供空间信息保障，即利用遥感进行主要道路的通行能力的评估；三是对灾害造成的次生灾害进行动态监测，例如地震、洪水、暴雨灾害后的崩塌、滑坡、泥石流的识别及堰塞湖的动态监测，森林火灾后的暗火监测、潜在引发的病虫灾害监测等。可见光遥感可动态直观地获取灾区实况图像，是灾情监测、救灾指导和受灾评估最有效的手段；红外遥感在林火监测，受灾人员搜救方面具有不可替代的作用；高光谱遥感在干旱、低温雨雪冰冻、地质、生物灾害的监测、预警、评估等方面具有重要作用；在林木茂密地区，激光雷达可获取林木覆盖下的地表信息，具有较强的穿透性，同时可获得探测地区的三维成像图及精确的高程图，辅助判断地形地貌变化；磁力、重力、电磁和放射性等地理物理因子对于分析预测预警地震等重大自然灾害具有重要意义，重磁载荷可提高地球物理因子的探测效率和可靠性，是加强自然灾害空间基础信息获取能力的前提。

遥感观测载荷在种类上应满足地震、地质等多种灾害监测以及快速应急等数据获取的需要。为了定量地获取各种目标的辐射量、散射量、几何参数，及其随地面特征、传输通道、频谱（频段）、偏振（极化）和时间的变化特性，有效载荷应在现有技术条件下，覆盖尽可能宽的电磁波段（包括可见光、红外、微波和毫米波段），利用主动和被动方式获取目标观测信息，多方面获取综合灾害遥感数据。面向自然灾害的遥感观测系统可装载的观测载荷如表 3.3 所示。

表 3.3　空基观测载荷列表

序号	载荷类型	载荷名称
1	可见光类	面阵相机
2		线阵相机
3		低照度相机
4	光谱类	宽谱段成像光谱仪
5		地震监测及预警红外成像仪
6	激光类	三维激光成像雷达
7		敏感气体红外激光雷达

续表

序号	载荷类型	载荷名称
8	微波类	SAR
9		差分干涉合成孔径雷达
10		Mini - SAR
11	重/磁	重力/磁力探测系统
12		地震电磁监测系统
13	应急通信	ESC 应急通信机载设备
14	数传系统	机—星—地数据传输（Ku）
15		机—星—地数据传输（Ka）

3.4.1　多波段偏振光学相机

基础研究和实验表明，物体的密度、粗糙度、局部形变、位移以及材料类型等理化特征变化表现出显著的光学偏振特性，这成为光学强度遥感监测地质灾害（地震灾害、山体滑坡、泥石流、矿区地表塌陷等）中不可替代的重要信息。风暴、冰雹、雪灾等所导致的作物、环境特征等变化具有明显的偏振特性；水体及物质的含水量亦表现有较强的偏振特性，应用偏振参数能够有效探测洪涝灾害的范围与程度。同样，大面积干旱灾情所表现的土壤湿度变化，也将导致其偏振特性的显著变化。此外，光学偏振测量对光照的一致和强度要求较低，在多云（阴影）、晨昏（弱光）等条件下可有效获取信息。

3.4.2　红外成像仪

森林火灾是一种突发性强、破坏性大、处置救助较为困难的自然灾害。我国森林资源丰富，森林覆盖率高。但近年来，由于受到全球气候异常的影响，我国许多地区高温、干旱、大风和极端低温冻害天气增多，再加上一些人为的因素，致使森林火险等级居高不下。因此，有效地预防森林火险的发生，以及当森林火险发生时尽快确定火灾发生的位置、火势情况、灾后评估等对减少损失、保护森林资源显得非常重要。

红外成像仪就是利用天基、空基遥感手段，对森林火情进行准确、及时、有效的监测。它可以弥补了望台了望和地面巡护的不足，能够早期发现火灾隐患以及对重大森林火灾现场的各种动态信息进行准确把握和及时了解。红外成像仪为提高探测效率，采用光机扫描成像方式，具有扫描视场大、空间分辨率高的特点。

3.4.3　地震监测及预警红外成像仪

研究结果表明，临震前热红外异常随时间的分布形态一般表现为增温条带出现，临震前5 ~ 20d 内有逐渐增强的趋势以及临震前震中附近出现局部明显增温现象，且随着地震的临近存在迁移现象。热红外异常震前持续时间一般为15 ~ 25d（辐射亮温卫星图像）和5 ~ 10d（地表温度场图像），地震异常出现之后的10 ~ 20d 内发生地震的可能性很大。

地震监测及预警红外成像仪可以探测地震短期前兆的异常特征，为地震预测的科学研究提供技术支持，满足地震地质灾害航空观测的数据需求。

3.4.4　三维激光成像雷达

三维激光成像雷达主要用于执行航空应急对地观测任务，并满足灾害航空应急反应对三维地形图数据的应用需求。

3.4.5　敏感气体红外激光雷达

地震来临前的一段时间内，地壳或者地下水中会有某些特征气体的异常泄露，这些敏感气体包括 Ar、CH_4、H_2S、CO_2等。

敏感气体红外激光雷达装载于新舟60、运-12飞机和无人机上，可在飞机巡航过程中对上述泄露气体进行定量化的探测，从而达到预警地震目的。这种激光雷达的基本原理是基于敏感气体在红外波段的特征吸收，具有虚警率低、灵敏度高等优点。

3.4.6　L 波段差分干涉合成孔径雷达系统

L 波段差分干涉合成孔径雷达（D - InSAR）系统具有机动灵活、高程变化检测能力、高分辨力等优势，可对特定区域地形变化进行测量监测，用于地震、山体滑坡、泥石流等灾害的预报及灾害监测等。L 波段差分干涉合成孔径雷达系统具有以下特点：

1）具备全天时、全天候实时监测地表动态变化的能力；

2）可根据不同的任务类型对雷达处理设备进行扩展或精简，应急情况下能够在实时成像的基础上完成干涉数据产品生成，提高我国遥感系统的灾害应急响应能力；

3）具有实时成像功能、系统自检功能、系统内定标功能和实时运动补偿功能，对雷达参数可以通过主控计算机加以选择和控制（雷达作业可以采用自动或半自动的作业方式）；

4）具有良好的适配性，可用于低空无人机、低空飞艇、中高空有人机、临近空间飞艇等。

L 波段差分干涉合成孔径雷达系统具备三天线、双基线交轨干涉能力，可装载于新舟60、运-12飞机，可以以航空遥感方式探测地震短期前兆的异常特征，为地震预测的科学研究提供技术支持，满足地震地质灾害航空观测的数据需求。

3.4.7　降水测量雷达

对台风、暴雨、强对流等灾害性天气现象的监测和预报是天气预报最主要的内容。大多数灾害性天气过程都与云和降水相伴，云和降水也是气候系统的重要特征量，对降水系统瞬时结构特征和全球分布特征的认识，成为人们实现减灾防灾、理解全球气候变化的重要环节。现有星载降水测量系统虽然可以实现对灾害天气的监测但缺乏三维信息，而且监测频次较低。地基观测网虽然可以提供高频次的三维降水信息，但存在尚未实现国土范围内全覆盖等缺点。机载降水测量雷达可以弥补星载降水测量系统观测频次低的不足，加强对重点灾害性天气的监测频次并弥补同步卫星监测无法获取三维降水信息的缺陷；还可以弥补地面降水观测网的盲区，提高网点的观测范围。

3.4.8　低空地震电磁监测系统

研制基于运-12飞机平台的地震灾害电磁方法监测系统，对地震前后由地下构造运动引发的电阻率和电磁场/波异常现象进行探测，为地震预警、震后次生灾害监测与预防提供技术支撑，是构建地震灾害立体监测体系的重要手段。

3.5　空基数据传输与处理

3.5.1　空基系统数据传输

3.5.1.1　有人机数据传输系统

有人机卫星数据传输系统由Ku频段航空数据传输终端和航空型卫星移动通信终端组成。

（1）Ku频段航空数据传输终端

Ku频段航空数据传输终端由机载通信终端、通信卫星和卫星通信车载站组成。卫星数据传输系统工作示意图如图3.17所示。

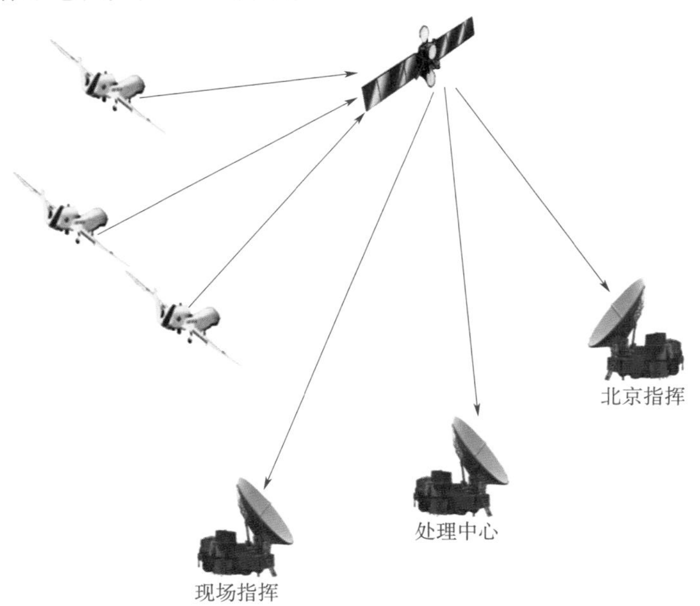

图3.17　卫星数据传输系统工作示意图

（2）航空型卫星移动通信终端

航空型卫星移动通信终端用于支持视频、语音、图片、数据等宽带多媒体业务。机载设备实现小型化设计，天线采用微带相控阵天线便于与飞行本体实现共形设计。

航空型卫星移动通信终端主要由相控阵天线、射频单元、基带综合处理单元、多媒体处理单元、多媒体及数据接口单元、供电单元组成，其组成如图 3. 18 所示。

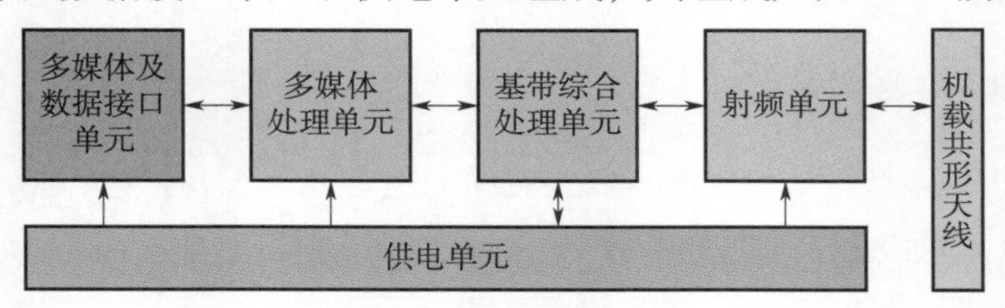

图 3. 18　航空型卫星移动通信终端组成

其中，天线完成反向无线信号的发射功能。射频单元由射频芯片和双工器、功放模块组成，主要完成信号的频谱搬移和电平变换功能。基带综合处理单元采用基带处理芯片实现，主要完成基带信号处理、协议栈处理、应用处理及人机交互等功能。多媒体处理单元对视频、语音的数据流进行解复用、解码、D/A 转换，恢复出模拟的视、音频信号。多媒体及数据接口包括模拟视频、异步 422、comerlink 等接口，实现数据的输入与输出。供电单元为整个终端提供电源，并实现相应的电源供给管理功能。

航空型卫星移动通信终端配置在灾区，通过机载载荷获取现场数据，通过相关处理后，由通信终端实现通过 S 波段卫星链路、卫星移动通信关口站和地面数据传输网络，与灾害管理部门进行视频、图片、数据等宽带多媒体通信，弥补现有应急通信体系在灾区信息交互能力上的不足，其工作流程示意图如图 3. 19 所示。

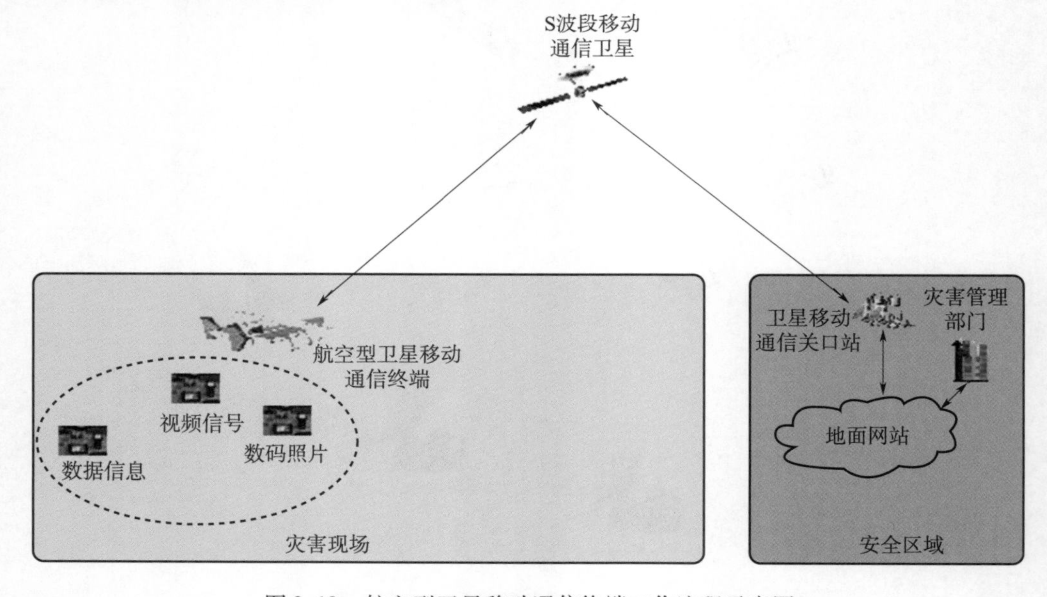

图 3. 19　航空型卫星移动通信终端工作流程示意图

3.5.1.2　无人机数据链

无人机视距数据链由机载数据链设备和地面数据链设备组成，实现无人机与地面站系统之间的双向实时通信，以实现地面站向无人机传送飞机平台、有效载荷以及其他机载设备的控制指令（遥控），无人机向地面站传送飞机平台、有效载荷以及其他机载设备的工作状态（遥测），同时向地面站回传受灾区域遥感信息（遥感信息传输），其功能包括：

1）机载收发信机为其他设备或终端提供监测数据，即把巡航监测到的灾情数据如视频、图像等传送给数据链路的参与者，主要指地面数据链车等；

2）机载收发信机将无人机遥测得到的距离、角度等数据回传给地面指挥控制站，辅助监测飞行状态信息；

3）机载收发信机接收其他设备发来的数据，即接收并处理数据链路参与者主要指地面控制站输入的飞行控制信息，以调整飞行姿态和航线；

4）地面收发信机发射遥控数据到机载终端，对飞行状态进行控制；

5）地面收发信机接收遥测、遥感数据，对受灾区域进行实时监测；

6）维护信息采集数据库，支持系统管理、目标识别等其他功能。

受载荷能力的限制，无人机采用视距数据链进行信息传输，系统配置C频段主链路和UHF频段辅助链路，优先使用主链路，实现遥控、遥测和遥感信息传输功能。当主链路出现中断或故障时，人工或自动启用应急链路，实现对飞机的遥控与遥测，以提高特殊、紧急情况下的应对能力，增加系统的可靠性。视距数据链的结构如图3.20所示。

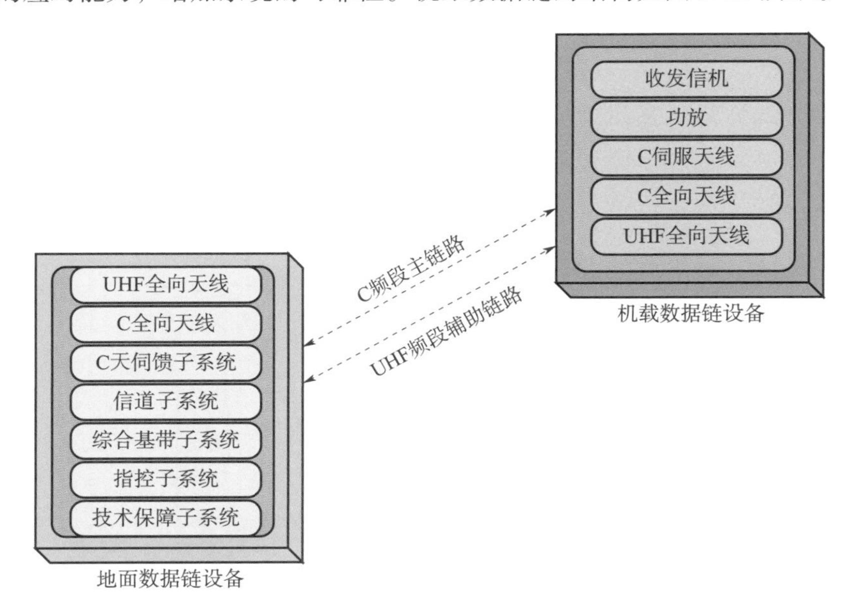

图3.20　视距数据链结构

图3.20中，机载数据链设备装备用于接收对于飞机平台、侦察载荷和其他相关设备的控制指令，向地面站系统传送平台、载荷和其他工作设备的工作状态参数和有效载荷侦

察信息。机载数据链设备主要由天线、信号收发设备、遥控解调设备、遥测和信息调制设备组成。机载视距数据链终端的结构如图 3. 21 所示。

由可见光/红外摄像机及数码照相机等拍摄设备采集的灾情信息经视频压缩、图像压缩以后进行数据复接，然后通过基带编码、调制处理送入上变频器，经视距天线发射返回数据链车；而由地面指控站发送的控制信号经视距天线到达机载接信机，再由变频通道完成下变频以后，送入解调器、译码器进行基带信号处理，并最终传送给载荷设备控制其方向、俯仰等。

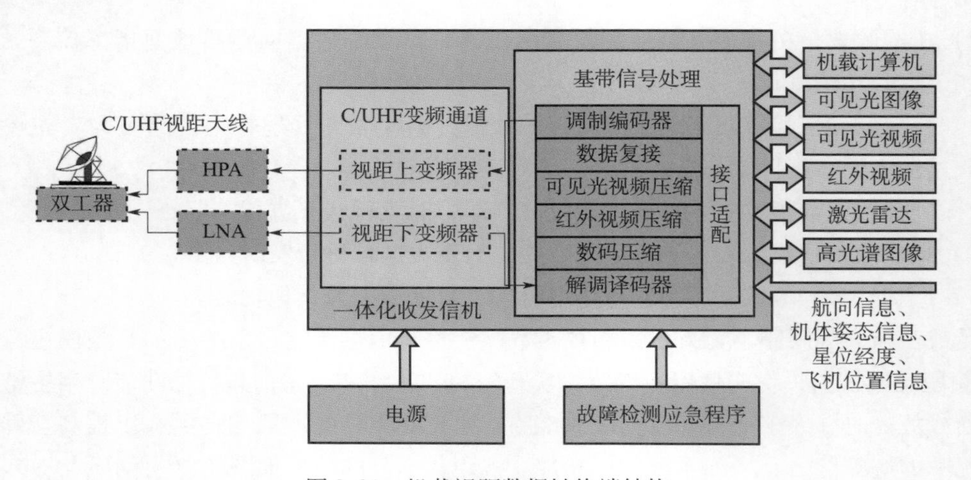

图 3. 21　机载视距数据链终端结构

地面数据链设备由天线子系统、信道子系统、指控子系统和技术保障设备组成。地面数据链设备组成如图 3. 22 所示。

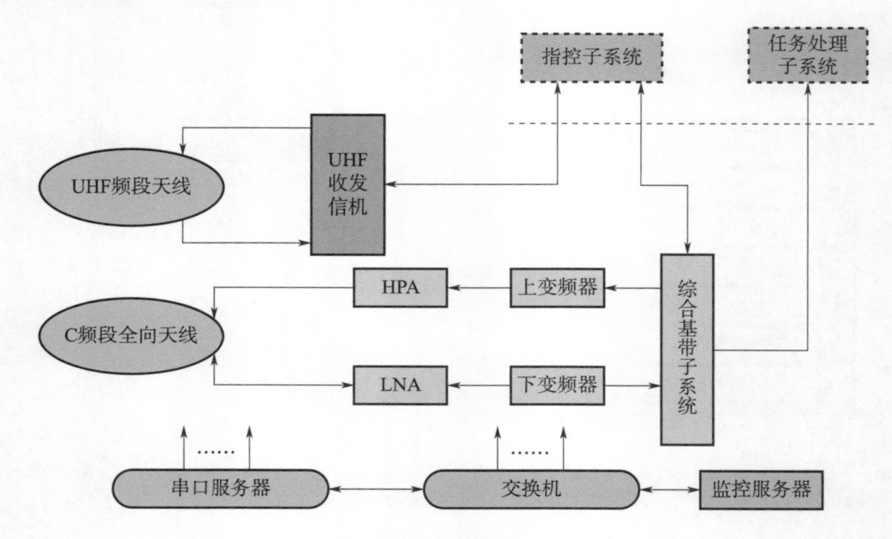

图 3. 22　地面数据链设备组成

在整个测控工作过程中，数据链信号流向如图 3. 23 所示。

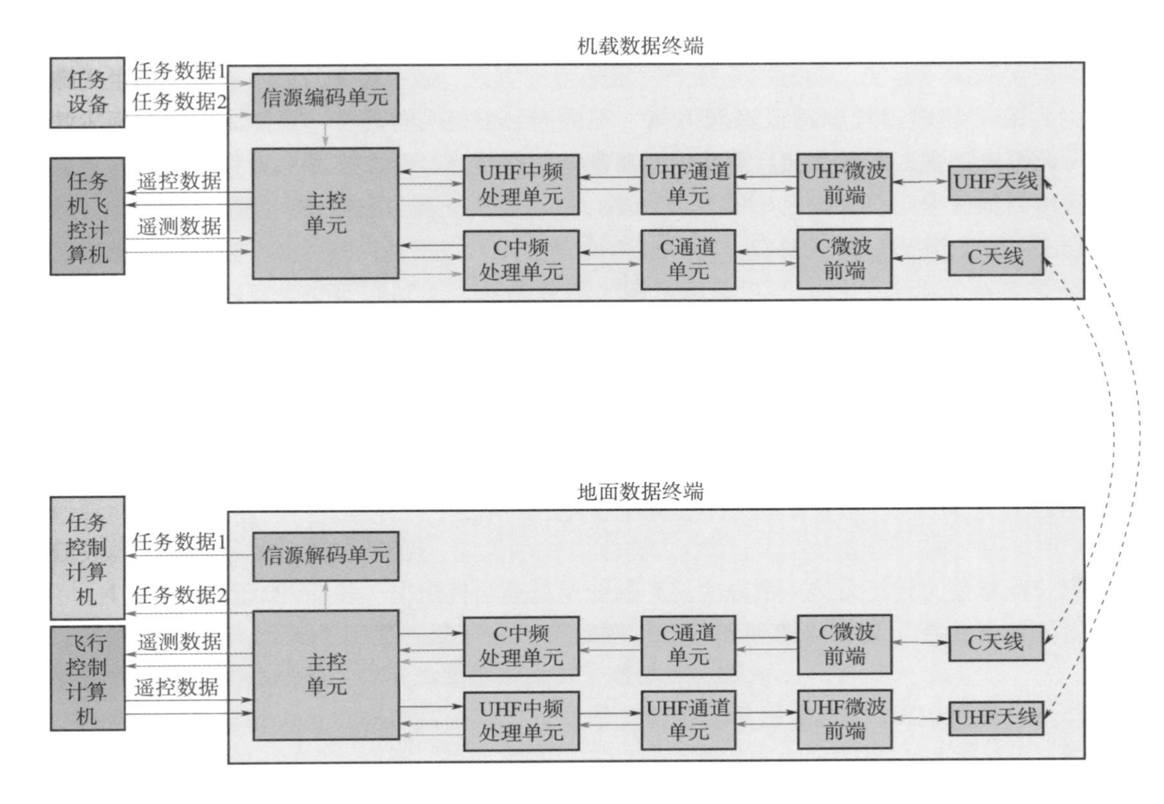

图 3.23　视距数据链系统传输框图

图3.23中，视距数据链系统由有效载荷数据及机载遥测数据下行传输链路和指令上行传输链路双向传输链路组成，下行传输链路由载机到地面，上行传输链路则正相反，从地面到载机。

在下行链路中，机载设备接收遥测信号，处理后形成基带遥测码流；接收载荷数据并进行相关处理，形成载机码流；接收飞机的状态数据，并和遥测码流、图像码流进行复接组帧，并进行信道编码后形成固定帧格式的数据流，然后对数据进行调制、滤波、上变频、功率放大器等处理后由机载天线向地面方向发射。地面车载设备接收图像及飞机数据信号，经地面天线、收发双工器、接收通道、解扩解调处理后形成基带数据流，然后将复接的数据进行分离，输出图像数据给图像解码模块和数据存储设备，输出遥测数据、飞机数据给地面数据处理分发系统和数据存储设备，并由图像解码模块将图像数据进行解压缩处理，形成模拟视频信号输出至显示设备。

在上行链路中，地面车载设备接收从地面指令处理工作站传来的指令数据，进行信道编码、扩频后输出给指令发射通道，此后指令信号经调制、滤波、上变频、功率放大等处理后由地面天线向载机方向发射。机载设备接收地面发出指令信号，经机载天线、收发双工器、低噪放、指令接收通道、指令解扩解调处理后输出地面指令数据给机载数据处理控制设备。

3.5.2　空基数据处理系统

空基数据处理系统包括机上处理系统、地面固定站和地面机动站。为缩短灾害响应时间，需建设机上数据处理系统。空基数据在机上处理后，可通过数据传输系统将灾害信息传输至地面指挥中心。

3.5.2.1　机上数据处理系统

机上数据处理系统是具备了网络、高性能计算节点、存储及相关工作台组成的完整数据处理系统。要求处理过程具备支持瞬间数据传输量大和并行计算的特点，系统在具备高速处理能力及高速的I/O通道处理能力的同时满足高稳定性、高可用性和高扩展性。主机和网络主要设备说明如表3.4所示。

表3.4　主机和网络主要设备表

主机或网络	功能说明
运行控制服务器	负责系统运行控制
数据库服务器	数据库节点，运行Oracle 10g
存储服务器	存储节点，运行文件存储服务
数据处理服务器	数据处理节点，运行数据预处理、产品生产软件
综合应用处理终端	综合应用，任务管理、专题制作等软件
万兆以太网络	用于连接终端计算机和所有服务器节点

机上数据处理系统软件由运行控制模块、数据库管理模块、数据传输模块、数据预处理模块、产品生产模块、专题数据制作模块和数据服务模块等7个部分组成。

7个模块按照功能分属运行支撑、业务处理和业务应用3个部分，如图3.24所示。其中，运行支撑部分为机载应急数据处理系统提供统一的调度和数据管理支撑，业务处理部分完成应急数据快速生产的核心功能，业务应用部分实现与地面系统和各业务部门的信息共享与分发。

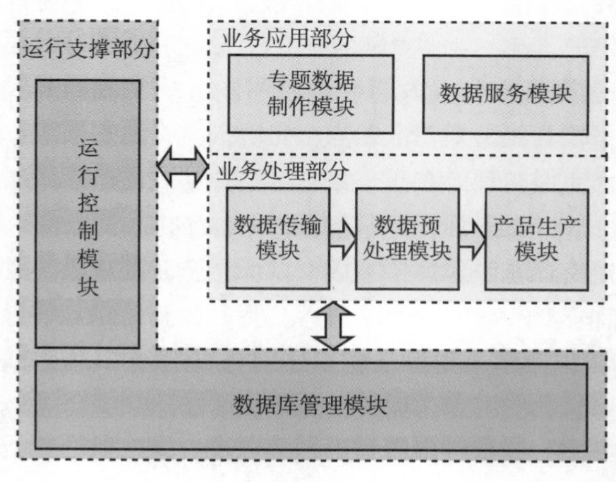

图3.24　机上数据处理系统软件体系结构

3.5.2.2　地面固定站

空基数据处理地面固定站建设内容包括管理控制分系统、数据回放分系统、数据预处理分系统、标准产品生产分系统、数据管理分系统和数据服务分系统等。考虑到区域灾害空基观测系统的实际应用情况，以地面固定站形式存在的数据处理系统可以是分布式的。

地面固定站面向空基观测数据统一处理需求，构建数据处理基础平台，在统一的平台上集成可见光、微波、红外、高光谱等各种传感器的数据处理插件，实现各类航空数据的一体化、自动化、高精度、低延迟的产品生产能力，向外部系统提供各级标准数据产品。空基数据处理地面固定站的主要功能如下：

1）接收机上记录设备回放后的原始数据；

2）根据处理计划安排，进行数据有效性分析，剔除无用数据；

3）根据具体的传感器类型和工作模式，创建相应的流程实例；

4）将流程实例分解为多个可以独立执行的子任务，并为每个子任务分配计算资源并启动该任务；

5）提供各种任务管理工具对各种任务的执行状态进行监视，并对任务的进行暂停、取消、继续等操作；

6）在任务处理完成后，将标准产品数据自动推送到外部系统；

7）提供流程编辑、流程定义、软件更新/升级等各种功能，方便航空数据处理中心的扩展和升级；

8）提供用户管理、系统监控、日志审计、统计分析等各种系统管理维护功能，方便管理员对系统运行状态的掌握和对系统故障的定位；

9）负责对各类数据以及分析得到的信息进行统一规范的管理、维护，并进行空间数据产品的信息发布、检索查询、下载配送，实现覆盖数据级、产品级、信息级的空间数据共享服务。

根据空基数据处理系统的功能需求和需求特性，地面固定站由数据处理基础平台和数据处理软件组成。基础平台解决航空数据处理中心中的共性问题，而数据处理软件则针对各个传感器进行优化设计，并以插件的方式集成到系统中。

数据处理基础平台可分为管理控制子系统、对外接口子系统、高速缓存子系统、数据处理子系统和交换网络子系统。基础平台各子系统通过交换网络子系统互联，实现数据与指令的快速交换。其中，管理控制子系统负责航空数据处理中心的业务管理和运行控制，保证系统提供稳定的自动化数据处理服务；对外接口子系统提供统一的对外接口，让系统能够部署于不同类型不同运行环境的外部平台上，正确、高效地进行指令控制和数据交换；高速缓存子系统通过灵活配置，提供容量、吞吐能力以及环境适应能力可变的统一接口，保证航空数据处理中心的时效性，满足数据实时快速处理的需求；数据处理子系统负责具体的遥感数据产品生产，为各个传感器的数据处理软件提供必需的计算环境。数据处理软件运行于数据处理子系统之上，以模块化的方式集成通用处理算法以及传感器相关的专用处理算法，实现一体化、高精度的数据预处理平台。

3.5.2.3 地面机动站

地面机动站的建设内容是：针对机载传感器的数据处理需求，面向区域示范和应急减灾重大需求，研制各类传感器的高精度数据处理软件，构建一套以地面移动方舱为载体的空基数据处理系统，实现空基数据的一体化、自动化、高精度、低延迟标准产品生产。地面机动站的主要功能如下：

1）实现对机上记录设备中各类遥感设备数据的回放；

2）实现各类遥感设备数据及各级产品的编目归档管理；

3）实现光学数据和 SAR 数据 0 ~2 级产品的全自动处理；

4）提供任务管理功能，能够对系统中运行的任务的进行暂停、取消、继续等操作；

5）提供流程编辑、流程定义、软件更新/升级等各种功能，方便空基数据处理系统的扩展和升级；

6）提供用户管理、系统监控、日志审计、统计分析等各种系统管理维护功能，方便管理员对系统运行状态的掌握和对系统故障的定位；

7）对系统回放的原始数据和产品数据进行统一存储管理，并提供备份/恢复工具；

8）提供数据质量评估软件，对生产的 0 ~2 级软件进行质量评价；

9）对数据产品的管理与分发提供数据查询检索服务，并能够从存储系统中获得对应的数据；

10）提供飞行作业规划功能，对飞行作业进行事前推演；

11）根据应急处理的需要，能够机动转场，外场运行。

空基数据处理地面机动站主要包括载车与方舱运载子系统、计算机设备支撑子系统、预处理基础平台子系统、数据存储与管理子系统、数据回放、编目和实时成像子系统、标准产品生产子系统、作业规划与数据服务子系统、数据质量评估子系统等。

第4章 数据采集卫星星座与系统

4.1 数据采集卫星星座与系统总论

4.1.1 数据通信需求回顾

针对各种自然灾害，我国灾害业务主管部门都按所辖灾种业务，在全国有关地区相应地建设了数十万个地面灾害监测预测仪表设备，组成了监测预测台站网。

历史的经验教训反复告诫我们，广泛获得的灾害征兆信息若能及时送到决策部门，可以大大减少许多灾害造成的人员伤亡和财产损失。灾害前后确保通信时刻畅通是十分重要的。

各灾种所监测预测的数据类型可以归纳为4类：

1）平时的本底数据；

2）灾前及临灾时出现的前兆紧急信息数据；

3）灾后最紧急时间段即时的灾情基本数据；

4）灾后次生灾害发生前出现的临灾前兆的各种信息数据等。

各灾种部门要求灾害前兆信号发生后的通信保障必须达到以下要求：

1）不能没有通信；

2）有通信时必须保障随时叫通，不能忙音阻塞；

3）不能延迟久等呼叫，需立即传输送出；

4）不能当需要通信时，通信链路发生毁坏中断。

为了万无一失地保证将灾害前兆数据和灾后第一时间的灾情，以最快的速度向上级直至百姓通报，对通信数据传输必须严上加严，必须双保险、互为备份。地面通信是一条信道，卫星则是另一信道。

4.1.2 数据传输需求统计

4.1.2.1 数据传输量需求统计

2015年至2020年，根据各灾种预测，我国地面监测预测台站数为8万台左右，日传输数据总量预计达到4GB。2020年后预计达到20万台，日传输数据总量将达到11GB。

4.1.2.2　数据传输时效性/实时/紧迫性需求统计

由于灾种不同，灾害前兆的监测信息，有的是突然出现，很快消失；有的是连续演变；有的是前兆现象变化徐缓，有的是前兆起伏跌宕；有的是前兆出现后，灾害迅即来临；有的则还有一段时间，灾害才发生。其中，特别是前兆出现后，灾害迅即发生的时间间隔值，决定了数据采集卫星星座与系统的时效性要求。

总之，在数据传输的快速性上：有快的，也有稍缓些的，但必须立足于具备瞬时送出的能力。

数据采集卫星星座与系统卫星通信的时间覆盖要满足上述灾害监测的实时性要求。图4.1为数据采集卫星星座与系统时效性需求示意图。

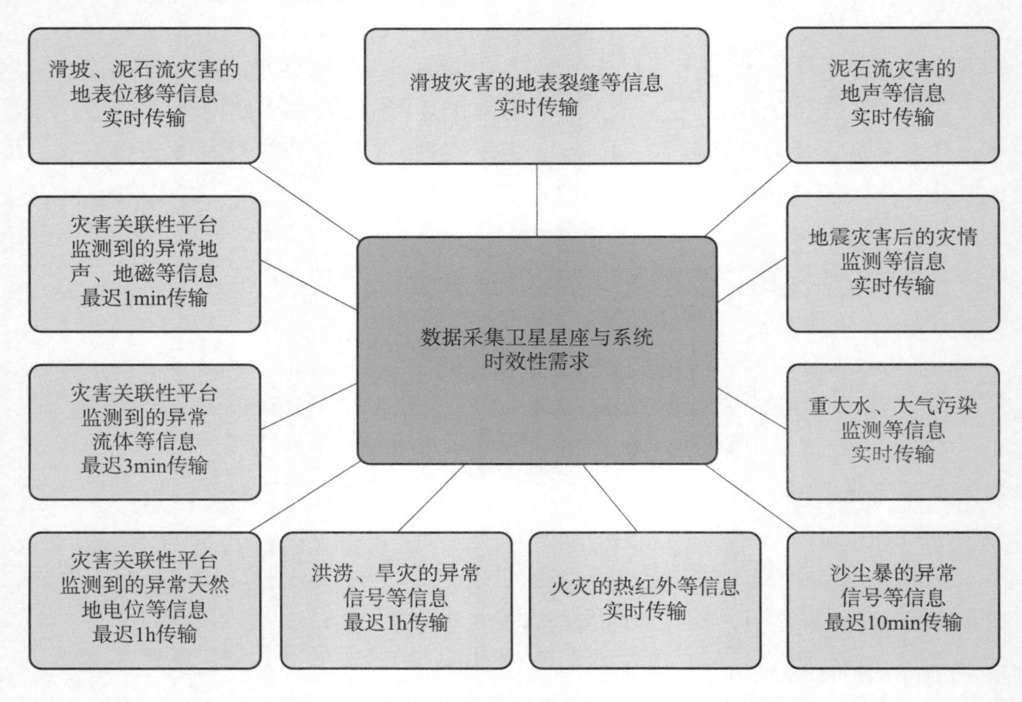

图4.1　数据采集卫星星座与系统时效性需求示意图

4.1.3　地面通信与卫星通信相辅相成

灾害地面监测预测台站，凡是有条件能够建立地面通信手段的，如光缆通信和移动无线通信，都一定要建立。这是保障灾害前兆信息畅通的重要一手。因为地面通信手段带宽宽，通信容量足够，许多可稍晚一些送出的大数据量的信息还是要依靠地面监测预测台站。但是，地面通信存在以下问题：

1）灾害发生在偏远地区，如农业试验田、污染环境扩散区、沙尘暴源区等，当地无通信设施，灾害监测信息的传输保障任务无法完成。

2）灾害紧急前兆信号的出现，往往从获得前兆信号到灾害发生的时间间隔非常短暂，不可延误，若一旦地面通信遇到线路堵塞或中断而无法及时传输，则将造成不可估量的巨大损失。

3）灾害发生之前的前灾害，一旦破坏了地面通信——光缆和基站，将导致后续灾害监测预测信息的通信中断。例如有的大地震前有小震，小震破坏了地面通信导致大地震监测预测信息无法传输；又如大地震破坏了地面通信，致使次生灾害监测预测信息的通信中断。

4）采取卫星通信手段，但不是全制式卫星通信，而要通过在地面设置中继转发手段实现全程通信。这是一种变相的含有地面通信成分的通信，与地面通信遭受之灾害毁坏等效。

采用卫星通信能做到只要地面监测预测台站尚存，卫星就能确保将数据传输到灾害业务主管部门完成通信任务。它不存在地面通信的缺点。因此，卫星通信手段和地面通信手段二者互相补充，相辅相成。

4.1.4 无时间缝隙的不间断通信

4.1.4.1 中低轨道卫星增设转发通信功能分析

设想在各种对地观测的中低轨道卫星上增设转发通信功能完成对自然灾害地面监测预测台站的数据的转发。但由于对地观察卫星功能需求各异，有效载荷的能力各异，因而轨道高度、轨道倾角、轨道相位不一，显然无法完成无时间缝隙的随时转发。仿真计算时间缝隙很大，有时几颗卫星同时都出现于某地上空，而大多数情况某地上空久久不来卫星。

对于对地观察卫星，其轨道高度通常在600km、780km等，即使设想星座卫星的轨道高度都是650km，都采取极地轨道，所有卫星轨道面升交点的经度完全做到等间距、同一轨道上卫星处于等相位，组成Walker星座，以实现对地面站无时间缝隙覆盖（纵然现实中这是不可能的），理论上所需卫星数量则将近100颗。卫星轨道高度若升到1000km以上，则卫星数量虽可有所减少，但对地观测卫星是不允许工作在如此高的轨道上的。

因此，由于中低轨道卫星的轨道高度不一，轨道倾角不一，相位不一，要求所有这类卫星组成星座对各地的地面站做到无时间缝隙通信是实现不了的。

4.1.4.2 地球同步轨道卫星通信能力分析

灾害地面监测预测台站站点的地址，不能在任意地址设置，需要固定设置在灾害的敏感地点上；或在敏感区域内移动测量。因此遇到周围复杂地形的阻挡（例如山越陡沟壑越深，滑坡越易，而敏感地点就处于此），地面站与地球同步轨道卫星不能保持视线，无法建立正常的通信链路，完不成通信任务。如果采取在卫星和地面站间在地面某处增设中继站进行转发，那么此中继站转发又等同于地面通信环节了。

日本对于地球同步静止卫星的通信阻挡问题的结论是，只能实现30%通信，而70%

不能通信。这就是所谓的“南山效应”。

按照其不同纬度、不同地形地貌，对各地的遮挡和不遮挡情况，考虑山体走向和监测实际布点区域较多位于环境恶劣地区，针对同步卫星仰角为64°~43°（纬度为22°~40°，从云南到北京）地区，山体坡度为45°~80°地区，分析概算出地球同步卫星受山体遮挡总体平均遮挡率为45%。

4.1.5 数据采集卫星星座与系统的设计原则

针对数据采集卫星星座与系统的目标与使命，首先要从全局总体上明确设计指导原则、设计思想与技术路线。

总体设计思想源自于工程上已经成熟和接近成熟的技术与工艺，源自于预先研究的技术储备和临近完全突破的技术，源自于曾经探索过的方案与构思，源自于长期积累的研制经验。

总体设计技术路线源自于对相关行业及其学科专业未来发展战略方向的整体发展需要，源自于创新跨度的风险与研制周期允许程度的权衡，源自于系统工程总体层次分解中技术关键的演绎难度化解的转移技巧，源自于复杂组织管理与协调的成熟条件和安排技巧，源自于研制设计团队在总设计师和总指挥率领下突破关键贯彻总设计意图的意志和决心。

经总体设计研究，归纳如下：

1）一切服从需求，满足需求。需求论证明确后，只有设计方案服从需求可言。

2）采取卫星星座。一颗中低轨道卫星，不可能在我国国土上空时刻覆盖，故只能采取卫星星座形式。卫星星座不能采取多种不同的轨道高度，因为在空间上做不到呈现对地无缝隙均匀分布。

3）坚持确保无缝隙覆盖。这是本工程最困难之处，因为有的灾害前兆信息是事到临危之前才出现，信息传输的时间已无任何延缓之可能，绝不能允许因本卫星星座系统有缝隙而使“事关人命大事”的数据贻误。

4）无缝仅限于所需监测预报地区。为确保无缝隙覆盖，又要减少卫星星座的卫星数量，无缝只限于所需覆盖监测预测台站所在纬度区间地域。在中国，只需考虑时间无缝隙覆盖中国南端三亚和中国最北端的纬度区域；中国三亚以南地区在时间上只能存有短期缝隙。据此确定星座中诸卫星的轨道倾角。

5）卫星星座卫星必须自主运行。数据采集卫星星座与系统的研制是一项大系统工程，是一项工程化的工程，星座中几十颗卫星的入轨和长年累月在轨的频繁轨控与姿控所需的测量控制指挥调度业务依托于国家现有的地面测控系统中心，势必给后者带来相当大的工作量压力，影响其完成更多大型卫星及航天器的指挥控制任务；况且中国也应当为引领大量微小卫星星座时代而超前作好技术储备。因此，要下决心走卫星星座自主运行管理而不依靠地面系统之路，自主确定星座状态和维持星座构型，完成在轨飞行任务所要求的功能与操作。首先解决成员卫星的自主管理，其次解决星座系统的自主运行管理。

6）实现卫星星座卫星的自主运行，必须保证卫星在轨自主测轨测姿，并保持星座中卫星间的队形整齐一致，以确保对地数据传输无缝。鉴于卫星在轨不可能达到理想位置和运动速度，每颗卫星也有微细的质量、重心与外形之差别，在摄动作用下，会逐渐破坏与扩大所保持的队形而影响到无缝隙指标，因此要求卫星定期测量并自主“向前后左右看齐”。为此，初始运载火箭的入轨精度要严格受控，特别是卫星入射角即轨道倾角误差要小；上面级一次又一次地投放卫星，使卫星达到理想轨道参数的偏差值/精度也要严格控制；然后才是卫星自主控制：测轨测姿达到定轨定姿。

7）所选用的运载火箭、上面级及卫星，都必须是单一研产厂家，才能最大限度地减少产品制造上之工艺公差的离散性——数学期望值与方差的离散性。

8）走中国微纳卫星星座自主发展的道路。国际上至今为止包括中国在内，所发射的微纳卫星总共二三十颗。其中最长寿命为两年，绝大多数寿命只有几个月。这是因为开发研究的出发点是证明某种器件的性能功能、某种卫星系统分系统新概念在空间实际状态下之科学合理性，并不是为某一工程应用目的而供长期服务。这条路中国也可以走，但中国发展微纳卫星一开始的出发点就要立足于直接面向工程实际应用的总目标而一步一个脚印地走出中国自己的发展之路，并引领中国微纳卫星的分系统、子系统、元器件、组部件、功能材料、结构材料之发展，以期迎头赶上或超前国际整星系统水平。

9）极高的可靠性要求。这样的卫星星座，卫星数量众多（有 N 颗），在空间不能短命失误。因此，为保证卫星星座之可靠性，每颗星的可靠性比普通单颗卫星的可靠性（含长寿命的耐久力）的要求要高得多。理论上 N 颗卫星星座如果同普通单颗卫星可靠性相同，卫星星座中卫星的单颗卫星的可靠性是普通单颗卫星可靠性的 N 次方倍！

10）星上所有一切组成的组部件、元器件、功能材料和结构材料的可靠性，都必须达到原先单颗卫星组部件、元器件、功能材料和结构材料可靠性的 N 次方倍！因此，这也是不可退让的硬指标。

11）严格的长寿命抗辐照性能要求。要真正做到把长寿命性能设计进去，防止曲解加速老化试验，必须真正用长时间的试验验证证明。

12）卫星供电、信息处理、热量控制等均统一纳入整星集成一体化、综合电子的微系统化，构成新颖卫星体系。

13）卫星的测轨测姿要具有多重保险，用接力渐进方式达到精度，即从粗精度引入中精度再引入高精度的递次提升精度思想。这套测轨测姿系统要具有强的前瞻性，不仅适用于微纳卫星、微小卫星，也适用于小卫星、中卫星、大卫星、载人航天、登月、深空探测器。这是一种基本型设计，允许经小改进后适用于上述各类空间飞行器，包括大机动过载的飞行器。

14）卫星轨道的自主测轨设计，要充分利用数据传输双向链路的功能实现。

15）数据传输链路的设计要规范化，尽可能适应各灾种用户之需要，且具有拓展为其他类型用户之需之潜力。

16）数据传输链路要具有正常采样发送及紧急呼叫优先采样发送的设计。

17）要具有对地面数据采集终端（DCP）工作健康状况设计，兼有对各灾种地面灾害监测预测台站健康状况数据转达的询问和回复的双向设计。

18）择优选定卫星轨道高度。为减少卫星星座中的卫星数量，要求更高的轨道高度，增大视野，但随着视野的增大，天地间通信距离也会增大，卫星发射功率增大，卫星电源增大增重，卫星热控开支也增大，卫星质量就会增大。因此要权衡作出最佳选择。同时，卫星轨道增高，空间环境辐照强度也会增加，增加了对星上元器件组部件等的抗辐照性能要求，也需权衡。还必须从我国卫星的组部件现已达到的水平与发展战略思考，而趋向具有更强抗辐照能力去牵引。此外，也需和研制周期相匹配作出权衡。

19）如果卫星星座中单颗卫星失效，则要求在空间的卫星迅速移动相位位置，以“补天”之缝；因此，要求卫星星座与系统联合完成自主发现问题、自主补位。

20）为保证空间星座卫星自己“补天”之万无一失，需研制应急火箭补网。

21）应急火箭必须真正“应急”。要求火箭所处状态是随时随地即可从地面快速发射，并使卫星精确入轨“补天”之缺口。因此，应急火箭不能在指定的大型发射场发射，各种发射前技术场地测试、发射场地测试、临发射前测试等步骤程序应当简化，指令一下，立即出动。在空中，也不应再依靠地面众多的测控站测控导引。应急火箭应是新一代自主控制快速入轨的新颖运载火箭，应当高比冲、小体积，具有多次点火起动且推力大小可控的能力，以保证精确定点入轨。

22）卫星数据地面网关站布点设置的设计以及各站中天线数量的设计、天线跟踪控制卫星的设计、地面站天线调度与天线跟踪返回时间控制方案的设计，都要尽量以减少卫星数量为目标优化设计，采取多目标演化算法优化。

23）通过地面网关站与卫星星座的日常业务沟通，要随时掌握卫星星座定轨性能的偏移，经地面运管与数据处理站综合分析后，给各网关站向星座卫星发出辅助修正指令。由此，地面站完成对卫星运行测轨的辅助管理，也要采取多目标演化算法优化。

24）地面站业务管理的设计。由于自然灾害监测预测台站数量多达数十万，各种灾情的出现有很大的随机性，平时背景的数据采集业务也很繁忙。因此，地面站系统除要管理好自身的优质工作外，还要设计出保证整个数据采集卫星星座与系统高质量可靠运行的管理体制和管理条例，也还要为各灾种设计出优质服务软件产品和硬件接口。

4.1.6 数据采集卫星星座与系统的目标任务

数据采集卫星星座与系统是为地震、地质灾害（滑坡、泥石流）、旱灾、高温热浪、低温冷冻害、洪涝、台风、海啸、风雹、雷电、沙尘暴、风暴潮、水环境灾害、大气环境灾害、森林与草原火灾、植物森林病虫害等自然灾害的地面监测预测台站，通过卫星传输数据的公益性服务系统。数据采集卫星星座与系统的设施如图 4. 2 所示。

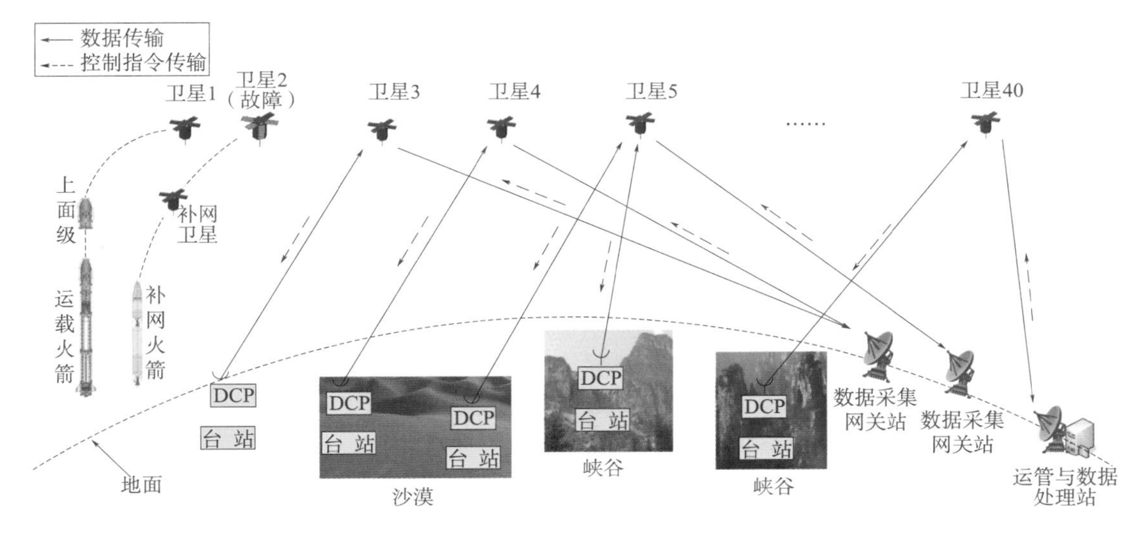

图4.2　数据采集卫星星座与系统设施示意图

数据采集卫星星座与系统传输的是各灾种地面监测预测台站采集的数据，包括平时的本底数据、灾前及临灾时出现的前兆紧急信息数据、灾后最紧急时间段即时的灾情基本数据、灾后次生灾害发生前出现的临灾前兆的各种信息数据等。要求数据无时间滞后，必须即时、直接、可靠地经卫星传输给相关灾种的灾害数据处理判断中心，为分析判断和决策指挥提供原始数据。

各灾种的地面监测预测台站数量有数十万台，分布在全国各地。不论它们地处多么偏僻、地形如何复杂、有无地面通信网络、大灾前环境遭受何种毁坏，数据采集卫星星座与系统都要保证无时间缝隙地通信畅通，将数据立即传送到国家相关灾种的灾害数据处理判断中心。

数据采集卫星星座与系统尚可兼而覆盖全球范围主要的灾害区，对国外自然灾害监测预测数据的传输提供空间共享的支持平台，以促进防灾减灾的国际交流与合作。

4.1.7　数据采集卫星星座与系统的基本构思

为满足各灾种部门的地面监测预测台站的数据传输要求，数据采集卫星星座与系统的基本方案构思是：面向各灾种几十万个地面数据监测预测采集台站，在其上附加DCP，将所采集的数据发送至卫星；采用运载火箭及其上面级，实现卫星组网构成星座，接收DCP发来的数据，然后转发回地面数据采集网关站和运管与数据处理站，地面站收到数据后通过地面光缆将数据分发到各灾害相关业务主管部门。

通过上述链路的反向链路，实现对各地面数据采集网关站的天线和其他工作指挥调度，实现对每颗卫星工作的指挥调度，实现对各地面数据监测预测采集台站及其地面DCP采集与发送数据和其他有关工作的指挥调度。

卫星入轨后自主控制轨道与姿态，保证在星座中的相位与队形。星座中卫星如遇失效，由星座中卫星自主调整相位，保证对地无时间缝隙，继续完成数据传输。另一手段是采取应急火箭发射补网卫星。星座卫星在轨定轨的保持主要由卫星自主测轨定轨，同时从卫星与网关站的数据传输链路中提取出辅助测轨数据，经地面运管与数据处理站综合判断决策，由网关站发送反馈至星上，由卫星自主完成控制。

各灾种部门的地面监测预测台站的工作健康状况数据、DCP 的工作健康状况、卫星的工作健康状况、地面数据采集网关站和运管与数据处理站的工作健康状况，都由运管与数据处理站向上述各项设备，以链路的反向发出检查指令；上述的各类设备一一又经链路正向汇报自己的工况，运管与数据处理站接收后研究处理实施调度并归档。

这套由卫星星座、地面数据监测预测采集台站及其 DCP、地面数据采集网关站和运管与数据处理站组成的“地-天-地”系统形成了数据采集卫星星座与系统。数据采集卫星星座与系统由空间段、地面段和用户段 3 部分组成，如图 4. 3 所示。

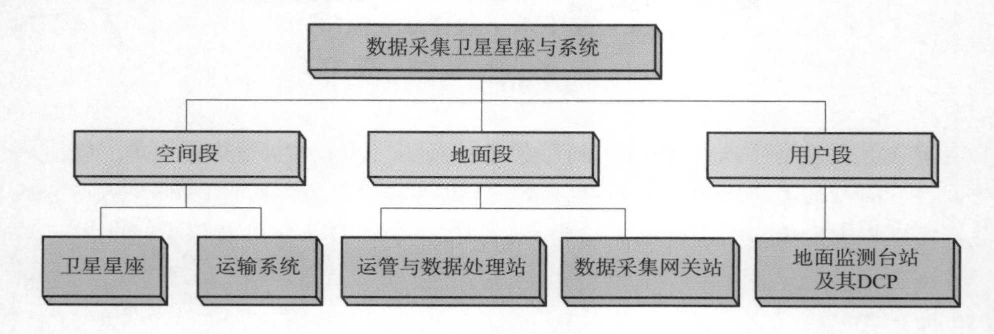

图 4. 3　数据采集卫星星座与系统组成

空间段由运载火箭与多星发射上面级、微纳卫星星座，以及应急发射补网卫星的运载火箭构成。空间段的主要功能是进行星座卫星的发射及多星快速部署，建立星座后收集星下可见区域内由地面数据采集台站的 DCP 发送的灾害数据，并将数据直接转发或处理转发至数据采集网关站。卫星星座由运载火箭及上面级发射。在卫星失效后，由应急火箭发射卫星补网。

地面段主要由数据采集网关站和运管及数据处理站组成地面网。数据采集网关站的主要功能是接收卫星转发的 DCP 采集数据，并监控卫星运行；运管及数据处理站的主要功能是统一管理 DCP，调度卫星资源，处理、存档、分发采集的数据，分别为各灾种灾害主管业务部门（用户）提供综合服务。

用户段由相关灾种灾害地面监测预测台站及其 DCP 组成。作为数据采集卫星星座与系统组成部分的 DCP 的主要功能是采集各种灾害台站在灾前、灾中、灾后所监测预测数据，发送至微纳卫星。数据采集卫星星座与系统的结构关系如图 4. 4 所示。

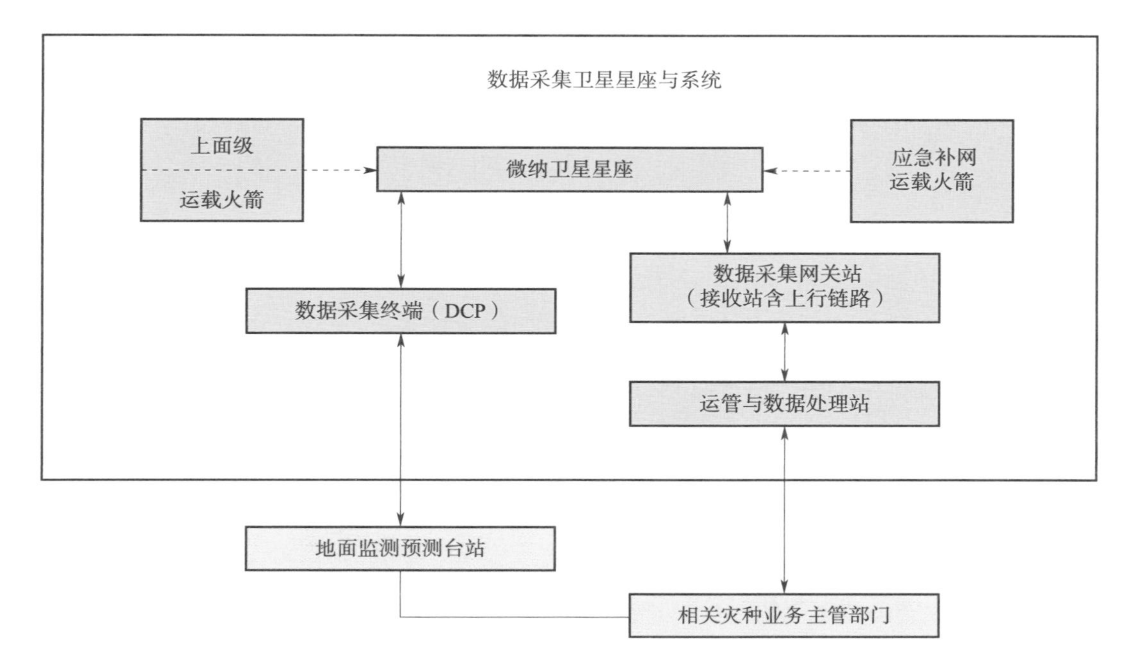

图 4.4　数据采集卫星星座与系统结构关系

4.1.8　数据采集卫星星座与系统的任务分解

在数据采集卫星星座与系统上述总的任务要求下，进一步分解为 6 个部分进行分析，即数据通信能力的分析、卫星星座的设计分析、星地链路的设计分析、多星发射上面级和运载火箭的设计分析、数据采集网关站和运管与数据处理站的设计分析、地面灾害监测预测台站及其 DCP 的设计分析等。

4.1.8.1　数据通信能力的设计

由于灾种不同，灾情出现前兆的数据信息，有的是突然出现，很快消失；有的是连续演变；有的是前兆现象变化徐缓，有的是前兆起伏跌宕；有的是前兆出现后，灾害迅即来临；有的则是经过一段时间后，灾害才来临；因此，对数据传输的快速反应要求不同，数据码速率不同，数据容量不同。

为确保灾害信息传输有效，减少不必要的冗余信息，结合灾害特点，对监测预测数据展开以下分析：

1）分析各灾害前兆信息的发生、发展模式，确定各灾害前兆信息持续的时间分布；

2）分析各灾害前兆的异常特征，找出能表示各灾害前兆的最简特征信息量；

3）根据各灾害特征信息量的时间序列特征，开发与之相应的信息压缩算法和数据编码方法，以减少数据传输量。

同时，根据前述需求，在统计了设备台数、台站分布、通道数基础上，对所需传输的数据类型进行如下分类：

1）可判别特征的最少量化电平数；

2）可接受的最低监测采样速率；

3）连续监测采样的最小持续时间间隔；

4）两次监测采样间允许的最长间隔时间；

5）监测采样后卫星转发的信息允许最长滞后的时间间隔；

6）前兆信号出现到灾害发生的时间间隔等。

经分析相关灾种灾害数据监测预测台站的几十类台站、百余种不同功能测量仪器性能的数据传输需求，形成 DCP 统一的数据传输格式。

4.1.8.2　卫星星座的设计

（1）卫星轨道选择

微纳卫星适合工作在低轨道。低轨道高度通常在 500～1200km，轨道周期约为 90～120min，其优点是：卫星和用户设备相对简单，成本较低；由于高度低，无线电发射功率可以降低。

考虑到卫星数量的限制和覆盖率的要求，选取 1100km 高度的低轨道。

（2）卫星星座的构型

经分析对比几种卫星星座构型，通过优化计算，建议选择沃克（Walker）星座，其参考码为 40/4/3，即星座包含 40 颗卫星，分布于 4 个轨道平面，轨道升交点沿地球赤道圈均布，每个轨道面部署 10 颗卫星，相邻两个轨道面之间的相位因子为 3（见图 4.5）。

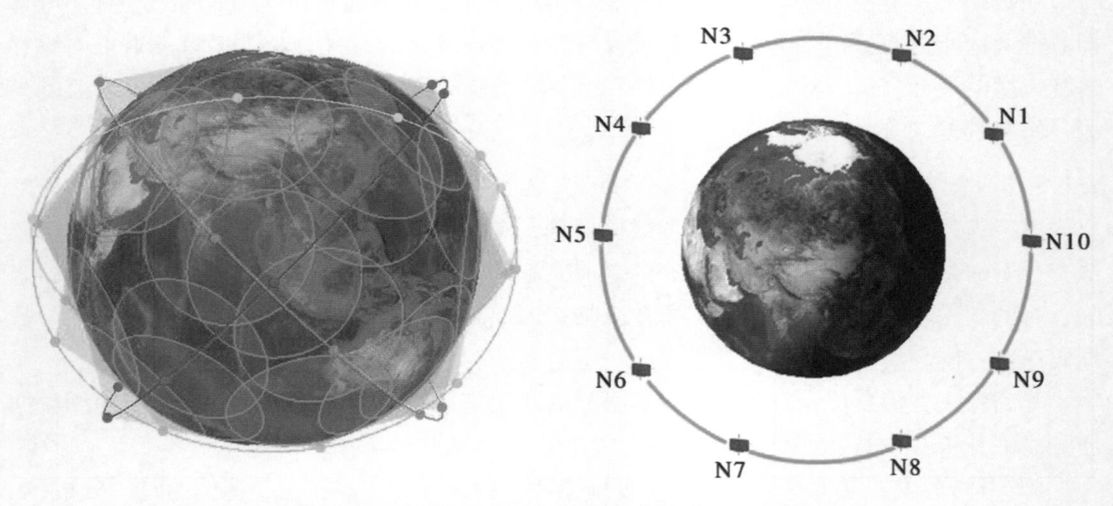

图 4.5　四轨道面卫星星座构型和每轨道面卫星分布

假设地面终端与卫星实现通信的最小仰角为 10°，该星座能够无时间缝隙覆盖全球 -69°～69°纬度范围之间的地面区域，如图 4.6 所示。

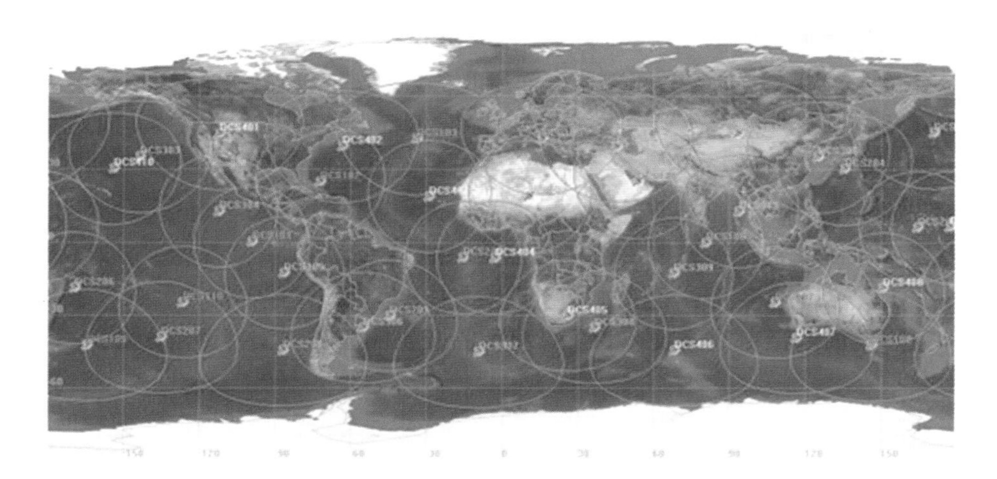

图4.6　卫星星座地面覆盖图

4.1.8.3　星地链路的设计

（1）链路组成

星地链路由用户（DCP）链路和网关链路两部分组成，如图4.7所示。

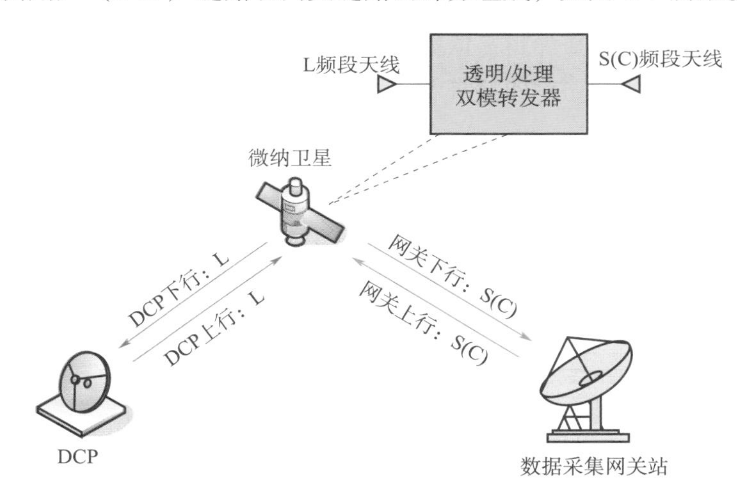

图4.7　星地链路组成

用户（DCP）链路：上行向卫星发射DCP采集数据；下行接收经卫星透明转发的数据采集网关站系统网管信息，接受数据采集网关站的资源调度。

网关链路：上行向卫星发射监控信号和系统网管信息；下行接收经卫星透明/处理双模转发器转发的DCP采集数据。

（2）链路工作模式

同时具有透明转发和处理转发两种工作模式：

透明转发模式，工作在卫星对数据采集网关站可视范围内，将DCP上行的采集数据信号透明转发至数据采集网关站，同时将数据采集网关站上行的系统广播透明转发至DCP。

处理转发模式，工作在卫星对数据采集网关站不可视范围时，实时接收处理DCP上行的采集数据信号，并进行存储，待卫星对数据采集网关站可视时，再以较高码速率转发至数据采集网关站。

4.1.8.4 多星发射上面级和运载火箭的设计

为完成数据采集卫星星座与系统微纳卫星星座1100km轨道高度的一箭十星均布组网部署任务，采用我国运载火箭将多星发射上面级（载有10～12颗微纳卫星）发射至停泊轨道，运载能力可以满足。多星发射上面级通过多次自主变轨，短时间内完成10～12颗卫星的快速均布组网部署。

4.1.8.5 数据采集网关站和运管与数据处理站的设计

地面数据采集网关站根据卫星轨道倾角和出入境状况、天线跟踪与返回、信息交接，选定站址和天线数量，保证覆盖全国。

地面数据采集网关站要为用户提供信息处理和管理功能，包括：接收卫星下传的数据，具备多种方式接收运行控制系统调度命令、业务运行时间表、轨道根数等能力，具有遥控上行管理功能，实现遥控指令的上行注入，数据临时存储和管理等。

运管与数据处理站统一管理DCP，调度卫星资源，处理、存档、分发采集的数据，为用户提供综合服务。

4.1.8.6 地面灾害监测预测台站与DCP的设计

各灾种地面灾害监测预测台站有几十类，包括测量手段百余种，共计20余万台站。根据台站所需传输数据的特点、数据率、时间紧迫性等指标，已在需求中给出。其DCP的指标在前文经分析后统一划分为三挡传输速率。数据采集卫星星座与系统和各相关灾种上万个台站所衔接的DCP的设计，需要根据不同台站的许多不同仪表一一对应协调接口的技术参数。为此，需要提炼出一套台站与其DCP/DCSS接口高效协调的实际操作方法和一套普遍适用的数据采集卫星星座与系统对灾害数据监测预测台站的应急响应/调度指挥方法。具体内容将在后面章节中详细阐述。

4.2 地面灾害监测预测台站终端

4.2.1 需求与设计分析

根据数据传输需求，计算单次和每日数据总量，为卫星星座系统的设计，特别是DCP的设计提供传输数据量基础；同时，卫星星座系统包括DCP，也会从系统全局对地面监测预测台站提出反约束建议，求得协调一致。

需求分析总体思路是：

1）分析前兆信息的发生、发展模式，确定前兆信息持续的时间分布；

2）分析各种前兆的异常特征，找出能表示前兆的最简特征信息量；

3）根据特征信息量的时间空间序列特征，研究适当的压缩算法、数据编码方法，研究先验信息约定集的确定方法；以进一步减少数据传输量，最大限度削减不必要传输的已知信息量，为最大限度充分发挥卫星有效载荷的潜在能力，从而达到满足更多灾害监测预测台站数据传输量与传输速率的需求。

综合统计各灾害需求部门的总数据传输设备台数、类别数、测量手段种类数：不发生灾害时，数据传输数据率合计量；发生灾害时，数据传输数据率合计量；发生灾情后，如发生地震灾情后，灾情监测仪的台数及同时监测的数据传输数据率，合计给出卫星传输的总数据率。

首先，从各灾种单台监测仪器中计算出净数据量传输需求最大的值，以此作为设计 DCP 传输速率的最大能力参考；然后，分析大多数监测仪器需要终端 DCP 净数据传输量，由此，确定终端选择几档发送。

经由各灾种业务主管部门对 2015 年至 2020 年、2020 年以后对灾害数据传输设备需数据采集卫星星座与系统传输的总台数、日传输数据总量预测，预计总台站数将达到 20 万，日传输数据总量将达到 11GB。

4.2.2　系统功能

DCP 的功能主要是完成对地面监测预测台站的数据的采集和编码发射，经卫星星座系统转发后，下传至数据采集网关站网。同时，数据采集网关站网通过卫星完成对 DCP 的调度与管理。按照通信速率的要求分别支持 3 档不同的通信速率：对透明转发模式，支持预先分配或动态分配信道两种方式接入；对处理转发模式，支持动态分配的方式接入。

4.2.3　技术方案

4.2.3.1　设计规范

DCP 是各种灾害地面监测预测台站与各灾种灾害主管分析决策中心的不可或缺的桥梁。在深入具体地分析计算设计了各灾种 DCP 的具体数据传输规格要求后，本节将阐述 DCP 的设计技术路线与规范理念。

（1）可靠性

相关灾种对 DCP 数量的需求巨大，同时由于 DCP 大多数设置在地域偏僻的地区，工作环境恶劣，生活、供电等保障条件较差；因此，要求高可靠、长寿命、防雷电、低功耗、双电源保障、信息纠错与容余，要求提高功放效率，提高调制解调设备的集成度、无须专业管理，无须人工维护维修，可无人值守。

（2）灵活性

具有质量小、体积小、便固定、便携带的特点；能积木式规范化地组装某些部组件，可即插即用；能适应地面各种监测预测台站各种仪器设备的数据采集不同电性能的需要；

能适应地面各种监测预测台站各种仪器设备的数据采集不同接口的需要。

（3）经济性

自身价格低廉；规范产品规格、减少品种与状态；具有更好的性能使卫星星座能服务于更多的地面监测预测台站从而分担卫星成本。

（4）约定性

约定性虽不是DCP的硬件功能，但属于DCP配置方案设计中减少不必要的数据传输信息量的软件方法。灾害监测预测台站要与其对口的上级灾害主管部门的灾害数据处理判断决策中心，事先约定许多有关事物的含义/定义、计量单位，甚至某些量值，将之设计成上下双方约定的书面文件，从而节省不必要传输的数据信息，最大限度发挥DCP潜在功能和卫星星座的潜能，最高效地传输有用信息量，使卫星星座系统能最大限度地为更多地面监测预测台站提供服务。例如：

1）事先约定上下双方欲传输的语义、符号、定义、计量单位、固定时空值、发送信息的码位地址等，这些数据均可不再传输。

2）不变量约定。如果每天向灾害处理判断决策中心提供的探测数据的量值是始终保持不变的，就可以事先告知灾害处理判断决策中心此量值是不变的，从而不必每次定期发送此数据。最多在相隔较长一个时段后，再订正一次。

3）微变量约定。如果每次上送的数据值与下一次的数据值相对有一微量变化，不必传输全值（绝对量值），只需发送一个差值（相对差异量值（差分值））。这样，可以大大减少发送信息量（码位字节），从而节省了卫星有限的频宽与功率，使卫星能为更多地面监测预测台站提供服务。为保证无误，仅需到一定时期，补充作一次定期的绝对量值的核对。这种约定后的数据传输，也可大大减少多余信息的传输，从而保证只传输了最需要信息。

（5）适应性

DCP面临的加载对象众多，要适应它们不同的情况：

1）适应巡回检测能力。地址在一处的一个监测预测台站，有的包含了很多种不同的仪器设备；而不同的仪器设备，有的也包含了很多种不同的测量不同探测量的仪表。只采用一台DCP时，DCP要设计得具有对不同仪器设备和对不同仪表中的不同探测量的快速巡回检测能力，统一依次由这台终端集中向上发送。同时，该终端还应能统一接收卫星送下来的命令，由它统一再转而分发给众多仪器设备和仪表。这样的功能都要事先设计在DCP产品中，到了现场稍许调节即能适应不同仪表状态，完成匹配对接。

2）瞬发和延迟发射的适应性。卫星接收很多很多DCP上送的数据，有时因地面遇有前兆灾情而业务繁忙，要求某一台站上的DCP延迟发送；有时卫星所处轨道面向地面业务集中地区，也要求某一台站上的DCP延迟发送；有时因前兆出现要求尽快于最短时间发送出去，则要求该台站上的DCP瞬即发送；有时也会遇到要求将若干数据累积在一起，随后发出等，DCP都要具有适应能力。这种工作方式可以是事先固定的，可以是一段时期固定的，也可以是临时由卫星指挥统一调度的，DCP都要具有这样的适应性。例如，在某一 DCP 自身业务繁忙时，也可能出现顾不上向卫星发送该时刻规定发送的某条信息；或因它方原因，本 DCP 接受了延迟转发，那么 DCP 应具有适应接受卫星系统统一调度的能力。DCP 还具有遇此情况后以信令形式联系卫星和其地面相应台站或台站中的某一仪表，以及承担这些地面仪表将于何时何刻再行转发的管理功能。

3）全局频繁调度的适应性。由于系统平均每天转发的数据量频繁，转发系统需要对转发数据进行分级，受不同的优先级和带宽的限制，系统要实现高性能的转发，需通过一个优化的带宽复用的算法，实时调整各数据包的转发速度，使其达到或接近理论的分发上限，这样才能在规定时间内将数据分发汇集至地面网关站网（网关站和运管与数据处理站)，然后传输到灾种主管业务部门，保证数据的高时效。为了高密度实时获取，在透明转发模式下，为避免成千上万 DCP 同时上传数据出现竞争冲突，需要网关站网中的运管与数据处理站通过卫星，采取双向交互信道，基于 DCP 优先级和业务类型，协调 DCP 的传输信道实现集中调度。因此，DCP 要具有适应这样的灵活、应急和有序调配的能力。例如，既具有 1s 读 1 个数后上送的能力，又具有一连读 100 个数后再上送的能力等。又如，遇紧急情况，优先安排了这一路数据的传输后，导致日常规定发送的其他数据推迟发送，DCP 要能适应这种改变，服从卫星发出的调度，自适应地对地面监测预测台站中的各种仪表实施新的子调度与巡回检测等；如果这时自身也遇到前兆出现，仍需具有这样的适应能力以应对自如。

4）对每一个具体的灾害监测预测台站上加装 DCP 而对该 DCP 应用方案设计选取时，要从数据采集卫星星座与系统全局业务量综合考虑，给出对其分配发送的时段及分配届时服务卫星的序号，使卫星通信容量均衡，避免忙闲不均。DCP 要能适应这种工作的调度。

5）DCP 调度策略的适应性。对于某一数据率低的或数据量少的数据，对于那些允许延时发送的数据，对于那些对灾害决策影响偏小的数据，都要在 DCP 应用方案设计选取时，事先做好分析，注入 DCP 调度策略中，或固定化或半定制化，以利伺机机动安排发送。同理，对于数据率高的量大的不允许延迟的对灾害决策事关重大的数据，也应如此。对于需传输数据率比较高、数据量比较大，需要挤占某一卫星更多转发或延迟转发时间的，要尽量安排一颗卫星服务到底，以减少星间交叉交换导致的失误。在安排处理任务不均衡性的调度策略时，拟采用“削峰填谷”原则，使 DCP 自身业务均衡，使众多卫星有效载荷业务均衡；同时也有利于为前兆紧急时段留出可供机动调用的时段与容量。

6）健康访问适应性。DCP 及地面台站要时刻保持自身处于良好工作状况，为此地面台站及其 DCP 都必须定期或不定期报告它们日常工作处于正常状态参数的健康状况，这是由地面台站-卫星-网关站网组成双向往返沟通的链路，即由正向的报告健康数据的一路和反向的网关站网乃至“灾种灾害数据处理判断决策中心”对地面监测预测台站的仪表设备的众多传感器及其 DCP 的健康状况提出查询/访问的另一路组成。因为地面台站中仪表种类繁多，DCP 都要具有此种通用适应能力。健康状况的码和查询/访问的码都需预先约定。

7）转达命令的功能。灾害紧急情报命令也可通过上述链路下达到监测预测台站，但必须经法律授权，才可向当地有关部门或群众通报紧急消息，力求在最短时间内让群众避难。

8）在接口关系上，DCP 与相关灾种灾害监测预测台站之间要有能相适应的统一的接口。

（6）智能性

能根据不同地面各种监测预测台站的各种仪器设备传输信息的不同结合卫星的传输容量与速率的有限能力，调节发送时间间隔、传送速率与传送方式。对于地面仪表所记录的模拟信号能转换为数字信号；对于高频变化的信号能转换为有限次数的利于卫星传输的信号，对于视频信号应具有压缩能力和选择有限几幅特征图像送出的能力。具有协助数据采集卫星星座与系统测定对卫星与当地地面通信质量的空域分布。

有若干紧急处理灾情异常数据的能力。当灾情发生异常时，总是希望呼叫卫星开启优先级紧急调度上送信息。但对什么是异常，各灾种各有关专家对此可能有各自判别准则，DCP 最好能具备若干通用处理准则。例如 3 倍方差处理功能，DCP 在平时正常情况下将台站的各种仪器设备所监测给出的数据记录后，能统计其随日月引力起伏的变化量值，计算出这一起伏变化量值随月份的慢变化曲线和每天的变化曲线，从中计算出这项数据在当地的数学期望曲线和方差值，以此作为这项数据的当地正常情况下的背景值。当一旦遇有巨大灾情来临，若所测得的数据变化幅度超过了正常情况下背景值方差的 3 倍，即视为异常信息。DCP 应具有这种运算功能。可以据此向卫星系统发出紧急通信请求，在经卫星系统报灾种的灾害处理判断决策中心研究后，由后者再反馈给 DCP 及地面台站，若认为值得关注，卫星将通知其进一步注意观测；此时卫星也可采取广播运行方式，立即通知地面更多 DCP 及其台站，迅速加大预测频次或上送间隔频次转发上送。

DCP 能根据地面各种不同监测预测台站的各种仪器设备所传输容量与速率的不同要求，在遇其他方面的某种情况要求 DCP 延迟发送信息时，具有延迟发送数据的处理能力、足够的快速存储数据信息的能力，以及快速取出足够贮存信息并快速突然发送信息的能力。因此，为支撑各种智能需求，DCP 要有足够的存储容量和快速存入与取出数据的能力。

（7）拓展性

DCP 要具有一定的性能拓展性。例如，磁喷仪及其 DCP 和卫星导航定位定时芯片结合，可以随时知道自身所处位置和测到前兆信号的时刻，通过 DCP 向卫星送出。当它们组成一套磁喷网时，可以排除个别仪表的偶然遇到附近强磁场触发的虚报。这类拓展功能即为 DCP 的拓展性。

4.2.3.2　结构组成

DCP 主要由天线与射频通信模块和编解码调制解调模块（数据采集模块、数据处理模块、管理控制模块）组成。它接收或巡回采集接收地面监测预测台站的仪表设备的众多传感器所采集的测量数据，经信道编码、调制和功率放大后，经天线发射转发至微纳卫星星座。卫星星座将接收到的信号转发至地面网关站网。DCP 同时具备接受数据采集网关站网的优先级调度功能、均衡优化资源调度功能以及对其和地面监测预测台站的仪表设备的众多传感器健康状况的查询功能。

4.2.4　性能指标

DCP 是自然灾害数据采集卫星星座与系统的组成部分，是在各灾种灾害地面监测预测台站上加装的终端，具备向卫星星座中的卫星上传数据并接收数据采集卫星星座与系统网络管理指令的功能。同时，能结合地面监测预测台站中多种数据采集传感器实现多种数据的巡回采集和处理，能针对多灾种需求实现灵活部署。

4.2.5　接口关系

DCP 与地面监测预测台站之间采用 RS422 或以太网进行连接。

4.3　微纳卫星

4.3.1　需求与设计分析

数据采集卫星星座与系统中的微纳卫星的任务是构成数据采集卫星星座，实现将地面 DCP 与数据采集卫星星座与系统数据采集网关站之间的数据无时间缝隙的双向传输通信。

具体包括三项内容：接收地面监测预测台站的 DCP 发出的灾害采集数据，转发传输给数据采集网关站（简称网关站）；接收地面运行管理与数据处理站（简称运管站）经地面网关站发来的对地面监测预测台站及 DCP 检查指令，接收地面运管站经网关站发来的对 DCP 的工作指挥调度指令、控制通信指令、健康状况检测指令，用数据传输方式或广播方式转发给 DCP 及至地面监测预测台站；在天-地链路结合下，接收网关站对卫星轨控的辅助数据，实现卫星自主姿轨控。

4.3.1.1　卫星质量

为完成数据采集卫星星座与系统的任务，可以考虑采取微小卫星实现容易的途径，但一枚运载火箭做不到在一个轨道面上投放多颗卫星，从而增加了数据采集卫星星座与系统整个工程的成本。如果采取我国已经成熟的运载火箭加上上面级，一枚火箭在一条轨道面上投放多颗几十千克左右的卫星不存在太大困难。同时，在技术路线选择上宁可难度大些（取卫星质量为 20kg），可为我国储备先进技术。

4.3.1.2　星上发射功率

参考作者以往计算过的轨道高度 900km、发射功率为 1W 的微纳卫星实现地面双向微型手持机采取准全向天线通信的方案。考虑到数据采集卫星星座与系统用户量大，设想将星上功率限制在 2W 以内。这样，功率链放大级数少，器件散热少，发射机的设计制造容易实现，其体积和质量功耗都小。

4.3.1.3　天线方向图

DCP 为适应 10 多个灾种近百种台站仪表，要求确保性能高度可靠，使用方便，减小质量功耗和成本，天线方向图不采取窄波束跟踪卫星提高信噪比的途径，而采取对天空为接近全向的天线；无线传输频率选取常规通用的 L 波段；这样，DCP 可以做得轻巧。

对于星上接收 DCP 的天线，也采取宽波束，天线简单，质量也小。

卫星与 DCP 间的通信距离主要取决于接收机灵敏度、接收制式、误码率等。由此可测算出卫星轨道高度的允许取值范围。

4.3.1.4　地面天线直径

卫星在同时收到地面众多 DCP 送来的大量数据后，需集中立即转发至网关站，其向下转发的信息容量很大，需加大频带宽度。星上发射功率设定在 2W 以内后，由于卫星在轨运行的轨道参数已知，故选取直径为 7m 左右的定向跟踪天线来实现。

4.3.1.5　轨道高度

对于卫星轨道高度的选择，起初自然想到为保证数据传输的通信品质，轨道高度以低为好。为保证卫星天线对地全向覆盖，设定：DCP 天线和网关站天线的最低接收仰角采取保守取值不低于 10°计算，规定误码率为 10^{-5}，采用适合上述数据传输要求的编码方式和调制方式；轨道高度分别设定在 800 ~ 1200km 范围内若干值，从而据此设计计算出各组通信链路的结果值，从中决定网关站天线直径的取值范围。

4.3.1.6　轨道倾角

为保证卫星星座轮流对我国国土纬度范围内任何地面灾害监测预测台站均无时间缝隙地覆盖，且尽量减少卫星星座中卫星的数量，卫星轨道面的倾角取值在纬度 45°左右范围，以确保对南到三亚、北至东北最北端地区的时间无缝覆盖。这样卫星数量相对少些，但牺牲了对南北两极地区的数据传输，赤道附近地区的数据传输的无时间缝隙的覆盖率较低，但天线最低接收仰角放宽，无时间缝隙覆盖率仍可提高。

4.3.1.7　沃克星座

据此即可综合测算轨道面的倾角取值、轨道高度取值、轨道面的数量、每个轨道面上均匀投放卫星数量之间的相位关系。先简易估算初筛后，经多目标演化优化计算得出最佳选择为：卫星高度取 1100km，轨道倾角取 45°，4 个轨道面，每个轨道面上每隔 36°相位 1 颗卫星，选择沃克星座，其参考码为 40/4/3，即星座包含 40 颗卫星，分布于 4 个轨道平面，轨道升交点沿地球赤道圈均布，每个轨道面部署 10 颗卫星，相邻两个轨道面之间的相位因子为 3。也可选择每个轨道面部署 12 颗卫星，共 48 颗卫星。

4.3.1.8　抗辐照性能与寿命

轨道高度处于 1100km，空间环境中宇宙辐照强度增大，加大了提高卫星中特别是微电子组部件的抗辐照性能与寿命的难度。但是，我国器件的实际水平较高，有利于确定轨道高度以及 DCP 和网关站的数据传输链的总体协调的性能指标。

4.3.1.9　网关站布局

由于这40颗卫星要不断从我国西南方向和西北方向进入我国国境上空，然后向我国东北方向和东南方向上空飞出国境，因此需要考虑地面网关站如何布局，在我国国土何地设站，每个站内又配置几副天线，才能以最少的数量不间断地跟踪天上的这些卫星。决定采取同一方向同时来的多颗卫星由一个地面网关站的多副天线分别跟踪，跟踪一段距离后适时传递给下一个或下几个地面网关站的多副天线，完成接力，直至最后一副天线将卫星跟踪到飞出国境且此时地面DCP已没有数据需要传输为止。

4.3.1.10　天线数量

天线接力跟踪一颗卫星后，要返回跟踪下一颗卫星，故天线存在返回时间。在这段时间里不能跟踪卫星，故希望天线返回时间越短越好；时间长了，天线数量将增多；时间太短了，天线研制成本会较高，需要权衡。于是引出了如何选择最优返回时间、如何选择卫星轨道高度、如何选择卫星星座中的卫星数量，以及网关站的地址设置与数量及其天线数量的一个多目标最优求解命题。采用多种演化算法优化比较后作出抉择，即在卫星高度为1100km、轨道倾角为45°、4个轨道面、沃克星座参考码为40/4/3下，网关站天线选取7.3m，网关站天线返回时间为30s。对于无时间缝隙覆盖中国灾害地区，采用三地至四地8~10副天线的布局，地址最少，天线数量最少。

4.3.1.11　处理转发

为确保DCP的数据经过过顶卫星一一送上天，设想了可能遇到的各种不测情况：卫星临时工作饱和，灾害频发的前兆信息猛增，卫星与当地DCP的位置偏远过顶时间不够久到传完数据等，就要求地面DCP将采集的数据延迟存储后再发送；这样后继卫星上接收到的数据有时累计数据量很大，一时不能在有限的带宽与时间内向地面某一天线直接透明转发完毕，因此要求卫星将数据存储后延迟再发送。故要求卫星具有透明转发和处理转发（即延迟转发）两种能力。这些调度任务由地面运管站通过地面网关站向卫星发出，经卫星转发通知DCP执行。

4.3.1.12　可靠性与补网

在轨卫星数量多达40颗的星座，其可靠性至关重要。一颗星的失效直接影响无缝隙覆盖。因此，要求卫星具有自主迅速移动补网能力；也要求配备应急火箭发射微纳卫星补网。一个轨道面上的卫星数量多些，相当于轨道备份卫星多些，会使数据采集卫星星座与系统正常运行更有保证。因此可以考虑采取一个轨道面上12颗卫星的方案。即使同一轨道面上有2~3颗卫星失效，卫星星座还能运行。不过，为了届时卫星的相位机动，卫星需增加质量多带一些推进剂。

4.3.1.13　1min中断分析

在最初组织对地面灾害监测预测台站数据传输的需求分析论证的要求中，特对各灾种数据传输暂时中断的后果作了分析。结论是在有些情况下是可以允许中断的。也就是说，如果卫星一旦在运行多年之后期，卫星之间出现难以克服的短暂缝隙，如个别时段出现中断，在某些情况下卫星星座还能继续完成许多任务而不受影响，但这在设计数据采集卫星星座与系统时是不允许的。

4.3.1.14　卫星星座系统自主管理

对包含40颗卫星的星座，完全依赖传统的非自主式的地面测控系统进行在轨管理，将给地面测控系统日常工作造成巨大负担。因此，数据采集卫星星座与系统的卫星必须具备一定的自主运行管理能力，参见图4.8。

星座系统自主运行管理是指卫星在基本不依赖地面设施的情况下，自主确定星座状态和维持星座构型，在轨完成飞行任务所要求的功能或操作。数据采集卫星星座与系统的星座系统实现自主运行，要先解决成员卫星的自主管理，再解决星座系统的自主运行管理。

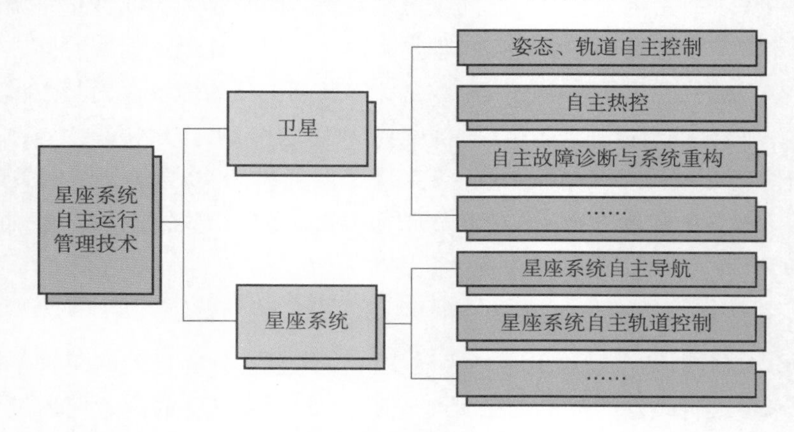

图4.8　星座系统自主管理

（1）自主导航的设计

卫星自主导航的轨道测量采取北斗/GPS为主和地面定期监控修正相结合的方式。地面监控是充分利用卫星正常业务数据传输链中的频率信息计算出卫星坐标数据。将北斗/GPS测量的位置坐标信息与地面监控的轨道预报信息相融合，即可自主获得高精度的轨道数据，实现卫星星座自主轨道确定，提高卫星自主能力，减少对地面系统的依赖。

（2）自主轨道控制的设计

轨道自主控制调整的目的有二：一是在卫星发射入轨时，利用卫星自身轨道机动能力，实现同轨各卫星之间轨道相位的调整，减轻对运载火箭卫星分配器精度要求的压力；二是卫星星座进入运行阶段时，进行轨道维护，避免轨道退化，保证星座的构型。

卫星自主轨道控制的基本运作方式是采取自主导航的轨道控制，星上计算机依据自主导航系统提供的卫星运动参数，经由控制器给出控制指令，推进系统完成轨道机动。

4.3.1.15　软件无线电与在轨升级技术

设计思想要求体现采用软件无线电技术和在轨升级技术措施。

应用软件无线电技术，通过装载不同软件模块，实现通用串行总线（USB）、扩频、数传、高精度测距等功能，满足监控和通信需求的短信息通信机，并能方便地实现在轨软件升级，使短信息通信机可以根据用户需要进行在轨功能扩展和升级。特别是当卫星星座扩展或 DCP 设备改进后，可以通过升级无线电软件，使卫星适应新能力，降低星座更替频率、扩大应用范围。

4.3.1.16　大多普勒频移补偿技术

由于低轨卫星与地面用户终端/地球站之间相对运动速度大，多普勒频移较严重；不同位置的不同终端多普勒频移量不一样，导致卫星接收时会出现频谱重叠、信道交叉等问题，影响数据通信的正常进行，因此采用预补偿的技术。

4.3.1.17　DCP 调度

单颗卫星可同时接收到大量 DCP 上送的数据，每个 DCP 可同时向多颗卫星发送数据，故 DCP 数据的收集与分发复杂程度相当高。采取的方式是通过对各台站 DCP 设置身份和优先级，DCP 向运管站申请信道，由运管站统一调度；对于应急申请则设置了专门通道。

4.3.1.18　国际灾害合作

如果开展国际灾害合作，友邻国家尚未配备地面网关站，他们的灾害监测预测台站的数据可以发送给过顶的数据采集卫星星座与系统的卫星，由它将数据存储后延迟再飞到中国上空发送给中国网关站，再通过光缆通信等方式瞬间传送给友邻国家。对于数据采集卫星星座与系统的卫星不能无缝隙覆盖的地区（如曾母暗沙等），遇有灾情或某些紧急信息需要传输时，可采取延迟转发。

4.3.2　系统功能

4.3.2.1　卫星系统功能

数据采集卫星星座与系统的微纳卫星的主要功能包括数据转发和星座构型保持功能。它由通信载荷、姿轨控、综合电子、热控、供配电和结构机构等 6 个分系统的功能组成。整星质量控制在 20kg。

（1）通信载荷系统功能

通信载荷系统的主要功能是实现各类数据的星地中转。一方面，通信载荷接收 DCP 发送的数据，并将数据采用实时透明或存储转发模式发送至数据采集网关站；另一方面，通信载荷兼具测控和数传功能，接收数据采集网关站发送的遥控指令，并向数据采集网关站发送星上遥测数据。

数据转发包括透明转发和处理转发两种工作模式，实现 DCP 和数据采集网关站之间的数据转发。为满足微纳卫星对通信有效载荷的低功耗、高数据传输能力的需求，实现透明转发和处理转发通信功能的一体化集成，需采取 SOC/SIP 技术；采取软件无线电技术，实现在轨软件升级。

（2）姿轨控系统功能

姿轨控系统的主要功能是对卫星姿态与轨道进行控制。姿态采用对地定向模式，满足通信天线对地指向要求；卫星姿态测量装置采用磁强计、MEMS 陀螺、太阳敏感器、星敏感器、北斗/GPS 定姿接收机等传感器，自主测姿测轨；姿态执行机构选用磁力矩器、飞轮等部件等被动或主动控制方式。卫星采用北斗/GPS 和地面结合定轨。轨道控制采用冷气/液化气/单组元推进系统。卫星姿轨控分系统应尽量采用低成本、长寿命的方案设计。

（3）综合电子系统功能

星务系统的功能包括采集、处理、分发整星工作状态信息及其他分系统的信息，并对卫星分系统的任务状态进行管理与控制。为减少功耗和单机设备数量，以一台计算机完成星务计算、姿轨控计算和有效载荷管理、电源管理、热控管理等功能；并将各姿态敏感器后端处理部分、执行机构驱动控制部分，在物理层上也综合优化集成；采取这样的综合电子系统，使卫星在一体化共享硬件模块，并通过软件模块体现原有分系统的功能。

（4）热控系统功能

热控系统的功能是保证星上一般仪器设备的温度范围在−10 ~ +45℃之内。采用主被动结合设计，并以被动热控方式为主；主要采用涂层、多层隔热材料、热管等被动热控措施保证星上设备工作所需的环境温度，对蓄电池组等关重件则采取主动加热措施。

（5）电源与供配电系统功能

星上电源采用太阳电池阵与锂离子蓄电池联合供电，为整星提供不间断电源，满足整星平均功耗 20W 和峰值功耗 40W，设计寿命为 7a。星上采用集中式供电，为星上各仪器设备提供一次或二次电源，并进行分配与控制，星上电缆网将各仪器设备连接成一个电总体，使各分系统协调工作。

（6）结构机构系统功能

结构系统的功能是为通信载荷和卫星平台各分系统单机提供支撑，承受、传递卫星从发射至在轨飞行各个阶段所面临的环境载荷，并为星上其他各分系统提供环境保护。星上机构系统的功能包括分离卫星与运载火箭，锁紧、释放与调节太阳电池阵、展开天线等星上部件。星箭对接采用 Φ300mm 对接环，卫星包络高度不大于 600mm。结构布局应考虑微纳卫星的测试、安装的需要。

4.3.3　技术方案

4.3.3.1　微纳化设计指导思想

微纳卫星体积小、功能密度高，所能提供的空间与电源功率有限，必须综合采用芯片上系统（SOC）/单封装系统（SIP）/微光机电系统（MOEMS）/微机械等技术多重集成，功能软件化，采用软件无线电技术、即插即用模块化等新设计方法，实现透明转发和处理转发双模转发微型化通信载荷功能的一体化集成，实现卫星自主定姿定轨的控制功能的一体化集成，进而完成以综合电子技术为核心将整星结构、布局、热控、能源等功能的一体化集成设计。

实现以中央处理器（CPU）、现场可编程逻辑器件（FPGA）等为核的信息链的高密度综合集成高效可靠的微系统，在微纳卫星系统级、单机（设备）级、数据级 3 个层次上高度融合。

微纳卫星设计寿命为7a，为保证其长寿命高可靠，必须采用高集成度、低功耗国产的高端、高档、空间微系统/系统级芯片/元器件。

为保证卫星轨道相位保持必须配置一套推进系统。鉴于卫星的质量约束严格，传统推进系统占有大量质量和体积资源，难以满足严苛的约束条件。为了提高整星的质量约束，提高功能密度，需设计一套集成度很高的小速率增量、小推力、低比冲的液化气微推进系统。

4.3.3.2　微型化技术

（1）微纳卫星高可靠、长寿命、低功耗先进微系统综合集成一体化技术

微纳卫星电子系统综合集成方案的基本思路是将星上相关电子电气部分高度集成，通过微电子技术和微系统集成方案和国产化元器件，将包括陀螺、磁强计、卫星导航等传统独立单机部件与卫星星务管理系统结合，用SOC/SIP/MOEMS技术，将星上的数据处理电路、姿轨控计算机、星务计算机、遥测遥控、热控制、驱动控制等硬件电路集成一体，进行全数字化、系统芯片化和模块化设计，大大减少星上单机数量和系统复杂性，减少分立元器件、中央处理器和线缆数量，减少外部数据接口，降低整星功耗和质量。

（2）姿态测量系统的多源信息融合与先进集成技术

微纳卫星姿态测量系统多源信息融合自主定姿定轨的控制功能一体化集成就是针对姿态测量系统的不同组合方案，利用先进的信息融合技术、系统集成技术、故障诊断检测技术以及微电子技术将姿态测量系统中的各个功能模块高效地融为一体进行综合设计与分析，避开传统的分系统独立的设计模式，降低制导、导航和控制（GNC）系统的质量和功耗。同时满足微纳卫星姿态测量精度的要求。将微纳卫星GNC系统中的若干测量单机（卫星导航、磁强计、陀螺及星敏感器电路）进行有效集成，以满足微纳卫星小尺寸、低功耗、面向多任务的可重构控制系统的要求。

（3）微纳卫星一体化设计制造技术

微纳卫星一体化设计制造技术是指在平台各分系统、平台和有效载荷在接口、电气布局、结构、热控等方面，在设计阶段统一设计、统筹规划，充分利用资源，大幅度降低质量、体积、功耗，提高功能密度，减少中间环节，提高电系统可靠性。

4.4　运载火箭、上面级、应急火箭

4.4.1　需求与设计分析

4.4.1.1　总体要求

要求运载火箭基础级及上面级，均匀分布地发射卫星星座中的40～48颗卫星，使卫星能相继接替地无缝隙地保证地面监测预测台站的终端完成上行和下行通信传输数据。在卫星失效后，由应急火箭发射卫星补网。

4.4.1.2　运载火箭基础级及上面级运载能力与需求分析

一颗卫星若由一枚运载火箭发射，运载火箭单枚质量可以很小，但需要 40 ~ 48 枚运载火箭，发射成本很高，不可取。如果采取一枚大运载火箭直接发射 40 ~ 48 颗卫星，由于要使卫星进入 4 个轨道平面，火箭能量消耗太大，也不可取。因此，采用 4 枚运载火箭，按沃克星座方式释放卫星，每枚运载火箭发射多颗星；这类运载火箭我国有多种型号可供选择，作适应性改进即可。相应的上面级也有技术储备。

4.4.1.3　布网时间分析

运载火箭上面级单级完成对多颗卫星布网的时间越早越好，但为完成对卫星在轨的相位调整，火箭需上下变轨，每次变轨需要不断地保持精度，时间太短精度测不精确，而时间过久精度也难以保证，故均衡后取几十小时可很好地完成使命。

4.4.1.4　轨道面倾角分析

两两轨道面不平行，将带来卫星左右侧之间的缝隙，因此希望轨道面倾角至少优于 ±0.005°。

4.4.1.5　释放卫星的相位精度

相位精度理应越高越好，但要达到很高的精度有一定难度，一般放宽至 ±0.05°以内，采取卫星自主弥补消除此相位误差。

4.4.2　系统功能

根据以上对需求的分析，确定数据采集卫星星座与系统的运载火箭基础级和上面级由 4 枚运载火箭和 4 枚多星发射上面级组成。每枚运载火箭基础级和上面级完成轨道高度 1100km、轨道倾角 45°的 10 颗卫星均布组网部署任务；上面级通过 20 次自主变轨，在 50h 之内完成 10 颗卫星的快速均布组网部署。

当 40 颗卫星正常运行时，出现个别卫星失效，除卫星自主调整相位弥补外，采取小型应急运载火箭补网。

4.4.3　方案概述

采用长征运载火箭与上面级实现一箭多星发射。上面级与长征运载火箭分离后，进行两次轨道机动，进入 1100km 高度目标轨道。上面级按卫星要求调姿后，释放第一颗卫星；上面级再机动变轨至 765km × 1100km 高度调相转移轨道，在此调相转移轨道上运行 3 圈，当运行到远地点时（1100km 高度），上面级再次机动变轨进入 1100km 高度目标轨道，满足卫星要求后释放第二颗星，此时第二颗卫星和第一颗卫星相位差满足一定角度的星座均布部署要求。按此规律，上面级通过多次大机动变轨，实现快速自主完成星座的均布部署。轨道部署过程如图 4.9 所示。

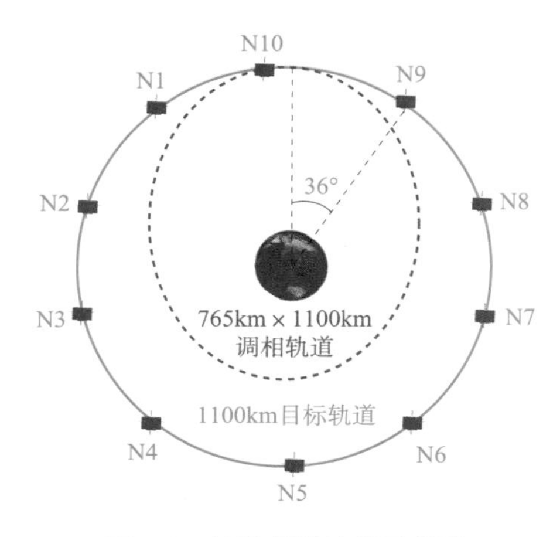

图 4.9　轨道部署过程示意图

4.4.4　运载火箭

4.4.4.1　技术方案

（1）运载火箭主要技术状态

经分析论证，可用长征火箭发射上面级和数据采集卫星星座。全箭由箭体结构、动力（含一、二级发动机，增压输送和姿控发动机）、控制、推进剂利用、遥测、外测安全、附加、地面测发和地面机械设备等系统组成，新研制直径 3.8m 旋转分离卫星整流罩。

（2）运载火箭主要总体参数

长征火箭发射上面级与星座组合体时，火箭全长约 43m，一、二级直径为 3.35m，卫星整流罩直径为 3.8m，火箭的主要总体参数略。

4.4.4.2　接口关系

（1）运载火箭系统与上面级系统接口

上面级与运载火箭系统存在机械、电气、射频等接口，由上面级系统与运载火箭系统共同约定的《数据采集卫星星座与系统上面级系统与运载火箭系统接口控制文件》具体确定。

（2）运载火箭系统与发射场系统接口

为确保发射场技术状态满足火箭的技术要求，保证长征火箭顺利圆满完成进场发射任务，需要提出运载火箭系统与发射场系统的技术要求，接口主要内容包括火箭有关技术参数、对发射场的一般要求、对发射场技术区要求、对发射场发射区要求、对发射场气象测量要求等，由运载火箭系统与发射场系统共同约定的《数据采集卫星星座与系统卫星工程运载火箭系统与发射场系统接口控制文件》具体确定。

（3）运载火箭系统与测控系统接口

运载火箭与测控系统的接口关系主要是明确箭载测控合作目标和地面相应测控设备的技术参数。测控系统利用我国航天测控网提供对长征运载火箭的测控支持，完成火箭各飞行段的跟踪测量，接收、记录和处理遥测外测数据，实时监视和判定火箭飞行情况，发生故障危机时实施安控，确定卫星初始轨道根数等。运载火箭与测控系统的主要要求包括：外弹道测量要求、安全控制要求以及遥测要求等，由运载火箭系统与测控系统共同约定的《数据采集卫星星座与系统卫星工程运载火箭系统与测控系统接口控制文件》具体确定。

4.4.5 上面级

4.4.5.1 技术方案

上面级（见图4.10）作为通用空间轨道运输器，可与多种运载火箭配合使用进行异轨多星（或星座）轨道部署，可一次发射实现不同高度等轨道多颗卫星部署，或一次发射完成多颗卫星的组网轨道部署。根据数据采集卫星星座与系统的卫星质量与轨道要求，上面级与长征火箭组合将实现该星座10颗卫星的快速轨道部署任务。

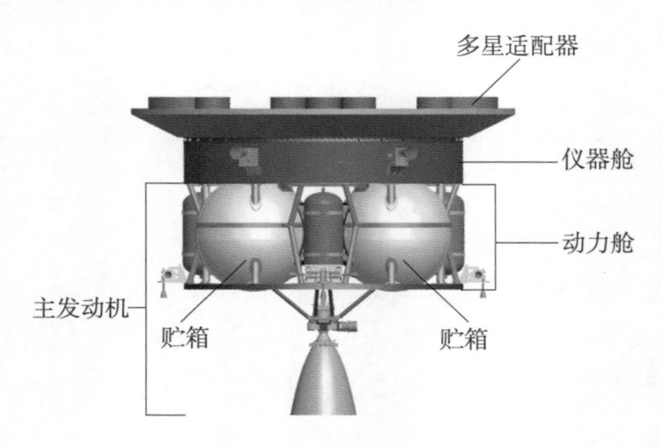

图4.10 上面级示意图

上面级采用球型贮箱与杆系为主的总体构型方案。上面级主结构分为动力舱、仪器舱两大部分。动力舱中，4个球型贮箱在相同圆周上均匀分布，其中氧化剂贮箱、燃料箱各2个且对角放置；仪器舱采用圆筒形封闭式结构，以满足较长时间在轨的热控要求。多星适配器与主结构相对独立，可根据不同的任务需求设计，具有很强的任务适应性。针对数据采集卫星星座与系统卫星的具体任务，多星适配器拟采用锥台+井字梁形式。

上面级箭上系统由结构系统、动力系统、控制系统、总体电路系统、测量系统及热控系统等组成。结构系统主要由动力舱、仪器舱、多星适配器及连接解锁装置等组成。动力系统采用主辅一体化设计发动机，主发动机可双向摇摆，推进剂贮箱增压采用常温氦气定压力值增压方式，推进剂管理采用全挤压式方案，氧化剂箱及燃料箱采用金属膜片实现推进剂管理。控制系统采用捷联惯组和GNSS/北斗（BD）组合导航系统；主动段制导采用迭代制导方法；滑行段采用星敏感器对惯组姿态进行修正，主要采用变结构控制方法实现解耦控制；采用总线制数据管理为主的电气方案。总体电路系统主要实现上面级统一供配电任务，为一体化设计方案。测量系统完成上面级遥测数据调制，并协同地面测控站完成上面级的跟踪测轨，为遥外测一体化方案。热控系统采用被动热控为主、主动热控为辅的等温化设计技术方案。

4.4.5.2　飞行时序

上面级携带数据采集卫星星座与系统卫星由长征运载火箭发射进入300km高度停泊圆轨道。上面级与长征运载火箭分离后，进行两次轨道机动，进入1100km高度目标轨道。上面级按卫星要求调姿后，释放第一颗卫星，再机动变轨至765km×1100km高度调相转移轨道，并在此调相转移轨道上运行3圈，当运行到远地点时，上面级再次机动变轨进入1100km高度目标轨道，满足卫星要求后释放第二颗星，此时第二颗卫星和第一颗卫星相位差满足36°的星座均布部署要求。

上面级通过多次大机动变轨，快速完成整个星座的部署，在分离最后一颗卫星时，主发动机共工作几十次。轨道部署能力满足卫星星座要求。

4.4.5.3　接口关系

（1）上面级与卫星系统接口

①机械接口

上面级与卫星（星座）机械接口可采用国军标通用适配器等接口，用包带、分离螺母或专用机构等连接方式，采用弹簧分离方案。

②电气接口

上面级与卫星没有直接的电接口。

③电磁环境及接口

星座卫星、上面级的电磁环境界面为星座卫星与上面级分离面，上面级与星座卫星的电磁兼容性设计应符合GJB151A—97的规定。

（2）上面级与运载火箭系统接口

①机械接口

运载火箭初步采用分离螺母与上面级连接解锁，采用成熟的反推火箭分离技术进行分离。

②电气接口

运载火箭提供起飞、关机及分离等信号给上面级，另外需满足上面级部分遥测要求，即可提供控制电缆及遥测电缆等接口。

4.4.6　应急火箭

4.4.6.1　任务分析

小型运载火箭，一箭一星，快速发射，直接将微纳卫星送入1100km目标轨道，完成数据采集卫星星座与系统的快速补网。

4.4.6.2　技术方案

应急火箭为三级，由控制系统、测量系统、动力系统、箭体结构、安全自毁系统组成。按结构组成划分为整流罩、仪器舱、发动机、级间段、一级尾段。

控制系统采用总线对各项功能模块进行信息综合与统一管理，采用单机集成化设计满足小型化、轻质化要求。制导系统采用箭上计算机 + 捷联惯性组合/导航卫星组合制导方案；姿控系统采用箭上计算机 + 捷联惯性组合 + 速率陀螺 + 伺服机构 + 数字压力传感器 + 姿控喷管的控制方案；综合测试采取箭测与地测相结合，突出箭测的方案。地面测发控系统拟简化系统测试，缩短发射时间。

测量系统采用一体化设计，包含遥测功能、外测功能和安全控制功能。遥测 S 波段点频，完成全箭参数的测量与传输；采用北斗/GPS 接收机 + 脉冲应答机完成火箭的外弹道测量，安全指令接收机 + 安控器完成无线安控任务。

发射阵地的车辆有发射车、综合保障车、测量指控车。多功能信息化发射车采用自主定位和水平瞄准方案；综合保障车具有供电及发射阵地勤务保障功能；测量指控车具有完成测量系统阵地测试、首区遥测及指挥通信等功能。

运载火箭采用水平对接、水平运输、水平测试、整体起竖后垂直发射方式。卫星和火箭平时分别贮存在中心库中，接到补网命令后，在技术阵地进行星箭快速对接和快速测试，经发射阵地测试后起竖、点火发射。

4.4.6.3　接口关系

连接方式上，可采用 Φ300 型的星箭对接环连接方式（结合包带或分离螺母），或采用专用微纳卫星星箭分离机构。分离方式为弹簧分离。微纳卫星与火箭之间没有直接的电接口。

4.4.6.4　飞行程序

小型火箭飞行时序为：起飞；一级发动机关机、一二级分离、二级发动机点火；整流罩分离；二级发动机关机、二三级分离、三级发动机点火；滑行段；三级发动机关机、星箭分离。

4.5　数据采集网关站和运管与数据处理站

地面应用系统由数据采集网关站、运管与数据处理站和相关灾种灾害地面监测预测台站的 DCP 组成，如图 4.11 所示。

数据采集网关站和运管与数据处理站的任务是：集中调度分布在全国地面的几十万个各类灾害的监测预测台站的 DCP，依次即时转发数据；集中调度全国网关站的天线交替工作，依次跟踪在轨微纳卫星，即时接收卫星有效载荷转发或处理转发的高密度实时数据，经处理后将大量数据实时传送分发到各灾种业务综合汇总部门。数据采集网关站和运管与数据处理站同时还担负协助卫星自主运行的轨道测量控制和运行管理，担负对 DCP 健康状况的监测，需要时还可指挥与调度对灾害地面监测预测台站的健康状况的监测。

数据采集卫星星座与系统的卫星也具有对全球南北纬度 54°间各国灾害监测预测台站业务数据的无时间缝隙的实时传输的能力。只需加装 DCP，并在各国自己领土上设置网关站。卫星的测量控制与调度功能、数据采集网关站天线的调度功能，由北京运管与数据处理站统一服务。

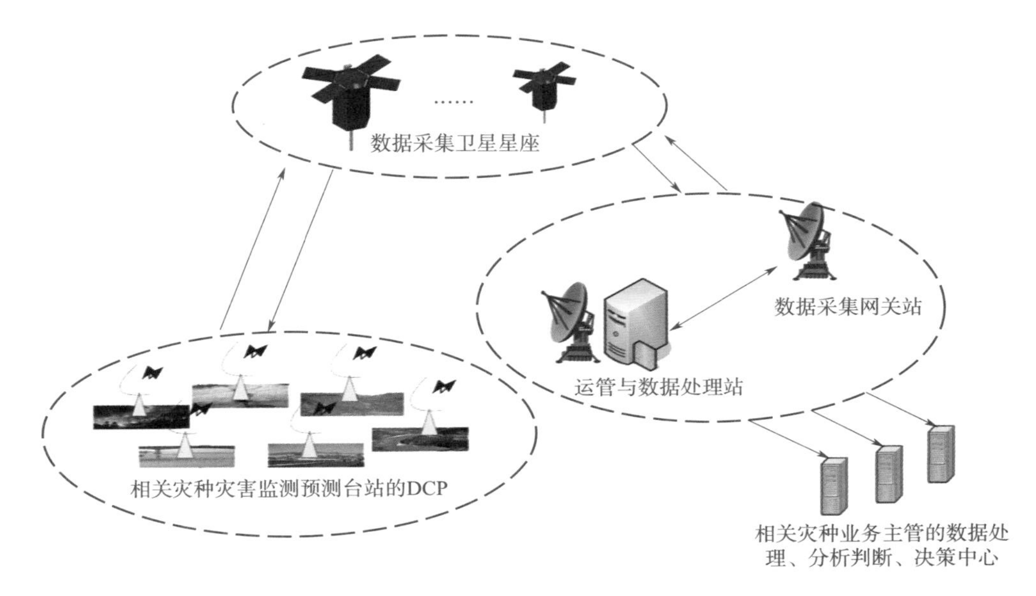

图 4.11　地面应用系统组成

4.5.1　需求与设计分析

保证在我国国土上实现无缝隙覆盖的数据接收，为用户提供信息处理和管理功能。数据采集网关站根据卫星轨道倾角和出入境状况（数据采集业务地区或数据采集使用国国境）、天线跟踪与返回、信息交接、站址所在地和天线数量，视不同业务所豁地区或不同使用国家的业务需要而设定。

4.5.1.1　数据采集网关站

数据采集网关站主要负责接收卫星下行的 DCP 数据并将之传送给运管与数据处理站，接收卫星上行运管与数据处理站调度 DCP 和监控卫星的指令；实现对卫星的监测监控，并且完成对 DCP 的调度管理。

4.5.1.2　运管与数据处理站

运管与数据处理站负责 DCP、卫星、数据采集网关站的统一管控，各类灾害数据的预处理、存档、分发、数据资源交换、系统运行管理等。

4.5.2　系统功能

4.5.2.1　数据采集网关站

数据采集网关站的功能如下：

1）接收卫星下传的数据；

2）具备多种方式接收运管与数据处理站调度命令、业务运行时间表、轨道根数等的能力；

3）具有遥控上行管理功能，实现遥控指令的上行注入；

4）数据的临时存储和管理。

4.5.2.2　运管与数据处理站

运管与数据处理站的功能如下：

1）运管与数据处理站统一管理 DCP，监控卫星星座，调度数据采集网关站天线资源，处理、存档、分发采集的数据，为用户提供综合服务；

2）管理 DCP，协调 DCP 上行信道；

3）管理网关站，调度天线；

4）管理星座，综合监管监测卫星状态；

5）数据处理；

6）数据存档；

7）数据分发。

4.5.3　技术方案

4.5.3.1　数据采集网关站

数据采集网关站由业务数据接收模块和业务数据分发管理模块组成。

（1）业务数据接收模块

业务数据接收模块由天伺馈子模块、信道子模块、数据进机及传输子模块、站控管理子模块、技术保障子模块等 5 部分组成，如图 4.12 所示。

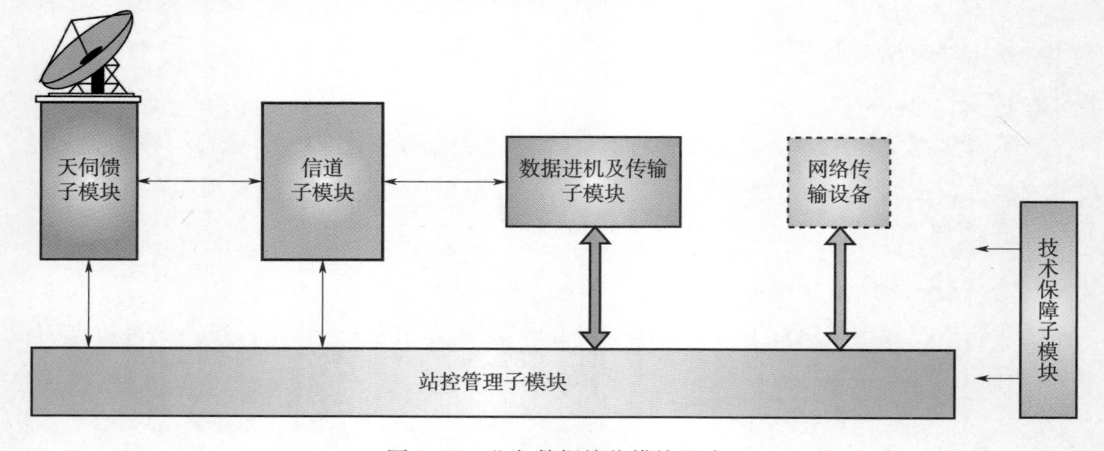

图 4.12　业务数据接收模块组成

①天伺馈子模块

该子模块完成对卫星的捕获跟踪，接收卫星下传数据，同时向卫星发射上行监控和系统网管指令。

②信道子模块

该子模块对接收到的卫星信号进行下变频、解调，并对上行信号进行调制和上变频。

③数据进机及传输子模块

该子模块由数据进机设备和数据传输设备组成，可将原始数据进行预加工处理、数据记录；数据传输设备按照指定的时间及格式要求进行传输，并对接收的资料进行在线自动滚动存储管理，滚动周期为天。

④站控管理子模块

该子模块是数据采集网关站任务管理、监视和控制的中枢，实现任务调度管理、数据采集网关站设备的状态监视、数据采集网关站业务运行状态的监控以及各类状态数据的管理和上报等。该子模块具有远程故障诊断和维护的功能，方便日后系统升级和维护。

⑤技术保障子模块

该子模块主要包括时统设备、测试设备、标校设备等，为系统的正常运行提供技术保障，为系统闭环测试和设备检测提供测试条件。

（2）业务数据分发管理模块

业务数据分发管理模块包括应用软件和支撑环境两部分。应用软件可分为转发系统服务器软件和客户端软件两部分，用于实现数据转发系统的主要功能。支撑环境是指应用软件所依存的硬件环境，主要是计算机网络环境，即存储管理服务器和网络交换机。

4.5.3.2　运管与数据处理站

运管与数据处理站由运行管理分系统和用户服务分系统组成。运行管理分系统由运行管理和调度服务器及多星任务编排等软件组成；用户服务分系统由数据处理、分发、交换服务器和数据处理、分发软件组成。具体包括以下 7 个模块：运行管理模块、数据采集终端管控模块、卫星管控模块、数据采集网关站管控模块、数据处理模块、数据归档与管理模块和产品分发服务模块，如图 4.13 所示。

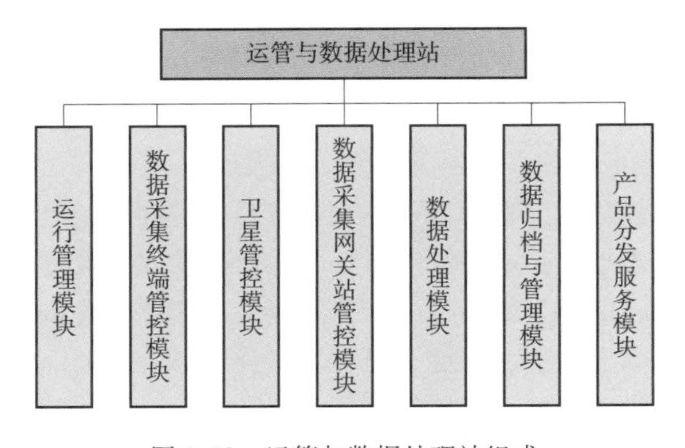

图 4.13　运管与数据处理站组成

（1）运行管理模块

运行管理模块负责运管与数据处理站的综合管理，优化配置系统资源，保障系统高效、安全运行。运行管理模块的功能包括网络管理、业务管理、系统安全管理和测试试验管理，为系统维护、扩展、升级提供环境和技术支撑。其中：

1）网络管理为系统各计算机设备之间，系统与外部网络之间的数据交换提供网络连接，随时掌握链路的连通和性能。

2）业务管理的主要任务是设备监测与资源管理、业务管理，主要负责实时监控卫星管控，DCP管控，原始数据的传输、录入、标准化处理，以及数据产品归档、分发等业务流程，采集系统运行状态，监视运行作业，确保运行任务合理分配设备资源，提高系统运行效率，满足数据处理与服务的高时效性；对系统中所有设备进行校时。

3）系统安全管理的设计目标是以应用和实效为主导，从物理环境、网络安全、数据信息、应用安全和运行管理5个方面，建立综合防范体系，有效提高地面数据处理系统的防护、检测、响应、恢复能力，以抵御不断出现的安全威胁与风险。

4）根据卫星发射计划，为了保障系统在运行期间的任务扩展，建立测试试验子模块。该子模块负责搭建软硬件环境，对于不断加入系统的数据处理模块进行测试试验，经过测试后，再升级到系统中进行运行生产。测试包括接口测试、流程测试、集成测试等。

（2）数据采集终端管控模块

数据采集终端管控模块负责监测DCP的工作状态，协调DCP上行信道，满足众多DCP上传信号的需求。该模块包括DCP状态管理子模块、DCP优先级分配子模块、DCP任务计划编排子模块。

DCP状态管理子模块监控DCP自身健康状况和DCP转达的地面监测预测台站网的健康情况，同时记录DCP所处的地点、DCP发送的信号种类、灾害信号呼叫请求时刻及其对传输速率的要求。

DCP优先级分配子模块根据每个DCP单元发送的信号类别、传输速率要求以及灾害紧迫性程度，在成千上万个DCP单元数据中对每个DCP单元分配优先级，完成DCP的优先级调度决策，即给出灾害信号发出时刻。

DCP任务计划编排子模块将DCP优先级分配子模块给出的决策通过卫星调度转发给每个DCP单元，完成DCP发送灾害信号的时间调度。

（3）卫星管控模块

卫星管控模块监测并管理卫星平台及有效载荷的工作状态，根据卫星的姿轨参数计算保持星座构型所需的调整量，生成相应的指令数据，通过数据采集网关站发送给卫星，进而完成卫星的姿轨调整，保持卫星星座应有的构型。卫星管控模块包括遥测处理与显示子模块、卫星姿轨调整计算子模块、测控子模块。

遥测处理与显示子模块主要负责处理卫星的编码遥测数据处理，并将处理得到的遥测参数进行归档；同时对卫星的遥测参数进行显示，监视卫星及有效载荷的运行和工作状态，自动判读遥测参数，及时发现卫星或有效载荷的异常并报警。遥测处理与显示子模块由遥测数据处理、遥测数据显示和配置管理3个功能模块组成。

卫星姿轨调整计算子模块根据遥测处理与显示子模块获取的各颗卫星的姿轨参数，生成卫星现有的星座构型，进而计算保持理想星座构型所需的最优参数调整量，通过测控子模块将其编写为遥控指令序列。

测控子模块根据卫星姿轨参数，编写遥控指令序列，将遥控指令进行编码和格式转换生成注入数据，通过测控中心上行；同时对已生成的编码数据文件进行解析，反编为业务遥控指令序列文件，检查业务遥控注入数据的正确性和有效性。测控子模块由 3 个功能模块组成，分别是注入数据生成模块、注入数据反编模块、配置管理模块。

（4）数据采集网关站管控模块

数据采集网关站管控模块负责监测数据采集网关站的工作状态，根据卫星过境时间编排地面采集网关站的接收计划，确保卫星过境时各灾种数据的有效传输。地面采集网关站管控模块包括轨道计算与预报子模块、任务计划编排子模块和数据重构子模块。

轨道计算与预报子模块根据接收到的卫星轨道根数，计算出卫星经过地面接收站的时间；实现开普勒根数与国际通用的两行根数的转换；并将轨道计算结果可视化显示。轨道计算与预报子模块由星历计算、轨道预报、地影预报、轨道根数转换 4 个功能模块组成，实现了轨道计算和预报的基本功能要求。

任务计划编排子模块根据各个轨道面上的卫星过境时间，协调天线资源，保证卫星下传数据有效接收。当卫星星座中多颗卫星同时出现在多个数据采集网关站的可视范围内时，需采取资源优化调度策略控制天线完成对多颗卫星的跟踪，保证数据接收。

数据重构子模块根据任务计划编排子模块对各副天线接收计划的安排，将接收的数据重新排序，获得每颗卫星完整的下传数据。

（5）数据处理模块

数据处理模块基于数据采集卫星星座与系统获取的各种数据和信息，开展数据快速处理，为用户部门提供所需的数据预处理产品，实现数据的有效利用，为防灾减灾提供多样数据产品支持。数据处理模块的功能包括录入下行原始数据，快速生成标准化的产品，并对数据和产品进行质量检测，提供数据模拟、评价等。数据处理模块分为常规和应急两种运行模式。

常规处理模式下，对数据采集网关站传送过来的原始各灾种数据进行帧格式同步、去格式、解压缩以及其他预处理操作。

应急处理模式将实现自然灾害空间数据从接收、格式化记录、快速精确产品处理和实时共享分发的一体化，以及“边录入、边处理、边分发”的流水线式一体化应急响应处理功能，提供了一种全新、高效、实时的数据处理和分发服务模式，满足重大自然灾害应急影响与服务的需要。

（6）数据归档与管理模块

数据归档与管理模块负责完成对各灾种数据的统一、长期存储管理与备份，提供在线数据的全生命周期自动管理；实现灾难发生后的数据快速恢复；满足核心业务对数据高速存取要求及数据仓库的访问需求，提供空间数据联机分析处理、空间数据挖掘服务、空间数据快速查询和可视化服务。数据归档与管理模块主要由数据仓库和数据仓库管理系统组成。数据仓库管理系统包括数据存储管理子模块、多源空间数据变换子模块、空间数据挖掘分析子模块以及数据备份子模块。

数据存储管理子模块对数据的访问接口进行了封装，以 Web Service/API 等形式对外提供访问服务数据的服务软件；负责将数据库与管理分系统在线存储盘阵上存储的各灾种数据上传至分发盘阵的数据上传软件；当磁带库出现故障系统无法进行正常的数据备份与恢复时，可利用两台外置磁带机代替磁带库进行数据备份及恢复的应急数据归档与恢复软件。

多源空间数据变换子模块是为了优化海量数据仓库的分析性能，将各个源数据库系统的数据进行变换后以适宜的方式进入数据仓库。数据变换需要建立一套数据变换标准体系，在这些标准的规范下，对数据进行抽取、转换、统一，最终形成一致的数据，进入到数据仓库中。

空间数据挖掘分析子模块包括时空数据语义检索、空间数据联机分析处理、空间数据挖掘分析 3 个功能模块。

4）数据备份子模块负责地面处理每天全部归档数据的远程备份，当灾难发生时具备数据恢复功能。

（7）产品分发服务模块

各灾种的灾害监测预测台站发送的灾害信号，由产品分发服务模块对口分发到灾害主管部门；灾害主管部门经产品分发服务模块将相关指令回送给对应各灾种的灾害监测预测台站；灾害主管部门间相互协商后可以互通的信息，由产品分发服务模块负责执行分发。通过共享网格平台，建设空间信息服务平台和空间数据分发门户平台，提供便于信息交换和共享分发的空间数据共享服务、空间数据目录服务、空间数据快速查询和可视化服务；提供用户服务网站为用户提供高效的元数据搜索、浏览、下载服务和多种定制分发功能，并提供元数据服务和空间数据共享服务。产品分发服务模块由任务调度子模块、服务管理子模块、数据共享子模块、数据分发子模块、用户服务门户子模块等部分组成。

4.5.4　接口关系

数据采集网关站和运管与数据处理站之间采用光纤进行数据交换，运管与数据处理站和各灾种主管部门之间采用光纤进行数据交换。

第5章　卫星遥感数据处理技术

5.1　卫星遥感数据处理发展现状与趋势

卫星遥感是指在卫星平台上利用搭载的传感器收集物体的电磁波信息，再将这些信息传输到地面并进行加工处理，从而达到对物体进行识别和监测的全过程。通常在理想情况下，遥感数据的质量只依赖于进入遥感器的辐射强度，而实际上，由于大气层的存在和遥感器内部探测器性能的差异，使得反映在图像上的信息量发生变化，引起图像失真、对比度下降等。此外，由于卫星飞行姿态、地球形状及地表形态等因素的影响，图像中地物目标的几何位置也可能发生畸变。因此原始遥感数据被地面站接收后，要经过数据处理系统进行一系列复杂的辐射和几何校正处理，消除畸变，恢复图像，才能提供给用户进行定量化应用。

5.1.1　卫星遥感数据处理国内外研究现状

5.1.1.1　卫星遥感影像辐射校正研究现状

影像辐射校正作为影像预处理的重要内容之一，主要是通过消除或减弱辐射误差所带来的影像畸变，提高传感器系统获取的地表光谱反射率、辐射率或者后向散射系数等测量值的精度，为定量化应用提供高质量的可信的影像。根据辐射误差的来源，可以将辐射影响因素分为系统误差、传感器误差、下垫面影响和大气的影响。引起辐射误差的原因不同，所需采用的校正方法也不相同，常见的辐射校正方法主要有对响应不一致所进行的归一化辐射校正、对“散粒噪声”进行的去噪、对大气影响进行的大气校正、对太阳位置影响进行的太阳高度校正以及地形坡度坡向校正等。对于归一化辐射校正主要是消除由于探元响应不一致引起的条带效应，其前提和关键是获取精确的定标校正参数，这需要高精度工程应用定标光源，而积分球辐射源已被证明是一种非常优异的定标光源，被广泛应用于光学探测器的实验室定标（James et al，1995）。针对条带噪声，李海超（2011）研究了基于自适应滤波模板的推扫式卫星图像的相对辐射校正方法，周春城等（2012）在传统的相对辐射校正模型中引入了行频的影响，实现了反映行频动态变化的高光谱数据辐射校正三维曲面模型。就光学遥感影像辐射畸变校正而言，对退化的遥感影像进行复原也是当前的一个研究热点，常用的影像复原方法有约束恢复方法、逆滤波器方法。刘锦峰等（2004）提出了基于输运方程的大气退化影像复原方法；刘正军等（2004）借助影像中的特定线状目标，采用经验拟合的方式提取点扩展函数，并结合维纳滤波求解空域反卷积算子。这些方法可以在一定程度上改善影像的质量，提高影像的清晰度，但如果点/线扩展函数提取不精确，复原处理会引入误差，给定量应用带来影响。

5.1.1.2　卫星遥感影像目标定位及几何检校技术现状

借助于先进的卫星定轨测姿系统所提供的观测数据，不依赖地面控制点的星地直接定位研究已取得了长足进步，美国的 IKONOS 和 QuickBird 高分辨率卫星采用星载 GPS 和星敏感器确定传感器位置和姿态，在无地面控制点情况下，影像目标定位精度达到地面上的 10～15m，法国的 SPOT－5 卫星利用 DORIS 系统测定卫星轨道参数，X、Y、Z 三方向定位精度均优于5m，我国卫星虽然与国际水平还有差距，但近年来也进步明显，无地面控制情况下直接定位精度可以达到50m的水平，资源三号等卫星已优于20m。目标定位精度除了受姿轨数据精度影响外，也与成像几何模型选用及几何误差检校水平密切相关。

成像几何模型是遥感影像几何处理和地理空间信息提取的理论基础，是卫星遥感科学的重点研究领域。目前的高分辨率遥感卫星大多载有线阵或面阵 CCD 传感器，对于线阵推扫式传感器影像，已经出现了众多成像几何模型，它们在严密性、复杂性以及定位准确度上都有各自的特点，可以简单地分为严格几何定位模型和通用几何处理模型两种。

严格几何定位模型力求描述传感器的成像特点及物像之间的严密坐标转换关系，一般是对中心投影的严密共线条件方程进行拓展形成的，需要根据不同的传感器而设计。就光学遥感影像而言，主要有扩展共线模型方程、定向片模型、仿射变换模型等。扩展共线方程模型以 Kratky 提出的模型为基础，Westin 进行了简化，形成 Westin 模型；Poli（2005）提出了更为通用的扩展共线方程模型，可适于航空/航天单线阵或多线阵推扫式影像的几何处理；Toutin（2004）提出了三维物理模型，充分考虑了成像过程中的各种误差源，具有更高的精度，在参数求解中具有稳定性，可用于多种高分辨率卫星遥感影像的几何处理。定向片模型以 Ebner 教授提出的定向点模型为基础，并由 Kornus 等提出，多用于多线阵传感器数据的处理；王任享（2001）提出了定向片模型相类似的等效框幅式相片（Equivalent Frame Photo，EFP）模型。定向片模型在一定程度上能避免由于参数间的强相关所带来的法方程系数矩阵奇异问题，但仅对数量有限的定向片所对应的影像外方位元素加以估计，难以顾及整个航线模型存在的扭曲，因此，必须引入带附加参数的系统误差补偿模型，与定向片外方位元素同时求解，以达到在平差过程中自检校并消除系统误差的目的。

通用几何处理模型采用一般的数学函数来描述像方、物方坐标的几何关系，可以有效地避免传感器和轨道参数泄露，并且降低了几何处理的复杂度，因此，已成为当前目标定位领域的一个研究热点。目前高分辨率卫星最常用的是有理函数模型。Hu 等（2004）研究了不同形式下 RFM 模型对严格几何处理模型的拟合精度，利用最小二乘法估计与岭估计对 RPC 参数进行求解表明，最小二乘估计拟合精度最高，但岭估计可以取得结构良好的 RPC 参数；Grodecki 和 Dial（2001）对 IKONOS 影像的试验表明，RFM 对严格几何处理模型的拟合精度在最坏情况下也能达到 ±0.04 像素的水平；Fraser 等探讨了 RFM 的误差传播规律，分析了地球基准、控制点数量及精度等对 RPC 参数求解的影响。

卫星传感器系统获取的遥感数据中存在着卫星位置、姿态观测误差、传感器安装误差、CCD线阵安装误差等多种误差，要实现对地精确定位，必须在卫星发射之前和发射之后进行严格的检校实验，定量分解出各个因素误差。Breton等（2002）对SPOT－5卫星的HRG和HRS传感器分别进行了发射前和在轨检校，通过比较卫星发射前、后CCD线阵光学拼接所带来的形变，得到了相应的CCD线阵变形模型；Jacobsen（2006）系统地探讨了高分辨率卫星CCD线阵的拼接、排列和旋转误差，并提出了相应的系统误差检校模型，通过对印度IRS－1C卫星进行CCD线阵排列误差补偿，定位精度从近50GSD提高到了2GSD以内的水平；张过等（2007）利用偏置矩阵对单景CBERS－02卫星进行几何纠正，在无地面控制点情况下，定位精度达到152.34m；袁修孝等（2012）对CBERS－02B影像进行了姿态角常差检校，对地目标定位平面精度可以达到实地上±3.746m的水平。

5.1.1.3　高性能处理

对地观测技术的不断进步，使得我们获得的对地观测数据每天在以TB级甚至PB级的速度飞快增长，海量的遥感数据和复杂的模型计算使得遥感数据处理同时具有计算密集和数据密集的特点。自然灾害空间信息系统建成后，每天将有TB级的卫星数据采集下来，而且针对救灾减灾，需要实现“分钟级”的特定灾害区域应急处理响应，以降低灾害所带来的损失。因此，在卫星遥感数据地面处理中必须采用高性能并行处理技术，实现自动、快速提供区域性的宽幅灾前灾后影像，为灾情分析判断、应急救援决策等提供技术手段与支撑。

对遥感数据进行高性能处理必须解决大规模的资源利用的问题，例如：处理设备CPU占用率低，资源浪费；处理系统IO瓶颈使系统大量时间花费在读写数据；处理系统与用户之间网络带宽小、无法传输海量遥感数据等。目前，遥感处理领域的高性能计算主要有新型硬件架构的计算、集群计算和分布式计算。随着云计算技术的快速发展，特殊硬件加速技术和高性能集群处理已经融入到分布式计算当中，形成网格或者云计算架构，但就从目前国内发展来看，主要瓶颈在于我国网络基础设施建设现状和众多遥感处理算法的并行化开发。

5.1.2　卫星遥感数据处理发展趋势

随着遥感传感器制造技术及成像理论的发展，将有更多种类的卫星平台和遥感载荷用来探测人们需要监测的各种物理量。就自然灾害空间信息集成系统而言，为了满足自然灾害空间数据快速、全面获取的需求，配置的卫星在有效载荷设计、相机配置、空间分辨率、数传设计和地面处理需求上均有新的特点。空间分辨率、数传码速率、数据量较以往卫星均有较大幅度提高，另外新型传感器所涉及的高轨SAR数据处理技术、精密定姿和定轨技术、新型传感器校正技术、重力场梯度测量数据处理技术、电磁卫星数据处理技术等都是新的内容，这些新型载荷的发展对地面数据处理提出了新的更高要求。

在遥感技术刚开始发展的时期，遥感影像的用户往往倾向于获得遥感数据，自己进行一些应用研究，提取感兴趣的信息，而随着遥感数据的爆炸式增长和应用的标准化，用户迫切需要的不是卫星遥感数据本身，而是卫星遥感数据中蕴含的各种信息，用户需求逐渐由数据向信息、知识转化，用户需要在短时间内获取到应用信息，这些信息很大程度来源于多源数据融合处理和长时间序列观测数据分析的结果，这就会打破原来的预处理、后处理模式，出现一体化处理的趋势。由于各用户需求如载荷、地域、时相等的各异性，需要注重数据的自动化、智能化处理，将专家系统、分形、神经网络等智能方法应用到遥感数据处理中，快速获取用户所需的信息或知识。

自然灾害空间信息集成系统形成集高空间、高光谱、高时间分辨率和宽地面覆盖于一体的卫星（群）对地观测系统，可以准实时、全天候、高精度地进行对地观测，从而取得海量的对地观测数据。而如何快速、有效地处理这些对地观测数据，自动提取空间信息，及时发现和挖掘出其中的地学知识，充分发挥对地观测系统的效用，不仅是遥感科学技术领域亟待解决的重大理论问题，也是基于图像的空间认知科学问题，是提升我国综合国力的迫切需求。本章首先就遥感卫星多种载荷共性的高精度辐射校正和高精度定位展开讨论，其次介绍了遥感卫星数据高性能处理的必要性和解决方法，最后针对自然灾害空间信息集成系统中的多种新型载荷数据处理技术进行梳理和分析。

5.2 卫星遥感数据高精度处理

卫星平台上传感器在接收来自地物的电磁辐射能量时，由于电磁波在大气层传输和成像过程中受到传感器本身特性、地物光照条件以及大气散射、吸收等因素的影响，使得传感器的测量值与地物实际的光谱辐射并不一致，发生辐射失真，从而使得光谱特征很难在时空域上拓展；另外，由于传感器成像方式、内外方位元素变化、地形起伏、地球曲率及大气等因素的影响，遥感影像往往会产生几何畸变。为了使影像尽可能地反映遥感目标的真实信息，必须针对以上两个问题，对影像进行高精度的辐射处理和几何处理。

5.2.1 卫星遥感影像辐射处理

卫星遥感成像中的电磁波经过大气传输到地表，与地表发生作用后再通过大气被传感器接收，传感器将接收的电磁波能量强度转换为可见的遥感影像。在这一复杂的电磁波传播过程中，因为大气对电磁波的散射和吸收、太阳高度角的变化、地形起伏、传感器探测系统性能差异等各种因素的影响，传感器最终接收到的电磁波辐射产生失真。遥感影像产生辐射误差的原因是多方面的，概括起来主要有以下 5 个方面：

1）大气对电磁波辐射的散射和吸收；

2）太阳高度与传感器观察角的变化；

3）地形起伏引起的辐射强度变化；

4）传感器探测系统性能差异，如光学系统或不同探测器在灵敏度、光谱响应和透光性能上的差异；

5）影像处理，如影像的基本灰度变换和拉伸处理等。

辐射校正是指对由于外界因素、数据获取和传输系统产生的系统的随机的辐射失真或畸变进行的校正。影像灰度失真与影像空间频率有关，空间频率愈高，即目标愈小时，辐射误差愈大。辐射校正实际上是影像恢复（或称复原）的一个内容。辐射校正主要分为相对辐射校正和绝对辐射校正两种。相对辐射校正主要是消除 CCD 探测器件和电路系统所引起的 CCD 探元之间的响应非线性影响，是绝对辐射校正的预备步骤；绝对辐射校正是在相对辐射校正的基础上校正大气等因素的影响，获取实际地物的反射率与 DN 值的关系，是定量遥感的重要环节（袁修孝 等，2012）。

5.2.1.1　光学影像相对辐射校正

遥感图像的像质取决于图像数据的获取质量与图像数据的处理质量，而图像数据的获取质量主要取决于成像系统的综合品质，包括光学和电学的质量。在理想的状态下，CCD 相机的每一个像素其输出的灰度值与入射的辐亮度成正比，且有相同的比例因子，也就是说当相机入瞳处的光照完全一致时，各个像素应输出完全相同的灰度值。但在实际中，由于各种关系的影响，这种理想的理论上的完全的对应关系是不存在的，常常出现偏差，表现在灰度值有大有小，参差不齐，在图像上形成“残疵条带”，使目标失真，影响视觉效果和目标分辨与解译。为了改善图像的目视效果，提高对图像的实际分辨率，需要通过图像处理进行纠正，这就需要对图像进行均一化辐射校正处理，它是图像处理不可缺少的步骤。

（1）像感器响应不一致成因

对 CCD 或者 TDI - CCD 遥感器来讲，从入射光信号到输出数字灰度值，要经过 3 个主要环节，一是光学望远镜，二是 CCD 像感器，三是后处理电子链路。其具体处理流程如图 5.1 所示。

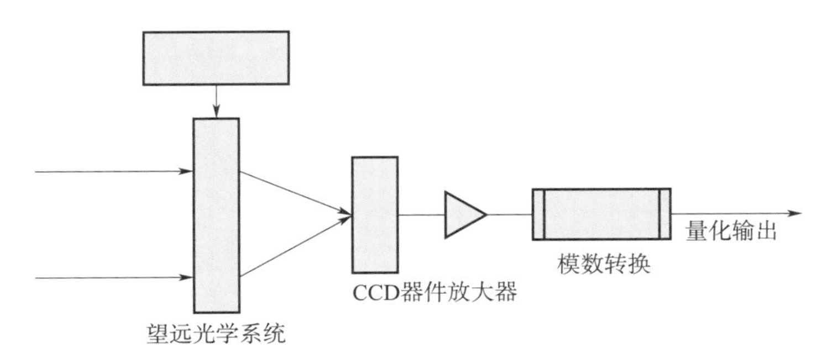

图 5.1　成像过程

以实验室数据为例，图 5.2 展示了相机对均匀标准入射光的响应输出结果。

从响应输出数据可见，像感器输出的灰度值离散性很大，一是片间相差很大，二是同一片 CCD 内又有不同的灰度集，一集之中各个像素又不尽相同。相对辐射定标的目的就是为了使 CCD 像感器响应输出归一，以此补偿像感器特性的离散与失调，使所有像素的输出与输入完全对应，反映景物目标光影信息的真实性。

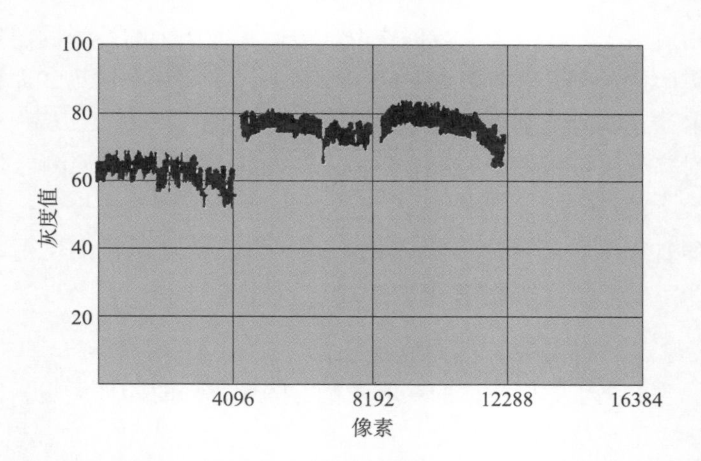

图 5.2　相机在实验室对均匀标准入射光的响应输出

造成光影信息失真的主要因素有下列几个方面：

1）相机光学空间响应的不均匀性。就一般的光学相机而言，整个视场内光学透过率是有差别的，中心多，边沿少，虽然它的变化是渐变缓慢的，但不可忽略，尤其是个别瑕疵点。

2）CCD 各像素响应度的不等同性。这种不等同性可分为低频和高频。尽管现代微电子制造技术水平很高，所制造的被挑选出来用于星载相机焦平面上的 CCD 像感器，每片的平均响应度仍然不同。这种平均响应度的不均匀性属于低频的不一致性，可以通过调整探测器外部的数据处理电路加以校正，比较容易实现。影响比较大的，也难以校正的是同一片 CCD 之间各个像素响应度，属于高频的不均匀性，它会在图像上产生“残疵条带”，造成失真。要消除这种的影响，必须对每个像元进行逐一的校正。

3）CCD 的暗噪声。理想的 CCD 像感器，没有输入光，也就没有输出电平，但实际使用的 CCD 像感器，即便在全黑的条件下，也会有或多或少的输出电平，其大小与探测器本身的性能和环境条件相关，它是产生“残疵条带”与随机噪声的原因之一。

4）CCD 阵列电子链路的不一致性。由于各片 CCD 是由不同的电子链路处理的，即使是同一片 CCD 也分为奇偶两路，转换、处理、传送、发射的环节众多，各种因素都会影响到电子链路增益的一致性与稳定性。

5）由于制造材料、工艺等因素的影响（如材料的不均匀性、掩模误差、缺陷等），CCD 像感器不可避免地存在无效像元的问题，使得系统输出图像的信噪比大大降低，严重地影响成像质量。

（2）相对辐射校正方法

相对辐射校正，就是改变、调节、规范相对辐射校正数学模型中的增益系数 G_i 的大小和偏置 DN_{offset} 值的高低，使 CCD 像感器阵列中各像素具有新的增益系数和偏置值。这样在均匀一致的入射辐照度时，就能得到相同的灰度值，使丰富多彩的景物得到真实的影像。目前相对辐射校正主要分为实验室积分球均一化相对辐射校正和在轨统计方法两种

（潘志强等，2005）。

①发射前实验室积分球均一化相对辐射校正

发射前定标是指卫星上的有效载荷中的像感器发射前在实验室中应用光谱、辐射等定标系统（如光谱扫描定标、积分球定标源等）对像感器进行的定标。发射前的定标是不可或缺的技术环节，不同遥感像感器的定标内容与其工作方式有关，主要有绝对辐射响应度参数和相对辐射定标以及光谱响应、动态范围、系统 MTF 等的测量。而最常用的是利用积分球数据进行均一化辐射校正。积分球均一化相对辐射校正主要是基于积分球的不同积分级数和积分增益的试验数据来生成辐射校正系数，从而解决遥感影像上由于响应不一致而出现的“残疵条带”问题。

②在轨影像统计法

由于卫星在轨运行期间受到多方面影响，导致卫星载荷的光点响应模式会存在变化，有时利用卫星实验室定标数据获取的辐射校正系数来对在轨影像进行相对辐射校正处理达不到理想效果时，会采用在轨影像进行统计的方法。在轨影像统计法是基于直方图匹配建立查找表方法，具体是指利用卫星在轨影像数据，统计其灰度变化的特征，从而获取相对辐射校正系数的方法。出现随机坏像元、行列缺失、条带等现象的影像区域，虽然可以通过该方法对这些问题进行改正，使影像变得美观，但这种影像已不具有定量遥感研究的价值。

5.2.1.2　去噪处理

噪声的来源取决于卫星的运行环境和其载荷自身的性能。由于环境复杂、噪声特性也非常复杂，从性质上讲可以分为加性噪声和非加性噪声。图像的噪声可以理解为妨碍视觉器官或系统传感器对所接受图像源信息进行理解或分析的各种因素。图像信号通过传感器将现实世界中的有用图像采集、编码、传输、恢复。在这几个步骤中影响图像质量的因素很多，主要有 3 方面：首先对于信号源来说，现实图像中，并不是所有的图像都是需要的信息，所以无用的部分对我们而言就是噪声；其次，由于设备、环境、方法等因素也会引进来很多噪声干扰源，如电磁干扰、采集图像信号的传感器噪声、信道噪声，甚至滤波器产生的噪声等，这些噪声严重降低了图像的质量；另外，随着图像在各个领域的应用，对图像的质量要求也越来越高。因此，噪声处理的好坏影响图像处理的输入、采集、处理的各个环节以及输出结果的全过程。

根据实际图像的特点、噪声的统计特性及频谱分布规律，人们发展了多种去噪方法，大致可以分为空间域法和变换域法两大类。空间域法是在原图像上直接进行数据运算，对像素的灰度值进行处理，如邻域平均法、维纳滤波器、中值滤波器等。变换域法是在图像的变换域上进行处理，对变换域后的系数进行相应的处理，然后进行反变换达到图像去噪的目的，如小波变换法等。在卫星遥感地面处理过程中，常用的去噪方法有标准矩匹配方法、中值滤波方法、基于图像分割的去噪方法和小波变换方法。在不考虑去噪效果的情况下，当前这些去噪方法普遍存在一个问题，即噪声模型的针对性强、适应性弱，不同的噪声去除算法由于其构建的噪声模型的限制导致该算法往往只适用于一类噪声，而卫星影像由于其成像的复杂性和多样性，因此噪声的类型也各不相同，选用的去噪方法也不一致，需要根据载荷特点进行分析选用。

5.2.1.3 影像瑞利散射订正

当粒子的尺寸小于入射光波长的1/20时，在入射光照射下被诱导成振动偶极子、成为二次光源，入射光子与粒子发生弹性碰撞，不发生能量交换，只改变光子运动方向，释放出与入射光相同波长的光，称为瑞利散射。

瑞利散射光的强度与单位体积内的粒子数成正比，与波长成反比。因此波长较长的波散射较小，大部分传播到地面上。在地面处理中，一般只对波长较短、受到空气散射较强的蓝、绿光波段进行瑞利散射校正。

（1）一般瑞利散射校正

瑞利散射的散射光强度公式为

$$I = \frac{24\pi^3 Nv^2}{\lambda^4}\left(\frac{n_1^2 - n_0^2}{n_1^2 + 2n_0^2}\right)I_0 \tag{5.1}$$

式中，I为散射光强度，I_0为入射光强度，λ为入射光波长，N为单位体积内粒子数目，v为粒子的体积，n_1和n_0分别为散射相和介质的折射率。

由于光粒子的体积计算较为复杂，在实际的工程应用中把v作为一个调节参数，对光散射强度进行调节处理，从而使光散射强度达到最佳。

最后，将原始光强度信息加上散射强度，就得到校正后的实际光强信息，其计算公式为

$$I_{\mathrm{true}} = I_0 + I_{\mathrm{rayley}} \tag{5.2}$$

（2）高精度瑞利散射校正

高精度瑞利散射校正主要包括高精度瑞利散射值查找表构建和等效大气压下大气瑞利散射光学厚度计算两个步骤。

①高精度瑞利散射值查找表构建

高精度瑞利散射值查找表的构建方法有两种：

1）直接调用Gordon等人利用逐次散射法解平面平行分层大气矢量辐射传输方程计算得到的包含多次散射和偏振的精确瑞利散射查找表。但是这些查找表是针对遥感器特性生成的，不同的遥感器有不同的精确瑞利散射查找表。因此对于不同遥感器无法同时满足高精度的需求。

2）利用加倍法数值求解平面平行分层大气矢量辐射传输方程，根据特定的遥感器的辐射参数生成特定的精确瑞利散射查找表。加倍法首先由Hulst用于计算厚片状介质层中的辐射传输，后来扩展到适用于解多层介质的辐射传输。其基本原理为：如果有两介质层的反射率和透射率已知，则由两层叠合的合成层的反射率和透射率就可通过计算两层之间的来回反射及透射而得到，任意厚度介质层的反射和透射只要经过适当次数的加倍即可求出，同时也可以求出各介质层界面的辐射分布。在实际应用中，可以根据要求的计算精度将每一介质层等分成光学厚度足够小的薄层，而这些薄层的反射率、透射率及源函数可由

参数公式计算得到，然后由这些薄层加倍得到整层的反射率、透射率及源函数，最终求出各层界面处的辐射场。

②等效大气压下大气瑞利散射光学厚度计算

瑞利散射公式在微粒直径 χ 小于 0.01 时成立。这类微粒的相函数为

$$P(\mu) = \frac{3}{16\pi} \cdot \frac{2}{2+\delta}[(1+\delta)+(1-\delta)(1+\mu^2)] \tag{5.3}$$

式中，δ 为退偏系数，对于干燥空气，Hansen 提出 $\delta=0.031$，Young 建议取 0.0279，而在 MODIS 等精确瑞利散射查找表中均采用 0.0279。则式（5.3）可以写为

$$P(\mu) = 0.06055 + 0.05708\mu^2 \tag{5.4}$$

式中，高斯分割点 μ 与光源的入射方向和出射方向无关，仅仅取决于它们的相对夹角，通常称为散射相位角 θ，即

$$\mu = \cos\theta_i\cos\theta_v + \sin\theta_i\sin\theta_v\cos(\varphi_i - \varphi_v) \tag{5.5}$$

光学厚度的值在全球都很稳定，主要取决于地表高程，可以用式（5.6）计算，即

$$\tau = \frac{P}{P_0}(0.008569 + 6.5\times10^{-6}z)\lambda^{-\left(3.916+0.074\lambda+\frac{0.05}{\lambda}\right)} \tag{5.6}$$

式中，P 为环境压强，单位为 mbar（1mbar = 100Pa）；P_0 = 1013.25mbar；z 为海拔高度，单位为 km；λ 是波长，单位为 nm。

根据计算出来的光学厚度，查表即可得到高精度的瑞利散射值。

5.2.1.4　光学调制传递函数补偿

高分辨率光学卫星在获取遥感图像时要经过大气、光学系统、CCD 等一系列环节，各个环节均可能对图像产生退化作用，造成影像模糊，引起图像质量的下降。为了改善成像的清晰度和成像质量，需要对数据进行复原处理。调制传递函数（MTF）是光学成像系统性能的一个重要的综合评价指标，成像系统 MTF 的高低直接影响到成像质量的好坏。MTF 值反映了成像在不同空间频率的衰减情况，即频率越高，信号衰减的越多，MTF 值就越小。因此，图像在采样数字化的过程中损失的主要是高频信息，它在图像上表现为影像的边缘、细节等部分的模糊。

图像恢复依据的是成像模型，准确的成像模型是提高图像恢复效果的基础。基于影像质量退化理论，如果影像的 MTF 曲线能够精确测量或计算得到，那么真实影像就可以被高质量地恢复。MTFC（Choi，2002）的基本原理是通过计算成像系统的 MTF 曲线在不同空间频率处的下降程度，以此来反推真实影像在高频部分的上升程度，这样就能够在高频部分提高成像系统的 MTF 值，从而恢复影像的高频信息，让影像的边缘更为清晰、细节更为丰富，从而改善影像质量（葛苹 等，2010）。

图 5.3 给出了一个简单的图像退化模型。退化过程可以被模型化为一个退化函数 $\boldsymbol{H}$ 和一个加性噪声项 $\boldsymbol{n}(x,y)$。输入一幅图像 $\boldsymbol{f}(x,y)$ 产生一幅退化图像 $\boldsymbol{g}(x,y)$。根据这个模型进行图像恢复就是在给定 $\boldsymbol{g}(x,y)$ 和图像退化函数 $\boldsymbol{H}$ 和加性噪声项 $\boldsymbol{n}(x,y)$ 的基础上得到 $\boldsymbol{f}(x,y)$ 的某个近似估计 $\hat{f}(x,y)$ 的过程。

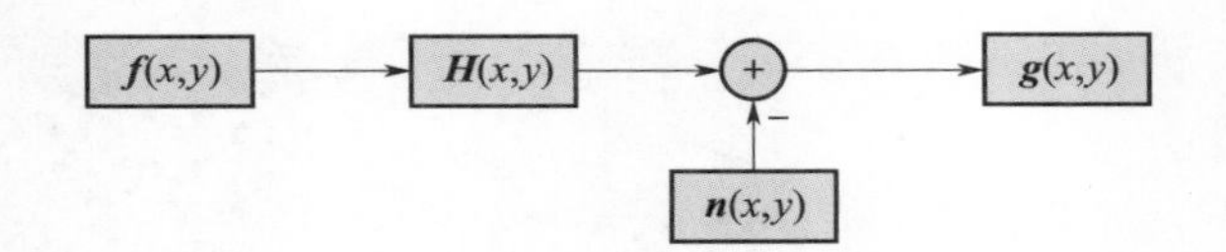

图 5.3　图像退化一般模型

由图 5.3 可以得出退化后的图像和原始图像之间存在以下模型关系，即

$$\boldsymbol{g}(x,y) = \boldsymbol{H}[\boldsymbol{f}(x,y)] + \boldsymbol{n}(x,y) \tag{5.7}$$

目前常用的图像恢复方法，按照是否已知成像系统的点扩展函数（PSF）可分为两大类：一是假定已知 PSF 的基础上的，如逆滤波、维纳滤波、约束最小二乘方滤波、Lucy – Richardson（L – R）算法等；另一类则是不以 PSF 知识为基础的图像恢复，这类方法统称为盲去卷积法。大部分的图像恢复算法是假定已知 PSF 的。下面介绍利用 MTF 曲线进行图像复原的主要步骤。

（1）MTF 曲线的计算

MTF 曲线的计算现阶段主要采用刀刃法和脉冲法。

①刀刃法

刀刃法是通过计算高反差边缘的亮度分布函数即边缘扩展函数（Edge Spread Function，ESF），再对其求导得到线扩展函数（Line Spread Function，LSF），然后作傅里叶变换得到 MTF 的曲线。

首先从含有刀刃状边缘的遥感影像中获取用于计算或测量 MTF 的目标子图，所选的边缘应满足：地物为线型，具有平直清晰的边缘，且边缘两侧区域的灰度分布比较均匀，这样的刃边有利于提取到准确的边缘扩展函数；边缘的倾斜角 8°为最佳，最大不超过 20°；边缘的宽度和高度分别在 20 ~ 40 像素为最佳。因为刀刃边缘的扩散程度可以反映出整幅图像的退化程度，所以从子图中计算出的 MTF 曲线可以代表整幅图像的 MTF。具体计算步骤如下：

1）边缘检测；

2）边缘拟合；

3）边缘扩展函数提取；

4）线扩展函数计算；

5）MTF 值计算。

②脉冲法

脉冲法是从遥感影像中的桥梁、机场跑道的中心线等类似于线光源的脉冲纹理中提取脉冲图像来拟合线扩展函数，再对线扩展函数作傅里叶变换得到 MTF。实际计算中，若脉冲宽度比较窄，例如只有 1 像素宽度，则表示脉冲纹理的像素比较少，能量较弱，非常不利于线扩展函数的提取。实际的脉冲靶标都要求有一定的宽度 d，一般 2 ~ 3 像素的宽度比较合适，对线扩展函数的提取较为有利。但是，增加了宽度的影响，为了 MTF 的计算准确性，需要结合脉冲的实际宽度对 MTF 进行修正。具体方法是以输出脉冲的线扩展函数的傅里叶变换与宽度 d 的方波的傅里叶变换做比值处理，用以消除实际靶标宽度的影响。

脉冲法计算 MTF 的主要步骤如下：

1）根据脉冲图像的灰度分布拟合出线扩展函数曲线；

2）对线扩展函数曲线做傅里叶变换得到 MTF 曲线；

3）结合成像的脉冲像面宽度对 MTF 曲线进行修正。

（2）二维 MTF 矩阵的构建

建立 MTF 复原模型必须要构建二维的 MTF 矩阵。常规的处理方法是将水平 MTF 列矢量乘以垂直 MTF 列矢量，即

$$M_{(u,v)} = M_u \otimes M_v \tag{5.8}$$

式中，M_u 为在频率 u 处水平的 MTF 值；M_v 为在频率 v 处垂直的 MTF 值；$M_{(u,v)}$ 为二维频率坐标是 (u,v) 处的 MTF 值。这种方法求得的 45°方向的 MTF 值与水平或垂直方向的 MTF 值差别很大。为了消除这种差别，同时取水平与垂直方向 0.5 截止频率处 MTF 值的平均值再衰减 90% 作为 45°方向 0.5 截止频率处的 MTF 值，再根据水平与垂直方向的 MTF 矢量之间的比例关系进行插值，即可得到二维插值 MTF 矩阵。由于模的对称性，只需要求出 0 ~0.5 截止频率处的 MTF 值，根据对称性即可得到 -0.5 ~0 截止频率处的 MTF 值，0.5 即是截止频率的一半（顾行发 等，2005）。

（3）基于 MTF 曲线的图像复原

在频率域中基于 MTF 的图像复原的数学模型表示为

$$\boldsymbol{R}(u,v) = \boldsymbol{I}(u,v) \otimes \boldsymbol{P}(u,v) \tag{5.9}$$

式中，$\boldsymbol{R}(u,v)$ 为复原图像的频谱；$\boldsymbol{I}(u,v)$ 为原始图像的频谱；$\boldsymbol{P}(u,v)$ 为选取的滤波器算子。

在反转滤波法中有

$$\boldsymbol{P}(u,v) = \frac{1}{\boldsymbol{M}(u,v)} \tag{5.10}$$

维纳滤波法考虑了噪声的影响，其滤波器算子为

$$\boldsymbol{P}(u,v) = \frac{1}{\boldsymbol{M}(u,v)} \otimes \frac{\boldsymbol{M}(u,v)^2}{\boldsymbol{M}(u,v)^2 + k_w} \tag{5.11}$$

式中，k_w 为与图像信噪比有关的先验常数矩阵；$\boldsymbol{M}(u,v)$ 为二维 MTF 矩阵。

修正反转滤波器法是 Fonseca 提出的方法，该方法尽量接近于直接反转滤波，同时又克服了这种方法所带来的噪声放大缺点。它的关键是要设计一个函数 $D(u,v)$，使得

$$\boldsymbol{P}(u,v) = \frac{D(u,v)}{\boldsymbol{M}(u,v)} = D(u)D(v) \tag{5.12}$$

式中，$D(v)$ 的计算公式与 $D(u)$ 类似，且有

$$D(u) = \begin{cases} 1 & ,\text{当}\ 0 \leqslant u \leqslant u_w \\ \dfrac{1 + \cos\dfrac{\pi(u - u_w)}{u_c - u_w}}{2} & ,\text{当}\ u_w \leqslant u \leqslant u_c \end{cases} \tag{5.13}$$

式中，u_c 为 0.5 倍 Nyquist 频率，u_w 为 MTF 为 0.5 时的频率。

最后，对复原图像的频谱进行反傅里叶变换就可得到复原的图像。

5.2.1.5　SAR 辐射校正

由于 SAR 传感器的特性，SAR 辐射校正与光学影像辐射校正处理具有不同之处，SAR 的辐射校正一般步骤如下：

1）根据外场定标数据进行分析处理计算距离向天线方向图和波束角指向误差；

2）对成像处理器增益以及 ADC 饱和进行校正；

3）对内定标数据处理，得到 SAR 系统相对增益变化；

4）生成辐射校正及成像处理参数。

为了实现 SAR 的相对定标和绝对定标，有一种方法是分别确定包括雷达发射、接收通道增益、记录系统增益、成像处理器增益等各个部分的传递函数，再通过相乘得到系统的总体传递函数，但这种方法产生误差的机会多，特别是考虑到它们之间的级联，误差较大而且要经常中断测量次序。因此，实际上通常采用端-端的测量方法，即在地面设置已知雷达截面积的标准反射器，然后对其成像，通过对图像中像素功率的测量实现传递函数的测量，从而避免了对雷达系统各部分的传递函数的分别求取。下面介绍几种 SAR 辐射定标方法。

（1）内定标数据处理

内定标的功能是实现对雷达收发通道传输特性变化的相对测量，为信号处理器提供辐射校正和系统误差补偿用的相对定标数据。雷达系统的内定标通过 3 个定标回路进行：参考回路定标复制雷达信号，获取定标参考回路传递函数；发射回路定标完成发射信号取样，获取发射回路传递函数，进行发射脉冲波形特性检测及发射通道增益测量；接收回路定标产生接收定标信号，获取接收回路传递函数，进行接收回路检测及接收通道前端增益测量。通过这 3 个定标回路的测量，实现系统总增益的计算。

（2）天线方向图校正

在不考虑方向图本身误差的前提下（由外定标技术决定），对天线方向图校正精度影响最大的是天线方向图与 SAR 图像的角度配准精度。角度失配的原因来自于系统本身存在的误差源造成的相位中心高度以及目标斜距的测量误差，影响因素有雷达定时误差、轨道高度测量误差、目标高度误差、横滚角测量误差和地球模型误差。以上因素对辐射精度的影响需要根据具体系统设计进行分析。

（3）成像处理增益校正

成像处理增益主要来自于成像过程中的二维压缩、距离频谱和方位频谱加窗、输出增益控制和多视处理等。

（4）模/数转换器饱和效应分析校正

模/数转换器（Analog to Digital Converter，ADC）饱和效应是指雷达接收及对超出 ADC 动态范围的回波信号进行截断处理，是一种典型的非线性操作，将改变信号统计特性，以及造成 SAR 信号功率损失。根据目标类型不同，一般有两种 ADC 饱和校正方法，即基于功率损失曲线的饱和校正方法和信号功率补偿法。

5.2.1.6　大气校正

大气校正是遥感信息定量化过程中不可缺少的一个重要环节，这是由于空中遥感器在获得图像过程中受到大气分子、气溶胶、云粒子等大气成分的吸收与散射的影响，使其获得的遥感信息中带有一定的非目标地物的成像信息。遥感图像的大气校正始于 20 世纪 70 年代，经过多年的发展，产生了许多大气校正方法，主要包括基于图像特征的相对校正方法、基于地面线性回归模型方法、基于大气辐射传输模型方法以及复合模型方法等。

（1）基于图像特征的相对校正方法

基于图像特征的大气校正方法是指在没有条件进行地面同步测量的情况下，借用统计方法进行图像相对反射率转换的方法。从理论上来讲，基于图像特征的大气校正方法都不需要进行实际地面光谱及大气环境参数的测量，而是直接从图像特征本身出发消除大气影响，进行反射率纠正，基本属于数据归一化的范畴。大气校正是相当复杂的过程，但在许多遥感应用中，往往不一定需要绝对的辐射校正，这种基于图像的相对校正就能满足其要求。这类方法主要包括暗目标法、平面场法、对数残差修正模型法、直方图匹配以及对比消去方法等。

这类方法基本是直接根据探测器获取的遥感图像进行大气校正的，基本不用或很少用到探测当时的大气参数或一些特定的探空资料。这些方法属于对图像的相对校正，结果只能使图像更加清晰，有利于对目标的目测识别，但不能根本去除大气对地物特征光谱的影响，对反映真实的地物光谱特性没有帮助，而且校正效果不是很理想，受地域、取数、采样方法等操作影响。

（2）基于地面线性回归模型方法

基于地面线性回归模型方法是一个比较简单的定标算法，国内外已经多次成功地利用该模型进行遥感定标实验。它首先假设地面目标的反射率与遥感器探测的信号之间具有线性关系，通过获得的遥感影像上特定的地物的灰度值及其成像是相应的地面目标反射光谱的测量值，建立两者之间的线性回归方程式，在此基础上对整幅遥感影像进行辐射校正。该方法数学和物理意义明确，计算简单，但必须以大量野外光谱测量为前提，因此成本较高，对野外工作依赖性强，且对地面定标点的要求比较严格。

（3）基于大气辐射传输模型方法

辐射传输理论是描述电磁辐射传播通过介质时与介质发生相互作用（如吸收、散射、发射等）而使辐射能按照一定规律传输的规律性知识。这一规律集中体现在辐射传输方程（表征电磁辐射在介质中传播过程的方程）上。

大气辐射传输模型用于模拟大气与地表信息之间耦合作用的结果，其过程可以描述为地表光谱信息与大气耦合以后，在遥感传感器上所获得的信息。现在比较常用的大气辐射传输模型主要有 LOWTRAN 和 MODTRAN、5S、6S 等。

LOWTRAN 系列是计算大气透过率及辐射的软件包，由美国空军地球物理实验室用 Fortran 语言编写，是以 20/cm 的光谱分辨率的单参数模式计算 0～50000 /cm 的大气透过率、大气背景辐射、单次散射的阳光和月光辐射亮度、太阳直接辐照度。该模型考虑了连续吸收，分子、气溶胶、云、雨的散射和吸收，地球曲率及折射对路径及总吸收物质含量计算的影响。MODTRAN 的目的在于改进 LOWTRAN 的光谱分辨率，将光谱的半高全宽度（Full Width Half Maximum，FWHM）由 LOWTRAN 的 20/cm 减少到 2/cm。其主要改进包括发展了一种 2/cm 光谱分辨率的分子吸收的算法和更新了对分子吸收的气压温度关系的处理，同时维持 LOWTRAN7 的基本程序和使用结构。目前流行的许多大气校正软件都是基于 MODTRAN 模型的，如 ACORN（Atmospheric CORrection Now）和 FLAASH（Fast Line - of - Sight Atmospheric Analysis of Spectral Hypercubes）。ACORN（Atmospheric Correction）是 ImSpec LLC 开发的，可对波段范围在 350 ~ 2500nm 的高光谱和多光谱数据进行大气校正，利用 MODTRAN 4 模拟大气吸收以及分子和气溶胶的散射效应，并形成一系列查找表，利用查找表逐像元估计水汽含量。ACORN 的一个主要特点是利用全光谱模拟解决了水汽与植被表面液态水重叠吸收问题。FLAASH 是 ENVI 中对波谱数据进行快速大气校正分析的扩展模块，该模块由美国空气动力研究实验室（AFRL）、光谱科学研究所（SSI）以及波谱信息技术应用中心（SITAC）开发。FLAASH 可以对任意高光谱数据卫星数据和航空数据进行处理，可以校正垂直成像数据和侧视成像数据，它能够有效消除大气和光照等因素对地物反射的影响，获得地物较为准确的反射率和辐射率、地表温度等真实物理模型参数。FLAASH 模块可以对邻近像元效应进行纠正，同时提供对整幅影像的能见度的计算。

Tanre 等提出的 5S（Simulation of the satellite signal in the solar spectrum）模型是在假设均一地表的前提下，描述了非朗伯体反射地表情况下的大气影响理论。6S 是在 5S 的基础上发展而来的，由法国大气光学实验室和美国马里兰大学地理系共同研究开发的大气校正软件。该模型采用了最新近似和逐次散射 SOS 算法来计算散射和吸收，考虑了地表的非朗伯体特性，改进了模型的参数输入，使其更接近事实。该模型对主要大气效应 H_2O、O_3、O_2、CO_2、CH_4、N_2O 等气体的吸收，大气分子和气溶胶的散射都进行了考虑，提高了瑞利散射与气溶胶散射的计算精度。6S 的计算精度虽然没有 MODTRAN 高，但其计算速度比较快。另一个优秀的大气校正软件 ATREM（Atmospheric Removal）是基于 6S 模型开发的，利用三波段比值技术计算每个像元的水汽含量，利用 6S 辐射传输模型模拟大气的散射过程，产生的最终结果包括一幅水汽含量图像和大气校正过后的反射率图像。

（4）复合模型方法

还有一些大气校正的复合模型方法，如 Clark 等将 ATREM 与经验线性方法相结合，通过计算每个像元的归一化因子并应用到 ATREM 校正后的影像，以此来校正 ATREM 的误差；Geotz 等将地面实测光谱与 MODTRAN 相结合提出了与经验线性法类似的模型；闵祥军等（1999）利用地面实测得到的大气参数并结合 6S 辐射传输模型对 MAIS 数据进行大气校正；田庆久等（1998）在暗目标方法的基础上，结合 LOWTRAN、6S 和 MODTRAN 模型对 SPOT 图像进行了大气校正。这些方法对地面目标的要求没有经验线性法的那么高，但弥补了利用单一方法进行校正的不足。

5.2.2　卫星遥感影像几何处理

引起遥感影像几何误差的因素有很多，如传感器本身、遥感平台、地球曲率、大气折射等因素的影响。Toutin（2004）将引起卫星遥感影像几何变形的系统误差源分为两大类：一类源于影像获取系统（遥感平台、传感器、成像测量装置如GPS、星敏感器等）的误差，另一类是源于被测物体（大气、地球等）的误差。表5.1列出了卫星遥感影像详细的误差源。所有误差源可以分为系统（可预测的）和非系统（随机的）两类，系统误差是有规律的，可以预测的，例如遥感平台和传感器内部变形等可以用数学公式或模型进行预测，而大气条件所致的畸变等非系统误差，往往难以校正。本节着重描述地面处理中对地目标几何位置确定和误差改正。

表5.1　卫星遥感影像误差源分类

类别	子类别	误差源
源于影像获取系统的误差	平台	平台运动速度的变化、平台姿态的变化
	传感器	传感器扫描速度的变化、扫描侧视角的变化
	测量设备	钟差或时间不同步
源于被测物体的误差	大气	折射
	地球	地球曲率、地球自转、地形因素等
	地图投影	大地体到椭球体及椭球体到地图投影的变换

5.2.2.1　卫星精密定轨

卫星精密定轨是指获取卫星在空间中精确位置的过程。目前，实现中低轨卫星精密定轨的跟踪手段主要包括卫星激光测距技术（Satellite Laser Range Mesurement，SLR）、多普勒地球无线电定位技术（DORIS）、GPS技术等。总体上，SLR精度最高，但观测覆盖区域受限，易受天气影响，难以独立承担低轨卫星的精密定轨任务。通常使用的是DORIS或GPS技术，而尤以GPS技术最为常见（余俊鹏 等，2009）。

星载GPS与传统的地基卫星跟踪系统不同，是在低轨卫星上安装高动态GPS接收机，利用星载GPS接收机获取来自高轨GPS卫星的信号，直接解算低轨卫星的瞬时三维坐标；为提高定位精度也可以和地面GPS跟踪网观测到的数据进行差分，或者和低轨道卫星的动力学模型相结合，得到米级、分米级甚至厘米级精度的实时或近实时定轨结果，因此能给中低轨卫星提供相对经济、精确、连续和完整的跟踪。目前，利用星载GPS确定卫星的轨道已成为低轨卫星轨道测定的主要手段（吴江飞，2006）。GPS定位系统中有各种潜在的误差源，包括与GPS卫星有关的误差、与信号传播路径有关的误差和与地面基站有关的误差等，能否消除或减弱系统的潜在误差源是GPS精密定位和导航的关键。

由于GPS的出现，使低轨卫星长时间的三维覆盖连续观测成为可能，大量全球覆盖的GPS观测信息使定轨方法得到了充分的发展。目前，国内外低轨卫星的定轨方法可主要归结为以下分类（龚健雅 等，2007）。

（1）几何学定轨方法（Yunck et al，1985；Bisnath et al，1999；胡国荣，2001）

该方法只适合 GPS 定轨，是利用星载 GPS 接收机所接收的伪距和相位观测数据（4 颗以上的 GPS 卫星）进行定位计算，给出接收机天线相位中心的位置。几何法得到的轨道是一组离散的点位，连续的轨道必须通过拟合方法给出。由于几何法不涉及卫星运动的动力学性质，所以它不能确保轨道外推的精度。

（2）动力学定轨法（Schutz et al，1994；Rim et al，1996a，1996b；Koening et al，2003；张飞鹏，2001；赵齐乐，2004）

根据动力学模型，通过对其运动方程的积分将后续观测时刻的卫星状态参数归算到初始位置，再由多次观测值确定初始时刻的卫星状态。动力学定轨法受到卫星动力模型误差的限制，例如地球引力模型误差、大气阻尼模型误差等，因此在利用连续的全球性高精度 GPS 观测资料定轨时，可以通过附加经验力模型，并频繁调节动力模型参数来吸收动力模型误差，也可对重力场位系数进行估计实现纯动力学定轨。

（3）简化动力学定轨法（Wu et al，1991；Yunck et al，1994；Visser et al ，2002；赵齐乐，2004）

该方法利用卫星的几何和动力信息，通过估计载体加速度随机过程噪声（一般为一阶 Gauss - Markov 过程模型），对动力信息相对于几何信息进行加权处理，利用过程参数来吸收卫星动力学模型误差，即通过增加动力模型噪声的方差，增加观测值在解中的作用。

以上 3 类定轨方法的区别主要是如何平衡几何和动力信息，综合已发表的文献和各著名研究机构发布的结果可知，简化动力学精密定轨方法能有效平衡卫星的动力模型信息和几何观测信息，确定的卫星轨道的精度最为可靠，适用于大多数对地观测卫星的精密轨道确定，是目前被广泛使用的定轨方法。

5.2.2.2　卫星精密定姿

（1）卫星姿态测量

卫星姿态参数的获取依靠精密定姿技术。根据不同的任务和飞行距离，航天飞行器姿控系统所采用的姿态测量仪器有多种，包括磁强计、陀螺仪、地平敏感器、太阳敏感器、星敏感器等（房建成 等，2000）。高分辨卫星多采用星敏感器和陀螺仪。

①陀螺仪技术

陀螺仪的基本原理是当物体高速旋转且不受外力影响时，所产生的大角动量使旋转轴一直稳定地指向一个方向，即稳定性。当存在干扰外力矩时，陀螺的自转轴将向外力矩方向靠拢，从而破坏了稳定性，成为陀螺仪的漂移，这是影响陀螺仪精度的一个主要原因。传统陀螺仪主要是指机械式的惯性陀螺仪，结构复杂，对工艺要求很高，精度受到了很多方面的制约。现代陀螺仪是一种能够精确确定运动物体方位的仪器，也是现代航空、航天、航海和国防工业中广泛使用的一种惯性导航仪器。20 世纪 70 年代以来，现代陀螺仪进入一个全新的发展阶段，出现了激光陀螺、光纤陀螺、微机械陀螺等新型陀螺，其核心仍然是陀螺的稳定性。其中，激光陀螺仪用激光作为方位测向器，利用光程差测量旋转角速度，具有较高的精度。

②星敏感器技术

星敏感器因精度高和能提供三轴姿态信息而被广泛应用于卫星的姿态确定。图5.4是星敏感器成像与定姿原理示意图。利用星敏感器测量对地摄影相机姿态的方法是：首先在满足并保持其光轴与地物相机光轴间精确的几何位置，以及与地物相机在严格同步条件下实施摄影，然后利用曝光时刻恒星在天球坐标系上的真实位置与恒星星像点在像平面坐标系上的位置进行坐标变换，计算其旋转角度，再根据光轴间夹角，经转换即可得出对地相机的姿态。由于恒星的张角很小，可看做点光源目标，具有极高的位置稳定性，并且其影像是在真空中摄取的，因此所测算得出的姿态角精度是很高的。

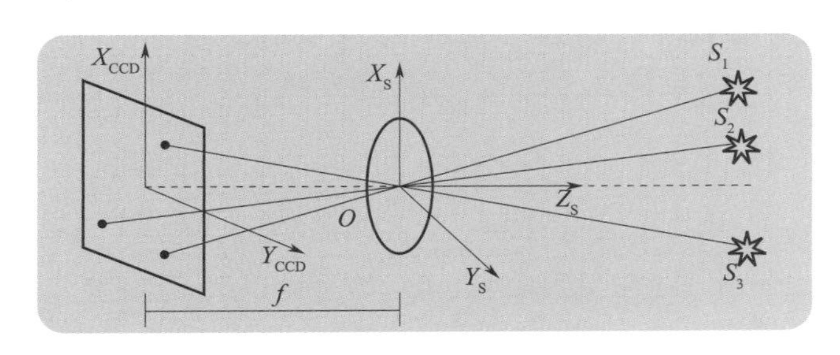

图5.4　星敏感器成像原理（龚健雅 等，2007）

从应用角度来看，星敏感器可以分为星扫描仪、星跟踪器、星图仪等类。其中星扫描仪一般用于自旋飞行器的姿态校正；星跟踪器大多用于空间飞行器的精确制导与天文观测；星图仪一般用于三轴稳定飞行器的姿态确定及卫星大地摄影测量（龚健雅 等，2007）。新型的星敏感器采用面阵CCD作为感光元件，可实现数据的自动化处理，其主要特点是：视场更大，使自主识别成为可能；利用内部储存的星表自动完成恒星识别，不需要作为指向参考的初始姿态信息；在内部完成转换计算，直接输出相对于惯性空间的姿态信息。目前，高精度的星敏感器精度可达10″，或更高。

（2）星敏感器定姿

利用星敏感器进行定姿一般需要经过星图识别、星图跟踪和姿态计算等步骤。

①星图识别与跟踪

星图识别是将星敏感器当前视场中的恒星与导航星库中的参考星进行对应匹配，以完成视场中恒星的识别，是准确确定飞行器的空间姿态和位置的重要前提。一般而言，星敏感器至少包含两个工作模式，即初始姿态捕获模式和跟踪模式。在星敏感器进入工作状态的初始时刻或者由于故障遇到姿态丢失的情况下，星敏感器转入初始姿态捕获模式。在这个阶段，由于完全没有先验的姿态信息，需要进行全天星图识别。全天星图识别一般需要较长时间，要求保证较高的识别率。一旦获得初始姿态，星敏感器即进入跟踪模式，可以利用前一帧或者前几帧图像获得的姿态信息对当前帧图像中星的位置进行预测和识别。跟踪模式的星图识别速度较快，方法也相对比较容易。

从星敏感器诞生到现在，国内外许多学者和研究人员在星图识别方法上开展了大量工作。目前，已有不少星图识别的算法，根据特征提取的方式不同而将其大致可以归为两大类：

1）子图同构类算法。这类算法以星与星之间的角距为边，星为顶点，把观测星图看成是全天星图的子图，可直接或者间接的利用角距，以线段（角距）、三角形、四边形等为基本匹配元素，并按照一定的方式组织导航特征数据库。利用这些基本匹配元素的组合，一旦在全天星图中找到唯一符合匹配条件的区域（子图），则它就是观测星图的对应匹配。传统的星图识别算法大多可以归于这一类，如多边形算法、三角形算法、匹配组算法等。这类算法比较成熟，是应用较多的一类算法。

2）模式识别类算法。这类算法为每颗星构造一个独一无二的特征——“星模式”，通常是以一定邻域内其他星的几何分布特征来构成。这样，星图识别实质上就是在星表中寻找与观测星模式最相近的导航星。因此，这类算法更接近一种模式识别问题，其中最具代表性的为栅格算法。

②姿态确定

典型的基于矢量观测的卫星姿态确定算法大致可以分为两类，一类是确定性算法（也称为几何方法），主要是基于求解 Wahba 问题而产生的算法；另一类就是状态估计法（也称为递推滤波方法），主要涉及非线性滤波理论等一般问题。

确定性算法就是如何只根据一组矢量测量值，求出星体的姿态矩阵。例如 TRIAD（三元组方法）方法是根据两个非平行矢量测量值确定姿态矩阵，算法简单，但它只能处理两个矢量，并未利用全部的测量信息，是非最优性的。Wahba 于 1965 年提出了一个求解姿态矩阵的最小二乘性能指标，指标中包含了所有的矢量测量信息，最小化该性能指标可以得到姿态矩阵最小二乘意义上的最优解。根据姿态矩阵的不同描述法，可以得出不同的算法，如 QUAST（四元数估计法）、FOAM（快速最优矩阵估计法）、SVD 法等。关于确定性算法的研究重点主要是如何针对合适的姿态参数，设计最优化算法，使估计精度更高，估算速度更快。

确定性算法的优点是无须姿态的先验知识，但它只能估计姿态，原则上很难克服参考矢量的不确定性对姿态确定精度的影响。当只有一个矢量测量时，所有的确定性算法都无法应用。

状态估计法是通过建立状态量变化的状态方程及观测方程，应用某种估计算法，根据观测信息估计出状态量，并成为一定准则下的最优估计。前述的确定性算法其结果有明确的物理或几何上的意义，但这类方法要求参考矢量的参数足够精确。这类方法原则上很难克服参考矢量的不确定性，如姿态敏感器的偏置误差及安装误差等，难以建立包括这些不确定性误差在内的定姿模型及加权处理不同精度的测量值。与这类方法相反，在状态估计法中，被估计的量不限于姿态参数，矢量观测中的一些不确定性参数也可以作为被估计的量。在卫星姿态确定中，结合卫星姿态动力学或运动学模型，建立星体姿态变化的方程，根据一个时变的矢量测量来估计星体姿态（只需要一个测量值即可）。同时，观测量的一些不确定因素，如敏感器偏差、对准误差等，也可以作为状态变量进行估计，状态估计法提供被估计量的统计最优解。这样，在一定程度上能够消除某些测量不确定因素的影响，提高姿态确定精度。

在目前工程领域中，应用最广泛的方法就是广义卡尔曼滤波方法。卡尔曼滤波方法主要依据系统的动力学模型和敏感器的测量模型，根据当前和历史测量数据，获得对当前状态的最为精确的线性估计，特别适用于“姿态角敏感器+三轴陀螺”的姿态确定模式。卡尔曼滤波法的本质特征是采用状态空间法描述系统模型，它与实际动态系统的误差可分为过程噪声误差和模型误差。过程噪声误差通常采用已知其协方差的零均值高斯过程来表示；模型误差通常是不确切知道的，一般假设为零均值高斯过程。对于非线性系统或非静态过程，高斯模型误差的假设可能导致严重的估计误差。广义卡尔曼滤波法是广泛应用的一种非线性滤波法，其本质特性是应用模型及输出方程的一阶 Taylor 级数展开式，然后应用线性滤波的方法，其模型误差同样也假设为已知的高斯过程。此外，如二阶非线性滤波法、二步滤波法等，本质上都是将非线性系统线性化后，再应用常规线性滤波法，只是尽量减小线性化过程的误差，以提高估计精度。

应用卡尔曼滤波方法的最大问题在于要求系统模型准确，需要状态、模型误差和测量误差统计特性的先验知识。随着卡尔曼滤波方法应用范围扩大，在实际中，标准卡尔曼滤波方法的局限性日益严重。卡尔曼滤波方法要求准确知道系统运动模型和外部干扰特性，这在许多场合是无法实现的，从而在运用卡尔曼滤波方法时遇到了理论上的困难。由于卡尔曼滤波理论在实际应用中遇到了许多困难，为了解决这些困难，人们不得不去探索新的滤波思路和方法。由 Mook 和 Junkins 提出的最小模型误差估计法（MME）是一种新的最优状态估计法，其最大特点是模型误差将在 MME 估计过程中进行确定，而不是假设为一高斯过程。因此，在估计过程中不需要知道准确的系统模型，但 MME 是一种离线估计器。Crassidis 和 Markley 将 MME 推广到实时估计领域，提出了预测滤波法。这种方法既具有卡尔曼滤波法的优点（实时估计），又具有 MME 的优点（模型误差在估计过程中加以确定），但保证估计最优性的一个加权矩阵不容易确定，从而可能降低估计的最优性。

（3）星敏感器/陀螺组合定姿

在众多姿态测量仪器当中，陀螺的数据更新率高，但输出的角速度存在漂移，长期对其积分得到的姿态会有累积误差；星敏感器输出的绝对姿态精度高，且能够长期保持稳定，但其数据更新率要远低于陀螺，可作为姿态测量基准，修正陀螺的误差。星敏感器与陀螺的组合定姿一般利用扩展卡尔曼滤波将卫星下传的星敏感器和陀螺数据进行融合，利用星敏感器校正陀螺漂移，让两种传感器能够优势互补，使组合定姿系统的精度和数据更新率都能达到较高的水平，具有很高的实用价值。IKONOS、SPOT-5 等卫星姿态观测系统均采用了这一组合。

由于卫星下传的是整轨数据，扩展卡尔曼滤波在每个滤波周期中无法应用该周期时间点之后的数据，而星敏感器的输出是确定性信号，有确定的频谱，陀螺的输出是随机信号，有确定的功率谱，因此先使用根据频谱设计的滤波器对整轨的星敏感器数据进行滤波，再使用维纳滤波根据随机信号的功率谱设计滤波器对整轨的陀螺数据进行滤波，最后将经过滤波处理后的两组整轨数据送入卡尔曼滤波器。这样将整轨的数据滤波与卡尔曼滤波结合使用，使整轨数据都能被利用，以提高定姿精度。

如图5.5所示为一种星敏感器/陀螺组合定姿方法流程。由于陀螺的数据更新率高于星敏感器，所以当星敏感器没有输出时，算法运行高频输出通道，仅利用陀螺输出的角速度经过漂移补偿和积分得到角速度和四元数输出，短时间内陀螺漂移的变化很小，不会对积分得到的四元数有太大影响；当星敏感器有输出时，算法运行低频输出通道，将二者的输出送入卡尔曼滤波器进行数据融合，滤波器的输出为四元数和校正后的陀螺漂移，同样补偿后得到角速度。

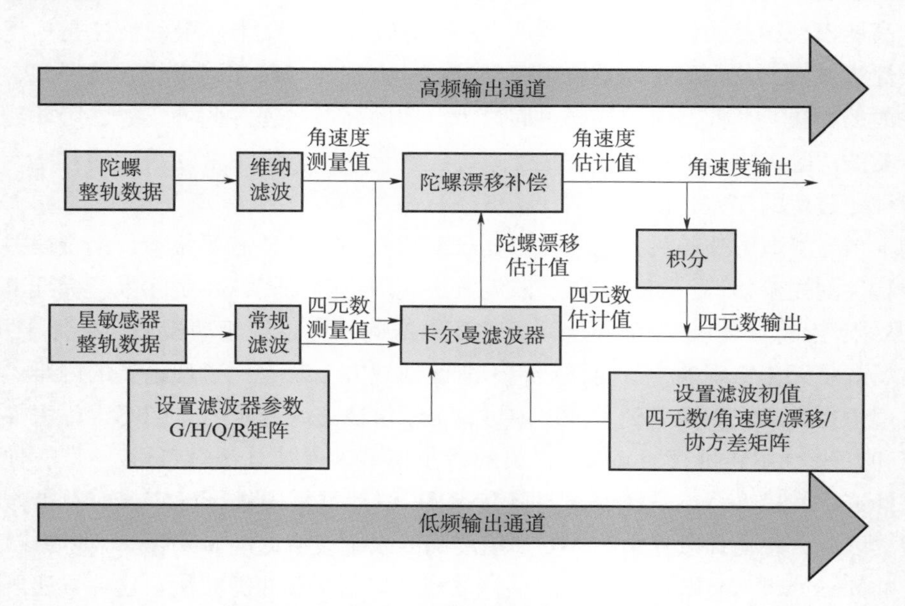

图5.5 星敏感器/陀螺组合定姿流程

（4）星敏感器检校

星敏感器是飞行器上的高精度测量系统，由于设计和制造过程的偏差，使用环境的变化造成的光、机、电性能的改变等，都会不同程度地给星敏感器引入误差，影响星敏感器的精度，需要对其进行标定。

①星敏感器参数标定

星敏感器的内方位元素一般包括光学系统焦距、主点、光学系统畸变等参数。在星敏感器投入使用前，这些参数必须经过标定精确得到。星敏感器的内方位元素直接关系到星光矢量的测量精度，并且影响到其姿态测量的精度。因此，星敏感器的内方位元素的准确程度与星敏感器的姿态测量精度息息相关。一般来说，在星敏感器交付之前，通过外场观星标定或者实验室标定方式得到其内方位元素。星敏感器发射后，由于受发射时冲击及在轨空间工作环境等因素的影响，其内方位元素会发生变化，并且可能随着时间推移会有缓慢的变化现象。星敏感器是卫星上最高精度的姿态敏感器，其姿态测量精度直接影响着姿轨控制的精度。因此，通过在轨标定实现星敏感器内方位元素的自主校准具有重要意义，是保证星敏感器在轨姿态测量精度的重要环节。

星敏感器内方位元素在轨检校的基本过程为：先利用星敏感器内方位元素的地面标定结果对星敏感器的下传星图（或者星点质心）进行识别（星图识别不需要非常精确的内方位元素）。由于主点、焦距和畸变系数不能同时校准，因此，利用识别结果，根据星间角距不变原理首先进行主点和焦距的校准，然后进行畸变系数的校准，从而得到准确的内方位元素，最后利用标定后的内方位元素得到精确的姿态信息。

②交联角检校

星敏感器和遥感相机的交联角（见图 5.6 所示）反映了星敏感器和遥感相机之间的姿态关系。通过敏感器之间的姿态矩阵的旋转关系和遥感相机成像模型可以确定地面控制点的精确的经纬度坐标。摄影测量系统的精度影响因素主要包括线阵 CCD 遥感相机的内方位元素入轨后的偏差、遥感相机姿态矩阵相对于姿态敏感器的变化。遥感卫星入轨后，可以建立遥感相机的严格成像几何模型，利用遥感相机的地面标定值作为迭代初值，首先对星敏感器的内外方位元素进行统一标定；在此基础上，建立交联角检校的数学模型，输出交联角，同时输出星敏感器和遥感相机之间的姿态关系矩阵；在连续多幅图像中，均匀选择地面控制点，求解得到的交联角用以反映求解的星敏感器和遥感相机之间姿态矩阵的稳定性；在得到多组姿态关系矩阵后，利用最优化的方法，对得到的姿态关系矩阵进行优化，得到星敏感器和遥感相机姿态关系矩阵的最优解。

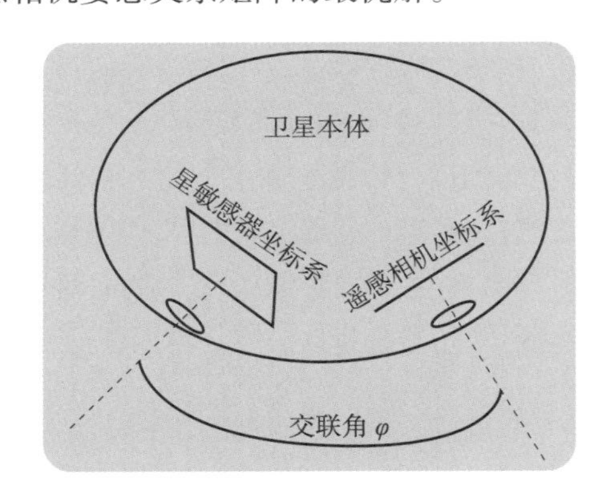

图 5.6　星敏感器和遥感相机主光轴交联角示意图

得到校正的姿态关系矩阵之后，选择一定数量的地面验证点。可以利用遥感相机单像空间前方定位原理，对求解的姿态关系矩阵进行验证。

5.2.2.3　卫星遥感影像几何纠正模型

卫星遥感影像几何纠正模型是指地面点的三维物方空间坐标与相应像点的二维像平面坐标之间的数学关系，几何纠正模型的建立是卫星影像几何处理的基础。当前所采用的遥感几何处理模型大体上可以分为严格几何处理模型和通用几何处理模型两大类。

（1）严格几何处理模型

卫星遥感影像严格几何处理模型作为一种理论上最为严密的数据模型，很好地表达了像点坐标与地面点物方空间坐标间的严格几何关系，它以共线条件方程为基础，能够很好地表征传感器的成像几何特性，是卫星遥感影像几何处理的基本模型。

①光学遥感影像严格几何模型

光学卫星遥感影像的严格几何处理模型是从传感器的成像机理出发，根据线阵 CCD 行中心投影推扫式成像的特点，以成像瞬间地面点、传感器投影中心和像点位于一条直线上为依据，利用传感器的特征参数、卫星星历和传感器姿态角所建立的地面点坐标与像点坐标之间的严格关系式。为了实现精确定位，必须获取传感器成像过程中的各种特征参数，如物镜焦距、像主点位置、卫星位置和姿态值等，当这些参数足够精确时，基于严格几何处理模型的卫星遥感影像直接对地目标定位可以达到很高的精度。就光学卫星遥感影像而言，根据影像定向参数建模方式的不同，可以将严格几何处理模型分为扩展共线方程模型、定向片模型和仿射变换模型等（袁修孝 等，2012），下面着重介绍扩展共线方程模型。

就线阵推扫式卫星遥感影像而言，整幅影像由传感器沿飞行方向逐一扫描而成，每一扫描行影像与被摄物体之间具有严格的中心投影关系，且各扫描行具有自身的外方位元素，因此可以利用扩展共线条件方程来表示，即

$$\begin{bmatrix} X \\ Y \\ Z \end{bmatrix} = \begin{bmatrix} X_S \\ Y_S \\ Z_S \end{bmatrix} + \lambda \boldsymbol{M}_t \begin{bmatrix} x \\ y \\ -f \end{bmatrix} \tag{5.14}$$

式中，(X,Y,Z) 为地面点的物方空间坐标，(X_S,Y_S,Z_S) 为 t 时刻卫星平台的空间坐标，λ 为比例因子，$\boldsymbol{M}_t$ 为 t 时刻所对应的扫描行影像坐标系与物方空间坐标系之间的变换矩阵。

利用卫星遥感影像进行对地目标定位实质上就是求解像点视线与地球椭球面的交点，下面详细列出定位设备为 GPS 时线阵推扫式影像由像点坐标解求地面坐标的步骤：

【步骤 1】将影像坐标转换到传感器坐标

$$\begin{cases} x = (l - l_c) d_x \\ y = (p - p_c) d_y \end{cases} \tag{5.15}$$

式中，(l, p) 为像元的像素坐标；$(l_c p_c)$ 是影像中心的像素坐标；d_x 和 d_y 分别为像素在 x 方向和 y 方向的尺寸，CCD 探元在传感器成像面上的位置为 (x, y)，则该像元的传感器坐标为 $(x, y, -f)$。

【步骤 2】传感器坐标到本体坐标的转换

设传感器线阵列上任一像元在卫星本体坐标系内的摄影光线由 $\boldsymbol{\Psi}_x$ 和 $\boldsymbol{\Psi}_y$ 两个角度确定，其中 $\boldsymbol{\Psi}_x$ 为沿轨方向的倾斜角，$\boldsymbol{\Psi}_y$ 为垂轨方向的倾斜角，则转换矩阵为

$$\boldsymbol{R}_{BS} = \begin{bmatrix} \cos\boldsymbol{\Psi}_y & 0 & \sin\boldsymbol{\Psi}_y \\ \sin\boldsymbol{\Psi}_x\sin\boldsymbol{\Psi}_y & \cos\boldsymbol{\Psi}_x & -\sin\boldsymbol{\Psi}_x\cos\boldsymbol{\Psi}_y \\ -\cos\boldsymbol{\Psi}_x\sin\boldsymbol{\Psi}_y & \sin\boldsymbol{\Psi}_x & \cos\boldsymbol{\Psi}_x\cos\boldsymbol{\Psi}_y \end{bmatrix} \tag{5.16}$$

【步骤 3】本体坐标到轨道坐标的转换

本体坐标系和轨道坐标系之间的关系代表卫星的姿态，假设成像时刻 t 轨道坐标系与本体坐标系三轴之间的夹角为（a_p（t），a_r（t），a_y（t）），则有

$$\begin{cases} \boldsymbol{R}_{\mathrm{piech}} = \begin{bmatrix} 1 & 0 & 0 \\ 0 & \cos(a_p(t)) & \sin(a_p(t)) \\ 0 & -\sin(a_p(t)) & \cos(a_p(t)) \end{bmatrix} \\ \boldsymbol{R}_{\mathrm{roll}} = \begin{bmatrix} \cos(a_r(t)) & 0 & -\sin(a_r(t)) \\ 0 & 1 & 0 \\ \sin(a_r(t)) & 0 & \cos(a_r(t)) \end{bmatrix} \\ \boldsymbol{R}_{\mathrm{yaw}} = \begin{bmatrix} \cos(a_y(t)) & -\sin(a_y(t)) & 0 \\ \sin(a_y(t)) & \cos(a_y(t)) & 0 \\ 0 & 0 & 1 \end{bmatrix} \end{cases} \tag{5.17}$$

如果按 X 轴、Y 轴、Z 轴顺序旋转，则旋转矩阵为

$$\boldsymbol{R}_{\mathrm{OB}} = \boldsymbol{R}_{\mathrm{piech}} \boldsymbol{R}_{\mathrm{roll}} \boldsymbol{R}_{\mathrm{yaw}} \tag{5.18}$$

【步骤4】轨道坐标到空间固定惯性参考系坐标的转换

首先按拉格朗日内插法计算摄影时刻 t 卫星的位置 $\boldsymbol{P}(t)$ 和速度 $\boldsymbol{V}(t)$，即

$$\begin{cases} \boldsymbol{P}(t) = \sum_{j=1}^{n} \dfrac{P(t_j) \prod\limits_{\substack{i=1 \\ i \neq j}}^{n} (t - t_i)}{\prod\limits_{\substack{i=1 \\ i \neq j}}^{n} (t_j - t_i)} \\ \boldsymbol{V}(t) = \sum_{j=1}^{n} \dfrac{V(t_j) \prod\limits_{\substack{i=1 \\ i \neq j}}^{n} (t - t_i)}{\prod\limits_{\substack{i=1 \\ i \neq j}}^{n} (t_j - t_i)} \end{cases} \tag{5.19}$$

式中，$\boldsymbol{P}(t_j)$ 和 $\boldsymbol{V}(t_j)$ 分别为卫星的位置坐标和速度坐标 t_i 和 t_j 为所对应的时间，n 为参与内插的位置和速度的个数，一般选为8。

得到 t 时刻的位置和速度后，可以通过坐标轴的旋转和原点的平移实现轨道坐标到空间固定惯性参考系（CIS）坐标的转换，即

$$\boldsymbol{R}_{\mathrm{IO}} = \begin{bmatrix} (X_2)_X & (Y_2)_X & (Z_2)_X \\ (X_2)_Y & (Y_2)_Y & (Z_2)_Y \\ (X_2)_Z & (Y_2)_Z & (Z_2)_Z \end{bmatrix} \tag{5.20}$$

式中，X_2、Y_2 和 Z_2 为轨道坐标系的3个坐标轴，轨道坐标系的坐标原点 P 为卫星的质心，Z_2 轴通过地球质心到卫星质心的矢量归一化确定，X_2 轴是卫星瞬时速度与 Z_2 轴的归一化叉积，Y_2 轴由 Z_2 轴和 X_2 轴的矢量积定义，即

$$\begin{cases} \boldsymbol{Z}_2 = \dfrac{\boldsymbol{P}(t)}{\| P(t) \|} \\ \boldsymbol{X}_2 = \dfrac{\boldsymbol{V}(t) \times \boldsymbol{Z}_2}{\| V(t) \times Z_2 \|} \\ \boldsymbol{Y}_2 = \boldsymbol{Z}_2 \times \boldsymbol{X}_2 \end{cases} \tag{5.21}$$

【步骤5】空间固定惯性参考系到地球固定参考坐标系的转换

因空间固定惯性参考系与地球固定参考坐标系（CTS）都是以地球质心为坐标原点，故其坐标旋转矩阵为

$$\boldsymbol{R}_{\mathrm{TI}} = \boldsymbol{W}(t)\boldsymbol{R}(t)\boldsymbol{N}(t)\boldsymbol{P}(t) \tag{5.22}$$

式中，$\boldsymbol{P}(t)$ 和 $\boldsymbol{N}(t)$ 为岁差和章动矩阵，$\boldsymbol{R}(t)$ 为地球自转矩阵，$\boldsymbol{W}(t)$ 为极移矩阵。

【步骤6】根据地球椭球和平均高程计算该像素的方向与地球椭球的交点，确定该点在地面的位置

构像模型可以变为

$$\begin{bmatrix} X \\ Y \\ Z \end{bmatrix} = \begin{bmatrix} X_s \\ Y_s \\ Z_s \end{bmatrix} + \lambda \, \boldsymbol{R}_{\mathrm{TI}} \, \boldsymbol{R}_{\mathrm{IO}} \, \boldsymbol{R}_{\mathrm{OB}} \, \boldsymbol{R}_{\mathrm{BS}} \begin{bmatrix} x \\ y \\ -f \end{bmatrix} \tag{5.23}$$

地球模型表示为

$$\frac{X^2 + Y^2}{A^2} + \frac{Z^2}{B^2} = 1 \tag{5.24}$$

将式（5.23）代入式（5.24）得

$$\left(\frac{X_i^2 + Y_i^2}{A^2} + \frac{Z_i^2}{B^2}\right)\lambda^2 + 2\left(\frac{X_s X_i + Y_s Y_i}{A^2} + \frac{Z_s Z_i}{B^2}\right)\lambda + \left(\frac{X_s^2 + Y_s^2}{A^2} + \frac{Z_s^2}{B^2}\right) = 1 \tag{5.25}$$

式中，$A = a_e + h, B = b_e + h$（a_e 和 b_e 分别为地球椭球的长短半轴）。

求解 λ，根据以上公式确定该像点在 WGS84 椭球体上的坐标。

②SAR 影像严格几何处理模型

随着高分辨率星载合成孔径雷达（SAR）传感器的发展，星载 SAR 影像的高精度对地目标定位已成为摄影测量与遥感领域的一个研究热点。SAR 卫星遥感影像严格几何处理模型从 SAR 传感器的成像机理出发，根据雷达传感器斜距投影的成像特性，建立成像瞬间地面点、传感器位置与对应像点之间几何关系式。

SAR 遥感影像的严格几何处理模型主要有 4 种类型（袁修孝 等，2012）：一是由顿斯科夫等提出的 SAR 构象数学模型，其理论较为严密，但考虑因素众多，形式复杂，实现起来非常困难；二是由 Konecny 和 Schuhr 针对地距影像提出的基于共线条件方程的数学模型；三是把 SAR 影像等效为阵列 CCD 扫描影像，直接采用行中心投影的数学模型，由于推扫式行中心投影成像与 SAR 成像的几何机理存在较大的区别，该模型只能作为 SAR 影像的一种近似几何模型；四是基于距离－多普勒（R－D）原理的数学模型，该模型直接描述了 SAR 的成像原理，可充分顾及 SAR 影像的特点，是当今 SAR 影像几何处理的主流模型。

距离－多普勒（R－D）数学模型是利用雷达影像的距离条件和多普勒频率条件来表征雷达影像瞬时构像的数据模型（Leberl，1990），即根据目标发射回波时间的长短计算地面点到雷达天线的距离，确定地面点在距离向的成像位置，同时根据目标回波的多普勒特性，通过方位向压缩处理，确定地面点在方位向的成像位置。

如图 5.7 所示，H 为雷达天线 S 到数据归化平面（基准面）的高度；R_0 为第一斜距，又称近距边扫描延迟；r_0 为 R_0 在基准面上的投影；R_P 为雷达天线 S 到地面点 P 的斜距；y 为地面点 P 在斜距影像上的距离向像素坐标；y_P 为地面点 P 在地面影像上的距离向像素坐标；M_y 为斜距影像的距离向分辨率，m_y 为对应于地距影像的距离向分辨率。

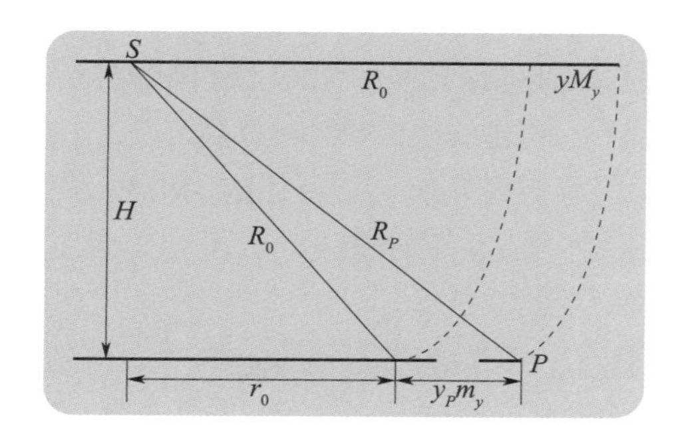

图 5.7　距离条件示意图

在斜距影像上，斜距可表示为

$$R_P = R_0 + yM_y \tag{5.26}$$

在地距影像上，斜距可表示为

$$R_P = \sqrt{(r_0 + y_P m_y)^2 + H^2} \tag{5.27}$$

由于雷达天线的瞬时位置 S 到地面点 P 之间的矢量长度与根据像素坐标计算的斜距值应该相等，于是便可建立距离条件方程

$$R_P = |C_S - C_P| = \sqrt{(X - X_S)^2 + (Y - Y_S)^2 + (Z - Z_S)^2} \tag{5.28}$$

式中，$\boldsymbol{C}_P = [X \quad Y \quad Z]^{\mathrm{T}}$ 为地面点 P 的物方空间坐标矢量，$\boldsymbol{C}_S = [X_S \quad Y_S \quad Z_S]^{\mathrm{T}}$ 为雷达天线中心 S 在成像瞬间所对应的物方空间坐标矢量。

星载 SAR 遥感影像的多普勒条件方程为

$$f_{\mathrm{D}} = -\frac{2}{\lambda R_P}(\boldsymbol{C}_S - \boldsymbol{C}_P)(\boldsymbol{V}_S - \boldsymbol{V}_P) \tag{5.29}$$

式中，f_{D} 为多普勒频率，λ 为雷达波长，$\boldsymbol{V}_S = [V_{Sx} \quad V_{Sy} \quad V_{Sz}]^{\mathrm{T}}$ 为卫星飞行速度矢量，$\boldsymbol{V}_P = [V_x \quad V_y \quad V_z]^{\mathrm{T}}$ 为地面点 P 的速度矢量。

当卫星飞行速度矢量与雷达天线 S 指向地面点 P 的位置矢量相互垂直时，就满足所谓的零多普勒条件。则多普勒条件方程可简化为

$$(X - X_S)V_{Sx} + (Y - Y_S)V_{Sy} + (Z - Z_S)V_{Sz} = 0 \tag{5.30}$$

式（5.28）和式（5.29）的联立式即为距离－多普勒方程（R－D 方程），其所包含的卫

星轨道参数和成像几何参数 a_0、a_1、a_2、b_0、b_1、b_2、c_0、c_1、c_2、R_0、M_y、Δt 共 12 个。

在 SAR 影像的成像过程中，雷达照射区域内分布着等时延的同心圆束和等多普勒频移的双曲线束，同一回波时延的点目标具有不同的多普勒频移，但具有相同多普勒频移的点目标却具有不同的时延值。根据距离向的回波信号时延信息及方位向的多普勒频移信息，便能建立像点和对应地面点之间的几何约束关系。对于单景星载 SAR 影像而言，要确定地面点的物方空间坐标（X，Y，Z），必须引入地球椭球模型

$$\frac{(X^2+Y^2)}{(a+h)^2}+\frac{Z^2}{(b+h)^2}=1 \tag{5.31}$$

式中，a 和 b 分别为地球椭球的长、短半轴；h 为地面点的高程，一般取测区的平均高程。

为实现 SAR 影像的直接对地目标定位，可以通过联立式（5.28）、式（5.29）和式（5.31）求解得到。式（5.31）描述的地球形状模型确定了一个椭球面，结合式（5.29）描述的多普勒条件方程来确定等多普勒面，点目标的回波数据在频率上出现的偏移量将正比于卫星与目标间的相对速度，有多普勒条件方程可知，当 V_P、V_S、C_S、C_P、f_D 确定以后，方程的轨迹为如图 5.8 所示的双曲线。

在 SAR 等距离方程式中，C_S 由卫星轨道数据给出，C_P 由雷达发射脉冲的重复频率 PRF（重复频率整周期数由卫星系统设计确定）、雷达回波信号窗口时间和雷达回波信号采样频率确定。由式（5.28）确定的等距离线和由式（5.29）确定的双曲线的交点即可确定 SAR 影像中任意一个像点所对应的物方位置。

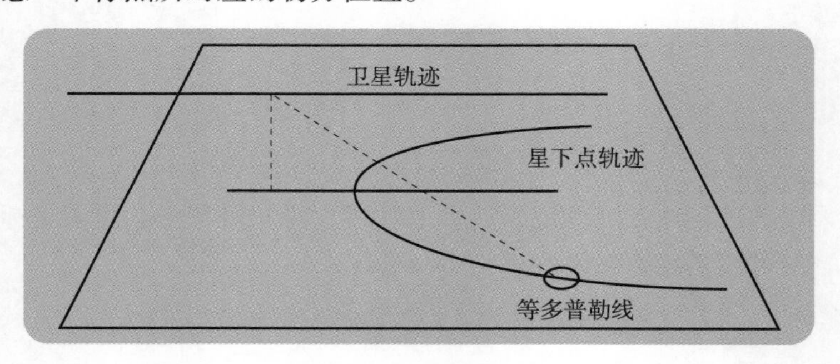

图 5.8　等多普勒曲线示意图（杨杰，2004）

（2）通用几何处理模型

星遥感影像通用几何处理模型避开了传感器的成像特点，利用一般的数学函数来描述影像坐标和对应地面点的几何关系。该类模型形式简单，降低了卫星遥感影像几何处理的复杂度，而且无须成像传感系统的各种参数信息，受到众多影像提供商和用户的青睐，成为卫星遥感影像几何处理的实用模型。目前常用的通用几何处理模型主要有一般多项式（universal polynomials，UP）模型、直接线性变换模型（Direct Linear Transformation，DLT）和有理函数模型（Rational Function Model，RFM）等几种，下面简述最为常用的有理函数模型。

有理函数模型是卫星遥感影像通用几何定位模型的一种，是在充分利用卫星遥感影像附带的辅助参数基础上，对构建的严格几何定位模型进行拟合而得到的广义传感器模型。

在模型中由光学投影引起的畸变表示为一阶多项式，而像地球曲率、大气折射及镜头畸变等改正，可由二阶多项式表示，高阶部分的未知其他畸变可用三阶多项式模拟，模型各参数即为有理多项式参数（Rational Polynomial Coefficient，RPC）。近几年随着在 IKONOS 影像的成功应用，有理多项式模型才受到了普遍关注。NIMA（原美国国家影像与测绘局）已将其作为分发影像数据的标准几何模型之一，国际摄影测量与遥感学会（ISPRS）已成立专门工作组研究 RFM 模型的精度、稳定性等问题。Madani 讨论了 RFM 模型的优缺点，并与严格几何成像模型进行了比较，认为 RFM 模型可以用于摄影测量处理（Madani，1999）；Di 等也探讨了 RFM 模型和严格几何定位模型的优缺点以及从 RPC 恢复严格传感器模型的可行性（Di et al，2003）；Yang 通过对 SPOT 影像和 NAPP 影像的 RFM 定位试验认为，对于 SPOT 影像，二阶甚至三阶带不同分母的 RFM 模型能够取代严格几何定位模型；对于航空影像，一阶 RFM 模型可以达到足够高的精度（Yang，2000）。

①RPC 模型形式

RPC 模型将地面点大地坐标与其对应的像点坐标用比值多项式关联起来。为了增强参数求解的稳定性，将地面坐标和影像坐标正则化到 -1 和 1 之间。对于一个影像，定义如下比值多项式

$$\begin{cases} Y = \dfrac{N_L(P,L,H)}{D_L(P,L,H)} \\ X = \dfrac{N_S(P,L,H)}{D_S(P,L,H)} \end{cases} \tag{5.32}$$

式中

$$\begin{aligned} N_L(P,L,H) = {} & a_1 + a_2L + a_3P + a_4H + a_5LP + a_6LH + a_7PH + a_8L^2 + a_9P^2 + \\ & a_{10}H^2 + a_{11}PLH + a_{12}L^3 + a_{13}LP^2 + a_{14}LH^2 + a_{15}L^2P + a_{16}P^3 + a_{17}PH^2 + \\ & a_{18}L^2H + a_{19}P^2H + a_{20}H^3 \end{aligned}$$

$$\begin{aligned} D_L(P,L,H) = {} & b_1 + b_2L + b_3P + b_4H + b_5LP + b_6LH + b_7PH + b_8L^2 + b_9P^2 + \\ & b_{10}H^2 + b_{11}PLH + b_{12}L^3 + b_{13}LP^2 + b_{14}LH^2 + b_{15}L^2P + b_{16}P^3 + b_{17}PH^2 + \\ & b_{18}L^2H + b_{19}P^2H + b_{20}H^3 \end{aligned}$$

$$\begin{aligned} N_S(P,L,H) = {} & c_1 + c_2L + c_3P + c_4H + c_5LP + c_6LH + c_7PH + c_8L^2 + c_9P^2 + \\ & c_{10}H^2 + c_{11}PLH + c_{12}L^3 + c_{13}LP^2 + c_{14}LH^2 + c_{15}L^2P + c_{16}P^3 + c_{17}PH^2 + \\ & c_{18}L^2H + c_{19}P^2H + c_{20}H^3 \end{aligned}$$

$$\begin{aligned} D_S(P,L,H) = {} & d_1 + d_2L + d_3P + d_4H + d_5LP + d_6LH + d_7PH + d_8L^2 + d_9P^2 + \\ & d_{10}H^2 + d_{11}PLH + d_{12}L^3 + d_{13}LP^2 + d_{14}LH^2 + d_{15}L^2P + d_{16}P^3 + d_{17}PH^2 + \\ & d_{18}L^2H + d_{19}P^2H + d_{20}H^3 \end{aligned}$$

上式中 b_1 和 d_1 通常为 1，(P,L,H) 为正则化的地面坐标，(X,Y) 为正则化的影像坐标，有

$$\begin{cases} P = \dfrac{G_A - G_A^O}{G_A^S} \\ L = \dfrac{G_O - G_O^O}{G_O^S} \\ H = \dfrac{G_H - G_H^O}{G_H^S} \\ X = \dfrac{I_S - I_S^O}{I_S^S} \\ Y = \dfrac{I_L - I_L^O}{I_L^S} \end{cases} \tag{5.33}$$

式（5.33）中，G_A、G_O 和 G_H 分别为大地坐标的维度、经度和高度，I_L 和 I_S 分别为图像坐标的行列值，G_A^O、G_A^S、G_O^O、G_O^S、G_H^O 和 G_H^S 为地面坐标的正则化参数，I_S^O、I_S^S、I_L^O 和 I_L^S 为影像坐标的正则化参数。

②RPC 求解

利用有理多项式函数模型处理遥感影像的实质是利用大量坐标已知的控制点以及对应的影像点坐标，采用有理多项式函数的形式来拟合严格成像物理模型，而关键和难点在于精确求解 RPC 参数。

RPC 参数的解算有地形相关和地形无关两种方案。地形相关的解算是根据一定数量的地面控制点，用平差迭代的方法解算出 RPC 参数，当传感器模型难以建立或者精度要求不高的时候，这种方法被广泛应用。但当实际的地形起伏较大，而控制点的数量有限或分布不够合理时，这种解算方法会引起 RPC 参数之间产生强相关，使得结果不稳定，甚至不能得到可靠的解（Sohn et al，2001）。在实际当中，通常采用的是地形无关的解法。该方法首先要建立严格成像几何模型；在建立严格成像模型以后，利用严格成像模型生成密集均匀的控制格网，以格网点为控制点，按照最小二乘原理计算 RPC 参数。如图 5.9 所

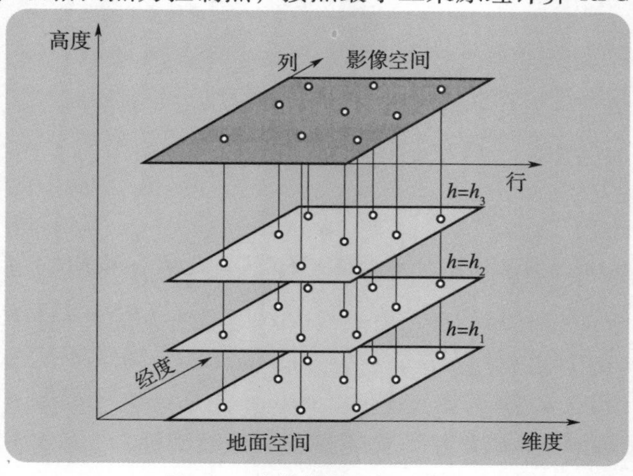

图 5.9　虚拟格网空间示意图

示，根据地面范围估计该地区的最大最小高程，然后在高程方向以一定的间隔分层，得到若干空间高程面，在原始影像上划分若干规则格网，利用格网点的影像坐标和高程值计算地面点的平面位置，在这样的计算中，不需要实际的地形信息。地形无关的解法实际是对严格成像模型的拟合，图5.10为RPC参数的求解过程。

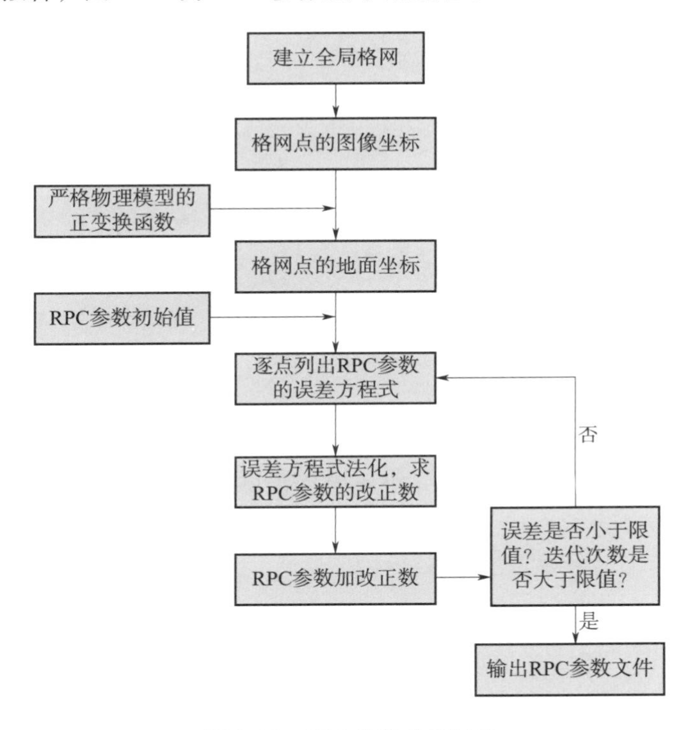

图5.10　RPC参数求解过程

Fraser和Grodecki研究了IKONOS影像的RPC参数求解方法，证实了RFM模型在对单线阵推扫卫星遥感影像处理中可以取代严格成像模型（Fraser，Hanley，2003；Grodecki，Dial，2003）刘军等通过RPC模型拟合框幅式、推扫式传感器严格成像几何模型的试验，验证了适当方法构建的RPC模型能够“替代”严格成像几何模型完成摄影测量处理，并能实现传感器参数的隐藏（刘军 等，2002）。

Tao等研究了根据最小二乘法解求RPC参数的算法，并用1景SPOT影像和1景航空影像做试验，得出有分母的RFM模型比没有分母的RFM模型精度要高的结论（Tao，Hu，2004）秦绪文等首次对ERS-SAR卫星影像进行了基于SRTM DEM无须初值的RPC模型参数求解试验，对比了9种形式RPC模型参数的求解精度，并对控制点格网大小及高程分层对参数求解精度的影响进行了评价（秦绪文 等，2006）。

将式（5.32）变为

$$\begin{cases}F_X = N_S(P,L,H) - XD_S(P,L,H) = 0 \\ F_Y = N_L(P,L,H) - YD_L(P,L,H) = 0\end{cases} \tag{5.34}$$

则误差方程为

$$V = Bx - l, W \tag{5.35}$$

式中　$B = \begin{bmatrix} \dfrac{\partial F_X}{\partial a_i} & \dfrac{\partial F_X}{\partial b_j} & \dfrac{\partial F_X}{\partial c_i} & \dfrac{\partial F_X}{\partial d_j} \\ \dfrac{\partial F_Y}{\partial a_i} & \dfrac{\partial F_Y}{\partial b_j} & \dfrac{\partial F_Y}{\partial c_i} & \dfrac{\partial F_Y}{\partial d_j} \end{bmatrix}$　$(i = 1, \cdots, 20, j = 2, \cdots, 20)$；

$l = \begin{bmatrix} -F_X^0 \\ -F_Y^0 \end{bmatrix}$；

$x = [a_i \quad b_j \quad c_i \quad d_j]^{\mathrm{T}}$；

W 为权矩阵。

根据最小二乘平差原理，可以求解

$$x = (B^{\mathrm{T}}B)^{-1} B^{\mathrm{T}} l \tag{5.36}$$

经过变形的 RPC 模型形式，平差的误差方程为线性模型，因此在求解 RPC 参数过程中不需要初值。

当解算 RPC 参数的控制点非均匀分布或模型过度参数化，RPC 模型中分母的变化非常剧烈，这样就导致设计矩阵（ $B^{\mathrm{T}}B$ ）的状态变差，设计矩阵变为奇异矩阵，导致最小二乘平差不能收敛。为了克服最小二乘估计的缺点，可用岭估计的方式获得有偏的符合精度要求的计算结果。所谓岭估计，就是对法方程进行必要的处理，使法方程的状态变好，常用的处理方式：

$$(B^{\mathrm{T}}PB + kI)x = B^{\mathrm{T}}Pl \tag{5.37}$$

式中，k 为一个实数，I 为单位矩阵。

在某个 k 之下，通过岭估计求出的均方差，要比最小二乘求出的均方差小。运用岭估计进行 k 估计的时候，其核心问题在于最优 k 值得选取，但是最优 k 值的选取在理论上没有解决，一般用岭迹分析的方法来确定最优 k 值，就是取大量的 k 值进行计算，根据不同 k 值对应的检查点的中误差采取合适的搜索算法来确定合适的 k 值。

5.2.2.4　卫星遥感影像几何检校

卫星在成像过程中，由于受到各种复杂因素的影响，不可避免地带来一些误差，产生系统几何畸变。为了获得高精度的影像地理定位精度，进而提取准确的地面空间信息，必须对卫星影像进行系统几何标定，消除系统误差。一般来说可以通过实验室标定和在轨几何检校场标定两种方法来实现。卫星影像的几何标定首先要分析产生几何畸变的原因，进而设计模型对其进行标定。具体来说，造成卫星影像系统几何畸变的原因主要包括地球曲率、大气折射、地球自转以及 CCD 制造工艺等，在几何标定时，需要分别对这些误差进行校正。

（1）地球曲率校正

由于地球表面是一个曲面，卫星在成像过程中，将接收到的光线假设为从与地球表面相切的平面入射进来，因此，如图5.11所示，地面点 $P(x,y,z)$ 实际的成像位置在 P_0 点，并在遥感影像上产生大小为 δ 的偏移量。

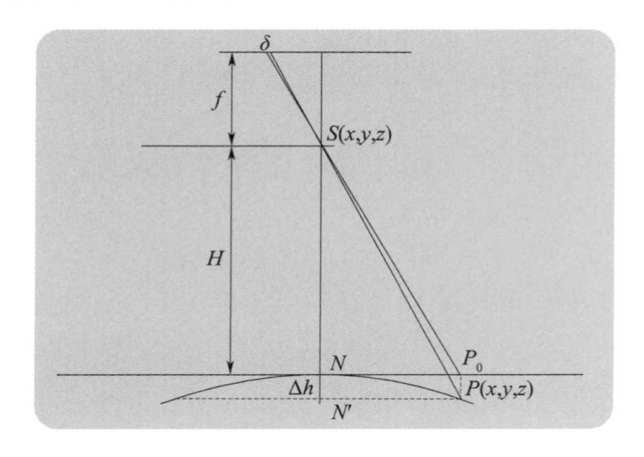

图5.11　地球曲率引起的像点位移

如果不考虑影像的倾角，由地球曲率引起的像点坐标偏移在辐射方向上的改正量为

$$\delta = \frac{H}{2Rf^2} r^3 \tag{5.38}$$

式中，r 为以像底点为极点的向径，且 $r = \sqrt{x'^2 + y'^2}$（x' 和 y' 为影像上的像点坐标）；f 为传感器的焦距；H 为摄站点的航高；R 为地球的曲率半径。

当星下点视场角很小时，地球曲率的影响可以忽略不计。

（2）大气折射校正

地物反射光谱在经过大气层时会受到大气的折射影响从而偏离原始的传播路径，造成影像的几何畸变。大气层的折射率随着距离地面的高度变化而变化，对于中心投影来说，影像受到大气折光影响的通用改正模型为

$$\Delta r = \frac{n_H(n - n_H)}{n(n + n_H)}\left(r + \frac{r^3}{f^2}\right) \tag{5.39}$$

式中，n 和 n_H 分别为地面和传感器所在位置处的大气折射率。

令 $K = \dfrac{n_H(n - n_H)}{n(n + n_H)}$，由大气折射引起的像点位移在 x 方向和 y 方向上的改正量分别为

$$\begin{cases} \Delta x = K\left(1 + \dfrac{r^2}{f^2}\right)x \\ \Delta y = K\left(1 + \dfrac{r^2}{f^2}\right)y \end{cases} \tag{5.40}$$

式（5.40）是根据摄影测量理论推出的像点偏移改正量。对于卫星遥感器来说，为了得到准确的像点位移改正量，需要根据大气分层理论进行计算。由于卫星摄影高度大都在几百千米以上，因为大气折光产生的像点位移已经很小，只有几微米。因此，对于卫星遥感影像暂且不考虑此项误差。

(3) 地球自转校正

卫星在绕地球公转的同时，地球自身也在自转，因此，不同时刻拍到的卫星影像就会在卫星与地球之间相对运动的方向上有所错动。对于线阵 CCD 影像来说，表现为不同扫描行之间的水平错动，由地球自转引起的影像的偏移量 Δx 为

$$\Delta x = \Delta t v \tag{5.41}$$

式中，Δt 为获取整幅影像的时间；v 为获取该影像时卫星自转线速度，且 $v = 40000\cos(B/24)$（B 为该幅影像中心的纬度）。

(4) CCD 误差校正

如今主流的遥感卫星都载有线阵 CCD 传感器。由于卫星在发射和运行过程中，受到加速度、热应力等复杂因素的影响，导致 CCD 的形状、尺寸和空间位置等特性发生变化，使得 CCD 成像误差，在影像上体现出畸变的特征。因此，需要分析影像畸变特点，利用地面控制点和几何定标场对影像进行几何标定。

①CCD 像元尺寸的校正

由于加工工艺等原因，CCD 的像元尺寸在卫星运行过程中会发生变化，从而影响影像的成像比例尺。如图 5.12 所示，一般认为像元尺寸的变化为线性变化，即需将 x 方向和 y 方向各乘以一个比例因子。因此，对于线阵 CCD 影像来说，因为像元尺寸变化而引起的像元位置偏移为

$$\begin{cases}\Delta p_x = \mathrm{d}x_p \\ \Delta p_y = N\mathrm{d}y_p\end{cases} \tag{5.42}$$

式中，$\mathrm{d}x_p$ 和 $\mathrm{d}y_p$ 分别为影像在 x 方向和 y 方向的变化率，N 为沿 y 方向的像元个数。

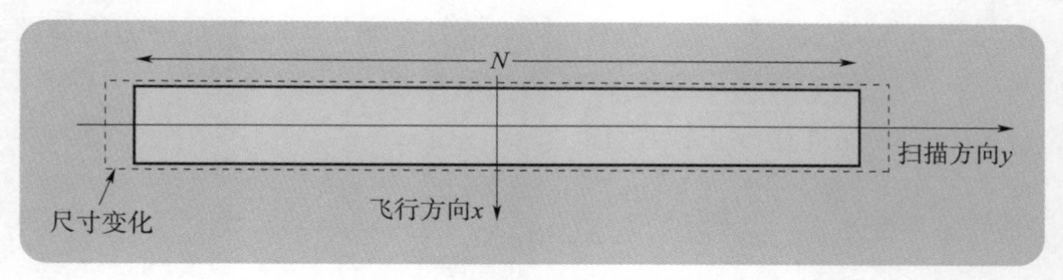

图 5.12　线阵 CCD 扫描坐标系

②CCD 在焦平面的角度校正

如图 5.13 所示，当 CCD 在焦平面内旋转角度 θ 时，$\mathrm{d}x$ 和 $\mathrm{d}y$ 分别为由于线阵 CCD 旋转而造成的影像偏差，通常 $\mathrm{d}y$ 很小，一般只校正 x 方向的畸变。

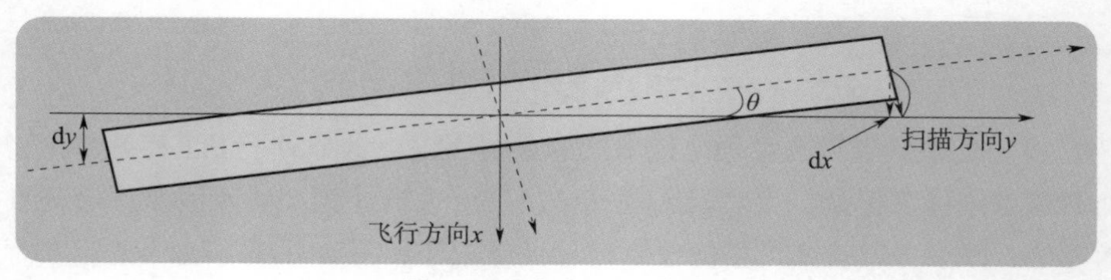

图 5.13　线阵 CCD 旋转

$$\begin{cases} dx = y\sin\theta \\ dy = y - y\cos\theta = y(1-\cos\theta) \end{cases} \tag{5.43}$$

③CCD线阵列弯曲校正

如图5.14所示，CCD线阵列弯曲主要对像点 x 坐标产生影响，偏移量 Δx_b 可表示为

$$\Delta x_b = yr^2 b \tag{5.44}$$

式中，b 为CCD线阵列弯曲系数。

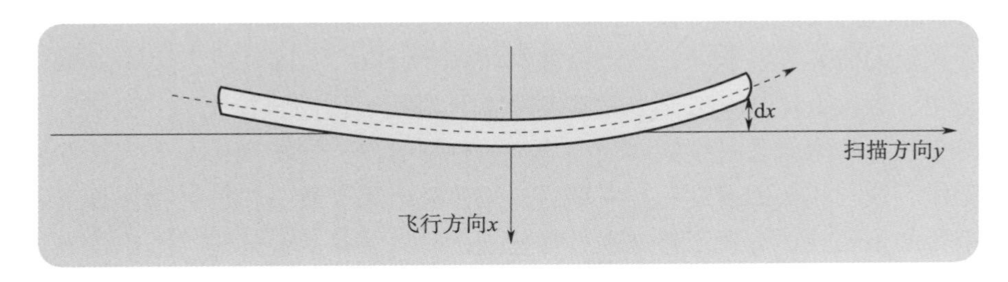

图5.14　线阵CCD弯曲

④CCD线阵列错位校正

在卫星飞行过程中，CCD线阵列的中心位置会发生一定的常值偏移，分别为 dx 和 dy 。由于有些遥感器具有多片CCD线阵，因此，为了消除因CCD线阵中心偏移引起的影像畸变，需要将各CCD线阵位置统一校正到起始的安装位置。

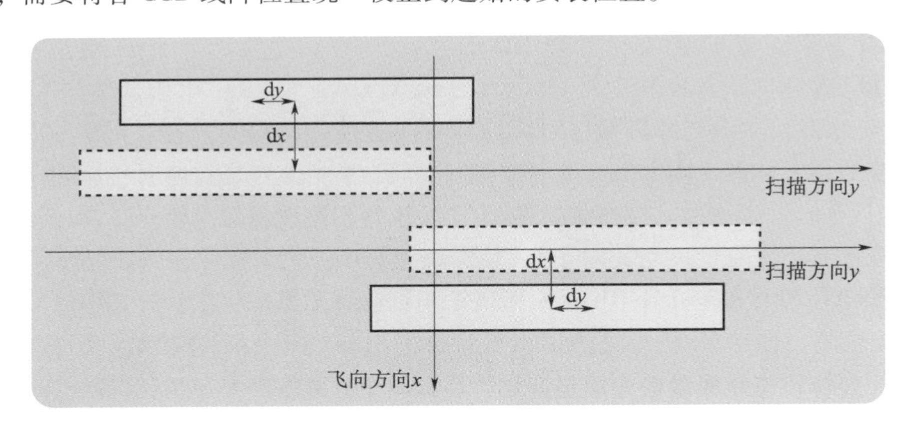

图5.15　线阵CCD中心偏移

5.3　卫星遥感数据高性能处理

传感器技术的发展使得遥感数据的采集、管理和分析方式产生了巨大变革，目前对地观测卫星的主要特点主要表现在高空间分辨率、高光谱分辨率、回访周期短、影像条带宽、立体成像能力、多种成像模式等方面，越来越多的不同平台搭载的观测传感器使得人们可以获得近乎连续高维度数据。这种采集信息的爆炸式增长为处理带来了巨大挑战，而

对于遥感数据尤其是灾害区域数据的解译，时间效率是非常重要的，因此遥感数据的高性能、高效率处理是非常必要的。

另外，应急响应、灾害评估和环境监测等对处理时间有限制，要求在短时间内完成大量的高精度遥感数据处理运算，处理速度、精度和处理能力如果得不到解决，必将造成大量遥感数据积压，无法发挥遥感技术所具有的宏观、快速和综合的优势从而影响决策。

为了解决这种问题，许多学者和科技工作者对高性能计算技术（HPC）在遥感工程中应用进行了大量的研究和实验。目前已有包括美国 NASA、美国马里兰大学遥感信号与图像处理实验室、法国 InfoTerra 公司、中国科学院计算所、国防科技大学、武汉大学、中国测绘科学研究院、中国航天科技集团公司等国内外知名研究机构和企业开展了此领域的研究与开发工作，设立相关的研究和开发项目。从研究成果来看，目前遥感影像高性能处理方法目前采用的主要技术有适于特殊硬件加速技术、以并行数据处理为基础的高性能集群处理技术和大规模分布式处理技术。

5.3.1　遥感影像特殊硬件加速技术

通过特制的硬件进行密集计算加速特别适合星/机上实时或近实时处理，因为这样一方面可以减少数据下传带宽需求，另一方面可以通过实时处理、分析观测结果进行机动决策。目前，主要有现场可编程处理阵列（Field Programmable Gate Array，FPGA）和 GPU（Graphic Processing Units）两种类型硬件被应用于遥感数据的处理。

5.3.1.1　FPGA

FPGA 是在专用集成电路领域内对可编程器件的进一步发展，具有高度集成的特点。近年来，基于 FPGA 的计算也被称为可配置计算已经被认为是非常适合遥感数据处理的。FPGA 具有时钟频率高、速度快、采集实时性高、控制灵活等特点，在遥感数据处理应用中具有很好的前景，尤其对于高维数据，FPGAs 使得星/机上实时处理成为可能（Hsueh，Plaza，2008；Araby，Thomas，2009；Gonzalez，Paz，2010）；另外，FPGAs 是完全可重配置的，使得星/机上处理可以自适应的选择处于地面控制站点的数据处理算法，也可以在嵌入式处理器运行遥感应用。FPGAs 的可配置性，可以将传统微处理器的灵活性和定制硬件的高性能紧密联系起来，使得软件开发的灵活性可以扩展到高速并行的硬件资源上。

此外，星载设备必须选用可在太空运行的芯片，因为太空环境中的电磁辐射会对集成电路板造成不利的影响，从而使得软件出错、系统失效。这就需要 FPGAs 提供可重配置的错误检测和修正电路。这种高速的抗辐射的 FPGA 芯片已经用于高吞吐量的遥感影像应用当中，例如由 Actel 公司生产的 Actel FPGAs 已经在超过 100 次的星载处理中发挥作用，《高性能遥感处理》（High Performance Computing in Remote Sensing）一书中列举了众多利用 FPGA 进行遥感影像高性能处理的应用。Plaza 和 Chang 通过比较基于集群计算平台和基于 Xilinx Virtex－Ⅱ FPGA 处理设备实现纯净像元指数（Pixel Purity Index，PPI）算法，并比较了这两种实现方法的各自优点和缺点（Plaza，Chang，2008）。

5.3.1.2 GPU

GPU是新一代性价比高的高性能计算技术，且在近年来发展迅速。图形处理器在并行数据运算上具有强大的运算功能以及相对较高的并行运算速度，具有单指令流多线程（Single Instruction Multiple Thread，SIMT）的并行处理特性，在解决计算密集型问题具有很高的性价比（Elsen，2006）。GPU架构采用流处理方法和单一指令多数据的编程模式，非常适合遥感像元级处理。随着GPU技术的快速发展，GPU在可编程能力、并行处理能力和应用范围等方面得到不断提升和扩展，使得GPU已成为当前计算机系统中具备高性能处理能力的重要部件。作为比较成熟的商用设备，GPU不但能够使现有应用的计算速度有数十倍的性能提升，而且还具备耗电量更小、更经济的优点。2006年11月，英伟达公司推出了通用统一计算架构（Compute Unified Device Architecture，CUDA），这是一种新的并行编程模型和指令集架构的通用计算架构，能够利用GPU硬件设备进行高效的并行计算从而解决许多复杂计算任务，目前已经在医学成像与分割、大气辐射传输计算、图像编码以及光纤通信等领域得到应用，显著地提高了传统算法处理的效率（何国经，2011）。

CUDA是一种将GPU作为数据并行计算设备的软硬件体系，其特点是将CPU作为主机，GPU作为协处理器或设备端，在这个模型中CPU和GPU协同工作，CPU负责逻辑性强的事务和串行计算任务，而GPU主要处理高度线程化的并行计算任务。在CUDA编程模型中，如图5.16所示，运行在GPU上的CUDA并行计算函数称为kernel，一个完整的CUDA程序由一系列的设备端kernel函数并行步骤和主机端的串行处理步骤共同组成，而kernel是整个CUDA程序中的一个可并行执行步骤。在GPU端kernel函数是以线程网络（grid）的形式组织，每个grid再由若干个线程块（block）组成，每个block中再包含很多个线程（thread），一个内核函数中的线程数量可以达到上千甚至上万，所以在GPU上同时运行的线程数量是相当惊人的。GPU线程的发起是轻量的，其创建线程的系统开销非常小，线程切换所耗费的时间也相当短。

虽然GPU设备问世不久，但已经有众多研究人员将其应用到遥感数据的处理当中。Balz利用GPU进行合成孔径雷达数据的模拟（Balz，2009）；Govett利用GPU实现了气象模型的动力学部分，获得了34倍的加速（Mielikainen，2010）；GPU也被用于高光谱数据端元纯度的形态学算法实现（Setoain，2007，2008），在端元丰度指数提取和分割上获取了15倍的加速（Plaza，2010）；在嫦娥二号探月卫星工程中，GPU用于通道下传数据的解码，并具有87倍的速度提升（Song，2011）；另外，GPU还被用于一些星上实时目标识别和跟踪（Tarabalka，2009）。

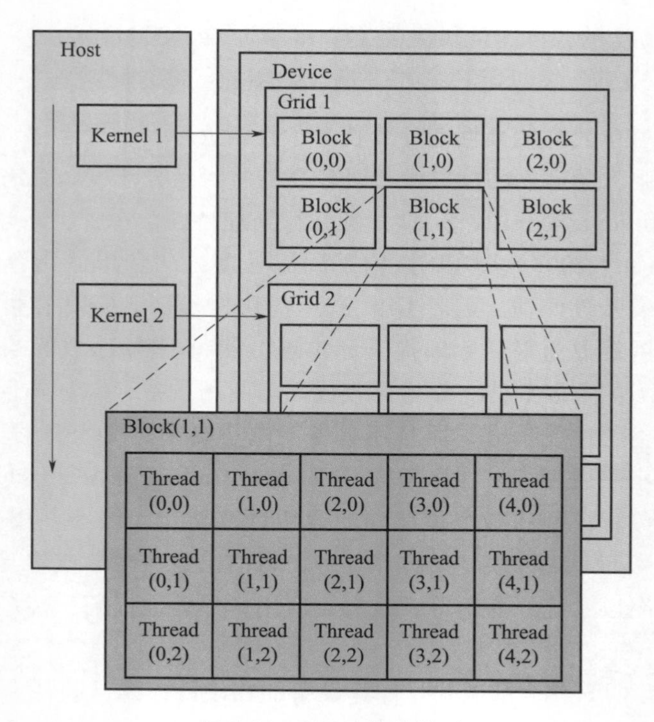

图 5.16　CUDA 编程模型

5.3.2　遥感影像高性能集群处理技术

集群是一种分布式的内存结构，可以聚合各个节点的计算能力，一般采用 MPI 在节点间通信。目前，高性能遥感数据集群处理关键技术具体实现包括基于低成本的可扩展 64 位计算平台下高精度数据处理技术和大规模并行处理技术，同时具有任务调度和管理、海量数据快速存储与管理能力，使之广泛用于各种遥感数据处理应用。

高性能遥感数据处理目前主要用于星载/机载观测数据地面处理系统中，图 5.17 为遥感集群处理系统中计算中心结构示意图。该系统采用计算机集群系统为硬件处理平台，利用高速的光纤或 Infiniband 大型交换机进行互联，并在每个计算节点上部署了适合遥感数据大规模并行处理的功能和算法，通过遥感数据处理任务管理和调度，使得遥感集群处理系统相对于单机遥感处理系统，性能有了极大的提高，主要表现在多任务支持、处理吞吐量大、可靠性强、集中式管理等，具体表现在以下几个方面：

1）支持大规模并行处理，数据吞吐量大；

2）扩展性强，采用灵活体系结构，能集成第三方软件插件；

3）自动化程度高，采用多种自动化遥感处理技术；

4）支持多用户和多任务管理，以产品管理为中心；

5）可靠性高，响应速度快，处理精度高。

集群处理应用于遥感处理领域始于 20 世纪 90 年代中期，NASA 的戈达德航天中心

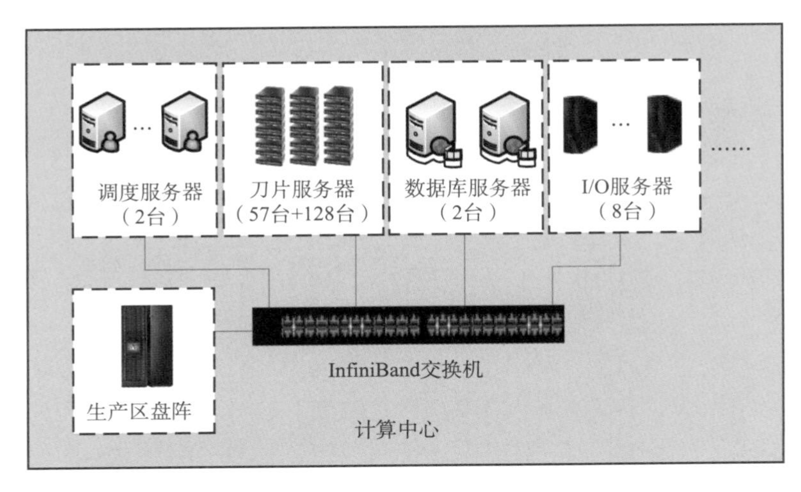

图 5.17　遥感集群处理系统计算中心结构

（Goddard Space Flight Center，GSFC）的一个研究小组将一些普通的 PC 协同管理起来，从而构成了第一代 Beowulf 集群。一年后，Beowulf – II 诞生，包含 16 台主频在 100MHz 的奔腾 PC，速度比第一代提高了近 3 倍。在 1997 年之前，集群系统一致处于谁组建谁使用的原型机时代，1997 年，GSFC 组建了一个集群用于 HIVE 项目，HIVE 集群也是在遥感数据处理历史上第一个计算峰值达到 10 Gigaflops 的系统。发展至今，集群的硬件配置已经发生了翻天覆地的变化，性能也得到了强劲提升。例如，目前用于遥感应用的 NASA Ames Research Center 的哥伦比亚超算系统含有10240颗 Intel CPU，20TB 总内存，用 Infiniband 和万兆以太网交换机进行互连。

在过去，集群能力的提升只关注于 CPU 时钟频率的提高，而随着计算机水平提高，性能的提升逐渐采用多核技术，而到最近几年，集群系统的节点逐渐采用硬件加速技术，使得集群性能进一步提高，目前世界上最快的集群系统是由配备 GPU 设备的节点组成的。可以说，集群系统呈现出多级硬件层次结构（如图 5.18 所示）。集群主要由计算节点完成，每个计算节点包含多个 CPU，每个 CPU 包含多个 CPU 核；每个计算节点可连接多个 GPU 设备，每个 GPU 在硬件实现上包含多个 SM（Fermi 14 ~ 16 个），每个 SM 含多个 GPU 核（Fermi SM 包含 32 个）。

遥感集群处理系统的组建除了要搭建集群硬件处理平台外，也要对遥感处理功能和算法进行改进，采用并行处理技术，对大的遥感快速处理任务进行分解，然后分配到多个处理单元，多个处理单元同时执行，才能实现遥感影像的快速处理。根据处理任务分配策略的不同，可分为区域分解策略、功能分解策略、流水线技术任务分解策略和分治任务分解策略（龚健雅 等，2007）。通常在处理大容量遥感数据时，采用大粒度的并行处理，尽量减少并行进程之间的通信，提高并行执行的加速比。在遥感影像处理算法并行化实现方面，近年来针对主要遥感图像处理算法提出了不少并行实现方法，主要包括影像卷积、影像变换、地表覆盖分类和高光谱影像处理等（龚健雅 等，2007）。

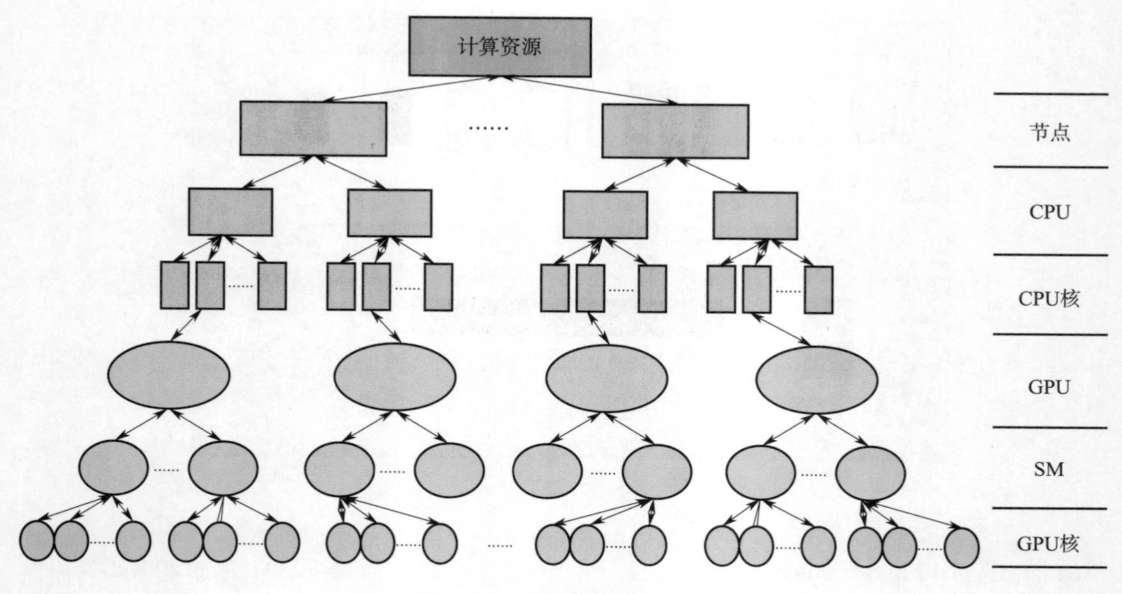

图 5.18　多级硬件层次结构

5.3.3　遥感影像数据大规模分布式处理技术

由于遥感数据处理量巨大，且具有处理时间限制，因而属于计算密集型应用，遥感应用用户往往在遥感数据处理计算资源、处理软件、存储设备和数据处理经验等方面存在不足，分布式计算为这些问题提供了可行的解决方法。遥感影像大规模分布式处理以计算服务化的方式实现遥感影像高性能处理，该技术通过高速网络调用异地的处理资源和数据资源，实现遥感数据处理的高效、实时和地域无关性。分布式计算基础设施能给用户提供功能强大、无处不在的计算设施，通过高速网络和计算服务化可以调用并不知在何处的存储、计算和各种应用服务，从而解决大规模遥感数据处理遇到的问题，提高遥感数据处理的吞吐量，强大计算设施的保障可以在很短的时间内完成指定的操作，保证了遥感数据处理的时效性。同时，对于调用遥感数据处理服务的用户而言，节约了购买大量硬件设备和软件的费用，降低了成本。

网格计算最初是专门针对复杂科学计算的元计算方式，网格模式利用互联网，将分散在不同地理位置的资源织成一个“虚拟的超级计算机”，整个计算系统是由许多个“节点”组成的“网格”。2001 年，Foster 和 Kesselman 进一步将 Grid 和其基础构件定义为支持动态的、分布式虚拟组织（Virtual Organizations，VO）的不同资源的共享和协作系统。不同于传统的分布式计算在于在动态集合资源，和资源之间的灵活、安全、协作的共享。在网格计算中，网格平台和遥感处理算法之间的连接层次被称为网格中间件，它运行在分布的异构环境上，主要通过提供一系列标准的服务接口来隐藏资源的异构性，为用户提供一个同构的无缝的应用环境。目前，用于遥感数据处理与分发的网格项目有 G－POD、

GEO Grid。Hawick等（2003）基于网格平台设计了具有大数据量处理的分布式架构，Aloisio等（2003）实现了一种网格的动态对地观测系统并可对海量遥感数据进行管理和按需处理。

云计算是网格计算的进一步发展，是一种具备处理规模化、管理集中化、结构开放化、存储海量化等特点的服务计算模式，已经在大数据处理尤其是互联网搜索领域取得了极大的成功。云计算将共享的软硬件资源和数据信息，以服务的形式按需提供给各类用户，共包含3类形式的服务：基础设施即服务（Infrastructure as a Service）、平台即服务（Platform as a Service）和软件即服务（Software as a Service）。国外已经开始结合云计算技术进行了图像、视频、生物、空间科学计算等方面的研究。云计算技术的不断成熟和发展，为解决遥感空间信息按需服务提供了一种新的方案。Google Earth基于Google GFS、MapReduce、Bigtable技术，存储全球多种分辨率遥感数据，并可以在上进行分布式处理。Apache Hadoop的HDFS、Mapreduce、HBase是相应的开源实现，在遥感数据存储和计算方面也得到了应用。在Hadoop云平台下，霍树民（2010）研究了海量影像数据管理及并行金字塔构建问题，康俊峰（2011）设计了高分辨率遥感影像管理平台C－RSMP。

5.4　新型载荷数据处理关键技术

面向台风、洪涝、地震、干旱、风暴潮、沙尘暴、地质、风雹、赤潮、森林草原火灾、植物森林病虫灾害、低温雨雪冰冻和环境灾害等而筹建的国家自然灾害空间信息基础设施建成后，“天、地、空”立体接收系统能提供可见光/多光谱、高光谱、红外、微波、重力、地磁等探测手段，来自不同传感器平台的不断增长的遥感数据需要不同的有效的处理和分析技术，因此，需要对新型载荷数据处理的关键技术进行梳理和分析。

5.4.1　高光谱数据处理技术

5.4.1.1　高精度光谱定标技术

通常情况下，在卫星发射之后，遥感器所处的工作环境与实验室有很大不同，波段中心波长会产生谱线偏移，这一偏移量是绝对光谱响应偏移；另外，VNIR（可见近红外）与SWIR（短波红外）通道采用多视场、多焦面拼接技术，由于光谱偏移，必然导致不同探测器之间出现相对的光谱偏移，其直观现象是拼接后的短波红外相同通道内的光谱响应随视场不同而不同，在光谱、辐射、几何3个维度上产生综合影响。由于目标的典型特征在光谱上具有连续、稳定的特征，因此，这些综合的影响可以通过特征光谱差异加以判断。研究如何根据光谱定标数据，确定各个波段中心波长的绝对和相对偏移量的方法，是可见短波红外高光谱成像仪的关键技术。以低压汞灯及氪灯的发射谱线为标准，首先对单色仪进行全范围定标，然后使单色仪以一定的步长扫描输出单色光，由遥感器同时检测记录信号。通过比较分析单色仪的输出信号与遥感器的测量信号的波长位置、曲线形状，可以确定遥感器每个波段的波长位置、光谱响应函数等。

5.4.1.2　光谱维自适应滤波技术

高光谱成像仪采集的原始光谱中除包含有与样品组成有关的信息外，同时也包含来自各方面因素所产生的噪声信号。这些噪声信号会对谱图信息产生干扰，有些情况下还非常严重，从而影响校正模型的建立和对未知样品组成或性质的预测。因此，光谱数据处理过程中需要解决光谱噪声的滤除，对高光谱遥感图像光谱域噪声进行自检测并进行去除，消除对数据信息的影响。应用于高光谱遥感数据的滤波方法主要有两种：一是光谱域的光谱曲线平滑方法；二是图像域的滤波或条带消除方法。前者虽然实现简单，但容易造成光谱特征的平滑或空间信息的丢失；后者则多是针对高光谱单波段图像展开，并不能在整体上改善高光谱数据的信噪比，需要人为地预先进行噪声波段的挑选，处理效率较低，而且缺乏图像去噪和光谱信息保留的权衡操作。

5.4.1.3　空间外差干涉仪的相位校正技术

由于探测器采样的非对称性，导致干涉图两端不对称，采样过程中没有包括真正的零点光程差，这样会产生相位误差 $\Phi(k)$ ，k 为空间频率。相位误差一般只与空间频率有关。由于光栅的缺陷和干涉仪的非均匀性，空间外差干涉仪还存在另外一种相位误差 $\Phi(k, x)$ ，它不仅与空间频率 k 有关，也与光程差 x 有关。因此，对空间外差干涉仪数据，仅用传统的 FTS 技术中相位校正方法是不够的。

5.4.2　高轨 SAR 处理及干涉技术

高轨 SAR 卫星的轨道高度达到36000km，幅宽达上千千米，分辨率达到20m。高轨 SAR 特有的观测几何，其成像时面临几个主要困难，也给地面数据处理带来了相当大的困难，包括几个方面：

1）姿轨数据处理，由于是地球同步近圆轨道，因此受到的扰动较大，比如日月引力、太阳辐射压力等；

2）合成孔径轨迹为近圆的椭圆，其子孔径不太规则，不能用直线或者圆弧近似，不能再使用直线斜距模型；

3）观测面积非常大，因此回波的数据量巨大。

4）波束照射区域面积巨大，平面波前假设不再成立。

高轨 SAR 卫星“8”字形的星下点轨迹，使得地面处理中需要建立新的星地几何模型，并改进成像处理算法。对于高轨 SAR 的辐射校正处理，由于采用了新的大面积薄膜天线、超高效率功放电路、二位波束相位控制组件等全新的高轨 SAR 技术，则需要对影响能量传播的系统调制传递函数重新进行分析，并对辐射校正方法进行修正。

5.4.3　重力场测量数据处理技术

重力测量卫星采用重力梯度测量设备，对全球尺度的重力场通过加速度以进行测量，得到重力场的球谐系数数据产品，重力探测卫星可以为地震、地质、测绘等行业用户提供重力场梯度数据。重力梯度测量数据的预处理包括时变重力场信号快视、粗差探测与改正、外部校准、常规重力/重力梯度异常反演等内容。

5.4.3.1　重力梯度仪中加速度计数据的实时采集和处理

重力加速度计的输出信号比较小，要抑制线加速度和角加速度的共模干扰，则必须实现多个加速度计的并行、高速和高精度数据采集。为了实现实时系统误差修正，要求实时解算重力梯度和重力矢量值，同时换算出重力异常和垂线偏差，这些对加速度计重力梯度仪的软硬件性能提出较高要求，需要进一步研究系统优化的方法。

5.4.3.2　重力场模型计算的算法优化

由于重力场模型解算精度是由重力梯度仪误差、卫星轨道误差、卫星姿态误差、模型误差等各种误差积累而得，任何一方面的数据误差偏大都会明显降低模型解算的精度，如何在计算方法中减少各种来源误差的影响需要研究；加之精确的重力场解算模型计算中涉及大数据量、高阶次（10～360 次）位系数数值解算，这都要求进一步发展高效、稳定、可靠而实用的数值计算方法，以适应超大规模重力场数据处理的需要，对系统程序深度优化，提高系统运行效率。

5.4.3.3　反演地球重力场的模型研究

反演地球重力场有很多不同的模型，各有其特点，除要在传统解析法和统计法两个领域上开拓新思路和新方法以外，还必须在两者的结合上对重力场地面边界的无序结构进行深入研究，形成非线性边值问题的理论，揭示重力场地面边界无序过程的内在本质，借此建立更加有效和实用的卫星重力梯度局部逼近模型。

5.4.3.4　GPS 系统、重力梯度仪等有效载荷数据的粗差探测与剔除

有效载荷数据的精准性是重力场精确解算的前提保证，要求针对各个有效载荷数据突变、畸变等现象，研究其中的粗差探测的方法、参数和阈值，对粗差及时剔除，从数据源上保证重力模型解算的可靠性。我国在重力卫星的发射和处理上还处在起步阶段，其数据特点和质量存在不确定性，这就要求在预先研究和在轨期间中充分考虑各种粗差来源的可能性，分析粗差的特征，建立探测的模型和方法。

5.4.4　电磁卫星数据处理技术

电磁卫星可以为地震行业用户提供必要的监测数据。电磁信号幅值统计（地震前电磁辐射的能量、幅度与地震强度有关，地震愈大，异常幅度也愈大。有研究指出，地震震级与辐射能量的对数成正比），可进一步分析和推断与地震活动有关的电磁现象及其大致方位。由于地震电磁卫星观测的电、磁场时间序列是由不同频率的周期成分叠加而成的，往往需要采用快速傅里叶变换或小波变换等谱分析方法将不同的周期成分分离，形成不同频率电、磁场信号的原始谱。

5.4.4.1　电离层等离子体观测模型

电离层的地理变化相当复杂，迄今为止还未获得较理想的全球分布模型。电磁卫星运

行在距离地球表面507 km高度，位于电离层的 F2 层，处于一个复杂易变的电磁环境。电磁卫星数据处理需进行电离层等离子体观测模型构建，根据国际上对空间环境的观测经验，将电磁卫星观测到的不同等离子体物理量，按照不同空间位置、不同磁季节、一天不同时段、不同磁情指数（K_p 指数区分）划分，进行时空统计分析，建立电离层等离子体观测模型。

5.4.4.2　电磁场波形频谱数据精反演技术

电磁场数据是电磁卫星的重要探测物理量，利用电场探测仪完成电场数据的探测，利用感应式磁力仪和高精度磁强计可以完成磁场数据的探测。采用时域分析、傅里叶变换、频域校正、三分量数据反演分析等处理方法进行对探测到的电磁场数据校正，同时在处理过程中需要分析空间磁场对电场数据测量结果的影响，建立完善的物理模型；另外，需要对电磁场各个载荷进行精确的定标实验，获取准确的定标系数，才能准确地反演电磁场波形和频谱数据。

5.4.4.3　掩星反演精密定轨技术

利用电磁卫星掩星数据反演电子总含量（TEC）等参数，需要高精度的轨道数据，可以结合多轨数据的联合反演来提高轨道的测量精度。通过重访轨道特征统计，对比同一地点、同一时刻观测参量的变化，可以帮助了解物理参量的长时间序列背景变化规律，从而得到更为准确的 TEC 和电子密度剖面。

5.4.4.4　电离层电子、离子特性参数分析

利用等离子分析仪可以完成电离层离子成分、离子密度、离子速度、离子温度等物理量的测量，Langmuir 探针可以完成电子密度、电子温度等物理量的测量。通过对 Langmuir 探针和等离子分析仪分析的 I－V 特征曲线，可以建立准确的电子电流、离子电流物理模型，并通过精确的拟合和趋势分析处理，可以精确反演电离层电子、离子特性参数。

5.5　小结

本章重点讲述了自然灾害空间信息体系中数据地面处理系统中对卫星遥感数据高精度和快速处理以及重力场、电磁等新型载荷处理技术。

辐射校正和几何校正处理是遥感数据预处理的主要内容，在辐射误差校正方法中，归一化相对辐射校正是定量遥感的必需环节，其关键是通过高精度的定标光源获取精确的定标校正系数，通过调制传递函数补偿（MTFC）对退化的模糊影像进行复原，不仅可以改善影像的清晰度，而且可以提高影像的信息量。在几何处理方面，着重介绍了地面系统中遥感数据对地目标定位和误差改正的方法：首先需要进行精密定轨、定姿，消除姿轨辅助数据中的测量误差；然后根据载荷特点建立正确的几何纠正模型，并通过几何检校来消除传感器系统及成像条件等系统误差影响，提高卫星遥感影像的对地目标定位精度和应用潜力。

自然灾害空间信息集成系统覆盖了可见光、红外、高光谱、微波、电磁、重力等多种遥感载荷，并且具备全天时、全天候的观测能力，势必会造成遥感数据量的爆炸式增长，而自然灾害的类型多样和突发性也对遥感数据的处理提出了高时效需求，因此必须采用先进的并行计算和分布式处理技术对遥感数据进行高性能处理，提升数据处理系统的快速响应能力，为灾情分析判断、应急救援决策等提供技术手段与支撑。

参考文献

蔡新明 . 2007. 基于卫星遥感图像的 MTF 计算与分析 . 南京理工大学硕士学位论文 .

房建成，宁晓琳，田玉龙 . 航天器自主天文导航原理与方法 . 北京：国防工业出版社 .

葛苹，王密，潘俊等 . 2010. 高分辨率 TDI－CCD 成像数据的自适应 MTF 图像复原处理研究 . 国土资源与遥感（4）：23－28.

龚健雅 . 2007. 对地观测数据处理分析与进展 . 武汉：武汉大学出版社 .

巩丹超，张永生 . 2003. 有理函数模型的解算与应用［J］. 测绘学院学报，20（1）：39－46.

巩丹超 . 2003. 高分辨率卫星遥感立体影像处理模型与算法 . 中国人民解放军信息工程大学博士学位论文 .

顾行发，李小英，闵祥军，等 . 2005. CBERS－02 星 CCD 相机 MTF 在轨测量及图像 MTF 补偿 . 中国科学（E 辑：信息科学），35（B12）：26－40.

何国经，刘德连，等 . 2011. CUDA 架构下高光谱图像光谱匹配的快速实现 . 航空兵器，8（4）：3－6.

胡国荣 . 1999. 星载 GPS 低轨卫星定轨理论研究 . 武汉：中国科学院测量与地球物理研究所 .

霍树民 . 2010. 基于 Hadoop 的海量影像数据管理关键技术研究 . 长沙：国防科学技术大学 .

康俊峰 . 2011. 云计算环境下高分辨率遥感影像存储和高校管理技术研究 . 杭州：浙江大学 .

李德仁，郑肇葆 . 1992. 解析摄影测量学 . 北京：测绘出版社 .

李海超，郝胜勇 . 2011. 一种推扫式卫星图像的相对辐射校正方法 . 光电工程，38（1）：142－145.

刘锦峰，黄峰 . 2004. 一种基于输运方程的大气退化图像复原方法 . 光散射学报，16（4）：364－369.

刘军，张永生，王冬红 . 2006. 基于 RPC 模型的高分辨率卫星遥感影像精确定位 . 测绘学报，35（1）：30－34.

刘亚侠 . 2005. TDI CCD 遥感相机标定技术的研究 . 中国科学院长春光学精密机械与物理研究所博士学位论文 .

刘正军，王长耀，骆成凤 . 2004. CBERS－1 PSF 估计与图像复原 . 遥感学报，8（3）：234－238.

闵祥军，朱永豪，朱振海，等 . 1999. MAIS 图像大气订正及其在岩矿制图中的应用 . 遥感技术与应用，14（2）：1－9.

潘志强，顾行发，刘国栋，等 . 2005. 基于探元直方图匹配的 CBERS－01 星 CCD 数据相对辐射校正方法 . 武汉大学学报（信息科学版），30（10）：925－927.

秦绪文，田淑芳，洪友堂，等 . 2005. 无须初值的 RPC 模型参数求解算法研究 . 国土资源遥感，66（4）：7－15.

邱晓君 . 2006. 基于 MTF 遥感图像恢复技术研究 . 南京理工大学硕士学位论文 .

田庆久，郑兰芬，童庆禧 . 1998. SPOT 地面场定标与星上定标结果的比较分析 . 遥感学报，2（1）：13－18.

王任享 . 2001. 卫星摄影三线阵 CCD 影像的 EFP 法空中三角测量（一）. 测绘科学，26（4）：1 - 5.

王小燕，龙小祥 . 2008. 资源一号 02B 星相机相对辐射校正方法分析 . 航天返回与遥感，19（1）：29 - 34.

吴江飞 . 2006. 星载 GPS 卫星定轨中若干问题的研究 . 上海：中国科学院上海天文台 .

杨杰 . 2004. 星载 SAR 影像定位和从星载 InSAR 影像自动提取高程信息的研究 . 武汉大学博士学位论文 .

余俊鹏 . 2009. 高分辨率卫星遥感影像的精确几何定位 . 武汉：武汉大学博士学位论文 .

袁修孝，曹金山，等 . 2012. 高分辨率卫星遥感精确对地目标定位理论与方法 . 北京：科学出版社 .

袁修孝，张过 . 2003. 缺少控制点的卫星遥感对地目标定位［J］. 武汉大学学报 . 信息科学版，28（5）：505 - 509.

张飞鹏，黄珹，廖新浩 . 2001. 综合多种观测技术精密确定海洋卫星 ERS - 2 的轨道 . 科学通报，46（14）：1227 - 1238.

张过 . 2005. 缺少控制点的高分辨率卫星遥感影像几何校正 . 武汉大学博士学位论文 .

赵齐乐 . 2004. 卫星导航星座及低轨卫星精密定轨理论和软件研究 . 武汉：武汉大学 .

周春城，李传荣，胡坚，等 . 2012. 基于行频变化的航空高光谱成像仪相对辐射校正方法研究 . 遥感技术与应用，27（1）：33 - 38.

Aloisio G，Cafaro M. 2003. A dynamic earth observation system. Parallel Computing，29（10）：1357 - 1362.

Balz T，Stilla U. 2009. Hybrid GPU - based single - and double - bounce SAR simulation. IEEE Trans. Geosci. Remote Sens.，47（10）：3519 - 3529.

Bisnath S，Langley. 1999. Precise efficient GPS - based geometric tracking of low Earth orbiters. Insitute of Navigation，Annual Meeting，55th，Cambrige，MA；pp：751 - 760.

Breton E，Bouilon A，Gachet R，et al. 2002. Pre - flight and in - flight geometric calibration of SPOT5 HGR and HRS images. International Archives of Photogrammetry Remote Sensing and Spatial Information Sciences，Denver，USA，34（Part B1）：20 - 25.

Choi T. 2002. IKONOS Satellit in orbit modulation transfer function（MTF）measurement using edge and pulse method. Doctor Dissertation of South Dakota State University，USA.

El - Araby E，El - Ghazawi T，Moigne J，et. al. 2009. Reconfigurable processing for satellite on - board automatic cloud cover assessment. Real - Time Image Process，5：245 - 259.

Elsen E，Houstron M，Vishal V，et al. 2006. BN - body simulation on GPUs. Processing of 2006 ACM/IEEE Conference on Supercomputing，New York，USA.

Fraser S. Hanley H. 2003. Bias compensation in rational functions for IKONOS satellite imagery. Photogrammetric Eng. & Remote Sensing. 69（1）：53 - 57.

Gonzalez C，Resano J，Mozos D，et. al. 2010. FPGA implementation of the pixel purity index algorithm for remotely sensed hyperspectral image analysis. EURASIP Advances in Signal Processing，969806：1 - 13.

Govett M W，Middlecoff J，Henderson T. 2010. Running the NIM next - generation weather model on GPUs. in Proc. 10th IEEE/ACM Int. Conf. Cluster，Cloud and Grid Computing（CCGrid），1：792 - 796.

Grodecki J，Dial G. 2001. IKONOS geometic accuracy. In：Proceedings of ISPRS Workshop on High Resolution Mapping from Space，Hanover，Germany.

Grodecki J，Dial G. 2003. Block adjustment of highresolution satellite images described by rational functions. Photogrammetric Eng. & Remote Sensing，69（1）：59 - 68.

Hawick K A, Coddington P D, James H A. 2003. Distributed frameworks and parallel algorithms for processing large - scale geographic data. Parallel Computing, 29 (10): 1297 - 1333.

Hsueh M, Chang C I. 2008. Field programmable gate arrays (FPGA) for pixel purity index using blocks of skewers for endmember extraction in hyperspectral imagery. Int. J. High Performance Computing Applications, 22: 408 - 423.

Hu Y, Tao V. 2004. Understanding the rational function model: methods and applications. International Archives of Photogrammetry and Remote Sensing, 68 (7): 715 - 724.

Jacobsen K. 2006. Calibration of imaging satellite sensors. International Archives of Photogrammetry and Remote Sensing, Ankara, Turkey (on CD - ROM).

Koening, R, Reigber C, Neumayer. 2003. Satellite dynamics of the CHAMP and GRACE leos as revealed from space - and ground - based tracking. Advances in Space Research, 31 (8): 1869 - 1874.

Leberl F W. 1990. Radargrammetric Image Processing. Norwood, MA: Artech House.

Madani M. 1999. Real - Time Sensor - Independent Positioning by Rational Functions, Proceedings of ISPRS Workshop on Direct Versus Indirect Methods of Sensor Orientation. Barcelona: 64 - 75.

Mielikainen J, Honkanen R, Huang B, et al. 2010. Constant coefficients linear prediction for lossless compression of ultraspectral sounder data using a graphics processing unit. Applied Remote Sens., 4 (1): 751 - 774.

Neumaier A. 1998. Solving ill - conditioned and singular linear system. SIAM Review, 40 (3): 636 - 666.

Plaza A, Chang C I. 2008. Clusters versus FPGA for parallel processing of hyperspectral imagery. Int. J. High Performance Computing Applications, 22 (4): 366 - 385.

Plaza A, Plaza J, Vegas H. 2010. Improving the performance of hyperspectral image and signal processing algorithms using parallel, distributed and specialized hardware - based systems. Signal Process, 61: 293 - 315.

Plaza. A. 2010. Clusters versus GPUs for parallel automatic target detection in remotely sensed hyperspectral images. EURASIP J. Advances in Signal Processing, 915639: 1 - 18.

Poli D. 2005. Modeling of spaceborne linear array sensors. Doctor Dissertation of Swiss Federal Institute of Technology.

Rim, H J, Davis, G. W, Schultz, B E. 1996a. Dynamic orbit determination for the EOS Laser Altimeter Satellite (EOS ALT/GLAS) using GPS mesurements. Proceeding of the AAS/AIAA Astrodynamics Coference, Halifax, Canada: 1187 - 1201.

Rim, H J, Davis, G. W, Schultz, B E. 1996b. Gravity tuning experiments for precise orbit determination of EOS altimeter Satellite (EOS ALS/GLAS) using the GPS tracking data. Proceeding of the 6th AAS/AIAA Spaceflight Mechanics Coference, Austin, TX; 12 - 15 Feb: 1131 - 1147.

Schutz B, Tapley B, Abusali P, Rim H. 1994. Dynamic orbit determination using GPS mesurements from TOPEX/POSEIDON. Geophys. Res. Lett., 19: 2179 - 2182.

Setoain J, Prieto M, Tenllado C, Tirado F. 2008. GPU for parallel on - board hyperspectral image processing. High Performance Computing Applications, 22 (4): 424 - 437.

Setoain J, Prieto M, Tenllado C, Plaza A, Tirado F. 2007. Parallel morphological endmember extraction using commodity graphics hardware. IEEE Geosci. Remote Sens. 43 (3): 441 - 445.

Song C, Li Y, Huang B. 2011. A GPU - accelerated wavelet decompression system with SPIHT and Reed - Solomon decoding for satellite images. IEEE J. Sel. Topics Appl. Earth Observ. Remote Sens. (JSTARS), 4 (3):

683 - 690.

Tarabalka Y, Haavardsholm T V, Kasen I, Skauli T. 2009. Real - time anomaly detection in hyperspectral images using multivariate normal mixture models and gpu processing. Real - Time Image Process, 4: 1 - 14.

Thomas U, Rosenbaum D, Kurz F, et. al. 2009 . A newsoftware/hardware architecture for real time image processing of wide area airborne camera images. Real - Time Image Process, 5: 229 - 244.

Toutin T. 2004. Spatiotriangulation with multisensor VIR/SAR images. IEEE Transactions on Geoscience and Remote Sensing, 42 (10): 2096 - 2103.

Yang X H. 2000. Accuracy of rational function approximation in photogrammetry. In: Proceedings of 2000 ASPRS Annual Conference, Washington DC, USA.

Yunck T P, William G M, Thornton C L. 1985. GPS - based satellite tracking system for precise positioning, IEEE transactions on Geoscience and Remote sensing, GE - 23 (4): 450 - 457.

第6章　卫星载荷定标校检技术

6.1　载荷定标校检技术现状

遥感是利用与探测目标存在一定距离的载荷，记录目标的电磁波特性，进一步通过分析计算得到目标物体特性等有关信息的技术与科学。载荷的定标校检主要包括辐射信息和几何信息两方面的校检。载荷的辐射定标过程是将传感器记录的计数值转换为辐射亮度的过程。几何定标是用于解决遥感信息在与物体的相互作用、传输、记录过程中产生的各种畸变，获取物体真实空间信息的过程。辐射定标校检与几何定标校检是遥感信息定量化的前提与基础。

6.1.1　可见近红外载荷辐射定标校检技术现状

6.1.1.1　星上定标校检技术现状

为了解决传感器发射后的定标问题，许多传感器都安装有星上定标系统。星上定标系统的优点在于它们能提供经常性、高精度的定标（Thome，2008）。SeaWiFS、MISR、MODIS、SPOT、ADEOS OCTS、ETM+、TM、VEGETATION、ASTER都有星上定标系统，在传感器发射后利用星上的人工或自然光源监测传感器的性能。例如MODIS有4个星上定标器，即太阳漫射板、漫射板监测器、V形黑体和光谱定标系统。太阳漫射板对可见光近红外波段进行星上定标，漫射板监测器用于监测太阳漫射板的衰减变化，其星上定标的反射率定标精度为2%，辐亮度定标精度为5%（Xiong et al，2007），ASTER的短波段依靠基于灯的星上定标系统（Ono et al，1996），SPOT和ADEOS OCTS上是一个内定标灯和一个观测太阳的光纤系统（Meygret，1994），TM携带有内定标器和灯（Chander，2004）。

由于星上定标器使用发射前定标源定标，所以星上定标的精度不可能高于发射前定标，而且随着时间的推移，星上定标器不确定性增加（Slater et al，2001）。星上定标系统又很有可能无法正常工作，不能再提供有效的定标系数，如SPOT和ADEOS OCTS（Hagolle，1999）。这些说明必须使用多种独立的定标方法相互比较来评价星上定标的精度和可靠性，及时发现定标器响应的变化（Slater，1996）。而且星上定标系统花费巨大，因此为了节省费用，之后的很多传感器没有安装星上定标系统，如Polder（Meygret，2004）。对于这些没有安装星上定标系统的传感器，更需要寻找可替代的定标方法来监测传感器的性能（Cosnefroy，1996），避免系统误差的出现，于是各种绝对辐射定标方法发展起来。

6.1.1.2　场地定标校检技术现状

美国亚利桑那大学光学科学中心提出了利用与卫星同步测量的地面和大气数据进行定

标的方法，即在地面上选取均匀区域作为定标场，当传感器过境时通过地面或飞机上准同步测量，以及地基大气光学特性的测量来实现在轨卫星传感器的辐射定标，包括反射率法、辐亮度法和辐照度法三种方法（Slater et al，1987）。

20世纪80年代起，亚利桑那大学遥感组一直以美国的新墨西哥州的白沙导弹基地、加利福尼亚爱德华兹空军基地的干湖床和索诺拉沙漠为辐射校正场，对Landsat-5、Landsat-7、SPOT、EO-1、MODIS等多种传感器进行场地辐射定标（Slater，1987；Biggar，1991；Thome，1993；Thome，1997；Thome，2001a；Thome，2001b；Thome，2004；Biggar，2003），对TM、SPOT的场地定标的精度在2%～5%（Biggar et al，1994；Slater et al，1987）。Abel等利用辐亮度法得到NOAA-11 AVHRR1988年11月至1990年10月6次定标结果以及3.5%～5.5%的定标精度（Abel et al，1993）。亚利桑那大学、saga大学和日本地质调查局等三个组采用反射率法在同一场地同时对ASTER的短波段定标，得到的结果一致，但与星上定标的趋势不同，说明ASTER的1～3波段星上定标系统出现问题（Thome，2008）。

尽管在轨场地定标方法是最直接有效的方法，但由于这种方法工作量大、花费过多、复杂，而且只有传感器经过定标场地时才可以进行，难以实现经常性的定标（Fraser and Kaufman，1986）。大气特性的不稳定（Chander，2004）、测量仪器自身的定标误差（Vermote，Kaufman，1995）、几何配准的误差也给定标带来一定的影响（Abel et al，1993）。因此，各种不需要在卫星过境时进行地面同步测量的方法便发展起来。

6.1.1.3　交叉定标校检技术现状

交叉定标是以一个定标精度高的在轨传感器作为标准，来确定未定标的传感器。该方法不需要精确的大气参数测量，可以在投入相对少的人力和物力的情况下得到相对高的定标精度，是目前常用的辐射定标方法之一。

Stylor以NOAA-7 AVHRR为归一化标准，得到了NOAA-6、7、9 AVHRR可见光波段之间的相互关系（Stylor，1990）；Brest和Rossow开展了NOAA-7、8、9之间的交叉定标，以NOAA-7为标准，将NOAA-8、9的AVHRR数据归一化到NOAA-7上（Brest et al，1992）；Rao与Chen以NOAA-9的AVHRR随时间衰减的定标公式为基础，对NOAA-7、11进行交叉定标，得出传感器定标随时间变化的衰减关系（Rao，Chen，1995）；Teillet以TM和SPOT为参考，白沙场和Rogers Lake为地面目标，对1985年至1988年获取的NOAA-9、10 AVHRR的1、2波段进行交叉定标，及时发现了两个传感器响应明显的衰减（Teillet et al，1997）；1998年6～10月，Teillet等又以Railroad Valley playa实验场和Newell County rangeland实验场为地面目标，利用机载高光谱成像仪（Compact Airborne Spectrographic Imager，CASI）和机载可见近红外成像光谱仪（Airborne Visible and Infrared Imaging Spectrometer，AVIRIS）作为标准，对NOAA-14 AVHRR、Landsat-5 TM、SPOT-1/2 HRV、SPOT-4 VEGETATION、OrbView-2 SeaWiFS等5个传感器进行交叉定标，验证了这些传感器的星上定标在其误差之内，并取得了6%的定标精度（Teillet et al，2001）；刘晶晶等也采取类似的方法，利用MODIS对搭载在中国极轨气象卫星风云

一号D上的MVIRS进行了交叉定标，发现MVIRS发射前后定标系数差别很大（Liu et al，2004）；Thome等利用Railroad Valley实验场，以ETM+为标准，对ALI、Hyperion、MODIS、IKONOS等传感器交叉定标的结果显示：所有传感器与ETM+反射波段的误差在10%以内，ALI、ETM+和MODIS可见光近红外波段之间具有更好的一致性，其相对误差不超过2.3%（Thome et al，2003）；2003年Chander等通过ETM+对TM的交叉定标，提出了TM辐射响应随时间变化的衰减关系（Chander et al，2004）；2007年，Chander等利用稳定的沙漠场，通过ETM+对TM的交叉定标，更新了2003年给出的TM定标衰减公式（Chander et al，2007）。

6.1.2　热红外载荷辐射定标校检技术现状

6.1.2.1　星上定标校检技术现状

MODIS热红外波段主要是使用星上黑体进行在轨星上定标。MODIS采用一种V槽形表面的黑体，发射率可达到0.997，具有良好的温度均匀性，并且黑体的辐射覆盖了整个仪器的入射口径，属于全光路定标。在黑体定标的过程中既可以使用315K和270K两个温度进行点定标，也可以利用黑体被加温然后冷却的这个均匀过程所提供的多种辐射尺度进行多点定标（Xiong et al，2009；陈海龙，2003）。

张如意、王玉花对风云二号C发射前后的地面真空辐射定标、星上黑体定标和地面外场定标进行了研究，并给出了不同方法的定标结果（张如意，王玉花，2005）。CBERS-2 IRMSS星上有高温黑体和常温黑体表面作为对热红外谱段9的定标源。高温黑体温度稳定性高，其辐射经内定标光学处理后，再经快门上的平面反射镜反射进入主光路，作为谱段9高温定标信号；常温黑体直接装在旋转快门上，在扫描镜非线性滞留时间段内常温黑体表面的辐射直接进入主光路，作为谱段9常温定标信号。这种工作方式的星上定标黑体辐射未经过前级光学系统，因此只能实现相对定标。利用发射前实验室定标的结果进行修正得到经过全光路后的等效辐亮度值（张勇，2006）。韩启金2009年在环境一号B发射前实验室定标的基础上，介绍了环境一号B红外相机的星上定标系统，利用2009年3次星上定标数据进行星上定标（韩启金 等，2009）；于2010年利用环境一号B发射以来红外相机热红外通道进行的7次星上定标数据进行星上定标，通过半高宽法有效波段宽度计算实现辐照度与辐亮度的转换，并使用星上定标前后的MODIS第31通道和第32通道的合成辐亮度对环境一号B热红外通道星上定标结果进行检验，认为星上定标系数精度下降了1.5%（韩启金 等，2010b）。李家国使用2009年8月5日和8月14日两次星上定标数据，通过有效波段宽度半高峰法、矩方法和查找表法计算星上定标系数，并对定标结果进行精度和敏感性分析，认为有效波段宽度查找表法计算星上定标系数的精度较高（李家国，2011）。

6.1.2.2　场地定标校检技术现状

对于热红外场地辐射定标，Palmer（1993）首次应用到TM传感器热红外通道6的场地定标，结果与发射前定标相差5%，相当于3.4K的亮温差，试验选择白沙场作为定标地面目标（Palmer，1993）。为了提高定标精度，Slater还特别建议选择海拔较高、面积较大、温度均一的水面场，如美国Nevada的Tahoe湖，玻利维亚的TITICACA湖等。NASA就是利用TITICACA湖作为地面对象，对MODIS的红外通道开展在轨场地定标（Wan et al，2002），ASTER场地定标选择Tahoe湖、Salton Sea和Railroad Valley作为定标场地（Tonooka et al，2005）。

中国资源卫星应用中心于2004年联合多家单位，在青海湖进行针对CBERS上搭载的IRMSS红外多光谱扫描仪的在轨替代定标实验（张勇 等，2005）。国家卫星气象中心分别于1999年7月和2000年8月在青海湖开展风云一号C卫星红外通道的在轨辐射定标。两次定标结果表明，利用辐射校正场辐射得到的定标系数与星上定标结果相差5%左右，相当于3K的亮温差（胡秀清 等，2001）。风云二号卫星热红外通道的场地定标利用青海湖、南海海域的水面辐射和浮标数据，进行静止气象卫星的同步测量试验（戎志国 等，2008；童进军等，2007；张勇等，2010b）。我国海洋光学卫星海洋一号A搭载的海洋水色扫描仪COCTS热红外通道的定标利用青海湖湖水自动观测浮标数据和美国国家环境预报中心（National Centers for Environmental Prediction，NCEP）再分析资料的探空数据实现（童进军等，2005）。李家国等基于热红外辐射传输方程推导了场地替代定标的LET（Radiance，Emissivity and Temperature）法，分别用2009年8月16日和8月19日青海湖的同步观测实验数据得到场地替代定标的结果（李家国等，2011a；李家国等，2011b）。韩启金等利用青海湖同步测量数据，对环境一号B红外相机进行了绝对辐射定标，通过验证说明其定标精度为1K左右（韩启金 等，2010a）。刘李等针对CE312地基热红外辐射计的实验室定标算法进行了评价，并在此基础上改进了环境一号B热红外通道星地光谱匹配算法（刘李，2012）。

6.1.2.3　交叉定标校检技术现状

交叉定标就是建立不同传感器热辐射值之间的转换关系。近年来，国际上开始进行无场地定标技术研究，即无须建立地面校正场，进行多传感器、多时相卫星热红外数据的交叉定标。这种定标方法可以充分利用多种数据源，实现不同传感器数据的同化应用，从而建立起一个多卫星数据共用的数据链。Brest C. L. 等（1992）为了将NOAA系列卫星的AVHRR数据用于国际卫星云气候计划ISCCP工程（International Satellite Cloud Climatology Project），进行了NOAA-7、NOAA-8及NOAA-9之间的相互定标，以NOAA-7为标准，将NOAA-8和NOAA-9的AVHRR数据归一化到NOAA-7上（Brest，Rossow，1992）。SPOT4发射后第一个月，开展了星上两个相机HRVIR和VEGETATION的定标工作，评估了图像质量（Kaya et al，2005；Nagaraja，Chen，1995）。

谷松岩等、戎志国等分别利用GMS-5和NOAA-16、NOAA-17卫星对风云二号A、风云二号B红外通道进行交叉定标，改进了风云二号B卫星的定标系数（谷松岩等，2001；戎志国等，2005）；杨忠东利用美国Landsat 7上搭载的ETM+红外通道6和风云一号C通道4分别对IRMSS热红外通道进行交叉定标（杨忠东 等，2003）；张勇等以Terra MODIS遥感器热红外 31 通道为参考标准，基于青海湖、太湖地区的影像，开展 CBERS02 星 IRMSS 遥感器交叉辐射定标（张勇，2006）；孙珂等选择 7 次不同时间青海湖地区的 MODIS 影像和环境一号 B 热红外影像，实现红外相机的交叉定标（孙珂 等，2010）；李家国等以 MODIS 作为参考遥感器，针对环境卫星提出劈窗算法交叉法，对环境一号 B IRS 在轨运行一年的 26 景纯水体的环境一号 B IRS B08 影像开展交叉定标（李家国，2010）；刘李等针对 MODIS 与环境一号 B 对应热红外通道的光谱响应特性，改进了交叉定标光谱匹配算法（Liu，2011；刘李，2013）。

6.1.3　SAR 载荷定标校检技术现状

国际上为了实现对雷达卫星（如 Radarsat - 1、ERS - 1/2、JERS - 1、Envisat ASAR 等）定标和在轨测试，许多国家都建立了定标场，如美国、德国、荷兰、加拿大、英国、日本、意大利、丹麦和俄罗斯。这些定标场依据其功能不同，在规模和形式上各不相同。其中著名的定标场有美国的 Death Valley（死亡谷）定标场、Goldstone（金石）定标场和 ASF 定标场，以及德国的 Oberpfaffenhofen 定标场、荷兰的 Flevoland 定标场、英国的 Thetford（或称 Feltwell）定标场。公认的功能最完备的大型定标场有美国的 ASF 定标场、德国的 Oberpfaffenhofen 定标场、荷兰的 Flevoland 定标场。定标场内设置了各种外定标设备，主要包括有源和无源标准反射器、地面标准接收机和发射机以及天然和人工的地面分布目标，并开发了相应的定标处理软件，完成星载 SAR 系统绝对定标和质量测试，可像生产常规图像产品一样，生成精密定量产品。

6.1.3.1　美国 ASF 定标场

ASF（Alaska SAR Facility）是 Alaska Fairbanks 大学地球物理学院的一个分支机构。ASF 的任务包括了下传、处理、归档和分发 SAR 数据（ERS - 1、ERS - 2、JERS、RADARSAT）。ASF 接收星载数据，生产图像产品，发布给各种数据用户。ASF 的一个重要工作任务是各种星载 SAR 的定标，在处理和定标之后，图像广泛用于森林火灾、海冰、冰川移动、火山等方面的观察研究。ASF 是几个 DAAC（Distributed Active Archive Centers，由 NASA 发起，作为地球观测系统的一部分）中的一个。

为了实现对 ERS - 1、ERS - 2、JERS 和 RADARSAT 的定标，在 ASF 附近的 Delta Junction 和 Toolik Lake 设置了两个角反射器阵。Delta Junction 位于 Fairbanks 东南 160km，临近 Delta 和 Tanana River。Toolik Lake 在 Fairbanks 北 500km。Delta Junction 附近的阵是主要定标阵，包括 7 个 2.4m 的角反射器，依据要求可以改变角反射器或增加数量。这个阵每年要维护 8 ~ 10 次。为了确保辐射定标结果，角反射器需要定期维护。辐射定标时仅使用 Delta Junction 的阵。Toolik Lake 阵因距离较远，山区交通不便，常年积雪，每年仅维护一次，这意味着每年仅有短暂的时间可以进行有效的辐射定标分析，因此该阵被放在次要的地位。

6.1.3.2　德国 Oberpfaffenhofen 定标场

德国 Oberpfaffenhofen 定标场在德国 Munich 附近 Oberpfaffenhofen 的 DLR 地区，其中心

位于北纬48.09°，东经11.29°，是SIR－C/X SAR的大型定标场，地势开阔平坦、定标场区域扩展到10000km²。DLR地区具有良好的通信能力，拥有许多地面处理器、实验室和科技工业基础设施，能支持该地区复杂的定标试验。图6.1是SIR－C/X SAR在1994年4月13日获得的Oberpfaffenhofen定标场雷达假彩色图像，由X波段、C波段和L波段复合而成。它有农田、草地、森林、城市、湖泊等特征，其他研究机构的科学家们也经常把它作为土地利用试验的试验场。

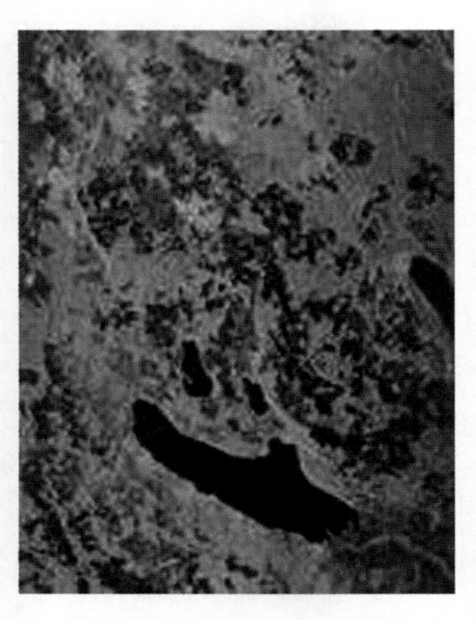

图6.1　SIR－C/X SAR在1994年4月13日获得的Oberpfaffenhofen定标场雷达假彩色图像

1989年8月在Oberpfaffenhofen定标场进行了DC－8/E－SAR机载SAR的第一次飞行试验。为了进行定标，在SAR的测绘条带中安置了42个三面角反射器和4个二面角反射器、一个C波段有源定标器和一个C波段接收机样机。1991年6月DC－8/E－SAR的第二次飞行试验中，继续在这个定标场进行定标。为了确定交叉轨道的在轨天线方向图，在沿交叉轨道方向，－10dB内覆盖65km距离的范围内安置了18个C波段的接收机和9个C波段的有源定标器。为了SIR－C SAR定标，在定标场内布设了X波段和L波段各20个地面接收机和5个有源定标器。

6.1.3.3　荷兰的Flevoland定标场

荷兰Flevoland定标场是一大型的定标场（Super Calibration Site），位于荷兰中部的一块围海而造的平地（30km×60km）中心位于北纬52.4°、东经5.4°，地势非常开阔平坦，海拔高度是－3m。图6.2是SIR－C/X SAR在1994年4月14日获得的Flevoland定标场雷达假彩色图像，由X波段、C波段和L波段复合而成。它的地貌十分简单，主要表现为笔直的公路、农舍、农田、森林和一小部分城镇社区。森林地区由一些成规则的行排列的“幼龄”的落叶树木组成。图像的下2/3为农业和森林用地。在图像的顶部，运河交叉、树龄更长的森林显示为红色。在成像期间，农业用地为裸土，在图像上显示为蓝色，蓝色区域上的亮度变化反映了表面粗糙度的变化。黑色区域为水，运河中的小点为船。

Flevoland定标场是欧空局的主要定标场之一，主要用于ERS－1/2、Envisat ASAR的定标。在场内不同地点放置了有源定标器和角反射器（对ERS－1定标使用了5个8ft的角反射器和3个有源定标器，对于ASAR使用了4个有源定标器）。Flevoland定标场作为SIR－C/X－SAR定标场之一完成了对SIR－C/X－SAR的定标，布设了10个有源定标设备和10个角反射器。在Flevoland定标场还布设了3个L波段的有源定标器对JERS－1 SAR进行了定标工作。

图6.2　SIR－C/X SAR在1994年4月14日获得的Flevoland定标场雷达假彩色图像

6.1.4　卫星载荷几何定标校检技术现状

卫星载荷的无控定位属于星地一体化技术，包括卫星平台的轨道和姿态测量、卫星平台和相机的交联角安装和在轨周期变化、相机内方位元素测量、地面定标检校和地面处理系统模型等内容。卫星平台的轨道和姿态测量精度是影像系统几何校正的重要输入参数，随着高分辨率卫星平台普遍采用高精度双频GPS和星敏感器等测量仪器，卫星的轨道测量精度可以达到分米级，姿态测量精度可以达到角秒级，为其影像产品无控定位达到米级奠定了基础。

几何定标检校主要是关于几何定标场的建设和使用技术，是高分卫星相机内外方位元素检校和周期变化研究的基础。

美国IKONOS卫星常用的几何定标试验场主要包括：美国圣地亚哥（San Diego）几何检校场，用于定位精度检测和内部几何精度检测；美国桑顿（Thornton）几何检校场，用于内方位元素和外方位元素的在轨动态标定；澳大利亚、非洲几何检校场，用于内方位元素和外方位元素定标之后的真实性检验。美国北部测试区圣地亚哥检校场，有140个地面控制点，用于定位精度检测和内部几何精度检测，面积 20km（NS） ×30km（EW），精度 CE90 可到 0.5m，LE90 可到 0.9m。

ALOS 卫星 PRISM 用于立体测绘，包括正视、前视和后视三个相机。在降轨方式中，当正视相机观测 Iwate 检校场，前视相机观测 Tochigi 检校场，后视相机观测 Tomakomai 检校场。Iwate 检校场大小为 25 km×70km，步长为 5km，使用 DGPS 测量，可用做加密控制点。Tomakomai 检校场大小为 10 km×70km，步长为 5km，使用 DGPS 测量。Tochigi 检校场大小为 15 km×70km，步长为 5km，使用双频 GPS 测量。Tsukuba 检校场位于日本东京北部，用于评价每个传感器 CCD 的相对位置和指向精度。地区东部 40km×40km 区域是日本测绘局建立的，用于 1∶2500 比例尺城市规划制图。

法国 SPOT5 卫星在全球建立了多个检校场，用来分析检校卫星在轨工作参数。

我国的高分辨率卫星几何检校场建设是从资源三号卫星的研制为起点开始论证设计的，目前正在建设过程中。在满足资源三号卫星相机的内外方位元素检校需求基础上，兼顾后续高分专项光学卫星的检校任务。定标场建设包括 3 个主要部分：

1）固定靶标场，用于检测空间分辨率和 MTF；

2）内方位元素检校场，80km×100km 高分辨率航拍正射影像和若干控制点靶标，用于三线阵相机的内方位元素检校；

3）外方位元素检校场，约 500km×120km 长条带，覆盖前视、正视和后视相机跨度，主要用于相机外方位元素检校。

6.2 光学载荷辐射定标校检技术

6.2.1 可见近红外载荷辐射定标校检技术

6.2.1.1 场地定标校检

（1）反射率基法

卫星遥感器反射率基法定标过程包括卫星同步（准同步）地表光谱和大气测量、星地光谱匹配、辐射传输计算、卫星计数值提取和定标系数确定等几个部分。

对于卫星遥感器第 i 波段测量的等效表观辐亮度 L_i 为

$$L_i = \frac{\int_{\lambda_1}^{\lambda_2} R_i(\lambda) L_i(\lambda)\,\mathrm{d}\lambda}{\int_{\lambda_1}^{\lambda_2} R_i(\lambda)\,\mathrm{d}\lambda} \tag{6.1}$$

式中，$R_i(\lambda)$ 为遥感器第 i 波段归一化的光谱响应函数，$L_i(\lambda)$ 为第 i 波段在波长 λ 处的表观辐亮度。对于卫星遥感器第 i 波段，其等效的表观辐亮度 L_i 与遥感器探测到的计数值 D_i 的关系为

$$L_i = \frac{D_i - D_{0i}}{a_i} \tag{6.2}$$

式中，a_i 为遥感器第 i 波段辐亮度定标系数的增益，D_{0i} 为计数值的偏移量，a_i 和 D_{0i} 均为待求量。

卫星遥感器在波长 λ 处的辐亮度 $L_\lambda(\theta_v,\theta_s,\varphi_v-\varphi_s)$，可以表示为表观反射率（Vermote et al，1995）

$$\rho_\lambda^*(\theta_v,\theta_s,\varphi_v-\varphi_s)=\frac{\pi d^2 L_\lambda(\theta_v,\theta_s,\varphi_v-\varphi_s)}{E_{0\lambda}\mu_s} \tag{6.3}$$

式中，$E_{0\lambda}$ 为大气外界的太阳辐照度，θ_s 和 φ_s 为太阳的天顶角和方位角，θ_v 和 φ_v 为遥感器观测的天顶角和方位角，$\mu_s=\cos(\theta_s)$ 为太阳天顶角的余弦，d^2 为平均与实际日－地距离之比。

对于朗伯特性较好的地面目标，表观反射率 ρ_i^* 可表示为（Vermote et al，1995）

$$\rho_\lambda^*(\theta_v,\theta_s,\phi_v,\phi_s)=\left[\rho_{Ai}(\theta_v,\theta_s,\phi_v,\phi_s)+\frac{\tau_i(\mu_s)\rho_i\tau_i(\mu_v)}{1-\rho_i s_i}\right]T_{gi} \tag{6.4}$$

式中，ρ_{Ai} 为大气本身产生的向上的散射反射率，τ_i 为大气自身透过率，ρ_i 为地表反射率，s_i 为大气半球反照率，T_{gi} 为吸收气体透过率。

在太阳垂直入射、平均日-地距离条件下，表观反射率 ρ_i^* 与遥感器图像计数值关系为

$$\rho_i^*(\theta_s,\theta_v,\phi_s,\phi_v)=\frac{D_i-D_{0i}}{c_i} \tag{6.5}$$

式中，c_i 为遥感器第 i 波段反射率定标系数的增益，D_{0i} 为计数值的偏移量。式（6.4）和式（6.5）为可见近红外遥感器的定标公式，D_{0i} 和 c_i 均为待求量，其余量为已知。

假定遥感器各波段辐射响应特性为线性，如果遥感器各波段图像数据的偏移量近似为0（即暗电流为0），则可以用单点法计算出 a_i，即获得绝对辐射定标系数，其公式为

$$L_i=\frac{D_i}{a_i} \tag{6.6}$$

若考虑探测器暗电流和噪声等因素影响，就必须利用两点法或多点法来计算绝对辐射定标系数的增益和偏移量。其中，两点法的定标公式为

$$\begin{cases} a_i=\dfrac{D_1-D_2}{L_1-L_2} \\ D_{0i}=D_1-L_1 a_i \end{cases} \tag{6.7}$$

多点法则需要采用最小二乘法计算，计算对应的增益 a_i 和偏移量 D_{0i}。

（2）辐照度基法

反射率基法的一个重要误差来源是对气溶胶模式的假设，不同的气溶胶模式对表观反射率的计算结果会产生较大影响（Biggar et al，1991）。辐照度基法是在反射率基法基础上进行了改进。辐照度法实验过程与反射率基法基本相同，主要区别在于：辐照度基法需要增加漫射辐射度与总辐射度的测量，以实测的漫射辐射与总辐射比值代替反射率基法中对气溶胶模式的假设，将二者之比作为参量输入辐射传输模型，计算大气顶的辐射亮度值，实现卫星的辐射定标。辐照度基法减小了由于气溶胶模式（气溶胶复折射指数和粒子谱分布）假设而带来的误差（Slater et al，1987；Biggar et al，1991），提高了辐射定标的精度。

其最大的不确定性来自漫射与总辐射比测量的精度。

这种方法存在几个不足：首先需要假定地面测量和卫星过境期间，大气稳定；其次要根据漫射与总辐射比测量时刻的太阳天顶角和观测天顶角，经过内插或外推，计算出卫星过境时刻对应观测几何方向的漫射辐射与总辐射比值，计算过程较为复杂；第三，在测量漫射辐射时挡光器械遮挡直射光的同时，也挡住了一小部分漫射光，需要对这部分漫射辐射进行校正（Biggar et al，1991）。

（3）辐亮度基法

辐亮度基法是将一台标定过的稳定辐射计搭载在场地上空一定高度的飞机平台上，在卫星经过场地时刻同时对场地成像，而且观测几何同卫星遥感器基本相同，由此得到场地上空飞机高度处的辐亮度；然后对飞行的高度至大气层顶的大气吸收和散射影响进行订正得到大气层顶的辐亮度。辐亮度基法具有以下几点特征：

1）测量所采用的辐射计必须进行绝对辐射定标，最终辐射定标系数的误差以辐射计的定标误差为主；

2）由于仅需对飞行高度以上的大气进行订正，回避了低层大气的订正误差，有利于提高校正精度；

3）由于搭载于飞机上的辐射计地面视场较大，可在瞬间连续获取大量数据，所以对场地表面均匀性的要求较低。

辐亮度法定标精度最高（Abel et al，1993），同时对场地测量要求也最高。辐亮度法需要利用飞机在卫星过境时刻用相同的观测几何对场地进行测量，所需费用巨大，对遥感器成功定标的次数有限。辐亮度基法的主要误差在于机载辐射计自身的定标精度及稳定性。另外，航空图像和卫星图像的相互配准、观测几何的指向精度，剩余大气的订正误差，卫星过境时刻场地空域是否可用、大气条件是否能够满足飞行要求以及机载辐射计与卫星上的遥感器辐亮度传递过程中的误差都是辐亮度基法需要考虑的问题。基于上述原因，辐亮度法在实际应用中采用的次数有限（Thome et al，1997）。

6.2.1.2 交叉定标校检

交叉定标是利用定标精度较高的遥感器作为参考，对目标遥感器进行定标。在交叉定标过程中主要考虑对参考传感器与目标传感器进行光谱函数的匹配以及光照条件的匹配。卫星在波段 i 测量的等效辐射度 L_i 可以表示为

$$L_i = \frac{\int_0^\infty S_i(\lambda)L(\lambda)\mathrm{d}\lambda}{\int_0^\infty S_i(\lambda)\mathrm{d}\lambda} \quad (\mathrm{w \cdot m^{-2} \cdot sr^{-1} \cdot \mu m^{-1}}) \tag{6.8}$$

式中，$L(\lambda)$（$\mathrm{w \cdot m^{-2} \cdot sr^{-1} \cdot \mu m^{-1}}$）为传感器入瞳处光谱辐亮度；$S_i(\lambda)$ 为传感器波段 i 的光谱响应函数，波段响应范围为 λ_1 和 λ_2 。

与辐亮度一样，卫星高度的等效太阳辐照度可定义为

$$E_{s,i} = \frac{\int_0^{\infty} S_i(\lambda) E_s(\lambda) \mathrm{d}\lambda}{\int_0^{\infty} S_i(\lambda) \mathrm{d}\lambda} \quad (\mathrm{w} \cdot \mathrm{m}^{-2} \cdot \mu\mathrm{m}^{-1}) \tag{6.9}$$

式中，$E_s(\lambda)$ 为垂直于太阳入射光线平面上的大气外太阳辐照度，它通常是日地平均距离处的值。为了确定给定日期的等效太阳辐照度，必须对日地距离的影响进行订正。

假设目标传感器为 A，并假设相机的响应为线性，那么传感器 A 第 i 通道的 TOA 等效辐亮度及归一化表观反射率的定标公式为

$$L_{Ai} = \frac{D_{Ai} - D_{A0,i}}{a_{Ai}} \tag{6.10}$$

$$\rho_{Ai}^* = \rho_{Ai} \cos\theta_A = \frac{D_{Ai} - D_{A0,i}}{c_{Ai}} \tag{6.11}$$

式中，L_{Ai}（$\mathrm{w} \cdot \mathrm{m}^{-2} \cdot \mathrm{sr}^{-1} \cdot \mu\mathrm{m}^{-1}$）为传感器 A 通道 i 的表观辐亮度，ρ_{Ai}^*（无量纲）为传感器 A 通道 i 的归一化表观反射率，ρ_{Ai}（无量纲）为传感器 A 过顶时刻太阳天顶角 θ_A 下通道 i 的表观反射率，a_{Ai} 和 c_{Ai} 为传感器 A 第 i 通道的 TOA 辐亮度和 TOA 反射率的增益，D_{Ai} 为通道 i 的数字计数值，$D_{A0,i}$ 为通道 i 的数字计数值的偏移量。

通过式（6.12），可将传感器 A 第 i 通道 TOA 的辐亮度及反射率联系起来，即有

$$\rho_{Ai} = \frac{\pi d^2 L_{Ai}}{E_{As,i} \cos\theta_A} \tag{6.12}$$

式中，$E_{As,i}$ 为日地平均距离处的传感器 A 通道 i 的等效太阳辐照度，d 为真实的日地距离和日地平均距离的比值，θ_A 为传感器 A 过顶时太阳天顶角。

将式（6.10）代入式（6.12），得到

$$\frac{D_{Ai} - D_{A0,i}}{a_{Ai}} = \frac{\rho_{Ai} E_{As,i} \cos\theta_A}{\pi d^2} \tag{6.13}$$

这时，假设有一参考传感器为 B，它的 TOA 辐亮度及反射率的定标系数是已知的。可以采用传感器 B 的辐亮度或表观反射率来对传感器 B 进行定标。这里，采用表观反射率来推导交叉定标的公式。假设 b_i 与 D_{B0i} 分别是传感器第 i 波段已知的归一化定标系数与偏移量，那么表观反射率定标公式为

$$\rho_{Bi}^* = \rho_{Bi} \cos\theta_B = \frac{D_{Bi} - D_{B0i}}{b_i} \tag{6.14}$$

式中，ρ_{Bi}^*（无量纲）为传感器 B 通道 i 的归一化表观反射率，ρ_{Bi}（无量纲）为传感器 B 过顶时刻太阳天顶角 θ_B 下通道 i 的表观反射率，θ_B 为过顶时的太阳天顶角。

分别将式（6.13）和式（6.11）除以式（6.14），得到传感器 A 第 i 通道 TOA 辐亮度及归一化表观反射率的交叉定标公式为

$$\frac{\rho_{Ai}^*}{\rho_{Bi}^*} \cdot \frac{E_{As,i}}{\pi d^2} \cdot \frac{D_{Bi} - D_{B0i}}{b_i} = \frac{D_{Ai} - D_{A0,i}}{a_{Ai}} \tag{6.15}$$

$$\frac{\rho_{Ai}^*}{\rho_{Bi}^*} \cdot \frac{D_{Bi} - D_{B0i}}{b_i} = \frac{D_{Ai} - D_{A0,i}}{c_{Ai}} \tag{6.16}$$

式中，$\frac{E_{As,i}}{\pi d^2}$ 为卫星过顶时太阳辐照度的匹配因子，即光照条件的匹配，可以较准确地计算获得；$\frac{\rho_{Ai}^*}{\rho_{Bi}^*}$ 是两个传感器对应通道的光谱匹配因子，它是传感器 A 归一化表观反射率与传感器 B 归一化表观反射率的比值，包括了两个传感器对地物、大气不同响应以及不同观测几何大气路径的匹配。

6.2.2　热红外载荷辐射定标校检技术

6.2.2.1　场地定标校检

热红外波段对地观测传感器在对水面进行观测时，辐射计入瞳处所接收到的辐亮度包括 3 个部分：第一部分是来自水表面的热辐射，经过大气衰减到达卫星；第二部分是大气向上的热辐射；第三部分是水表面的反射。

卫星接收的单色辐亮度（在红外波段以波数 cm^{-1} 表达）可以表达为

$$L_{sensor}(v) = \tau_{atom}(v)L_{lake}(v) + L_{up}(v) + \rho_{lake}(v)\tau_{atom}(v)L_{down}(v) \tag{6.17}$$

式中，$L_{sensor}(v)$ 为卫星入瞳处所接收到的单色辐亮度；$\tau_{atom}(v)$ 为大气的光谱透过率；$L_{lake}(v)$ 为湖水表面在卫星所在方向发射的单色辐亮度；$L_{up}(v)$ 为卫星所在方向大气向上的单色发射辐亮度；$\rho_{lake}(v)\tau_{atom}(v)L_{down}(v)$ 为湖水表面反射的大气向下的单色辐亮度经大气衰减到达卫星传感器；其中 $L_{down}(v)$ 大气向下的单色发射辐亮度；$\rho_{lake}(v)$ 为湖水表面的反射率；v 为波数。

由于水体表面可近似为黑体，发射率为 1，因此忽略太阳辐射的贡献不会产生影响，因此可以忽略式（6.17）中右边第三项的贡献，得到

$$L_{sensor}(v) = \tau_{atom}(v)L_{lake}(v) + L_{up}(v) \tag{6.18}$$

由于 CE312 与卫星热红外通道的光谱响应不一致，选取 BOMEM M－154 热红外光谱仪测量水面获取的热红外光谱作为基准，CE312 和卫星对应通道的光谱响应分别为该水体红外光谱进行通道归一化，得到各自通道的归一化辐亮度，这两个仪器通道的归一化辐亮度的比值 k 就作为它们的光谱匹配因子，这一因子用于对 CE312 测得水表辐亮度进行修正。

将 CE312 通道光谱响应与 MR－154 红外光谱仪测量青海湖水面红外光谱归一，得到 CE312 通道辐亮度为

$$R_{CE} = \frac{\int L_M(\lambda)f_{CE}(\lambda)\mathrm{d}\lambda}{\int f_{CE}(\lambda)\mathrm{d}\lambda} \tag{6.19}$$

式中，L_M 为 MR－154 测量水面光谱辐亮度，$f_{CE}(\lambda)$ 为 CE312 通道光谱响应函数。卫星通道光谱响应与 MR－154 测量水面红外光谱归一化，得到卫星通道上的辐亮度为

$$R_s = \frac{\int L_M(\lambda)f_s(\lambda)\mathrm{d}\lambda}{\int f_s(\lambda)\mathrm{d}\lambda} \tag{6.20}$$

式中，$f_s(\lambda)$ 为卫星热红外通道光谱响应函数。

则可得星地光谱匹配因子为

$$k = \frac{R_s}{R_{CE}} \tag{6.21}$$

得到卫星入瞳处辐亮度为

$$L_{sensor}(v) = k\tau_{atom}(v)L_{lake}(v) + L_{up}(v) \tag{6.22}$$

将传感器入瞳处的单色辐亮度 $L_{sensor}(v)$ 与传感器热红外通道光谱响应函数 $f_{res}(v)$ 进行归一化计算，就可以得到该热红外通道入瞳处的等效辐亮度为

$$L_{eq} = \frac{\int L_{sensor}(v) f_{res}(v)\mathrm{d}v}{\int f_{res}(v)\mathrm{d}v} \tag{6.23}$$

卫星通道 i 的通道辐亮度与该通道卫星计数值的关系为

$$L_{eqi} = G_i \mathrm{DN}_i + I_i \tag{6.24}$$

式中，DN_i 为卫星的通道计数值，G_i 为卫星通道 i 的定标斜率，I_i 为截距。要得到定标系数 G_i 和 I_i，必须有至少两组 L_{eqi} 和 DN_i。

6.2.2.2　交叉定标校检

红外通道的交叉定标，由辐射传输模拟计算和匹配数据统计分析两步来完成（谷松岩，邱红，范天锡，2001）。

（1）辐射传输的模拟计算

辐射传输的模拟计算就是要利用辐射传输模式，依据红外通道传感器各自的光谱响应函数，模拟计算二者在相同的大气状况下所获得的红外热辐射的能量值，从而建立起两颗星辐射能量之间的换算关系，达到光谱融合的目的。

一般来说，地气系统热辐射的光谱辐射率为

$$R(v,\theta) = B(v,T_0)\tau(v,p_0,\theta) + \int_{p_0}^{0} B[v,T(p)]\frac{\mathrm{d}\tau(v,p,\theta)}{\mathrm{d}p}\mathrm{d}p \tag{6.25}$$

式中，v 为波数，T 为温度，p 为气压，θ 为观测点的卫星天顶角，B 为 Plank 函数，τ 为大气透过率，下标 0 表示地面。

星载红外扫描辐射计的通道辐射率为

$$R(v^*,\theta) = \frac{\int_{v_1}^{v_2} R(v,\theta) f(v)\mathrm{d}v}{\int_{v_1}^{v_2} f(v)\mathrm{d}v} \tag{6.26}$$

式中，v_2 和 v_1 为通道的光谱宽度，v^* 为通道的中心波束，$f(v)$ 为通道的光谱响应函数。

对于仪器光谱响应函数相近的两个红外通道，依据式（6.25）和式（6.26），可以对一组大气廓线按不同的卫星天顶角进行模拟计算，得到两颗星相应的通道辐射率 $R(v_2^*,\theta^*)$ 和 $R(v_1^*,\theta^*)$ 值，进而获得某一天顶角（θ^*）时二者之间的统计关系，即

$$R(v_2^*, \theta^*) = a_0 + a_1 R(v_1^*, \theta^*) \tag{6.27}$$

式中，v_1^* 和 v_2^* 为两颗星相应通道的中心波束，根据这一统计关系，可以将一个通道的辐射率等效成另一通道相应的辐射率，完成两个通道之间的光谱融合。

（2）匹配数据的统计分析

匹配数据统计分析的目的是要建立两颗星红外扫描辐射计对同一目标观测时，计数值之间的关系，以便据此建立两颗星中任一颗星相对于另一颗星的相对的辐射定标结果。设两颗星相互匹配的红外通道的计数值为 $I_\theta(v_1^*)$、$I_\theta(v_2^*)$，如果第一颗星红外通道的定标结果是已知的，那么有

$$R_\theta(v_1^*) = c_0 + c_1 I_\theta(v_1^*) \tag{6.28}$$

由式（6.28）可以得到第一颗星的能量值，在此基础上，可以得到第二颗卫星的能量值，建立第二颗星的记数值 $I_\theta(v_2^*)$ 和能量值 $R_\theta(v_2^*)$ 的联系；再利用统计回归的方法得到第二颗星的相对定标结果得到

$$R_\theta(v_2^*) = c_0^* + c_1^* I_\theta(v_2^*) \tag{6.29}$$

式中，c_0^* 和 c_1^* 即为第二颗星的相对定标系数。

6.3 SAR 卫星载荷定标校检技术

6.3.1 概述

星载 SAR 定标是一项极其复杂的系统工程，包括了星上内定标、成像处理器定标和辐射定标场外定标。星上内定标利用专门设计的内定标环路完成对雷达系统参数变化的监测，辐射校正场外定标利用场内布设的地面测试设备完成雷达系统参数的在轨测量，成像处理器定标利用内、外定标测量数据在成像过程中完成精密的辐射校正并生产定量的图像产品。通常而言，卫星载荷定标检校是指辐射校正场外定标技术。SAR 定标场的测试内容包括测量总传递函数（绝对辐射定标常数）、测量天线方向图、几何定标、定标精度检验、图像质量评估。

SAR 卫星外定标的作用可简单归纳为：

1）为 SAR 系统定标提供必需的定标测试数据，生产定量的雷达图像产品；

2）用于雷达卫星在轨测试，是雷达发射后建立工作状态的重要技术手段，对于保证系统进入正常工作状态极其重要；

3）用于雷达系统性能监测和雷达图像质量评估，在雷达系统验证、故障检测分离、系统质量控制及系统比较等方面有着重要的作用。

6.3.2 SAR 定标场

定标场选场工作是 SAR 定标场建设的关键，直接关系到测试的精度和定标场建设的质量。SAR 辐射定标场选场是一项技术复杂、工作量大且繁琐而细致的工作，需要考虑的

因素很多，不仅要考虑满足各项定标测试的条件和测试精度要求，还要考虑场地维护、运行管理方便性等许多因素。

6.3.2.1　SAR 定标场的功能

SAR 定标场的功能如下：

1）测量总传递函数（绝对辐射定标常数）。地面设置标准反射器作为参考目标，其雷达截面积精确已知（在 SAR 系统线性动态范围内），从图像上测量标准参考目标输出响应，即可计算辐射定标常数。

2）测量 SAR 双程方位向和距离向天线方向图。

3）设置精确定位的参考目标，完成 SAR 几何定标。

4）测量 SAR 系统线性动态范围。地面设置不同大小雷达截面积的标准参考目标，其雷达截面积大小范围覆盖 SAR 系统线性动态范围。从图像上分别测量目标输出响应，即可测量 SAR 系统的线性动态范围。

5）监测 SAR 发射脉冲信号特性。地面设置精密的接收机，接收雷达发射的脉冲信号，通过对接收信号的分析，测量雷达发射脉冲信号的特性，如发射功率、脉冲形状、线性调频率、脉宽等。

6）定标精度检验和验证。地面设置雷达截面积精确已知的标准反射器，从经定标的图像上测量其雷达截面积，通过测量值和参考值的统计测量，完成定标精度的检验和验证。

7）图像质量评估。地面设置满足测试条件的标准反射器，根据其点目标图像响应特性，定量测量图像质量参数，包括空间分辨率、峰值旁瓣比（PSLR）、积分旁瓣比（ISLR）等。

6.3.2.2　SAR 定标场选场的基本条件

根据 SAR 定标场需要完成定标功能，选择定标场的基本条件如下：

1）地势开阔、平坦，海拔高度低；

2）距离向范围要大于测绘带宽，一般要求定标场距离向范围大于 100km；

3）方位向范围选择主要依据几何定标要求来确定，一般方位向范围应大于 30km；

4）定标设备放置点的背景散射特性较低且比较稳定，一般背景为草地、沙土地和裸地；

5）定标场必须位于轨道确定的观测带内，并满足升、降轨测试要求；

6）位于较高纬度地带；

7）定标场范围满足各项测试功能的定标设备布设要求；

8）定标场背景特性（特别是定标设备放置点）要求平坦、均匀且有低的散射特性；

9）场地具有一定的稳定性；

10）定标场交通、供电、通信、后勤保障便利，安全性高；

11）定标场要便于日常运行管理与维护；

12）场地背景散射特性，要求定标参考目标与背景杂波之间的信杂比优于 30dB；

13）场地地形起伏小于 20m；

14）定标场区内电离层电子浓度相对变化小。

根据我国的 SAR 卫星定标要求和参考国外辐射定标场的建设情况，并通过协同有关单位对上述 3 个场区进行实地测试，以及进一步分析比较，确定内蒙古鄂尔多斯草原作为我国 SAR 卫星定标场。

另外，亚马逊热带雨林是全球最大、最平坦、最稳定和最均匀的自然分布目标，更重要的是，由于雨林的体散射特征，它的后向散射系数几乎不随入射角变化。因此，亚马逊热带雨林可以作为 SAR 条带模式和 ScanSAR 模式距离向双程天线方向图的主要测试区域。

6.3.3 SAR 在轨场地定标方法

SAR 定标主要完成辐射定标常数计算、天线方向图在轨测量、几何定标、图像质量评估、定标精度检验等测试任务，为辐射校正和生产定量雷达图像产品提供必要的数据和条件。

SAR 定标依靠精确已知散射特性的参考目标提供标准，测量定标常数。参考目标一般有两种，即点目标和分布目标。因此，定标方法分为基于点目标的定标方法和基于分布目标的定标方法。

对于我国的环境一号 C SAR 以及后续 SAR 卫星来说，采用基于点目标的定标方法。点目标的定标方法主要依靠定标场内设置的点目标标准参考反射器（有源定标器）提供雷达截面积参考值 σ_{ref} 来测量绝对定标常数 K 。同时，利用点目标标准参考反射器（无源的角反射器）测量地面分辨率。结合面目标定标方法，热带雨林法可以作为 SAR 条带模式和 ScanSAR 模式距离向双程天线方向图的测试方法之一。

SAR 定标的具体流程参见图 6.3。

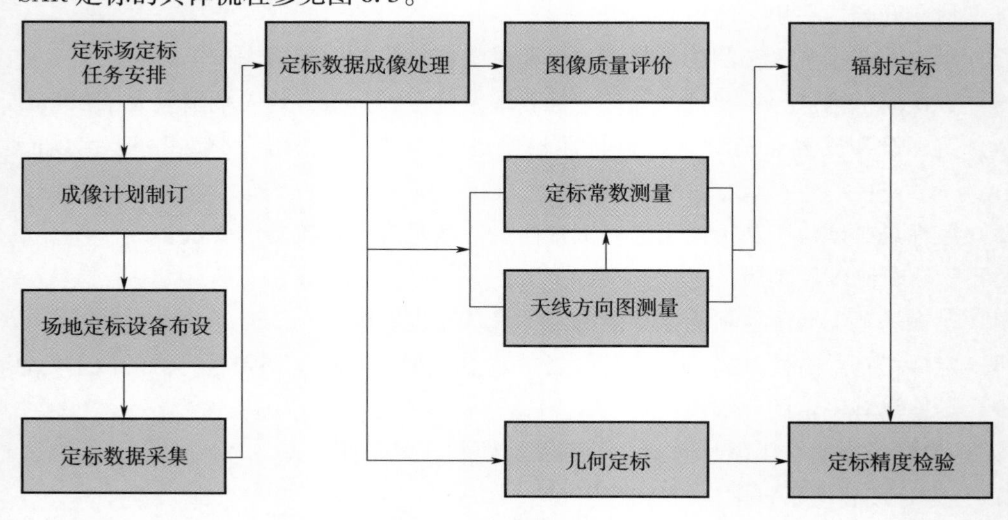

图 6.3　SAR 场地定标流程

为了充分发挥SAR定标场的效能，实现定标测试的功能，为SAR数据处理提供准确可靠的各种校正参数，SAR定标工作模式可以分为两种主要模式。

6.3.3.1　集中的定标测试工作模式

集中的定标测试工作主要通过SAR定标场定标来实现，实现手段主要是在定标场区布设各种定标设备。

集中的定标测试工作的测试内容如下：

1）布设反射器测量SAR距离双程天线方向图；

2）接收机测量SAR发射天线方向图；

3）布设反射器阵测量点目标SAR图像质量；

4）布设反射器进行几何定标；

5）定标常数计算。

6.3.3.2　日常的定标测试工作模式

日常定标测试工作主要通过对热带雨林成像数据处理、内定标数据处理、对固定布设定标设备的回波和接收及辅助数据的处理来实现。

日常定标测试工作可以实现对卫星系统状态的长期监测和日常测试评定工作。

日常定标测试工作的具体内容如下：

1）通过热带雨林测量SAR距离双程天线方向图；

2）通过固定布设反射器实现对定标常数的定期监测；

3）通过固定布设反射器实现对图像质量进行监测；

4）通过固定布设反射器和热带雨林监测辐射特性；

5）通过固定布设有源定标器监测雷达发射脉冲特性。

6.3.4　SAR定标参量获取

6.3.4.1　SAR绝对辐射定标常数的测量

绝对辐射定标常数（SAR系统总传递函数）测量依靠地面提供精确已知雷达截面积（或散射系数）的目标作为标准参考源来测量。环境一号C卫星具有条带和ScanSAR两种工作模式，都采用基于点目标的定标方法。具体方法是将一组经过精确标定的定标器按照一定方式布设在测绘带内，雷达过顶后对定标场原始数据进行成像处理，并在成像处理过程中进行精密的辐射校正，图像上确定各定标器的图像位置，提取点目标响应能量和计算定标常数。

测试条件要求如下。

（1）信杂比要求

对于条带模式和ScanSAR模式，要求信杂比大于30dB。

（2）定标设备要求

定标设备包括有源定标器和无源角反射器，设置要求如下：

1）定标器放置位置周围没有可引起多路径效应的目标，如建筑物等。

2）定标器成像位置周围没有强目标的影响，避免强目标信号及其模糊信号的干扰。

3）为了使定标器样本更具有统计意义，条带模式下在测绘带内的近距端、远距端、中心地带分别摆放设备。ScanSAR 模式下每个子测绘带扫描区域都布设定标器，同时要兼顾不同的方位向位置和相邻波束重叠区域。

定标常数计算流程如图 6.4 所示。

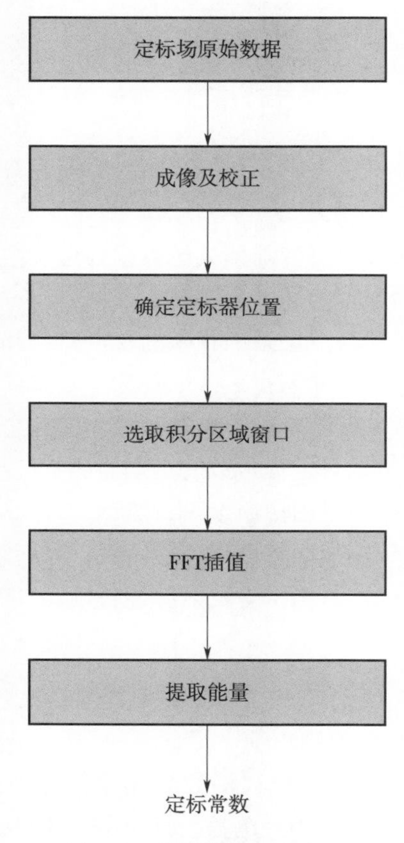

图 6.4　定标常数测试流程

6.3.4.2　天线方向图测量

天线方向图的测量需要满足条带和 ScanSAR 两种工作模式的需求，条带模式需要精确的距离向双程天线方向图，ScanSAR 模式需要精确的二维双程天线方向图。根据环境一号 C 星天线的具体特点，采用内定标数据、外定标数据和发射前地面测量数据相结合的有源相控阵天线方向图测量方案。天线方向图的外定标测试方案是：

1）地面接收机（有源定标器工作模式之一）测量二维发射天线方向图；

2）标准反射器作为测量条带模式距离向双程天线方向图的主要手段；

3）热带雨林作为测量条带模式和ScanSAR模式距离向双程天线方向图的方法之一。

（1）地面接收机测量方法

①测试方法

地面接收机方法可以测量条带模式各波位的方位向天线方向图。由于在ScanSAR模式下，方位向数据是不连续的，并且会同时接收到多个波位的方位向数据，因此当系统工作在ScanSAR模式下很难精确测量方位向天线方向图。基于以上原因，ScanSAR模式的各波位方位向天线方向图需要分别在条带模式下进行测量。

地面接收机测量方位向天线方向图的方法是将一组经过精确标定的地面接收机放置于覆盖测绘带的一定区域内，接收机接收雷达脉冲信号经A/D采样量化后存储，并同时记录脉冲采样的时刻，对每个接收机记录的数据处理可得相应的方位向天线方向图，对距离向分布的多个接收机记录的数据处理可得距离向天线方向图。

②测试条件要求

定标设备要求：具有地面接收模式的有源定标器，地面接收机（可同时监测SAR脉冲特性）。

定位精度要求：定标设备的定位精度小于5m（包括高程）。

设置要求：为了减小多路径效应，要求接收机放置区域地形开阔、平坦。

（2）热带雨林测试方法

在ScanSAR模式下，对各子条带的数据分别进行处理，可以得到各子条带的距离向双程天线方向图。

热带雨林测试方法测量距离双程方向图是对具有均匀后向散射系数的分布目标，如亚马逊热带雨林，进行成像处理后，图像距离向灰度值的大小反映了回波信号在距离向上受方向图调制程度的大小，结合图像不同区域在距离方向图中的角度位置，即可测得距离双程天线方向图。

（3）标准反射器测量方法

①测试方法

在条带模式下，采用标准反射器法可以作为热带雨林测试方法的辅助手段。

标准反射器测量方法是将一系列经过精确标定的反射器沿距离向分布放置于测绘带内，从图像上分别测量这些反射器对应的响应输出，根据测量的响应输出值重建连续的距离向双程天线方向图。

②测试条件要求

定标设备要求：有源定标器，无源角反射器。

定位精度要求：定标设备的定位精度小于5m（包括高程）。

设置要求：为了减小多路径效应，要求设备放置区域地形开阔、平坦。

6.3.4.3　系统延时和几何定标

（1）测试方法

系统延迟和几何定标主要完成对外定标场点目标的精确位置标定，并通过辅助高程信息等反演系统延时，用于星载 SAR 系统的高精度成像和定位。

系统延迟和几何定标需要在定标场内设置定标器作为参考点目标来完成。参考目标的地理位置被精确测定（GPS）。从图像上实际测量参考目标的图像坐标，并与标准参考坐标进行比较测量方位向和距离向的位置偏移量。

（2）测试条件要求

几何定标对参考点目标的辐射特性要求信杂比大于 20dB，并要求精确定位，需要精密的差分 GPS 测量。

为了提高测量精度，降低随机误差的影响，需要采用一定数量的反射器。

6.3.4.4　图像质量评估

SAR 图像质量评估在雷达系统验证，系统质量控制和系统比较等方面有着重要的应用。目前，国际上一般用空间分辨率、峰值旁瓣比、积分旁瓣比、模糊比、辐射分辨率、辐射精度、几何精度、图像动态范围等作为衡量图像质量的标准。这些参数测量主要依靠定标场设置满足测试条件的标准反射器来测量。

测量积分旁瓣比对信杂比的要求是大于 30dB，其他测量要求信杂比大于 20dB。

6.3.4.5　几何定标

SAR 几何定标就是测量不同的误差源并定义几何精度参数的处理过程。

SAR 几何定标的方法是依靠定标场内设置的反射器作为参考点目标来完成。参考目标的地理位置用差分 GPS 精确测定（包括经纬度和高程），通过反射器图像坐标与实际坐标的比较，则可以进行上述各项参数的测量，为了提高测量精度，需要多个参考点目标或点目标对进行统计测量。

6.3.5　SAR 定标仪器

为了获取 SAR 定标的绝对辐射定标常数、天线方向图、图像质量评估和几何参数，需采用有源定标器、角反射器等定标设施和激光测距仪、手持风速测试仪、精密指向仪、手持 GPS、罗盘、场内通信设备、蓄电池、油机、野外测量笔记本电脑等辅助定标设备。

6.3.5.1　有源定标器

（1）功能

有源定标器的主要功能是获取定标常数，进行图像质量评估，完成几何定标。

（2）性能指标

有源定标器的性能指标如下：

1）具有转发、接收记录功能；

2）雷达截面积值可调；

3）具有精密校准功能；

4）具有精密指向调节装置；

5）具有 GPS 同步功能；

6）具有远程控制功能。

（3）技术指标

有源定标器的技术指标如表6.1所示。

表6.1　有源定标器技术指标

序　号	参　数	指标要求
1	工作中心频率/MHz	3200
2	信号带宽/MHz	±30
3	最大雷达截面积/dBm^2	55
4	标称雷达截面积精度/dB	≤0.3（3σ）
5	雷达截面积稳定度/dB	≤0.2（3σ）
6	接收幅度精度/dB	0.3（3σ）
7	接收增益稳定度/dB	0.25（3σ）

①数量

扫描（ScanSAR）模式下8台；条带模式下4~8台。

②布设要求

信杂比大于30dB。在被测试成像区域，被测目标周围和成像区域以外的其他地物在被测目标处的干扰杂波（旁瓣、积分旁瓣比、距离模糊、方位模糊等）能量较小，不会影响被测目标散射特性测量的精度。

③布设方式

扫描模式：每个子测绘带扫描区域至少布设2台有源定标器，同一子测绘带的有源定标器摆放在不同的方位向位置，兼顾相邻波束重叠区域。具体位置需根据波位的具体覆盖情况和校正场所选布设点的位置来确定。因为扫描模式下有4个子测绘带，因此需要8台有源定标器。

条带模式：在测绘带内的近距端、远距端、中心地带分别摆放有源定标器。具体位置需根据波位的具体覆盖情况和校正场所选布设点的位置来确定。

6.3.5.2　角反射器

（1）功能

相邻点目标法测量地面分辨率。

（2）角反射器技术指标

1）类型：三角形三面角反射器

2）雷达截面积：20dBm^2

3）标称雷达截面积精度：≤1.5 dB（3σ）

4）稳定度：≤0.6 dB（3σ）

5）俯仰调节精度：≤0.60

6）数量：扫描模式和条带模式下均为50台

7）布设要求：选择一块平坦、均匀，具有低噪声背景的场地作为试验区。

8）布设方式：分别沿距离向和方位向按照一定的间隔布设成角反射器阵列，测量ScanSAR模式和条带模式下的距离向、方位向地面分辨率。

6.3.5.3　在轨定标辅助设备

SAR定标设备除了关键的有源定标器和角反射器外，在定标数据采集过程中还需要一些相关的辅助设备，主要设备的功能和性能指标要求如表6.2所示。

表6.2　SAR在轨定标辅助设备的性能指标

名　称	功　能	技术指标
激光测距传感器	定标设备的自定标的精确测距	测距精度：< ±2mm 测距范围：0.3～100m 工作温度范围：-40～50℃ RS232/RS422串口
风速测试仪	用于野外风速的测量	温度范围：-10－50℃ 分辨率：0.01m/s 风速精度：±3%
手持GPS	用于野外测量时的定位与导航	对航点进行中文命名； 内置全国87个城市详图以及全国路网图； 可智能查找航路点、兴趣点、街道、路口等多种信息
精密指向仪	用于调整定标设备的俯仰角和方位角	有效指向距离：500m 激光器功率：5mW 光束调节范围：水平±10°，垂直±8° 工作环境温度：-10～40℃
罗盘	用于定标仪器放置指向的确定	海拔高度测量范围：-700～+9.000m/（-2.300～+29.500 ft）
油机	在外场为仪器供电和停电时为蓄电池充电	使用汽油发电 输出：220V，50Hz 功率：5kW
蓄电池	作为外场定标时的备用电源	12VDC，100Ah -30℃时放电率40%
电脑笔记本	用于野外定标数据采集	Intel CPU 1GB内存

参考文献

陈海龙.2003. 星上定标技术概述. 红外, 6: 9-14.

谷松岩, 邱红, 范天锡.2001. FY-2A 与 GMS-5 红外通道遥感数据的辐射定标. 应用气象学报, 12 (1): 79-84.

韩启金, 闵祥军 , 傅俏燕.2009. "环境一号" B 星热红外通道星上定标与交叉定标研究. 航天返回与遥感, 30 (04): 42-48.

韩启金, 闵祥军, 傅俏燕.2010a. HJ-1B 热红外波段在轨绝对辐射定标. 遥感学报, 6: 1212-1225.

韩启金, 闵祥军, 傅俏燕, 等.2010b. HJ-1B 卫星红外多光谱相机星上定标精度分析. 航天返回与遥感, 31 (03): 41-47.

胡秀清, 戎志国, 邱康睦, 等.2001. 利用青海湖对 FY-1C, FY-2B 气象卫星热红外通道进行在轨辐射定标. 空间科学学报, 2 (4).

李家国.2010. HJ-1B IRS 热红外通道在轨绝对辐射定标与应用研究. 中国科学院遥感应用研究所.

李家国, 顾行发, 李小英, 等.2011a. HJ-1B 热红外通道星上定标精度检验与敏感性分析. 遥感信息, 1: 3-8.

李家国, 顾行发, 余涛, 等.2011b. HJ-1B B08 在轨星上定标有效波段宽度计算的查找表法. 遥感学报, 15 (1): 60-72.

刘李, 顾行发, 余涛, 等.2012. HJ-1B 卫星热红外通道在轨场地定标与验证. 红外与激光工程, 4 (5): 1119-1126.

刘李.2013. 宽波段热红外传感器在轨星上定标系数验证与评价. 中国科学院遥感与数字地球研究所.

戎志国, 张玉香, 王玉花, 等.2005. 风云二号 B 星星载扫描辐射计水汽通道定标方法. 红外与毫米波学报, 24 (5): 357-365.

戎志国, 张玉香, 贾凤敏, 等.2008. 利用南海水面开展我国静止气象卫星红外通道在轨辐射定标. 红外与毫米波学报, 26 (2): 97-101.

孙珂, 傅俏燕 , 亓学勇.2010. HJ-1B 卫星 IRS 传感器热红外通道交叉定标. 红外与激光工程, 5: 785-790.

童进军, 戎志国, 邱康睦, 等.2007. FY-2B 热红外通道星上实时绝对辐射定标. 红外与激光工程, 36 (4): 467-471.

童进军, 邱康睦, 李小文.2005. 一种卫星遥感仪器热红外通道在轨绝对辐射定标新方法. 红外与毫米波学报, 24 (4): 277-280.

杨忠东, 谷松岩, 邱红, 等.2003. 中巴地球资源一号卫星红外多光谱扫描仪. 红外与毫米波学报, 22 (4): 282-285.

张如意, 王玉花.2005. FY-2C 星辐射定标及其结果分析. 上海航天, 32-33.

张勇, 顾行发, 余涛, 等.2006, CBERS-02 卫星 IRMSS 传感器热红外通道综合辐射定标. 中国科学: E

辑，35（B12）：70－88.

张勇．2006. 遥感传感器热红外数据辐射定标研究．中国科学院遥感应用研究所，60－80.

张勇，李元，戎志国，等．2010b. 利用大洋浮标数据和 NCEP 再分析资料对 FY－2C 红外分裂窗通道的绝对辐射定标．红外与毫米波学报，28（3）：188－234.

Abel P, Guenter B, Galimore R N, et al. 1993. Calibration results for NOAA－11 AVHRR channels 1 and 2 from congruent path aircraft observations. Joumal of Atmospheric and Ocean Technology, 10：493－508.

Biggar S F, Dinguirard M, Geilman D I, et al. 1991. Radiometric calibration of SPOT 2 HRV－A comparison of three methods. SPIE, 1493：155－162.

Biggar S F, Slater P N, Gellman D I. 1994. Uncertainties in the inflight calibration of sensors with reference to measured ground sites in the 0.4－1.1μm range. Remote Sensing of Environment. 48：245－252.

Biggar S F, Thome K J Holmes J M, et al. 2001. In－flight radiometric and spatial calibration of EO－1 optical sensors. IGARSS01, 1：305－307.

Biggar S F, Thome K J, Wisniewski W. 2003. Vicarious radiometric calibration of EO－1 sensors by reference to high－reflectance ground targets. IEEE Transaction on geoscience and remote sensing, 41（6）：1174－1179.

Brest C L , Rossow W L. 1992. Radiometric calibration and monitoring of NOAA AVHRR data for ISCCP. International Journal of Remote Sensing, 13（2）：235－273.

Chander G, Helder D L , Markham B. 2004. Landsat－5 TM reflective band absolute radiometric calibration. IEEE Transaction on geoscience and remote sensing, 42（12）：2747－2760.

Chander G, Markham B, Barsi J A. 2007 . Revised Landsat 5 Thematic radiometric calibration. IEEE Transaction on geoscience and remote sensing, 4（3）：490－494.

Cosnefroy H, Leroy M, Briottet X. 1996. Selection and chararcterization of Sahara and Arabian dasert sites for the calibration of optical satellite sensors. Remote Sensing of Environment, 58：101－114.

Fraser R S , Kaufman Y J. 1986. Calibration of satellite sensors after launch. Applied Oplics, 25：1177－1185.

Hagolle O, Goloub P, Deschamps P Y, et al. 1999. Results of POLDER In－Flight Calibration. IEEE Transaction on geoscience and remote sensing, 37（3）：1550－1566.

Kaya Ş, Curran P , Llewellyn G. 2005. Post－earthquake building collapse：a comparison of government statistics and estimates derived from SPOT HRVIR data. International Journal of Remote Sensing, 26（13）：2731－2740.

Liu J J, Li Z, Qiao Y L, et al. 2004. A new method for cross－calibration of two satellite sensors. International Journal of Remote Senings, 25（23）：5267－5281.

Meygret A, Hagolle O, Henry P, et al. 1994. SPOT 3：First in－flight calibration results. IGARSS.

Meygret V, Briottet X, Henry P, et al. 2004. Calibration of SPOT4 HRVIR and VEGETATION cameras over the Rayleigh scattering, SPIE. 4135：302－313.

Ono A, Sakuma F, Arai K, et al. 1996, Preflight and in flight calibration plan for ASTER. Journal of Atmospheric and Ocean Technology, 13: 321 - 335.

Palmer J M. 1984. Effective bandwidths for Landsat - 4 and Landsat - D'multispectral scanner and thematic mapper subsystems. IEEE Transactions on Geoscience and Remote Sensing (3): 336 - 338.

Rao C R N, Chen J. 1995. Inter - satellite calibration linkages for the visible and nearinfrared channels of the advanced very high resolution radiometer on the NOAA - 7, - 9, and - 11 spacecraft. International Journal of Remote Sensing, 16: 1931 - 1942.

Slater P N, Biggar S F, Thome K J, et al. 1996. Vicarious radiometric calibrations of EOS sensors. Journal of atmospheric and oceanic technology, 13: 349 - 359.

Slater P N, Biggar S F, Palmer J M, et al. 2001. Unified approach to absolute radiometric calibration in the solar - reflective range. Remote Sensing of Environment, 77 (3): 293 - 303.

Slater P N, Biggar S F, Holm R G, et al. 1987. Reflectance - and radiance - based methods for the in - flight absolute calibration of multispectral sensors. Remote Sensing of Environment, 22: 11 - 37.

Staylor. 1990. Degradation rates of the AVHRR visible channel for the NOAA - 6、- 7 and - 9 spacecraft. Journal of Atmospheic and Oceanic Technology, 7: 411 - 423.

Thome K J, Geilman D I, Parada R J, et al. 1993. In - flight radiometric calibration of Landsat - 5 Thematic Mapper from 1984 to present. SPIE, 1938: 126 - 130.

Thome K J, Markham B, Barker J, et al. 1997. Radiometric calibration of Landsat. Photogrammetric Engineering & Remote Sensing, 63 (7): 853 - 858.

Thome K J, Smith N , Scott K. 2001a. Vicarious calibration of MODIS using Railroad Valley Playa. IEEE, 1209 - 1211.

Thome K J. 2001b. Absolute radiometric calibration of Landsat - 7 ETM + using the reflectance - based method. Remote Sensing of Environment, 8: 27 - 38.

Thome K J, Biggar S F , Wisniewski W. 2003. Cross Comparison of EO - 1 Sensors and Other Earth Resources Sensors to Landsat - 7 ETM + Using Railroad Valley Playa. IEEE Transaction on geoscience and remote sensing, 1 (6): 1180 - 1188.

Thome K J, Helder D L, Aaron D, et al. 2004. Landsat - 5 TM and Landsat - 7 ETM + Absolute Radiometric Calibration Using the Reflectance - Based Method. IEEE Transaction on geoscience and remote sensing, 42 (12): 2777 - 2785.

Thome K J, Arai K, Tsuchida S, et al. 2008. Vicarious Calibration of ASTER via the Reflectance - Based Approach. IEEE Transaction on geoscience and remote sensing, 46 (10): 3285 - 3295.

Teillet P M, Horler D N H , O'Neill N T. 1997. Calibration, validation, and quality assurance in remote sensing: a new paradigm. Canadian Journal of Remote Sensing, 23 (4): 401 - 414.

Teillet P M, Barker J L, Markham B L, et al. 2001. Radiometric cross - calibration of the Landsat - 7 ETM + and Landsat - 5 TM sensors based on tandem data sets. Remote Sensing of Environment, 78: 39 - 54.

Tonooka H, Palluconi F D, Hook S J, et al. 2005. Vicarious calibration of ASTER thermal infrared bands. IEEE

Transactions on Geoscience and Remote Sensing, 43 (12): 2733 - 2746.

Vermote E , Kaufman Y J. 1995. Absolute calibration of AVHRR visible and near - infrared channels using ocean and cloud views. International Journal of Remote Sensing, 16 (13): 2317 - 2340.

Wan Z, Zhang Y, Li Z, et al. 2002. Preliminary estimate of calibration of the moderate resolution imaging spectroradiometer thermal infrared data using Lake Titicaca. Remote Sensing of Environment, 80 (3): 497 - 515.

Xiong X, Sun J Q, Barnes W, et al. 2007. Multiyear on - Orbit calibration an performance of Terra MODIS reflective solar bands. IEEE Transactions of Geoscience and Remote Sensing, 45 (4): 879 - 889.

Xiong X, Chiang K, Sun J, et al. 2009. NASA EOS Terra and Aqua MODIS on - orbit performance. Advances in Space Research, 43 (3): 413 - 422.

第7章 信息综合集成与共享技术

7.1 信息综合集成与共享技术概述

7.1.1 分布式计算基础设施简介

面对自然灾害应急事件，需要能够在第一时间提供多源数据、机理模型、算法工具的快速汇聚。同时，需要巨大的计算力支持对数据和模型的分析计算（Hawick et al，1997），需要为共性技术与灾害机理研究、灾害应用系统以及各类用户，提供公共设施式的一站式服务，实现海量多元信息的集成共享，从而支持重大灾害业务应用，满足防灾减灾等主体业务的需求，为用户开展灾害应急决策与业务化应用提供高效、稳定的服务与保障。

空间信息综合集成与共享基础设施是空间信息灾害应用系统的信息化支撑平台，其基础架构为分布式计算基础设施（Distributed Computing Infrastructure，DCI）。DCI是指用于构建和运行在分布式单元系统之上的集合，这些单元系统在逻辑或物理上是分布的，甚至属于不同的组织机构（Craig et al，2011）。DCI的目标是屏蔽单元系统资源的分布性，通过虚拟化的手段为用户提供统一透明的视图。DCI提供的基本功能包括资源发现与编目、数据互操作、服务与作业管理等。网格计算、云计算以及SOA等技术都能够用于构建DCI。

网格计算最初起源于针对复杂科学计算的元计算方式（Foster et al，1997）。网格计算利用互联网，将分散在不同地理位置的资源织成一个“虚拟的超级计算机”，整个计算系统是由许多个“节点”组成的“网格”（Foster et al，1999）。2001年，Foster（2001）和Kesselman进一步将网格和其基础构件定义为支持动态的分布式虚拟组织（Virtual Organizations，VO）的不同资源的共享和协作系统。不同于传统分布式计算之处在于，网格具备动态集合资源的能力，以及资源之间的灵活、安全、协作的共享。网格能够屏蔽异构性，提供一致的用户访问服务，实现统一、安全地访问不同域的资源（Frey et al，2001）。

云计算是一种具备处理规模化、管理集中化、结构开放化、存储海量化等特点的服务计算模式，已经在大数据处理尤其是互联网搜索领域取得了极大的成功。云计算技术的不断成熟和发展，为解决遥感空间信息按需服务提供了一种新的方案（刘异 等，2009）。国外已经开始结合云计算技术进行了图像、视频、生物、空间科学计算等方面的研究（Ariel et al，2009；Craig et al，2010；White，2010）。

不同的顶层目标决定了不同的系统架构。云计算关注资源的按需提供，网格计算更关注资源整合（物理分布的资源通过统一逻辑接口进行访问）（ADG，2013），SOA架构则关注服务的提供和与服务访问相关的协议、接口和通信方式等。

网格计算的基础工具包括 Globus Grid toolkit 及 Grid Data Farm（Gfarm）文件系统。云计算基础工具包括 Apache 软件基金的开源项目 Cloudstack、Openstack、Hadoop 等。Hadoop 模仿并实现了 Google 云计算系统的主要技术（http：//hadoop. apache. org/common/. ）。如图 7. 1 和图 7. 2 所示，Hadoop 的核心是并行计算框架 Map – Reduce、分布式文件系统 HDFS（HDFS Architecture Guide，http：//hadoop. apache. org/docs/r1. 0. 4/hdfs_ design. html）。Map – Reduce 同时也是一种编程模型（Dean，2008），采用了数据并行的基本思想，所支持的算法可以非常容易地并行化（Dean，2010）。DCI 的构建基础涉及底层资源（软件、硬件）、实现框架的协议、中间件组建、框架平台等，例如 Web Services（SOAP）、网络协议 HTTP/HTTPS、TCP/IP、集群硬件、高速光纤网络等。

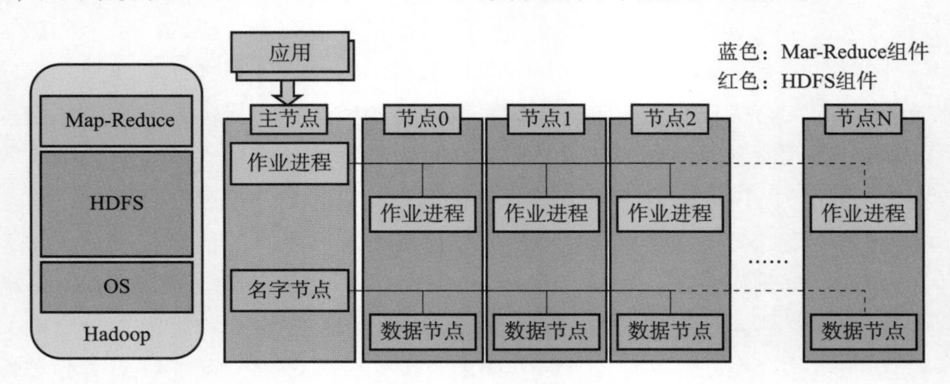

图 7. 1　Hadoop 云计算平台基本结构

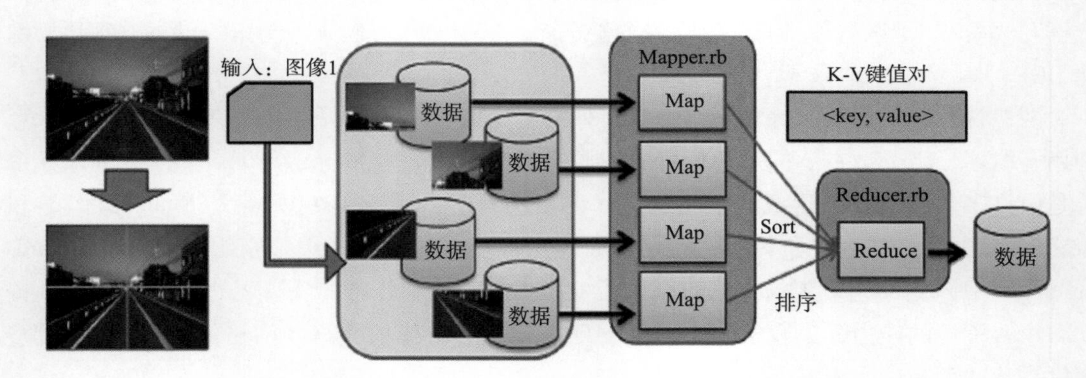

图 7. 2　利用 Map – Reduce 实现图像并行处理的基本模式

7. 1. 2　技术基础

7. 1. 2. 1　高性能计算技术

高性能计算机可以追溯到 20 世纪 70 年代的向量计算机，它通过使用向量流水部件，提高向量运算速度，由于其规模受集成电路复杂度及内存容量、性能等因素的制约，目前已不是并行计算机的主流。对称多处理机是一种共享内存的并行体系结构，当规模增长到一定程度时，性能难以继续提高，但并行处理仍然是提高性能的主要途径（迟学斌 等，2007）。大规模并行处理机 MPP，即通过多个微处理器构建的大规模并行处理系统，在 20 世纪 90 年代后逐步成为发展主流。大规模并行处理机具有很好的可扩展性，如 2009 年 11 月世界超级计算机 500 强中排名第一的 Cray XT5 - HE 具有 224162 个处理器核。大规模并行处理机造价昂贵，成本与应用效益的权衡成为重要的制约因素。同时，由多个单独运行的商业化计算机节点通过高速互连构成的集群系统也迅速发展起来，它比 MPP 具有价格优势，也更有利于发挥规模效应，截至 2009 年 11 月，世界超级计算机 500 强中有 83.4% 采用集群结构，但集群的构造方式也受到了可靠性等因素的制约。

7.1.2.2　网格计算技术

网格计算是近年来计算机体系结构发展的一个重要方向。其基本思想是聚合地理上分布的异构资源，通过资源共享和协同工作，解决大规模的科学计算或海量存储等问题（Di et al，2003）。网格计算提出了 OGSA 体系结构和网格中间件的概念，与面向服务的计算技术相结合，提出了标准化的层次式网格服务协议，以及支持大规模网格服务注册与查找的信息服务等，并成功地应用于很多成功的网格系统中。例如斯坦福大学主持的 Folding@home 项目，由分布于全世界自愿贡献的计算资源而组成，截至 2010 年 2 月 19 日，它共包含 5070417 个处理器，计算能力相当于 8204Tflops；又如欧盟资助的 EGEE（Enabling Grids for E - sciencE）项目，目前包含了 48 个国家的 250 个计算中心，超过 60000 个处理器，超过 20PB 的存储容量，支持 8000 以上的用户（Berlich et al，2005）；其他著名的网格项目如欧盟 DataGrid、英国 e - Science、美国 DOE Science Grid，以及国内自主研发的中国国家网格和中国教育科研网格等，都是以网格技术构造的（Plaza et al，2008）。

7.1.2.3　对等计算技术

对等计算是一种规模和可扩展性都很好的计算模式，其理念是把大量分散化的节点组织起来，每个节点都对等地向其余节点提供计算、存储、网络带宽等各类资源。对等计算系统的发展经历了集中服务器管理、无结构对等网络、层次化无结构对等网络、结构化对等网络等几个阶段，除了早期的集中服务器管理以外，后几种都能够在大规模、高度动态的环境下，利用覆盖网的方式构建无中心、分布式的对等网络拓扑结构，并快速地适应规模不断变化的节点集合和通信负载。无结构对等网络以任意的方式构建拓扑，每个节点只需要与一个任意的节点集合建立逻辑邻居关系，降低了动态维护的开销，其典型研究包括 Gnutella、Kazaa 等。结构化对等网络利用分布式哈希表技术，将数据存储在预定义的空间，以固定的规则建立网络连接，并利用一致协议保证任意节点可以高效地将搜索请求路由到确定目标，从而提高系统的可扩展性和数据定位的精确度，其典型研究包括 CAN、Chord、Tapestry、FissionE 等。目前很多基于对等计算技术的应用系统都能够支持大量的资源和用户，如 PPLive、Skype 等，同时在线用户已超过百万。

7.1.2.4　云计算技术

云计算是随着计算、存储以及通信技术的快速发展而出现的一种新的共享基础资源的商业计算模型。从 2007 年被首次提出以来，在短短几年时间里，随着 Google、IBM 等大公司推出各自的云计算平台、服务和产品，云计算在学术界和企业界迅速成为关注和研究的热点。典型的云计算系统如 Google Search、Google AppEngine、IBM Blue Cloud、Amazon EC2、Microsoft Azure 等。其共同特点是基于由大量商用计算设备构成的数据中心，为用户提供快速、便捷的基础设施服务、平台服务和软件服务。

7.1.2.5　大数据计算技术

大数据计算是一种以数据为中心的数据密集型新型计算模式，与云计算技术存在交叉，但它更注重应用对于快速的数据存储访问、高效率的编程模式、便捷的交互式访问以及灵活的可靠性等方面的需求。在体系结构方面，主要注重结构的可扩展性、容错性和路由性能。树形结构是最为典型的代表，如三层树形路由结构包含核心路由层、聚合路由层和边缘路由层；核心路由层位于树的根节点，聚合路由层为核心路由器的子节点层，边缘路由层为聚合路由器的子节点层，边缘路由器直接连接底层服务器；树形结构简单直观、扩展方便、易于维护，但对核心路由层要求高。胖树路由结构是树形结构的改进版本，由美国 California San Diego 大学研究提出，同样采用核心路由层、聚合路由层和边缘服务层的三层路由结构，核心路由层由多台路由器组成，低层节点可以拥有多个父节点，以降低树形结构对核心路由层的高要求。微软亚洲研究院提出一种称为 DCell 的递归定义的网络结构，高层的 Dcell 网络由多个低层 Dcell 网络组成，同一层的 Dcell 节点实现全连接。最底层（Dcell0）由 n 个服务器与交换机连接构成，$n+1$ 个 Dcell0 网络构成 Dcell1 网络，以此类推，形成递归的完全图。此外，还有微软亚洲研究院的无线和网络研究组提出的类超立方体结构的 Bcube，等等。在数据管理方面，数据密集型应用中的数据基本上是非结构化数据，当前较有影响的研究工作是采用一种称为宽表的退化关系模型，通过打破关系模型的原子属性假设来达到描述非结构化数据的目的。传统客户端上的 ODBC 或 JDBC 操作移至服务器上运行，服务器承担了更多的查询和计算任务，包括多用户、多任务、多查询的综合优化操作，并将结果以服务的方式提供。为支持服务器间的协同，往往采用并行访问和按需传输的手段降低延时。在编程模型方面，Google 提出的 MapReduce 被认为最适合作用于大规模数据处理的高层原语，简化了大规模分布式计算的实现和配置，同时使用了更加简单的容错机制，并保证了网络中大量分布式计算的一致性。它结构简单，但可以用它来解决很多现实问题，如建立倒排索引和计算 PageRank。Hadoop 是 MapReduce 的一个开源实现，除了为应用程序透明地提供了一组稳定、可靠的接口外，还提供了运行框架，能够把应用程序分割成许多很小的工作单元，在任何服务器节点上执行或重复执行。如今，Hadoop 在 Amazon、Facebook 和 Yahoo 等大型网站上都已经得到了应用。

7.1.3　发展现状

7.1.3.1　对地观测数据共享系统

全球对地观测系统的一个总的发展趋势是：集成、整合、共享、互通，并最终形成一个基于一体化信息基础设施的全球性对地观测系统。

（1）全球对地观测系统

从2005年2月16日，55个国家共同签署了全球对地观测系统（Global Earth Observation System of Systems，GEOSS）10年计划开始，GEOSS已经发展为由全球超过60个国家、40多个国际化组织组成的全球性对地观测系统。该系统强调一个能集成、整合、管理、处理各种异构、分布式资源的一体化对地观测系统。其重点是提供一个统一的数据共享和应用服务环境，以支持不同层次的用户在其中共享、交换和利用数据，并开发、部署和运行用户自己的系统。GEOSS的功能体系如图7.3所示。

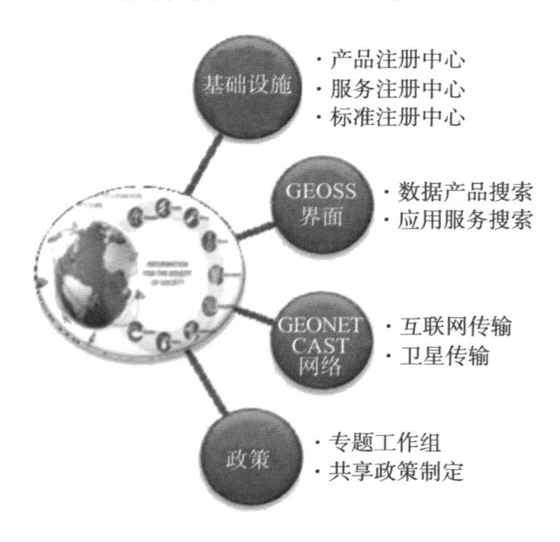

图7.3　GEOSS功能体系

GEOSS基础软件包括网格中间件系统（Globus Toolkit）、网格安全基础设施（Grid Security Infrastructure，GSI）、网格文件传输（GridFTP）、网格任务调度系统（Condor）、数据网格管理系统（LCG gLite）、跨域安全认证系统（MyProxy）。

GEOSS的核心功能是一个巨大的元信息注册中心和统一的服务门户，它制定了统一的分布式服务体系架构，数据提供者只要提供符合该规范的产品，并注册到GEOSS就可被第三方发现和访问使用；提供了包括数据产品、数据标准、访问服务接口等在内的各种资源的注册；综合采用Internet、专线、卫星广播三种方式解决数据的分发和传播问题；提供了统一的门户供用户检索各种数据产品，在GEOSS的共享设计中，应用部门不仅仅是数据的消费者，也是数据的提供者。GEOSS的架构设计保证了各应用部门的数据私有性。

（2）美国EOS对地观测系统

美国自1991年开始对地观测系统（Earth Observing System，EOS）计划，其科学目标是根据EOS卫星系统观测，认识全球尺度范围内整个地球系统及其组成部分和它们之间的相互作用及作用机理，进而预测未来10年到100年地球系统的变化及对人类的影响。EOS包括地面遥感车、气球、飞艇、人造卫星和空间站等多个地球观测平台的相互配合使用，搭载各种有效载荷，能够实现对全球陆地、海洋、大气等立体、实时观测和动态监测。

EOS 的任务包括：

1）建立一个持续运行（至少 15 年）的全球规模的综合性地球观测系统；

2）研究分析影响全球变化的各种物理、化学、生物及社会等各种因素所起的作用；

3）建立包括陆地、海洋、大气和生物圈在内的全球动力学模型，综合分析并预测全球环境的变化；

4）区分与评估自然事件和人类活动对地球环境的影响。

其他与对地观测有关的网格数据共享计划还包括 DEGREE（欧洲）、D4Science（欧洲）、GEO Grid（亚洲）。

7.1.3.2 空间信息网格

（1）欧洲数据网格（DataGrid）

欧洲数据网格（DataGrid）最初是专门作为欧洲大型强子对撞机（LHC）数据处理和存储的基础平台。欧洲大型强子对撞机（LHC）是全球最大的粒子对撞机，其加速器将产生的数据将是空前的：每秒产生 100MB 原始数据，每年将产生需记录的事件约为 1 亿个，每年产生的数据量就为 15PB。存储 15PB 数据量每年需要使用 2000 万张 CD，分析则需要使用 100 万台当今最快的计算机处理器。DataGrid 主要针对 CERN 的高能物理应用，解决海量数据的分解存储和处理问题，同时将之扩展到其他应用，如地球观察应用和生物应用，并寻找将其推广的可能。

欧洲 DataGrid 于 2000 年 12 月 29 日正式立项，由欧盟提供 980 万欧元资金，项目完成期限为 3 年。项目主要完成者除了欧洲核子研究中心（CERN）外，还有法国国家科学研究中心 CNRS（French National Centre of Scientific Research）、欧洲空间研究中心意大利分部 ESA/ESRIN（Centre of the European Spatial Agency in Italy）、意大利国家原子物理研究所 INFN（Italian National Institute of Nuclear Physics）、荷兰国家原子物理和高能研究所 NIKHEF（Dutch National Institute of Nuclear Physics and High Energies）和英国粒子物理和天文研究委员会 PPARC（British Council of Research in Particle Physics and Astronomy）。除了这 6 家外，还与其他十几家研究机构和工业界建立了合作研究协议（Hey et al，2004）。

（2）欧空局对地观测应用网格 G－POD

欧空局（ESA）的 G－POD 是一个基于网格的对地观测环境，特定的数据处理应用程序可以无缝地接入到系统（Fusco et al，2003）。依靠由网格技术管理起来的高性能计算和海量数据资源，它提供了快速建设有数据的应用程序的虚拟环境的必要的灵活性，计算资源和成果。G－POD 网络门户是一个灵活，安全，通用和分布式平台（参见图 7.4），用户可以轻松地管理各项任务：从一个新的任务的创建到结果公布，从数据的选择和监测作业的运行，用户可以随处访问和使用友好而直观的界面，执行各种应用。

（3）GENESI－DR 和 GENESI－DEC

地球科学的互操作数字信息库项目（GENESI－DR）欧洲网络最初的目标是提供一个大型、分布式的数据基础设施，满足世界各地的需求。这是一个欧洲第七框架资助项目，从 2008 年至 2010 年。其后续项目为 GENESI－DEC 数字地球社区，加强了对特定的用户

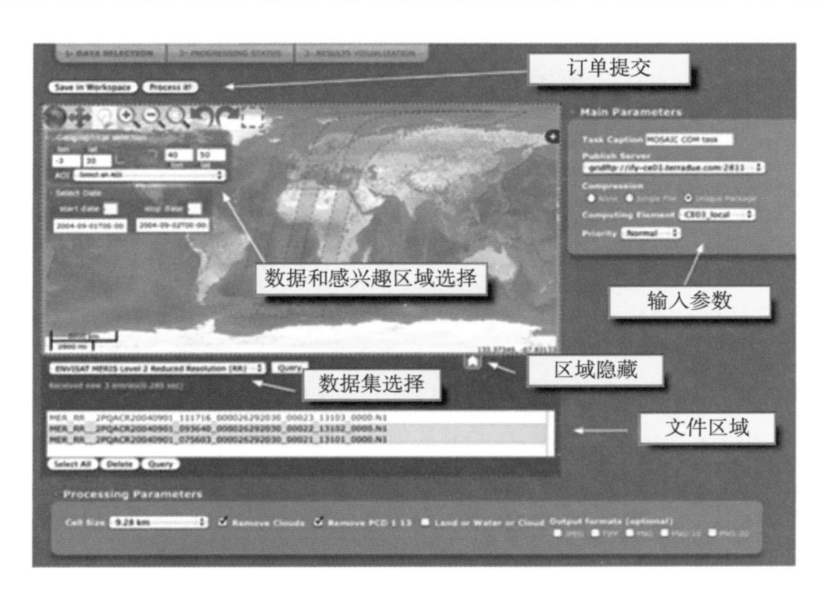

图7.4 按需服务网格G-POD

群体和其他现有的数据档案的支持。该项目提供了一个简单的Web门户和Web服务的API，用户可以注册自己的数据集，并提供给其他地学科学家。

（4）全球对地观测网格 Global Earth Observation（GEO）

GEO Grid是一个网格环境支持下的，用于归档和处理海量卫星和GIS数据集的基础设施（http://www/geogrid.org/）。GEO网格项目的初衷是实现高效访问ASTER传感器全球对地观测数据（Yamamoto et al，2006）。ASTER传感器由1999年发射的EOS Terra卫星搭载，数据的归档和分发最初是由ASTER卫星地面数据系统（ASTER GDS http://www.gds.aster.ersdac.or.jp/）完成，但受到存储和计算能力的限制，原来的地面系统无法满足对任意原始归档数据的按需处理要求，同时从带库归档系统中检索数据的效率也存在着瓶颈。GEO Grid项目希望通过网格技术突破现有系统的局限。

GEO Grid系统设计为4层：顶层为Web Portal形式的用户接口层；第二层以Web服务的形式提供数据和应用服务；第三层是屏蔽了硬件层异构性的虚拟存储系统；最底层是由PC集群、带库、其他计算和存储单元组成的资源层。GEO Grid连接了两个大规模和一个较小规模的专用机群：一个是容量超过200TB、单个节点有7TB RAID6盘阵的专用集群，该机群能够容纳完整的ASTER数据集；另一个是安装在AIST（National Institute of Advanced Industrial Science and Technology of Japan）、超过2000个CPU的大规模机群AIST Super Cluster（http://unit.aist.go.jp/tacc/en/supercluster.html）；最后一个是连接在APAN（Asia-Pacific Advanced Networkhttp://www.apan.net/）的小规模集群，用于在位于地球遥感数据分析中心（ERSDAC）的ASTER GDS和GEO Grid之间传输数据。除此之外，个人PC和工作站等非专用计算资源也能动态地加入GEO Grid中。

在GEO Grid中，数据服务和应用服务被更为紧密地结合，数据检索和数据处理统一设计为工作流管理和调度，有助于缩短处理时间，实现按需处理；另外，AIST 中 GSJ (Geological Survey of Japan) 数据中心的地理信息数据以简单数据服务 WMS (OpenGIS Web Map Service http://www.opengeospatial.org/specs/? page = specs) 或 WFS (OpenGIS Web Feature Service) 的形式整合到 GEO Grid 中。GEO Grid 的核心用户能容易地共享海量原始数据，上载他们自己的分析软件或算法处理，而公众用户能够检索数据，向 GEO - Grid 提交处理任务订单并得到结果。

7.1.3.3 空间信息云平台

国内外已经有研究人员开始将云计算平台与对地观测与空间信息应用相结合，利用云计算技术和开放平台来实现空间信息的处理与应用 (Golpayegani et al, 2009; Berriman et al, 2010; Brito, 2010; Yamamoto et al, 2012; Richard, 2013)。这些工作关注系统结构、计算模型、核心组成和关键技术等问题。

(1) Google 云平台

Google 提出一套成熟的基于数据中心的云计算平台。该平台包括 4 个相互独立又紧密结合在一起的系统：分布式文件系统 Google File System (GFS)、针对 Google 应用程序的特点提出的 MapReduce 编程模式、大规模分布式数据库 BigTable 以及分布式的锁机制 Chubby。基于云技术，Google 提供了地图平台 Google Earth Builder，通过 Google Earth 浏览地图数据。

(2) IBM 蓝云计算平台

IBM 的“蓝云”计算平台将 Internet 上使用的技术扩展到企业平台上，使得数据中心的使用类似于互联网计算环境。“蓝云”计算平台由一个数据中心、IBM Tivoli 部署管理软件、IBM Tivoli 监控软件、IBM WebSphere 应用服务器、IBM DB2 数据库以及一些开源信息处理软件和开源虚拟化软件共同组成。

(3) 亚马逊弹性计算云

Amazon 提出一种云计算服务平台弹性计算云 EC2。EC2 建立在 Amazon 的大规模数据中心平台上，用户可以通过弹性计算云的网络界面去操作在云计算平台上运行的各个实例。用户只需为自己所使用的计算平台实例付费。基于亚马逊弹性计算云 EC2 可以发布地图应用，实现快速部署自定义的地理信息系统。

(4) Microsoft Azure

微软提供新型的互联网操作系统“Azure”，其最终目标是将 Windows 用户通过互联网紧密地连接起来，并通过 Windwos Live 向他们提供云计算服务。微软提供 Dryad 平台，支持 MapReduce 类型的应用程序以及关系代数操作 (Li et al, 2010)。

(5) OCC 的 Matsu 项目

Matsu 项目是在开放云计算联盟 (OCC) 的支持下进行的联合研究 (The Open Cloud Consortium, http://www.opencloudconsortium.org)，由 NASA GFSC、Illinois 大学、Starlight 公司联合开发，目标是建立一个基于云计算的卫星遥感影像按需灾害评估服务系统 (参见图 7.5))。该项目得到了大数据研究工作组 (LDWG) 的支持，构建了一个基于 Eucalyptus 平台的云计算基础设施，包括 300 个以上 CPU，80TB 存储和思科提供的 10Gbit/s 网络连接设备。

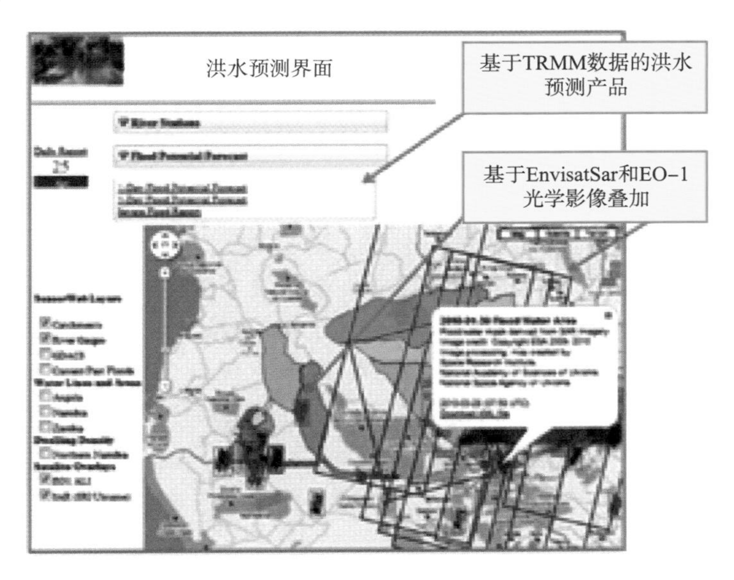

图 7.5　Matsu 项目的洪水监测界面

（6）NASA 的 Nebula 项目

NASA 于 2008 年开始基于云计算的空间观测科学数据管理项目（Nebula Cloud Computing Platform，http：// www. nebula. nasa. gov/ ）。Nebula 的基础设施服务（IaaS）可提供可扩展的计算和科学应用的存储。这些服务允许用户通过界面或命令行工具，提供所需的基本管理、计算和存储资源。Nebula 平台服务将提供一个一致的框架、代码库和服务，使开发者部署可以自动扩展以满足需求变化的安全的符合政策的 Web 应用程序。Nebula 采用集装箱数据中心的方式来管理，这种方式更加灵活、绿色，可节约近 50% 的能源消耗。

7.2　空间信息综合集成与共享关键问题

7.2.1　安全

所有分布式系统都要面临安全性问题，但安全要求的程度根据具体需求而不同。除了传统的物理安全手段，还有用户安全措施，从简单的口令验证到身份验证和授权建立等。

为了解决登录多个网站的身份验证问题，常使用现有的标准，如 OpenID 和 OAuth 等。这些工具可以让用户经过身份验证后实现单点登录，然后一次访问多个系统。而单点登录，通常是基于一次性密码认证的双向认证来实现。

G - POD 和 GEO Grid 是采用先进安全技术的地学计算基础设施，使用了基于 X. 500

证书的网格安全。用户证书由证书颁发机构发行，并据此建立所有事务的身份认证。GEO Grid 进一步实现了虚拟组织安全，使不同的管理和组织领域的资源能够被联合管理。要启用真正的全球 VOS，需要国际网格信托联合会（International Grid Trust Federation）这样的机构颁发认证证书，从而使整个组织信任由 IGTF 成员颁发的证书。

7.2.2 数据服务与可视化

数据和数据访问服务是地学分布式计算基础设施的共性功能。其核心是提供数据虚拟化服务，OGC 的编目和数据服务标准已经被广泛地使用（Andrzej Dziech et al，2013）。Web 目录服务（CSW）已经有 ebRIM 配置文件来定义元模型，可以处理服务、符号库、坐标参考系、应用配置文件、schema 架构，以及地理空间数据。CSW 也支持联邦目录。CSW3.0 将整合 OpenSearch 的功能，同时支持地理空间和时间查询。GENESI - DR 和 GENESI 的 - DEC 项目基于这些技术做了大量工作，同时也有一些研究工作利用 CSW/ebRIM 技术来实现地理空间数据源追溯服务。CSW 和 ISO / IEC 14863 系统独立的数据格式也被用于解决长期数据保存问题。例如，通过分离存储介质格式，实现 100 年到 500 年的数据保存。

空间数据表示最常用技术是 Web 浏览器。除了简单地通过 Web 页面提供数据服务，Web 网站也用于实现访问多个数据源的入口门户功能。在 GEO Grid 中，门户作为一个工具被提供给用户，允许按照用户需求进一步实现功能扩展和定制。OGC（Open Geospatial Consortium）的基本数据服务标准被广泛使用，如 Web Map Service、Web Feature Service、Web Coverage Service（地图服务、要素服务、覆盖服务）。Google Earth 成功地发展了 Keyhole Markup Language（KML）。标记语言 KML 容易使用并有着稳定的性能，已经用于实现 Google Earth 的显示和导航功能。Google Earth 也有浏览器插件工具，如 OpenLayers，用于实现基于标准的 OGC 工具将地图数据整合到 Web 网页。

作业管理和工作流管理也是 DCI 的重要功能。通常，作业的运行细节对用户都是透明的。这让用户能够专注于他们的专业研究，不用关注复杂的低层计算和存储系统细节。通常要求浏览器门户网站能够向用户提供一个统一的任务抽象。但是，由于遥感数据通常是和计算任务关联的。除了预处理校正算法、数据通常作为计算任务的输入，例如，气象预报、海洋模型、大气模型、气候模型。因此，有时候还需要允许用户能够可视化地设置和管理计算作业。

7.2.3 互操作与远程访问

目前，在互操作和远程访问标准中，简单对象访问协议（SOAP）是最为广泛应用的一个，常用于 Web 服务的请求与应答。在空间信息领域，处理服务（Web Processing Service，WPS）提供了类似的请求与响应协议。由于 WPS 与其他 OGC 标准类似，因此容易被用户接受和使用。在网格计算领域，开放网格论坛（Open Grid Forum，OGF）的 HPC Basic Profile 定义为支持更广泛作业管理需求。例如，元调度策略，需要运行多重模拟场景的

“富客户端”，管理依赖关系任务的工作流引擎等。这些作业复杂程度超越了简单的请求应答。HPC Basic Profile 的实现是基于 OGF 作业提交描述语言 OGF 基本执行服务，以及 WS-I Basic Profile 等技术。

DCI 本身对通信网络没有具体要求，外部用户通常可以使用开放的互联网 HTTP 访问远程系统，也可以接入无线网络、卫星通信网络等其他链路。

7.2.4　作业管理

工作流引擎能够按照业务流程管理多个任务运行，具有代表性的有广泛用于 Web Service 的 Business Process Execution Language（BPEL）。工作流管理联盟 Workflow Management Coalition 还定义了标准的工作流工具，如 XML Process Definition Language 过程定义语言和工作流 XML 协议。也发展了一些用于网格计算的非标准化工作流引擎，并已被用于大型系统，管理万级以上的作业和 TB 级数据，例如 Kepler、Pegasus、Taverna 和 Triana 等。

工作流引擎的关键技术问题是如何实现集中或者分布式的控制，如何能对流程中出现的错误智能化地响应。Matsu 和 GEO Grid 等项目都采用了工作流引擎技术。Matsu 项目尝试了使用了由 GeoBliki 提供的一个地理空间业务管理系统 GeoBMPS（Geospatial Business Process Management System）。

7.2.5　资源管理

规模可扩展性作为云计算的重要特性之一，要求云平台提供资源的规模可以动态地伸缩，以满足应用规模增长或缩减的需要。按需提供计算资源的模式，已经用于大规模数据中心的构建当中。

现有的 IaaS 基础设施服务云，允许用户在需要更多资源时手动开启多个虚拟机实例，在资源需求下降时关闭部分乃至全部虚拟机实例以节约成本。在这些云中，用户仅需选择所需资源的数量及所使用的虚拟机镜像。

通常，所需的资源是以虚拟机容器的形式提供给用户的，用户选择虚拟机容器及所用虚拟机镜像后，系统将自动分配资源并开启虚拟机，用户无须关心资源是如何被调度或虚拟机究竟运行于哪台物理机。当用户关闭虚拟机实例时，仅需选择要关闭的虚拟机实例，系统将自动完成虚拟机实例的关闭与资源回收，用户无须关心虚拟机实例究竟运行于哪台物理机、所占资源如何释放等。这种虚拟机实例开关的自动调度方法降低了用户的使用门槛，方便了用户，提高了效率，保证了云内部的安全与稳定性，使得用户的注意力能够完全集中在对资源的使用而非资源获取上。但是，当前 IaaS 基础设施服务云均不支持以上过程的自动化，即无论是开启还是关闭虚拟机实例，还需用户主动介入，系统不会进行任何自动操作或提示。

7.2.6　运行机制与管理政策

完善的管理政策和和自动化运行机制是 DCI 成熟度的关键指标。从科学研究项目 Matsu 到国际合作项目 GEOSS，不同的项目存在不同的运行管理要求。

GMSEC 通过控制消息总线 API 的管理方式，能够快速实现地面系统服务集成的原型，但其部署在很大程度上是静态配置，依赖于手动配置防火墙和部署消息总线来控制用户授权。

GEO Grid 使用了虚拟组织 VO 的管理方式，数据提供方可以灵活地定义虚拟组织 VO 的成员和角色，赋予不同用户权限。对于跨机构和跨管理域的 DCI 来说，这种开放动态的管理运行方式尤其重要。尽管提供遥感数据服务是卫星 DCI 的主要功能，但是计算处理服务将是未来的发展方向，OGC WPS 是实现处理服务的初步应用。进一步的发展，将是跨机构和跨管理域的全局计算资源管理。这也是网格和云计算重点关注的问题。WS－Agreement 和 WS－Agreement Negotiation 等标准将被进一步引用和发展，以建立服务级、高性能、高安全性和可靠性的管理机制。

7.3　空间信息资源集成共享平台

7.3.1　体系结构

7.3.1.1　共享网格

根据灾害信息跨域共享的目标，共享网格分系统设计和开发数据网格子系统、服务网格子系统、计算网格子系统、移动服务网格子系统、应急协同网格子系统、监控网格子系统、网格安全体系与安全管理子系统等子系统，如图 7.6 所示。

（1）数据网格子系统

数据网格子系统实现跨部门、跨地区、异构多源数据的集成共享平台；为卫星接收处理系统、灾害数据集成分系统、各行业提供一个灾害相关数据包括各级遥感数据、产品、地面基础数据的安全方便的注册、上传、分发的高效集成平台；向广大高时效用户提供方便统一的数据共享访问，提供各级遥感数据、产品、地面基础数据的检索、查询、浏览、定购和下载等服务。针对多机构多用户的超大规模的文件传输，通过副本管理和多点协同，为专线高时效用户提供可靠、安全、高性能并发的文件数据传输。

（2）服务网格子系统

服务网格子系统实现自然灾害相关基础软件、共性软件、应用软件的集成共享。该系统提供对各遥感数据处理共性软件、灾害科学相关软件、各行业的自然灾害信息应用软件进行服务化封装，即采用通用的标准的服务技术对软件进行服务封装，屏蔽底层程序语言、运行平台、软件协议的差异性，向上提供统一的、标准的共享服务。在软件服务化的基础上，提供一个软件服务接口管理中心，用于注册、登记、展示和存储各相关单位提供的拟共享的软件服务，同时为提高软件服务的共享效率，提供一系列软件服务应用的使能技术，如服务的高效查询、服务的可靠调用、服务的安全访问等。提供对软件服务集成的技术支持，从而满足用户对组合服务的调用请求。

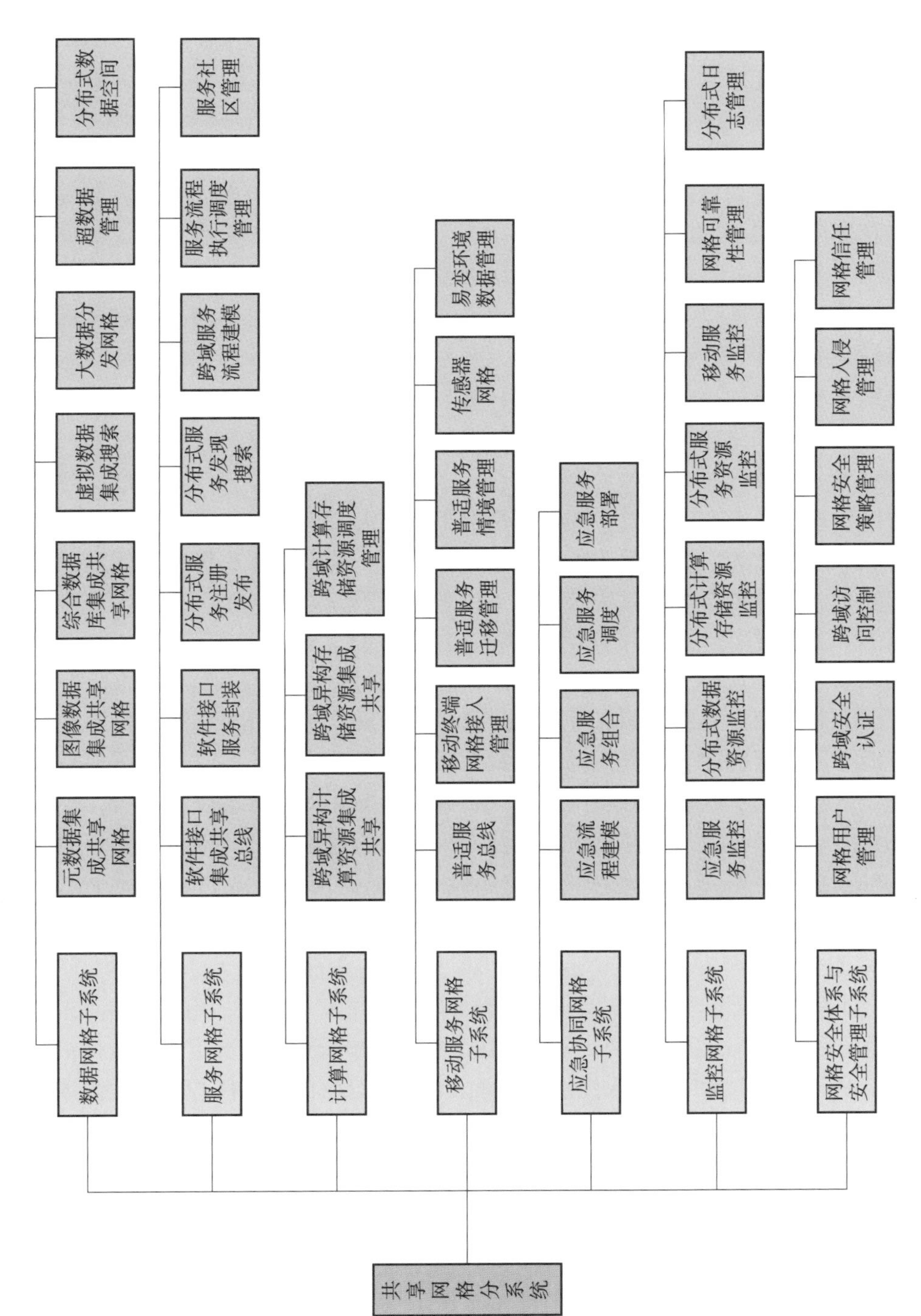

图7.6　共享网格分系统组成

（3）计算网格子系统

计算网格子系统作为实现计算资源和存储资源的集成整合调度；提供对各种异构的空闲的计算存储资源的注册、计算存储资源的集成、计算存储资源的整体调度，以达到让各种异构的空闲的计算存储资源形成一个虚拟的计算存储中心，并将所有异构的虚拟计算存储资源作为一个整体的计算存储资源提供给用户，以满足用户的计算存储需求。

（4）移动服务网格子系统

移动接入网格正成为移动网格服务软件基础设施的一种极其重要的架构方式。移动接入网格是对移动网格服务环境能力的抽象，包含信息空间中的计算式服务与可接入至信息空间的实物式服务，是计算式服务在移动网格服务物理环境下的自然延伸，同时，强调服务可在合适时间、合适地点，以合适方式无缝地接入和获取。针对移动网格服务环境的异构性、动态性、分布性、开放性，对移动接入网格的情境、数据、终端、运行状态及服务本身这五类最核心资源的高效管理进行研究，重点实现移动接入网格的主动性与自主迁移性，从而为移动接入网格成为移动网格服务软件基础设施提供支撑。

（5）应急协同网格子系统

应急协同网格子系统在灾害发生的应急情况下提供灾害现场的快速网格节点部署、快速数据接入功能，同时为应急情况下各部门的灾情研判、减灾赈灾决策所需的大数据实时数据会交、显示、协作调度等提供底层协同支持工具和服务。

（6）监控网格子系统

监控网格子系统实现整个自然灾害空间信息资源集成共享网格系统中的所有数据资源、信息资源、软件资源、网格节点等的全生命周期管理，包括资源描述、资源注册、资源发现、资源分配、资源配置、资源调度、资源回收和资源重用。实时监控网格系统的所有数据资源、信息资源、软件资源、网格节点资源的状态并加以状态聚合分析，支持网格性能分析和调整、网格环境可靠性分析，以及网格资源的效益分析。网格节点资源的回收和重用，有助于提高网格资源的利用率和使用效益；提供网格资源状态可视化工具和视图，提高网格运行的易维护性，提高管理效率。

（7）网格安全体系与安全管理子系统

网格安全体系与安全管理子系统实现跨域跨部门的资源安全访问；用户单点登录，即启动登录网格系统时进行一次身份认证，就可以在无须进一步干预的情况下访问任何被授权可访问的资源；提供网格环境的自动入侵检测，即阻止内部合法的网格用户滥用权限或进行误操作时，对网格资源、管理域和虚拟组织构成威胁，又检测并防止外部非法用户侵入网格系统；避免对网格环境中的资源、数据及基础设施的完整性、保密性和可利用性的安全威胁。

7.3.1.2　云服务平台

云服务平台分系统包括基础服务子系统、数据存储子系统、弹性计算子系统、超级计算子系统、大数据计算子系统、软件云服务子系统、云引擎子系统、系统监控与应用管理子系统、软件部署与配置管理子系统等，如图 7.7 所示，为数据处理、综合集成以及各业务提供计算和存储环境。

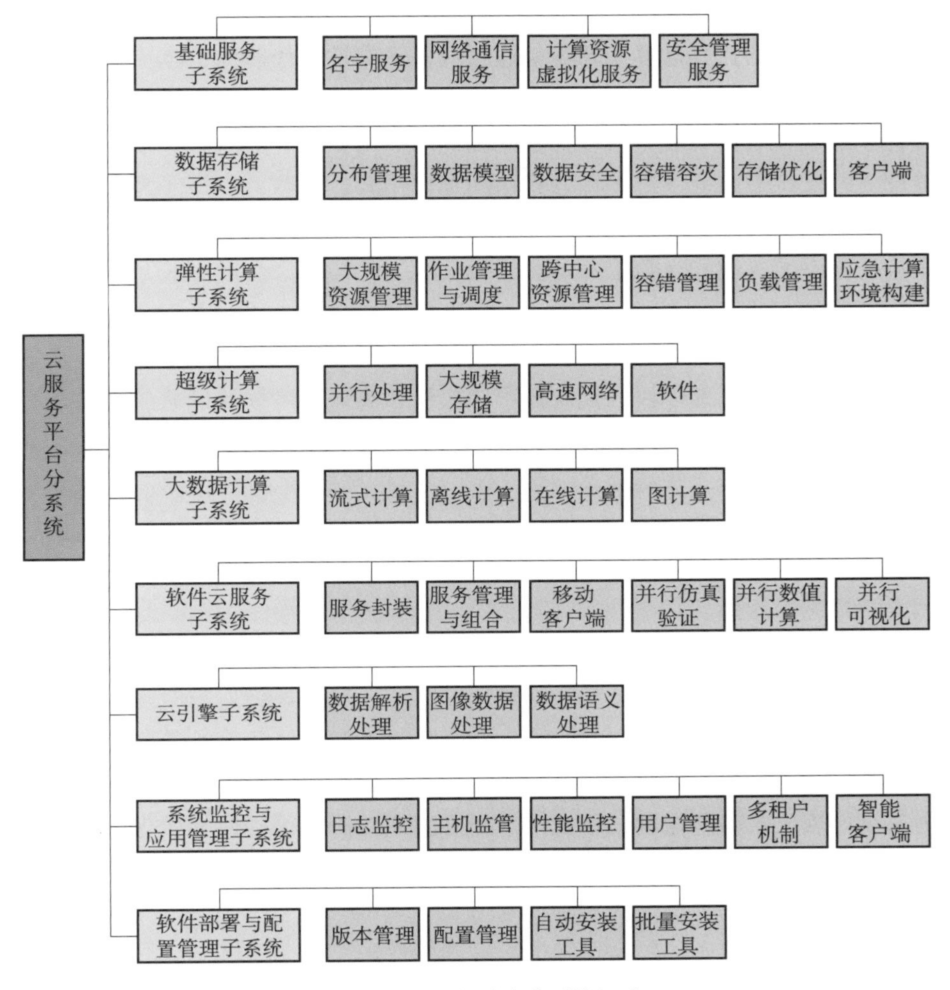

图7.7 云服务平台分系统组成

(1) 基础服务子系统

面向灾害空间数据的业务处理需求，基础服务子系统为各业务系统的开发和运行提供基础服务支持，其中，计算资源虚拟化服务为灾害空间云平台提供计算资源池支持，安全管理服务为资源的使用提供认证和访问控制支持，名字服务提供资源的统一定位支持，网络通信服务提供数据的传输支持。

(2) 数据存储子系统

数据存储子系统针对灾害空间信息的大规模数据存储需求，基于云计算技术，提供可扩展、稳定、高效、安全、可靠的数据存储环境，屏蔽不同空间数据存储系统在物理上和逻辑上的差异，为多种类型的应用和用户提供统一的视图，并实现对异构、分布数据的透明访问，为灾害、预警、监测与评估提供具有高运行效率的数据支撑，通过多中心多节点模式进行容灾备份存储，提升系统的数据访问效率和抗灾能力。

（3）弹性计算子系统

基于高性能计算的弹性计算子系统将通过对基于高性能计算的数据中心资源和其他多种计算资源的有效聚合、管理和科学调度，为国家自然灾害空间信息设施中的接收处理系统、运行管理系统和数据集成分系统等系统提供按需可扩展、具有服务质量保障的高性能计算基础设施，支持各系统通过多种方式访问和使用云计算服务。该子系统能够根据灾害应急响应的需求，快速构建应急响应所需的计算环境，为灾情速报等灾害应急处理提供按需、高效、可扩展的高性能计算服务。

（4）超级计算子系统

超级计算子系统为空间信息综合集成服务系统提供高性能计算环境。从组成结构上看，该子系统分为并行处理模块、大规模存储模块、高速网络模块和软件模块。并行处理模块包括数千个计算节点（包括异构融合计算节点）组成的计算阵列，计算能力超千万亿次；大规模存储模块包括大规模科学计算存储、SAN 存储和 NAS 存储；高速网络模块包括超高速专用互联网络、千/万兆高速互联网络和全系统监控诊断网络；软件模块包括节点操作系统、编译环境、资源管理系统、程序开发环境、文件管理系统、数据库软件模块等，全面支持第三方软件。

（5）大数据计算子系统

面向灾害空间信息业务中的海量数据处理需求，针对大规模运行时数据的高效处理和持续服务所特有的数据多样性、应急协同、共享时效性和共享可靠性等特点，探索多种大数据计算模型，研制大数据处理软件及大数据实时分析软硬件一体机，对大数据的管理与处理采用超越传统模式的新理论、新技术、新方法加以研究，提供大数据计算环境。大数据计算子系统针对海量数据存储和处理所面临的数据总量超大规模、处理速度要求高和数据类型异质多样等难题，关注于大规模数据获取、存储、处理、交换到服务全生命周期，起到支撑各种以数据为核心的灾害空间信息处理的作用。

（6）软件云服务子系统

软件云服务子系统以服务的形式封装计算资源、存储资源、数据资源和应用业务，支持资源和业务应用以云服务的方式共享和访问；支持服务的注册、发布和管理，支持服务组合、协同和流程动态重组；提供了云服务访问的客户端，支持泛在、便捷、高效的服务访问。

（7）云引擎子系统

面向灾害空间数据的业务处理（灾害空间数据的解析、初级图像处理、语义处理、可视化等）需求，云引擎子系统，为各业务系统的开发和运行提供公共的并行运行库支撑，屏蔽底层计算资源、数据资源、存储资源等资源特性给业务系统设计和开发带来的复杂性，建立空间信息处理的并行处理支撑环境、公共数值计算算法的并行计算环境、可视化支撑环境等。

（8）系统监控与应用管理子系统

系统监控为云平台的监控提供了系统的解决方案，提供了 3 个层面的监控功能：日志监控、主机监控以及性能监控。日志监控主要是通过系统设计人员在系统设计与实现过程中记录的日志信息对系统进行监控；主机监控主要是对云平台中的物理和虚拟节点的资源使用情况进行监控；性能监控主要是针对云平台在运行过程中出现的性能问题，基于用户请求路径信息，提供快速准确的系统性能问题发现和定位技术方案。应用管理位于信息云平台系统的应用层，直接与用户进行交互为云平台的多级用户提供使用云平台资源的入口。

（9）软件部署与配置管理子系统

软件部署与配置管理子系统通过虚拟化配置、自动化操作、远程配置管理等手段，规避手工操作产生的出错率，同时降低软件部署与配置管理的成本。该子系统一方面面向信息资源集成共享网格中资源数量庞大的现状，避免采用传统部署与管理方法，减小人为出错的可能性；另一方面，面向系统的日趋复杂和边界的不断变化，减小系统运维带来管理和成本的双重压力，提高核心系统的建设和软件的及时更新的效率。

7.3.1.3　空间信息资源集成框架

空间信息资源集成分系统由 3 个子系统构成，即多源数据汇集子系统、灾害数据综合子系统、数据发布服务子系统。子系统模块构成如图 7.8 所示。

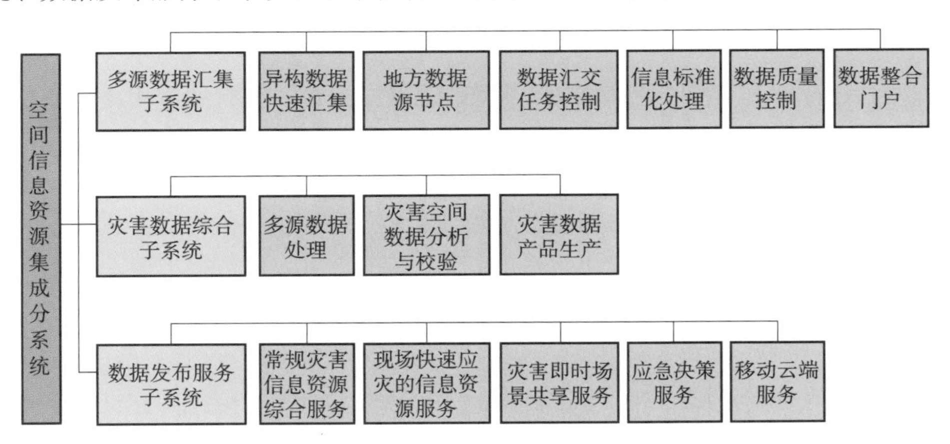

图 7.8　数据集成分系统研制内容

（1）多源数据汇集子系统

多源数据汇集子系统是数据集成分系统实现多源异构灾害信息数据一体化集成服务的前提保障系统。该系统在充分分析现有技术能力和数据源基础的条件上，重点建设灾害数据汇集与整合标准规范体系、多源灾害数据快速汇集、一站式灾害数据整合等几部分，实现多源异构数据的数据汇交、数据集成、快速整合、数据整理、质量控制等关键过程，保障多源异构灾害数据的可获取性、一致性及互操作性，辅助解决监测预警、灾中应急过程中基础数据资源快速集成与共享服务的问题。

（2）灾害数据综合子系统

灾害数据综合子系统是构建集灾害多源数据处理、信息提取分析与校验为一体的处理系统，由多源数据处理、灾害空间数据分析与校验以及灾害数据产品生产 3 个模块构成，具有快速高性能的综合信息处理，自动化、智能化的灾害数据分析、校验以及规模化的灾害数据产品生产等功能。实现多源灾害数据的快速整合、数据的有效处理、产品的高精度生产、验证的完备配置等能力，以此支撑多灾种、多尺度灾害信息关联性研究与科学分析与校验平台，为灾种相关应用提供长期稳定的服务保障。

（3）数据发布服务子系统

数据发布服务子系统主要面向信息资源网格内部用户、减灾行业应用部门用户和公众用户，重点实现面向灾害数据的资源集成服务、常规灾害数据资源综合服务、现场快速应灾数据资源服务、基于天空地立体信息的灾害数据场景共享服务。面向不同层次用户，该子系统提供常规灾害数据的综合服务，实现算法、模型、工具、软件、计算等资源在统一环境下的云集成、云共享和云计算等服务。通过软硬件一体化设计，建设面向灾害现场服务的客户端，实现灾害数据现场便携式采集、并行处理、大容量存储、高速传输、自适应组网和定位通信等云端服务。

7.3.2 数据网格技术方案

数据网格是整个共享网格的内核，是实现跨部门、跨地区、异构多源数据集成的平台（Baru C et al，1998）。

数据网格设计为卫星接收处理系统、灾害信息集成系统、各行业应用提供一个灾害相关数据的高效安全服务，包括各级遥感数据、产品、地面基础数据的注册、上传、分发；向广大高时效用户提供方便统一的数据共享访问，提供各级遥感数据、产品、基础数据的检索、查询、浏览、定购和下载；通过副本管理和多点协同，提供针对多机构、多用户超大规模的文件传输，为专线高时效用户提供可靠、安全、并发的数据传输。

7.3.2.1 元数据集成共享网格

（1）概述

元数据集成共享网格通过对灾害信息数据、网格基础设施、网格服务各项元数据的实时获取，集成和管理各平台的元数据信息，为灾害信息数据网格提供一个网格资源发现与集中监控的机制。元数据集成共享网格主要提供元数据发布服务、元数据注册服务、网格资源发现服务和元数据管理服务。元数据发布服务为各个元数据提供者提供一个发布元数据的统一接口，让元数据注册模块，以及其他访问元数据的用户可以通过这个接口来访问元数据信息；元数据注册服务自动聚合和实时收集已注册的元数据提供源发布的元数据信息；网格资源发现服务提供资源的快速定位和访问功能；元数据管理服务提供异构元数据的集成、元数据的编辑管理、元数据的访问控制等管理功能。

（2）功能设计

通过该项目的实施和建设，使得系统具备以下功能：

1）对灾害信息各个数据提供单位的不同领域不同类型的异构元数据进行集成和整合，提供统一的元数据视图；

2）提供不同平台元数据的统一发布、访问接口；

3）提供元数据注册服务，实时获取动态元数据信息；

4）提供元数据的编辑功能，提供添加、删除、更新元数据的接口；

5）提供对元数据以及数据集添加评注功能，支持虚拟组织以及用户个人定制的数据集合和视图，并向定制的集合和视图添加关联描述的功能；

6）提供元数据索引和元数据目录，并依此快速定位资源和服务，提供基于元数据的资源发现服务；

7）提供用户的认证和授权，通过元数据的访问控制保证元数据的安全性；

8）保证在分布式环境中的高性能和高可靠性，对元数据提供持续、稳定、一致、快速的服务，提供元数据备份和恢复功能。

（3）结构设计

元数据集成共享网格由资源层、汇聚层、服务层构成，如图 7.9 所示。

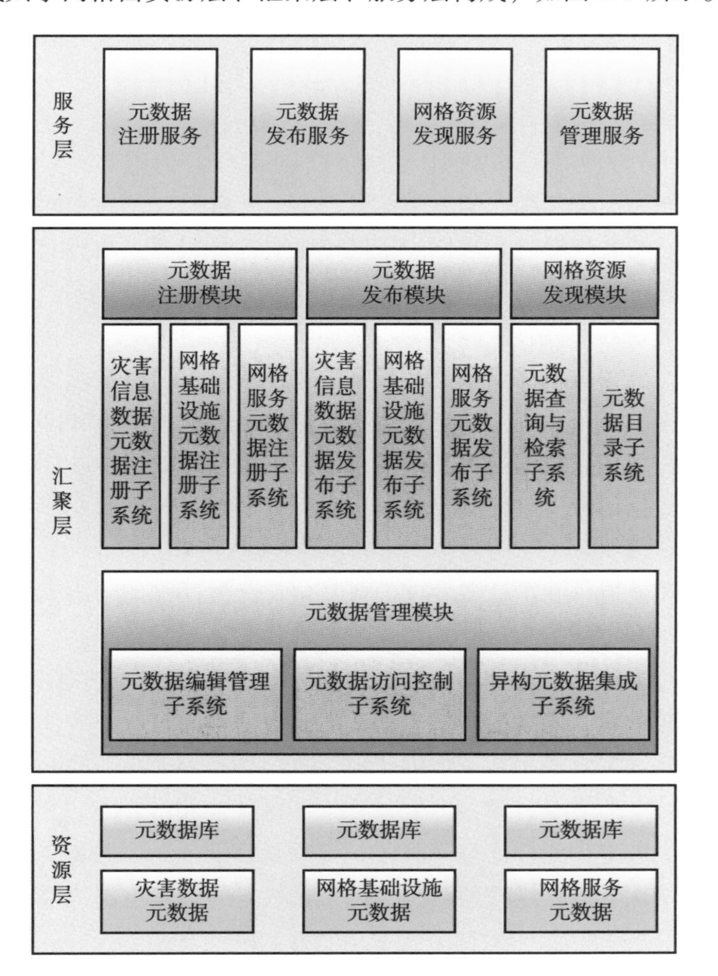

图 7.9　元数据集成共享网格体系结构

①资源层

元数据包括灾害数据元数据、网格基础设施元数据和网格服务元数据。资源层提供各类元数据的分布式物理存储能力，为上层系统提供元数据资源。

②汇聚层

汇聚层在资源层之上，主要提供元数据的各项管理功能和元数据的注册、发布、检索功能等。这一层包括了元数据管理模块、元数据注册模块、元数据发布模块、网格资源发现模块。

◇元数据管理模块

元数据管理模块提供元数据的集成和整合、安全和编辑管理等内容，包括元数据编辑管理子系统、异构元数据集成子系统和元数据访问控制子系统。

元数据编辑管理子系统提供元数据以及元数据目录的添加、删除、更新操作；异构元数据集成子系统通过语义本体，提供基于语义的统一的元数据视图；元数据访问控制子系统是安全机制的重要部分，提供用户认证以及权限管理功能，对于有编辑和访问权限的用户予以放行。

◇元数据注册模块

元数据注册模块分为灾害信息数据元数据注册子系统、网格基础设施元数据注册子系统、网格服务元数据注册子系统。为灾害信息数据、网格基础设施和网格服务提供统一的元数据注册接口，自动收集通过元数据注册接口注册的数据源，并转化为统一的元数据数据模型，存储在资源层的元数据库中。

◇元数据发布模块

元数据发布模块分为灾害信息数据元数据发布子系统、网格基础设施元数据发布子系统、网格服务元数据发布子系统。为灾害信息数据、网格基础设施和网格服务提供统一的元数据发布接口，灾害信息数据网格其他平台以及灾害信息数据中心的用户可以通过这个统一的接口访问元数据信息。

◇网格资源发现模块

网格资源发现模块提供网格资源发现服务，包括元数据查询与检索子系统，元数据目录子系统。

元数据查询与检索子系统通过对元数据和元数据目录建立全文索引机制，提供基于关键字的元数据查询和检索，同时提供基于语义的元数据查询。这一查询机制建立在元数据管理模块中的异构元数据集成子系统提供的统一的语义元数据视图的基础上，提高查询的查准率和查全率。

元数据目录子系统提供元数据目录服务。元数据目录是元数据集合和视图的信息，给大量的元数据提供层次化的分级管理功能，还为元数据的访问控制提供基于元数据目录的权限级别。

③服务层

服务层包含元数据共享与网格资源发现系统提供的服务，包括元数据注册服务、元数据发布服务、网格资源发现服务、元数据管理服务。

（4）流程设计

元数据集成共享网格平台包括常规模式和订单模式。

①常规模式

根据元数据分系统的常规运行计划，进行元数据数据发布注册、数据和资源的查询检索模式。如图 7.10 所示，其工作流程如下：

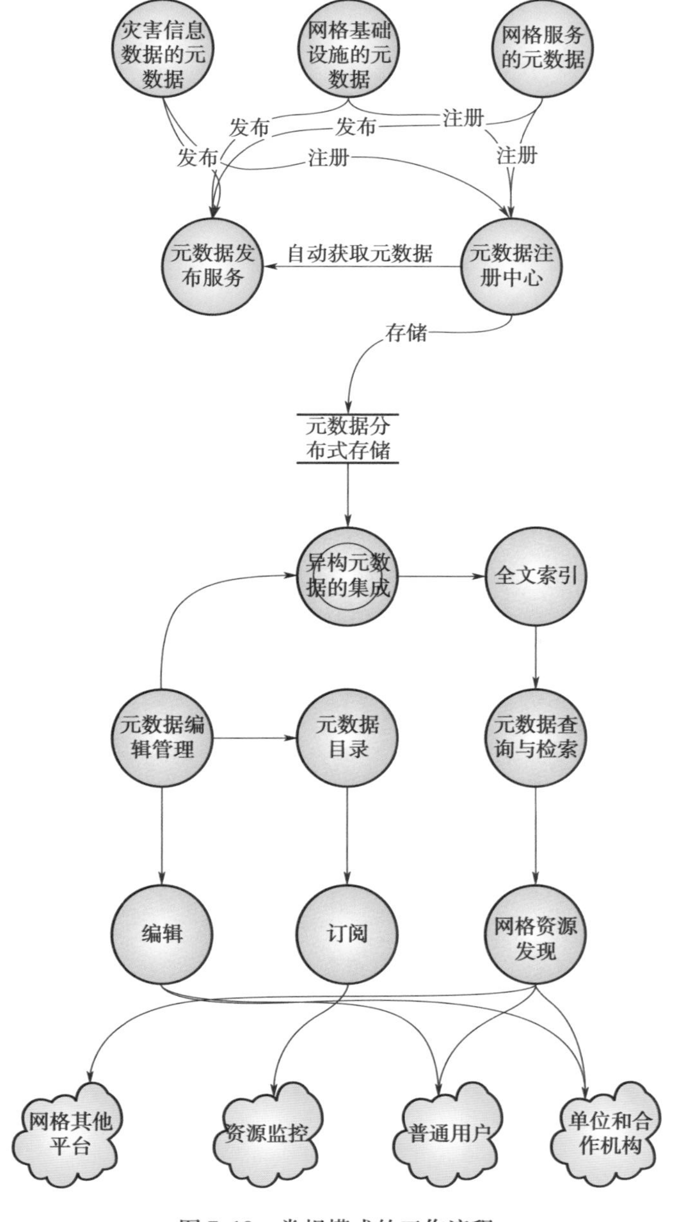

图 7.10　常规模式的工作流程

1）经过处理得到的灾害信息数据产品信息、网格基础设施元数据信息、网格服务元数据信息通过元数据发布服务发布；

2）各类元数据的提供者通过元数据注册中心注册；

3）元数据注册中心通过元数据发布服务提供的统一访问接口，根据元数据系统者的注册配置信息，自动聚合这些元数据提供者提供的元数据，并存储在资源层中；

4）异构元数据集成服务将新加入的元数据集成到统一的元数据视图中；

5）用户通过元数据编辑管理服务添加修改元数据，创建元数据集合和视图，为批量元数据添加描述；

6）元数据查询与检索服务为元数据提供全文索引；

7）灾害信息数据中心用户和灾害信息数据网格分平台通过网格资源发现服务，获取所需的资源。

②订单模式

根据用户的需求，订阅用户感兴趣的元数据内容。其工作流程如下：

1）用户向系统提交感兴趣的元数据描述；

2）系统对用户订制的元数据进行监控，当这些数据发生变化时，提交给订制该数据的用户。

7.3.2.2 图像数据集成共享网格

（1）概述

图像数据集成共享网格为用户提供用户服务接口，主要功能包括集成访问、数据检索、数据浏览下载和数据征订功能。用户在获得相应权限后，可以对相应级别的文件数据进行检索。浏览功能的实现使得用户可以像访问本地电脑一样地访问自然灾害数据网格。下载功能使用户数据能够下载不同数据。征订功能使得本地站点在不需要人为干涉的情况下，能够自动、定时、规律性地向自然灾害数据网格获取实时数据。

（2）功能设计

图像数据集成共享网格的功能组成如图 7.11 所示。

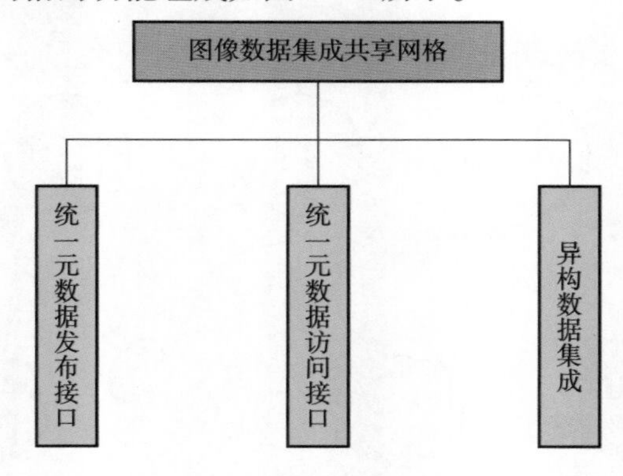

图 7.11 图像数据集成共享网格的功能组成

①统一元数据发布接口

图像数据集成共享网格对灾害信息的各系统提供统一的元数据发布接口。各数据中心可以通过该接口发布数据的元数据以便能够对元数据进行分布式统一管理与维护，使对应的数据和元数据的访问更为一致化。

②异构数据集成

灾害信息数据在存储上跨机构、跨地域，具有很强的分布式特点，不易于一体化集成；在数据形式上，来源广泛，形式复杂，异构性强。图像数据集成共享网格针对这些问题提供数据集成的统一接口，把跨域、异构的数据在物理和逻辑上进行有机的集中，从而为用户提供全面的数据共享。

③统一数据访问接口

图像数据集成共享网格提供统一的数据访问接口，用户通过门户网站登录到数据资源共享和文件传输平台，首先要通过数据共享用户服务管理系统的认证。在通过系统认证后，用户获得相应的访问权限，通过统一数据访问接口可以对不同级别的数据资源进行操作，操作的权限包括但不限于浏览、检索、征订、下载等。而数据资源本身会按照机密等级进行划分。

◇浏览与检索功能

图像数据集成共享网格提供浏览功能，当文件数据接口总线子系统接受到用户的请求后会根据用户的权限来识别用户然后将其权限内的数据展示给该用户，系统提供友好的浏览界面让用户能够准确、快速地获取到满足自己需求的数据信息。数据资源共享和文件传输平台会在数据共享用户服务管理系统发布热点信息、热点资源的浏览，并针对相应的用户发布相关文件的整体浏览，浏览功能的实现使得用户可以像访问本地电脑一样地访问灾害信息数据网格。

◇下载功能

数据共享用户服务管理系统向不同级别的用户提供了针对不同数据的下载功能。使用下载功能的用户需要安装一个小型的客户端，该客户端核心组件为 GridFTP 软件，是整个数据资源共享和文件传输平台实现高时效的安全可靠并发传输的不可或缺的一部分。

◇检索功能

在用户获得相应的权限后，可以对相应级别的文件数据进行检索，可提供一般检索、模糊检索和高级检索等检索方式，对于图片文件提供特有的图片文件检索功能。

◇征订功能

除了及时下载功能，数据共享用户服务管理系统还提供征订功能，使得本地站点在不需要人为干涉的情况下，能够自动、定时、规律性地向灾害信息数据网格获取实时数据。系统提供这种服务可使用户从烦琐重复的服务请求中解脱出来，大大提高了系统和用户的效率，在一定的程度上实现了服务请求的自动化。

（3）结构设计

图像数据集成共享网格体系架构如图 7. 12 所示。

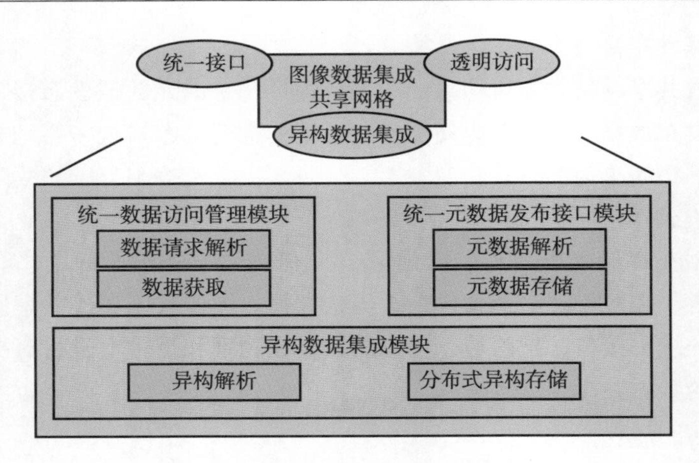

图 7.12　图像数据集成共享网格体系结构

图像数据集成共享网格为用户提供用户服务和数据服务接口，主要功能包括数据访问接口、分布式元数据发布接口和异构数据集成共享功能。根据各大功能文件数据接口总线子系统可划分为异构数据集成模块、统一数据访问管理模块和统一元数据发布接口模块 3 个大模块，这些模块通过分工和协同来共同支持文件数据接口总线子系统所承担的系统功能，各个模块的具体描述如下。

①异构数据集成模块

异构数据集成共享模块通过元数据提取，将跨域、异构的数据进行统一的集成与共享；通过对数据的权限标识，实现不同权限的用户只能获取其权限内的数据信息，这样能有效地维护系统的安全；通过数据收发处理接口，能够实现系统对跨域、异构数据的接收和推送处理过程。

②统一元数据发布接口模块

通过对各数据中心提供统一的元数据发布接口使元数据的发布与存储能够统一管理，该模块直接与元数据管理模块交互进行对元数据的发布和维护操作。

③统一数据访问管理模块

该模块根据数据访问类型又可以划分为以下几个子模块。

◇数据浏览检索模块

数据资源共享和文件传输平台会在数据共享用户服务管理系统发布热点信息、热点资源的浏览，并针对相应的用户发布相关文件的整体浏览，数据浏览模块使得用户可以像访问本地电脑一样地访问灾害信息数据网格，而且系统获取用户的请求之后能够确定用户的权限，然后数据浏览模块将其权限内并且被请求到的数据通过友好的界面展示给用户，数据浏览模块提供的友好界面能够实现用户对所需数据的准确和快速定位。

◇数据下载模块

数据下载模块向不同级别的用户提供了针对不同数据的下载功能。用户能够根据自己个性化（特定）的需求下载到不同格式的数据或文档，在最大限度上满足客户的多样化需求。

◇数据征订模块

数据征订模块提供数据定制功能，使得本地站点在不需要人为干涉的情况下，能够自动、定时、规律性地向灾害信息数据网格获取实时数据，该功能的实现很大程度地减少了用户关于经常性数据需求的重复请求，能够改善系统运行的效率，同时更加快捷方便的满足用户的需求。数据征订模块还提供权限控制功能，能控制不同的类型（级别）的用户具有不同的权限，并且可以保证具有不同权限的用户不能访问到权限以外的数据信息，这在一定的程度上保证了系统的安全性要求。系统接收到用户的数据征订请求后，数据征订模块会接收满足要求的数据信息到其数据接收子模块，随时准备推送来满足用户的数据请求。

（4）流程设计

用户（各大系统）发送数据请求，系统进行用户识别和权限认证，然后根据不同的请求类型通过其他的系统的协同合作来并且通过该子系统提供的集成数据统一接口获取满足需求的数据的过程。具体的工作流程如下（参见图 7.13）：

1）用户通过安全认证登录站点并获取相应权限，若认证失败则拒绝访问；

2）图像数据集成共享网格对用户的请求进行解析判断；

3）若用户请求为浏览、检索和下载请求的话进入虚拟数据集成搜索，并执行第 4）至 7）的过程；

4）虚拟数据集成搜索若找到数据则直接向数据中心发送数据请求；

5）数据中心向大数据分发网格发送传输请求并最终返回数据给用户；

6）虚拟数据集成搜索若找不到数据则发送订单请求到数据分发子系统请求生产数据；

7）数据中心内部的数据分发系统接收到订单请求后向应急协同网格子系统获取数据，获取到数据后传给数据中心并向大数据分发网格发送传输请求并最终将数据返回给用户；

8）若用户请求为订阅请求，则请求直接到数据中心内部的数据分发系统，并执行 9）至 10）的过程；

9）数据中心内部的数据分发系统向应急协同网格子系统获取数据；

10）获取到数据后通过分发推送模块推送到各数据中心，并通过传输管理模块发送给用户；

11）元数据发布流程为 12）至 13）的过程；

12）数据中心发送元数据到元数据发布接口；

13）元数据发布接口解析元数据，并与元数据管理模块交互以最终发布与存储元数据。

7.3.2.3　综合数据库集成共享网格

（1）概述

综合数据库集成共享网格为整个自然灾害数据网格系统提供统一、高效的数据库存取接口，提供分布式数据库查询接口，同时通过本体元信息对数据库元信息的映射，对数据库进行了语义集成，使上层应用可以通过更接近人类语言的基于本体的搜索语句对集成的数据库内容进行分布式搜索。

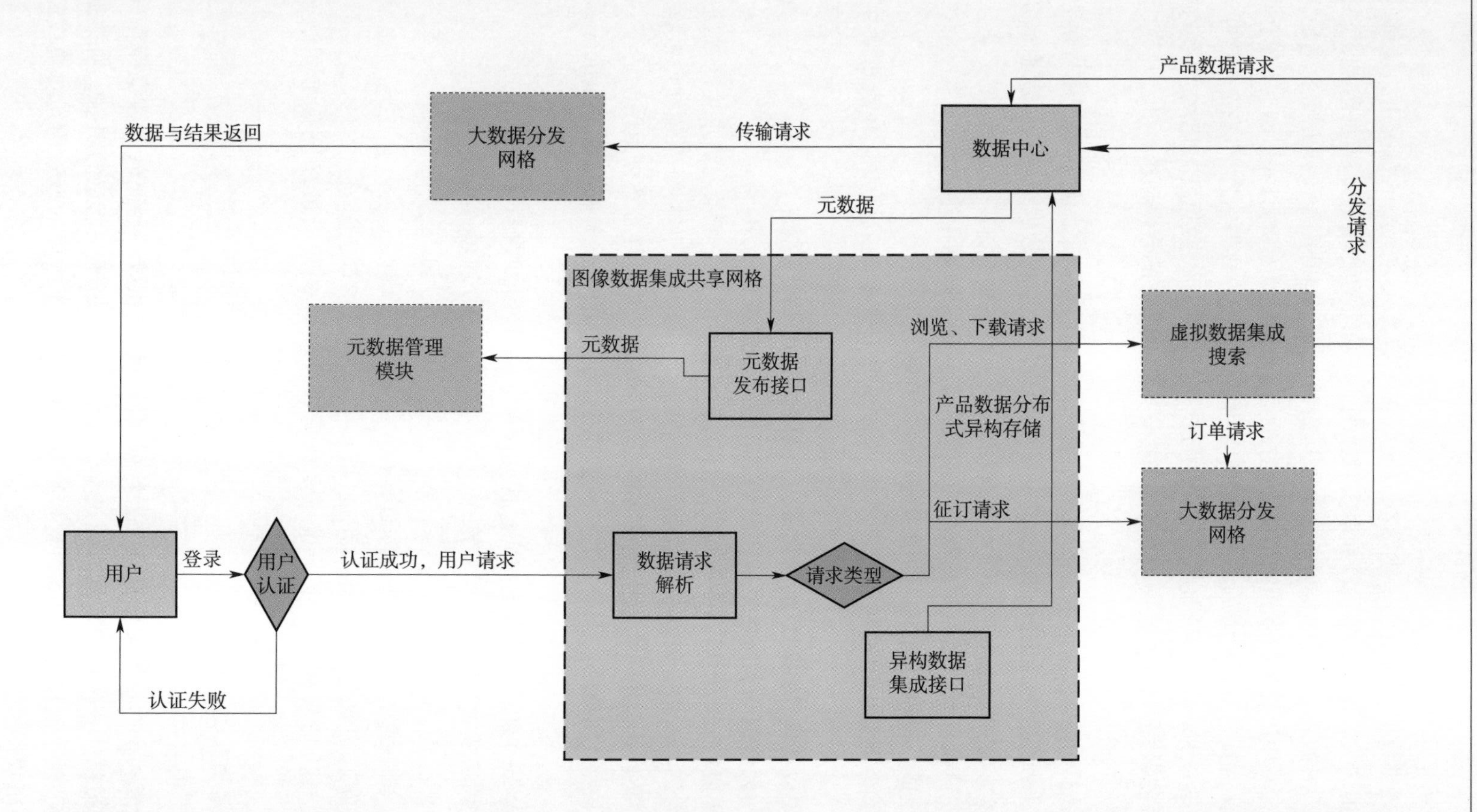

图7.13　图像数据集成共享网格工作流程

（2）功能设计

综合数据库集成共享网格具备以下功能。

①数据存取访问功能

综合数据库集成共享网格为每个被集成的数据库提供一个全局一致的访问接口，使上层应用能够获得方便准确的针对各种类型数据的存取途径，而且这些存取方式应该独立于地理位置或者平台。

②数据访问安全管理

综合数据库集成共享网格提供了统一便捷的访问方式，但同时这种便捷的方式仍然需要访问权限的控制。综合数据库集成共享网格必须提供数据访问上的安全管理和权限控制来确保数据的安全维护，并且禁止没有权限的用户去修改数据。分布式异构数据库集成系统通过结合约束条件以及指定的粒度级别能够提供非常灵活的数据库存取控制权限。数据存取的控制力度可以上至整个数据库访问权限，下至数据内容子集中的字段子集。

③数据库元信息发布和发现

综合数据库集成共享网格提供了获取数据库元信息的途径，一种是同步方式，由数据库拥有者主动向平台提交数据库元信息，之后可以数据库拥有者可以通过异步方式在数据库元信息变更的时候在平台内的元信息注册管理模块中更新注册元信息记录。

④数据资源管理操作

结构化数据库接口总线提供了对于集成数据库的统一监控和管理，能够查看集成的数据库资源当前系统的带宽、CPU 占用等硬件信息，以及正在执行的分布式异构数据查询中所占用的会话、连接和事务信息。

通过对分布式异构数据库的统一管理，可以准确地对分布式查询调度进行接近全局最优的策略决策，同时可以让分布式数据资源管理人员清晰地观察整个分布式数据资源的使用情况，并可以在分布式查询出现异常或者数据库访问突然出现问题时及早发现并准确进行异常处理。

⑤本体的开发和管理功能

综合数据库集成共享网格需要借助本体信息对异构数据库的数据内容进行集成。本体的建设往往需要领域专家投入相当多的时间和相当大的精力进行开发，并且往往对已经开发的内容需要进行修改，因此平台应该首先能够对本体开发过程进行不同粒度的区分，比如可以分成全局视图、领域视图、研究方向视图等，然后用户首先在最小视图下进行本体开发和编辑，当用户认为本体已经比较完善，可提交到上级视图，然后上级视图管理员对提交的本体内容进行审核。如果审核通过，那么该本体将会被归并到当前视图下的本体结构中；如果审核失败，那么该本体提交失败，当前视图本体结构不变。

⑥分布式异构数据库语义集成

分布式异构数据集成提供了语义映射功能，能够对已经注册综合数据库集成共享网格的数据库进行语义映射，将本体管理系统中开发的本体元信息和数据库模式元信息进行映射，而且还可以根据本体元信息中对象间的关联为数据库表自动生成联结信息。

在基于语义的分布式查询中，经过语义集成的数据库中的数据内容如果和查询条件符合，将会被作为查询结果返回，所以可以认为语义集成的数据库具有提供语义查询功能。

⑦分布式异构数据库语义查询

综合数据库集成共享网格提供了语义查询功能，不同于数据库访问，语义查询的查询描述中并不包含需要访问的数据库标志，而只是向综合数据库集成共享网格传递符合语义规范的查询描述，由平台通过解析和映射自动对应到需要的数据库资源，并生成对应的查询计划，自动调度和分发查询事务，返回查询结果。

基于语义的分布式异构数据查询使上层用户无须了解所有集成数据库资源的模式元信息就可以检索需要的内容；语义查询对上层用户隐藏了异构多数据库间的语义异构性，同时又能让上层应用更简单却又更确切地获取到了想要的数据。

⑧分布式异构数据库翻译与转换

分布式异构数据库查询和搜索模块提供翻译与转换功能，通过分布式语义集成管理信息消除这些数据库中的语义异构信息，然后将数据库中的数据内容按照上层应用指定的数据格式进行转换并返回查询结果。当分布式异构数据库集成模块返回查询结果后，异构数据翻译与转换子系统将返回的数据资源查询数据翻译并转化成上层调用所需要的数据格式。

（3）结构设计

综合数据库集成共享网格体系结构如图 7. 14 所示。

①分布式异构数据库查询和搜索模块

分布式异构数据库查询和搜索模块包括分布式异构数据查询重写子系统、异构数据翻译与转换子系统以及分布式异构数据库查询索引子系统。

当上层用户或应用通过分布式异构查询获取数据时，分布式异构数据库查询和搜索模块首先查看查询约束条件是否存在对应的索引记录，如果存在则通过索引记录迅速定位分布式异构数据并检索相应的数据，分布式异构查询重写子系统负责将基于语义的分布式异构查询经过查询重写成数据资源查询计划，然后传递给分布式异构数据库集成模块。

当异构数据库集成模块返回查询结果后，异构数据翻译与转换子系统将返回的数据资源查询数据翻译并转化成上层调用所需要的数据格式。

②分布式异构数据库集成模块

分布式异构数据库集成系统由分布式数据库注册管理子系统、语义映射管理子系统、分布式传输管理子系统、分布式数据库索引管理子系统、分布式安全访问管理子系统、分布式会话与连接管理子系统、分布式记账管理子系统、分布式副本管理子系统、分布式事务管理子系统组成。

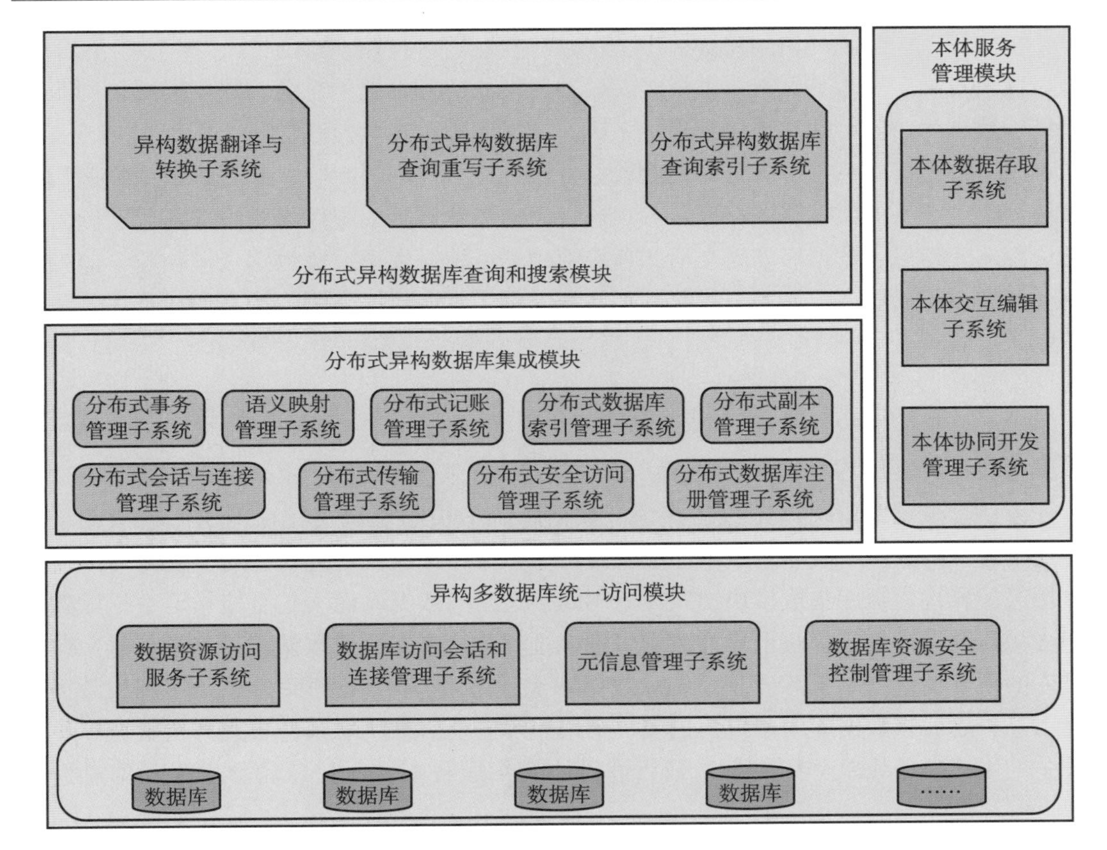

图7.14　综合数据库集成共享网格体系结构

当上层应用或用户试图通过分布式异构数据库集成模块访问分布式异构数据资源时，首先通过分布式安全访问管理子系统，对用户输入的验证信息进行验证，如果验证成功，将集成用户角色映射到具体的数据资源的用户角色或用户，同时生成一个分布式会话，该会话中可以创建对具体数据资源的连接；分布式查询以分布式数据资源查询事务的方式由系统进行管理，如果查询事务成功执行后，对于查询到的数据，分布式传输管理子系统通过和分布式副本管理子系统的协作将数据传输到调用端。

③本体服务管理模块

本体服务管理模块由本体数据存取子系统，本体交互编辑子系统以及本体协同开发管理子系统组成。

其中本体数据存取子系统提供了对本体数据内容进行创建、编辑、删除等操作的接口，用户通过本体交互编辑子系统可以借助便捷友好的开发工具对本体元信息数据进行编辑，这里本体元信息将作为异构数据集成中的上层视图元信息，即所有的异构数据资源将会在语义本体视图下进行集成。当用户视图对本体进行编辑时，本体协同开发管理子系统会对用户提交的认证信息进行判断，从而给予本体开发用户合适的权限，同时本体协同开发管理子系统还支持版本控制。

④异构多数据库统一访问模块

该模块对某个发布数据资源进行封装，并提供元信息管理子系统、数据资源访问服务子系统、数据库访问会话和连接管理子系统、数据库资源安全控制管理子系统。

本质上数据访问系统对所有单独的数据资源进行了统一的封装，并通过数据资源访问子系统提供了统一的数据资源存取服务。通过元信息管理子系统提供的服务可以获取到该数据资源的元信息，数据库访问会话和连接管理子系统提供了对该数据资源创建、监控和关闭会话和连接的服务，而安全控制管理系统提供了对该数据资源进行身份认证以及用户权限赋予的管理。

（4）流程设计

①数据库集成流程

异构数据库集成基本流程（见图 7.15）描述如下：

任意一个数据库系统首先通过异构多数据库统一访问模块进行存取访问接口的统一化，这个过程称为统一发布。数据库在发布后像数据库集成模块进行注册，注册可以使上层应用通过异构数据库集成模块访问数据库间接地访问数据库而不是直接指定数据库连接标识去访问数据库内容。整个异构数据库集成过程是：首先注册数据库的基本信息，包括数据库的硬件信息（数据库管理系统和数据库地理位置等）、数据库模式元信息和数据库描述信息；之后将数据库的用户角色或单个用户等安全信息映射到分布式异构数据库集成系统中的用户角色或单个用户上；最后通过语义集成将本体元信息和数据库元信息进行映射。

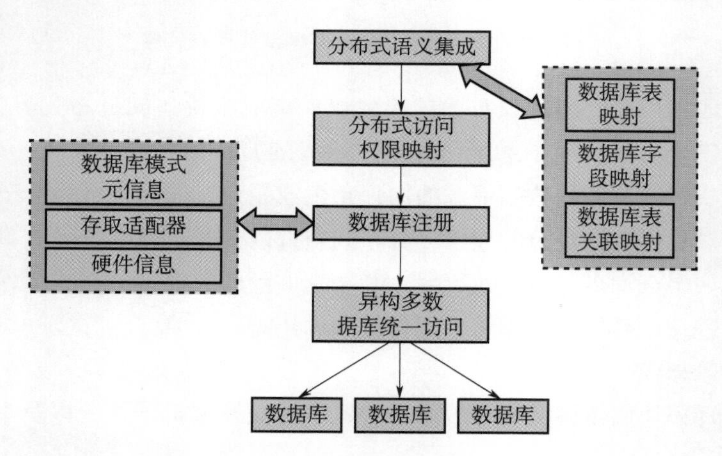

图 7.15　分布式语义集成流程

②分布式查询流程

如图 7.16 所示，上层应用的分布式查询描述如下：

首先会经过查询解析成一个可用的分布式查询数据结构然后对查询语句中的本体对象经过语义映射转换成数据库对象，并生成分布式查询计划，由分布式异构数据库集成模块对分布式会话、分布式连接以及分布式事务等进行统一调度、分发和管理然后将查询事务传递到多个数据库中对需要的数据进行存取，整个存取过程会由分布式记账系统记录分布式查询的各种成本；然后经由分布式传输管理子系统将多个数据库中查询的数据返回，异构数据翻译与转换子系统会通过分布式语义集成管理信息消除这些数据库中的语义异构信息；最后将数据库中的数据内容按照上层应用指定的数据格式进行转换并返回查询结果。

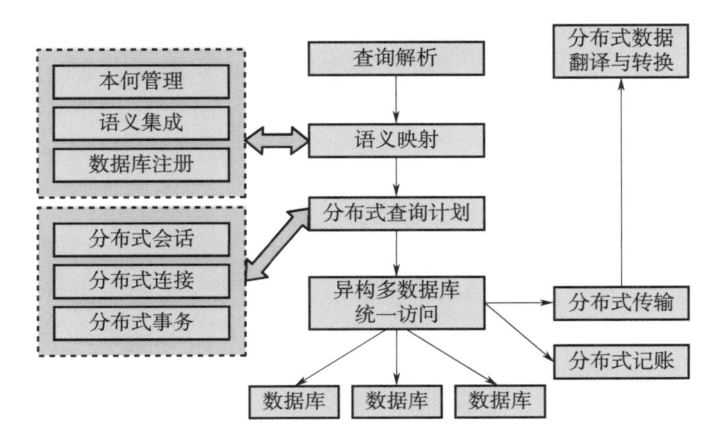

图 7. 16　分布式查询流程

7. 3. 2. 5　虚拟数据集成搜索

（1）概述

虚拟数据集成搜索为用户提供统一、专业、高效、多数据源的数据搜索，解决了多点、高速推送的问题，屏蔽了不同单位、机构之间的地理位置、组织特点等差异性，进一步提高异构资源共享的有效性，减少资源冗余程度，为全体用户的资源获取提供有力的保证。

（2）功能设计

虚拟数据集成搜索的功能组成如图 7. 17 所示。

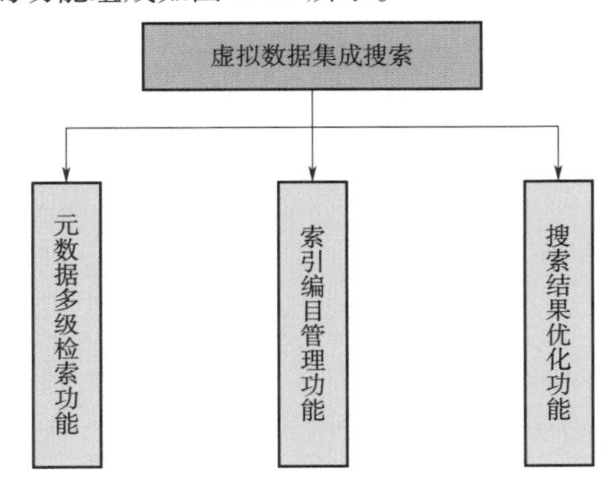

图 7. 17　虚拟数据集成搜索功能组成

①元数据多级检索功能

在用户获得相应的权限后，可以对相应级别的文件数据进行检索。虚拟数据集成搜索提供元数据的一般检索、模糊检索和高级检索等检索方式，对于图片文件提供特有的图片文件检索功能。获得元数据后生成订单请求发往订单服务平台获取数据信息。

②索引编目管理功能

当产生新的数据并存储妥当之后，新的元数据被提取出来并在虚拟数据集成搜索中建立新的索引编目信息，之后用户可以通过该索引编目信息获取到该数据。当数据删除之后，原来旧的关于此数据的索引编目信息将被删除。此功能实现对索引编目信息的实时维护。

③搜索结果优化功能

搜索结果优化功能主要包括两个方面：一个是搜索结果的排序功能，通过根据用户的需求对搜索结果进行排序将更具价值的数据信息置于前列，使用户更好地获取到想要的信息；另一个是搜索推荐功能，通过数据请求和搜索结果进行相关数据与信息的推荐，使用户在直接获取想要的数据同时还能够获取相关的更多的数据信息，或者在没有用户想搜索的数据时推荐出相关的数据信息。

（3）结构设计

如图 7.18 所示，虚拟数据集成搜索为用户提供用户服务接口，主要功能包括元数据多级检索和元数据索引编目管理功能。具体功能包括提供统一用户访问接口、索引编目的添加、删除和实时维护，普通文件、多媒体文件、检索请求解析。虚拟数据集成搜索包含元数据索引编目管理模块、元数据多级检索模块两个大的模块，这两个模块通过分工和协同来共同支持虚拟数据集成搜索所承担的系统功能，各个模块的具体描述如下。

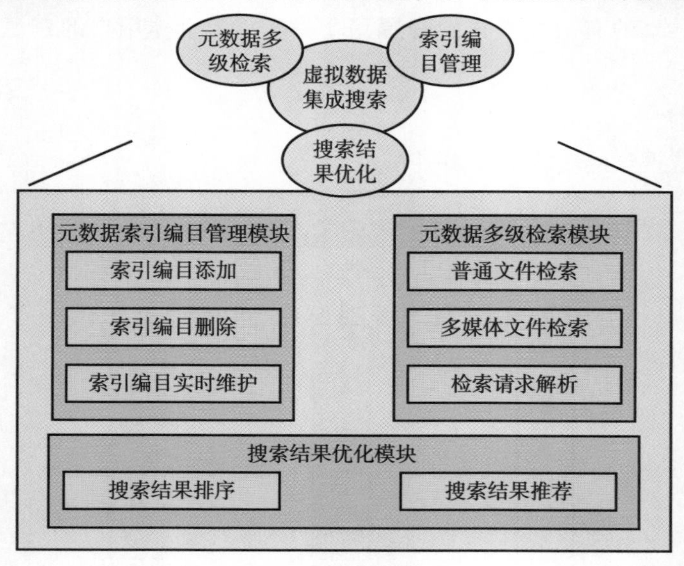

图 7.18　虚拟数据集成搜索体系结构

①元数据索引编目管理模块

当产生新的数据并存储妥当且新的元数据被提取出来之后，元数据索引编目管理模块具有的索引编目添加功能会及时把新数据的索引编目信息添加到虚拟数据集成搜索子系统，之后用户可以通过该索引编目信息获取到该数据。

当数据和从其抽取出的元数据被删除掉以后，元数据索引编目管理模块具有的索引编目删除功能会及时把与之匹配索引编目信息删除掉，这样元数据索引编目管理模块能实现索引编目信息的实时更新和实时维护。

②元数据多级检索模块

用户对数据的要求是多样化的，系统应该能满足用户的多样化需求，这就要求系统能提供对各式各样类型数据的检索。元数据多级检索模块提供的普通文件检索、多媒体文件检索功能能够很好地满足用户的需求。元数据检索平台提供元数据一般检索、模糊检索、高级检索等检索方式，对于图片文件提供特有的图片文件检索功能，用户通过这个模块所提供的服务就能快速、准确地找到自己需要的各种数据信息。

③搜索结果优化模块

搜索结果优化模块主要具有两个功能：搜索结果的排序功能，该模块能够根据用户的需求对搜索结果进行排序将更具价值的数据信息置于前列，使用户更好地获取到想要的信息；搜索推荐功能，该模块在返回用户直接想获取的数据信息之外，还能够通过分析数据请求和搜索结果从而进行相关数据与信息的推荐，使用户能够获取更多的相关数据信息，或者在没有用户想搜索的数据时推荐出相关的数据信息。

（4）流程设计

虚拟数据集成搜集子系统的工作流程如图7.19所示。

用户发出数据请求到图像数据集成共享网格，然后发出数据搜索请求通过虚拟数据集成搜索一系列的服务形成最终的数据请求，最后提供给用户所需的数据。虚拟数据集成搜索的具体工作流程如下：

1）搜索请求解析模块接受来自文件数据接口总线子系统的搜索请求，并对这个请求进行解析。

2）搜索请求解析模块将形成的解析结果发送到元数据多级检索模块，然后元数据多级检索模块形成两种检索结果，一种是有索引编目，另一种是没有索引编目。

3）在有索引编目的情况下，将索引编目送到请求数据类型模块之中进行数据类型的选择和形成数据传输的请求，该模块支持两大类数据的检索，分别是普通文件和多媒体文件。

4）在没有检索编目的情况下，该模块向数据分发子系统中的订单管理模块发送数据生产订单请求，大数据分发网格会向应急协同网格子系统发送数据生产请求并最终获取到数据。获取到数据后透过数据中心向大数据分发网格发送传输请求并将数据返回给用户。

5）如果要求检索的数据类型是普通文件类型，那么系统则进入到普通文件检索处理模块，经过这个模块的处理，该模块透过数据中心发送传输请求命令到大数据分发网格。

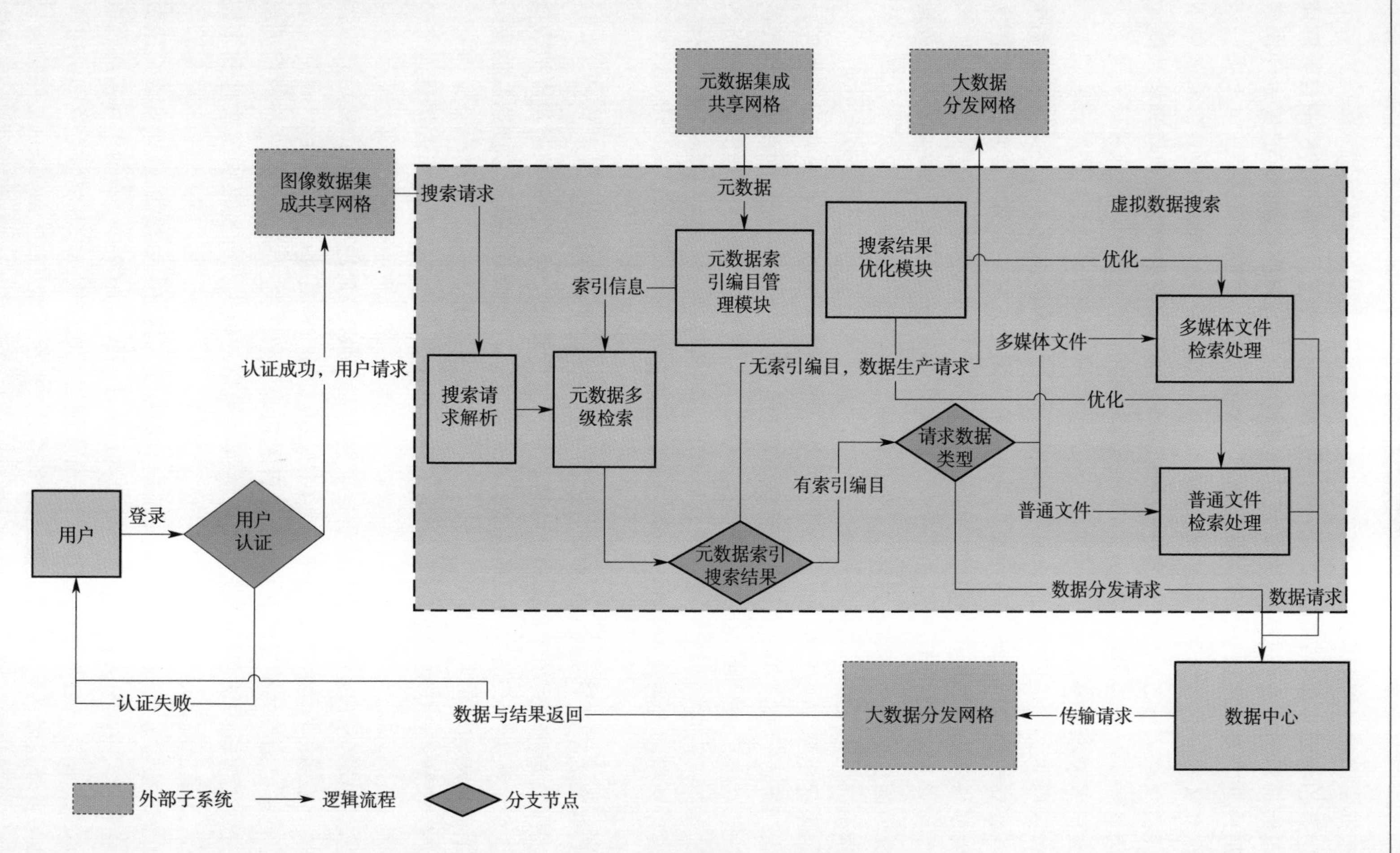

图7.19 虚拟数据集成搜索工作流程

6）如果要求检索的数据类型是多媒体文件类型，那么系统则进入到多媒体文件检索处理模块，经过这个模块的处理，该模块透过数据中心发送传输请求命令到大数据分发网格。

7）经过其他子系统的辅助，将用户所需的数据传送给用户。

7.3.2.5　大数据分发网格

（1）概述

大数据分发网格实现针对多机构多用户的超大规模的文件传输，通过副本管理和多点协同，为专线高时效用户提供可靠、安全、高性能并发的文件数据传输；在灾害发生的应急情况下，提供灾害现场的快速数据接入功能。同时，为应急情况下各部门的灾情研判、减灾赈灾决策所需的大数据实时汇交等提供支持和服务。

（2）功能设计

如图 7.20 所示，大数据分发网格提供数据高效传输和传输管理服务，提供的服务包括传输任务的管理、传输安全的管理、传输协议的管理、传输效能管理等，为数据的传输提供安全、全面的管理服务。具体功能描述如下。

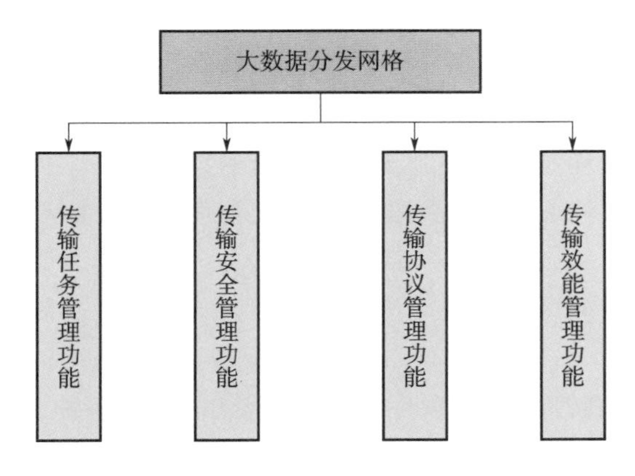

图 7.20　大数据分发网格功能组成

①传输任务创建功能

该功能负责将一个带有参数的传输命令封装成一个传输任务，并在传输任务池中分配给该传输任务的运行资源。

②传输任务注销功能

在系统执行完这个传输任务后，该传输任务则需要被注销。

③传输任务监控功能

该功能在传输任务被创建之后和传输任务被注销之前这段生命周期的所有时刻，监控该任务的执行过程。具体监控的内容包括传输任务执行的进展、传输任务对资源的占用、传输任务是否有变更。

④传输任务调度功能

该功能负责决定任务执行的先后顺序、并行程度、资源分配情况。通常在专线带宽有空闲的情况下，传输任务调度功能也是闲置的，但在大批量的传输任务被创建后，传输任务调度功能将负责全局传输任务的调度。

⑤通信加密功能

为了加强数据传输的安全性，将对需要被传输的数据进行加密，以支持通信的机密性和数据的完整性。安全系统采用 PKI 技术，实际上使用了公钥加密和对称加密两种加密技术。公钥加密尽管安全性高，但因其计算速度慢，主要用于加密一些数据量较小、较敏感的数据；而对称加密计算速度快，通常用于加密需要被大量传输的数据。因此，在进行数据传输加密时，主要采用的将是对称加密技术，也就是最常用的 DES 加密技术。采用 DES 进行加解密，需要通信双方使用同一个密钥，为了保证这个密钥传输的安全性，将采用公钥加密，也就是 RSA 加密技术。

⑥站点认证功能

站点认证功能是分析文件传输另一端接收方的安全性。虽然传输请求都是由已通过用户认证的用户所发出的，但是合法用户在发送传输请求的时候设定的传输目的地是不经过用户认证的，所以站点认证功能是保证了合法的用户在调用合法的数据后，能通过合法的方式将数据传往合法的地点。

⑦协议注册功能

一旦有新的存储系统加入数据网格，不需要改变该存储系统的数据访问、传输协议，只需要在网格传输协议管理系统中注册该存储系统的数据访问、传输协议。若该协议已在网格传输协议管理系统中注册过，则网格传输协议管理系统会自动选择相应的跨协议的数据转换方式；若该协议第一次在网格传输协议管理系统中注册，则在注册的同时需要提供相应的数据转换规则，从而可实现数据访问、传输方式的高可扩展性。

⑧协议集成功能

协议集成（也称数据转换）负责将从存储系统获取的以多种方式表达的数据转换成用户能够识别的数据，通过用户使用的数据访问、传输协议分发给用户。使得用户不需要关心具体的数据访问和传输方式，而只关心数据本身。

⑨协议维护功能

协议维护负责维护网格传输协议管理系统的协议库，其主要功能包括协议的添加、协议的版本变动、协议的认证、协议的删除等。

⑩数据转换功能

将数据存储的异构形式隐藏起来，所有返回给用户的数据格式通过数据转换功能转换为客户端易接收与展示的数据形式，使数据的返回与呈现的格式统一。

⑪模式转换功能

在国内外发生重大突发性事件时，灾害信息网格的运行模式将进行快速转换，启动网格应急传输管理系统。网格应急传输管理系统包括多种运行模式，最常见的模式转换为：

1） 正常模式→快速反应/应急模式；

2） 快速反应/应急模式→正常模式。

模式转换过程中，涉及当前任务的中断、当前任务的保村、当前任务的恢复。在灾害信息网格进入快速反应/紧急模式后，首先需要将当处在正常模式状态下运行的任务暂停，并通过向物理介质写入任务元信息的方式进行任务保存。在灾害信息网格从快速反应/应急模转为正常模式后，通过任务的元信息进行任务恢复，使得任务可以继续进行。

⑫集中控制功能

在灾害信息网格进入快速反应/应急模式后，网格内的控制权限将集中到灾害信息网格的某一个节点（例如灾害信息办）。该节点具备控制整个网格的能力和权限。

⑬集中资源调度功能

在灾害信息网格进入快速反应/应急模式后，网格内的资源调配权限将集中到灾害信息网格的某一个节点。该节点具备调配网格内所有资源的能力和权限。

⑭应急数据分发功能

在灾害信息网格进入快速反应/应急模式后，网格应急传输管理系统将启动应急数据分发功能，通过自动控制、调度网格内所有资源将数据以最快的速度发给指定的节点。

⑮条状数据传输功能

条状数据传输是指应用程序使用多个 TCP 流来传输分布在多个服务器上的数据。在灾害信息网格环境中，大规模的数据可分布放置在多个存储点上。条状传输可以在并行传输的基础上进一步提高总带宽及数据传输速度。

⑯并行数据传输功能

并行数据传输就是在一个数据服务器上，将数据文件分段后在多种数据连接上传输数据。在广域网中，客户端及服务器之间或两个服务器之间需要高带宽。使用多个并行的 TCP 流与使用单一的 TCP 流相比能有效地提高数据传输的总带宽。在已设置好传输并行度的情况下，可进行并行数据传输。

⑰部分文件传输功能

某些应用可能只需访问某个远程文件的一部分，这需要一定的数据传输支持，高效传输子系统支持从一个文件的任意位置开始传输数据，有效地支持部分文件传输。

⑱第三方控制传输功能

第三方控制的数据传输功能允许用户或应用程序启动、监视和控制其他地点的数据传输，为使用多个地点的资源提供了保障。

⑲可重启传输功能

对于灾害信息处理数据的应用程序来说，保证数据传输的可靠性很重要，因为处理短暂的数据传输故障和服务器故障等是不可缺少的容错手段。高效传输子系统扩展了失败的重传协议，并把它扩展到新的数据通道协议中，这样可有效地支持可靠传输和数据重传。

（3）结构设计

如图 7.21 所示，大数据分发网格为用户提供服务接口，主要功能包括传输任务管理、传输安全管理、传输协议管理、传输效能管理。具体功能包括传输任务的创建、调度和注销，通信加密和站点认证，协议的注册、集成和维护等。大数据分发网格包含传输任务管理模块、传输安全管理模块、传输协议管理模块和传输效能管理模块 4 个大模块，这些模块通过分工协作来共同支持大数据分发网格所承担的系统功能，各个模块的具体描述如下。

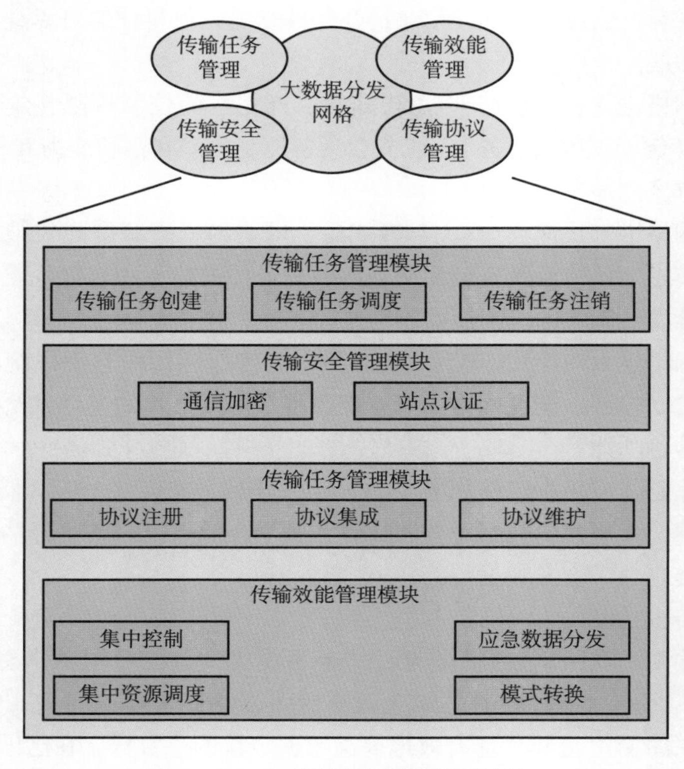

图 7. 21　大数据分发网格体系结构

①传输任务管理模块

传输任务管理模块包括对传输任务的创建、调度和注销。当系统请求数据传输时，该模块会自动创建新的传输任务，当数据传输完毕时，该模块会自动注销掉该传输任务。在任务的执行过程中模块还要根据任务的优先程度来进行任务的实时调度。

②传输安全管理模块

传输安全管理模块为传输提供数据加密和站点认证服务。为了加强数据传输的安全性，将对需要被传输的数据进行加密，以支持通信的机密性和数据的完整性。传输安全管理模块提供的站点认证服务是分析文件传输另一端接收方的安全性，从而保证能通过合法的方式将数据传往合法的地点。

③传输协议管理模块

传输协议管理模块提供协议的注册、集成和维护工作的服务。一旦有新的存储系统加入数据网格，不需要改变该存储系统的数据访问、传输协议，只需要在网格传输协议管理系统中注册该存储系统的数据访问、传输协议。协议集成负责将从存储系统获取的以多种方式表达的数据转换成用户能够识别的数据，通过用户使用的数据访问、传输协议分发给用户。协议维护负责维护网格传输协议管理系统的协议库，其主要功能包括协议的添加、协议的版本变动、协议的认证、协议的删除等。

④传输效能管理模块

传输效能管理模块提供数据的高效传输服务。在系统正常运行时，该模块提供条状数据传输、并行数据传输、部分文件传输等不同的传输方式，当系统进入应急模式后，该模块启动紧急状况下的数据传输方式。

（4）流程设计

大数据分发网格的工作流程如图7.22所示。

大数据分发网格的工作流程是指当接到数据传输请求后，经过大数据分发网格提供的一些服务最后将产品数据发送给用户的过程，具体的工作流程描述如下：

1）数据中心发送数据传输请求到大数据分发网格；

2）大数据分发网格创建新的数据传输任务；

3）大数据分发网格根据传输任务的优先级进行传输任务的调度；

4）大数据分发网格进行传输带宽资源的调度，得到传输任务所需的带宽资源；

5）在突发情况下，大数据分发网格进行模式转换将系统转换到紧急状态；

6）大数据分发网格对传输的数据进行数据加密；

7）大数据分发网格对数据传送目的站点进行站点认证；

8）大数据分发网格进行传输协议的选择；

9）在数据传输过程中由于意外状况导致传输中断时，可重启传输模块会自动重启数据传输；

10）大数据分发网格将产品数据返回给图像数据集成共享网格。

7.3.3　云平台技术方案

云计算平台为国家自然灾害空间信息设施中的接收处理系统、运行管理系统和信息集成系统等系统的日常高效运行和应急快速响应提供按需、弹性可扩展的基础性计算设施和服务。

国家自然灾害信息基础设施获取的数据多样，卫星、航空等观测图像数据量大，灾害信息的接收处理、运行管理和信息集成等各业务系统的运行都需要弹性可扩展的高性能计算服务的支持。特别是灾情速报需要能够及时快速地重组高性能计算资源，为应急灾害信息快速处理提供按需可扩展的高性能计算能力。基于高性能计算的弹性计算子系统将通过对超算中心资源和其他各种计算资源的有效聚合、管理和科学调度，为国家自然灾害空间信息设施中的接收处理系统、运行管理系统和信息集成系统等系统提供具有服务质量保障的高性能计算服务，支持各业务处理系统通过多租户方式按需访问和使用云计算服务。弹性计算云平台根据灾害应急响应的需要，快速构建应急响应所需的计算环境，为各种灾害应急提供高效可靠的高性能计算服务。

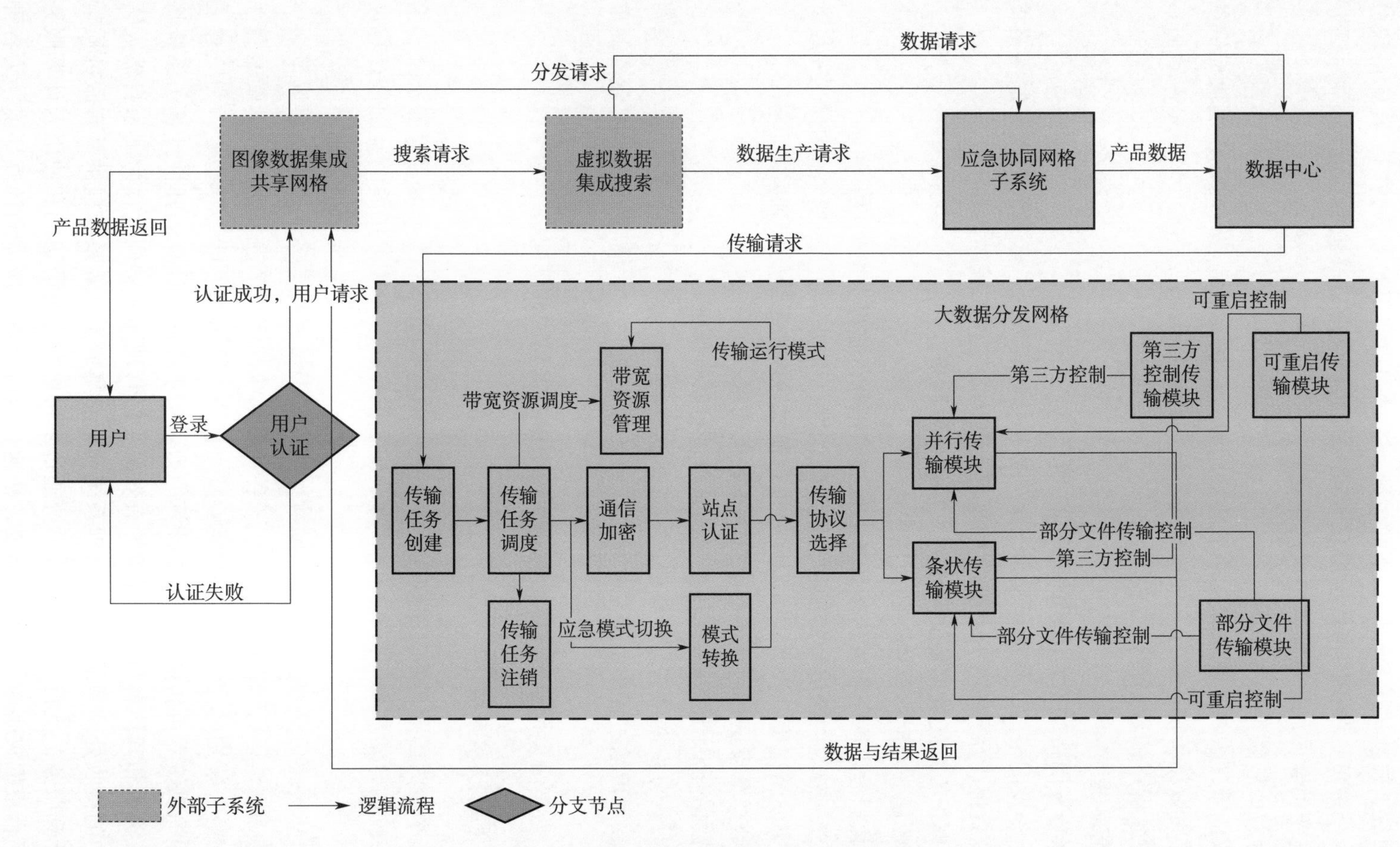

图7.22　大数据分发网格工作流程

7.3.3.1　大规模计算资源管理

（1）概述

大规模计算资源管理子系统实现对灾害信息基础设施中的高性能数据中心、小规模集群、服务器等大规模的多种物理计算资源及虚拟化资源的组织和管理，实现大规模计算资源的动态分区和弹性伸缩，为弹性计算云平台上的应用系统提供按需、可扩展的计算服务。

（2）功能设计

大规模计算资源管理子系统的主要功能如图7.23所示。

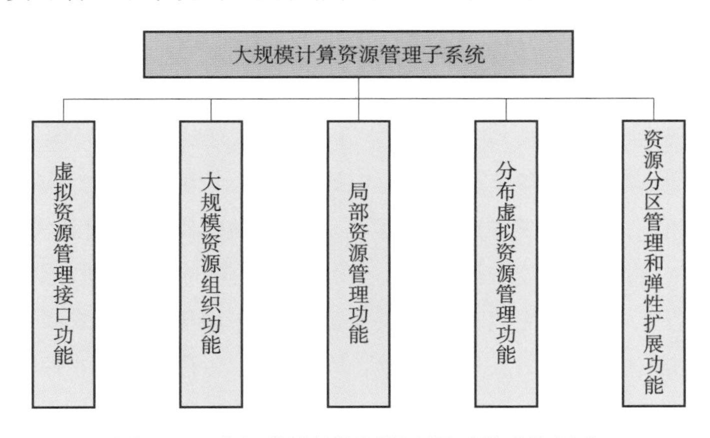

图7.23　大规模计算资源管理子系统功能组成

①虚拟资源管理接口功能

虚拟资源管理接口模块提供对各类计算资源实施管理的接口，以获取节点各种资源信息的系统调用，为弹性计算云平台提供一致的系统接口，支持单一的系统管理、单一的启动管理、单一的软件安装和一致的用户命令界面。

②大规模资源组织功能

大规模资源组织模块采用目录服务技术组织、表示和存储资源信息，以适应大规模系统中的资源层次化的特点，实现资源的集中控制和分散管理相结合。大规模资源组织模块支持以标准的LDAP协议访问资源信息，并能够支持各种局部资源系统特有的资源信息组织、表示和存储模式。

③局部资源管理功能

实现各局部系统（如数据中心、集群系统和服务器等）的计算资源的管理，并通过与分布虚拟资源管理模块的协同交互，支持全系统计算资源的弹性管理。

④分布虚拟资源管理功能

全局资源管理模块实现对局部资源的统一访问，完成弹性计算云平台的资源管理和调度，提供全局的队列管理和事件功能，实现全系统的联合预约和分配。

⑤资源分区管理和弹性扩展功能

资源分区管理实现弹性计算云平台资源的分区管理，实现大规模计算资源的协同，支持为不同业务系统提供分区、可弹性扩展的计算设施服务。

（3）结构设计

①虚拟资源管理接口模块

虚拟资源管理接口模块提供对虚拟化计算资源实施管理的接口，包括虚拟资源的加载、虚拟资源的远程执行、获取各种虚拟资源信息的系统调用，为弹性计算平台虚拟资源管理和使用而提供的一致系统接口，支持单一的用户管理、单一的启动管理、单一的软件安装和统一的用户命令界面。

②大规模资源组织模块

如图 7.24 所示，大规模资源组织模块采用集中控制和分散管理相结合的层次式级联方式来组织大规模物理计算资源和虚拟计算资源。大规模资源组织模块采用主控组织服务、多级多层次的级联服务和多个从控服务构成了层次式组织结构。主控组织服务是大规模资源组织模块的控制中心；级联服务承担了局部范围的资源组织和消息转发汇集功能，负责和所管辖范围中的多个从控服务进行通信和连接，同时多个级联服务和上层的级联服务或总的主控服务进行通信和连接，以完成整个系统的组织。层次式级联管理结构避免了集中式控制管理结构中的主控服务处理瓶颈，同时又避免了全分布式控制管理结构中的低效率管理问题，能够有效支持大规模云平台资源的高效组织。

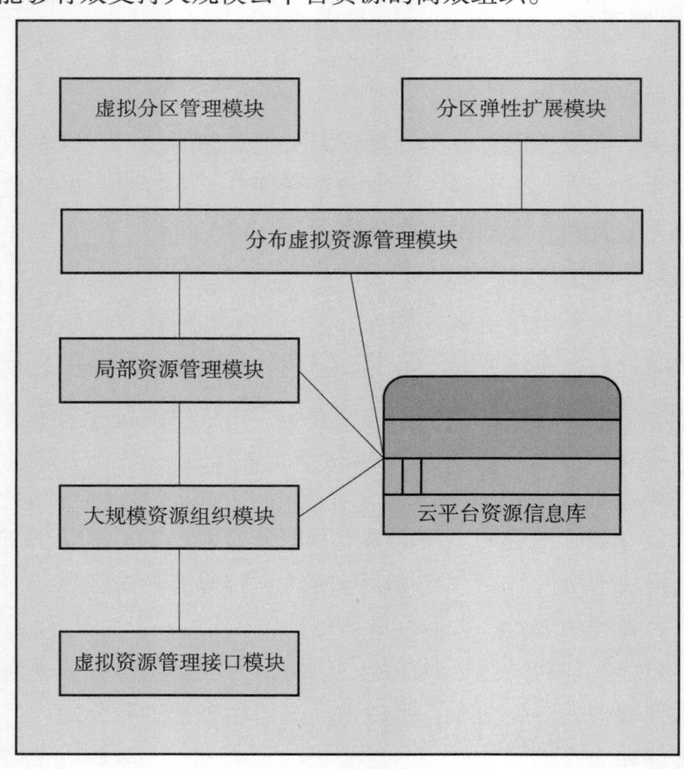

图 7.24　大规模计算资源管理子系统结构

③云平台资源信息库

弹性计算云平台管理的物理资源和虚拟计算资源规模大，并且资源的种类和数量会根据需要不断增加。如何分类、采集、分布存储和统一管理和访问弹性计算云平台的资源信息，是大规模计算资源管理子系统需解决的关键问题。目录服务技术具有集中管理和分散存储的特点，基于目录的层次化树型结构能够很好地表示资源之间的逻辑关系，便于信息的查找，采用标准的数据访问协议提高系统的效率，适于管理、存储和访问大规模的资源信息，同时 LDAP 协议的使用使其具有良好的可移植性、可升级性和可扩展性，便于支持各种实际系统。因此，分布式资源信息库模块采用目录服务的技术组织、表示和存储资源信息，支持各种局部资源系统特有的资源信息组织、表示和存储模式，支持以标准的 LDAP 协议访问资源信息，以适应大规模弹性计算云平台中的资源特点。

④局部资源管理模块

局部资源管理模块实现了 NQS（网络排队系统）、PBS（可移植批处理系统）、Condor 等资源管理系统，对弹性计算云平台中各分布局部系统中（如集群系统和服务器结点）资源实施管理。各局部系统可选择局部资源管理模块提供的某一个资源管理系统，对自身内部资源实施管理。

局部资源管理模块实现对各局部系统静态资源和动态资源状态的感知，并实现本地资源的调度分配。局部资源管理模块提供标准的资源管理接口，可接收分布虚拟资源管理模块的控制消息和任务，执行分布虚拟资源管理模块交给的任务，并将任务执行情况反馈给分布虚拟资源管理模块。

⑤分布虚拟资源管理模块

分布虚拟资源管理模块将弹性计算子系统管理的大量资源整合成一个集成系统，以提供高性能计算服务和高质量信息服务。分布虚拟资源管理模块屏蔽各局部系统的硬件和软件的异构性，为上层提供一致的资源使用界面。

分布虚拟资源管理模块通过目录服务的资源信息存储库来提供弹性计算子系统的资源信息服务，并实现代理功能，支持系统资源快速发现和重组；支持多个局部系统的管理和动态重构，实现对局部资源的统一访问，完成全系统的资源调度和分配，实现系统的负载均衡，完成资源的联合预约和分配；提供全局的队列管理和事件功能，实现局部系统间的通信功能，支持系统的统一记账管理。同时，分布虚拟资源管理模块可根据实际应用需求动态扩充，并可通过简单的接口设计与各种新型系统互操作。

⑥虚拟分区管理模块

虚拟分区管理模块为应用系统按需提供隔离、定制的虚拟计算资源分区。虚拟分区管理模块根据分布虚拟资源管理模块和云平台资源信息库提供的物理机和虚拟机的忙闲状况、位置分布等信息，分配满足应用需求的 CPU 和内存资源，并通过虚拟网络将这些资源构造成相对隔离的虚拟逻辑分区。虚拟分区管理模块通过采用双向环的方式将逻辑分区内所有结点的内存资源有机组织起来，从而实现对虚拟分区中内存资源的统一管理和共享使用。图 7.25 给出了虚拟分区示意图。

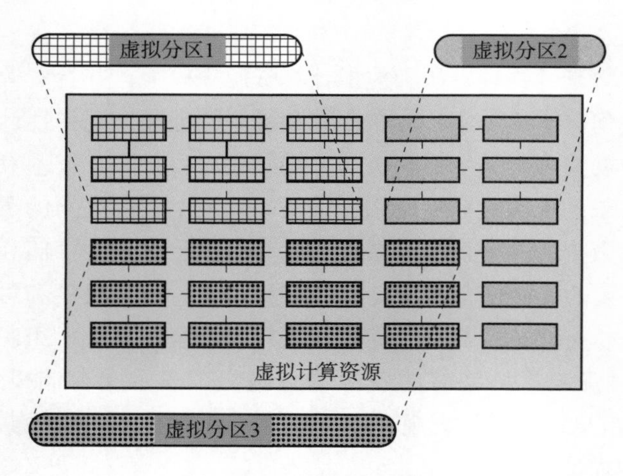

图 7.25　虚拟分区示意图

虚拟分区模块的主要操作有虚拟分区构建、虚拟分区信息查询、虚拟分区析构。结点相关的虚拟分区状态主要有空、初始化、同步、活跃、析构等。虚拟分区状态变化流程如图 7.26 所示。

⑦分区弹性扩展模块

分区弹性扩展模块为弹性计算子系统之上的应用系统提供了虚拟分区中计算资源动态分配和扩展的能力。分区弹性扩展模块通过与计算资源虚拟子系统的协作，发现系统中的空闲虚拟机资源，根据应用需求动态获取和分配虚拟机资源，通过虚拟网络管理模块将新分配的虚拟机加入到虚拟分区中，并将部分应用任务迁移到新分配的虚拟机资源上，实现虚拟分区资源和计算能力的弹性扩展。

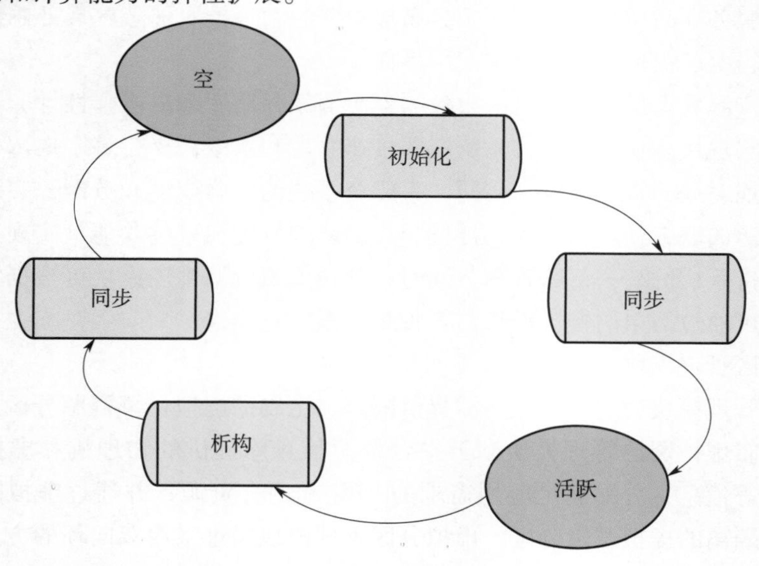

图 7.26　虚拟分区的状态转换示意图

7.3.3.2 跨数据中心资源管理

（1）概述

灾害空间信息基础设施涉及云中心以及多个云节点等数据中心资源的管理。跨数据中心资源管理子系统实现灾害空间信息基础设施中多个数据中心的资源管理，并支持在必要时动态租借其他数据中心的计算资源，并实施有效的资源管理，以实现应急时峰值计算能力的弹性扩展。

（2）功能设计

如图7.27所示，跨数据中心资源管理子系统的主要功能如下。

①高性能数据中心的云接口功能

实现高性能数据中心的云接口，支持弹性计算子系统对高性能数据中心的接入，支持高性能计算数据中心以云计算基础设施的方式为大量应用同时提供高性能计算服务。

②跨数据中心的云操作系统功能

实现多数据中心硬件资源、虚拟化资源有效管理和整合，支持跨数据中心的资源租借，支持弹性计算子系统计算和服务能力随规模增大的按需扩展；实现海量计算任务的管理和分配，支持应用系统与多数据中心资源的动态弹性绑定。

③跨数据中心的云并行支撑功能

实现跨数据中心的云并行编程工具和环境，提供面向灾害信息处理的Map/Reduce等数据并行支撑环境，支持跨数据中心上应用系统的高效并行。

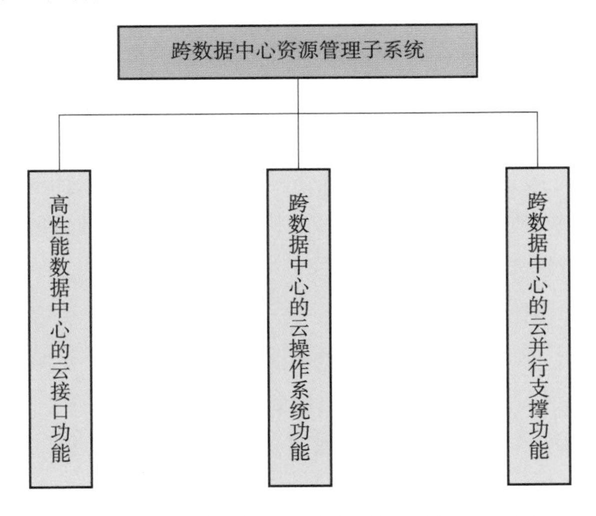

图7.27 跨数据中心资源管理子系统功能组成

（3）结构设计

如图7.28所示，跨数据中心资源管理子系统包括下列模块。

①数据中心基础硬件云管理模块

数据中心基础硬件云管理模块主要包括硬件抽象子模块、计算设备管理子模块、I/O

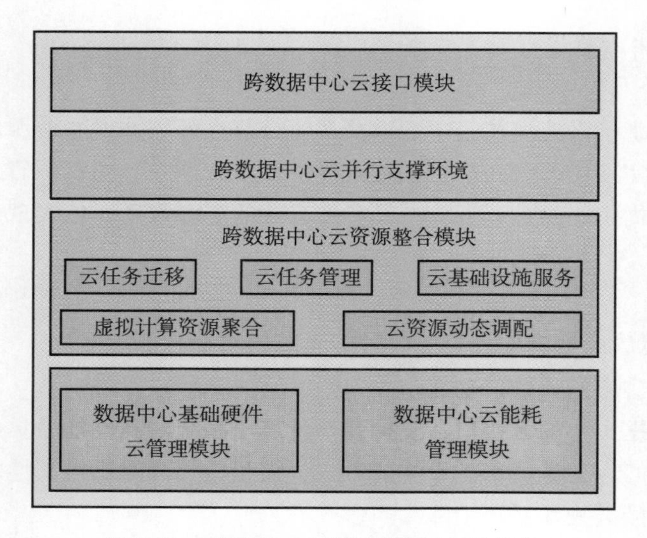

图 7.28　跨数据中心资源管理子系统结构

设备管理子模块和中断管理子模块等。数据中心基础硬件云管理模块屏蔽了底层硬件平台细节，向上提供了一致的硬件抽象和虚拟化的计算资源。

数据中心基础硬件云管理模块在硬件平台抽象层中专门实现针对特定设备的设备支撑包，并开发系列硬件适配的驱动程序，支持数据中心内各类硬件设备和芯片接口。

②数据中心云能耗管理模块

数据中心云能耗管理模块面向数据处理需求，提供了对数据中心各种硬件设备的能耗降低优化处理，以有效降低数据中心运行能耗。数据中心云能耗管理模块根据数据中心各种硬件的使用和运行特点，优化硬件驱动模式来降低能耗使用。数据中心云能耗管理模块包括能耗采样子模块、能耗使用状态监控和策略子模块、优化的低功耗硬件驱动子模块和能耗使用控制子模块等，根据系统的实时运行状态，通过调节处理器、外设以及结点能耗状态来实现数据中心系统的动态能耗调节。

③跨数据中心云资源整合模块

跨数据中心云资源整合模块包括虚拟计算资源聚合、云任务管理、云资源动态调配、云任务迁移、云基础设施服务等子模块，把跨数据中心的硬件资源逻辑上整合成虚拟资源池，并对大规模资源和海量的计算任务实现有效管理，支持任务的动态负载均衡和迁移，实现跨数据中心多租户的资源动态调配。

④跨数据中心云并行支撑环境

跨数据中心云并行支撑环境由云并行程序调试器、云并行程序性能工具、云并行通信库、云并行程序集成开发环境（IDE）等子模块组成。跨数据中心云并行支撑环境实现了图形方式的并行程序集成开发环境，方便跨数据中心云并行程序的开发。

云并行程序调试器实现 MPI、Map/Reduce 等并行程序的调试能力，由调试器用户界面、并行调试控制组件、调试服务器以及 GDB 程序组成，支持并行程序的调试。云并行程序性能工具由用户界面和性能库组成，支持 MPI、Map/Reduce、OpenMP 等并行程序的性能分析。并行程序集成开发环境（IDE）在统一的图形用户界面下集成了云并行程序的编辑、编译、链接、运行支持以及并行调试和并行性能分析等功能，高效支持跨数据中心云并行程序的开发。

⑤跨数据中心云接口模块

跨数据中心云接口模块实现高性能数据中心的云接口，为多数据中心提供云封装和云接入服务，实现弹性计算子系统对各高性能计算数据中心的接入和有效管理，并以云计算基础设施的方式向多租户提供高性能计算服务。跨数据中心云接口模块提供了云资源租借接口，支持高性能数据中心与国家其他云计算资源的相互资源租借和集成。

7.3.3.3　应急计算环境构建

（1）概述

应急计算环境构建子系统面向灾害应急需要，为灾害应急业务系统快速构建定制的计算环境，支持灾害应急系统的高效运行。

（2）功能设计

如图 7.29 所示，应急计算环境构建子系统的主要功能如下。

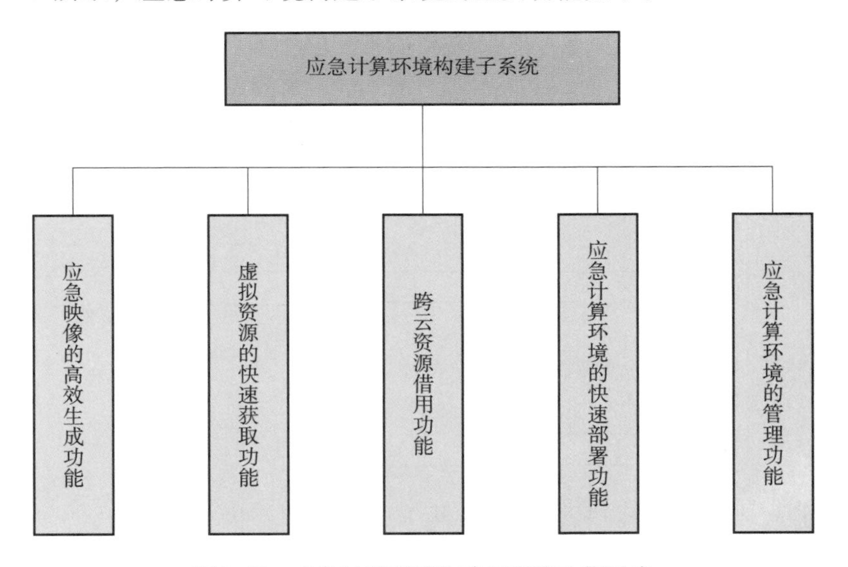

图 7.29　应急计算环境构建子系统功能组成

①应急映像的高效生成功能

设计应急映像基础库，保存了应急计算环境所需的基础虚拟机映像，并支持以此为基础，通过增量映像创建等方式快速生成应急计算系统的虚拟机映像。

②虚拟资源的快速获取功能

弹性计算子系统预留部分计算资源，在灾害应急时迅速调度预留的计算资源，获取应急计算环境所需的初始虚拟机资源。

③跨云资源借用功能

灾害应急情况对应急计算环境的快速响应能力提出了很高要求。弹性计算云平台通过跨云的资源借用，可利用灾害信息基础设施内部和外部的计算资源，提供灾害应急所需的计算服务。

④应急计算环境的快速部署功能

构建动态的应用级内容分发网络，利用映像分块并行传输，支持应急映像快速分发到调度的计算资源结点上。通过映像增量传输技术，减少应急映像文件的传输开销，提高应急映像的部署速度。

⑤应急计算环境的管理功能

实现资源冗余计算和运行管理，支持应急计算环境的资源高效获取和使用、作业优先调度，实现应急计算环境的快速响应和高效运行。

（3）结构设计

如图 7. 30 所示，应急计算环境构建子系统包括以下模块。

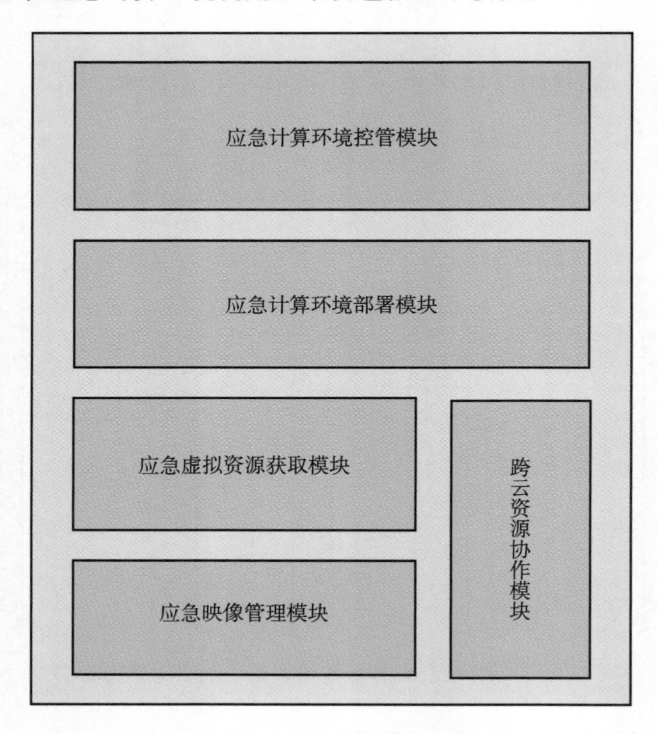

图 7. 30　应急计算环境构建子系统结构

①应急映像管理模块

应急映像管理模块通过应急映像基础库，实现对应急计算环境的虚拟机映像的预先存储。应急映像管理模块提供了虚拟机映像的增量管理、增量创建等子模块，支持应急情况下快速生成所需的虚拟机映像。

②应急虚拟资源获取模块

应急虚拟资源获取模块通过与大规模计算资源管理子系统的交互，综合考虑地理位置、资源计算和网络等能力、已有虚拟机映像等因素，选择满足应急计算环境要求的多个虚拟机资源，并获取相关虚拟机资源的管理权限。

③跨云资源协作模块

跨云资源协作模块包括跨云资源访问接口、跨云资源代理、跨云任务迁移、跨云任务状态查询、跨云任务结果汇集等子模块，支持通过标准的访问接口访问灾害信息基础设施内部和外部的计算资源，并可实现将部分任务迁移到外部云的资源上，从而可根据应急需求，聚集足够的计算资源，提供应急使用的计算设施和服务。

④应急计算环境部署模块

应急计算环境部署模块实现应急计算环境的快速高效部署，以满足灾害应急的时效性要求。应急计算环境部署模块包括应急映像并行分发、应急虚拟网络高效构建、应急任务分配等子模块组成。应急计算环境部署模块通过构建动态的应用级内容分发网络，实现映像分块并行传输，支持应急映像快速分发到调度的计算资源结点上。应急计算环境部署模块通过数据感知的任务分配方法，将任务分配到离数据近的资源结点，以提高应急处理效率。

⑤应急计算环境控管模块

应急计算环境运管模块包括冗余计算、状态备份、快速恢复等子模块，通过利用系统资源对应急任务实现异地的冗余计算和状态备份，在应急计算环境中出现资源故障或性能瓶颈时，可快速在异地继续执行应急任务，确保应急计算环境的快速响应。

7.3.3.4　海量数据汇聚

（1）概述

数据解析并行处理引擎是管理不同空间数据源的统一接口，解决不同格式的空间数据与应用业务之间的数据接口问题，实质上是封装了空间领域知识的中间件。

基于本体的通用数据结构，数据解析并行处理引擎定义数据整合规范模板，解决异构地理信息系统平台间不同格式的地理信息数据的共享和互操作问题，支持异构多源空间信息数据的读取、整合、转换和汇交的并行化工作；本系统建立通用空间数据格式的转换支撑框架，支撑各部分所拥有的异构空间数据转换为标准格式；针对常规空间数据，快速的数据汇交服务支撑环境提供试题数据、元数据、数据字典和模型算法文档等内容的快速汇交服务。

（2）功能设计

数据解析并行处理引擎具备以下功能：

1）提供常见数据分类体系及其数据类型解析通用算法，支持常见灾害空间信息数据的自动/半自动分类；

2）提供常用各种空间数据资源的数据结构和编码标准、数据质量控制规范、数据集成规范、数据汇交规范等的说明和实例；

3）提供一站式的空间数据整合标准模板，支持遥感数据、基础数据、应用数据等的有效整合集成；

4）提供通用的空间数据汇交流程，保证各分布式数据源节点的数据能够想要即可得，能够提供实体数据、元数据、数据字典、模型算法文档等内容的快速汇交服务；

5）提供插件式通用数据格式转换环境，将不同数据格式的空间数据项标准的数据格式进行快速转换，并实现不同格式之间的互相转换。

(3）结构设计

数据解析并行处理引擎由数据解析规范模板、数据解析支撑环境、数据汇交服务支撑环境和空间数据格式转化支撑框架等4部分构成（见图7.31）。

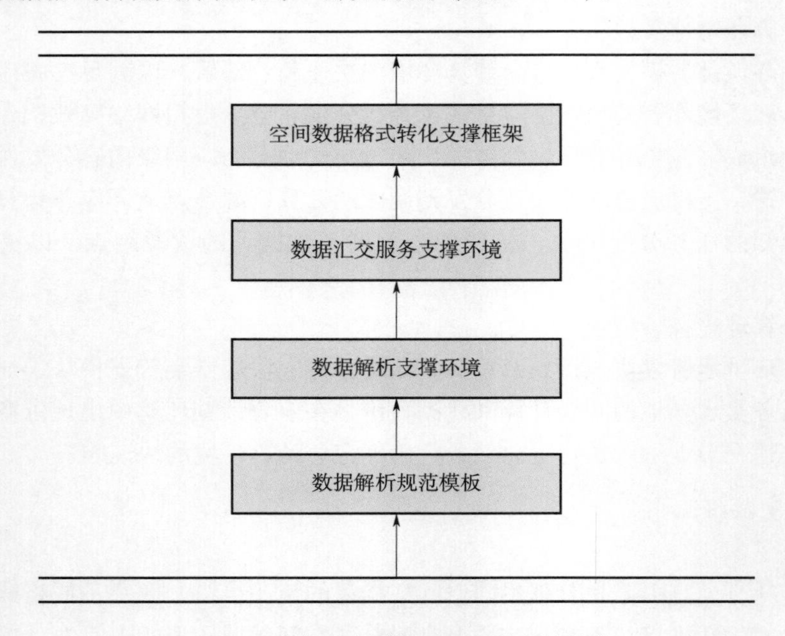

图7.31　数据解析并行处理引擎系统结构

①数据解析规范模板

数据解析规范模板基于数据分类体系，提取各种空间数据资源的数据结构和编码标准，确定数据质量控制规范、数据集成规范和数据汇集规范等的描述，制定完善的空间数据整合标准规范，通过通用规范语言（如XML）和脚本语言进行空间数据整合规范的描述。

◇数据分类的自动解析

灾害种类多样，包括地震、洪涝、干旱、冰冻、地质、台风、赤潮、森林火灾等，灾害空间数据分布于国土、测绘、海洋、气象、林业、农业等各部门。为了有效整合空间数据资源，需要研究数据体系技术，对灾害数据建立自动的空间数据资源分类接口，实现各部门空间数据资源目录的自动分类。提供常见数据分类体系标准，集成数据类型解析通用算法，支持常见灾害空间信息数据的自动/半自动分类。

◇数据整合标准规范

空间数据整合标准规范的制定是多源空间数据整合的前提条件，只有在合理、完善的标准规范指导下，才能保证多源、异质空间数据的统一整合和处理。对我国各部门的空间数据资源进行详细的调研分析，进行空间数据资源详细分类、分析和提取，编制认可的数据结构和编码标准、数据质量控制规范、数据分类体系、数据集成规程、数据汇交规程等。制定基础数据（基础地理数据、全球定位信息、定标与真实性、综合试验数据和地面网络数据等）、标准数据（光学成像、高光谱、微波、红外和激光雷达等）和应用数据（专题应用数据和综合应用数据等）。每一标准和规程都将包含着一个带有文本文件、使用统一模式语言（UML）的数据模型。

◇数据整合规范模板

对于不同格式的灾害空间数据，提供一站式的空间数据整合标准模板，支持遥感数据、基础数据、应用数据等的有效整合集成。

②数据解析支撑环境

数据解析支撑环境的建设内容包括：

1）研究和实施用于灾害数据的数据标准；

2）履行和维护灾害数据的操作目录（基于标准化文档，使用元数据标准），并在灾害数据交换网格上公布元数据记录；

3）公布已计划获取的元数据和更新来自于数据交换网络上灾害数据标准的工作活动；

4）为来自于多源的灾害数据提供样板、配置数据访问和网络制图服务；

5）对数据仓库中所描述的异构多源数据建立一个综合性的联邦级电子“入口”（标准、数据优先权、制定信息计划以及产品和服务），以作为对灾害空间数据交换网络的逻辑延伸。

③空间数据格式转化支撑框架

空间数据格式转换支撑框架支撑信息共享和数据转换问题的解决，使得用户更充分地使用已有数据资源，减少数据收集、数据采集等重复劳动和相关费用。本框架根据空间数据整合标准规范的指导，建设空间数据格式的通用数据格式转换支撑框架，支持通用图像格式（tiff/Geotiff 等）、遥感软件格式（PCI 的 * . pix/ENVI 的 * . evi/ERDAS 的 * . img 等）、卫星数据格式（包括 SPOT/IKONOS/Quick Bird 以及 TM/ETM + ）等常见的栅格文件，支持通用的矢量格式（如 shapeFile、Coverage、AutoCAD 和 MIF），支持其他常见数据格式（如 txt、xls 和 mdb），实现将各部门所拥有的异构空间数据按要求转换为标准格式。具体内容如下：

1）提供基于通用数据交换格式的数据转换共享模式，基于图像标准数据交换格式（dxf）进行数据的输入输出功能；

2）提供外部文本文件的数据转换共享模式，支持灾害空间数据的二次和更多次的转换；

3）提供基于直接数据访问的共享模式；

4）提供基于通用转换器的数据转换共享模式，如语义转换的 FME 支持；

5）提供基于国家空间数据转换标准的数据转换共享模式支持；

6）提供基于互操作的数据交换和信息共享支持，通过公共接口实现不同数据格式的数据动态调度；

7）提供面向未来发展方向的基于共相式的信息共享支持。

④数据汇交服务支撑环境

数据汇交服务支撑环境针对常规空间数据，研究数据汇交的支撑技术，保证各分布式数据源节点的数据能够想要即可得，集成分散的数据资源，拓宽数据资源的应用范围，提高灾害空间数据管理；能够提供灾害空间实体数据、元数据、数据字典、模型算法文档等内容的快速汇交服务，制定数据汇交计划参考格式、数据汇交工作方案参考格式、核心元数据规范、数据文档参考格式、数值质量审核报告参考格式、数据接收回执等规范，开发数据汇交基础软件。

数据汇交服务支撑环境支持面向服务的汇交数据类型分析，实现数据的共享，支持原始的监测、观测、探测、实验数据以及模型模拟等数据的分析，提供时空和属性信息，基于定点长期监测和野外定点调查类、区域调查和统计分析类、模型计算类、试验化验分析类、客观和主管描述类等类型进行灾害空间数据的汇交工作，提供元数据目录和离线数据共享服务的支撑。

7.3.3.5 数据并行处理云引擎

（1）概述

图像数据并行处理引擎插件式实现空间信息数据的初级处理，提供公共的几何校正和辐射度校正等算法的设计模式，高空间分辨率、高光谱/多光谱、红外图像、SAR 影像等灾害空间数据的快速精校正处理、噪声去除、拼接、配准和融合等的模型算法集，提供通用的算法实例化和适配等模式，建立跨操作系统平台的代码编译、链接和执行，增强引擎的可扩展性（李景山 等，2008）。

（2）功能设计

图像数据并行处理引擎的建设内容包括：

1）提供波段组合、大气校正、地形校正、坏线处理、噪声消除、头文件编辑、色彩调整、亮度对比度调整、锐化处理、数据可视化与缩放、软件内部存储与视窗存储等常规图像处理的并行化引擎；

2）提供具有图像 - 图像与图像 - 地图两种影像纠正/配准的并行支撑功能，具有具备乘法、HIS、主成分分析等多样的算法先进的效果极佳的数据融合并行化组件；

3）提供自动色彩平衡、接边线无限制羽化等两景或多景数据镶嵌的并行化支撑；

4）具有栅格数据与矢量数据叠加功能的并行计算库；

5）提供面向高光谱图像像元光谱曲线的定量化分析与处理公共算法库。

（3）结构设计

图像数据并行处理引擎系统主要包括几何校正支撑环境、辐射校正支撑环境、影像配准支撑环境、数据融合支撑环境和图像处理的校验与评价支撑环境等几个模块，如图 7.32 所示。

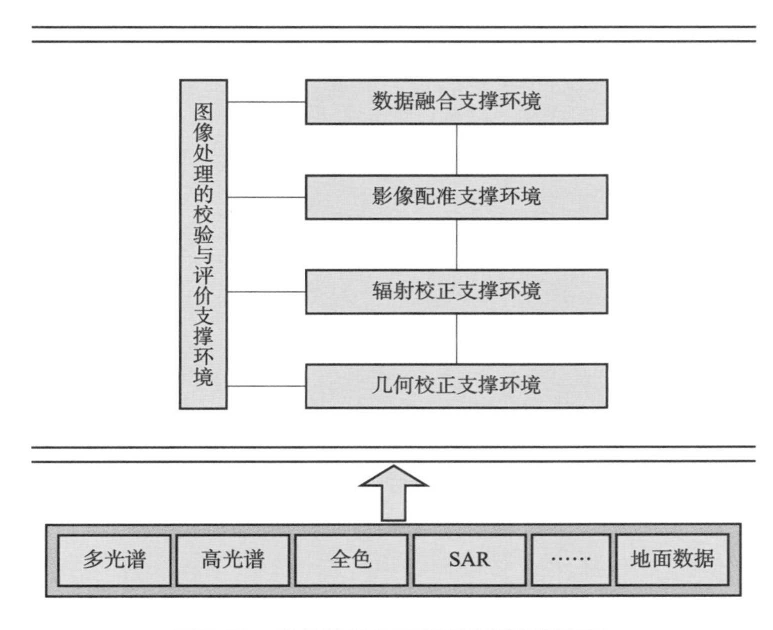

图 7.32　图像数据并行处理引擎系统结构

①几何校正支撑环境

该模块可提供两大类几何变形校正支撑算法库：系统性和非系统性。系统性几何失真一般由传感器本身引起，有规律可循，可预测，可提供传感器模型来校正；非系统性几何变形是不规律的，它可以是传感器平台本身的高度、姿态等不稳定，也可以是地球曲率及空气折射的变化以及地形的变化等，故提供图像几何校正的一般性算法库。该模块可提供地面控制点选取算法库、常见几何校正模型和图像重采样算法库。

②辐射校正支撑环境

该模块可提供绝对辐射校正方法和相对辐射校正方法两类算法库。绝对辐射校正方法将遥感图像的 DN（Digital Number）值转换为真实地表反射率，获取影像过境时的地表测量数据，并考虑地形起伏等因素来校正大气和传感器的影响；相对辐射校正将一图像作为参考（或基准）图像，调整另一图像的 DN 值，使得两时相影像上同名的地物具有相同的 DN 值，即多时相遥感图像的光谱归一化。利用国内外现有类同卫星数据和现场测量的地表辐射数据，开展关于灾害信息的光学和 SAR 卫星数据的传感器端辐射校正、大气校正和地表辐射校正模型算法研发和验证，制订处理流程并开发软件插件。

③影像配准支撑环境

该模块可提供图像间校准算法库，利用国内外现有类同卫星数据和高精度地面控制测量数据，开展关于灾害信息的光学成像、高光谱、静止、SAR 卫星数据的结构特征提取与亚像素级匹配模型算法研究与验证，制订处理流程并开发软件插件。

④数据融合支撑环境

该模块可提供常见不同空间分辨率、不同光谱特性的遥感图像的融合算法，支持像素级、特征级和决策级 3 个层次上的典型融合算法；既包括传统的图像融合算法，如线性加权法、HPF（高通滤波）法、IHS 变换法、PCA（主分量分析）法，又支持多分辨率融合算法，如塔式算法、小波变换法和小波变换融合等。

⑤图像处理的校验与评价支撑环境

图像处理结果的评价分为主观评价和客观评价，也可以结合起来使用。主观评价是通过目视效果进行分析；客观评价就是利用图像的统计参数进行判定。图像处理的校验与评价支撑环境提供客观评价算法库；利用国内外现有类同卫星数据和现场观测数据，提供关于灾害信息的光学成像、高光谱、静止、SAR 卫星数据的图像处理方法在几何校正、辐射校正、定量反演及数据融合模型算法校验与评价系统，制订处理流程并开发软件插件。

当前图像融合效果的客观评价问题一直未得到很好的解决，原因是：同一融合算法，对不同类型的图像，其融合效果不同；同一融合算法，对同一图像，观察者感兴趣的部分不同，则认为效果不同；不同的应用方面，对图像各项参数的要求不同，导致选取的融合方法不同。因而，需要寻找一种客观评价融合图像效果的方法，使计算机能够自动选取适合当前图像的效果最佳的算法。该模块可提供用图像的均值、标准方差、熵、交叉熵、融合增强前后的图像相关系数、图像光谱扭曲程度、偏差指数与清晰度（平均梯度）等 8 种统计特性进行融合图像分析及效果评价的算法库。

7.3.4　关键技术

7.3.4.1　极大规模多中心虚拟数据聚合搜索技术

极大规模多中心虚拟数据聚合搜索技术旨在处理海量规模的，来自不同数据源的异构数据进行聚合，对这些数据进行综合建模，并且为不同的数据源提供统一的搜索与查询视图，为用户提供高响应，极大数据规模，高准确性、高查全率的数据搜索技术。同时，多中心虚拟数据聚合搜索技术还提供了多个中心的高效、快速的数据同步策略及实现。

极大规模多中心虚拟数据聚合搜索技术处理不同的数据来源，不同观测平台与数据级别的数据，不同的数据种类之间有不同字段和类型的元数据。极大规模多中心虚拟数据聚合搜索技术对数据进行综合建模，采用包括同义词和近义词关联、语义本体、分布式异构索引技术来消除数据的异构性，提供统一的搜索访问视图。极大规模多中心虚拟数据聚合搜索技术，采用分布式存储构架，以冗余备份、高速访问、安全可靠、海量承载为设计原则，提供了高效安全可靠的极大规模数据条目管理。极大规模多中心虚拟数据聚合搜索技术支持在海量数据下的高速准确高覆盖搜索。搜索技术包含分布式索引技术和高速缓存技术两个核心技术。分布式索引技术将索引分散到多个节点中，进行并行搜索，用结果归并算法生成最终搜索结果；高速缓存技术将搜索结果采用 LRU 淘汰算法进行内存缓存。数据同步技术采用数据对象序列化、数据变动日志、同步错误恢复、并行处理技术等算法进行高效可靠的及时的数据同步。

7.3.4.2　支持应急协同的服务流程快速组合和柔性集成技术

支持应急协同的服务流程快速组合和柔性集成技术可以将现有的流程和新的流程根据业务需要进行各种组合，以适应不同的应用场景。其技术包括应急协同服务流程快速组合技术和应急协同服务流程柔性集成技术。

支持应急协同的服务流程快速组合和柔性集成技术针对在自然灾害发生的应急条件下，根据现场情况和服务要求进行灵活组合、快速集成、多点协同，用以解决数据量大、自动注册与发现难度大等问题。在应急的条件下，若干应急协同服务流程可以按照一定的业务逻辑和过程约束进行快速组合，以满足特定的业务需求，同时可以减少流程执行占有的资源，达到资源的有效利用。在流程的快速组合过程中支持组合验证，及按照预定规则对组合流程中出现的错误进行处理，以保证组合流程的顺利运行。另外，该技术支持服务流程部分集成，以减少流程间的复杂度，提高流程的可读性。

7.3.4.3　易变移动环境下的网格集成技术

易变移动网格集成技术正成为移动网格服务软件基础设施的一种极其重要的架构方式。易变移动网格集成技术是对移动网格服务环境能力的抽象，包含信息空间中的计算式服务与可接入至信息空间的实物式服务，是计算式服务在移动网格服务物理环境下的自然延伸，同时，它强调服务可在合适时间、合适地点、以合适方式无缝地接入和获取。针对移动网格服务环境的异构性、动态性、分布性、开放性，对移动接入网格的情境、数据、终端、运行状态及服务本身这5类最核心资源的高效管理进行研究，重点实现移动接入网格的主动性与自主迁移性，从而为移动接入网格成为移动网格服务软件基础设施提供支撑。

当用户移动到新的环境时，需要选择合适的应用和组件来继续原先的任务或者开始一个新的任务。借助于任务模型，能够理解任务的具体需求；借助于应用和组件的语义描述，可以获知环境所能提供的应用/组件。通过应用/组件匹配机制使得框架能够将用户端的任务和系统端的应用/组件相关联，并为每个原子任务找到最合适的应用/组件来执行。为了减少匹配过程中的复杂度，通过语义服务过滤和任务-组件关联两个步骤实现。

7.3.4.4　面向灾害空间信息处理的云平台体系结构技术

研究灾害空间信息的日常处理和应急处理对高性能计算系统的需求，分析灾害空间信息数据量和应急业务等特性对大规模云计算系统构建、资源访问、容错和规模扩展等的影响，提出以平衡存储、计算、共享、传输为目标的云计算系统可扩展性设计方法，以基于高性能计算的大规模数据中心、业务处理资源等资源为基础，实现可扩展、支持灾害应急的云计算平台。

针对灾害条件下资源故障特征，以及大规模计算系统的节点失效问题，研究大规模云计算环境的故障模型及其检测、恢复机理，实现稳定的资源能力视图；研究高容错能力的冗余计算机制，实现大规模计算系统的自动化故障管理、隔离与恢复，为灾害空间信息业务系统提供按需、可靠的计算服务。

7.3.4.5 聚合计算资源的云处理引擎

基于每秒千万亿次双精度浮点运算的高性能云计算平台，灾害空间信息云处理引擎子系统具有 CPU/GPU 协同计算能力，提供空间信息数据的整合、图像处理、高级语义处理和产品生成的共性关键技术，并提供仿真与验证、数值计算、可视化等基础引擎；为各业务系统的开发和运行提供公共的并行运行库支撑，屏蔽底层计算资源、数据资源、存储资源等资源特性给业务系统设计和开发带来的复杂性，增强信息共享网格和云计算平台的透明性，避免共性关键技术的重复开发。

7.4 小结

基于 DCI 架构建设的空间信息资源集成共享平台，将在支撑灾害应用管理中发挥巨大的作用，支持从数据处理服务到信息共享服务，满足不同用户的多种需求。建设网格支持的对地观测数据共享系统，集中大型对地观测卫星数据中心，促进和实现数据的统一管理、共享与综合服务。在分布式计算基础设施上，实现遥感数据、处理算法、机理模型和共性技术工具的集成。建设云支持的按需计算环境，实现空间信息资源的弹性服务。建设资源集成框架，以在地理上的分布和管理上的统一为基础，向应用化服务发展。

综上所述，网格和云计算技术为 DCI 架构提供了技术途径，是构建自然灾害空间信息资源集成共享平台的基础，也是推动空间技术在灾害管理中应用的支撑性技术，这对突破传统的空间数据信息计算处理和共享服务模式，提升自然灾害空间信息处理与科学分析的水平有着重要意义。

参考文献

迟学斌，赵毅 . 2007. 高性能计算技术及其应用 . 中国科学院院刊，22（4）：306 – 313.

李景山，陈元伟，刘定生 . 2008. 基于工作流的新一代多卫星地面预处理系统设计与实现 . 遥感技术与应用，23（4）：428 – 433.

刘异，呙维，江万寿，等 . 2009. 一种基于云计算模型的遥感处理服务模式研究与实现 . 计算机应用研究，26（9）：3428 – 3431.

ADG. 2013. Advanced Data Grid（ADG）prototype System Description Document（SDD）. Release Version V1. 0. NASA Goddard Space Flight Center, Greenbelt, Maryland.

Andrzej D, Andrzej G, Wszolek J, et al. 2013. A distributed architecture for multimedia file storage, analysis and processing. Intelligent Tools for Building a Scientific Information Platform Studies in Computational Intelligence,

467：435－452.

Baru C，Moore R，Rajasekar A，et al. 1998. The SDSC storage resource broker. In Proceedings of the 1998 conference of the Centre for Advanced Studies on Collaborative research. Toronto，Ontario，Canada IBM Press：5.

Berlich R，Kunze M，Schwarz K. 2005. Grid computing in Europe：from research to deployment. In Proceedings of the 2005 Australasian workshop on Grid computing and e－research. Newcastle，New South Wales，Australia：Australian Computer Society，Inc. Darlinghurst，Australia：21－27.

Berriman G，Deelman E，Groth P，et al. 2010. The application of Cloud computing to the creation of image mosaics and management of their provenance. In SPIE Proceedings Vol. 7740，Software and Cyber infrastructure for Astronomy.

Brito F. 2010. Cloud computing in ground segments：earth observation processing campaigns. In Ground System Architectures Workshop（GSAW），Workshop onData Center Migration for Ground Systems：Geospatial Clouds，Mar. 3

Brown R. 2013. Investigation into Cloud computing for more robust automated bulk image geoprocessing，NASA，Technical report.

Cary A，Sun Z，Hristidis V，et al. 2009. Experiences on processing spatial data with MapReduce. Proceedings of the 21st International Conference on Scientific and Statistical Database：302－319.

Craig L，Gasste S，Plaza A，et al. 2011. Recent developments in high performance computing for remote sensing：a review，IEEE Journal of Selected Topics in Applied Earth Observations and Remote Sensing，4（3）：508－527.

Craig L. 2010. A perspective on scientific cloud computing，in Science Cloud Workshop，HPDC，Jun.

Dean S. 2008. MapReduce：simplified data processing on large clusters. Communications of the ACM，51（1）：107－113.

Dean S. 2010. MapReduce：a flexible data processing tool. Communications of the ACM，53（1）：72－77.

Di L，Chen A，Yang W，et al. 2003. The integration of Grid technology with OGC Web Services（OWS）in NWGISS for NASA EOS Data. In Proceedings of HPDC12 & GGF8. Seattle，USA.

Foster I，Geisler J，Nickless W，et al. 1997. Software infrastructure for the I－WAY high performance distributed computing experiment. In Proceedings of the 5th IEEE Symposium on High Performance Distributed Computing. Syracuse，NY，USA：IEEE Computer Society：562－571.

Foster I，Kesselman C，Tuecke S. 2001. The anatomy of the Grid：enabling scalable virtual organizations. International Journal of Supercomputing Applications（3）：1－10.

Foster I，Kesselman C. 1999. The Grid：blueprint for a new computing infrastructure. San Francisco，CA：Morgan Kaufman.

Frey J，Tannenbaum T. 2001. Condor－G：a computation management agent for multi－institutional grid. Cluster Computing（3）：237－246.

Fusco L，Goncalves P，Linford J，et al. 2003. Putting earth－observation applications on the grid. ESA Bulletin：86－90.

Ghemawat S，Gobioff H，Leung S. 2003. The Google file system. SIGOPS operating systems review. 37（5）：29－43.

Hawick K, James H. 1997. Distributed high – performance computation for remote sensing. In Proceedings of the 1997 ACM/IEEE conference on Supercomputing. San Jose, CA, USA: ACM 1 – 13.

Hey T, Trefethen A. 2004. UK e – Science programme: next generation grid applications. International Journal of High Performance Computing Applications (3): 285 – 291.

Li J. 2010. eScience in the Cloud: a MODIS satellite data reprojection and reduction pipeline in the Windows Azure platform. 24th IEEE International Parallel and Distributed Processing Symposium (IPDPS 2010).

Plaza A, Chang C. 2008. High performance computing in remote sensing. Boca Raton: Chapman & Hall/CRC.

White T. 2010. Hadoop: the definitive guide. 2nd edition. O'Reilly Publications: 167 – 188.

Yamamoto N, Nakamura R, Yamamoto H, et al. 2006. GEO Grid: Grid infrastructure for integration of huge satellite imagery and geoscience data sets. In Proceedings of the Sixth IEEE International Conference on Computer and Information Technology: IEEE Computer Society Washington, DC, USA 75.

第 8 章　空间信息应用于防灾减灾的共性技术

8.1　面向各灾种应用的共性技术分析

8.1.1　共性技术内涵与范畴

空间信息应用于防灾减灾的共性技术是指国家综合减灾部门、各涉灾行业部门灾害防灾减灾救灾及相关灾害机理研究所需的从多源数据整编、灾害信息综合处理与校验、灾害共性信息支撑服务全过程中通用的共性空间信息技术，包含灾害信息综合处理技术、灾害空间信息快速提取分析技术、灾害信息产品验证技术、信息集成技术等方面的内容。共性技术研究促进多源数据综合处理与校验、高性能集群计算与数据挖掘分析、共性信息集成与快速服务中共性技术的实现与共享；通过开展空间信息技术在灾害机理及其关联性研究方面的技术攻关，为灾害机理研究提供科学产品，建立面向各灾种应用的共性技术体系，满足国家、行业、区域等各层次用户开展灾害监测、预测预警、灾害应急和灾后重建等业务化运行及灾害关联性研究对共性技术的需求。

8.1.2　共性技术研究现状

8.1.2.1　国外研究发展现状

国外长期以来一直重视利用空间信息技术服务于自然灾害的监测、预警、预测与评估，已形成了多种应急响应模式和灾害信息数据整编标准，建成了相应的数据库等基础设施，研发完善了服务于灾害的数据快速整合、处理、信息产品研发的共性关键技术体系以及灾害关联分析等相关模型，并在此基础上，构建了成熟的业务化灾害信息共性技术服务系统。

（1）自然灾害相关领域开展空间信息技术攻关研究，进行灾害监测、预警与评估起步早、发展较成熟

遥感具有覆盖面大、数据连续、动态性强等优势，因此在防灾减灾应用中，以遥感、地理信息系统、导航定位系统为核心技术的空间信息技术所获取的空间信息的综合利用尤为重要。美国、法国、日本等国在使用空间信息技术进行灾害监测、预警与评估建设上起步较早，而且发展得也较为成熟。美国在 1993 年密西西比河的大洪灾期间，利用地球资源卫星数据，处理得到洪水淹没图，为救灾的快速反应提供了重要的灾情信息。法国率先在世界上建立了灾害空间信息提取与检测快速服务机制，并应用遥感技术开展了灾害风险区划、灾害风险监测预警、灾害损失评估、信息共享与服务等灾害管理业务应用工作；印

度使用获自 NOAA/AVHRR、IRS、SWiFS 图像的 NDVI 数据进行农业旱灾评估与减灾信息服务；联合国粮农组织（Food and Agriculture Organizaiton of the United Nations，FAO）在非洲建立了遥感监测系统，用来监测旱灾；湄公河流域的国家使用卫星数据进行洪涝灾害监测。目前，国际上已经研制成 3 个影响较大的和灾害应急信息集成与服务系统有关的灾害信息系统，即美国的 EMS 系统、欧洲尤里卡计划（EUREKA）的 MEMbrain 系统与日本的 DRS 系统。这些系统均是基于整合空间信息技术，实现了多源空间数据的处理和服务应用，并具有分布式共享结构，综合性能突出、可操作性较强等特点，是提高大范围减灾救灾管理决策时效性、准确性的有效工具。

（2）自然灾害领域空间信息技术标准规范体系已初步形成，应用趋于完善化

经过多年的发展，对地观测技术与科学得到了突飞猛进的发展，空间信息资源极大丰富，在国土资源调查、农作物估产、森林资源普查、基础测绘、城市规划、重大灾害与环境事件评估等方面得到了广泛的应用，并在政府科学决策与管理、全球与重点地区监测等方面发挥了重要作用。为提高空间数据的有效供给，减少资源浪费，目前国内外关于空间信息技术标准规范体系已积累了一定的成果和经验，为相关科学研究提供了强有力的支撑，同时为相关行业应用向广度和深度发展提供了标准规范的基础信息保障。

（3）灾害空间信息提取与产品研发逐渐实现定量化、流程化和智能化

国外灾害信息快速处理与各种自然灾害的特点紧密结合，同时对不同的灾种都有着相应独立的应急措施和处理流程，已形成了多样化、智能化、多元化、快速化、规范化、流程化的灾害空间信息定量化处理和快速提取技术体系。集成化的空间灾害信息产品业务化模型研究初具规模，空间信息数据已经在自然灾害监测中发挥重要作用，各发达国家对空间数据的应用潜力进行了大量的科研投入，并由此取得了许多卓有成效的进展，形成了各种自然灾害预测、预警与减灾产品模型技术，为社会经济的发展发挥了积极作用，取得了显著成效。目前，相关灾害信息产品处理系统具有较强的针对性，一般只围绕一个行业的产品进行处理。应对自然灾害，综合利用多源数据的灾害信息产品处理，尚需进行模型研发。

（4）基于验证综合实验场和真实性检验网的数据进行“全方位”空间信息综合产品精度验证与评估

遥感灾害信息产品的验证与评估是基于遥感验证实验场、站点、监测网的样本数据采集获取大量、实时的遥感数据，进行灾害信息产品算法的研发及灾害信息产品的准确性验证和精度评估。早在遥感技术发展初期，遥感数据产品实验验证方面的工作就受到国际上相关机构的密切关注和重视，美、英、法、加拿大和澳大利亚等国家在这方面积累了几十年的经验，在每一颗卫星发射上天前后都花费了大量的时间和经费进行产品实验验证，以保证给用户提供真正可用的定量化数据。地球观测卫星国际委员会（Committee of Earth Observation Satellite，CEOS）于 1984 年成立了定标和检验工作组（Working Group on Calibration and Validation，WGCV），在全球范围开展了卫星数据定标和产品实验验证的相关研究，但当时主要关注传感器场外定标，而很少涉及有关遥感信息产品的实验验证。近些

年，以美国为首的几个大国投入了大量的财力、物力和人力，逐步完善对遥感信息产品的实验验证，包括所有卫星计划开发的定量遥感数据产品，如定标后的遥感数据、地表反射率、地表温度、归一化植被指数（NDVI）、叶面积指数、植被净初级生产力、地表潜热通量、气溶胶光学厚度等。

8.1.2.2 国内研究发展现状

（1）高精度、自动化、流程化的灾害信息综合处理技术及单灾种产品研发已有一定发展，并得到日益重视

多光谱遥感技术应用于地震灾害的调查和评估中最早开始于20世纪60和70年代的航空遥感。1976年，我国首次采用假彩色红外航空遥感技术评估唐山大地震，利用航空摄影获得的彩色红外影像进行了较详细的震害分级分类判读制图，并建立了震害影像判读认知模型。在航天遥感发展初期（20世纪70和80年代），受空间分辨率的限制，多光谱卫星遥感图像还不能像目视解译航空影像那样来直接用于震害的详细评估，一般只能从宏观上分析地震造成的破坏，定性地分析出地震造成的灾害损失的程度，而且基本是采用人工判读的方式进行。20世纪90年代以来，随着多平台、多时相的多光谱遥感卫星的陆续升空，特别是一系列高分辨率商业卫星的发射，利用航天遥感影像进行震害评估得到了关注和应用。震害评估方法也从以人工目视解译为主，向目视解译同计算机自动信息提取方法并重的方向发展；陆续出现了一系列遥感震害信息自动提取方法，比如基于光谱特征的图像代数变化检测法、光谱能级匹配法、最大似然判别分类方法、改进的遗传算法优化BP神经网络分类方法，基于纹理结构的统计纹理特征分析方法、结构纹理特征分析方法，面向对象的多尺度分割技术、基于对象的图像分层分析法、模糊聚类技术等。

（2）行业部门级为主的灾害空间信息利用已有一定的基础

近年来，我国一直重视空间信息技术在防灾减灾应用的发展，几乎所有的对地观测计划，都将防灾减灾作为研究和应用的重点，我国主要的对地观测计划，包括环境与灾害监测预报小卫星星座、气象卫星计划、海洋卫星计划、资源卫星计划等都把灾害的监测、预报作为主要的应用之一。目前应用空间技术进行灾害监测与评估业务体系建设已有一定基础，但多以行业部门级为主，如我国水利部、气象局、农业部等已经根据各自实际需要，建立的洪涝灾害、气象灾害、农业灾害监测系统等。但是，由于受到灾害致灾机理与快速灾害信息模型技术的制约，缺乏应对综合自然灾害的能力。

（3）高精度、自动化、业务化的快速灾害信息处理与提取技术与国外领先水平相比仍存在一定差距

国内在灾害信息快速处理方面也逐步在向着多样化、智能化、多元化、快速化、流程化的方向发展，但与国外领先水平相比较还有着一定的差距。在辐射校正技术方面，国内地面场地定标需要经过大量的人工测量，常使用交叉辐射定标和相对辐射定标的方法，但在工作效率上有时也不能达到要求。在几何精纠正技术方面，国内的许多研究人员通过从粗到精的多源影像配准的影像纠正方法、星历数据和姿态数据的内插方法、卫星严格构像模型以及基于空间投影理论的思想等对地面无控制点或少控制点的几何精校正也做了大量

工作。在遥感影像配准技术方面，国内学者针对不同的图像配准应用问题进行了大量的研究工作，并在基于灰度的配准、基于图像特征的配准和基于对图像理解与解释的配准这三种配准方法的基础上发展了许多组合模型或改进模型，使图像配准精度明显提高。在数据融合技术方面，国内的许多学者将着眼点放在对灾情信息的监测和分类方面。

灾害空间信息提取与分析技术已初步具备多样化、模型化的特点，协同判读技术还处于初始阶段。灾害空间信息提取技术目前主要采用分类、变化检测和目视判读，而且主要是分别针对单一灾种。利用灾害对象的光谱特征、形状特征、纹理特征及上下文特征等，采用面向对象分类方法进行分类，提取灾害体或受灾对象。采用变化检测方法对水灾淹没地物进行识别，对地震引起的公路损毁进行检测，对冰雪灾害影响范围等进行识别，以及利用高分辨率遥感图像，结合纹理分析的变化检测对滑坡灾害信息的自动识别；但大多采用目视判读，如对汶川地震、印度洋海啸、海地地震等的监测评估，以单人单机方式进行。虽开展了协同遥感图像解译系统的研究，但设计的功能离实用还有很大差距，而且主要在局域网内测试，协同环境的稳健性还有待检验。

（4）已初步建成单灾种、分部门、主要领域的空间灾害应急监测系统

我国正处在自主应用卫星与我国卫星应用有效对接阶段，随着各类遥感应用的开展，初步形成了覆盖全国、多学科的遥感监测应用网络体系，开展了大量农业、土地、灾害、林业、生态环境、公共卫生、工程地质环境等方面的遥感监测与评估分析等方面的总体设计，建立了一批各领域的遥感监测系统，为国家提供了大量空间信息产品。在水环境监测方面，中科院遥感所、国家卫星气象中心、国家卫星海洋中心等单位先后开展了利用风云系列自主卫星对水体温度、赤潮、水质等方面的信息产品工作。在大气监测方面，中科院、环境等部门定量反演了大气污染累加浓度分布场影像图。这种方法随后成功应用于珠江三角洲、北京市和长江三角洲的大气污染调查中。中国农业科学院利用机载高光谱分辨率数据分析了受纹枯病危害的水稻光谱特征，可见光和近红外光谱可以很好地探测水稻纹枯病；构建了病虫害胁迫指数，探索对水稻不同病虫害的危害等级分类和色素含量、病害严重度指数、虫情指数等危害指标的估算方法研究，并结合 QuickBird 影像提取稻飞虱危害面积和产量损失评估。在地震监测上，中国地震局利用高光谱遥感监测断层气释放的浓度变化，探讨了高光谱在断层逸出气强震预测指标异常的识别方法，提高对强震前兆异常信息产品的空间分析和可靠性判定能力。

（5）实验场网建设已得到重视，灾害信息产品验证技术起步较晚

我国利用遥感数据监测灾情，生产灾害信息产品起步较晚。自 20 世纪 80 年代开始，根据遥感产品应用需求，我国相继开展了一系列的大型地面观测试验和部分有关遥感产品的试验检验工作。在实验场建设方面，国内相继在不同地区建立了各种类型的试验场，并针对不同行业开展地面观测试验，用于支撑卫星信息产品模型研发和试验验证。典型遥感实验场包括怀来遥感实验场、地震遥感实验站、廊坊农业遥感地面试验站、小汤山精准农业与生态环境试验站、林业部建设的山东林业遥感区域综合实验场、甘肃省张掖市建立的甘肃省森林水文遥感实验场等，具有一定的数据积累，能保障检验精度。在大型实验技术

方面，国内开展了一些大型遥感试验，如“黑河地区地气相互作用野外观测实验研究”（HEIFE）及“黑河流域遥感－地面观测同步试验与综合模拟平台建设”，“内蒙古半干旱草原土壤—植被—大气相互作用”（IMGRASS），“我国西北干旱区陆气相互作用野外观测试验（敦煌试验）”（DLSPFE），973 项目“地球表面时空多变要素的定量遥感理论及应用”支持的顺义遥感综合试验，科技部“863”信息获取技术领域支持下的山东济宁－泰安遥感区域综合试验等。

8.1.3　存在问题与差距

8.1.3.1　存在问题

（1）自然灾害发生时不能快速及时获取相关的空间信息数据，现有的遥感数据时空分辨率较低，高分辨率数据主要依赖国外

我国的空间数据分布于不同的部门，在灾害事件的突发应急和常规监测应用中，缺少一体化、一站式的空间数据资源整合技术；当突发灾害事件发生时，缺少一套可视化的技术手段准确定位国内外在轨卫星，以在应急状态下查询调度可用卫星遥感数据；缺少对地观测任务统一规划管理技术方案；缺少自主知识产权的空间数据整合技术和标准规范。

（2）灾害信息提取技术的自动化和信息化程度不高，缺少人机交互式专家协同判读技术，缺少高性能计算技术，无法满足灾害监测、应急对信息多样化、标准化，以及信息产品生产快速化、业务化的需求

多源数据处理的精度、时效性、标准化程度还达不到应急的需求。在几何纠正技术方面，针对大数据量的多源数据，无法满足灾害响应的快速影像精校正技术要求；基于图像特征的配准技术方法的特征提取容易受到噪声的影响，基于物理模型的配准技术尚不成熟；对特征级和决策级的融合技术研究不足，多数算法都是通用型的算法，缺乏从特定应用角度的融合算法设计；针对自然灾害防灾减灾的融合产品还比较缺乏，体系尚未健全。灾害空间信息提取与分析技术自动化、流程化程度不高，专家经验与知识应用不足，结果可靠性有待提高。目前采用人工判读手段获取灾害信息为主，而综合采用自动化、智能化的手段提取灾害信息的技术尚不成熟。同时，由于目前我国空间数据资源分散，缺少通畅的灾害相关信息数据共享机制和手段，难以使参与减灾的相关单位和个人及时地获取多渠道的数据源与本底数据来进行灾害信息提取与分析等工作，大大降低了对灾害信息提取的时效性。

（3）灾害空间信息产品技术体系研究不足，缺少相应的技术标准规范，未形成完整的灾害信息产品技术体系

灾害信息产品体系尚未建立统一标准，生产过程缺乏规范。目前我国灾害信息产品生产管理严重滞后，尚未建立统一的标准，我国已有的防灾减灾系统，如气象、海洋、地质等方面的灾害信息获取、算法、软件、系统等多分散掌握在各行业、部门手中，标准、软件、平台接口不一致；综合应用及部门间联动有待增强。针对自然灾害防灾减灾的专题产品还比较缺乏，技术体系尚未健全，国内涉灾要素信息产品研发模型仍有待完善。

(4) 灾害信息产品验证评估技术起步较晚，灾害信息产品实验验证技术研发不足，尚难以实现高效化和定量化

尽管我国目前有较为完善的农业、林业、环保、水文等地基网络，也建设了大量的行业试验站，但未能形成卫星信息产品实验验证的系统性技术流程和方法体系，目前存在的主要问题有：卫星信息产品试验验证没有得到足够的重视；试验样本数据缺乏标准化；信息产品检验技术方法不成熟；信息产品试验验证系统建设不足。

8.1.3.2 主要差距

(1) 缺乏高效的对分散的多源数据的整编技术

基础数据的综合汇集与分级分类管理不足；缺乏通用的应急数据集成软件；数据资源分散、异构性突出，缺乏整体集成规划，造成重复建设严重；缺乏对多源异构的空间数据统一管理与快速汇集；缺少一体化、一站式的空间数据整合门户；缺少自主知识产权的空间数据整合技术和标准规范。

(2) 现有信息检索与数据挖掘能力无法满足海量灾害数据高效存储与信息支撑的要求

目前，已建设的灾害信息数据仓库应用系统大多还处于原型或小型阶段，一定程度上还处于数据存储与查看的阶段，不具备自身进行数据挖掘提供有效信息的能力，且大多是建立单个灾种数据库，缺乏灾害关联研究的数据基础；从未有存储、管理全国（乃至全球）范围、种类如此齐全的灾害数据的经验，缺乏在面向自然灾害预测、预警与应急应用中的快速信息检索与提取能力。

(3) 国内高质量灾害信息提取技术及灾害共性信息产品标准化方面难以满足灾害预测预警与应急的需求

高精度、自动化、业务化的快速灾害信息处理与提取技术与国外领先水平相比仍存在一定差距，灾害信息产品的规范还未建立，目前灾害信息产品的生产还达不到规范化，灾害信息产品在灾害预警、应急和灾后重建中的作用仍未得到充分体现。

(4) 现存的验证方法和硬件设施自成体系

尽管我国目前有较为完善的农业、林业、环保、水文等地基网络，也建设了大量的行业试验站，但未能形成卫星信息产品实验验证的系统性流程和方法，更缺乏针对我国自主卫星产品的实验验证系统性全盘考虑。

8.1.4 共性技术需求分析

针对我国防灾减灾领域空间信息有效应用现状及存在问题，迫切需要按照完整的技术流程要求，建设共性技术体系，满足多源数据综合处理功能、防灾减灾关键共性技术支撑等功能需求，以满足国家防灾减灾能力建设和专项的需求。

在前期调研与需求分析过程中，总结了对各行业部门在灾害的不同阶段对灾害信息共性技术和产品的需求（参见表 8.1）：

1）灾前（连续监测、风险预警）主要需要对多源遥感数据特别是新型载荷数据的快速获取、几何校正、辐射校正技术，孕灾环境要素和致灾因子的参数反演与信息提取技术

产品。

2）灾中（灾情速报、应急救援）主要需要不同传感器多源遥感影像快速精校正技术、承灾体相关信息快速提取及物理参数反演等共性技术及基础信息产品。

3）灾后（灾情评估、恢复重建）主要需要不同传感器多源遥感影像高精度融合与集成技术，资源环境承载能力评价信息提取技术、恢复重建动态变化监测共性技术及基础信息产品。

表 8.1　各涉灾行业部门对灾害空间信息共性技术的需求分析

序号	用户	技术类型需求
1	综合减灾	新型载荷数据快速处理技术
		孕灾环境要素和致灾因子的参数反演与信息提取技术（辐射和几何精校正、参数反演等）
		综合信息集成辅助分析技术（灾害范围、异常信息提取等）
2	地震	新型载荷数据快速处理技术
		遥感地球物理几何信息提取技术（区域地形、地质背景、地形变及其分布范围、微重力变化、亮度温度（TBB）变化、长波辐射通量（OLR）变化、电磁场、等离子体、气体地球化学成分变化等）
		综合信息集成辅助分析技术（灾区范围及重灾区的空间分布，交通、建筑物、重大工程设施等损毁情况，次生灾害的分布等）
3	环保	新型载荷数据快速处理技术
		遥感地球物理几何信息提取、致灾因子的参数反演技术（辐射和几何精校正、参数反演等）
		综合信息集成辅助分析技术（灾害范围、溢油、藻华范围等）
4	地质	新型载荷数据快速处理技术及基础数据
		遥感地球物理几何信息提取、致灾因子的参数反演技术（辐射和几何精校正产品、参数反演产品、地形形变）
		综合信息集成辅助分析技术（灾区范围及重灾区的空间分布，交通、建筑物、重大工程设施等损毁情况初评估等）

续表

序号	用户	技术类型需求
5	林业	新型载荷数据快速处理技术 （原始数据处理、辐射和几何校正等）
		孕灾环境要素和致灾因子的参数反演与信息提取技术 （辐射和几何精校正、参数反演等）
		综合信息集成辅助分析技术 （火灾范围、发展趋势、病虫害分布范围等）
6	农业	新型载荷数据快速处理技术 （原始数据处理、辐射和几何校正等）
		致灾因子的参数反演与信息提取技术 （植物叶绿素、叶黄素等生物物理参数反演等）
		综合信息集成辅助分析技术（灾区农业等损失初评估等）
7	气象	新型载荷数据快速处理技术 （原始数据处理、辐射和几何校正等）
		孕灾环境要素和致灾因子的参数反演与信息提取技术 （大气温度、大气湿度产品多通道大气风场等）
		综合信息集成辅助分析技术 （受灾区农作物损失初评估、渔业损失初评估、受灾区重建适宜性辅助分析等）
8	水利	新型载荷数据快速处理技术 （原始数据处理、辐射和几何校正等）
		遥感地球物理几何信息提取、致灾因子的参数反演技术 （辐射和几何精校正、参数反演等）
		综合信息集成辅助分析技术 （洪涝灾害受灾范围及极度重灾区分布、受灾区交通、 重大工程设施、农业等受损初评估等）
9	海洋	新型载荷数据快速处理技术 （原始数据处理、辐射和几何校正等）
		遥感地球物理几何信息提取、致灾因子的参数反演技术 （灾害发生区高分辨率影像图、海面温度反演、海面风场等）
		综合信息集成辅助分析技术 （悬浮泥沙浓度、浊度、受灾区空间范围等）
10	卫生	新型载荷数据快速处理技术 （原始数据处理、辐射和几何校正等）
		孕灾环境要素和致灾因子的参数反演与信息提取技术 （大气痕量气体监测产品、地表温度变化等）
		综合信息集成辅助分析技术 （灾区范围及重灾分布图、灾区环境变化监测产品等）

8.1.4.1　多源数据自动、快速处理技术的需求

近些年来，自然灾害空间基础设施应用范围的不断扩大和其应用的细节化极大地推动了立体空间数据处理的发展，尤其是在自然灾害连续监测、预测预警和应急救援中都缺少不了空间基础实施的应用。但在这些地震、水灾、旱灾、火灾等灾害监测和各种工程建设中，多源海量异构立体空间数据处理技术也面临着新的挑战和机遇，如灾害种类繁多、数据多源化、数据量庞大及应急响应时间紧等特点，均需要不同尺度、不同类型的空间立体数据处理手段在不同层次上的综合应用。传统的空间数据处理技术，比如几何校正和辐射校正、配准、融合、镶嵌的很多算法和技术在实际应用到灾害监测行业中时仍存在一定的局限性，很难及时、精确地获取自然灾害变化信息数据并从中快速提取出有效信息，为灾害预报和应急决策提供及时有效的信息支持，因此迫切需要建立满足自然灾害连续监测、预测预警和应急救援中多源立体海量空间数据协同处理技术和批量化快速处理能力的系统，以提供常规和灾害应急两种模式下的辐射精校正、几何精校正和正射校正、配准、融合和灾害应急响应的多源立体空间数据快速处理手段，为多灾害空间数据信息提取提供有力的技术支撑。

8.1.4.2　多灾种共性信息产品分类标准体系建立的需求

由于目前空间信息产品的标准分类体系尚未健全和规范，相关领域虽然建立了一些防灾、减灾的数据平台与信息系统，但数据交换困难、技术重复研发使得系统间数据集成、信息协同能力严重不足，造成灾害信息产品往往不能满足灾前预警、灾中应急、灾后评估与救援的业务应用需求，急需建立灾害共性信息产品分类体系，指导灾害信息产品研发及快速集成处理。

8.1.4.3　多灾种共性信息产品快速集成处理的需求

国内减灾卫星数量、机动灵活性存在不足，灾害发生后，很难在较短时间内获得有效的高分辨率、全范围的对地观测数据。由于“天、空、地”立体观测不同传感器信息处理方法不同，缺乏高效快速、能够批量化、自动化进行遥感数据处理的算法与应用模型，包括面向灾害异常区的快速高精度几何校正、正射校正、影像快速自动化配准，批量化快速镶嵌、匀色模型，自动化变化检测算法模型，严重制约了对灾害信息快速处理与验证的能力。通过 2008 年年初南方低温雨雪冰冻灾害和 5.12 汶川地震的应急速度及应急措施来看，我国对地观测系统灾害应急共性信息产品的集成处理能力还远远不能满足灾害应急，尤其是巨灾应急的需求，因此需要具备“天、空、地”全方位的灾害共性信息产品快速集成处理能力以满足应急需要。

8.1.4.4　多灾种共性信息产品质量验证的需求

目前，在灾害信息产品验证方法的规范化方面存在空白，没有建立起一套完整、科学、规范的技术体系，使得空间信息产品应用受到很大制约。今后需要针对我国自然灾害的特点和发生规律，开展灾害遥感信息处理规范化和灾害信息产品质量验证研究，利用我国高分辨率对地观测系统提供的多源、高分辨率的立体观测手段，建立应对灾害事件多源

信息产品标准和处理规范技术体系，保障整个产品生产系统建设的标准化与产品的可信度，提高我国应对自然灾害侵害的能力，减少人员伤亡和财产损失。

8.1.4.5　灾害空间信息高效挖掘分析的技术需求

为满足多灾种复杂海量地球空间信息以及多领域灾害关联性科学分析模型方法等的安全存储与管理需求，须具备高性能的多灾种空间信息挖掘能力、海量数据的管理能力和百万亿级以上的高性能计算能力以保障建设高性能海量灾害空间信息数据挖掘利用支撑系统；需建立一套高效、完备的灾害空间信息数据分析、挖掘模型方法库，以提供一系列快速、智能的灾害空间信息挖掘支撑工具集；同时为保障灾害共性技术信息产品的快速提取和生产，实现系统在应急与常规模式下的快速响应指标，还需构建高性能的数据组织、交换平台，以满足海量数据的高速传输需求，为防灾减灾、应急救援等业务中的快速响应能力建设提供支撑。

8.1.5　共性技术体系建立

为满足新型载荷数据处理、信息提取与参数反演技术需求，从技术上保障为救灾决策部门提供灾害共性信息类产品、知识类产品、模型类产品、软件类产品及资源服务类产品等，共性技术体系将重点攻克多源数据综合处理技术、灾害空间信息快速提取技术、集群高性能的灾害共性信息产品集成技术、灾害信息产品质量验证技术。

共性技术体系建设内容包括多灾种共性信息产品分类标准体系建设、新型载荷数据综合处理技术、灾害空间信息快速提取分析技术、集群高性能的灾害共性信息产品集成技术、灾害机理研究共性信息产品校验技术5个方面（参见图8.1和图8.2）。

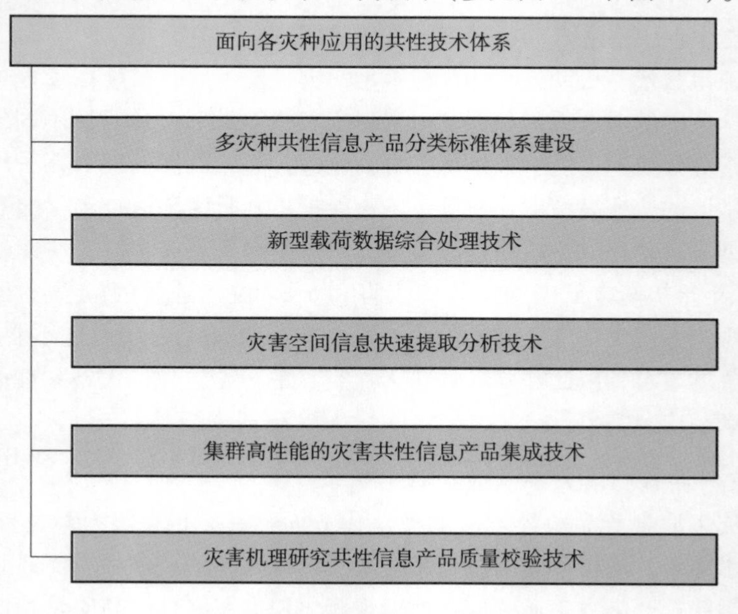

图8.1　面向各灾种应用的共性技术构成

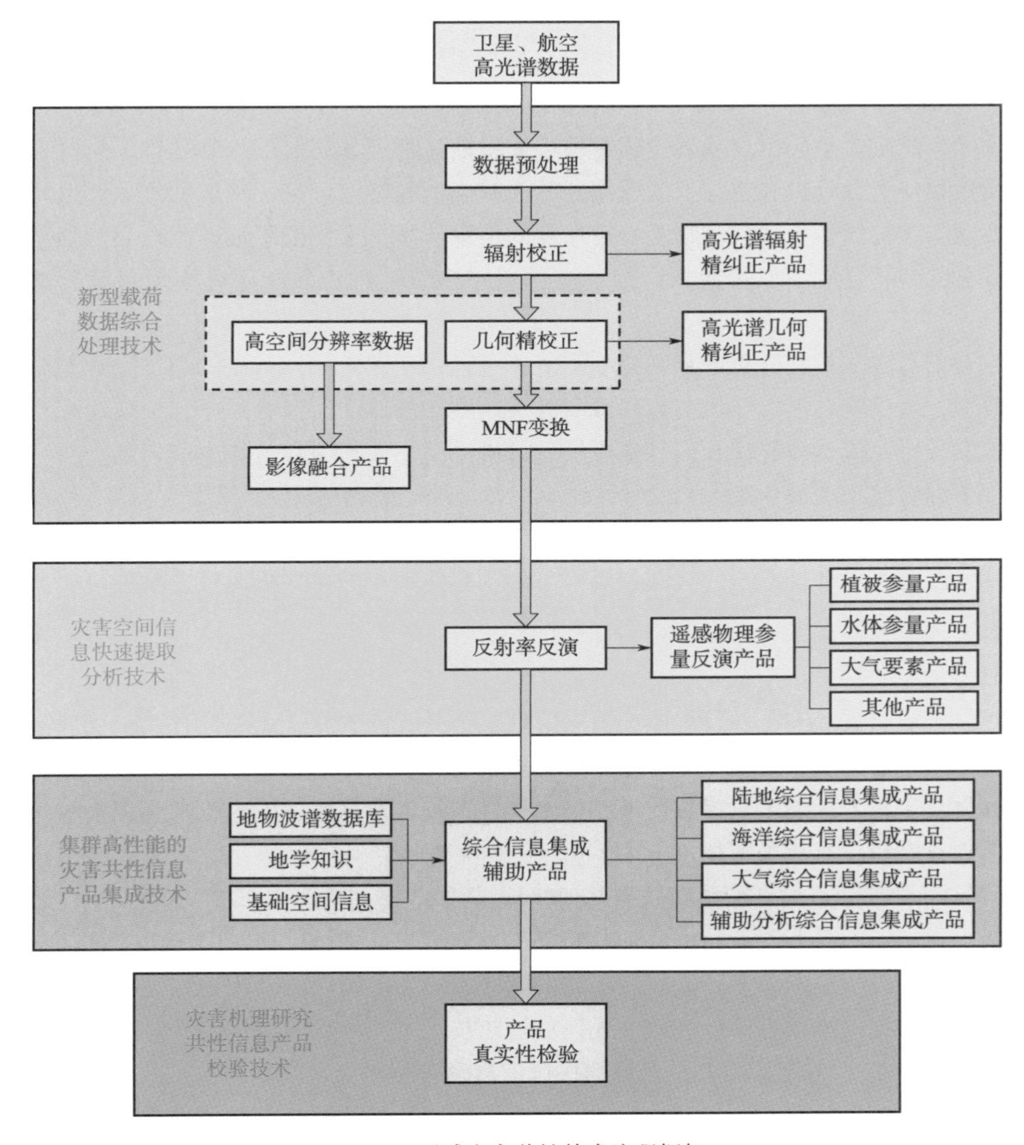

图 8.2　遥感灾害共性技术流程框架

8.1.5.1　多灾种共性信息产品分类标准体系建设

为满足灾害机理研究及灾害的监测、预警及灾害应急对空间信息的需求，在共性技术及灾害机理研究系统中需对灾害共性信息产品处理技术进行研发，其首要任务就是要进行分类。

灾害共性信息产品是指经预处理后得到的精校正图像产品、反演参数及未涉及行业专题要素的灾害信息辅助分析产品。其分级分类主要针对目前可能得到的和国家自然灾害空间信息基础设施建成后“天、地、空”立体接收系统能提供的针对各载荷的探测能力和各类自然灾害的特点及灾害不同时段对不同载荷的需求差异，形成面向地震、地质、水旱、海洋和气象 5 大灾种及可见光/多光谱、高光谱、红外、微波、重力、地磁 6 类探测手段的 3 ~5 级灾害共性信息产品体系，并根据灾害信息特点把灾害共性信息产品分为遥感地球物理几何信息产品（3 ~4 级）和综合信息集成辅助分析产品（5 级）两大类。

国家自然灾害空间信息基础设施专项中遥感地球物理几何信息产品是指以从载荷获取的原始数据经过预处理和粗加工的数据产品为基础，经过信息综合集成处理后，反映涉灾环境要素、致灾因子的几何与物理特征参量的信息产品；主要按照地球物理几何信息提取手段划分，包括遥感影像精纠正产品、多源遥感影像融合产品和遥感物理参量反演产品 3 类。

综合信息集成辅助分析产品则是基于遥感地球物理几何信息产品，通过融合基础空间信息数据，提供复合涉灾环境要素和致灾因子监测评估辅助信息产品，包括陆地综合信息集成辅助分析产品、海洋综合信息集成辅助分析产品、大气综合信息集成辅助分析产品和辅助评估综合分析产品 4 类。

当然，为了检验灾害共性信息产品研发的技术和进行有效集成，也需要搭建重点灾种灾害信息产品集成处理平台，具有科学产品的生产能力，为灾害机理研究服务。

8.1.5.2　新型载荷数据综合处理技术

（1）自由飞行遥感影像的快速相对辐射校正技术

在灾害应急情况下，有时可能因为云雾雨雪等天气原因，难以获取目标地区的高质量卫星影像或航空影像，此时可以应用无人机技术进行监测。主要研究无人机传感器的传感器端辐射校正技术、无人机遥感快速相对辐射校正技术及算法、无人机遥感辐射校正参数的快速计算及校正算法加速技术。

（2）稀少控制点的新型载荷数据几何精校正技术

稀少控制点的新型载荷数据几何精校正技术包括正射影像和已有 DEM 中自动获取控制点的几何精校正技术、基于光束法平差的大区域稀少控制点的几何精校正技术、根据有控制点区域数据外推无控制点区域的几何精校正技术。

（3）灾害应急响应下的灾害目标的快速信息融合技术

灾害应急响应状态下，灾害目标的新型载荷数据和多源遥感信息的决策级的快速融合可以为救灾提供决策支持。因此，研究快速的灾害目标新型载荷和多源遥感数据的决策级快速融合技术是多源遥感影像融合的关键部分。主要研究不同载荷影像之间的决策级快速融合，包括光学影像与红外影像、光学影像与 SAR 影像等，以及遥感数据与非遥感信息的快速融合。

8.1.5.3　灾害空间信息快速提取分析技术

灾害空间信息是自然灾害预测预警及快速响应的基础参考信息，其快速识别与提取是实现灾害及时预警与快速应急的有力保障之一。灾害空间信息快速提取主要面向“天、空、地”多平台获取系统所获得的多种海量数据，综合集成神经网络、专家系统、知识库等人工智能技术与面向对象技术，研究并开发满足灾害共性信息产品研发的基于云计算平台的自动与半自动分类信息提取技术，多源遥感协同反演技术和星地协同的定量地表参数反演技术，并构建相应的信息提取和参数反演模块；进一步利用基于云服务平台的协同判读技术构建灾害异地协同判读中心模块，快速实现灾前异常信息变化检测与灾害目标识别、灾害信息的自动/半自动分类以及相关参数的定量反演，实现跨部门、异地间不同用户对灾害信息的协同判读。

目前的人机交互式空间信息识别与提取技术虽然可以对灾害空间信息进行准确识别与提取，但其自动化识别程度较低，无法在第一时间满足波及范围较广的自然灾害（如四川汶川大地震）及其衍生出的次生灾害链（如汶川地震形成的滑坡、泥石流及其形成的堰塞湖）的应急救援对灾害空间信息的实时需求。借助人工神经网络、专家系统、知识库等人工智能技术和面向对象的技术等关键技术，可以实现灾害空间信息的快速自动化识别和分类提取，可有效提高灾害空间信息自动识别的精度和效率，从而在最短的时间内为灾害的应急救援提供重要的辅助决策信息，为应急救援赢得宝贵时间。此外，灾害空间信息的自动化快速识别与提取技术也可在灾害的监测预警阶段发挥重要作用，可快速发现灾害的异常变化信息，从而为灾害的危险区确定及其预警提供可靠的辅助信息。

另外，灾害空间信息的快速提取可作为遥感等空间基础数据与灾害机理研究之间的重要中间环节之一，为灾害机理研究提供基于多源空间基础数据所提取的灾害异常信息、灾情信息及其他相关的更深层次的信息（如次生灾害的诱发信息、灾害关联性及灾害链辅助分析信息），或通过服务于灾害共性信息产品研发为灾害机理研究提供必要的科学产品。

8.1.5.4　集群高性能的灾害共性信息产品集成技术

为满足灾害机理研究的长期需求，需对科学产品进行尝试性生产，对所研制的不同灾害共性信息产品技术还是需要集成。目前可用的天、空信息源至少有 20 种以上，再加上地面的各种数据，在产品生产时数据量比较大，需要发展集群并行处理技术来满足灾害信息产品快速生产的需求。

8.1.5.5　灾害机理研究共性信息产品校验技术

灾害机理研究共性信息产品校验技术包括多源遥感信息数据的归一化技术和灾害机理研究信息产品验证样本的数据质量控制技术。

（1）多源遥感信息数据归一化技术

对灾害机理研究信息产品评价验证的有效手段之一就是将国际上其他卫星的灾害信息产品与待验证卫星的灾害共性信息产品进行比对。由于成像原理不同和技术条件的限制，多星多传感器的视场、波谱特性、空间分辨率都不尽相同，因此对图像进行归一化处理是首先要解决的关键技术问题。

（2）样本数据质量控制技术

灾害信息产品验证体系中使用的地面实测样本数据源类型众多，处理方式复杂，要实现灾害共性信息产品验证首先必须保障样本数据的质量，因此样本数据的质量控制是灾害共性信息产品校验系统建设的关键技术之一。需要对系统全过程控制方式进行质量控制，对采集样区、采集设备、采集方式、样本处理方式及样本精度进行验证和检验。

8.2 多源数据配准融合技术

随着遥感影像向高空间分辨率、高光谱分辨率和高时间分辨率和多平台、多传感器和多角度的快速发展，不同数据源图像的优势和局限性日益凸显，同时也造成了很大程度的信息冗余，特别是在空间信息应用于防灾减灾的任务中，为有效利用这些多源数据信息，需要进行图像配准融合等相关处理技术的研究和实现。

遥感数据的配准融合技术是多源遥感数据处理的关键环节，重点包括多源影像配准技术、多源数据融合技术等，其中高精度的配准是实现有效数据融合的必须前提。通常情况下基于精校正后的遥感数据产品，通过集成和整合优势互补的数据来提高数据信息的可用程度，同时可提高空间信息的空间分辨率、增强目标特征以及提升目标识别精度，是实现遥感信息高精度提取与目标识别的重要基础。

目前，多源数据配准融合技术一直是空间信息处理的研究热点，经过多年来国内外相关领域专家的不断研发与攻关，已经提出了不少有效的模型与算法成果。未来的发展趋势是形成标准化产品、技术框架以及针对应用需求的快速处理流程，尤其是在需要快速实现应急响应的防灾减灾任务中，对多源数据配准融合技术的快速、准确、处理便捷提出了更高的任务要求。

8.2.1 多源遥感影像配准技术

图像配准是取自不同时间、不同传感器或不同视角的同一景物的两幅图像或多幅图像进行匹配、叠加的过程，影像配准技术是近年来发展迅速的图像处理技术之一，是图像处理、模式识别和计算机视觉等领域的重要课题，在图像融合、变化检测中的都得到了充分应用。由于在遥感数据获取过程中，常会受到传感器的非线性误差、遥感平台的姿态、角度、透视误差、大气干扰、不同时间景物变化等影响，因此存在一定的几何形变，需要建立严密的几何对应关系，因此影像配准是图像融合不可或缺的步骤。

8.2.1.1 基本原理与现状

（1）影像配准基本原理

图像配准的任务包括找出最优的空间和灰度变换，使得图像之间相对于失配源能够匹配起来。在遥感图像配准中，除了传感器类型发生变化（如从光学到雷达）需要引进传感器校准技术外，一般情况下不需要考虑灰度变换。因此，寻找空间或几何变换是图像配准问题的核心。一般镶嵌过程中，遥感影像配准集中在图像到图像的配准，不考虑传感器的任何先验知识，并且特指几何位置关系的配准，即二维空间坐标变换。

通常情况下，图像配准中包括以下 4 个关键要素，各种配准算法都是这 4 个要素的不同选择的组合：

1）图像是怎样表示的，即特征空间；

2）相似度量 S；

3）变换 T，或者变换空间；

4）搜索策略，就是确定 I_1、I_2中的同名点的方法。

图像配准可以上述提到的 4 个要素来概括，进行图像配准：首先需要确定特征空间，也就是选取合适的特征，包括灰度、轮廓、表面；表征显著变化的特征，如边缘、角点、线的交点和高曲率的点；统计特征，如高层次的结构和句法描述等。特征必须表明不同的对象，在图像中出现的频率较高，比如交叉点，因为交叉点经常是实际物体不同线条交会的地方，比如道路、河流的交会点。然后在特征匹配阶段，需要考虑特征度量和搜索策略。最后是变换空间的确定，也就是用哪种类型的变换描述图像间的变形。变换的选取应该考虑图像的获取过程和可能存在的退化因素。但上述步骤不一定是具体的操作顺序，比如变换空间的确定不依赖于其他的步骤，只和图像性质有关。

（2）匹配技术分类与现状

从实现的技术手段来看，遥感图像配准可以通过手动方式、半自动方式和自动方式来实现。传统的手动方法利用人眼在图像中辅助识别控制点，也就是将图像显示在屏幕上，用户选择那些在两图像中均比较明显的对应特征。候选特征包括湖、河、海岸、道路或其他自然结构。每一个这样的特征被指定到一个或多个位置，这些点称为控制点。然后利用这些控制点拟合映射函数。为了得到精确的配准，必须选择大量的控制点，对于大数据量这将是比较繁杂的工作，因此需要引入较少人工干预或无人工干预的自动配准技术。基于使用特征的本质，自动配准技术可分为基于灰度技术、基于特征的技术以及其他匹配技术等。

①基于灰度的匹配算法

◇基于灰度相关的匹配

基于灰度相关的匹配算法是一种对待匹配图像的像元以一定大小窗口的灰度阵列按某种或几种相似性度量顺次进行搜索匹配的方法。该类算法中典型的如直接相关法、归一化积相关灰度匹配法、序贯相似检测（SSDA）法等。其性能主要取决于相似性度量及搜索策略的选择上。灰度相关算法一般适用于光谱相似的影像间的配准，不具有旋转不变性和尺度不变性。虽然有种种缺陷，但是由于算法简单，灰度相关方法仍是目前应用非常广泛的一类方法。

◇基于灰度变换的匹配

频域匹配技术对噪声有较高的容忍度，检测结果与照度无关，可处理图像之间的旋转和尺度变化。常用的频域相关技术有相位相关和功率倒谱相关，其中相位相关技术使用相对广泛。除了 FFT 变换外，人们还选择更可靠、更符合人眼视觉生理特征的 Gabor 变换以及小波变换进行图像匹配。

◇基于模板的匹配

模板匹配方法在计算机视觉和模式识别等领域中的应用也非常广泛，它可以分为刚体形状匹配和变形模板匹配两大类。在刚体形状匹配中，原型模板通过平移、旋转和尺度化等简单变换达到和目标图像的匹配，但是它不能处理目标存在较大变形时的问题。典型的参数化变形模板模型例子包括 Grenander 的模型、活动形状模型和 Blake 的活动轮廓。该类模型使用了几何形状的一些先验信息，模板用少量的参数来表示。

②基于特征的匹配算法

基于特征的匹配方法首先从待配准的图像中提取特征，用相似性度量和一些约束条件确定几何变换，最后将该变换作用于待匹配图像。基于特征的匹配对于图像畸变、噪声、遮挡等具有一定的鲁棒性，但是它的匹配性能在很大程度上也取决于特征提取的质量。

◇基于点特征的匹配

基于点特征的图像配准方法一直是研究的热点，目前主要的研究集中于局部特征点方面。早期有 Davis 提出采用网格中心作为特征点利用模匹配的方法；Stockman 提出采用线交叉点作为特征点并用互相关进行匹配度量；Moravec 在 1977 年提出了利用图像灰度自相关函数的 Moravec 兴趣点检测算子，主要利用影像灰度方差；Harries 等人 1988 年提出了 Moravec 算子的改进算子——Harries 算子，实验表明，该算子对于图像存在旋转、照明变化和透视变形时是稳定的；1995 年 Smith 和 Brady 等人提出了 SUSAN 算法，该方法适合于具有明显角度特征且信噪比较高的场合，如公路的十字路口、房屋的棱角等人造物体。SIFT（Scale Invariant Feature Transform）算法是 Lowe 于 2004 年总结提出的基于局部不变量特征的图像匹配算法，在计算机视觉等方面取得了较好的效果，并开始引入遥感图像处理领域，已经成为目前最实用的图像匹配算法。SURF（Speeded Up Robust Features）算法是 Bay、Tuytelaars 和 Gool 在 2006 年提出的一个新的基于局部不变量特征的匹配算法，在处理旋转变化和图像模糊退化方面比 SIFT 算法更加鲁棒，而在处理图像光照变化和成像视点变化方面弱于 SIFT 算法，最重要的优势是计算时间大概只有 SIFT 算法的 1/3。目前基于 SURF 算法的图像匹配研究也越来越多，将来在遥感图像匹配处理中必将成为新的热点。

◇基于线特征的匹配

线特征可以表示为一般的线段、对象的轮廓、海岸线、道路和医学图像中延伸的解剖结构等。线状特征相对于点状特征来说，在特征提取和匹配方面具有其独特的优越性。首先，大部分遥感影像都包含大量的线状特征，特别是人工地物较多的地方；其次，在影像不清晰或纹理模糊的影像上，线状特征比点状特征更容易提取和定位，而且直线定位的精度更高；最后，线状特征或边缘具有明显的语义信息。标准的边缘提取算法，比如 Canny 算子或者基于 LOG（Laplacian of Gaussian）的检测算子经常用来提取线特征，其中后者声称模拟了人眼视觉的原理。

◇基于矩特征的匹配

矩作为图像的一种形状特征，已经广泛应用于计算机视觉和模式识别等领域。使用矩的匹配方法无须建立点的对应信息，其缺点是不能检测图像的局部特征，需要对图像进行分割，而且只适用于发生了刚体变换的图像。

8.2.1.2　技术流程与框架

遥感影像配准主要流程如下。

（1）图像几何失真和变换模型的选择

对于给定的图像配准问题，选择可运用的配准方法要考虑的是图像的几何失真，分析图像之间的失配源，因为几何失真的类型和性质决定配准时应采用的变换模型。在对几何失真有所了解的基础上，通过建立相应的变换模型（映射函数），准确地反映图像之间的失配程度。通常，对平坦的表面成像，图像的几何变形分为平移、旋转、缩放、拉伸和倾斜等基本变形或者其中几个基本变形的组合。平移变换通常由传感器的不同方位引起，而缩放变换则是传感器高度变化的影响，传感器视角变化可引起拉伸和倾斜。

自动配准最经常采用的配准变换模型是仿射变换，它足以配准从同一视点不同位置对同一场景成像的两幅图像。一般的二维仿射变换包括 6 个参数，用方程表示为

$$\begin{bmatrix} x_2 \\ y_2 \end{bmatrix} = \begin{bmatrix} t_x \\ t_y \end{bmatrix} + \begin{bmatrix} a_{11} a_{12} \\ a_{21} a_{22} \end{bmatrix} \begin{bmatrix} x_1 \\ y_1 \end{bmatrix} \tag{8.1}$$

与刚体变换相比，一般仿射变换能够容忍更为复杂的失真。刚体变换实际上是一般仿射变换的一个特例，因此通常也将平移、旋转、缩放组合的刚体变换称为典型仿射变换。

其他如透视变换、多项式变换等，也是全局配准时常用的变换模型。而对于复杂三维场景的投影失真，以及传感器的非线性失真和其他变形，还需要考虑局部变换，如三角网变换、Rubber Sheet 变换等。

（2）确定最优的空间变换

确定图像配准的最佳空间变换的任务可分为特征空间、相似性测度、搜索空间及策略 3 个主要成分。当以图像的原灰度作为特征空间时，通过选择对噪声鲁棒的灰度相似性测量，并根据所确定的变换模型的搜索空间可以用相似性测度找到最佳变换参数。由于大量的计算成本，加上特征空间和相似性度量，确定最优空间变换的最后一步是选择最佳搜索空间和搜索策略。例如相关性度量，减少计算度量的数目是非常重要的。在大多数情况下，搜索空间是所有可能的变换空间。常用的搜索策略包括分级或多分辨率技术、松弛标记、动态规划和启发式搜索等。

对于已确定的变换模型，基于点映射的全局方法则运用一组匹配的特征点，产生单个最优变换。建立两图像特征点间的匹配，通常包括特征提取和特征对应两个基本步骤。在自动配准技术中，必须考虑特征提取方法的精度和特征对应的可靠性。给定足够数量的匹配点对（控制点），我们可以根据近似或插值的方法来推导变换模型的参数。

（3）图像重采样及几何校正

构造的映射函数被用来对输入图像进行变换，使其和参考图像相互配准。在图像配准中，图像变换和重采样环节相对来说已经比较成熟，这里不再详述。

（4）图像配准精度估计

在遥感图像配准应用中，很有必要给用户提供一个估计的配准精度。由于在配准过程

中的每一个环节都可能引入误差，精度评估并不是一个简单的问题，评估配准精度通常要考虑以下误差类型，即定位误差、匹配误差和配准误差：

1）定位误差，指由于控制点的检测不精确导致控制点坐标的偏移。作为检测方法的本质误差，定位误差不可能在给定的图像上测量；但对于计算机仿真等各种图像类型和地面事实比较，大多数控制点检测方法的平均定位精度是可以知道的。

2）匹配误差，一般用建立候选控制点对应时伪匹配的个数来度量。伪匹配会导致配准过程的失败，因此应该避免。在多数情况下，伪匹配通过一致性检验来识别。

3）配准误差，用来表示配准映射模型和实际的图像间的几何失真。由于所选择的映射模型不总是完全对应实际的参数，或者模型的参数无法精确地计算，配准误差在实践中总是存在的。配准误差可以通过几种方式来评估，最简单的度量是控制点处的均方误差与检验点误差。为了计算简单，在遥感图像配准应用中通常以控制点处的均方误差作为评估图像配准精度的指标提供给用户。检验点任意从控制点集中分离出来，并且它们不参与计算映射函数。由于检验点误差不能通过拟合达到零，因此它比控制点误差更有意义。

8.2.1.3　*主要方法与应用*

（1）灰度相关方法

比较两个给定窗口时采用的相似性度量包括归一化互相关、相关系数以及序惯相似检测。相关方法的不足之处是它的高计算复杂度以及由于图像的自相似性造成相关度量的平坦。尽管存在这些缺点，相关配准方法仍在使用，尤其是它们易于用硬件实现，这使得它们可用于实时或近实时应用，适合于减灾救灾任务中快速实现目标。

（2）基于 SIFT 特征的匹配方法

基于 SIFT 局部不变量特征和灰度匹配优化的遥感影像配准算法，主要包括影像预处理、影像特征提取、特征匹配与参数估计、灰度优化等步骤（见图 8.3）。

①影像预处理

遥感影像配准的预处理过程是根据遥感影像的数据特点采取的一些处理步骤，主要包括分块处理、图像降噪、滤波增强等处理方法，需要根据待处理数据的特点采用适当的算法。这里采用 PCA 变换方法进行影像预处理，即 K－L 变换方法，通过对图像进行正交变换，使得变换后的结果 $\boldsymbol{Y}=[T]\boldsymbol{X}$ 具有 $M \ll N$ 个分量的向量；并且由 $\boldsymbol{Y}$ 经反变换而恢复的（向量 $\boldsymbol{X}$ 的估值）和原图像具有最小的均方误差。主要用于图像降维。这里可以直接取第一主成分分量作为单波段影像。

②影像特征提取

特征提取是特征匹配的关键步骤，如何提取对于旋转、缩放、平移、光照等各种差异具有不变性的特征是要解决的难题之一，这里采用经典的 SIFT 算子。SIFT 算子对图像旋转、尺度缩放，甚至部分三维视角变化和光照变化都能保持局部不变性，是稳定性、适应性较强的局部特征匹配算子。

首先，建立影像金字塔。SIFT 算法通过使用 DoG 建立影像的灰度梯度金字塔，并计算相邻层间的差值作为尺度金字塔用于特征点极值分析。

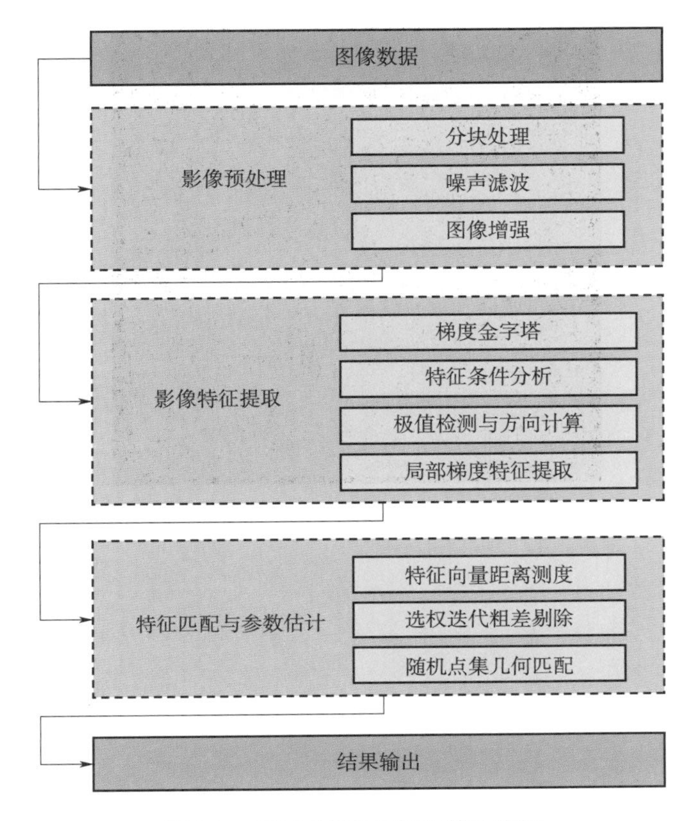

图 8.3　基于局部特征匹配算法流程

其次，进行特征点检测与特征向量距离测度匹配。如图 8.4 所示，其中圆圈半径标示特征点的尺度大小，径线表示特征点的主方向。

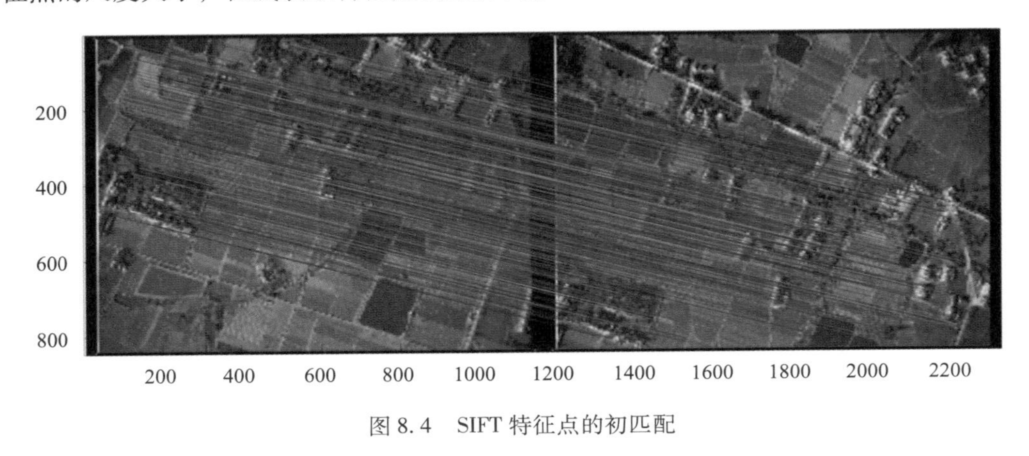

图 8.4　SIFT 特征点的初匹配

SIFT 算法中根据特征向量的距离测度进行初匹配。没有使用常见的欧式距离作为相似性度量方式，而是两个向量之积的反余弦角。通过实验可以发现这种方式比欧式距离的容错性更好（见图 8.5）。

图 8.5　SIFT 特征匹配结果

③特征匹配与参数估计

对模型进一步的匹配与参数估计采用 RANSAC 粗差剔除的方法。RANSAC 匹配检测可以很大程度上消除较多数量的严重误差的影响。设立假定图像变换模型为仿射变换，最少的匹配控制点数为 3 个。通过改随机选取方式为分块选取方式，将图像中有匹配点对存在的范围划分为若干块。简单的划分可以采用等分方式，但是要保证分块数比需要的随机样本集更多，这样每次在一块中只选取一个匹配点数据，以避免点距离过近的问题。

8.2.2　多源遥感影像融合技术

8.2.2.1　基本原理与现状

多源遥感数据融合是指对来自多个传感器的影像数据进行多级别、多方面、多层次的处理过程，包括对数据进行检测、联合、相关、估计和组合，以达到精确的状态估计和身份验证。由于不同的传感器具有不同的特性，因此得到的多源图像能够从不同方面反映地物的特征，而融合之后的图像所包含的信息比任何一种源图像都丰富，从而更有利于后续的图像处理和识别。多源遥感数据融合通过集成和整合优势互补的数据来提高数据的可用程度，同时增加对研究对象的解译（辨识）的可靠性。

对多源遥感数据融合的研究目前主要在 3 个级别展开，根据融合信息抽象的程度分别为像素级、特征级和决策级：

1）像素级融合，以多个传感器获得的原始图像为输入数据，主要目的是改善图像的质量，其优点是信息丢失最少，缺点是计算量大、处理速度慢。

2）特征级融合，从原始图像中提取与对象相关的特征，如光谱特征、空间特征等，作为输入数据，通过统计模型或人工神经网络等方法进行融合，主要目的是产生新的特征，便于后续的处理，与像素级融合相比，其信息丢失较多，计算量稍小。

3）决策级融合，以多传感器各自的决策信息为输入数据，通过一定的决策规则进行融合，来解决不同数据产生结果的不一致性，从而提高对研究对象的辨识程度，其信息损失最多，速度也最快。

不同层次的融合各有优缺点，难以在信息量和算法效率方面都同时满足需求（孙洪泉，2011）。遥感影像融合层次结构如图 8.6 所示。多源遥感影像融合层次的问题不但涉及处理方法本身，而且影响信息处理系统的体系结构，是影像融合研究的重要问题之一。在 3 种融合层次中，像素级融合能够充分应用原始数据中包括的数据和信息量，综合集成多源遥感信息的优越性，尽可能多的保持对象的原始信息，充分利用现有数据、获取更高质量数据，具有算法实现方便与适应性强的特点，仍然是目前研究并应用最多的。同时，对特征级和决策级融合技术的研究越来越多，必将成为未来多源数据融合技术研发和应用的重点。

同时，随着遥感数据源及其应用的发展，当前的像素级融合研究已经脱离了单纯以空间增强为目标的阶段，融合结果逐渐以光谱信息提取为目标，因此遥感影像融合方法的光谱保持能力越来越受到重视，具有明确物理意义的融合理论正成为研究的主流，遥感影像融合的统一理论框架研究逐渐得到国内外研究人员的重视。

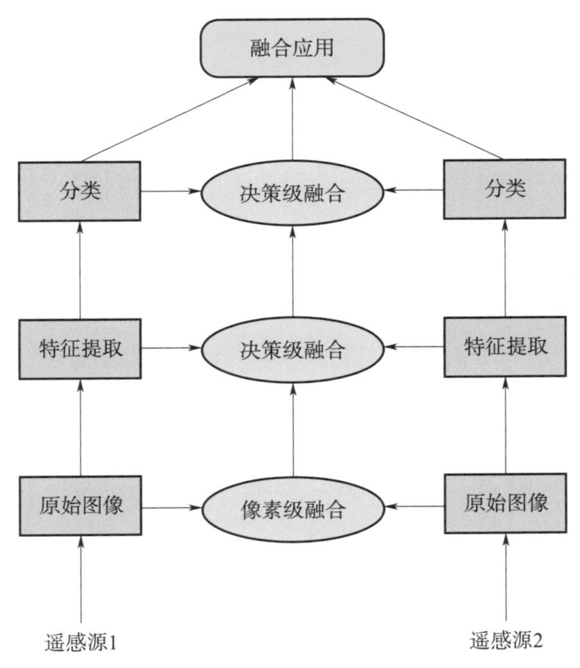

图 8.6　遥感影像融合层次结构（赵书河，2008）

8.2.2.2　技术流程与框架

遥感影像融合流程分 3 个核心步骤，即影像预处理、影像融合和融合效果评价。待融合的多源遥感影像经自动引导、定位后，即可进行去噪、配准等预处理，然后根据应用目标采用特定的融合策略进行融合处理，最后对融合影像的质量进行相应的测试评估，为特征提取等后续应用提供数据基础。其具体流程如图 8.7 所示。

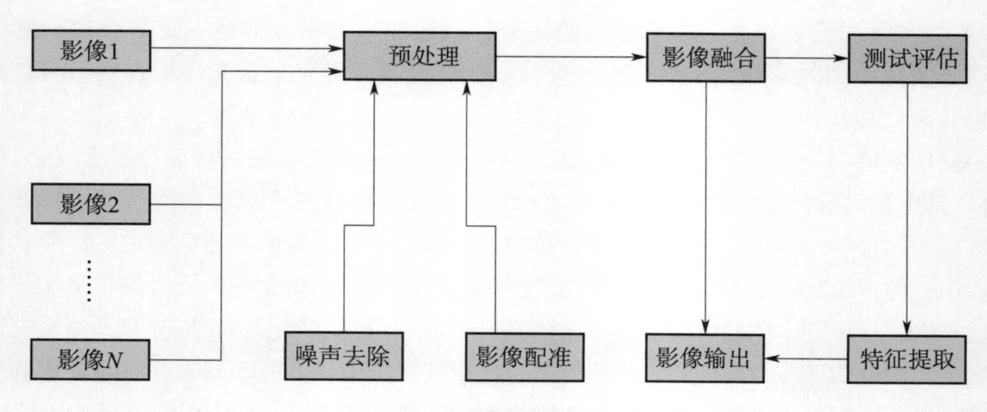

图 8.7　影像融合基本流程

（1）预处理

主要包括图像增强、噪声滤波处理等，消除图像中的随机噪声、几何畸变等因素。其中图像配准是关键环节，由于不同传感器的成像机理不同，获取图像的时间、角度、环境也不同，使得待进行融合的多传感器图像必须先进行图像配准。一般认为，进行图像融合前被融合的图像已经完成配准处理，配准精度为像元级甚至是亚像元级，达到相应的处理要求。

（2）影像融合模型

由于应用目的不同、采用的变换和处理算法不同，形成了各式各样的多源遥感数据融合方法，因此主要从处理模型的角度进行归纳，提出了通用遥感影像融合模型与框架，为各类融合方法提供了通用的数学模型，使融合算法的设计更加灵活。近年来，形成了以下几种主要的遥感影像融合模型：分量替换融合模型（Component Substitution，COS）（Shettigara，1992），基于多分辨率分析的多分辨率融合的理论框架（ARSIS）　（Ranchin，2000），以及从遥感影像成像方程出发提出的通用融合模型（General Image Fusion，GIF）。下面重点介绍统一理论框架（UTF）。

通过对 COS 模型和 GIF 模型的数学形式总结（窦闻，2006），去除了模型内部包含的具体物理假设并加以抽象，建立了 UTF 模型。

$$\mathrm{HMS}(i,j) = \mathrm{LMS}(i,j) + W(i,j)\delta(i,j) \tag{8.2}$$

式中，HMS（i，j）为 HMS 在位置（i，j）上的记录值，LMS（i，j）为 LMS 在位置（i，j）的记录值；W（i，j）为相应位置的空间细节调制函数，可以由全局统计的方法得到，也可由局部统计的方式得到；δ（i，j）为空间细节信息，是 HRP 与 LRP 的差值，LRP 可以由 HRP 估计得到，也可以由 LMS 通过变换的方法得到（王忠武，2009）。

UTF 中没有指定各变量具体表达式，使其能概括绝大部分 Pan－Sharpen（用“全色影像- panchromatic”来“增强- sharpen”多光谱影像）融合算法。常用方法在 UTF 模型中的表达式如表 8.2 所示。

表 8.2　常用方法在 UTF 模型中的表达式

融合方法	调制参数	空间细节	备注
IHS 融合（圆柱体模型）	$w_i=1$	$\delta=\mathrm{HRP}'-\mathrm{LRP}$	$\mathrm{LRP}=\frac{1}{K}\sum_{i=1}^{K}\mathrm{LMS}_i$
Brovey 融合	$w_i=\frac{\mathrm{LMS}_i}{\mathrm{LRP}}$	$\delta=\mathrm{HRP}'-\mathrm{LRP}$	$\mathrm{LRP}=\frac{1}{K}\sum_{i=1}^{K}\mathrm{LMS}_i$
PCA 融合	$w_i=\rho(\mathrm{LMS}_i,\mathrm{LRP})\frac{\sigma(\mathrm{LMS}_i)}{\sigma(\mathrm{LRP})}$	$\delta=\mathrm{HRP}'-\mathrm{LRP}$	$\mathrm{LRP}=PC_1$
GS 融合	$w_i=\rho(\mathrm{LMS}_i,\mathrm{LRP})\frac{\sigma(\mathrm{LMS}_i)}{\sigma(\mathrm{LRP})}$	$\delta=\mathrm{HRP}'-\mathrm{LRP}$	$\mathrm{LRP}=GS_1$
HP 融合	$w_i=1$	$\delta=w_h$	w_h 为 HRP 经 HP 后的高频
HPM 融合	$w_i=\frac{\mathrm{LMS}_i}{\mathrm{LRP}}$	$\delta=w_h$	w_h 为 HRP 经 HP 后的高频
WT 融合（加法模型）	$w_i=1$	$\delta=w_h$	w_h 为 HRP 经 WT 后的高频

（3）融合策略选择

数据源的选择一定程度上影响到融合层次的选择，从而也影响到融合预处理的复杂程度。比如，选用红外与可见光传感器，融合可以根据需要在像素级、特征级和决策级 3 个层次上进行。而选择雷达与可见光传感器，则几乎不可能在像素级融合。像素级融合的精度最高，但却要求数据的精确配准，包括时间配准和空间配准精度相应提高，而数据的准确配准是很困难的，并且像素级融合的数据量和计算量也很大；若选择特征级和决策级融合，则对数据配准的要求就低得多。因此，在传感器选择、融合层次选择及融合预处理等方面要折中考虑。

虽然像素级含有的信息最为丰富，但在像素级融合中所要处理的数据通常含有大量的噪声。相反，特征级和决策级融合虽然在融合过程中损失了不少信息，但是它们也大大地降低了噪声对系统性能的影响。实际上不论在哪个级别进行融合都会损失信息，这些损失将使信息的各种统计特性有所改变，如信噪比等。特征级融合适用于只有某些地物或特征感兴趣、SAR 影像纹理特征与光学影像的融合、与其他非成像信息的融合等情况。总体来说，从最优融合的观点来看，在融合过程中应充分利用各级融合的优点，提高处理效率和实用效果。

（4）融合质量评价

目前，图像融合的质量评价方法主要分为两类，即定性评价方法和定量评价方法，又称为主观评价方法和客观评价方法。

定性评价方法将可能的用户作为观测者，在严格控制的条件下，按照某种标准，由观察者的主观感觉和统计结果对融合图像的优劣给出主观定性评价。这种方法直观、可靠，但是评价机制依赖于视觉、心理等多种因素，很难重复和验证。虽然该方法存在以上缺点，但是限于目前对融合质量的定量评价方法还没有达成共识，采用定性质量评价也具有可行性。

定量评价方法通过制定一些数学指标，来衡量融合图像的质量。该方法意义明确，可重复验证，自动化程度高。根据计算评价指标时是否需要参考图像，将定量评价指标分为两大类：需要参考图像的评价指标和不需要参考图像的评价指标。

8.2.2.3 像素级影像融合方法及应用

像素级融合是指经过适当的变换，直接利用原始影像进行的融合。它主要是针对原始影像进行的，属于最低层次的融合。它的目的主要是为人工判读或计算机自动识别等进一步的特征提取提供更佳的影像信息。目前，像素级融合是三级融合层次中研究最为成熟的一级，已经形成了多种常用的融合算法。

（1）彩色域融合方法

为了使用人的视觉特性以降低数据量，通常把 RGB 空间表示的彩色图像变换到其他彩色空间。彩色域融合方法是一种线性的图像融合方法，它们保持和全色图像一致的空间分辨率，但是失去了谱特征。具体方法包括 HIS 变换图像融合，可以实现不同空间分辨率的遥感图像之间的几何信息的叠加，其最大特点是保留了图像的高频信息，但同时会出现不同程度的色调和饱和度的失真；基于 Brovey 算法图像融合，可以保留每个像素的相关谱特性，并且将所有的亮度图像变换成高分辨率全色图像，但其缺点在于融合后的图像出现饱和度的改变，这一点与 HIS 变换融合算法类似。

（2）基于变换的融合方法

基于变换的融合方法主要包括 3 类，一是 PCA 变换图像融合，与 HIS 等彩色域变换方法相比，其融合的空间特性失真是最小的，可以保留更多的空间细节信息，同时饱和度的失真也大为降低；二是基于 GramSchmidt（GS）变换的遥感影像融合，与主成分变换相比，GS 变换产生的各个分量只是正交，各分量的信息量没有明显区别，其变换前后的第一分量没有变化；三是基于小波变换的融合方法，其变焦性、信息保持性和小波基选择灵活性等优点，非常适合将小波分析引入遥感数据融合，国内外对此进行了大量的研究并取得了丰硕的成果。

（3）基于数值计算的融合方法

基于数值计算的融合方法主要包括：加权（灰度调制）融合，其优点是简单直观，适合实时处理，但它是以对结果的估计为基础的，并且没有采用任何实际的上下文关系，简单的叠加会使合成图像的信噪比降低，当融合图像的灰度差异很大时，就会出现明显的拼接痕，这是它最大的缺陷；回归方法融合，由于全局的相关度很低，回归技术并不适合近红外波段，但是局部的使用可以大大提高融合效果；SFIM 融合，是一种在保持影像光谱特性的同时又能提高融合影像空间分辨率的融合方法，能够准确利用源图像的互补特征，将空间细节信息合理、有效地调制到已配准的多光谱影像中，且不改变其光谱特性与对比度。

（4）基于滤波的融合方法

基于滤波的融合方法主要包括：高通滤波融合，是将高分辨率图像中的边缘信息提取出来加入到低分辨率高光谱图像中的一种融合方法，其局限之处在于低分辨多光谱波段和高分辨率全色波段存在较弱的相关关系，产生虚假的图像边缘；形态学滤波融合，将统计的思想与形态滤波相结合，估计图像包含的有用信息，噪声抑制效果较好，常采用灰度形态学中 Top - hat 滤波算子。

（5）其他融合方法

通过以上算法的分析，每种融合算法各有利弊，将多种融合方法进行组合可以形成组合的融合算法，以提高融合的效果。实验证明这种方法是有效的，如基于小波变换与 HIS 变换的图像融合算法、基于小波变换与 PCA 变换的图像融合算法等。

同时，为了避免颜色失真和依赖操作员知识经验的问题（Zhang Y，2005），可以基于最小二乘法来最佳近似原始多光谱、全色数据与融合后多光谱、全色数据之间的灰度值关系，获得颜色高保真性的结果。采用了统计方法用来解决融合过程的标准化和自动化问题。

8.2.2.4　特征级影像融合方法及应用

特征级影像融合，是先对各个传感器影像的原始信息进行特征提取，然后对其进行综合分析和融合处理。此种融合方式需要首先从原始影像中提取与研究对象相关的特征，如光谱特征和空间特征，然后将获得的特征影像通过统计模型或人工神经网络等算法进行融合。通过特征级影像融合不仅可以增加从影像中提取特征信息的可能性，而且还可以获取一些有用的复合特征。特征级影像融合的基本过程如图 8.8 所示。

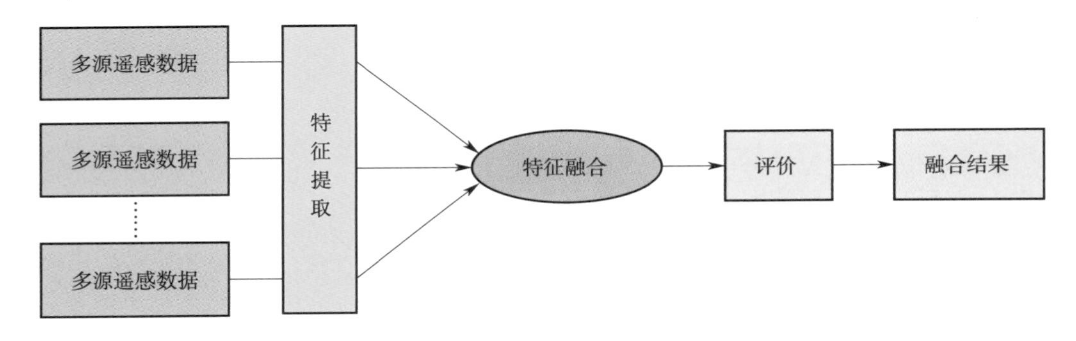

图 8.8　特征级影像融合的基本过程

特征级影像融合的关键就是特征选择与特征提取。从影像像素信息中抽象、提取出来的并用于融合的典型特征信息有边缘、角、纹理、相似亮度区域、相似景深区域等。当在特定环境下的特定区域内，多传感器影像均具有相似的特征时，说明这些特征实际存在的可能性极大，同时对该特征的检测精度也可大大提高。融合处理后得到的特征可能是各影像特征的综合，也可能是一种全新的特征。特征级的优点在于可实现可观的信息压缩，有利于实施处理，并且由于所提取的特征信息直接与决策分析有关，因而融合的结果能最大限度地给出决策分析所需要的特征信息。特征级融合可分为目标状态信息融合和目标特征信息融合两大类。特征级影像融合的方法主要有卡尔曼滤波算法、Dempster - Shafer 方法、相关聚类法、神经网络法、联合概率数据关联法等融合算法。

8.2.2.5　决策级影像融合方法及应用

决策级影像融合属于高层次的融合，可理解为先对每个数据源进行各自的决策以后，再将来自各个数据源的信息进行融合的过程。即首先对每个传感器获得的数据进行预处理、特征提取、识别和判决后，做出独立的属性或决策说明，然后对这些属性说明进行融合处理，最终产生一个全局最优的属性或决策说明。其融合过程如图 8.9 所示。

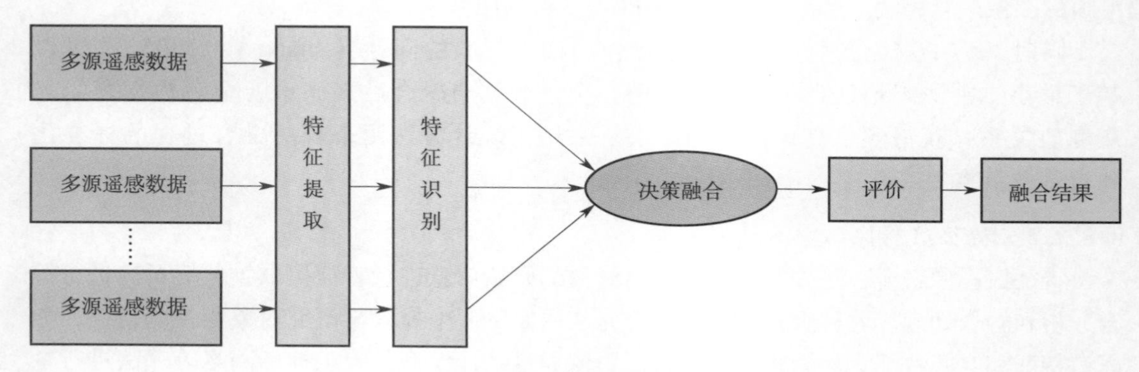

图 8.9　决策级影像融合的基本过程

决策级影像融合最直接的体现就是经过决策层融合的结果可以直接作为决策要素来做出相应的行为，以及直接为决策者提供决策参考。决策级影像融合的主要优点是：具有很高的灵活性；系统对信息传输带宽要求较低；能有效地反映环境或目标各个侧面的不同类型信息；当一个或几个传感器出现错误时，通过适当的融合，系统还能获得正确的结果，所以具有容错性；通信量小，抗干扰能力强；对传感器的依赖性小，传感器可以是同质的，也可以是异质的。决策级影像融合的方法主要有 Bayes 估计法、D－S 证据理论（Dempster Shafer）、神经网络法、专家知识法、模糊逻辑法等（Belur，2004）。

8.2.2.6　GIS 与影像融合方法及应用

地理信息系统（Geographic Information Systems，GIS）已经成为分析和处理海量地理数据的通用技术，包含有大量的边界、道路、图斑、建筑区划等点、线、面组成的 GIS 矢量数据，通常作为背景信息或基础知识入库、归档管理。利用基础 GIS 数据库，我们可以知道在该地区存在的感兴趣的观测目标，如重要工程设施、救灾路线等，如果实现 GIS 信息与遥感影像数据的有效融合，可在减灾救灾中发挥重要和关键性的作用。

首先根据任务需求进行任务分析和典型目标的确定，并且在 GIS 数据库的支持下，选择多源数据的数据源和热点地区；然后，选择对应区域内的多源数据进行融合处理，根据对各类任务目标的基本特性（包括几何、光谱、环境特性等）的定性、定量描述来指导多源信息特征级融合的特征选择和决策级融合的目标识别；最后，经过判读解译可以进行决策级数据融合和目标识别及态势估计。其主要流程框图如图 8.10 所示。

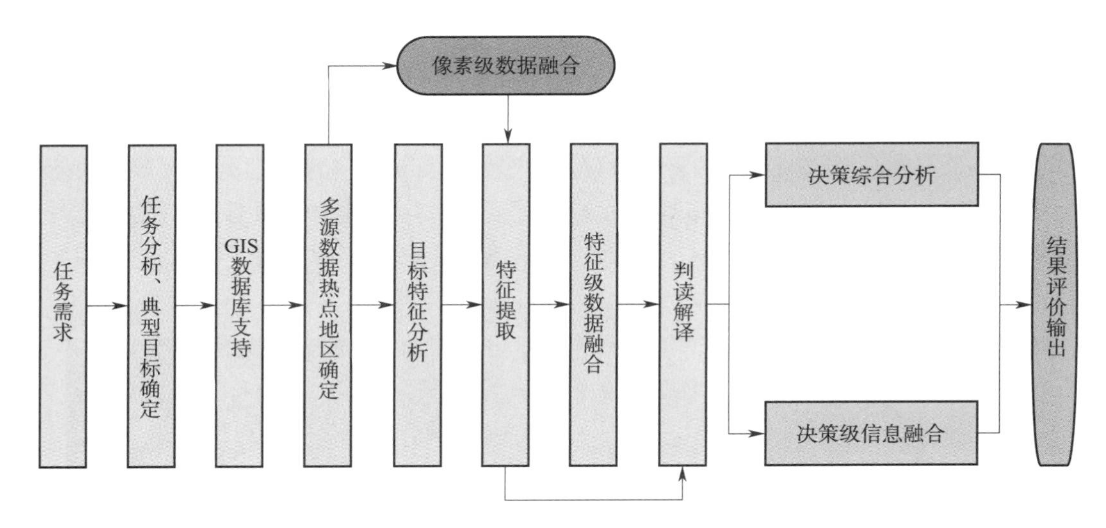

图8.10　GIS辅助热点区域确定的多源信息融合流程

8.3　灾害信息快速提取技术

灾害信息提取的目的是从遥感图像中提取出灾害发生区域，其本质是将遥感图像中的背景信息与灾害信息进行分离。其方法主要有目视解译和计算机解译两类。

8.3.1　基本原理

8.3.1.1　目视解译

目视解译又称目视判读，或目视判译，是指专业人员通过直接观察或借助辅助判读仪器在遥感图像上获取特定目标地物信息的过程，是专业人员利用遥感影像的波谱特征（即色调或色彩）和空间特征（包括形状、大小、阴影、纹理、图形、位置和布局），与多种非遥感信息资料（如地形图、各种专题图）组合，运用其相关规律，进行由此及彼、由表及里、去伪存真的综合分析和逻辑推理的思维过程。常用的目视解译方法有：

1）直接判读法。使用的直接判读标志有色调/色彩、大小、形状、阴影、纹理、图案等。

2）对比分析法。同类地物对比分析、空间对比分析、时相动态对比法。

3）信息复合法。利用透明专题图或透明地形图与遥感图像复合，根据专题图或者地形图提供的多种辅助信息，识别遥感图像上目标地物的方法。

4）综合推理法。综合考虑遥感图像多种解译特征，结合生活常识，分析、推断某种目标地物的方法。

5）地理相关分析法。根据地理环境中各种地理要素之间的相互依存，相互制约的关系，借助专业知识，分析推断某种地理要素性质、类型、状况与分布的方法。

遥感图像目视解译的主要步骤如下：

第一步，目视解译准备阶段。判读人员培训、资料搜集，了解图像来源、性质和质量。

第二步，初步解译与判读区的野外考察。初步建立目视解译标志，为全面解译奠定基础；通过野外考察填写各种地物的判读标志登记表，以作为建立地区性的判读标志的依据。在此基础上，制定出影像判读的专题分类系统，建立遥感影像解译标志，示例如图 8.11 所示。

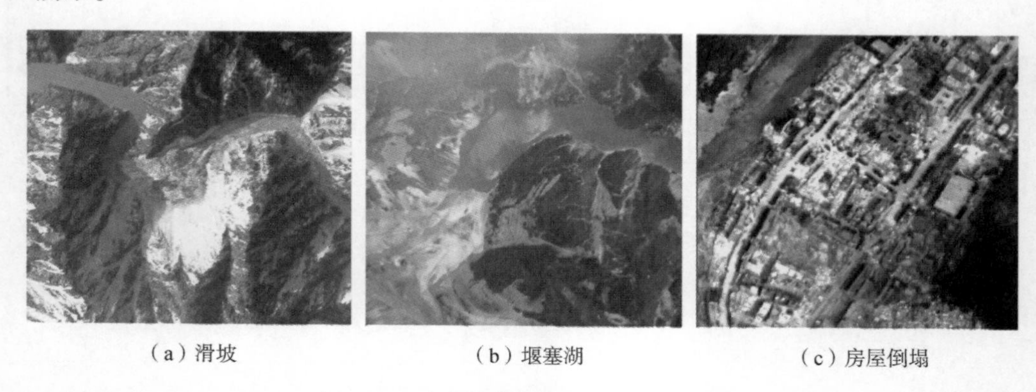

（a）滑坡　　（b）堰塞湖　　（c）房屋倒塌

图 8.11　灾害影像解译标志图（示例）

第三步，室内详细判读。根据解译标志，在遥感图像中解译出分类信息（见图 8.12）。

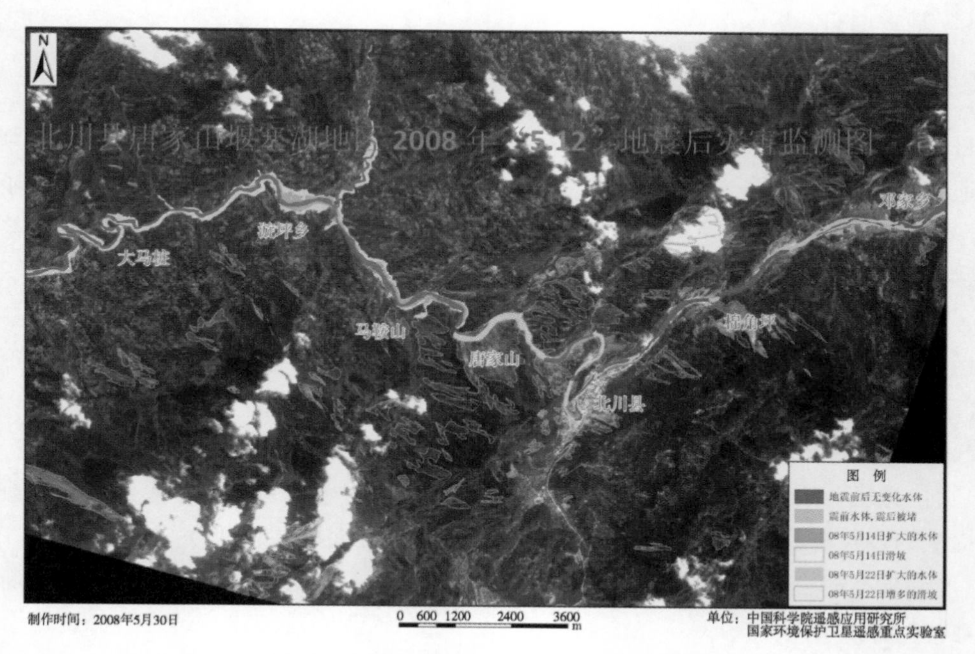

图 8.12　目视解译结果图（滑坡、堰塞湖）

第四步，野外验证与补判。野外验证检验专题解译中图斑的内容是否正确；检验解译标志；对室内判读中遗留的疑难问题的再次解译。

目视解译灾害识别方法充分利用了判读者的知识、经验，比计算机的判断更为准确，提取灾害信息的精确度较高，是遥感图像解译最基本的方法，也是当前灾害监测与灾情粗评估的主要方法。其缺点是对判读者的综合能力要求很高，必须是有经验的专家；效率低，速度慢；当数据量很大时会很费时费力，很难满足自然灾害应急决策的时效性要求。

8.3.1.2　计算机解译

遥感图像计算机解译又称遥感图像理解，是以遥感数字图像为研究对象，在计算机系统支持下综合运用地学分析、遥感图像处理、地理信息系统、模式识别与人工智能技术，实现地学专题信息的智能化获取。遥感图像计算机解译主要指图像自动分类、参数反演和数字图像变化检测。

（1）图像自动分类

图像自动分类方法是遥感图像信息提取比较成熟的技术，包括监督分类和非监督分类的两大类方法，通过这些方法可以实现对遥感图像上不同地物的类别划分，如灾害信息与非灾害信息的类别划分等。对于不同的图像和不同的分类目标，最佳的图像分类方法可能不同，可以通过试验比较进行优选。

监督分类用于在数据集中根据用户定义的训练样本类别聚集像元。监督分类的具体计算方法包括二进制编码法、平行六面体法、最小距离法、马氏距离法、最大似然法、波谱角（SAM）法和支持向量机（SVM）法等。

非监督分类法是在没有先验类别（训练区）作为样本的条件下，仅依靠影像上不同类地物光谱信息（或纹理信息）进行特征提取，再统计特征的差别来达到分类的目的，最后对已分出的各个类别的实际属性进行确认的方法。非监督分类主要采用聚类分析方法，即把一组像素按照相似性归成若干类别，使得属于同一类别的像素之间的距离尽可能的小，而不同类别上的像素间的距离尽可能的大。其常用算法有多级集群法（K－Means）、动态聚类法（ISODATA 法等）。

无论是监督分类还是非监督分类，都是依据地物在各波段的灰度数据的统计特征进行分类的。由于遥感数据的空间分辨率的限制，一般图像的像元很多是混合像元，带有混合光谱信息的特点，致使计算机分类面临着诸多模糊对象，不能确定其究竟属于哪一类地物。而且，同物异谱和异物同谱的现象普遍存在，也会导致误分、漏分，因此人们不断尝试新方法来加以改善。新方法主要有决策树分类法、人工神经网络分类法、面向对象分类法、专家系统分类法等。近年来的研究大多将传统方法与新方法加以结合，即在非监督分类和监督分类的基础上，运用新方法来改进，减少错分和漏分情况，不同程度地提高了分类精度。

①决策树分类

决策树分类器（Decision tree classification frame）以分层分类思想作为指导原则。分层分类的思想是针对各类地物不同的信息特点，将其按照一定的原则进行层层分解。在每一层的分解过程中，可以根据不同的子区特征及经验知识，选择不同的波段或波段组合来进行分类（刘礼 等，2007）。

②人工神经网络分类

人工神经网络（ANN）分类是通过对人脑神经系统结构和功能的模拟，建立一种简化的人脑数学模型（张蓬涛 等，2007）。它不需要任何关于统计分布的先验知识，不需要预定义分类中各个数据源的先验权值，可以处理不规则的复杂数据，且易与辅助信息结合。与传统分类方法相比，ANN 分类方法一般可获得更高精度的分类结果，特别是对于复杂类型的土地覆盖分类，该方法显示了其优越性（杜灵通，2007）。

③面向对象分类

随着遥感数据获取技术的发展，遥感影像的空间分辨率已从过去的千米级数据发展到现在的厘米级数据。高分辨率遥感影像提供了比中低分辨率遥感影像更多的信息（如纹理、形状、拓扑等），结合这些信息可以更好地将地物区分开来。但其光谱统计特性不如中低分辨率影像稳定，类内光谱差异较大，传统的基于像元的分类方法往往不能获得令人满意的结果。面向对象分类方法是一种专门针对高空间分辨率遥感图像处理与信息提取的方法（Blaschke，2010；Timothy et al，2011），通过图像分割将像元组合成图像对象，可以利用图像对象的形状、纹理和上下文等多种附加信息，在地质灾害检测中已经得到了一些应用（Martin et al，2005；Martha et al，2012）。

④专家系统分类

传统的统计分类方法和 ANN 分类方法由于缺乏地学知识的支持，难以反映一些特殊类型的地学分布。因此，一些学者尝试利用地学知识并将其形式化、知识化、逻辑推理进行信息判别或用计算机模拟地学专家对遥感影像进行综合地学解译和决策分析，进而出现了专家系统在遥感图分类中的广泛应用。遥感图像解译专家系统是模式识别与人工智能技术相结合的产物。应用人工智能技术，运用解译专家的经验和方法，模拟遥感图像目视解译的具体思维过程，进行图像解译。专家系统分类的关键是知识的发现和推理技术的运用。目前在知识发现方面，主要是基于图像的光谱知识、辅助数据和上下文信息等（刘艳芬 等，2010）。

（2）参数反演

参数反演属于定量遥感的范畴。定量遥感是利用遥感传感器获取的地表地物的电磁波信息，在先验知识和计算机系统支持下，定量获取观测目标参量或特性的方法与技术。它强调通过数学的或物理的模型将遥感信息与观测地表目标参量联系起来，定量地反演或推算出某些地学目标参量。参数反演问题就是根据观测信息和前向物理模型，求解或推算描述地面实况的应用参数或目标参数，这是遥感应用的本质（赵英时，2003）。

对于干旱、植物病虫害等灾害信息，无法通过目视解译或自动分类的方法进行提取，然而遥感数据可以反演的某些定量参数对这些信息有所反映。以东亚飞蝗灾害为例，地表植被作为东亚飞蝗的食物、能量来源和栖息地，也是东亚飞蝗暴发后最直接的受害者，可以将其作为东亚飞蝗暴发的指示物进行监测（吴彤 等，2006）。通过监测对飞蝗影响敏感的植被特征参数的变化，能较为准确地反映飞蝗的发生情况。

地表温度、植被覆盖度等地表生物物理参数，是全球物质能量循环、气候变化、能量平衡的重要影响因素，也是人类研究地－气相互作用、地球各圈层之间物质能量流动机制的重要基本参数。地表温度对地表能量平衡、辐射平衡、地表蒸散发等具有重要的意义，在森林火灾监测、热污染、军事等领域得到了广泛应用。各国学者利用各种遥感数据了进行大量研究，相继提出了很多地表温度的反演算法，主要有单窗算法、劈窗算法、多角度算法等（孟鹏 等，2012）。植被覆盖度对区域乃至全球环境变化、碳循环、地－气水热交换、地表蒸散发等有重要的影响，同时，植被覆盖度是衡量地表植被状况的一个最重要的指标，是影响土壤侵蚀与水土流失的主要因子，很多遥感应用模型，例如地表蒸散模型、植被长势监测模型等都需要依赖该参数或相关植被参数（如植被指数、叶面积指数等）（邢著荣 等，2009）。

（3）数字图像变化检测

变化检测是在不同时间观察一个对象并判断其状态有无变化的过程。利用遥感图像进行变化检测的目的是利用不同时相的遥感图像从中发现地表不同时域的光谱或土地覆盖变化信息。变化检测对于评价不同环境下的地表景观、土地利用、光谱变化等都是一种非常有价值的评价技术。与目视判读相比，数字图像变化检测可以节省费用、减少人力的投入、提高效率，而且通过变化检测可以识别变化的面积和趋势、测量变化的范围和大小、评价变化所带来的影响、减轻或预防变化将产生的危害等。数字图像变化检测方法大体归结为图像显示技术、图像代数运算和基于图像分类的方法三大类。

①图像显示技术

利用图像显示技术进行变化检测的具体方法如下：

1）人工目视解译，多图像叠加卷帘显示分析。图 8.13 为 2011 年日本“3.11”海啸地震前后卫星遥感对比。

灾前　　灾后

图 8.13　2011 年日本“3.11”海啸地震前后卫星遥感对比

2）不同时相波段彩色合成，将三个不同时相的同一波段分别显示为R、G、B，没有变化的信息用灰色显示，变化区域用彩色显示；或者取两个不同时相图像的三个波段进行彩色合成，颜色异常区为变化区域。

3）影像融合法，先融合旧的多光谱影像及全色波段影像，将融合后的影像分解为红、绿、蓝三个波段，再用新的全色波段代替融合影像的红波段，生成新的影像。

基于图像显示技术的变化检测方法的结果对变化的视觉表达效果较好，但缺乏定量的描述，对变化的性质也无法分辨。

②图像代数运算

图像代数运算变化检测具体方法如下：

1）图像差值、比值法，通过不同时期的单波段图像相减或比值运算来获得变化（参见图8.14）。该方法运算简单，但受大气变化影响较大。

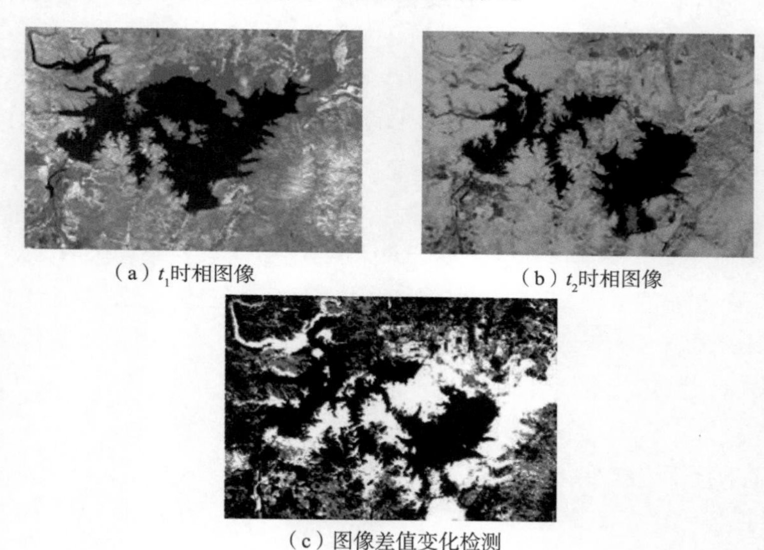

（a）t_1时相图像　（b）t_2时相图像

（c）图像差值变化检测

图8.14　图像代数运算变化检测（水体变化）

2）相关系数法，计算多时相图像中对应像素灰度的相关系数，结果代表了两个时相图像中对应像素的相关性。该方法用于城区航空影像中人工地物变化检测有效、可靠，往往比一些复杂方法效果好。

3）植被指数法，计算不同时相的NDVI值，然后将后期影像和前期影像的NDVI值相减，差值不为0的像元就有可能是变化的像元。同时利用了近红外波段与红波段的信息，对植被变化信息的检测是行之有效的。

4）主成分分析法，对不同时相的影像合成进行主成分分析，第二主成分反映变化信息，其优缺点类似于多时相直接分类法，变化性质不易确定。

图像代数运算变化检测方法操作简单，检测速度高；对变化比较敏感，可以避免分类过程所导致的误差。其缺点在于：由于存在同谱异物和同物异谱现象，容易产生虚假变化；变化性质的确定是一个难点；对图像预处理的精度要求很高，需要选取成像时间尽可能接近的图像以消除物候变化因素的影响，需要进行辐射校正以消除不同大气条件及不同太阳高度角带来的影响。

③基于图像分类的方法

基于图像分类的变化检测方法主要包括：

1）分类后比较，是目前最常用的定量变化监测方法。其步骤为：不同时相的图像配准→各自通过相同的分类算法分类→分类结果逐像元对比→生成变化检测矩阵。该方法对辐射纠正要求相对较低，适用于不同传感器、不同季相的数据的比较，受影像匹配和时域标准化结果的影响小，可以获得变化的数量、类型和位置信息；但所使用的分类器对变化检测结果精度的影响很大，如图 8. 15 和图 8. 16 所示。

2006年福卫二号全色与多光谱融合图像

航空ADS40彩色图像

分类后比较结果

直接多时相分类提取的变化结果

图 8. 15　基于分类的变化检测示例（马国锐 等，2011）

2）多时相直接分类法，将多时相遥感数据进行合并，然后对图像进行监督或非监督分类。该方法可直接反映变化的数量；不足之处在于采用监督分类时不同变化组合训练区的选区是比较困难的，采用非监督分类时变化的性质不易确定。

8. 3. 2　常用灾害信息快速提取方法

根据灾害类型及数据获取情况的不同，灾害信息快速提取所用的技术方法有所区别。根据灾害类型的不同，可以分为基于目视解译的方法、基于计算机分类的方法和基于参数反演的方法；根据数据获取情况的不同，可以分为类型判定方法、阈值分割方法和变化检测方法。在实际应用中，可根据具体情况对这些方法进行组合。

8. 3. 2. 1　目视解译方法

对于地震、地质灾害等通过类别划分进行信息提取的灾害，当在遥感图像上易于通过目视确定灾害类型和边界，且目视解译时效上可以满足应急需求时，可在遥感图像彩色合成与色彩增强等预处理基础上，采用人工交互方式目视解译获灾害区域范围和灾害类型。图 8. 17 是在福卫二号遥感图像假彩色合成图像上，通过目视解译得到的汶川地震后的大型滑坡分布及其对河道水体的影响。

2002年Quickbird多光谱图像

2005年Quickbird多光谱图像

2002年Quickbird图像分类结果

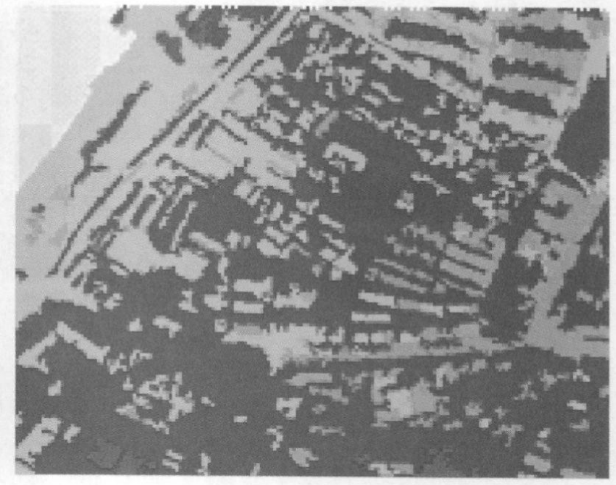

2005年Quickbird图像分类结果

变化检测结果（白色为发生变化的区域）

图 8.16　分类后变化检测方法示例

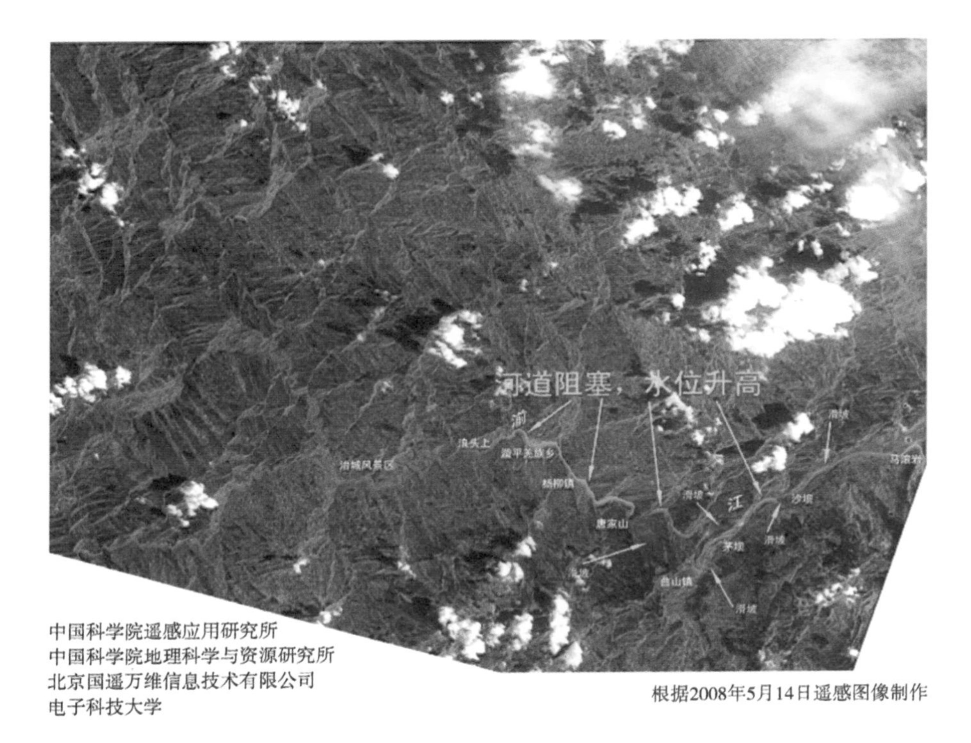

图 8.17　四川省北川县湔江沿岸“5.12”地震引起的大型滑坡分布

8.3.2.2　计算机自动分类方法

对于通过类别划分进行信息提取的灾害，在仅有灾后遥感影像的情况下，一般可以采用图像自动分类与目视解译相结合的方法，即采用图像分类等方法识别灾害信息，而后结合人工目视解译对灾害的具体类型进行划分。以地质灾害为例，其信息快速提取的具体流程如图 8.18 所示。

灾害发生区域（如滑坡区域）的地物光谱一般与其他地物差别较大，用非监督分类方法可以很好的区分，故采用 ISODATA（迭代自组织数据分析）非监督分类方法完成灾害信息提取。

在图像分类完成后会留下很多类别碎片，为了增加分类结果的可读性，使分类结果更具有实际意义，需要对分类结果进行后处理，将较大类别中的虚假像元归类到该类中。

非监督分类不能事先选择类别的训练样本，这使得分类结果中的类别无法自动确定，需要人工指定各类别的地物类型。其目的是提取灾害信息，因此只需人工将其中的灾害类别确定出来即可，其他类别均作为非灾害信息（即背景）。图 8.19 为基于 QuickBird 图像的地质灾害信息提取结果，其中白色区域为地质灾害，黑色区域为背景。

因崩塌、滑坡、泥石流等地质灾害的地物光谱特征很相似，图像分类将这些次生灾害作为同一个类别从背景地物中分出。为了进一步确定各类别地质灾害的位置、规模等信息，需要通过人工目视解译将它们区分开来。

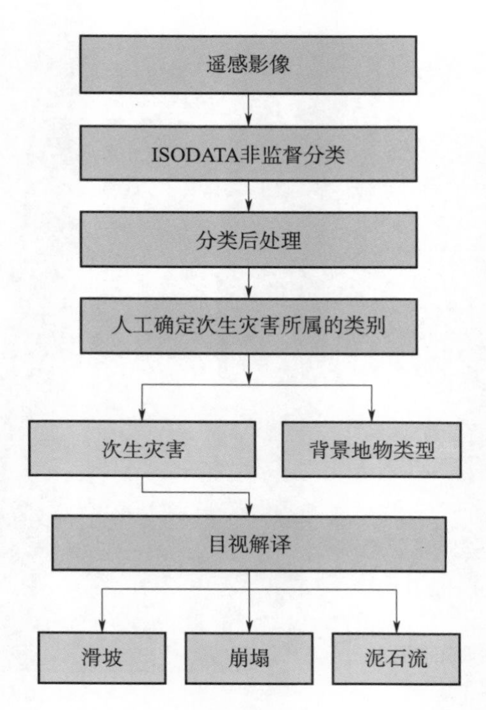

图 8.18　自动分类与目视解译结合的地质灾害信息提取流程

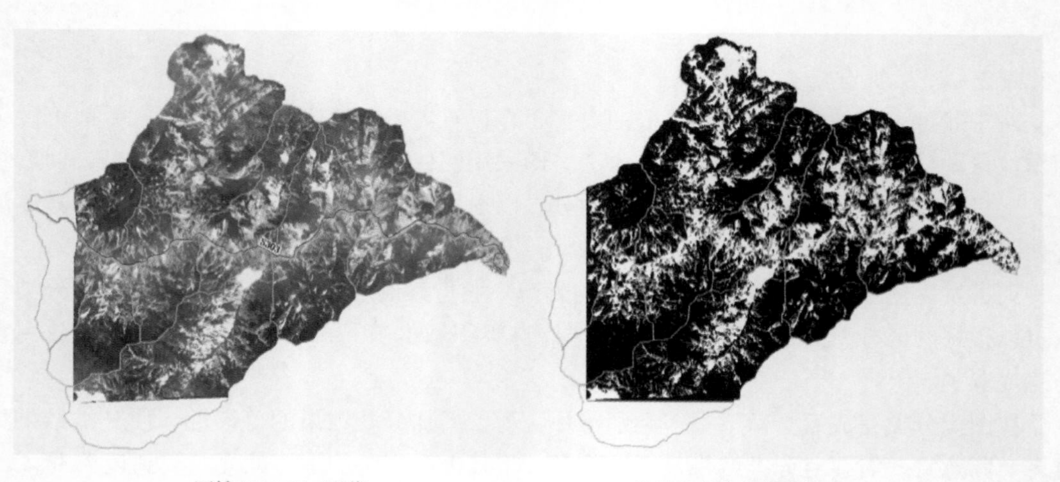

图 8.19　基于 QuickBird 图像的灾害信息提取结果

8.3.2.3　计算机自动分类变化检测方法

在获得灾后遥感影像和近期灾前遥感影像数据的情况下，可以根据灾害发生前后两期影像内容的变化，分析找出影像中的灾害区域。一般步骤如下，其实质是分类后比较变化检测。

（1）灾害区域与非灾害区域影像光谱特征分析

遥感是根据电磁波不同光谱波段对同一地物的具有特定的反射和吸收能力，而不同地物对同一电磁波波段具有不同的反射和吸收特性的原理成像的。因此在同一遥感影像的同一波段图像中不同地物具有相同或不同的光谱特征（表现为像素值的变化）。通过灾害区域与非灾害区域（即背景）的遥感影像光谱特征分析，可以得到影像中灾害区域的光谱特征与背景地物的光谱特征差异，当然，也可能存在某些背景地物与灾害区域光谱特征极为相似，我们将这些背景地物称为“易混淆地物”。

（2）灾前影像易混淆地物提取

当影像中存在易混淆地物时，利用灾前遥感影像提取出易混淆地物，可采用自动分类等方法，生成二值化图像一（易混淆地物为1，其他为0）。

（3）灾后影像灾害区域与易混淆地物提取

利用灾后遥感影像提取出灾害区域和易混淆地物，因二者光谱特征相似，提取结果中二者难以区分开来，故二者作为同一类别，生成二值化图像二（灾害和易混淆地物为1，其他为0）。

（4）灾前灾后变化检测

利用图像一与图像二进行差值运算，提取出灾害信息图像（灾害为1，其他为0）。

采用地震前 FORMORSAT－2 多光谱（8m）影像和震后 SPOT5 全色（2.5m）影像，进行公路相关地质灾害信息提取试验。为了提高处理速度和信息提取的精度，选择道路两侧 1km 范围的缓冲区（通常 1km 范围内可将所有直接危害公路的地震次生地质灾害包含进来）作为实验区。方法试验过程及结果如图 8.20 所示。

当然，在获得灾前灾后遥感影像情况下，可也可以直接通过两期影像的代数运算变化检测方法实现灾害信息的提取，但其中可能混杂了一些非灾害引起的图像变化信息。

8.3.2.4　*参数反演阈值分割方法*

对于干旱、植物病虫害等难以通过目视解译或图像自动分类方法进行信息提取的灾害类型，可以通过能够直接或间接反映其灾害特性的参数的反演及其阈值分割实现灾害信息的提取。

以农业干旱为例，由于从植被指数反演出的地表绿度与植物的生长状态及其密度密切相关，因此，植被指数可用于监测对作物生长不利的环境条件，尤其是对在干旱环境的监测。距平植被指数（Anomaly Vegetation Index，AVI）（$AVI = NDVI_i - \overline{NDVI}$）作为监测干旱的一种方法，以某一地点某一时期多年的 NDVI 平均值为背景值，用当年该时期的 NDVI 值减去背景值，即可计算出 AVI 的变化范围，即 NDVI 的正、负距平值。正距平反映植被生长较一般年份好，负距平表示植被生长较一般年份差。一般而言，距平植被指数为 $-0.1 \sim -0.2$ 表示旱情出现，$-0.3 \sim -0.6$ 表示旱情严重。另外，植物冠层温度升高是植物受到水分胁迫和干旱发生的最初表征。因此，土地表面温度也可用于干旱监测（参见图 8.21 和图 8.22）。

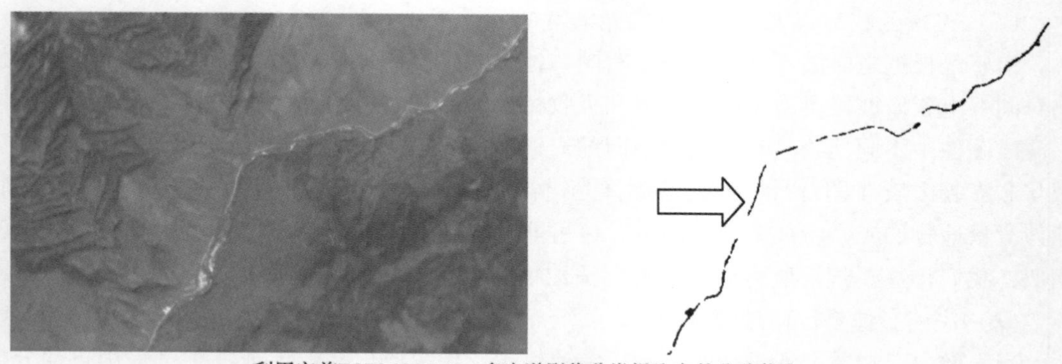

利用灾前FORMORSAT-2多光谱影像分类提取灾前公路信息

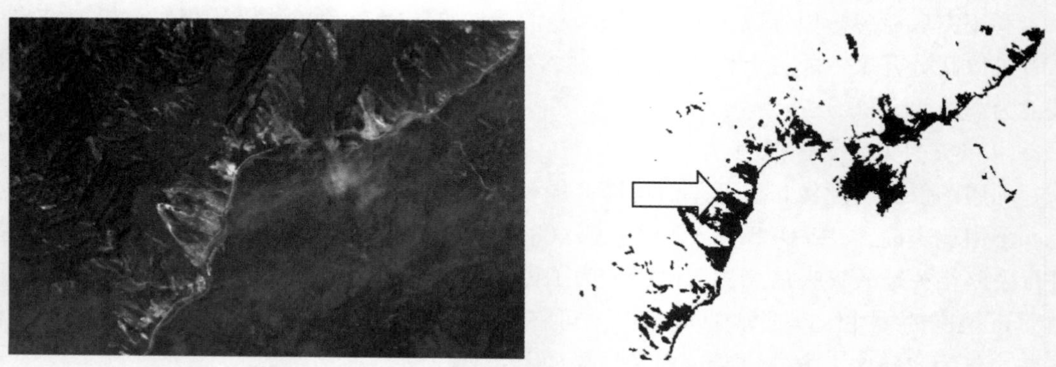

利用灾后SPOT5全色影像二值化分割提取公路和灾害信息

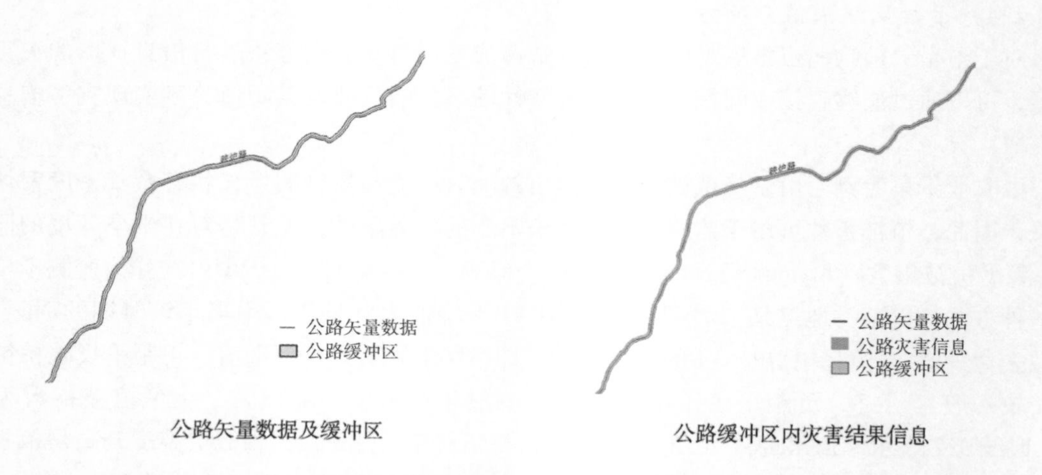

公路矢量数据及缓冲区　　　　公路缓冲区内灾害结果信息

图 8.20　利用灾前灾后影像进行公路相关灾害信息快速提取的方法实验

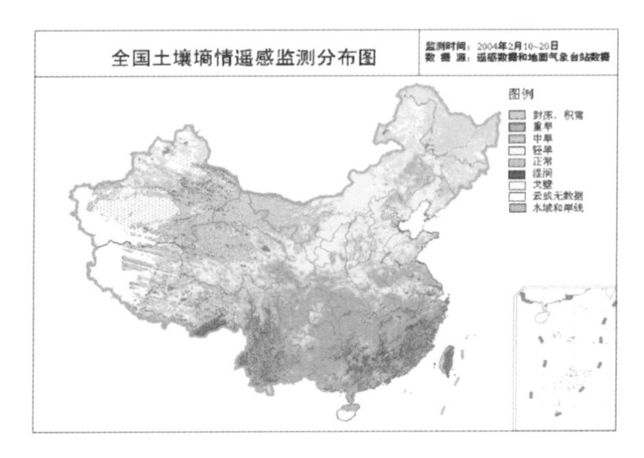

图 8.21　全国土壤墒情遥感监测图
（农业部遥感中心）

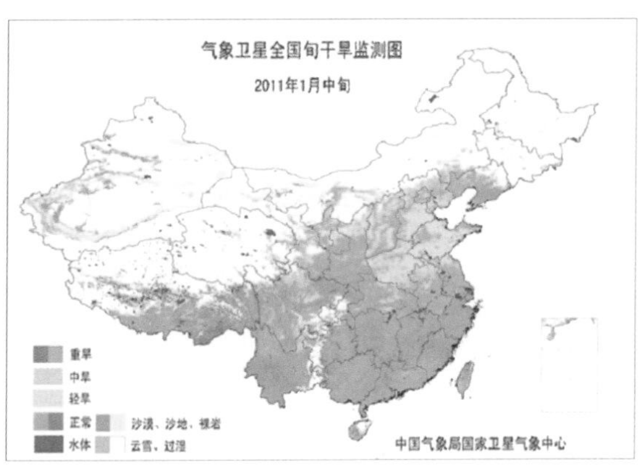

图 8.22　气象卫星全国旬干旱监测图

8.3.2.5　参数反演变化检测方法

对于需要通过参数反演提取的灾害信息，除了通过设置参数阈值提取灾害信息，还可以通过参数的变化检测实现。图 8.23 为某地区 2001 年 5 月至 6 月芦苇分布区植被长势动态变化（NDVI 动态分析）。正常情况下，6 月份芦苇正处于旺盛生长期，其 NDVI 值应逐渐增加，因此出现 NDVI 没有变化或者降低都属于异常。由实地调查可知，大部分地区植被指数的降低是由于东亚飞蝗的暴发所致。因此，可以根据 NDVI 差值的大小判断蝗灾的情况。

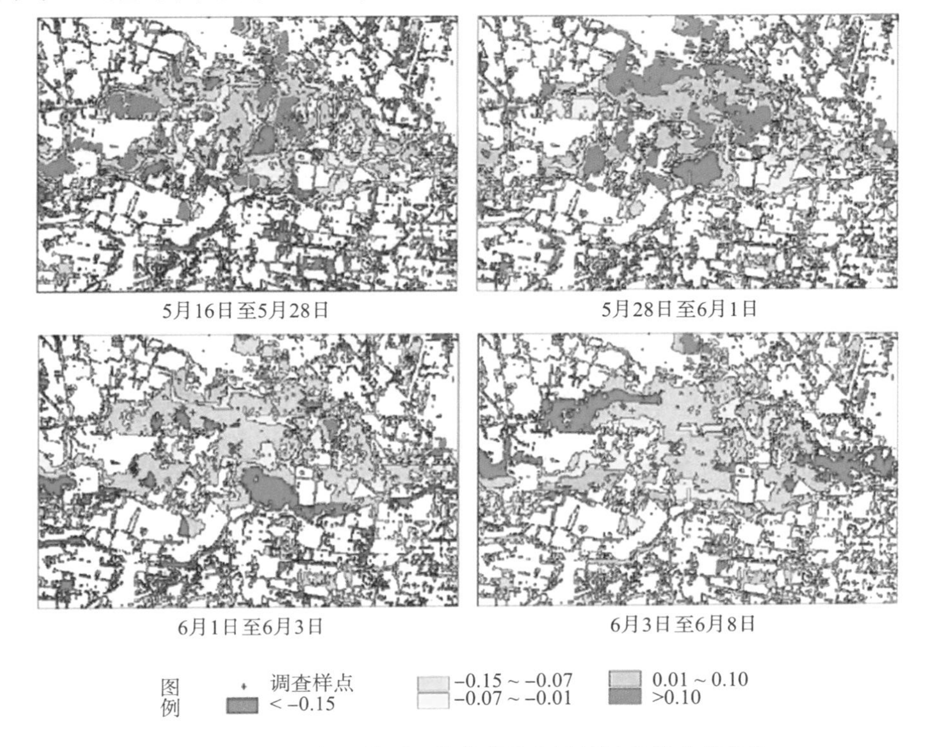

图 8.23　2001 年 5 月至 6 月芦苇分布区植被长势动态变化

另外，对于地质灾害等，通常灾害发生前植被覆盖良好，灾害发生后，山石泥土沿斜坡面冲下，造成沿途植被的大面积破坏，这就直接导致了 NDVI 的敏感变化，通过 NDVI 影像变化检测能很好地反映出植被覆盖的变化情况。而坡度地形条件则是滑坡、泥石流、崩塌等地质灾害发育的控制性条件，坡度较大易诱发地质灾害（李铁锋 等，2006）。因此结合 NDVI 差值阈值和坡度阈值进行变化检测，可以实现灾害源区域范围的提取。其技术路线如图 8.24 所示。

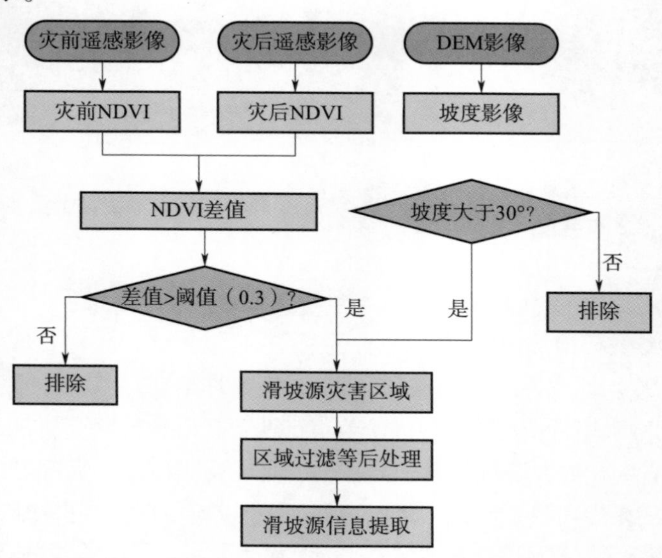

图 8.24　地质灾害宏观灾情综合指标变化检测法

采用 MODIS 250m 的低空间分辨率红波段和近红外波段数据分别计算 NDVI 图像，利用 SRTM 30m 间距 DEM 数据（数据全球免费共享）生成坡度数据图层，取 NDVI 差值大于 0.3 和坡度大于 30°，经过人工修改，剔除掉一些离散的小图斑，最后得到可能的灾害源的区域范围、分布和位置信息。试验结果如图 8.25 所示，并利用福卫二号卫星多光谱（8m）及全色（2m）融合图像进行了检测试验，结果表明，灾害源范围大部分检测位置比较精确，检测精度主要取决于数据配准的精度。

MODIS 数据的获取频率为一天两次，在天气条件允许情况下，该方法能够及时、快速地获得宏观灾情的分布信息。

8.3.2.6　多种方法结合

对于森林草原火灾、赤潮、洪涝等灾害，可以通过目视解译、参数反演阈值分割等多种方法实现灾害信息的提取。

以赤潮为例，卫星遥感主要通过反演海洋水色、叶绿素 a 浓度、海面温度（SST）等因子对其进行监测。利用 MODIS 数据对其进行信息提取的流程如图 8.26 所示，可以通过彩色合成图像目视解识别出灾害区域范围，也可以通过 NDVI 和 SST 阈值设置实现灾害信息提取，信息提取结果如图 8.27 所示。

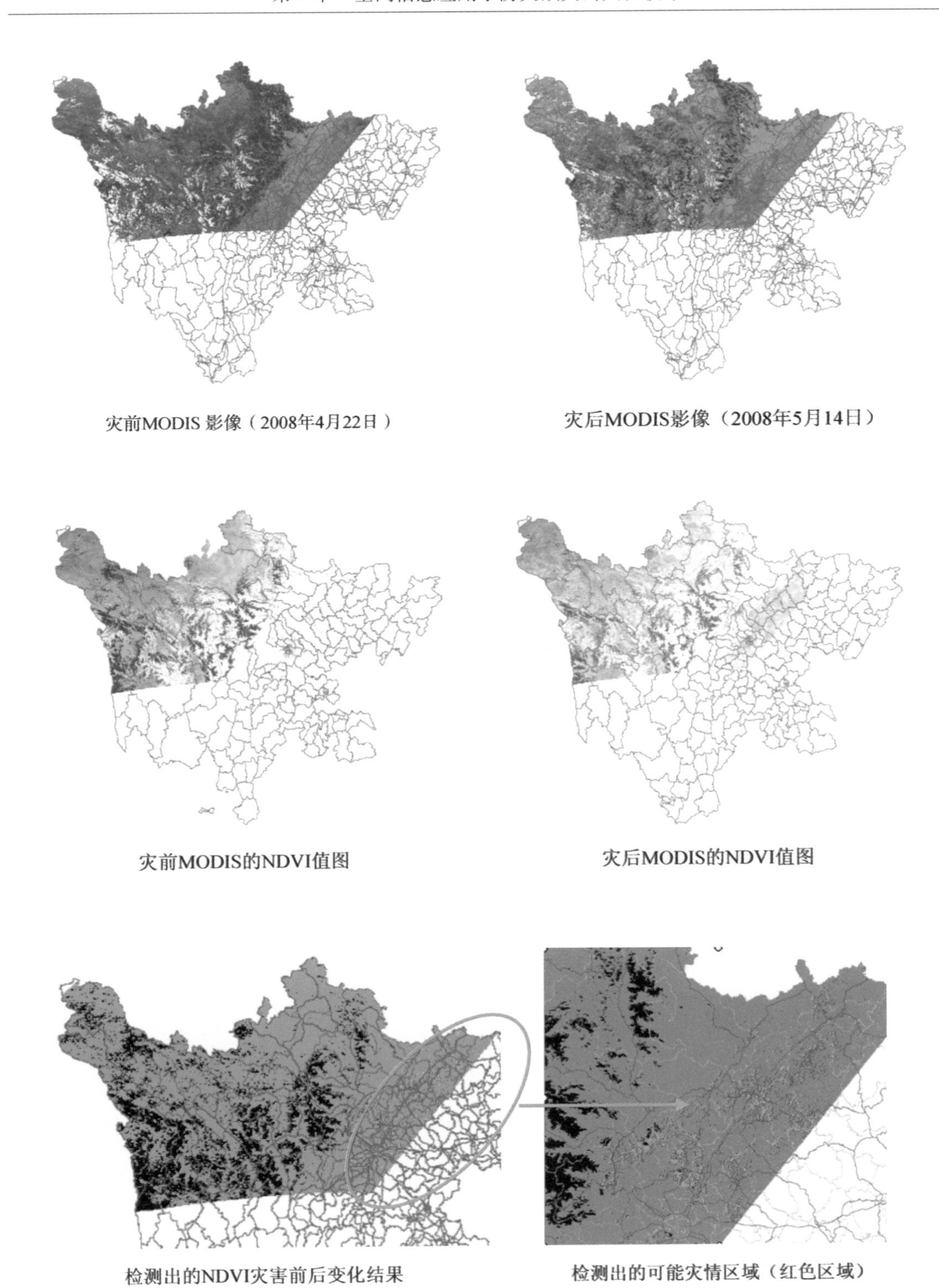

图 8.25　利用 MODIS 数据 NDVI 变化检测法检测灾害源（示例）

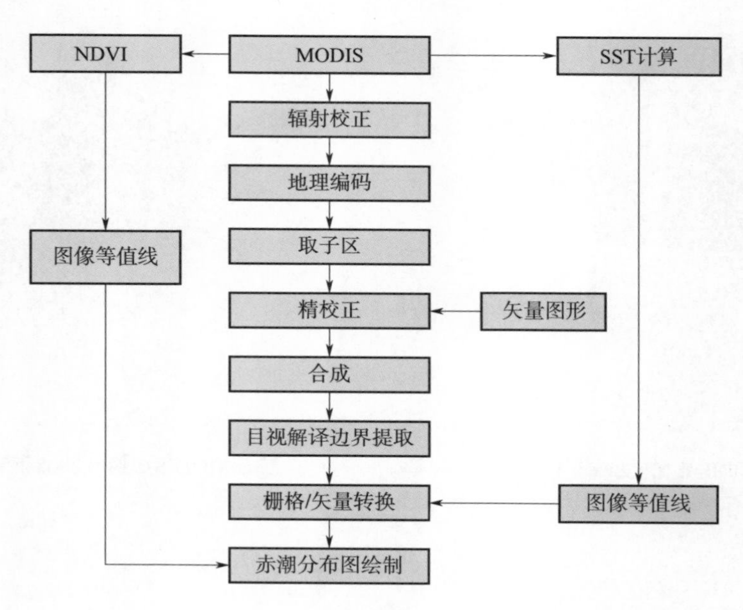

图 8.26　信息提取流程

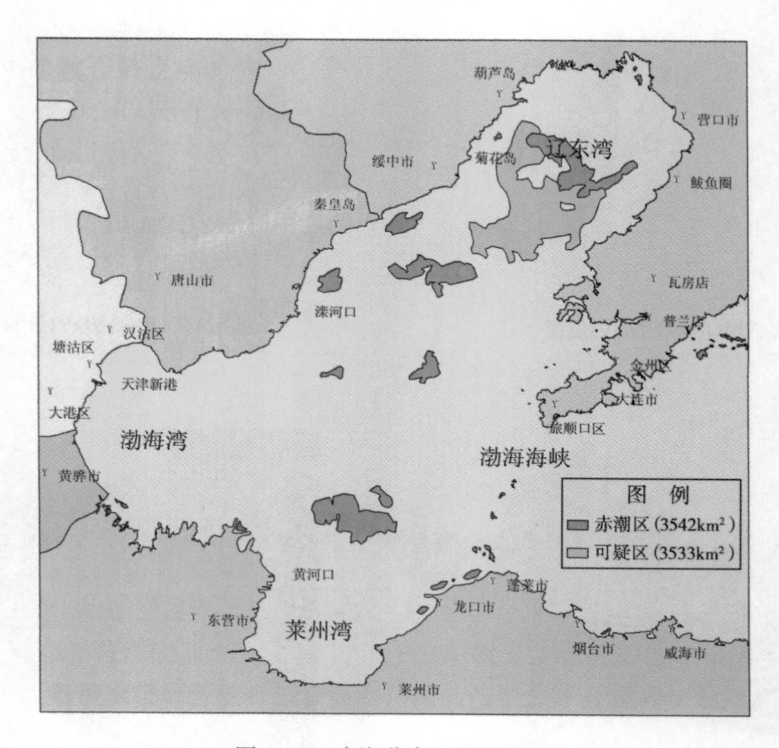

图 8.27　赤潮分布卫星解译图

对于洪涝灾害，为了对洪涝灾害的面积作出合理的估计，很重要的一步就是要对水体进行识别，从遥感影像上快速提取水体覆盖范围。水体的遥感信息提取方法较多，主要有

（以 MODIS 为例介绍）以下几种。

（1）多波段组合目视解译法

该方法包括 CH6－2－1 和 CH7－2－1 组合等，如图 8.28 所示。

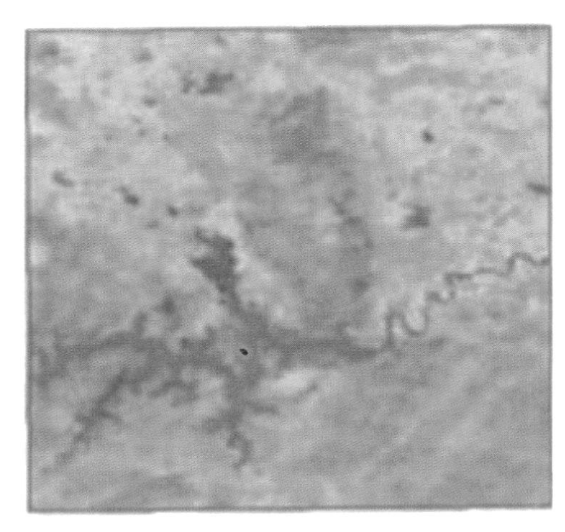

CH7-2-1（k）

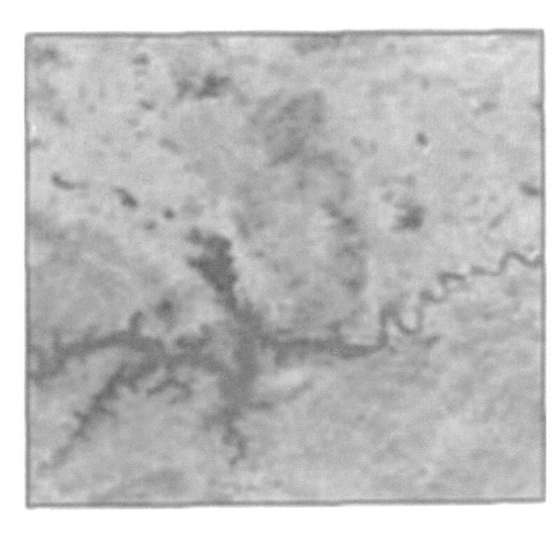

CH6-2-1（l）

图 8.28　多波段彩色合成图

（2）单波阈值法

该方法主要选取遥感影像中的近红外波段（如 MODIS CH1、CH5、CH6）并辅以阈值来提取水体。

（3）指数模型阈值法

①差值模型

差值植被指数 DVI = CH2 － CH1，同时满足 CH1 < A_1，CH2 < A_2，DVI < A_3，A_1、A_2、A_3 为反照率阈值。

②比值模型

比值植被指数 $RVI = \frac{CH2}{CH1} \times 100$，同时满足 CH1 < A_1，CH2 < A_2，RVI < N，N 为相应阈值。

③归一化植被指数模型

归一化植被指数 $NDVI = \frac{CH2 - CH1}{CH2 + CH1} \times 100$，同时满足 CH1 < A_1，CH2 < A_2，NDVI < N，N 为相应阈值。

④水体指数法

归一化差异水体指数 $NDWI = \frac{CH4 - CH2}{CH4 + CH2}$，满足 NDWI > N，N 为相应阈值。

图 8.29 为洪涝灾害遥感监测结果实例。

(a)

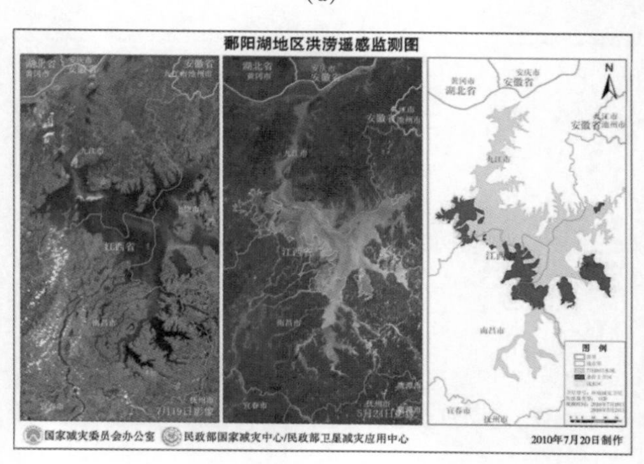

(b)

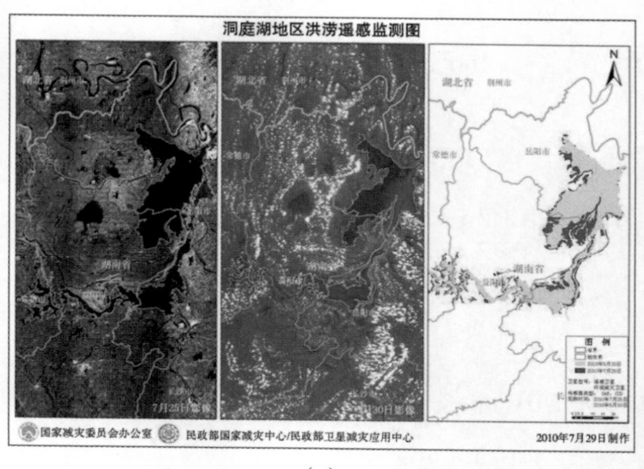

(c)

图 8. 29　洪涝灾害遥感监测结果实例

对于森林草原火灾，利用遥感影像进行监测时火点的识别是重点，可以利用目视解译方法识别，也可以通过亮温反演结合阈值设置实现。

图 8.30 所示为 2002 年 3 月 30 日 Terra/MODIS 观测到的火点（红框内），地点在黑龙江省东部，俄罗斯境内，使用 MODIS 7，2，1 假彩色合成，分辨率 1km。图中裸地呈现暗红色，火点为亮红色，云层为青色，植被为暗绿色。另外，也可以通过 MODIS 第 31 通道的辐射强度反演像元亮温，通过火点像元亮温特征及其与背景之间的亮温偏差实现火点自动检测。

图 8.30　Terra/MODIS7－2－1 假彩色合成火点监测图

8.3.2.7　基于知识库的遥感影像灾害信息快速提取

由于灾害种类繁多，并且不同类型灾害在表现形式上有时存在一定程度的相似性，使得解译人员对遥感影像上灾害的认识难以一致，从而导致判识结果差别较大，不利于灾害的准确识别，有必要建立统一的识别标准。在基于矢量、栅格数据遥感影像配准的基础上，可以针对不同灾害类型和不同遥感影像数据建立相应的灾害遥感专家知识库。知识库的内容可包括灾害背景知识、遥感影像知识、遥感影像特征参数、专家判读知识、灾害识别流程、现场照片和其他辅助数据等。

在灾害遥感影像专家知识库建立的基础上，判读人员即可以参考知识库中的各类判读知识，尤其是专家判读知识，经过与待判读影像的比较分析，通过目视判读、自动分类或变化检测方法快速、准确地完成灾害的识别。

灾害遥感专家知识库中同时存储了基于遥感影像数据类型、灾害区域的影像纹理特征、不同灾害类型的影像光谱特征、几何特征、空间关系等参数建立的灾害判识规则集。当知识累积到一定数量后就可以利用规则集中的这些规则进行知识推理，自动完成灾害的快速识别。

图 8.31 为基于知识库采用面向对象分类方法实现灾害信息快速提取的技术流程（Liu et al，2012）。

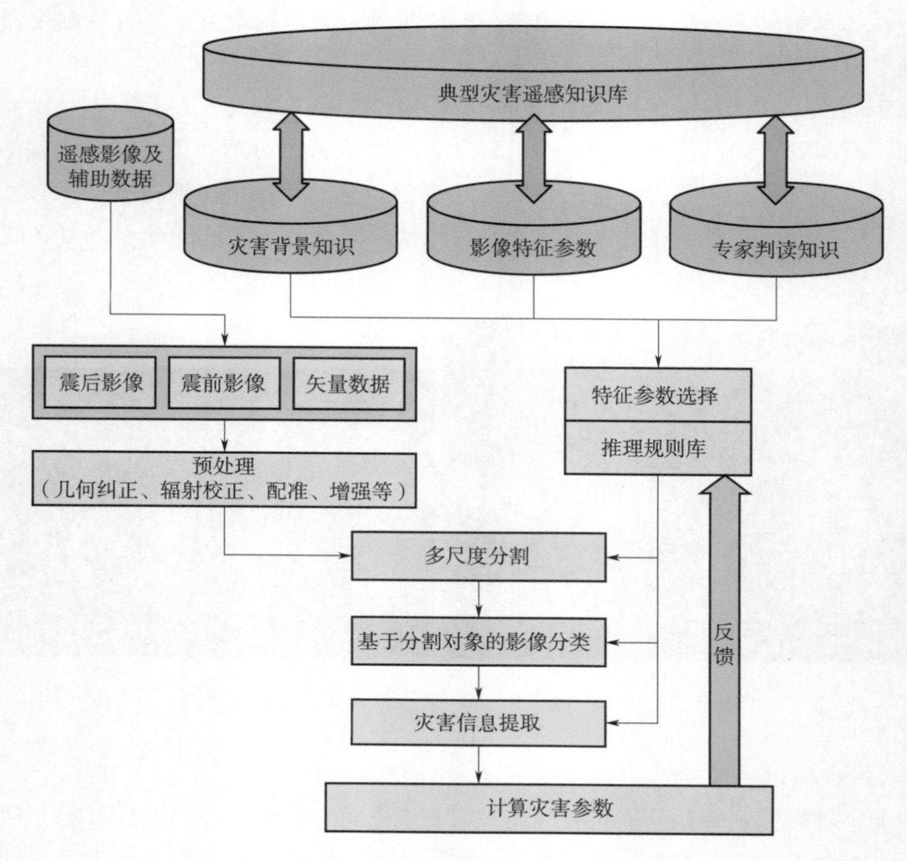

图 8.31　基于知识库的灾害信息提取流程

8.3.3　灾害空间信息提取技术的发展趋势

随着高分辨率遥感成像技术、计算机技术以及云计算、三维 GIS 等新技术的发展，灾害空间信息提取技术向智能化、定量化、快速化方向发展，具体体现在以下几个方面：

1）基于云平台，可充分利用“天、空、地”获得的各种数据资源（包括灾害现场调查数据等），实现远程数据的高效共享；

2）高性能集群处理环境下，可实现本地和异地多源数据的快速配准处理、变化检测、自动分类、参数反演及特征提取；

3）通过二维环境与三维场景结合的判读，增强图像环境数据的真实感，使背景数据和图像数据更具有参考性。

通过充分发挥群体人机交互协同判读的优势，实现快速、协同的灾害空间信息提取分析，将使灾害信息提取的效率和质量得到明显提高。

8.4　灾害信息提取案例分析

8.4.1　岷江流域映秀-茂县段 2008 年汶川大地震诱发的次生地质灾害信息提取结果分析

8.4.1.1　次生地质灾害使用的遥感信息源

共使用了 2008 年、2009 年、2010 年、2011 年及 2013 年研究区共 5 年的航空遥感数据，除 2011 年空间分辨率（使用数据分辨率）为 4m 外，其余均为 2m。2008 年航空数据用于次生地质灾害的详细解译和分布规律分析，其余年份用于灾害的连续动态监测（见表 8.3）。

表 8.3　航空遥感数据源列表

获取时间	使用数据分辨率/m	用　途
20080516	2	地质灾害解译
20090516—20090603	2	震后地质灾害动态监测
20100418—20100504	2	震后地质灾害动态监测
20110517—20110607	4	震后地质灾害动态监测
20130504	2	震后地质灾害动态监测

8.4.1.2　岷江流域映秀-茂县段 2008 年汶川大地震诱发的次生地质灾害信息提取结果分析

根据地质灾害遥感解译标志（陈正宜 等，1996；彭立 等，2001；张雨霆 等，2010；董金玉 等，2011），岷江流域映秀-茂县段 2008 年汶川地震诱发的地质灾害主要包括滑坡、崩塌及它们之间的过渡类型——崩滑体以及碎屑流等。

（1）不同次生地质灾害的形成过程和遥感识别特征

①崩塌

由于重力作用造成的岩块或土体从较高处坠落到坡脚或山坡较平坦处堆积成倒石堆，一般在国道侧面上坡的凌空山坡面（坡度大于 40°）或陡直的岷江岸坡上容易形成崩塌。由于形态比较特殊，堆积位置又在岷江或支流岸坡坡脚或国道上，在高分辨率航空遥感影像上较容易识别。

②滑坡

滑坡具有明显的滑坡后壁、滑动面和滑坡体。滑坡后壁具有各种弧形特征，滑坡体较周围地物色调浅，滑坡体常常堵塞河道而使河流向外凸出而有显著的地貌特征，因此滑坡在高分辨率遥感影像上通过滑坡后壁弧形形态、滑坡体与周围地物色调上的明显差异及滑坡堆积的典型地貌形态也较容易识别。

③崩滑体

崩滑体是指滑坡与崩塌作用间的过渡类型，为研究区最主要的地震地质灾害类型。由于映秀-茂县段岷江两岸最主要岩性为花岗岩，花岗岩两组垂直节理很发育，岷江两侧山体陡峭，特别是靠近河床的山体下部比山坡上部要陡峭得多，在山坡中部坡度有一个转折点，转折点之上的相对缓坡表层土较薄（一般不超过 1 ~ 2m），在强烈地震作用下表层部分首先形成滑坡，整体沿早期形成的浅沟槽向坡下滑动而留下滑坡后壁和不规则的凹型滑动（一般为葫芦形的上半部分），当滑至转折点时如遇其下是陡坡就变成崩塌而将滑体堆在坡脚下或山坡较低处的较平坦位置而形成典型的崩塌堆积形态——倒石堆。在遥感影像上，根据滑坡后壁和不规则的凹型滑动以及倒石堆可快速识别。当然，在转折点处也可仍沿固定沟槽继续向山坡下快速滑动，快到坡脚或山坡较低处是迅速散开而快速堆积，也在岸坡坡脚或山坡较低处的平坦位置（如国道）堆积成倒石堆。在遥感影像上，这种崩滑体具有明显的完整葫芦形滑动面且色调很浅，加之崩滑体的堆积形态——倒石堆非常容易识别。

此外，在岷江及支流的各级阶地陡坎面的表层土也容易形成崩滑，几乎整个表层土全被拔掉而使色调较浅容易识别，这在映秀 - 汶川段分布很广泛。

图 8. 32 为太平驿北约 800m 处岷江东岸山坡崩滑体沿固定沟槽形成的崩滑体（A）和在坡中部坡度转折点处向坡脚直接形成崩塌体（B）的两种崩滑体的形成过程，遥感影像

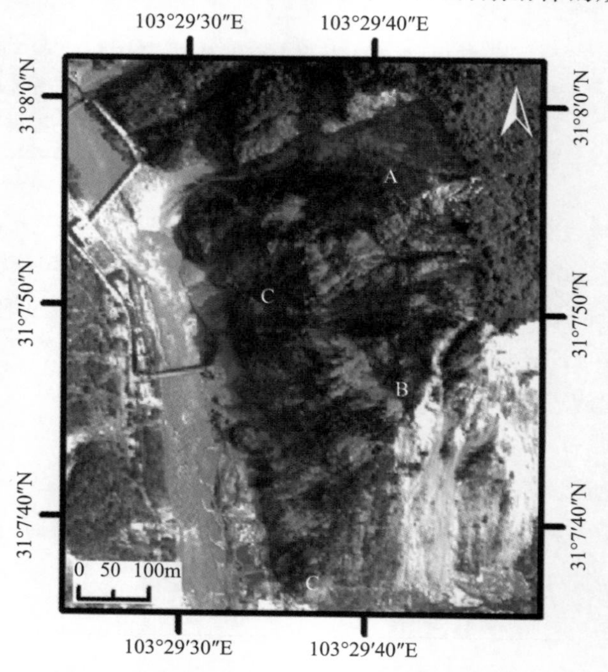

A—有固定沟槽的崩滑体；B—无固定沟槽的崩滑体；C—岸坡崩滑

图 8. 32　太平驿北 800m 处岷江东山坡崩滑体类型

上葫芦形态清晰，坡脚处或在山坡平缓处堆积的倒石堆也容易识别。此外，岸坡表层土形成的崩滑（C）在此处也能发现。

④碎屑流

碎屑流是花岗岩的两组垂直节理因昼夜较大温差形成的大块碎石（物理风化）坠落在山坡上部或中部堆积而成的。汶川大地震时，因受震动沿碎石底部有起伏的山坡面向下整体运动而堆积在山坡中下部，在映秀－汶川段岷江两岸能发现碎屑流的存在，但分布极为不广泛。

⑤泥石流

2008 年汶川地震时没有形成泥石流，但地震造成的崩塌、滑坡为泥石流提供了极为充足的物源，在夏季只要有足够的暴雨在岷江支流及山坡沟槽中就会形成泥石流而堆积在支流与岷江的汇合处或山坡坡脚，泥石流堆积物为扇形地，颜色较浅，在高分辨率遥感影像上根据色调、堆积形态及地貌部位很容易识别。

（2）次生地质灾害信息提取结果及成因分析

①岷江流域映秀－茂县段地震地质灾害分布规律

利用 2008 年 5 月 16 日 2m 分辨率的光学航空遥感影像，共解译滑坡 25 个，潜在滑坡体 21 个，崩滑体约 1640 个，面积为 48751404m^2。参考前人有关资料（黄润秋，2008；黄润秋 等，2008；陈晓利 等，2011；董金玉 等，2011），岷江流域映秀－茂县段地震地质灾害的分布规律如下：

1）岷江及其支流两侧滑坡、崩塌及崩滑体广泛分布，沿岷江两岸分布的滑坡、崩塌及崩滑体无数处阻断国道，在岷江主流的多处地段因河道局部堵塞形成堰塞湖。总体上，映秀－汶川段次生地质灾害分布更为密集，滑坡、崩滑体的数量和规模比汶川－茂县段大得多（见图 8.33）。

2）就其地震地质灾害类型而言，崩滑体为最主要的类型，占 90% 以上，在岷江流域映秀－汶川段岷江及支流两侧山体崩滑体分布更为广泛，几乎这一段岷江两侧的山体表层土完全或部分被拔掉而形成上滑下崩或沿山坡上的固定沟槽形成葫芦形态完整的崩滑体，在遥感影像上呈灰白色或浅白色调特别醒目。

3）具有完整形态的滑坡体并不十分发育，其规模也不大。在岷江流域映秀－茂县段汶川地震形成了 25 个以上的具有完整形态的滑坡体，它们已堵塞岷江或支流，也在多处阻断国道或造成当地人员伤亡。此外，地震已在该段形成 21 个以上的潜在滑坡体。滑坡体及潜在滑坡体主要集中在映秀－汶川段，大部分主要集中在岷江东岸及其支流两侧（见表 8.4 和表 8.5）。图 8.34 为映秀镇北老街村北约 500m 处岷江东岸滑坡的遥感影像特征及野外考察照片，该滑坡为岷江流域规模最大的滑坡，从后壁到前缘堵塞岷江处长近 400 m，最宽处为 370m，均宽为 280m，平均厚度为 5～10m，最大方量为 $9.65\times10^5m^3$。在遥感影像上色调清晰，为浅白色，滑坡后壁及弧形特征比较清楚，滑坡体阻断国道并冲入岷江，使岷江遭受部分堵塞。该滑坡在 2008 年地震救灾时已疏通，目前国道从滑坡体中部通过，也基本稳定。

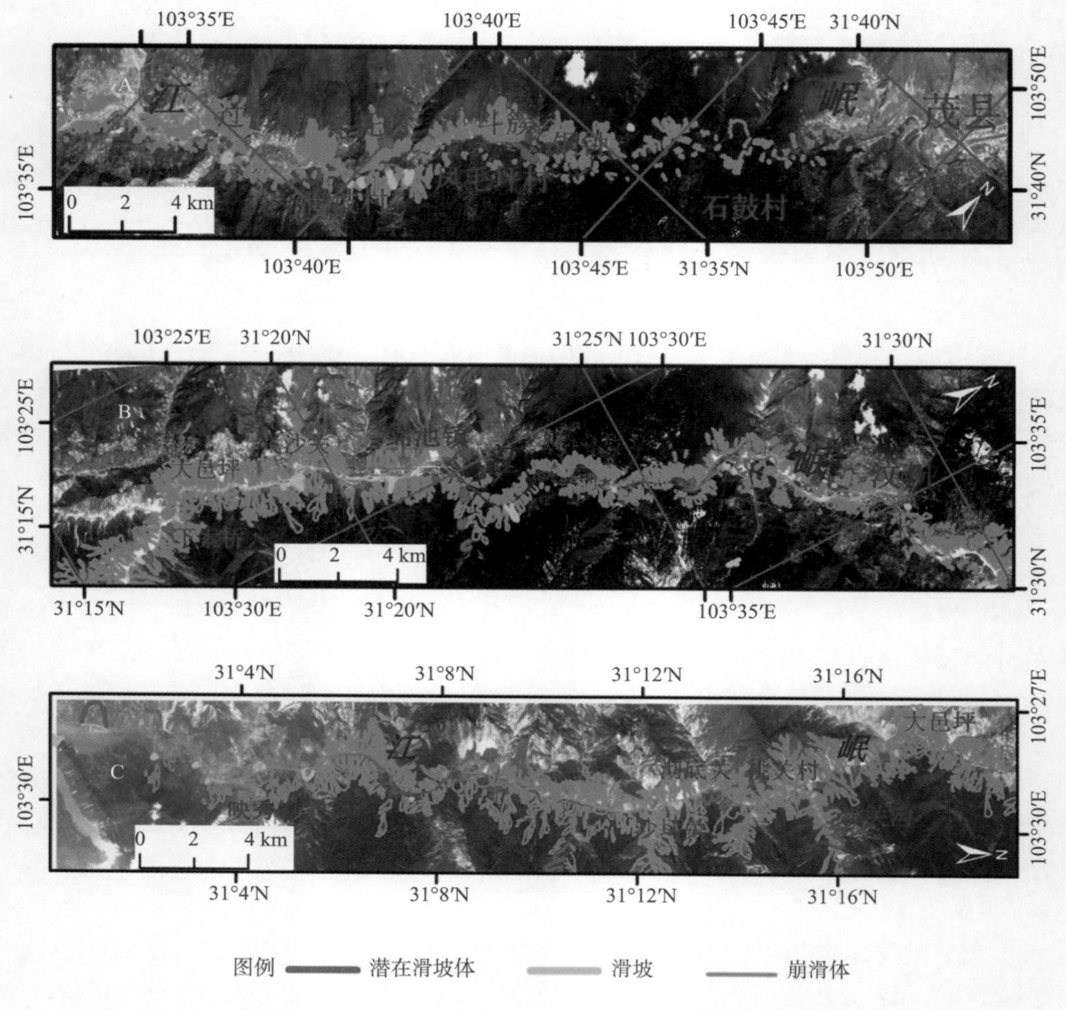

A—北段（茂县-汶川）；B—中段（汶川-大邑坪）；C—南段（大邑坪-映秀镇）

图 8. 33　岷江流域映秀-茂县段 2008 年地震地质灾害分布

4）岷江及支流两侧山坡底部地质灾害发育程度比山坡中上部要大得多，尤其是岷江及支流一、二级阶地前缘陡坎面表层土几乎无一幸免，全被崩滑，物质堆积在坡脚，因陡坎面崩滑后新鲜，在遥感影像上呈浅色，几乎连成片。

5）在岷江支流两侧形成的滑坡、崩塌及崩滑体为泥石流提供了丰富的物源，而支流的沟谷纵比降又能满足泥石流形成的地形条件，一旦有足够的降雨，在岷江支流形成破坏性的泥石流是极有可能的。

6）潜在滑坡对岷江流域的威胁将日益增大，对于已有明显滑动迹象的潜在滑坡，应进行变化监测。

表 8.4　岷江流域映秀 – 茂县段岷江两侧滑坡体统计

编号	经度/（°）	纬度/（°）	估算方量/（$\times 10^5 m^3$）	位置
1	103.515474	31.269628	2.84	白花乡码头村东北 700m，岷江东岸
2	103.522385	31.022330	1.30	灰窑坎西 280m
3	103.481107	31.038293	0.65	阮家山西北 150m
4	103.483970	31.052120	0.71	公馆东北 200m
5	103.490251	31.056342	0.38	映秀镇南 500m
6	103.486257	31.089429	9.65	老街村北 500m
7	103.494552	31.124276	0.20	太平驿东南 100m
8	103.492938	31.212666	1.90	罗圈湾北 300m
9	103.483546	31.256389	0.15	桃关村西北 500m
10	103.475966	31.269051	0.40	皂角沱西北 1.7km
11	103.468311	31.284865	0.20	下索桥北 500m
12	103.476023	31.318235	0.36	飞沙关南 1km
13	103.477049	31.322502	4.60	飞沙关南 550m
14	103.476043	31.324579	0.25	飞沙关南 330m
15	103.492740	31.348055	2.20	羌锋村东南 400m
16	103.522187	31.376098	4.30	木瓜园北 700m
17	103.532106	31.407071	0.15	板子沟村东 300m
18	103.543025	31.440648	0.40	七盘沟村西南 200m
19	103.546077	31.441916	0.23	七盘沟村东南 100m
20	103.567208	31.46681	0.09	汶川县城西南 300m
21	103.667382	31.514408	0.72	青坡村东 1300m
22	103.670244	31.517081	0.80	青坡村东 1.7km
23	103.679404	31.524503	2.10	文镇村南 1.5km
24	103.682864	31.529676	2.90	文镇村南 800m
25	103.731274	31.583039	0.72	南新镇北 200m

表 8.5　岷江流域映秀-茂县段岷江两侧潜在滑坡体统计

编号	经度/（°）	纬度/（°）	位置	稳定状况验证结果
1	103.464914	31.017771	檬子杠村附近	暂时稳定
2	103.491933	31.118284	东界脑村附近	有滑动迹象
3	103.514967	31.174947	上银杏坪东 2km	暂时稳定
4	103.519334	31.173331	上银杏坪东 2.5km	暂时稳定
5	103.489429	31.222492	沏底关东南 300m	部分崩滑
6	103.488873	31.225094	沏底关东侧	部分崩滑
7	103.491854	31.228579	沏底关东北 300m	有活动迹象
8	103.501322	31.265297	桃关沟东北 450m	有活动迹象
9	103.505856	31.266111	桃关沟东北 850m	将部分崩滑
10	103.512916	31.270098	桃关沟东北 1.7km	有活动迹象
11	103.514534	31.269564	桃关沟东北 1.7km	有活动迹象
12	103.483100	31.259971	皂角沱东南 350m	暂时稳定
13	103.476213	31.271404	皂角沱西北 1km	暂时稳定
14	103.470081	31.281235	下索桥东	将部分崩滑
15	103.498994	31.360367	绵池镇东 200m	暂时稳定
16	103.507720	31.366073	绵池镇东北 1.15km	将部分崩滑
17	103.509803	31.365724	绵池镇东北 1.35km	将部分崩滑
18	103.517257	31.361066	绵池镇东 2km	暂时稳定
19	103.525533	31.359048	绵池镇东 2.8km	暂时稳定
20	103.710694	31.562774	斗簇村南 500m	有明显活动迹象
21	103.714124	31.563253	斗簇村南东 600m	有较明显活动迹象

图 8.34　老街村北约 500m 处岷江东岸滑坡遥感影像特征

◇斗簇东南岷江南岸潜在滑坡群

在遥感影像上可发现两个比较明显的潜在滑坡，均位于斗簇东南岷江南岸。东侧潜在滑坡汶川地震时靠江处已部分发生崩滑，滑坡后壁有较明显的活动迹象，西侧潜在滑坡后壁也十分清晰，活动迹象也很明显，仔细分析有三级滑动，最外围即最南一级后壁最明显，为 21 个潜在滑坡体重最有可能滑动的潜在滑坡（见图 8.35）。野外考察结果亦证明了该潜在滑坡群的活动性。一旦发生滑坡，将会完全堵塞岷江，对下游西南方向约 1km 处的美射坝电站构成严重威胁，该潜在滑坡应进行重点遥感动态监测。

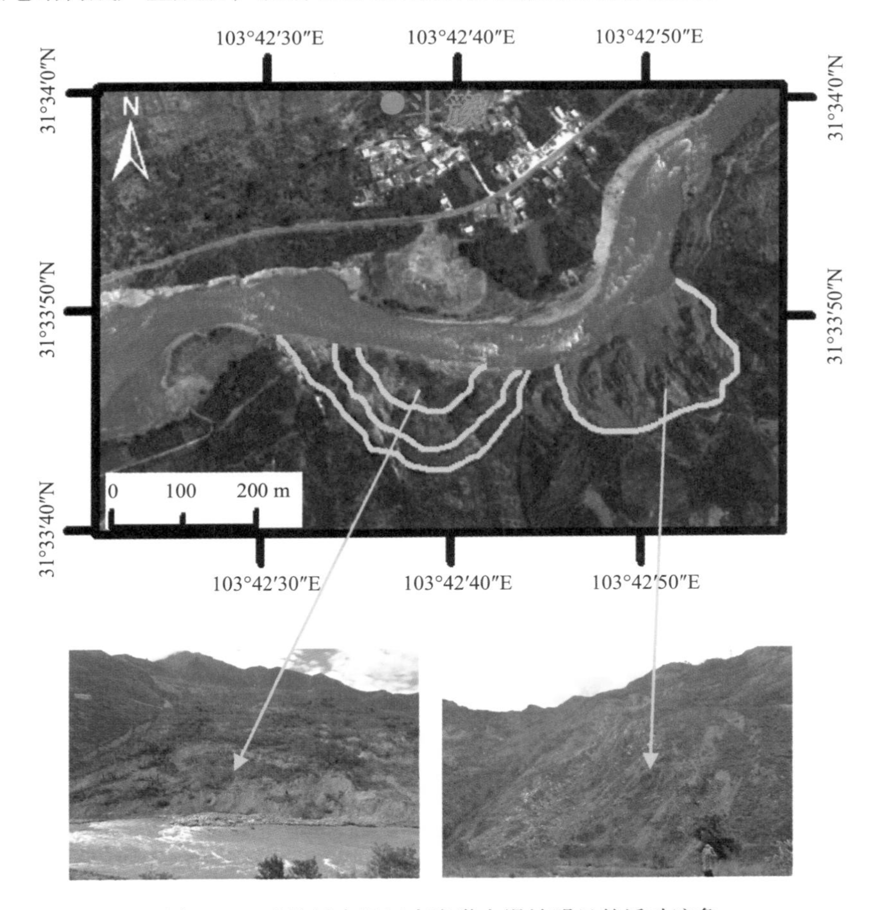

图 8.35　斗簇村南岷江南岸潜在滑坡明显的活动迹象

◇沏底关村东侧潜在滑坡群

在遥感影像上至少可以发现三个潜在滑坡体，分别位于沏底关村北、东、南。这三个潜在滑坡体对沏底关村及岷江上的大坝均构成较大潜在威胁（见图 8.36）。不论哪个潜在滑坡体发生滑坡，要么堵塞岷江快速形成堰塞湖将沏底关村置于湖中或湖溃决冲毁沏底关村，要么将沏底关村和大坝埋在滑坡体中，因此应重点监测该潜在滑坡群。野外考察发现沏底关东南侧和东侧两个潜在滑坡近期整体下滑的可能性不大，因上部较陡峭可能会发生部分崩滑，东北侧潜在滑坡后壁出现活动迹象，应重点监测。

图 8.36　沏底关附近 2008 年汶川地震诱发的潜在滑坡群

②岷江流域映秀 - 茂县段地震地质灾害分布规律成因浅析

上述分布规律形成的主要原因为：

1）由于映秀 - 汶川段比汶川 - 茂县段离震中更近，受到地震波的震动自然大得多，在同等条件下，崩滑体、滑坡体以及潜在滑坡体的规模就要更大一些。

2）岩性上的差异也是造成上述分布规律的主要原因之一。映秀 - 汶川段岷江两侧主要岩性为花岗岩，而汶川 - 茂县段岷江两侧主要岩性为震旦系 - 二叠系灰岩、砂岩及泥岩等。众所周知，花岗岩垂直节理发育，在山坡上形成无数的浅沟槽，风化形成的表层土一般较薄，厚度不超过 1 ~ 2m，但空间上遍及花岗岩分布地段，表层土就附在其下的新鲜花岗岩上而无根基，在岷江两侧较陡的山坡上受到地震的强烈波动很容易沿浅沟或山坡面大面积下滑，但正因为花岗岩的垂直节理发育下滑是一般不会有完整的滑动面，只是表层土被拔掉，故典型的滑坡只是在特别有利的部位才形成，而一般情况就形成滑坡与崩塌的过渡类型——崩滑体。汶川 - 茂县段灰岩、砂岩及泥岩等表层土更薄，因此地震时地表并没有大面积土层被扒掉，因而显示出该段地质灾害的规模要小一些。

3）汶川－茂县断裂的多次活动使岷江流域映秀－茂县段河流深切，形成山高谷深的V型谷或上宽下窄的U型谷，谷地两侧山坡较陡，在山坡较低部分更陡一些（一般大于35°），陡峭的山坡坡度为地震地质灾害的发生创造了良好的地形条件，山坡较低部分遇到强烈的地震表层土更容易形成崩滑体，因此山坡中下部地质灾害发育程度远远高于山坡中上部。

8.4.2　四川雅安芦山7.0级强烈地震诱发的次生地质灾害信息提取

2013年4月20日8时02分，四川省雅安市发生7.0级强烈地震，这是龙门山活动断裂带在2008年5月12日汶川8.0级特大地震后西南段的最新活动（唐荣昌 等，1993；邓起东 等，1994；赵小麟 等，1994；杨晓平 等，1999；陈国光 等，2007；徐锡伟 等，2008；李勇 等，2008，2009；蒋明先，2009），导致雅安市芦山县、宝兴县、天全县、名山县及邛崃市等地受灾严重，其中芦山县和宝兴县为地震的重灾区，地震引起的滑坡及崩塌等次生地质灾害在重灾区广泛分布，严重阻断交通，使抗震救灾的时效性受到严重影响，结合震后高分辨率航空影像涉及的范围及次生灾害的严重程度，将芦山县和宝兴县作为主要的次生地质灾害信息提取区，经纬度范围30°6′～30°26′N，102°40′～103°10′E，涉及芦山县双石镇、太平区、龙门乡、马桑坪、中林、漆树坪、宝盛、隆兴、芦阳镇及大溪等镇、乡以及宝兴县灵关镇、县城穆坪镇、五龙乡等。

8.4.2.1　地震灾区活动断裂构造遥感解译

龙门山断裂带南西段在ETM遥感影像上线性特征比较清晰，五龙断裂线性笔直，断裂谷、断层陡坎十分清楚，五龙断裂南西延伸为冷碛断裂，该断裂北东走向，主体沿大渡河两岸发育；五龙断裂向北东延伸线性行迹也十分明显，经民治、九里岗南，向北东与映秀－北川断裂相接。宝兴断裂为五龙断裂的分支断裂，断裂谷十分发育，水平方向右旋错断青衣江5km以上。双石－大川断裂在遥感图像上线性特征也很清楚。根据地形地貌特征，可以分为南、北两段。南段从天全县小河乡，经大溪、双石，至大川，断层线相对弯曲。该断裂为西倾的逆冲断裂，断层上盘为晚三叠世含煤砂砾岩层，下盘为晚白垩世－古近系砾岩层，两者岩石力学性质差别较大，上盘软弱，遭受强烈侵蚀，形成负地貌，下盘强硬，形成地貌陡壁。这一段褶皱构造也很发育，遥感影像清晰显示宝兴背斜的存在。断裂北段从大川乡向北经西岭镇，一直往北东延伸。该段形迹平直，断裂谷发育，对应一条西倾逆冲断裂，上盘为古生代灰岩，局部地段为前震旦纪杂岩体，下盘为晚三叠世－侏罗纪砂岩，两者岩性截然不同，地形、地貌差异显著。该断裂向北东方向延伸在都江堰与安县－灌县断裂相接。前山断裂线性行迹不如五龙断裂和双石－大川断裂明显，但在遥感影像上还是有显示的，主要分布在万古乡西－太和东－火井镇东－水口镇一带，走向为NE30°左右，向NE45°左右到大邑，亦即为大邑断裂的西南段，雅安芦山7.0级强烈地震就是大邑断裂的西南段的最新活动的体现（见图8.37）（邓起东 等，1994；陈国光 等，2007；徐锡伟 等，2008）。

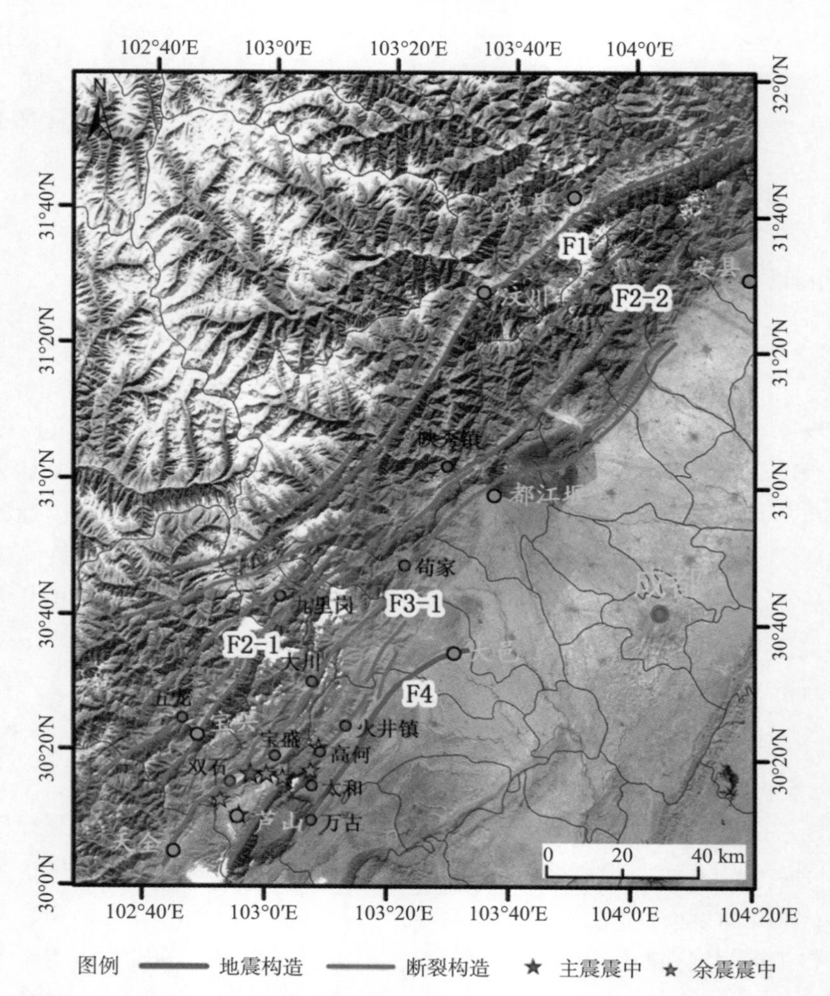

F1—茂汶断裂；F2－1—龙门山中央断裂南西段五龙断裂；F2－2—龙门山中央断裂映秀－北川断裂；F3－1—龙门山前山断裂南西段双石－大川断裂；F4—大邑断裂

图 8.37　龙门山断裂带主要断裂构造 ETM 影像遥感解译图

8.4.2.2　地震烈度及宏观地震震害的确定

地面建（构）筑物的破坏程度是震源破裂与扩散的结果，因此等震线常作为发震构造的重要判据。利用地震烈度分析模型、房屋倒塌遥感分析结果以及次生地质灾害分布与地震烈度的关系图等，结合地震以乡、镇为单元统计的房屋毁坏（倒塌）率和人员死亡率等资料（见图 8.38），发现地震震害与等震线形态尤其是Ⅸ度和Ⅷ度区具有较高的一致性，因而等震线图可信度较高。

（1）Ⅸ度区（极震区）

该区包括龙门、清仁、双石、太平和宝盛 5 个乡镇，面积为 280km^2，大致呈长轴为 N40°E 的椭圆状，长短轴之比 1.66:1。区内房屋多数严重破坏，少数倒塌，崩塌、滑坡现象常见。

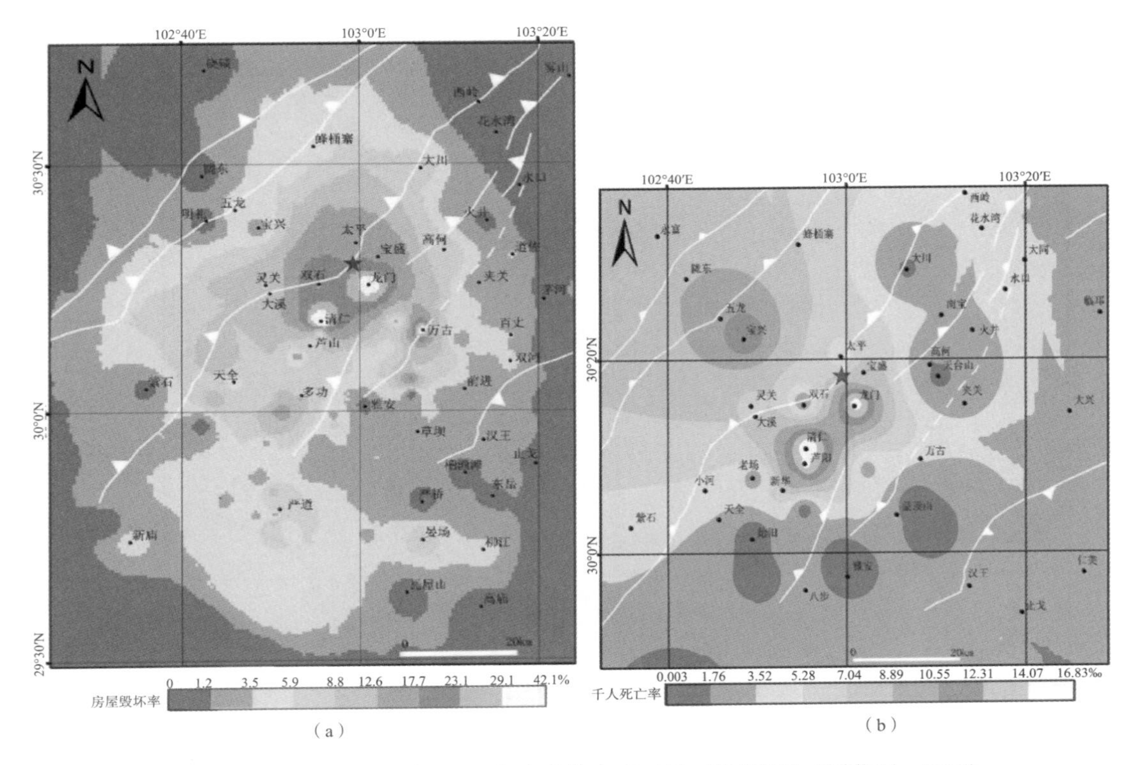

图 8. 38　震区房屋毁坏率（a）与人员伤亡率（b）等密度图（周荣军，2013）

（2） Ⅷ度区

该区南西起于飞仙关，北东止于快乐，北西至宝兴，南东至万古，面积为 1138km²，略呈长轴为 N40°E 且向北西方向凸出的椭圆状，长短轴之比 1. 39∶1。区内房屋少数倒塌，多数严重破坏或中等破坏，崩塌、滑坡分布比较零星，多集中分布于宝兴河峡谷段。

（3） Ⅶ度区

该区南西起于荥经北，北东止于大川、双河间，北西至陇东，南东至百丈，面积为 2942km²，呈长轴北东向的不规则椭圆状，长短轴之比 1. 55∶1。区内房屋普遍轻微破坏，多数中等破坏，少数严重破坏，个别老朽房屋倾倒。区内亦存在崩塌、滑坡现象，但基本上分布在宝兴河峡谷地段。

（4） Ⅵ度区

该区南西起三合、凰仪，北东止于双河北，北西至中岗，南东至严桥、成佳一线，面积为 4790km²，亦呈长轴为北东向的不规则椭圆状，长短轴之比 1. 42∶1。区内房屋多数轻微破坏，少数中等破坏，个别老朽房屋严重破坏，未见具一定规模的崩塌、滑坡，多表现为滚石及局部边坡垮塌。

总之，本次地震Ⅵ度区以上的受灾面积为 9150 km²，等震线略呈长轴与龙门山构造带走向一致的扁椭圆状（见图 8. 39），各烈度区的长短轴之比介于 1. 39∶1 至 1. 66∶1之间，不具明显的方向性，与震源破裂过程的研究结果一致（张勇 等，2013；王卫民 等，2013）。

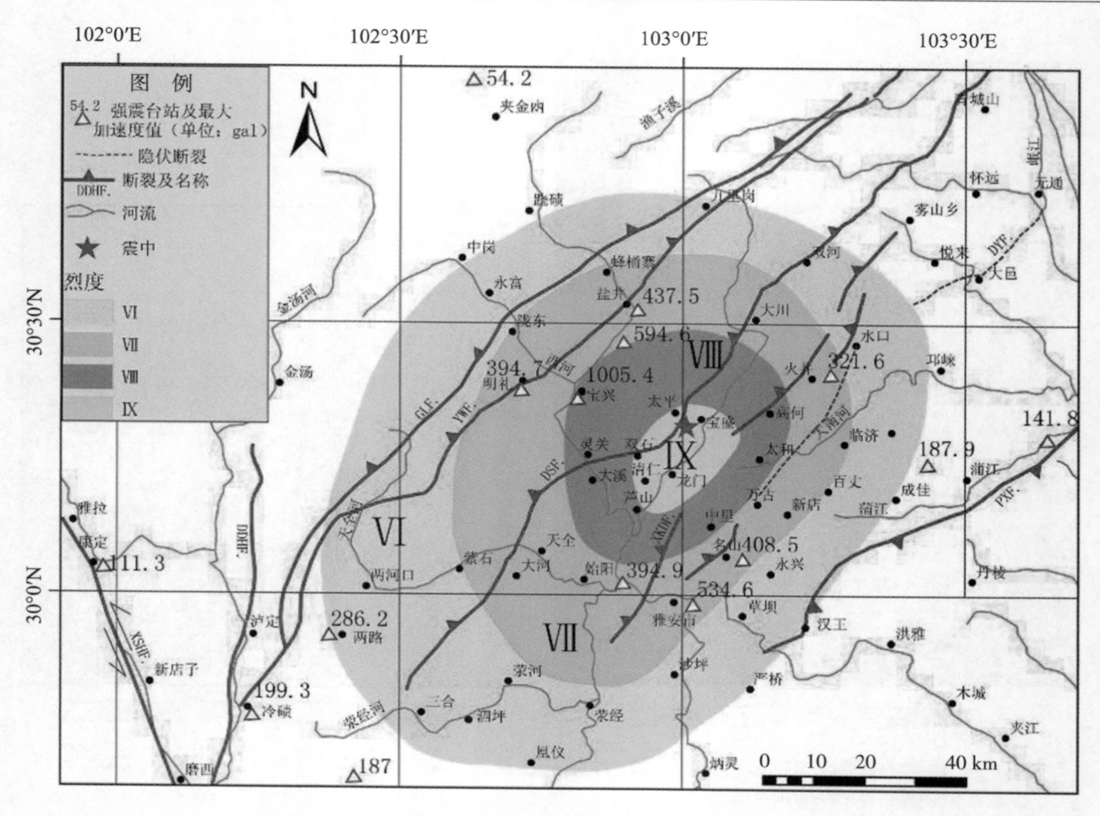

图 8.39　四川芦山 7.0 级地震等震线图（周荣军，2013）

8.4.2.3　芦山 7.0 级强烈地震诱发的次生地质灾害信息提取

利用地震当天和次日的高分辨率光学航空影像数据（空间分辨率为 0.5m），结合次生地质灾害遥感判读标志，可准确提取芦山 7.0 级强烈地震诱发的次生地质灾害信息，并对分布规律进行初步分析。共解译滑坡、崩塌及崩滑体 253 个，总面积为 1617970.1m^2，潜在滑坡体 25 个，总面积为 532324.2m^2（见图 8.40）。

强烈地震引起了研究区崩塌、滑坡等次生地质灾害的广泛分布，但次生地质灾害主要为崩塌-滑坡间的过渡类型即崩滑作用，占 90% 以上，主要发育于中生代沙泥岩互层及第三系砾岩地层的陡坡和陡崖上，崩塌体受层面、节理面等结构面的控制，在地震动作用下发生滑动 – 崩塌。另外，还有少量中小规模的滑坡，主要发生于砂岩、板岩和松散堆积层中。

次生地质灾害均分布在地震断裂（大邑断裂南西段）的上盘，亦即在万古乡 – 火井镇以西。在地震断裂的下盘即万古乡 – 火井镇以东没有发现地震引起的次生地质灾害，这种分布规律与地震断裂的活动性质相关。芦山 7.0 级强烈地震以逆冲运动为主，大邑断裂倾向北西，万古乡 – 火井镇以西位于逆冲运动的上盘，地震的破坏作用也就集中在上盘上，因而次生地质灾害广泛分布在上盘就比较好理解了。

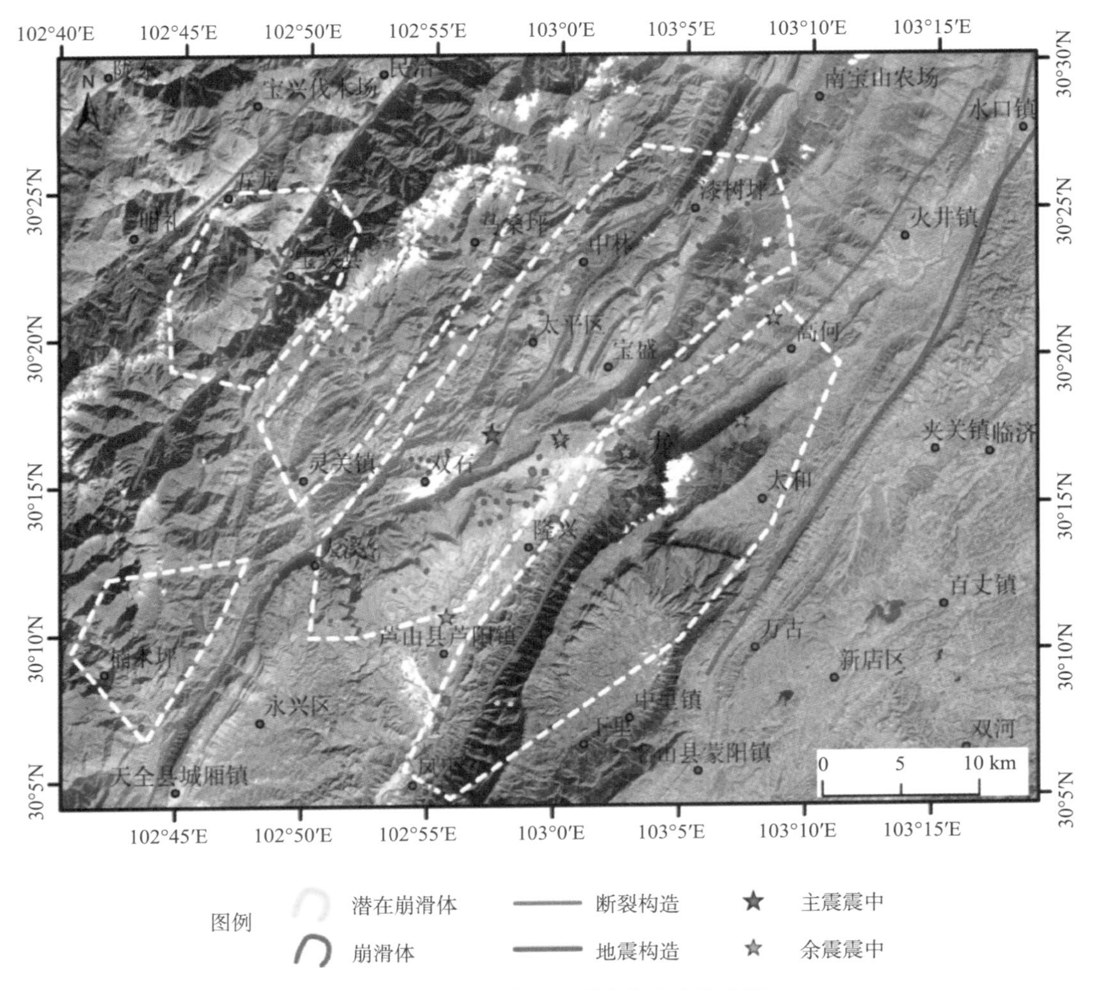

图 8.40　研究区次生地质灾害分布及分区

在主震震中及余震震中区次生地质灾害集中分布，亦即双石 - 大川断裂附近的如双石、龙门、太平、中林、宝盛、漆树坪及大溪等地，崩滑体比较发育，造成的人员伤亡及房屋倒塌较严重，也使道路多处被阻断。

在宝兴县城的周边地区，尤其是沿芦山 - 宝兴国道的宝兴县城西南段，崩滑体很发育，严重堵塞河道及公路，道路中断使救援工作受到严重影响。虽然宝兴县城的周边地区离震中相对较远，但宝兴断裂及五龙断裂的多次活动造成本区为高山峡谷区，地形本身就十分陡峭，只要有突发的外力作用，崩滑作用会随时发生。此外，地震也造成了大量的潜在崩滑体分布在宝兴县城的周边地区。

研究区崩滑体及潜在崩滑体发育程度及强度可分为以下 5 个小区。

（1） A 区

崩滑体主要分布在凤禾 - 隆兴 - 高何北东向断裂两侧及万古北西山区，其中沿凤禾 - 隆兴 - 高何北东向断裂两侧分布更密集共解译崩滑体 48 个，总面积为 387589.8m^2，潜在崩滑体 2 个，总面积为 18789. 2m^2。该区主要岩性为白垩系上统夹关组（K2j）棕红色、紫红色厚层块状中细粒长石砂岩、长石石英砂岩及少量泥岩、泥质粉砂岩和灌口组（K2g）棕红色粉砂岩与砂质泥岩及砾石层，另有古近系始新统名山组（E1－2m）棕红色泥岩夹石英粉砂岩，地层走向为北东 30°左右，倾向北西，与断裂产状基本一致。造成本小区次生地质灾害主要沿凤禾－隆兴－高何北东向断裂两侧分布的原因就是地层走向与断裂基本一致，岩性又比较坚硬，断裂面容易形成陡坎，并且离地震构造最近，数次余震也分布在本小区，受到强烈震动沿比较陡的山坡形成较多的崩滑体就不足为奇了。

（2）B 区

沿双石－大川断裂自南向北分布在大溪、双石、龙门、太平、中林、漆树坪一带，共解译崩滑体 115 个，总面积为 714702. 2m^2，共解译潜在崩滑体 2 个，总面积为 149424. 8m^2。其中，双石、太平、龙门、漆树坪南东崩滑体分布更为集中。双石－大川断裂发育在背斜核部，断裂走向与背斜长轴方向基本一致，为北东向，其南东侧岩性主要为侏罗－白垩系的大溪砾岩（K2E1d）、侏罗系五龙沟组砾岩（Jw）以及白垩系上统夹关组（K2j）棕红色、紫红色厚层块状中细粒长石砂岩、长石石英砂岩及少量泥岩、泥质粉砂岩，地层倾向南东。双石－大川断裂北西侧岩性主要为三叠系上统（T3x）须家河组浅灰色厚层中粗粒－细粒岩屑砂岩、泥岩及薄层煤层，地层倾向北西。由于断裂两侧岩石力学性质差别较大，上盘软弱，遭受强烈侵蚀，形成负地貌，下盘强硬，形成地貌陡壁。芦山 7. 0 级强烈地震主震震中位于太平、龙门一带，加之有多次余震也分布在该小区，因此本区地表受到最强烈的震动，房屋倒塌最为严重，产生的崩塌、滑坡等次生地质灾害也多处阻断交通和堵塞河道，可以说本区为芦山 7. 0 级强烈地震引起的次生地质灾害最严重的地区。

（3）C 区

位于五龙断裂和双石－大川断裂之间，沿北东 40°左右自南向北分布在宝兴灵关镇－马桑坪一线，在灵关镇北东、宝兴县城南东、马桑坪北西更集中分布，共有崩滑体 27 个，总面积为 113949. 9m^2。该区主要地层为泥盆系上统观雾山组（D3gw）深灰色中厚层微－细晶白云岩夹中厚层石英砂岩、泥质粉砂岩，二叠系下统梁山组（P1l）黑色炭质页岩、灰白色黏土岩，二叠系下统阳新组（P1y）灰色中厚层微晶灰岩夹薄层钙质泥岩以及三叠系下统飞仙关组（T1f）紫红色中薄层粉砂质泥岩、砂岩等。该区位于宝兴背斜的南东翼，沿走向发育有小关子、中坝、双石－大川等断裂，由西向东呈叠瓦状组合，致使古生界地层逆冲于三叠系之上，三叠系逆冲于侏罗系－白垩系之上，由于多次的逆冲运动，该区的地层比较破碎，地形上相对高差也较大，因此本区的次生地质灾害也有较多分布。

（4）D 区

位于宝兴县城及周边地区，共识别崩滑体 48 个，总面积为 195882. 1m^2，潜在崩滑体 21 个，总面积为 364110. 2m^2。主要分布在宝兴谷地及灵关河的支流，潜在崩滑体主要集中灵关河的东岸，大量的崩滑体阻断芦山－宝兴国道及局部堵塞灵关河。该区主要地层震旦系－二叠系地层，地层倾向北西。由于五龙断裂的向南东方向的逆冲，使得地层极度破碎，而宝兴县城及周边地区又处于宝兴背斜核部形成的谷地，地形相对高差较大，在强烈震动下山体容易发生崩滑，因此尽管离震中较远，但破碎的山体在宝兴县城及周边地区还是形成了大量的崩滑体及潜在崩滑体。

（5）E区

位于天全县北西的楠木坪，次生地质灾害零星分布在楠木坪以北及北东的主河流及其一级支流两侧，共有崩滑体15个，总面积为205846.1m^2。主要地层震旦系－二叠系地层，构成背斜构造。该区位于双石－大川断裂的北西，形成次生地质灾害主要原因可能是地层破碎，地形高差较大，在有利地段受地震所致，在5个小区中次生地质灾害发育程度及强度最低。

8.4.3　甘肃舟曲特大泥石流灾害信息提取

2010年8月7日23时左右，在甘肃省舟曲县城东的三眼峪沟和罗家峪沟因强降雨而突发特大泥石流灾害，造成城区及附近的村民近1400人死亡、500人失踪和数千人受伤的巨大损失，在世界泥石流灾害史上堪称之最。灾情发生后，中国科学院及国土资源部等相关部委的有关部门迅速做出响应，通过高分辨率卫星和航空遥感数据快速、准确圈定了舟曲特大泥石流的影响范围及重灾区分布，对灾情进行了初评估，为救灾提供了宝贵的第一手资料。有关专家利用舟曲灾区泥石流灾害的文献资料（李春生，1989；马东涛 等，1997；崔鹏 等，2003；赵俊华，2004；魏新功 等，2008）和在灾后现场考察数据，在灾后的第一时间对于舟曲特大泥石流灾害及治理提出了初步认识（胡凯衡 等，2010；马东涛，2010）。

8.4.3.1　遥感数据的选取

本文中所选取的遥感数据包括泥石流灾害发生前的5m分辨率的SPOT数据、灾后的ALOS卫星遥感数据（分辨率约10m）、0.2m分辨率的光学遥感数据和3m分辨率的RADARSAT－2 HH极化的遥感数据。SPOT数据主要用于灾前舟曲地区的地学背景分析，包括主要断裂构造的空间展布，地形、地貌特征分析等；灾后0.2m分辨率的光学遥感数据主要用于确定舟曲特大泥石流灾害的影响范围（流通区与堆积区的划分）、泥石流堆积物形态特征分析、相带划分及古泥石流堆积物的光学特征分析等；RADARSAT－2数据主要用于三眼峪沟等现代泥石流及古泥石流堆积物的后向散射系数分析等。

8.4.3.2　舟曲特大型泥石流堆积物的遥感影像特征

舟曲特大泥石流堆积物在高分辨率的航空遥感影像上显示的十分清晰，泥石流的波及范围以及堆积物的浅白色调在遥感图像上一目了然（见图8.41）。由于受影像范围的限制，三眼峪沟与罗家峪沟泥石流的源头部分即形成区均未能见到，流通区可见一部分，堆积区却非常完整地出现在遥感影像中，泥石流对舟曲县城东部的毁灭性破坏也在遥感图像中清晰可见。泥石流堆积物中的大漂砾及原始地形也能在遥感影像中得以识别和恢复。

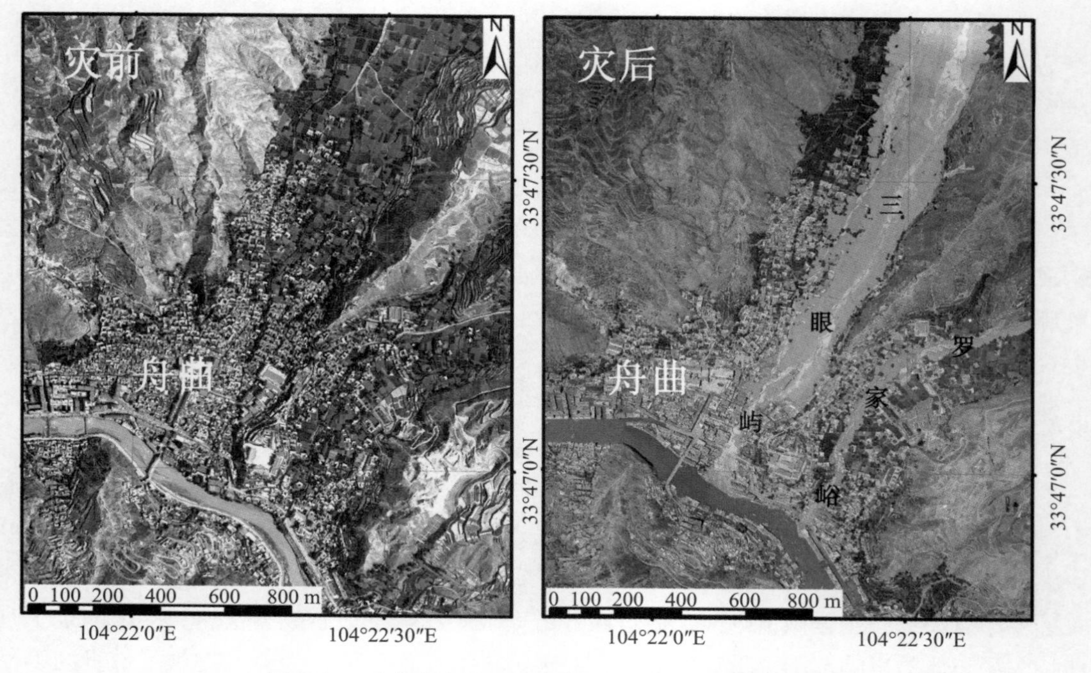

图 8.41　舟曲特大泥石流灾害发生前后航空遥感影像

（1）流通区与堆积区的遥感影像特征

在 0.2m 的高分辨率的航空影像上，三眼屿沟与罗家峪沟泥石流的流通区和堆积区十分清楚，以出山口为界将流通区和堆积区截然分开。出山口处的北西向 320°的断裂构造十分清晰（见图 8.42），为上述两条沟流通区和堆积区的分界线。三眼屿沟泥石流流通区为两条支沟汇集而成，在局部地段流通区沟谷相对较为狭窄，部分堆积物也堆积在沟谷两侧，呈浅白色，形成长条形的泥石流侧碛堤，似垄岗状，因此流通区中也包含局部的堆积物质。堆积区在出山口的下游，沟谷相对较宽，且沟谷纵比降相对较大。在遥感影像上，堆积区宽度较流通区大，三眼屿沟宽而直，罗家峪沟相对弯曲。在堆积区，泥石流堆积物高出现代沟床而呈长条形的垄岗状形态，堆积物高出现代沟床 2 ~ 7m。堆积区末端与白龙江相接，呈较明显的扇形地。不过，由于堆积物堵塞白龙江，为避免对堵塞白龙江处上游的居民造成更大损失，在泥石流灾害发生的第二天就对堵塞部分进行了清理，因此泥石流扇形地在遥感影像上有痕迹但不完整（见图 8.42）。

（2）堆积物相带的区分、大漂砾的识别

如图 8.42 所示，三眼屿沟泥石流自出山口后，由于沟谷纵比降变缓，流速迅速降低，一些粗粒物质就快速堆积在出山口附近，特别是一些巨大的漂砾出现在无分选、无磨圆的混杂砾石堆积物中，越往下游巨大的漂砾越少。相反，以黏土质为主的物质借助于泥石流的流速可搬运到较远距离，因此，在县城东部附近的堆积物较细粒物质居多，其前缘部分已经延伸到白龙江中形成往外凸出的扇形地而堵江，在上游段形成堰塞湖而使水位上升近 10m。在遥感影像上，堆积区堆积物的相带能区分的比较清楚，靠近出山口地段堆积相对较粗的砾石，中间夹一些大漂砾；在与白龙江相接的末端即靠近县城附近，细砾及黏土为主要的堆积物。

在实地考察中，在接近白龙江入口处，三眼峪沟泥石流堆积物以黏土、细砂为主，中间夹一些粒径不超过 8cm 的小砾石，堆积物无分选，砾石呈棱角状，堆积物向江中凸出。而从出山口向下游 600 ~ 800m，泥石流堆积物中砾石占的比例明显增加，至少在 60% 以上，砾石粒径可达 20cm 以上，大漂砾到处可见，最大的直径可达 8m 以上，出山口到末端间的中间段泥石流堆积物大小混杂，黏土及粒径不超过 15cm 的小砾石堆积在一起，分选磨圆均较差，在靠近出山口方向偶见直径约 5 ~ 8m 的大漂砾（见图 8.43）。

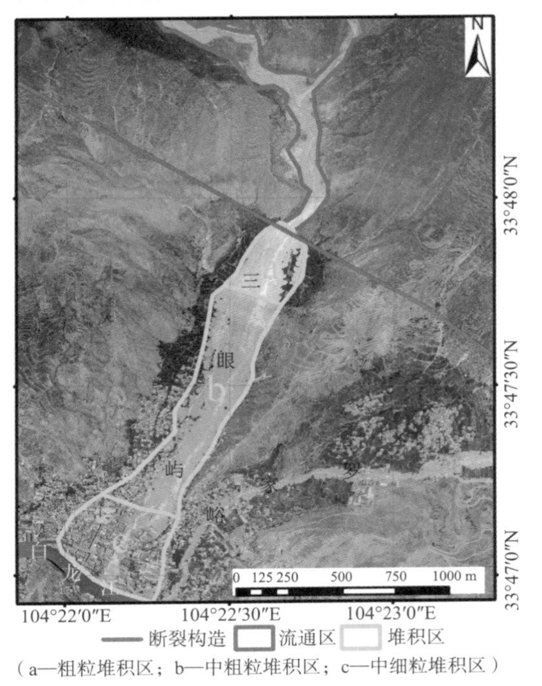

图 8.42　三眼峪沟泥石流流通区和堆积区遥感影像特征及堆积物相带划分（上）、泥石流堆积区侧碛堤及末端的扇形地（下，镜向北）

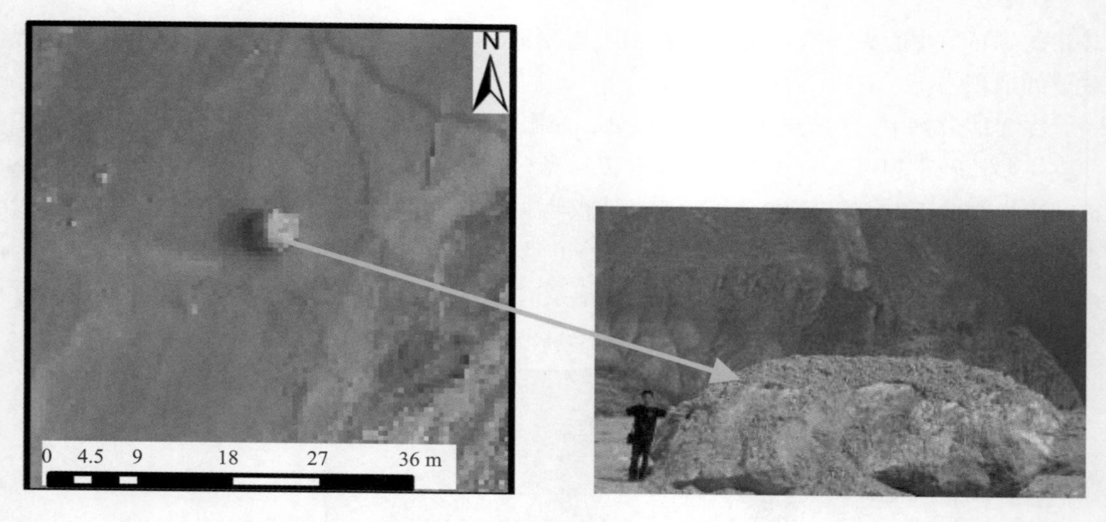

图 8. 43　遥感影像上显示的泥石流堆积物中的大漂砾（左）及照片（右，镜向北）

（3）原始地貌的恢复

从三眼峪沟出山口往下游 300 ~ 400m，在放大的航空遥感影像上，可看见泥石流堆积物呈阶梯状的微地貌形态，通过与周围未被泥石流堆积物掩埋的地形特点对比，可推知原始地形为梯田。实地考察的结果也表明，泥石流堆积物呈阶梯状为原始地形——梯田所致。罗家峪沟出山口附近南侧被泥石流堆积物掩埋的梯田的地貌特征也能得到很好的恢复。

综合上述，堆积物显著的浅白色及泥石流在堆积区和部分流通区的堆积形态为高分辨率遥感影像上识别舟曲特大泥石流的主要标志（陈正宜 等，1996）。堆积形态以沟床两侧的侧碛堤及末端的扇形地为主，泥石流堆积物中可见数米以上的大漂砾。这些特征也是识别现代泥石流的通用标志。不过，现代沟谷泥石流以浅白色调和侧碛堤为主要识别标志，而沟口泥石流堆积物识别则侧重浅白色调和扇形地，两者稍有差别。

参 考 文 献

陈国光，计凤桔，周荣军，等 . 2007. 龙门山断裂带第四纪活动性分段的初步研究 . 地震地质，29（3）：657 – 673.

陈晓利，邓俭良，冉洪流 . 2011. 汶川地震滑坡崩塌的空间分布特征 . 地震地质，33（1）：191 – 202.

陈正宜，魏成阶，魏永明，等 . 1996. 工程环境遥感应用 . 北京：煤炭工业出版社 .

崔鹏，韦方强，谢洪，等 . 2003. 中国西部泥石流及其减灾对策 . 第四纪研究，23（2）：142 – 151.

邓起东，陈社发，赵小麟 . 1994. 龙门山及其邻区的构造和地震活动及动力学 . 地震地质，16（4）：389 – 403.

董金玉，杨国香，杨继红，等 . 2011. 汶川地震灾区滑坡的成因及典型实例分析 . 华北水利水电学院学报，32（5）：10 – 13.

窦闻．2006. 多元遥感数据像素级融合统一理论框架研究．北京：北京师范大学博士学位论文．
杜灵通．2007. 基于遥感技术的土地利用/覆被变化研究．国土资源信息化（2）：18－22，27.
胡凯衡，葛永刚，崔鹏，等．2010. 对甘肃舟曲特大泥石流灾害的初步认识，山地学报，28（5）：628－634.
黄润秋，李为乐．2008. "5.12" 汶川大地震触发地质灾害的发育分布规律研究．岩石力学与工程学报，27（12）：285－292.
黄润秋．2008. "5.12" 汶川大地震地质灾害的基本特征及其对灾后重建影响的建议．中国地质教育，2：21－24.
蒋明先．2009. 龙门山地震带的大震系列——关于四川汶川 8.0 级大震的预报探讨．防灾科技学院学报，11（1）：133－135.
李春生．1989. 浅析舟曲县泥石流的成因．甘南科技（1）：47－50.
李晓明，郑链，胡占义．2006. 基于 SIFT 特征的遥感影像自动配准．遥感学报，10（6）：885－892.
李艳雯，杨英宝，程三胜．2007. 基于亮度平滑滤波调节（SFIM）的 SPOT5 影像融合．遥感应用，1：63－66.
李勇，黄润秋，Densmore A L，等．2009. 龙门山彭县－灌县断裂的活动构造与地表破裂．第四纪研究，29（3）：403－415.
李勇，周荣军，Densmore A L，等．2008. 映秀－北川断裂的地表破裂与变形特征．地质学报，82（12）：1688－1702.
刘礼，于强．2007. 分层分类与监督分类相结合的遥感分类法研究．林业调查规划，32（4）：37－39，44.
刘艳芬，张杰，马毅，等．2010. 融合地学知识的海岸带遥感图像土地利用/覆被分类研究．海洋科学进展（2）：193－202.
禄丰年．2007. 多源遥感影像配准技术分析．测绘科学技术学报，24（4）：251－254.
马东涛，祁龙，1997. 三眼峪沟泥石流灾害及其综合治理－甘肃舟曲泥石流的原因，水土保持通报，17（4）：26－31.
马东涛．2010. 舟曲 8.8 特大泥石流灾害治理之我见．山地学报，28（5）：635－640.
马国锐，陈峰，刘颖，等．2011. 多源遥感影像变化检测方法在地震城区灾害评估中的比较．海洋测绘，31（6）：72－75.
孟鹏，胡勇，巩彩兰，等．2012. 热红外遥感地表温度反演研究现状与发展趋势．遥感信息，27（6）：118－123，132.
彭立，杨武年，黎小东，等．2011. 面向对象的地质灾害信息提取——以汶川地震为例．西南师范大学学报：自然科学版，36（2）：77－82.
唐荣昌，韩渭宾．1993. 四川活动断裂与地震．北京：地震出版社，1－170.
王宇宙，汪国平．2006. 基于局部仿射不变特征的宽基线影像匹配．计算机应用，26（5）：1001－1003.
王忠武．2009. Pan－Sharpen 融合关键问题研究．中国科学院研究生院博士学位论文．
魏成阶，刘亚岚，王世新，等．2008. 四川汶川大地震震害遥感调查与评估．遥感学报，12（5）：673－682.
魏新功，王振国，包红霞．2008. 降水原因造成的舟曲县地质灾害分析．甘肃科技，24（21）：84－88.
吴彤，倪绍祥，李云梅，等．2006. 基于植被信息遥感反演的东亚飞蝗监测研究．地理与地理信息科学，

22（2）：25－29.

邢著荣，冯幼贵，杨贵军，等．2009. 基于遥感的植被覆盖度估算方法述评．遥感技术与应用，24（6）：849－854.

徐锡伟，闻学泽，叶建青，等．2008. 汶川 M_s 8.0 地震地表破裂及其发震构造．地震地质，30（3）：597－629.

闫冬梅．2003. 基于特征融合的遥感影像典型线状目标提取技术研究．中国科学院研究生院博士学位论文．

杨晓平，蒋溥，宋方敏，等．1999. 龙门山断裂带南段错断晚更新世以来地层的证据．地震地质，21（4）：341－345.

张蓬涛，周雁，刘晓庄，等．2007. 人工神经网络在农业自然资源研究中的应用．安徽农业科学，35（27）：8711 － 8713.

张永生，巩丹超，等．2004. 高分辨率遥感卫星应用——成像模型、处理算法及应用技术．北京：科技出版社，122－141.

张雨霆，肖明，李玉婕．2010. 汶川地震对映秀湾水电站地下厂房的震害影响及动力响应分析．岩石力学与工程学报，29（s2）：3663－3671.

赵俊华．2004. 舟曲县滑坡泥石流遥感影像判读与灾害防治．人民长江，35（12）：1－24.

赵芹，周涛，舒勤．2006. 基于特征点的图像配准技术探讨．红外技术，28（6）：327－330.

赵书河．2008. 多源遥感影像融合技术与应用．南京大学出版社．

赵小麟，邓起东，陈社发．1994. 龙门山逆断裂带中段的构造地貌学研究．地震地质，16（4）：422－428.

赵英时．2003. 遥感应用分析原理与方法．北京：科学出版社．

朱述龙，朱宝山．2006. 遥感图像处理与应用．科学出版社．

Aiazzi B, Baronti S, Selva M. 2007. Improving component substitution pansharpening through multivariate regression of MS + Pan data. IEEE Transactions on Geoscience and Remote Sensing, 45（10）: 3230 – 3239.

Belur V. 2004. Multi – sensor, multi – source information fusion: architecture, algorithms, and applications – a panoramic overview, ICCC. Second IEEE International Conference.

Blaschke T. 2010. Object based image analysis for remote sensing. ISPRS J. Photogram. Remote Sens., 65（1）: 2 – 16.

He Y, Hamza A B, Krim H. 2003. A Generalized Divergence Measure for Robust Image Registration [J]. IEEE Transactions on Signal Processing, 51（5）: 1211 – 1220.

Liu Yalan, Ren Yuhuan, Hu Leiqiu, et al. 2012. Study on Highway Geological Disasters Knowledge Base for Remote Sensing Images Interpretation. 2012 IEEE International Geoscience and Remote Sensing Symposium (IGARSS): 6126 – 6129.

Martha T R, Kerle N, Westen van C J, et al. 2012. Object – oriented analysis of multi – temporal panchromatic images for creation of historical landslide inventories. Isprs Journal of Photogrammetry and Remote Sensing, 67: 105 – 119.

Martin Y E, Franklin S E. 2005. Classification of soil – and bedrock – dominated landslides in British Columbia using segmentation of satellite imagery and DEM data. International journal of remote sensing, 26（7）: 1505 – 1509.

Mayer H, 1999. Automatic object extraction from aerial imagery – a survey focusing on buildings. Computer Vision and Image Understanding, 74 (2): 138 - 149.

Milan S, Vaclav H, Roger B. 2003. 图像处理、分析与机器视觉. 艾海舟, 武勃, 等, 译.

Ranchin T, Wald L. 2000. Fusion of high spatial and spectral resolution images: the ARSIS concept and its implementation. Photogrammetric Engineering and Remote Sensing, 1: 49 - 61.

Timothy G, Guy S B, Stefan W M. 2011. Comparing object - based and pixel - based classifications for mapping savannas. International Journal of Applied Earth Observation and Geoinformation, 13 (6): 884 - 893.

Tu T M, Huang P S, Hung C L, et al. 2004. A fast intensity - hue - saturation fusion technique with spectral adjustment for IKONOS imagery. IEEE Geoscience and Remote Sensing Letters, 1 (4): 309 - 312.

Wang Z, Ziou D, Armenakis C, et al. 2005. A comparative analysis of image fusion methods. IEEE Transactions on Geoscience and Remote Sensing, 43 (6): 1391 - 1402.

Yang X, Jiao L. 2008. Fusion algorithm for remote sensing images based on nonsubsampled contourlet transform. Acta Automatica Sinica, 34 (3): 274 - 281.

Zhang W, Lin J, Peng J, et al. 2010. Estimating Wenchuan Earthquake induced landslides based on remote sensing. Int. J. Remote Sens, 31 (13): 3495 - 3508.

Zitova B, Flusser J. 2003. Image registration methods: a survey. Image and Vision Computing, 21: 977 - 1000.

Zitová B, Flusser J. 2003. Image Registration Methods: a Survey. Imaging and Vision Computing, 21 (11): 977 - 1000.

第 9 章　灾害关联性科学研究

9.1　灾害关联性的概念、内涵与研究意义

大量事实表明，自然灾害之间存在着关联性（见图 9.1）。例如，强震发生之前人们普遍感到异常闷热，震后很快降雨或降雪，山区地震必有滑坡和泥石流。巨灾往往“祸不单行”，如 2008 年 5 月 12 日汶川巨震前西南藏东地区发生大旱（2004 年至 2006 年）和大量森林草原大火，接着发生大面积冰冻（2007 年 12 月至 2008 年 2 月）；地震产生许多滑坡、崩塌，震后 10 余天连续降雨，产生大量的泥石流，形成众多的堰塞湖；震后两年多（2010 年 8 月 8 日）突降暴雨，发生舟曲特大型泥石流。这说明灾害之间存在着潜在的时空关系和成因联系。

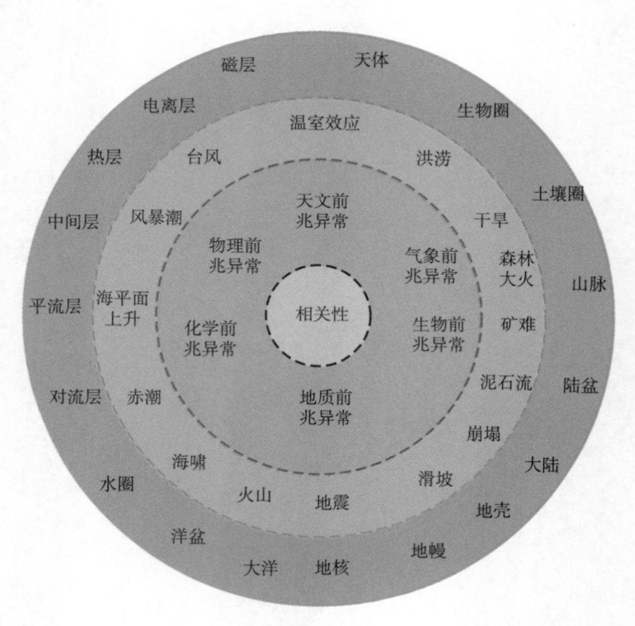

图 9.1　地球自然灾害是复杂开放的巨系统

洋陆之间的重大自然灾害也可能存在关联性。例如 2004 年 12 月 26 日印尼苏门答腊发生里氏 8.7 级巨震并引起海啸，震前 40 天至 20 天内海面热流值出现异常，从 $10W/m^2$ 增加到 $35W/m^2$ 左右；震前 20 天至临震时异常中心突然增加到 $80W/m^2$；震后，卫星云图反映从震中上升的大量水汽向华南方向运动。王涌泉根据其研究的震洪链，预测珠江可能将发生大洪水（高建国 等，2006）。2005 年 6 月 17 日至 25 日珠江流域果然发生了大洪水。

天文因素可能会触发地球内部的重大自然灾害。例如，按照天文计算，在 2009 年 9 月 16 至 21 日 6 天之内，有 12 个引潮力共振加压叠加在重庆地区；同时又观测到次声波、虎皮鹦鹉、磁异常等灾害前兆异常。2009 年 9 月 19 日，耿庆国、李均之、任振球等专家预测在 19 日至 25 日（特别是 9 月 20 日至 21 日），重庆地区可能发生大型滑坡或 6.5 级左右地震。9 月 20 日下午 4 时 50 分在重庆市万州地区巫溪县峰灵镇庙溪村发生100 万 m^3 特大滑坡，庙溪村被滑坡吞没。由于中央和地方各级领导对预测结果高度重视，事先及时采取措施，全村 56 人无一伤亡（任振球，2013）。

9.1.1　自然灾害的发生和发展之间存在着关联性

自然灾害是开放的地球及地外复杂巨系统中物质运动和能量交换所形成的一种异常现象，灾害之间存在十分密切的关联性；自然灾害之间在时间方面的关联性的显著表现被称为灾害链（郭增建 等，1987；耿庆国，1985）。灾害链实际上表现为不同灾害之间次序发生、发展的过程关联性（见图 9.2）。灾害链即指一个重大灾害发生后，继发另一个重大灾害，并在时空关系上呈现链式、有序结构的大灾传承效应（门可佩 等，2008）。

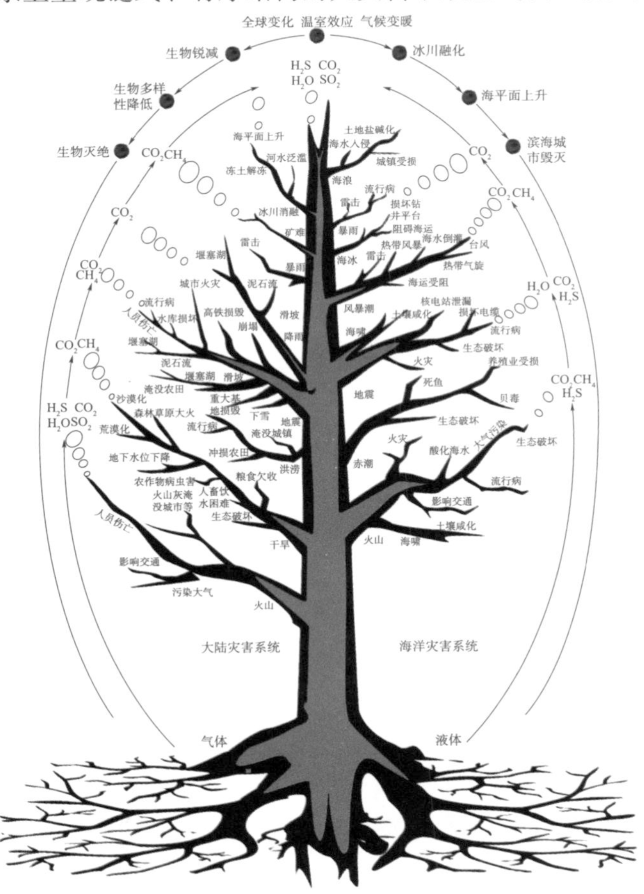

图 9.2　地球自然灾害关联结构示意图

9.1.2　一些灾害之间存在着成因和机制的关联性

自然灾害作为一种巨大的物质运动和能量交换的结果，在灾害的孕育、形成、发生和发展过程的各个阶段中，必然伴随着相应的物理、化学、地质和大气的变化，会对地理、气候、天气等自然环境和自然过程造成巨大的影响，甚至会影响地球上生物的生活、生存与发展，各种敏感生物对这些灾害的各个阶段产生出相应的生物异常现象。例如，作为温度厄尔尼诺现象可以是某些地区台风、暴雨和海啸，以及干旱的共同成因。

9.1.3　自然灾害的各种前兆存在着关联性

灾害孕育、形成、发生和发展过程中所表现出的地质异常、地球物理异常、地球化学异常、气候和气象异常、生物异常等就是灾害监测和预测研究中所说的前兆现象。这些前兆现象由于是自然灾害在各个阶段物质运动和能量交换的外在表现，故这些异常前兆必然在空间、时间、成因上具有内在的关联性，我们称之为前兆关联性。

各种自然灾害孕育发生的机理和预测是世界性的科学难题。这是因为：

1）自然灾害是开放的地球及地外复杂巨系统中物质运动和能量交换所形成的一种异常现象，人们对此巨大系统的认知还很片面；

2）灾害数据和信息具有多源、多类、多量、多维、多尺度、多时态、多主题等特征；

3）还原论的思想难以解决如此复杂巨系统的科学问题；

4）人们对众多自然灾害孕育、发生和发展的规律的认识还十分有限。

过去，由于仪器、手段和观测方式的限制以及积累数据的不足，人们对自然灾害的观察、观测和研究还不够深入，不能认识到自然灾害和自然灾害之间在孕育、形成、发生和发展过程的关联性，科学家们对自然灾害的早期研究是孤立的和片面的。目前，世界上有关灾害关联性的综合交叉研究十分薄弱，存在着单种灾害研究多、灾害之间的关系研究少，平面监测多、立体监测少，灾后应急多、灾前预测少，单学科研究多、多学科交叉少，局部模式多、系统理论少等情况。

今天科学技术的发展，已经可以为我们提供众多的可供选择的观测手段（例如，各种卫星和地面观测）、日新月异的研究方法（例如，数值建模和数值模拟），可观测和积累巨量的灾害数据（例如，物联网和云计算），这为各灾种开展关联性研究提供了良好的研究条件。显然从互相联系和发展的观点，开展多角度、多学科的联合研究，对于弄清自然灾害的形成和致灾机理，从而为重大灾害监测、预测、预警提供理论指导和技术支撑是很有必要的。这对于保障人民生命财产安全和经济社会可持续发展，维护国家核心利益，贯彻以人为本的科学发展观，不仅具有现实意义而且具有重大的科学研究和实际应用价值。

中国是自然灾害多发的国家，特别是世界上地震灾害最为严重的国家之一。我国陆地面积只有全球陆地面积的7%，发生了全球33%左右的大陆地震，造成的死亡人数占全球地震灾害死亡人数的一半以上。随着经济的快速发展和社会文明程度的不断提高，地震灾害往往伴随泥石流、滑坡、岩崩等次生灾害，还伴随着生命线损毁、交通瘫痪、供电供气中断、火灾蔓延等灾害，地震灾害造成的损失也呈现非线性加速增长。1994 年 1 月 17 日美国洛杉矶地震造成 50 多人死亡和 200 多亿美元的财产损失，2004 年 12 月 26 日印度洋地震海啸则造成了 290000 多人死亡；而 2008 年 5 月 12 日中国汶川地震则造成了 69000 多人死亡和 1000 多亿美元的财产损失。在我国诸多自然灾害中，地震造成的死亡人数也占自然灾害死亡总人数的 54%。1999 年在日内瓦召开的“国际减灾十年活动论坛”上，前联合国秘书长科菲·安南在他的致词中指出：“灾前的预防比灾后的救援更人道，也更经济”。研究灾害的关联性，特别是研究与地震等灾害的关联性，是未来各种灾害预测预报、促进减灾的重要科学基础。

9.2　灾害关联性的研究现状

地球重大自然灾害多以灾害链的形式出现。目前国外灾害链的研究几乎空白，国内灾害链的研究仍十分薄弱。

郭增建于 1987 年首次提出灾害链，并定义为一系列灾害相继发生的现象。耿庆国早在 1972 年提出了旱震关系，也是一种灾害链，并据此对唐山、汶川等地震作出了较准确的中期预测。

李德威（1997，2008，2010，2011，2012）认为：地球自然灾害显示出区域性、群发性、关联性、有序性、迁移性、突发性等特点，灾害多发区与地热异常区吻合，热流体运动是形成地球自然灾害的主因，构成热灾害链。海洋之中、大陆内部、洋陆之间、天地之间的各种自然灾害存在着关联性；在这个有序的地球自然灾害系统中，地球内部热异常及其对岩石的液化和气化作用和对海水、土壤、大气的温度效应制约了地球自然灾害系统，其形成机理如图 9.3 所示：地幔软流圈高温热流物质上涌引起下地壳部分熔融或高度熔融，低密度热流物质上升产生火山，产生一系列的地质灾害和气象灾害。熔融程度较低的固态流变物质在重力作用下侧向流动，热流物质局部集中，导致跨年（季）度干旱、森林草原大火、异常降水或冰冻、地震及其他地质灾害。上述过程均与地球内部释热放气有关，也是地球温室效应的重要因素。地球热构造活动强烈时期的灾害效应极强，不仅形成上述灾害系统，还影响到海平面变化，甚至导致生物绝灭。

在天体引潮力的作用下，外核、地幔和大陆地壳不同厚度的流体层会发生波动，多个天体引潮力共同作用于地球某个区域会引起地球内部流体层的异常流动，在内部致灾因子达到临界条件下，诱发自然灾害。

现阶段国内外缺乏一个综合集成地球系统模式与灾害关联性的研究平台。综其原因，有以下 4 个方面：首先，科学家们集中于研究单个独立灾害模型或者地球系统模式，耗费了大量的人力物力，对开展关联性的研究重视不够；其次，每种灾害模型根据自身研究需要，都进行了大量的多种形式的地面和遥感观测，收集和整理了大量的观测数据，而现阶段缺乏一个统一的数据库来搜集、整理和管理这些数据，用于支持灾害关联性的研究；第三，灾害关联性的研究与灾害模型的相互独立发展，不利于综合研究灾害孕育到发生机理的研究以及灾害预报和预警；第四，灾害关联性的研究需要大数据量的高性能计算能力，目前尚没有一个针对关联性的研究平台能提供这样的运算能力。因此，建立一个灾害关联性研究的平台是我们整体研究和全面认识复杂开放地球系统及其灾害系统的基础，开展多学科结合的相关研究工作，才能揭开地球运动规律、灾害形成机理之谜，进行灾害的科学预测。

归纳起来，灾害关联性的研究，在理论和技术研发方面，灾害监测多，灾害预测少；单种灾害机理研究多，灾害之间的关联性研究少，多学科交叉少。在平台建设方面，平面监测多，立体监测少；灾害模式多，系统理论少；综合灾害模拟预报能力差。

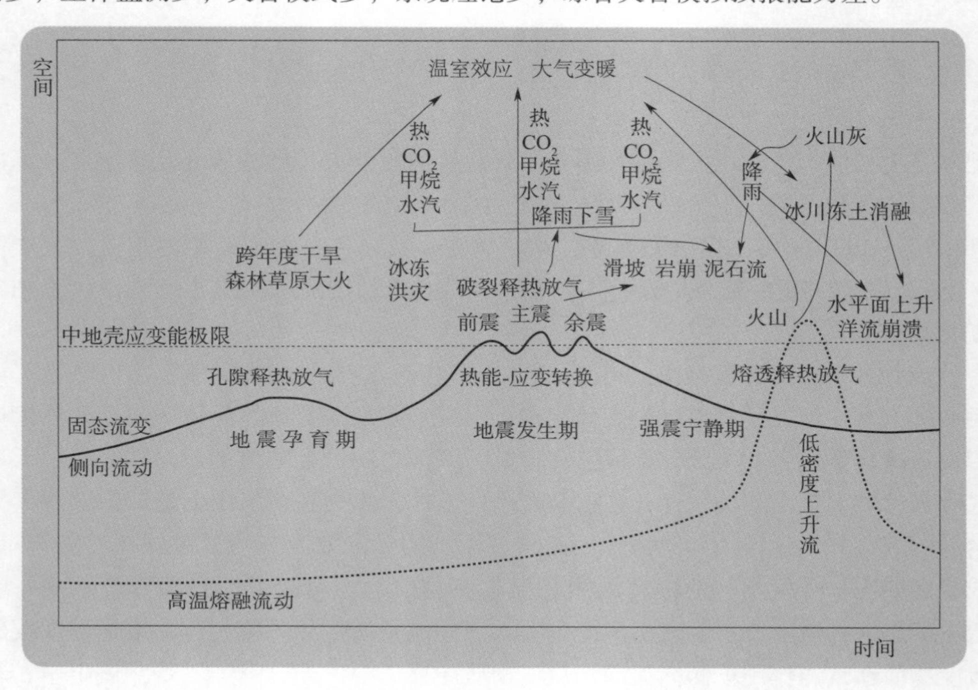

图 9.3 在热流体作用下地球自然灾害形成的关联机理示意图

9.3 灾害前兆关联性

灾害的前兆是灾害孕育、发展和发生过程中表现出来的各种地球物理、地球化学、气象、地质等方面的异常现象。国内外研究灾害的学者对前兆的解释和理解差别很大，还没有统一的前兆分类方案。本书所述灾害前兆指与灾害孕育发生有关联的灾害前兆，是一种较广义的定义，是经统计检验确与灾害孕育发生过程相关的地球物理、地球化学、气象、地质等各类前兆。

不同的灾害有不同的前兆类型，可以从不同的角度对这些前兆分类。这些前兆之间可能是同一灾害过程中直接发生的地球物理、地球化学、气象、地质现象或者受影响而产生的生物异常及其他形式的现象，也可以是渐次发生且具有时间结构的地球物理、地球化学、气象、地质现象。大量的实际观测表明，单一灾害前兆之间具有时间和空间的关联性，同时或次序发生的灾害（链）之间在时间和空间上也有前兆的关联性。研究这些前兆与灾害发生过程的时间和空间关系，以及前兆之间的关联性具有特别重要的意义，因为前兆是我们预测预报灾害的物理及信息基础。

9.3.1　前兆的分类

从灾害前兆的性质可以将前兆划分为物理前兆、化学前兆、生物前兆等。例如，在地震孕育发生过程中震源及其附近物质发生的温度、电磁场、地形变、重力、应力等变化就是物理前兆，而地下流体物质成分的化学变化就是化学前兆。

根据与灾害源的空间关系，可以将灾害前兆划分为近场前兆、远场前兆和关联前兆三种（丁鉴海 等，2003）。以地震为例，近场前兆是指震中附近的区域所发生的前兆，又称为局部性前兆；远场前兆是距离震中较远的区域所发生的前兆，又称为区域性前兆；关联前兆是指更大范围、更大尺度，且与孕震的立体环境相联系的前兆，又称大尺度动态前兆。近场前兆是地震孕育和发展过程中深部物质运动、介质状态、震源破裂过程产生的直接和间接的局部性地震前兆。

根据灾害从孕育、发展到发生的时间过程，可以将灾害前兆划分为长期前兆、中期前兆、短期前兆、临灾前兆。一些巨型的自然灾害在孕育的初期或中期就能看到其后的灾变发展过程，例如，厄尔尼诺和拉尼娜现象就是台风、暴雨、干旱、高温和低温雨雪冰冻天气等气象灾害有密切关系的中期前兆。

灾害前兆还可以分为微观前兆和宏观前兆两类。微观前兆是指那些依靠仪器才能观测到的异常现象。例如，地震微观前兆包括小地震活动特性、地壳的微小形变、地球重力场、地球磁场、大地电场和电阻率、电磁波传播特性、流体（地下水动态）及其化学成分，以及大气红外温度的变化等。再如，气象灾害微观前兆包括气压、温度、湿度、风力等。微观前兆由灾害科学工作者使用专门的仪器进行观测和分析。

宏观前兆是指能凭人的感官直接觉察到的异常现象。例如，地震宏观前兆包括人能感觉到的小地震活动、地动、地下水异常、生物异常、地声异常、地光异常、气象异常、电磁异常（指南针强烈扰动）等。如果人们恰当、准确地判断宏观异常与灾害的关系，并能及时采取防范措施，就会取得显著的减灾效果。

9.3.2　单一灾种的前兆关联性

任何一种灾害的各种前兆都具有内在的关联性。这种关联性主要表现在持续性、阶段性和前兆次序性发生，还有空间分布的集中性与非均匀性，以及同源性和时空转移性等。以地震前兆的时间分布的有序性为例，在地震孕育的早期，地形变较弱，难以观测到前兆；当岩体变形到非弹性阶段，才会出现可观测到的与应力、应变以及微破裂发展等有关的异常现象；随着应力的持续增加，非弹性形变会加速变化；达到应力峰值后，进入塑性变形阶段，应力下降，在一定条件下变形会发生突变，大量释放应变积累的能量而发生地震。与此相应，地震前兆被划分为长期前兆、中期前兆、短期前兆和临震前兆四个阶段。长期前兆，不易观测到，但会表现为地震活动性增强；中期前兆主要表现为地形变、应力、波速、地磁、地电、重力、水化学、水位等的趋势性异常；短期前兆主要是一些趋势性异常的转折和前兆异常数量的增加；临震前兆则表现为前震活动和多种突发性异常（梅世蓉 等，1993；高旭 等，1984）。

灾害的各种前兆分布在空间上具有集中性与非均匀性。不同的前兆分布的区域不同，相对集中分布，而且分布是非均匀的。例如，地震在未来主破裂面附近常表现有异常的优势分布（张国民 等，1994）；地震远场前兆往往出现在对应力、应变变化反映较灵敏的特殊构造部位，即地震学家所说的“穴位”点（陈修高 等，1989）。茂木清夫曾研究了美国、日本和中国三种不同构造类型地区地震前兆的差异，对 1970 年代后期以来发生的一系列 6 级左右地震，美国西海岸地区似乎观测不到明显前兆，而在日本则可观测到较明显的前兆现象，在中国大陆地区，甚至可观测到比日本更明显的前兆。他认为是构造规模、力学性质和结构不均匀性等造成了地震前兆的这种区域性差异（Mogi，1984）。

灾害的各种前兆分布具有同源性或统一性。气象灾害的发生可以根据气温、气压、湿度等前兆来预测暴风雨的到来，而气温、气压、湿度的变化都与太阳和地球的运动及气候变化有关，它们有高度的同源性。例如，地震能引起电磁场的变化。一般认为磁场变化的原因有两个，一是地震前岩石在地应力作用下出现压磁效应，从而引起地磁场局部变化；二是地应力使岩石被压缩或拉伸，使得岩石中的孔隙变形，孔隙结构中固、液、气三相材料体积比例发生变化，以及含水导电通道等效截面的变化引起电阻率变化，使电磁场有相应的局部变化。因此，地磁场和地电阻率的这些变化都是由应力变化造成的，具有相同的起源。

前兆具有时空转移性。例如，地震的趋势异常由震中向外围地区扩展，而短临异常由外围地区向震中地区收缩（冯德益，1983），这说明灾害前兆在空间的分布是随时间而发生变化的。

9.3.3 灾害之间的前兆关联性

目前，有关灾害之间的前兆关联性研究尚为空白，亟须科学观测、数据整理与深入研究。初步研究认为：

1）同时或次序发生的灾害其前兆具有时间关联性。例如，按照热流体动力地震形成的假说和耿庆国旱震关系理论（耿庆国，1985；李德威，2011；聂高众 等，1999），地震中期前兆是干旱，临震前兆是前震活动诱发的崩塌、滑坡、地面塌陷、泥石流等地质灾害。因此，气象灾害、地质灾害本身及其前兆与地震前兆密切相关，又可以看作是地震前兆的一种。

2）有成因联系的灾害及其前兆具有空间关联性。例如，地震与地震诱发的滑坡，会在同一地区的某些构造断裂带附近，同时出现地震与滑坡的前兆。

9.4　灾害关联性的模式与机理

自然灾害是地球系统物质运动和能量交换的异常现象，具有区域性、群发性、有序性、突发性、节律性、关联性等特点。只有正确认识地球自然灾害系统的结构、成因，才能有效地防灾减灾。

就已知的事实来说，一是灾害及灾害链孕育、发展和发生过程自身演变具有时间关联性，是内在的物质运动不同阶段的结果；二是多种灾害有密切的成因联系，即发生在一些区域的自然灾害尽管它们种类不同，表现为不同的形式，但它们在成因机理上是有关联的；三是灾害发生的因素复杂。一些大的自然灾害，例如，突发型特大暴雨和强震，可能受到引潮力等天文因素的影响（任振球 等，1983；胡辉 等，1993；任振球，2002）。

1987年郭增建提出了灾害链的理论概念和分类，首次尝试建立灾害关联性的模式。他提出灾害链分为因果链、同源链、互斥链和偶排链等四类，也可分为串发性与共发性灾害链两类。因果链或串发性灾害链是指在一种灾害发生后，会诱发另一种灾害，即灾害之间在成因上有某种直接或间接的关系，比如大旱有助于预测大震，大震亦有助于预测海啸。同源链或共发性灾害链是指在某一地区同时发生的一系列灾害，在成因上是同源的。如在太阳活动峰谷年前后，旱、震、涝、矿井突水、瓦斯突出、粉尘爆炸等灾害接连发生。互斥链是灾害之间有此长彼消的关系，而偶排链是暂时不明关系的灾害排成链的现象。

传统上，地震、火山等地质灾害的成因的基本机制被认为主要是构造运动的结果，可以用板块运动理论加以解释。而气象灾害和其他类型的灾害，无法用统一的理论加以解释。热驱动的灾害关联性模式以大量观测事实（耿庆国，1985；李德威，2011；聂高众等，1999；汤懋苍 等，1995）为基础，从新的角度来解释地球自然灾害的机理和成因联系。

热驱动的灾害系统论认为，在地核和太阳强大的热能驱动下，开放的地球系统固、液、气态物质发生不同尺度的循环运动。流体运动是地球物质运动的主导因子。地球不均匀热结构导致流体不均匀流动，涉及固流气耦合、天地耦合、地气耦合、洋陆耦合和盆山耦合，产生能量链、物质链、结构链、事件链、资源链、能源链、灾害链和环境链。地球内部热动力及其相关的重力、应力、引潮力联合作用于地球某个特殊部位，形成一系列具有成因联系、时空联系、前兆联系的自然灾害。通过灾害链的时空结构和有成因联系的前兆异常可以预测灾害，能够有效地防灾。

9.5　天文因素对地球灾害的影响

地球是一个开放系统，虽然地球上的灾害受地球内部多种因素制约，但来自地球外部的天文因素不可忽略。事实表明，天文因子对地球内部活动有着很大的影响，尤其对于地球灾害的发生，天文活动的作用是很重要的触发因素。

地球上的很多自然现象和物理过程受太阳、月亮的影响巨大，例如常见的潮汐（包括固体潮）、植物的生长、天气的变化、电离层的变化等都受到太阳或月亮影响，甚至一些重大自然灾害的发生也受天文因素的巨大影响，例如地震、滑坡、泥石流、台风、暴风雨（洪涝）和干旱等。

太阳是地球邻近的最大天体，每天以电磁波的形式向地球辐射大量的光和热，特别是太阳风暴和太阳黑子爆发期间，地磁场和地电场会发生急剧变化。地震热流体成因理论认为，由于磁暴过程中地磁场特别强，会对地下的热流体施加强烈作用，激发出较强的流体电流，从而产生附加磁场到地球磁场上，这种附加磁场现象可被用来研究地震的孕育和发展过程。美国学者 Simpson 甚至认为，太阳活动在地壳内产生的感应电流也会导致地震。当然这些学说（假说）都需要通过持续不断的研究和实际数据的检验。

此外，地球上的天文观测也会受到地球表面或内部的影响，特别是地球内部质量的变化，会对一些通过观测恒星的位置以确定天文时间的仪器造成观测误差。这些观测误差反过来说明了地球内部的质量迁移（陈运泰 等，1980），这种现象可以用来预测地震、滑坡等重大自然灾害。

因此，研究天文因素对地球自然灾害的致灾作用，以及利用天体激发的地球物理效应，或者天文观测来研究地球自然灾害的形成有着十分重要的意义。

9.5.1 地外天体引力对地球的作用与自然灾害的关系

地外天体对地球的作用主要通过引力和电磁波（或光）发生作用。由于地外天体巨大的引力或电磁能量辐射，使得地球局部的温度、压力、应力、电场、磁场等发生变化，并以地球表面气候、潮汐、地壳形变表现出来，这些表现的极端情形或重大变化就是如地震、滑坡、泥石流、干旱、暴风雨（洪涝）、台风等的自然灾害。

有实际观测可以证实，地震前地电阻率的变化与地球潮汐的关系密切（见图 9.4），观测者认为月球和太阳引潮力既是触发地震的重要因素，也可以用来探测地震孕育区并预测地震（赵玉林 等，2010）。

图 9.4（a）为 1976 年唐山 7.8 级地震前后，地电阻率变化曲线，上图为南北向地电阻率，下图为东西向地电阻率。图 9.4（b）为将图 9.4（a）中的电阻率标号投影到当地潮汐发展时间表上的结果。

在气象领域，通过特大暴雨和台风大样本资料的统计信度检验（见图 9.5），发现以月亮（或太阳）为主的“三星一线”出现时的非经典引潮力的共振效应，是触发一系列的突发性特大自然灾害发生的重大因素（任振球，2004）。

由图 9.5 可见，西北太平洋热带气旋遇到朔望时的强度变化，严格取决于朔望发生时刻的引潮力垂直分量。在朔望发生时刻的垂直引潮力的提升区，绝大多数热带气旋都得到加强（18/20），仅两例已登陆但强度未增；否则，热带气旋大都不发展甚至减弱（32/47）。

任振球对华北和邻近的辽宁地区曾发生过的 4 次罕见特大暴雨分析研究表明，它们除了平常意义上的气象学成因外还与引潮力共振的特定叠加有密切联系。一般来说暴雨天气形势具备之后，如果华北继续遇引潮力共振减压的叠加，将触发罕见特大暴雨的发生。其中台风在影响本区时（假定台风登陆我国大陆时强度为 35m/s），如遇一个引潮力共振减压，当天的最大日降水可达 500mm 左右；如一天内遇两个引潮力共振减压的叠加，则当天的最大日降水将达 1000mm 左右。

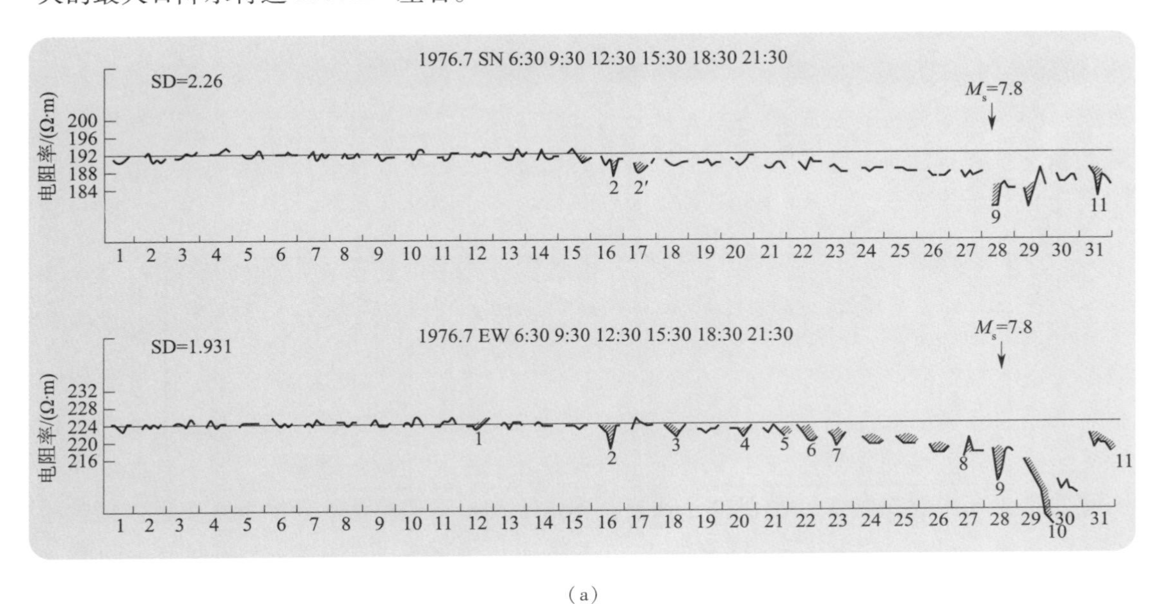

(a)

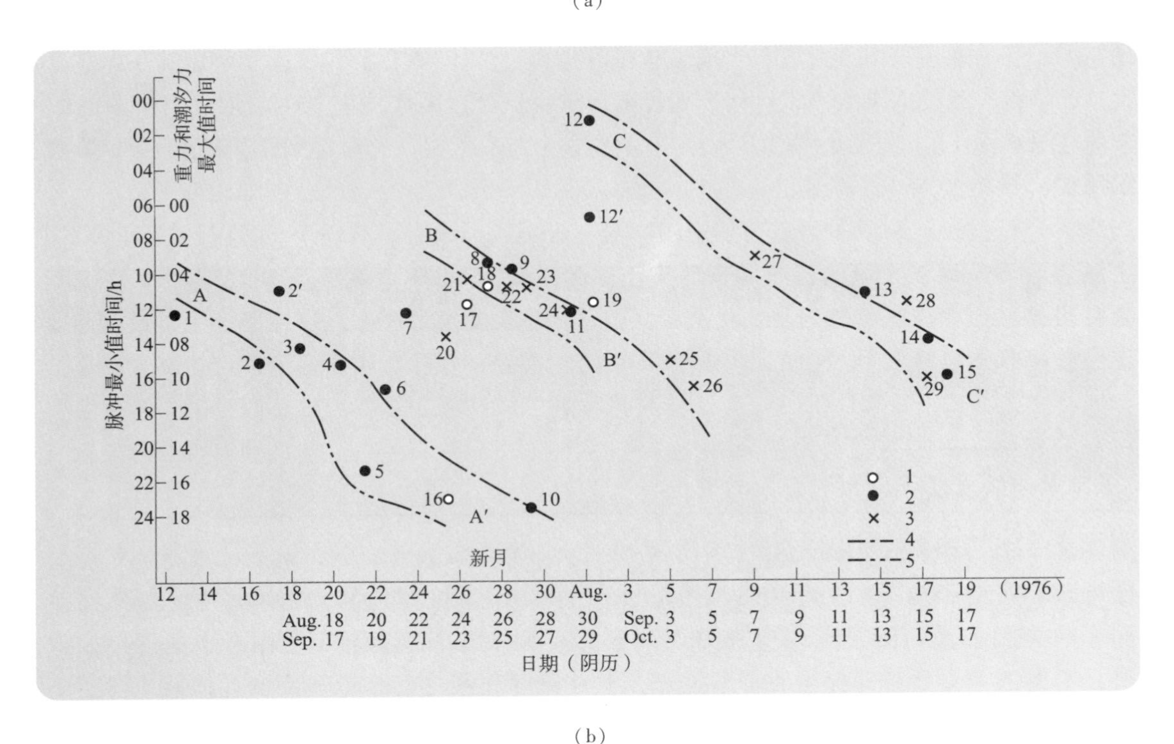

(b)

图 9.4　地电阻率的变化与地球潮汐的关系

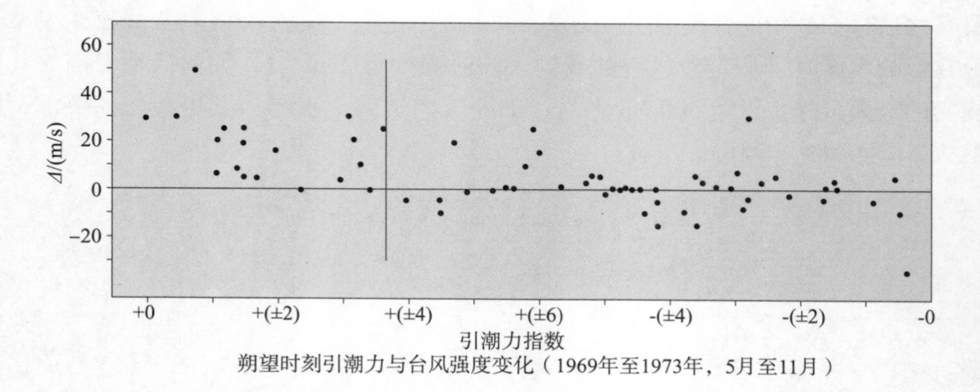

	发展	不发展	总计
朔望时 < ±3.7	18	2	20
朔望时 > 3.7	15	32	47
总计	33	34	67

图 9.5　引潮力与台风强度的变化关系

除了台风、大暴雨等气象灾害外，作为一种重要的触发因子，在“三星一线”的引力叠加区还容易发生火山、滑坡、岩崩、矿难等重要自然灾害。另外，上述的引潮力共振效应，也是诱发地震的重要因素。研究者任振球曾经统计过河北境内发生的地震与引潮力的关系（见表 9.1），发现 6 级以上地震与引潮力的关系密切，有可能是地震发生的重要触发因素。

表 9.1　河北大地震与朔望引潮力的关系

天文判据	有 M_s≥6 级	无 M_s≥6 级	总计
符合	4	1	5
不符合	0	391	391
总计	4	382	396

“三星一线”的物理机制是什么？有没有可能是一些重大自然灾害的致灾因子？这是我们未来需要研究的重要课题。特别需要指出的是，“三星一线”的引力放大，已经得到日全食（太阳——月亮——地球构成“三星一线”）观测的初步证实。中科院地球物理所在 1997 年 3 月 9 日黑龙江漠河日全食时，观测到日全食时出现两个重力负异常，显示了外来引力的突然增强（Wang et al，2000）（见图 9.6）。

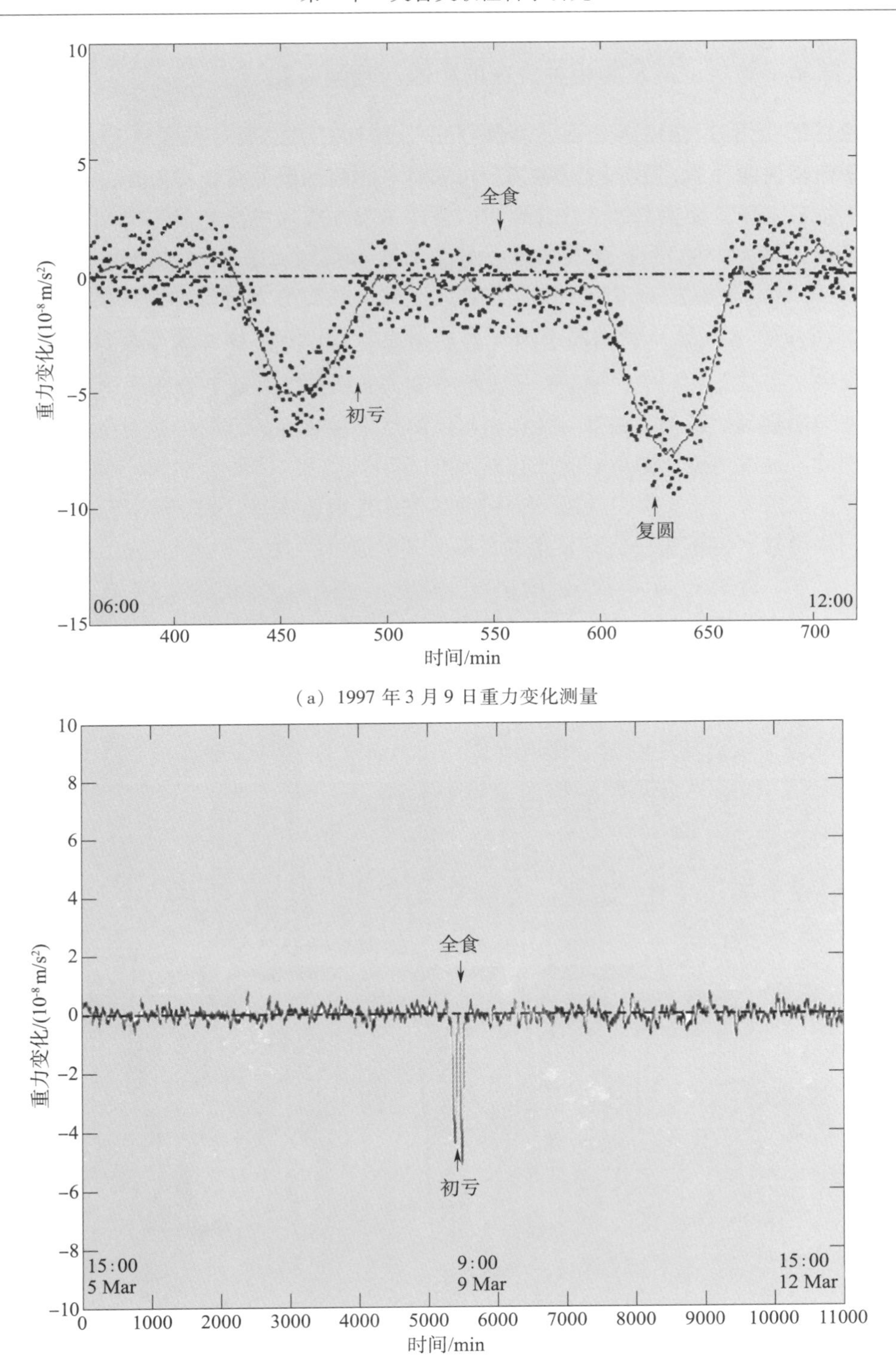

（a）1997 年 3 月 9 日重力变化测量

（b）1997 年 3 月 5 日至 12 日重力变化测量（7d）

图 9.6　引力增强现象——“三星一线”的物理机制

中科院地球物理所在 1997 年 3 月 9 日在黑龙江漠河日全食观测时出现两个重力负异常，显示了外来引力增强

9.5.2 太阳黑子等对地震及其相关灾害的影响与观测研究

地球磁场的变化与太阳活动，如太阳黑子的爆发有密切关系（见图9.7）。太阳以紫外辐射和粒子流辐射两种形式影响地球磁场，与其对应的两种地磁变化即稳定的太阳静日变化和非稳定的扰日变化，如磁暴等。统计表明，全球 $M_s \geq 8$ 级地震活动最多时期在太阳活动的极大值期和极小值期，而全球 $M_s \geq 7$ 级地震活动最多时期在太阳活动的极大值附近的下降段。

地球大约每5~6天就被强烈的太阳风暴加卸载1次。以地震为例，由于地震是一种非线性失稳现象，在孕震过程中，地下介质由稳态变为非稳态，其地下介质的电磁性质发生变化，必然使地面测点记录到的磁暴时扰日场与该测点正常时期的不同，并与稳定区的正常值有差别。因此，通过地磁加卸载响应比的异常可以反映地球内部的异常区，而这些异常区极易发生地震、火山等地质灾害，并进一步引发其他次生地质灾害（林云芳 等，1988）。也有人发明了利用磁暴（磁偏角变化）发生的日期来预测地震的方法——磁偏角二倍法。

目前，我们还不知道地震孕震区的物质变化与地磁响应之间的确切关系，弄清楚这种物理机制，对地震及其相关灾害的研究和预测是十分必要的。

太阳黑子活动与地球多种灾害均存在一定程度的联系，例如太阳活动与多种海洋灾害、旱涝存在一定的关系。孙长安等研究了太阳活动与长江中下游旱涝的关系发现，旱涝的周期性变化是太阳周期活动的一种响应。

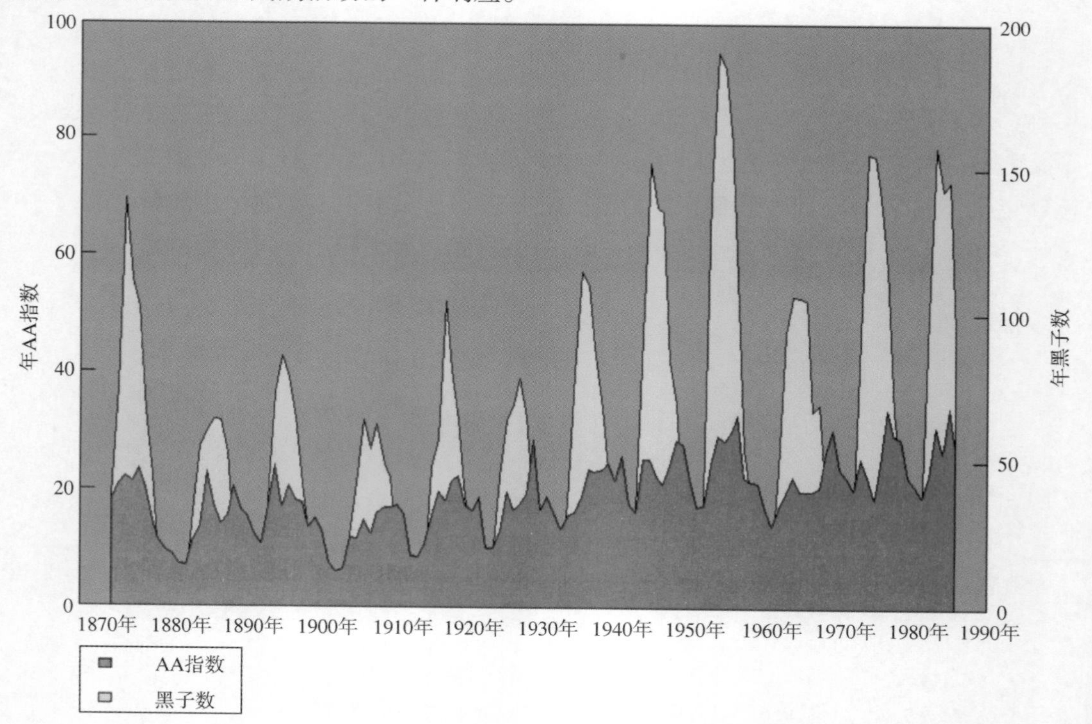

图9.7　地球磁暴与太阳黑子的关系

宇宙天体还可以对地球电离层产生影响，尤其是太阳，因为电离度主要受获得的太阳辐射影响。太阳耀斑和太阳风中的带电粒子可以与地球磁场相互作用，导致对电离层的扰乱。地球电离层是日地空间的重要组成部分，确定地震前电离层的异常变化已成为国内外空间物理界与地震短临预报研究的热点。早在1964年阿拉斯加大地震时，Leonard和Barnes就已发现电离层有扰动现象发生。1995年，Calais和Minster最早采用GPS来探测地震后电离层的电子浓度的扰动情况。

总之，天文与地球自然灾害有着密不可分的必然联系（见图9.8），研究天文因素对地球自然灾害的致灾作用，以及利用天体激发的地球物理效应，或者天文观测来研究地球自然灾害的发生发展过程及灾害预测都有着十分重要的意义。

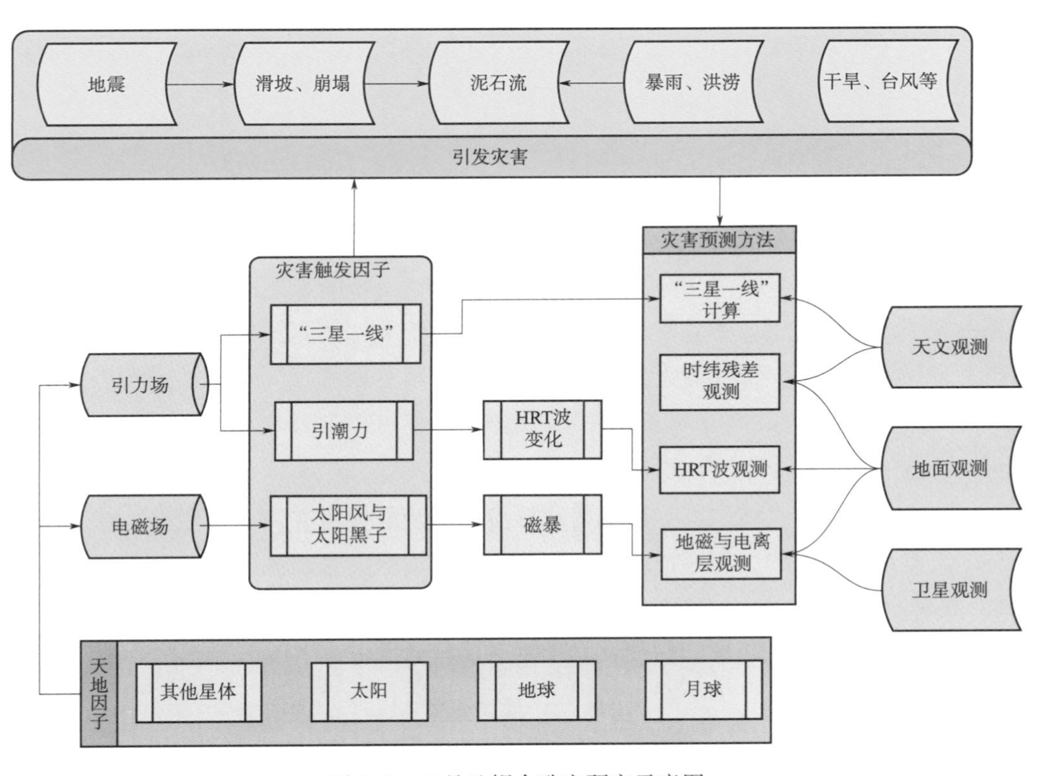

图9.8　日月地耦合致灾研究示意图

日月地耦合致灾科学研究面临的主要问题有：

1）引潮力是如何与地震孕育区的地下流体物质相互作用产生谐振共振波的？相互作用的基本条件是什么？

2）非经典引力的共振叠加的物理机制是什么？非经典引力的共振叠加对地球大气圈及其台风、暴风雨，地壳活动（包括地震、泥石流和滑坡等）的定量影响是什么？

3）磁暴过程对地磁场的定量影响，以及对地下的热流体施加作用，激发出电流和磁场的物理过程是什么？磁暴能否影响地震及其相关灾害的物理过程？地震的过程能否引发电离层的变化并反映到热红外上？

4）地震孕震区的物质变化与地磁响应之间的确切关系是什么？

5）地下物质迁移对天文时纬残差观测影响的定量关系是什么？

9.6 灾害关联性的观测和研究方法

9.6.1 灾害关联性研究的目标和研究方法

灾害关联性的研究强调灾害之间的因果联系，着重于灾害的发展过程和机理，建立统一的互相联系的灾害成灾模式和相关理论；与此同时，也不排斥单个独立灾害的观测和理论研究。灾害关联性研究的基本科学目标包括：

1）探索地震与滑坡、泥石流、旱涝、森林大火、矿难等相关灾害的时空规律和致灾机理；

2）研究天地耦合、洋陆耦合致灾机理，侧重地震、火山、海啸、台风等重大灾害以及灾害之间的内在关联性；

3）致力于发展自然灾害的关联性理论，建立综合的灾害预测预报模型和方法。

灾害关联性的研究是一门实践性很强的科学，需要大量的观测和理论研究才能逐渐清晰现象和本质之间的联系，建立其相关的理论，并用于灾害预测预报的实践。其研究方法包括观测、实验和模拟、构建理论、检验修正等这些基本环节。

9.6.1.1 实验场的选择

选择实验场的目的在于选择多发灾害和灾害链的区域，作为灾害关联性研究的天然实验室，主要基于以下两点考虑：一是需要积累野外观测数据研究灾害关联性，建立致灾机理学说并证实其是否正确，能够提出灾害预测方法和检验灾害预测方法的可靠性，因此选取实验区的关键构造部位进行动态立体观测是必要的；二是在已知地质背景和典型灾害的区域，实验新的观测仪器和观测物理量，便于对比和验证。

实验场选择的着眼点在于那些自然灾害频发、地质构造活动强烈，以及便于进行野外观测和测量的区域。

9.6.1.2 灾害及灾害前兆观测

为了便于获取有意义的灾害和灾害前兆数据，灾害观测工作需要考虑四个方面：一是观测的物理量要广泛，能够全面反映灾害孕育、发展和发生过程中地球物理场、地球化学场、地质运动和生物异常等的变化；二是要尽量采用新方法和新技术，以保证削弱噪声获取足够精度的观测数据；三是观测要连续进行，既能观测到地球物理场、地球化学场的本底（背景）数据，也能观测到灾害从孕育、发展到发生的异常数据；四是考虑到灾害的规模、尺度和影响范围，要立体观测，从地下（井下）、地表、空中（气球和飞机）到空间（卫星遥感），获取灾害从灾源到影响所及范围内的各种数据。

值得注意的是，由于受到观测条件的限制，常规的地面观测，只能获取离散点的数据，事实上获得的地球物理和地球化学背景场的整体信息甚少。卫星对地观测则能够获取连续的整个地球物理和地球化学背景场的信息，从而为全面监测地球背景场的变化、提取异常信息提供参考背景和资料基础。因此，卫星遥感技术是灾害观测最有潜力和值得重视的技术。

9.6.1.3　灾害及其前兆的变化规律

通过地质、灾害、地球物理、海洋、气象、遥感等多学科结合，基于大数据的统计分析方法，初步确定各种灾害链之间时空联系、物质联系、能量联系与前兆联系的关联度，以研究灾害及其前兆的变化规律，建立模型，为进行物理模拟和数值模拟提供基础。

特别地，对各种灾害的宏观异常，用量化信息的思路，为每类宏观异常的诱因及其表现形式进行详细的度量，通过关联性分析和长期实验研究形成一个知识库，进而利用多源信息的融合技术来探索大型自然灾害的发展规律，为灾害预警或预报奠定基础。具体的灾害特征提取将在知识库的支持下，去除噪声干扰并形成异常信息的编码表示；进行异常信息的真伪鉴别，并对其进行分类，同时进行每个异常信息的可信度分配；根据知识库建立感兴趣的相互关联的异常信息集合，经过决策融合处理后，进行结果分析，分析时可能需要考虑其他证据组合的结果或某些经验型知识。

9.6.1.4　灾害建模与地球动力学数值模拟

单个灾害的机理研究是灾害关联性以及灾害链研究的基础。灾害建模的基本方法是根据灾害及其前兆的变化规律，考虑灾害的成因机理，构建具体的物理与数学模型，并建立地球物理、地球化学等各种前兆的统一成因模型，形成描述灾害从孕育、发展到发生过程的普适的物理和化学方程，根据实际观测数据确定边界条件和初始条件，并用数值模拟方法用计算机求解方程，为灾害演化规律的理论化提供基础。

9.6.1.5　灾害关联性（灾害链）建模与地球动力学数值模拟

地球系统各种重大自然灾害之间存在何种时空联系、物质联系、能量联系和前兆联系？成灾主导因子是什么？内因与外因各起什么作用？灾害转换过程中能量如何转换？物质如何迁移？物性如何变化？模型如何建立？模拟边界条件怎样确定？总之，这一系列关键科学问题和技术问题直接影响灾害关联性理论体系的建立和灾害预测的思路、方法和成功率。

其工作的核心可以分为灾害关联性模型确定和灾害机理模拟两部分。

灾害关联性模型确定的基本解决方案（见图9.9）是：根据收集的各种地质、地球物理、地球化学、气象、遥感资料进行数据挖掘，寻找各种灾害之间的联系，在地球系统动力学和各种致灾机理学说的理论指导下，并考虑天文因素影响，确定灾害的同源关系和灾害链的发展过程。

灾害机理模拟技术的基本解决方案（见图9.10）是：在已确定的灾害关联性模型基础上，根据收集的各种地质、地球物理、地球化学、气象、遥感资料，确定模型的边界条件和初始条件，数值求解地球系统动力学方程，模拟灾害链的发生和发展过程，验证灾害机理学说的正确性。

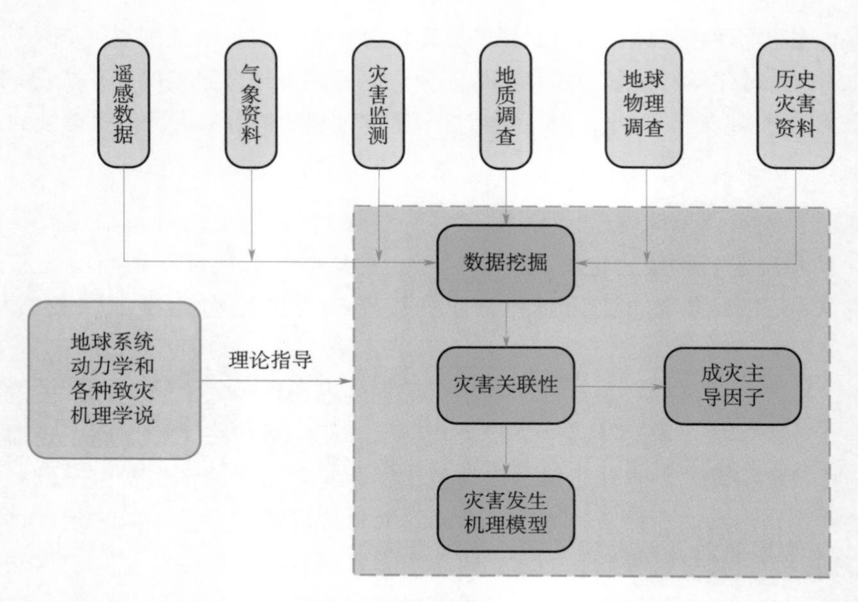

图 9.9　灾害关联性模型确定技术的基本解决方案

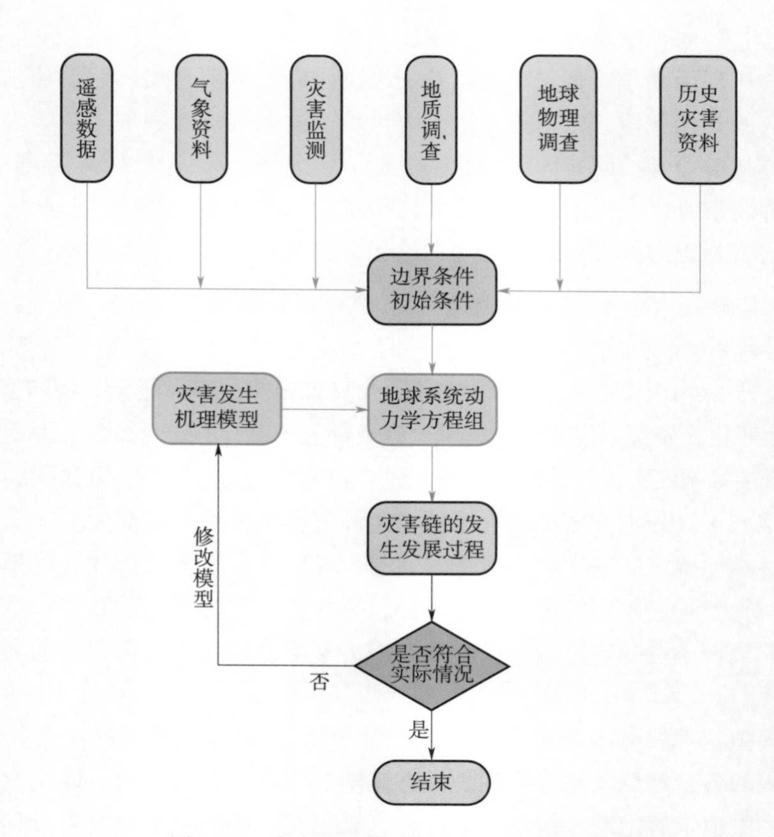

图 9.10　灾害机理模拟技术的基本解决方案

多种灾害之间的关联性确定与模拟技术是一种综合研究方法，所涉及的具体技术，除了地球系统动力学方程数值求解技术需要完善固体地球与大气圈、电离层的耦合求解外，已有一定的研究基础和部分成果，因而是可行的。这种建模与模拟技术需要云计算和网格计算环境，能够满足该技术所涉及的超大规模数据挖掘和超大规模地球动力学数值模拟等计算工作。

9.6.1.6　模型检验与预测

鉴于地球系统各要素本身具有多维性，各灾害模型本身具有近似性和概化性，再加之模型耦合过程的高度复杂性、非线性及各模型之间的依赖性，地球系统和灾害系统的模型存在不确定性，而且这种不确定性与传统单灾害模型不确定性的来源、评价方法完全不同，更加复杂和非线性，需要综合考虑误差传递理论、蒙特卡洛等误差评价方法。因此，采用分层、分步、多阶段耦合的策略，在实验场区域实现灾害和灾害关联性模型的检验与预测。

9.6.1.7　灾害模拟的可视化仿真

灾害及灾害关联性是一项复杂的研究过程，实现灾害及灾害关联性模拟及其过程的可视化十分必要。为此需要研究和建立灾害模拟的可视化仿真平台，重点研究复杂地球灾害场景数据的高效组织和调度，满足异构网络跨平台环境下实时交互漫游需求，包括沉浸式大型虚拟现实终端、桌面虚拟现实终端以及移动手持式虚拟现实终端的地球灾害可视化，实现分布式环境下面向交互可视化的多源多尺度海量灾害遥感影像数据组织，异构网络传输与调度，跨平台显示终端的自适应性地图制图，多终端协同联动可视化的需求。

灾害关联性研究应采取分阶段有重点的研究模式：

1）重点建设陆生灾害关联性，主要是地震和地质灾害关联性，研究所需的定标校验场和实验区，研发一系列新方法和新手段（如新型光纤井中灾害前兆异常观测技术、动态扫描、灾源定位等），开展灾害的监测和机理研究工作，形成实验区7级以上地震及重大地质灾害的初步监测能力，进行预测试验；

2）建设钱学森综合集成研讨厅；

3）构建关联性模拟器体系，并初步建设多尺度虚拟现实系统；

4）以综合分析多源数据资料为基础，在华北和东北亚灾害研究实验区布置少量监测手段（如时纬残差），形成天地耦合致灾和洋陆耦合致灾的研究能力。

研究内容涉及以下方面：

1）地球内部系统、地球表层系统、地球外部系统、天体系统的物质运动规律和能量转换过程，并考虑洋陆耦合的特点，不断探索地球系统动力学和天地耦合理论；

2）从地球开放巨系统角度，研究自然灾害的孕育环境、形成机理和致灾因子，研究各种自然灾害的链状结构和链式发展过程，研究灾害系统演变规律和灾害前兆的关联性，提出不同类型的灾害关联模式；

3）通过实验区实践、物理模拟、数值模拟以及可视化仿真，验证各种假说、各种新颖的监测手段和预测方法，按照钱学森所倡导的研究方法，构建“以人为主、人机结合、从定性到定量的综合集成研讨厅体系”，进行灾害关联性检验、灾种识别和灾害预测试验，检验提出各种地球系统和灾害系统假说和模式，为相关灾害监测预测、防灾减灾提供灾害关联性的研究思路和研究方法（见图 9.11）。

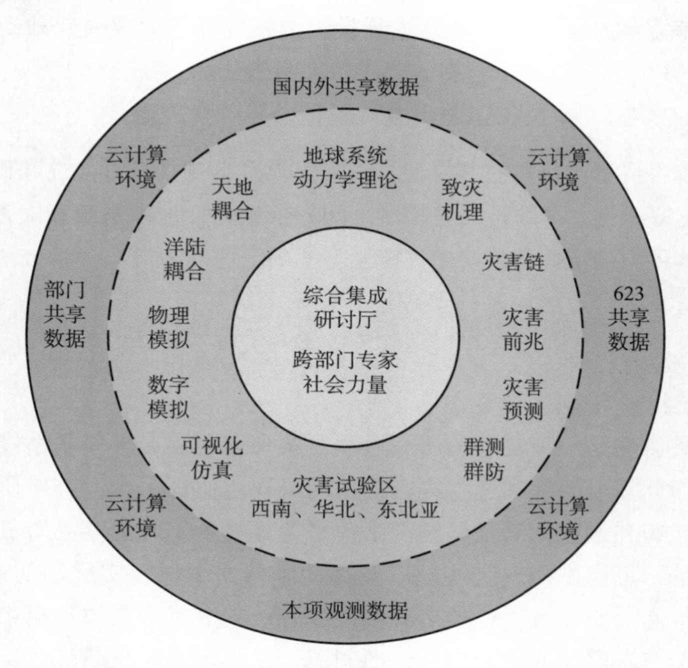

图 9.11　灾害关联性的研究思路和研究方法示意图

9.6.2　陆生灾害关联性的观测与研究方法

9.6.2.1　地质灾害孕育构造背景研究

研究洋陆耦合、大陆盆山耦合和地球内部系统与地球表层系统、地球外部系统耦合地质背景下的构造格局和物质运动，特别是热流体流动与地壳活动性和灾害多发性的关系，重点研究南北构造带、盆山转换带、洋陆过渡带等重大构造边界地质灾害孕育环境及其动力学背景，建立地质灾害的数据库。

9.6.2.2　实验区的选择

（1）实验区选择依据与原则

实验区选择主要以重大自然灾害——地震及其次生灾害的关联性研究为主，其基本依据与原则主要从以下几个方面考虑。

①大陆动力学背景

地震是地球构造运动的一种表现形式，只有认识了构造动力学环境，才能正确认识地震发生规律。中国大陆以大陆板内地震为主，大陆板内地震震源基本上沿着具有韧-脆性转换性质的中地壳成层分布，因此，大陆地壳的分层流变性和活动性决定了地震的活动性，当下地壳流层异常流动与上地壳脆性断层强烈活动耦合时，容易发生地震。

大陆地壳的活动性取决于热活动性，地壳不同层次不同程度的热流体（包括气体和液体）运动，根据深部构造控制浅部构造的原理，大陆下地壳的热流体流动控制着大陆中地壳的孕震构造（韧脆性剪切带）和上地壳的发震构造（脆性断层活动）。大陆下地壳热流体发育程度可通过宽频地震探测、大地电磁测深等方法确定，从已有资料来看，青藏高原、南北构造带、华北、天山是显著的下地壳热活动区，并与地壳中部的地震、地壳上部的活动断层和地壳浅部的温泉分布吻合。

②地震发育程度

由于地震在空间上有复发性特点，地震发育程度是选区的重要依据。中国是地震频发的国家，1985 年至今共发生 6 级以上的地震 219 次，主要集中在台湾和青藏高原（见图 9. 12）。青藏高原地震分区统计显示南北地震带最为集中（见图 9. 13）。

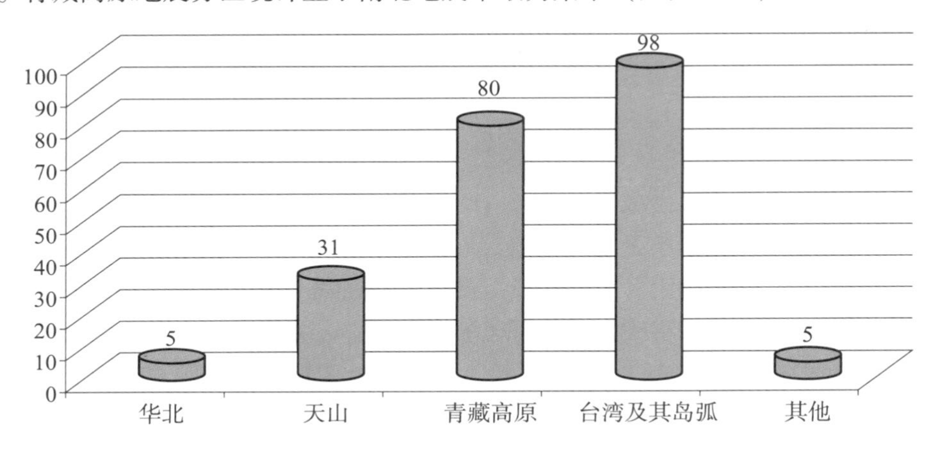

图 9. 12　1985 年至今中国 6 级以上地震分区统计

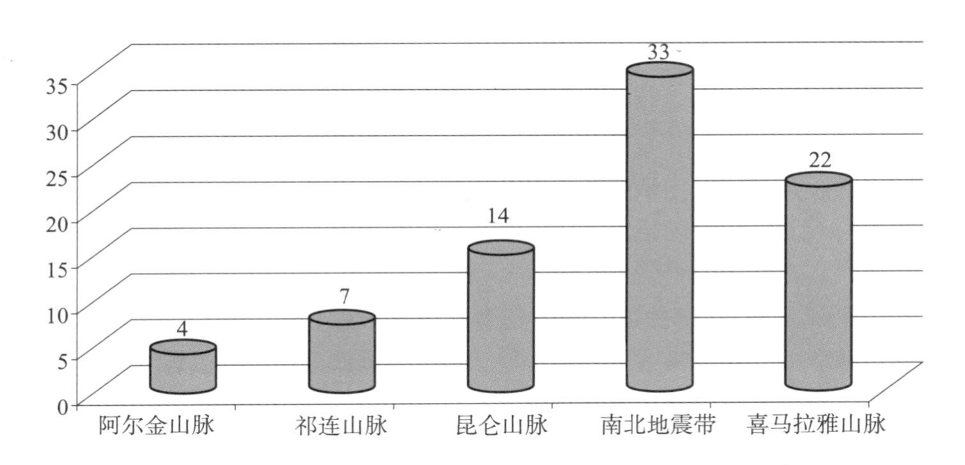

图 9. 13　1985 年至 2009 年青藏高原 6 级以上地震分区统计

1303 年 9 月 17 日山西省洪洞赵城 8 级地震是我国史载的第一个大地震，近 800 年中国共发生 8 级和 8 级以上地震 22 次，绝大部分分布在青藏高原及其周边地区（见图 9.14）。年轻的青藏高原地壳厚度大，特别是下地壳软流层厚度大，板内地震发育。台湾处于太平洋板块向欧亚大陆俯冲的上盘主动大陆边缘岛弧区，是板缘地震和板内地震的叠加区域。南北构造带和华北均发生过 4 次 8 级以上的地震。

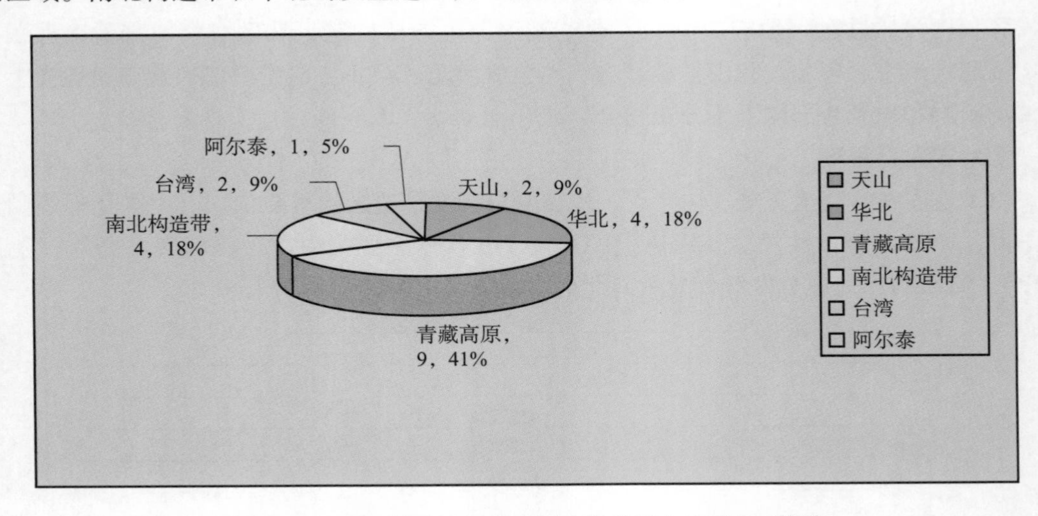

图 9.14　1303 年至 2009 年中国 8 级及以上地震分区统计

③地震能量积累时间

地震是地球内部一定构造层次上能量的长期积累和快速释放过程，具有间歇性、脉冲性等特点。大陆板内地震应当是大陆下地壳韧性流层中热能的积累过程和上地壳脆性断层的应变能释放的相互制约过程。因此一定构造单元的地震可以分为活跃期和平静期。

统计 1900 年至 2010 年中国 5 级以上地震，出现 50 年左右的周期（见图 9.15），现在处于强烈活动的晚期。云南地震的时间分布极不均匀，从有地震记录的 1910 年以来，6.7 级以上地震可以分为 4 个活跃期和 4 个平静期（见图 9.16）。自从 1996 年 2 月 3 日在丽江县发生里氏 7.0 级地震以来，云南一直处于地震平静期，连续 15 年没有发生地震，已经达到有记载历史的最长平静期，意味着经历了长时间的能量积累，现在正处于突发的危险状态。

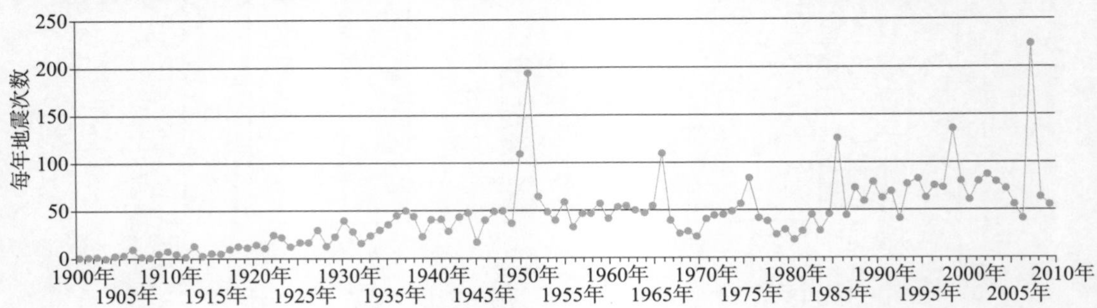

图 9.15　1900 年至 2010 年中国 5 级以上地震频次统计

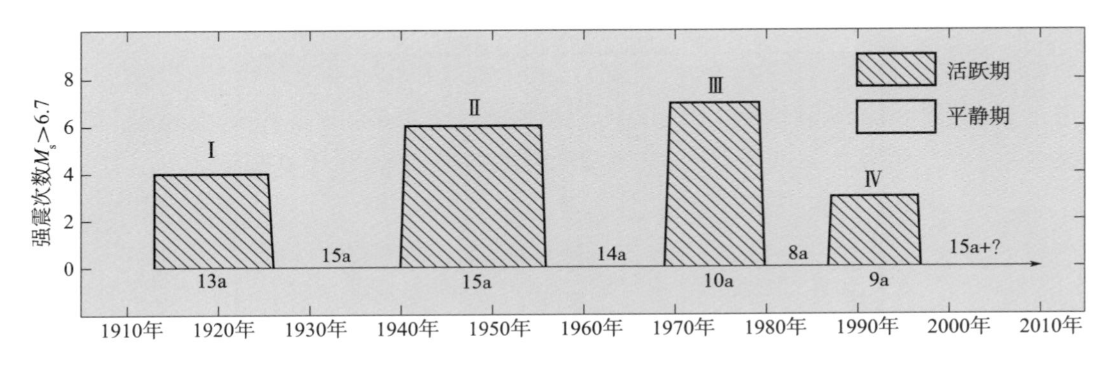

图 9.16　云南地震活跃期和平静期统计分布

④中长期前兆异常

根据专家调查，2011 年至 2015 年和 2016 年至 2020 年中国大陆地震中长期前兆异常地区有云南、华北和青藏高原等地区。中长期前兆异常的方法包括旱震关系、地壳热流异常、潜热蒸发水汽异常、地震活动时空有序性、可公度性信息预测法、天文地震学等。

⑤人口经济状况

中国地震发育不均匀，青藏高原腹地、南北构造带、华北、天山是地震频发区，华南、塔里木盆地地震极少。中国人口、经济、文化、政治地域性强，受生态环境等因素的影响，总体上从东部向中部再向西部的人口、经济递减。首都城市圈位于华北地震多发区内。

⑥监测能力

已经具备的地震监测手段也是要考虑的因素。青藏高原地震多，但是气候、生态、交通、配套设施（如电力、通信、人力等）难以保证高质量顺利完成动态监测。

（2）西南灾害关联性实验区

为验证地震和地质灾害各种前兆异常的关联性，选择在西南建设灾害关联性实验区。经过多方面的考虑和调查研究，西南实验区初步选在如图 9.17 所示的康定、西昌、昆明、红河、临沧、腾冲、大理和丽江及其周边地区，主要依据如下。

①地震与地质灾害的孕育背景

从地质构造、地形地貌、矿产分布来看，云南地质构造复杂，云南、四川和西藏境内发育高度活动的安宁河-小江断层、红河断层、怒江断层和鲜水河断裂带。它们规模大，经历了多期活动。地球物理资料表明，绕南巴迦瓦北侧的一条巨型下地壳“热河”流经西藏林芝-波密沿着嘉黎-红河断裂带进入云南，另一条巨型下地壳“热河”从亚东经过羊八井、当雄、东昆仑南缘、玉树流向四川和云南，增量热流体 2001 年 11 月撞击到下地壳固结的柴达木盆地形成东昆仑里氏 8.1 级地震，2008 年 5 月 12 日撞击到下地壳固结的四川盆地形成汶川里氏 8.0 级地震，其南部支流流向云南，它们已经在西南汇集成下地壳“热海”（见图 9.18），造成 2009 年持续干旱，小江断裂带和腾冲-盈江一带地壳活动性强，热流体集中。

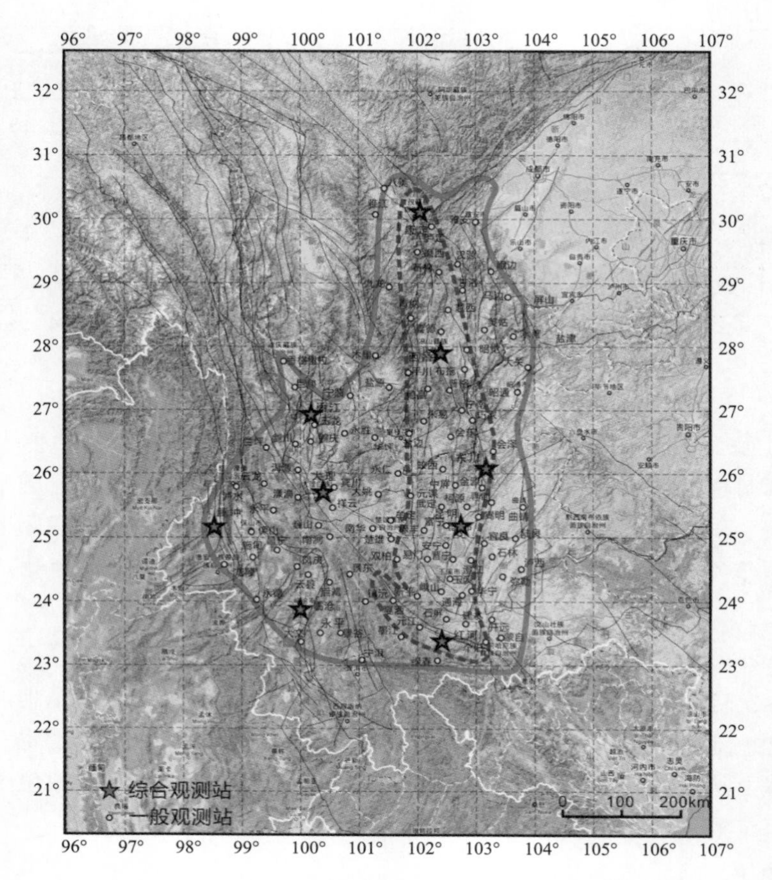

图 9. 17　西南灾害关联性研究实验区地质构造及其范围

（红线内为陆生灾害关联性实验区，蓝虚线内为重点监测区范围）

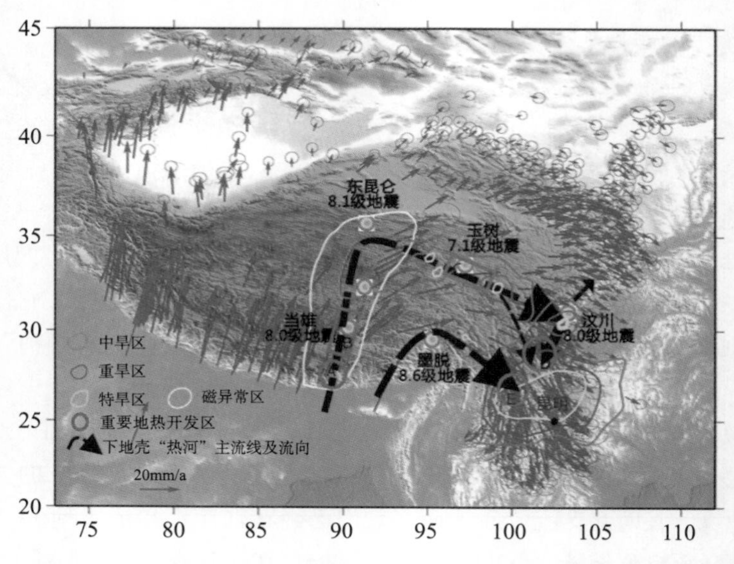

图 9. 18　青藏高原及南北地震带地下、地表物质运动与西南热流体汇集

②灾害发生情况

位于南北地震带南段的云南是强震多发区。统计分析表明：

1）地震释放的能量有增强趋势（见图9.19）。

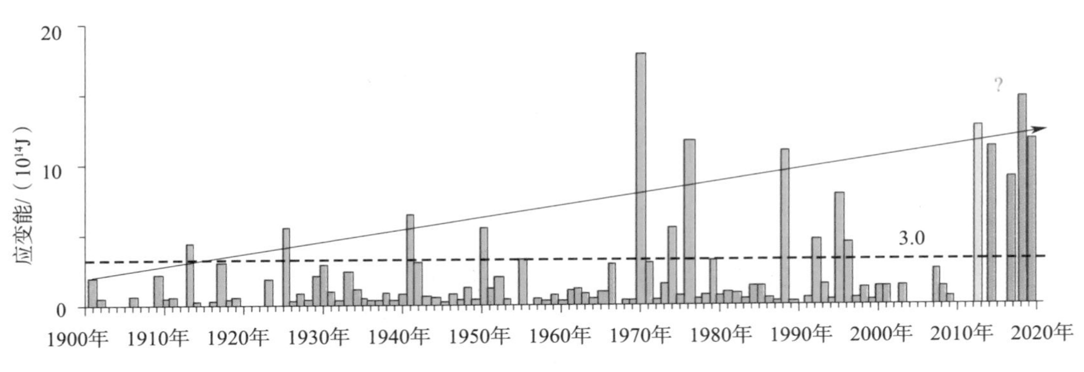

图9.19　云南1900年以来$M_s \geq 5.0$地震释放的年应变能分布

2）1900年以来云南经历了4次强震平静期和4次强震多发期，强震平静期的时间为9～16a，强震多发期的时间为8～14a，一般群发5次里氏6.8以上地震（见图9.20），自从1996年2月3日丽江发生里氏7级地震以来，强震平静期的时间达到历史水平，强震间歇时间较长。对于云南这种多震地区经过历史最长的强震平静期，意味着地震能量已经积累至近临界水平，可能处在多个大地震将要发生的危险状态。

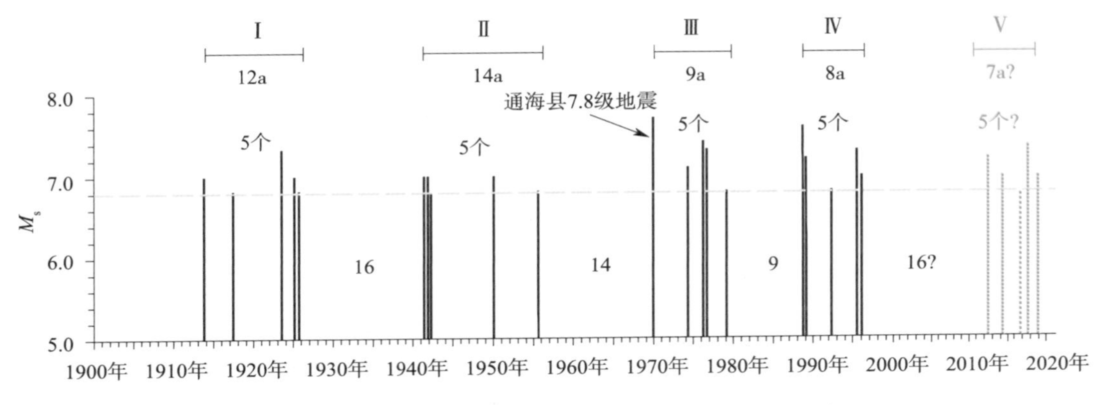

图9.20　云南强震动静演变规律及其中长期强震预测

3）以嘉黎－红河断层为界，云南西南部与东北部强震有规律地迁移，最近的强震集中区是西南部地区，1976年至1996年发生了5次7级以上的地震（见图9.21），下一轮强震频发区可能迁移到小江断层带，特别是小江断层与红河断层的交汇部位值得高度重视。

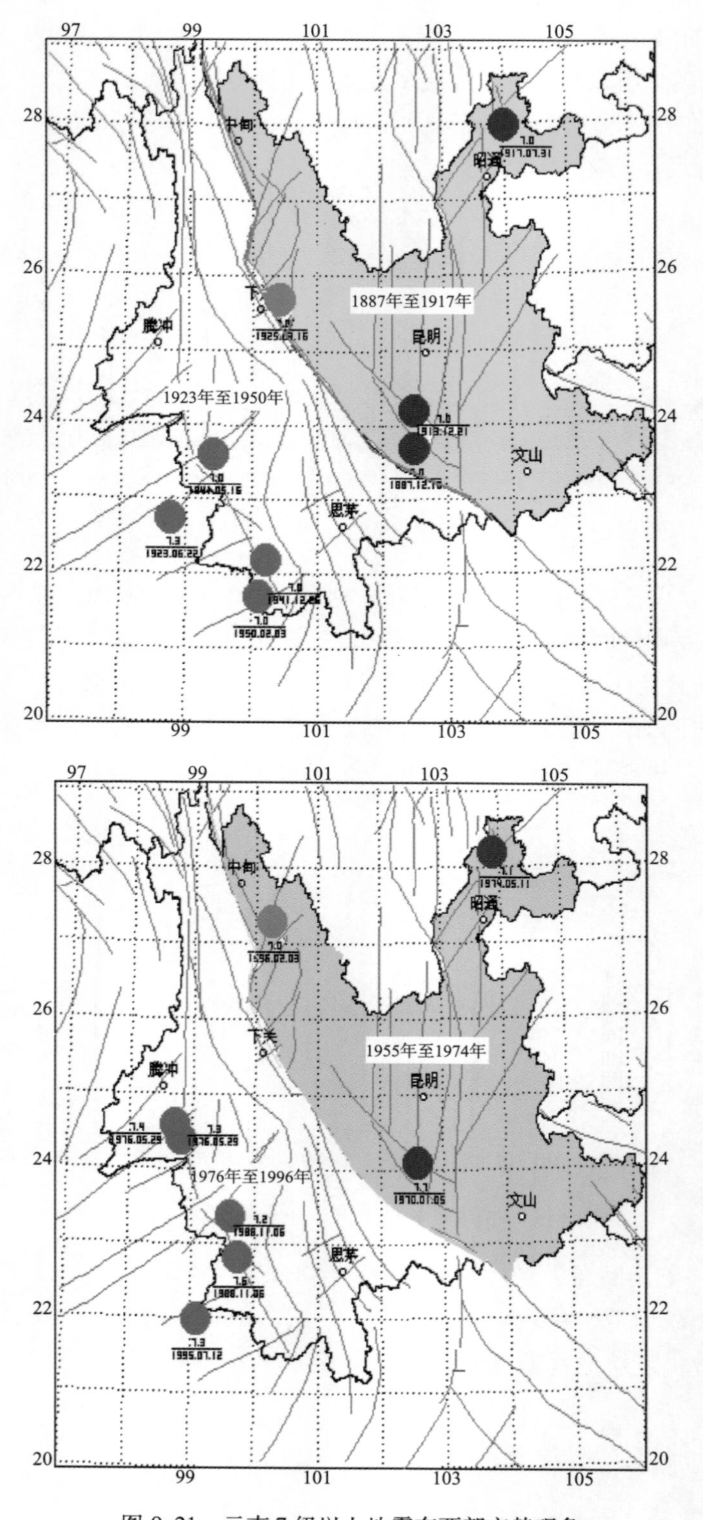

图 9.21　云南 7 级以上地震东西部交替现象

不仅小江断层带可能是高危区，云南西部腾冲-盈江一带也值得重视，近年来中小地震频繁发生，仅3级以上地震达300余次，2011年3月10日盈江县还发生5.8级地震，造成25人死亡，250余人受伤。2011年3月24日位于同一个构造带稍南部的缅甸发生7.2级地震。这说明腾冲-盈江地区构造活动性增强。

除地震外，云南也是滑坡、泥石流、森林草原大火、矿难、干旱等重灾区。2009年至2010年西南出现不受冷湿气流影响的长时间跨季度干旱，特旱区在云南，东川一带至今仍出现干旱。根据旱震关系理论（耿庆国，1985），大旱出现在震前一至三年半时间内，旱区面积随着震级增大而增大。中国西南地区百年一遇的特大干旱可能是多个大地震中期前兆。

云南温泉多达1500余处，约占全国的三分之一，且局部集中分布，仅腾冲地区有温泉、热泉124处，其中温度高于95℃的沸泉有6处，45～95℃中高温热泉75处，现代地热流体活动区与火山活动区吻合，仅腾冲火山群包括68座火山，部分火山在全新世仍在活动。这说明灾害与热活动有关，地表热活动与深部热活动有关。

9.6.2.3　灾害及灾害前兆观测与群测群防

（1）监测灾害种类与监测手段

综合运用天文、天基、空基、地面、地下监测方法，建立一个专群结合、群测群防的立体观测试验网，重点监测地震、滑坡、泥石流、森林草原大火、矿难、干旱等类型的灾害。

在实验区内开展遥感构造、地面地质、大地电磁等各项调查，进行实验区选点与建站；建设9个包含地球物理、天文、卫星遥感等18种监测方法的综合观测站、1个包含引力异常、磁喷泉等11种监测方法的流动观测站、52个包含磁报警、土地电、地声等8种监测方法的观测站以及1500个包含磁喷泉、土地电、地声等6种监测方法的群测点，验证地震与地质灾害前兆异常及其观测方法。为了考验新型观测设备的有效性、可靠性与稳定性，验证地球系统动力学模型、致灾机理、灾害链关联模型的新理论和新方法，以地震为例，将遥感、地质、地球物理调查分析相结合在西南实验区优选观测站点，布置一些自主创新的地震及其相关灾害监测的相关仪器，组成多级监测网络，天空地结合立体观测地电（如HRT波）、地磁（如磁极值环）、时纬残差、物质迁移、地声、流体、温度、气象、卫星热红外、电离层、动物等前兆异常，以异常立体动态填图和综合集成研讨厅的方式研究各种地震前兆的关联性。

（2）灾害宏观异常与群测群防

继承我国20世纪70年代群测群防监测宏观灾害异常的传统，在新形势下把群测群防打造成一个与高新技术相结合的灾害监测预测网络；开展灾害典型宏观前兆异常案例库建设、灾害宏观异常速报网络系统建设、灾害宏观异常关联性及融合技术系统建设、灾害宏观异常数据分析系统建设和实验区灾害群测群防管理系统建设等项工作。

9.6.2.4　综合研究与灾害关联性

（1）地质灾害及其各种前兆异常的关联性

收集、识别各种地震、滑坡、泥石流、自然矿难等地质灾害前兆资料，分析和确定各类前兆异常的时空分布与关联性，对灾害前兆的关联性进行实验模拟。考虑到灾害在一定程度上存在前兆异常的相似性，不易区分潜在的灾害类型，要研究实验区与灾害有关的地壳结构和地质构造，考虑地外因素的影响，综合分析，鉴别灾种。

（2）地质灾害链形成机理与数值模拟

研究灾害的时空分布规律和灾害链孕育、发展、发生、演变过程，重点解剖干旱-洪涝（冰冻）-地震-异常降雨-滑坡、崩塌-泥石流-堰塞湖-溃坝洪灾-流行病灾害链，建立地质灾害的机理模式和关联性模式，并进行物理模拟及数值模拟。

9.6.3 洋陆耦合致灾关联性的观测与研究方法

我国大陆海岸线长达 18000 多 km，南海、黄海、东海还有 6500 多个岛屿。洋陆耦合作用强烈的大陆边缘地区受海洋灾害的严重威胁，每年海洋灾害所造成的经济损失达 150 多亿元。

海洋陆灾害系统主要指海底地震、海底火山、台风、热带风暴、海啸、海平面变化、海冰、赤潮、海水入侵和土壤盐渍化等自然灾害。厄尔尼诺现象也会对全球海陆气候及其灾害产生影响，赤道东太平洋冷水域中周期性的海温异常升高，产生大量异常热量进入大气后影响全球气候状态。在开放地球系统中，海洋灾害的产生和影响并不限于海洋，常以洋陆耦合灾害链的形式呈现。需要对洋陆耦合灾害的孕育背景、灾害种类、时空分布、演变过程、致灾机理、前兆关系等进行系统的研究，从洋陆耦合过程中物质运动和能量转换规律出发，建立洋陆耦合关联模式，进行物理模拟与数值模拟，为洋陆耦合致灾理论与预测实践服务。

洋陆耦合致灾研究内容主要包括以下几个方面。

9.6.3.1 洋陆灾害孕育、发生、发展、演变的规律研究

大洋和大陆是地球的一级构造单元，大陆边缘是大洋和大陆的构造边界，由海沟、岛弧、边缘海盆组成的主动大陆边缘构造活动性强，热流值高，火山、地震频发（见图 9.17）。西太平洋大陆边缘一系列向东突出的岛链、阿拉斯加向南突出的岛链、苏门答腊向南突出的岛链更是强震和火山集中区，这种特殊地质构造是洋陆相互作用、强烈耦合的结果，常组成地震、火山、海啸链式结构。例如，1964 年 3 月 28 日美国阿拉斯加南部的威廉王子海峡发生里氏 9.2 级地震，引发 30 多米高的大海啸；2004 年 12 月 26 日印度尼西亚苏门答腊岛上的亚齐省发生里氏 8.7 级地震，引发的海啸席卷斯里兰卡、泰国、印度尼西亚及印度等国，导致约 30 万人失踪或死亡；“3.11”日本 9 级大地震引起海啸、核电站泄漏和火灾，损失惨重。因此，洋陆耦合致灾研究需要大地域、大时空、多学科、跨国度的合作。在 2011 年 3 月 11 日第四次中国、日本、韩国领导人会议上，温家宝总理针对东北亚地震、海啸和火山的研究和预测，提出要“切实推进防灾减灾合作”，“没有正确的预测、预报就没有实效的预防”。

大陆边缘地震、海啸和火山的分布有一定的规律性，并非所有大陆边缘都发生地震。例如，同是印度洋板块与欧亚板块的大陆边缘，南北地震带和印度洋南北向线性海岭以东

的印度尼西亚弧形岛链地震、火山、海啸强度大，频率高，而这条构造带以西的同一个大陆边缘几乎没有地震和火山活动（见图9.22）。也不是所有的大陆边缘地震都会引起海啸。因此，要研究洋陆耦合与火山、地震、海啸的内在关系，搞清软流圈流动、大洋板块俯冲、大陆板块仰冲、岛链弧形扩张的孕灾、致灾作用，查明洋陆耦合方式、震源机制对海啸的制约作用。

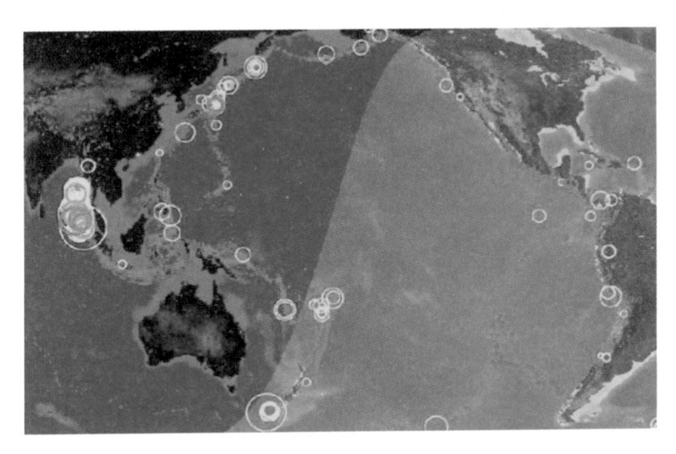

图9.22 太平洋边缘高热流带（红色）和地震（黄圈）分布

海洋中海水局部温度异常对海洋灾害的形成起重要作用，在众多因素调控暖池形成和变异的海洋动力过程中，海洋环流的多尺度相互作用和多因素制约作用殊为重要，研究涡旋、波动、盐度收支、大气环流、热带西太平洋-中太平洋之间的纬向过程、热带-副热带太平洋之间的经向过程、海气界面-温跃层之间的垂向过程对暖池变异及厄尔尼诺现象的影响的同时，要加强地球内部异常热流体、热结构和热状态对海洋灾害孕育、发生、发展、演变作用的研究，将地球系统作为一个有机的整体，研究洋陆耦合、海气耦合、软流圈、岩石圈、水圈、生物圈、大气圈的物质运动和能量转换。

影响全球气候变化的厄尔尼诺现象与太平洋局部海面水温异常升高有关（见图9.23），暖流使原属冷水域的太平洋东部水域变成暖水域，结果引起海啸和暴风骤雨，造成一些地区干旱，另一些地区又降雨过多的异常气候现象。厄尔尼诺现象的全过程分为发生期、发展期、维持期和衰减期，历时一般一年左右，大气的变化滞后于海水温度的变化，海温高出正常值3～6℃。

厄尔尼诺现象出现大面积海水大幅度增温，带动区域性海水流动和全球性气候异常，其动力来源和成因仍是一个谜。目前有多种成因观点，主要是从大气流动出发，普遍的看法是：在正常状况下，北半球赤道附近吹东北信风，南半球赤道附近吹东南信风。信风带动海水自东向西流动，分别形成北赤道洋流和南赤道暖流。从赤道东太平洋流出的海水，靠下层上升涌流补充，从而使这一地区下层冷水上翻，水温低于四周，形成东西部海温差。但是，一旦东南信风减弱，就会造成太平洋地区的冷水上翻减少或停止，海水温度就升高，形成大范围的海水温度异常增暖。

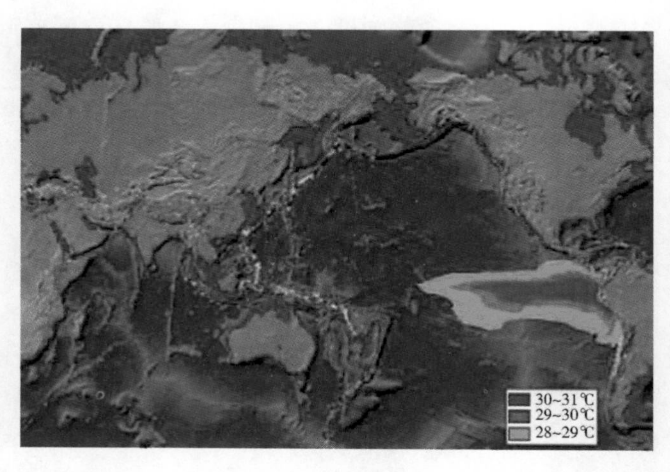

图 9.23　全球洋陆结构、洋中脊分布及其厄尔尼诺期间海面温度

除大气作用外，海水增温的异常增量热能可能与海底火山、地震活动有关，值得多学科结合的深入研究。其主要依据是：

1）海水增温源区在赤道东太平洋海底存在着许多火山和热液喷泉。大量的海底探测表明，在太平洋东部的西经 90° ~ 180° 范围内是一条近似南北向的洋中脊，是板状地幔热流上升通道，存在海底基性火山活动和海底热液喷发活动，从海底喷出的热液温度高达 300 ~ 400℃（最高达 750℃），是地幔热能释放加热海水的重要动力来源。1982 年和 1983 年，1986 年和 1987 年两次很强的厄尔尼诺事件很可能与地幔板释放大量热能有关。由于海底加热作用，使这一地区的海水温度骤然升高，引起其上空空气增暖，气压下降，从而影响了正常的大气环流规律，使这一地区低层东风减弱，西风增强。由于西风增强，使表层受太阳辐射的温暖海水自西向东流动，导致赤道东太平洋表面海温进一步升高，从而形成厄尔尼诺事件。统计表明，当非厄尔尼诺时期有火山爆发时，未来 16 ~ 28 个月间将有厄尔尼诺事件发生（见表 9.2）。

表 9.2　海底火山活动与厄尔尼诺事件的时间关系

火山喷发年	月	厄尔尼诺年	始月	止月	持续月数	距火山爆发月数
1951	01	1953	01	10	10	24
1956	03	1957	04	5（1959）	26	13
1961	09	1963	07	1（1964）	07	22
1963	03	1965	05	3（1966）	11	26
1966	08	1969	02	1（1970）	12	30
1970	06	1972	06	3（1973）	10	24

续表

火山喷发年	月	厄尔尼诺年	始月	止月	持续月数	距火山爆发月数
1971	01	1972	06	3（1973）	10	17
1974	10	1976	06	1（1977）	08	20
1975	02	1976	06	1（1977）	08	16
1980	05	1982	09	9（1983）	13	28

在活动大洋内部，洋岛群释放地球内部热能的能力也很强。要研究热点、洋岛与厄尔尼诺事件的内在关系。

2）厄尔尼诺事件和地震之间有一定的关联性。对位于赤道西太平洋俯冲带的菲律宾群岛、新几内亚岛及位于赤道太平洋洋中脊附近的墨西哥高原南部海区等 3 个地震区 7.0 级以上地震总次数与 1900 年以来的厄尔尼诺事件的统计表明，有 80% 以上的厄尔尼诺事件都发生在地震活跃年（见图 9.24）。相反，在此期间 12 个无地震的年份无一年出现厄尔尼诺事件。

此外，太阳黑子活动、地球自转速度变化、地球与月球太阳的关系也可能与海陆灾害之间存在某种联系，要进一步研究天文因素对海洋与大陆灾害系统的诱导、触发和调制作用，并综合研究地球内部动力作用、大气动力作用、天文动力作用对海洋-大陆灾害系统的制约作用，找出主导作用力。

总之，研究洋陆耦合灾害孕育、发生、发展、演变及时空分布规律，探索海洋与大陆灾害系统的相互诱导、触发和调制作用的动力学关系，为洋陆耦合灾害关联性致灾机理的研究提供基础。

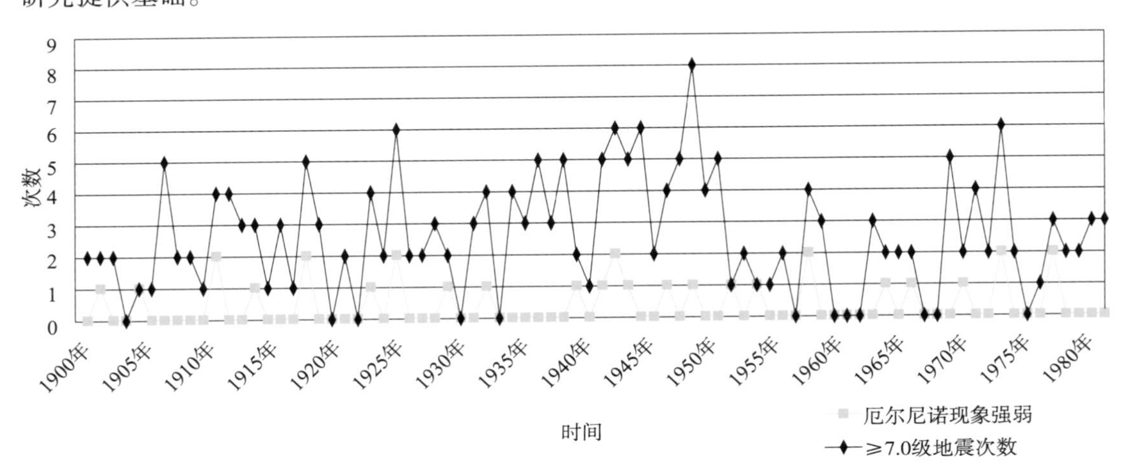

图 9.24　赤道太平洋地区强震与厄尔尼诺事件强度相关性

9.6.3.2 洋陆耦合灾害关联性

海洋与大陆耦合过程中常见的灾害链包括地震-（火山）-海啸链、火山-海啸链、地震-洪涝（暴雨）链、冰川消融-海平面上升链、台风-地震链等。

（1）地震-（火山）-海啸链

大陆边缘地震、火山、海啸具有相关性，但不是对应关系。统计资料显示，大约150万次海底构造地震中只有1次地震引起海啸，通常能引发灾难性海啸的地震震级一般大于里氏6.5级，震源深度在25km以内的浅源地震，但是并不是强震都会导致海啸，如2005年3月29日印尼苏门答腊北部里氏8.5级地震并没有引发明显的海啸；1957年3月9日美国阿拉斯加里氏9.1级地震导致休眠长达200年的维塞维朵夫火山喷发，并引发15m高的海啸；2011年3月11日日本东北部海域发生里氏9.0级地震，引起海啸、核电站泄漏和火灾等次生灾害。据评估，日本福岛核电站核物质泄漏损失达20万亿日元（约合1.6万亿人民币），并造成一定程度的社会恐慌。

什么构造背景下发生什么类型、多大级别的地震会引起多大的海啸？中国核电站大部分分布在东南沿海（见图9.25），如何评估这些核电站及其周边的地震稳定性、地震活动性和海啸可能性？为了防范沿海地区核电站、高速铁路、军事基地等重大安全保障区潜在的自然灾害，应当建立什么形式的地震-海啸预测预警系统？这些研究具有重要的理论意义和实际意义。

（2）火山-海啸链

大陆边缘及海底火山喷发可以引起海啸。例如，日本九州岛云仙火山于1792年2月10日首次喷发，1991年再次喷发，形成海拔1359m的复式火山岛。1792年火山喷溢出的熔岩流沿着山波直泻而下，横扫森林、道路和各种房屋建筑，流入海中，引发海啸，导致15000人死亡，成为日本灾害史上伤亡人数最多的火山灾难。

印度尼西亚喀拉喀托火山位于巽他海峡中，1883年8月27日大规模爆发，引发高达45.72m的海啸，波及夏威夷群岛和南美洲，超过3.6万人死亡。

火山引起海啸的机理显然不同于地震诱发海啸，火山岛链的高温火山物质进入海洋中，改变海水温度、结构和流动状态，还可能造成大量水汽进入大气圈，进一步引起气象灾害。应当建立成因模型，进行数值模拟。

（3）地震-洪涝（暴雨）链

王涌泉根据震洪链规律通过2004年12月26日印尼苏门答腊里氏8.7级巨震，向国家领导人反映，珠江可能将发生大洪水。当年2005年6月17日至25日珠江流域发生百年一遇的特大洪水。

据邓志辉、陈梅花的研究，2004年12月26日印尼大地震之前40天至20天内出现海水升温和潜热异常，潜热能量从10W/m^{2}增加到35W/m^{2}左右，震前20天至临震时异常中心的潜热通量突然增加到80W/m^2，震后逐渐恢复到正常值（见图9.26）。震前云图显示，震中附近水汽蒸发作用加强，上升的水汽向华南及其东南沿海方向运动（见图9.27），这种震前海水升温现象可能与后来发生的珠江大洪水有关。

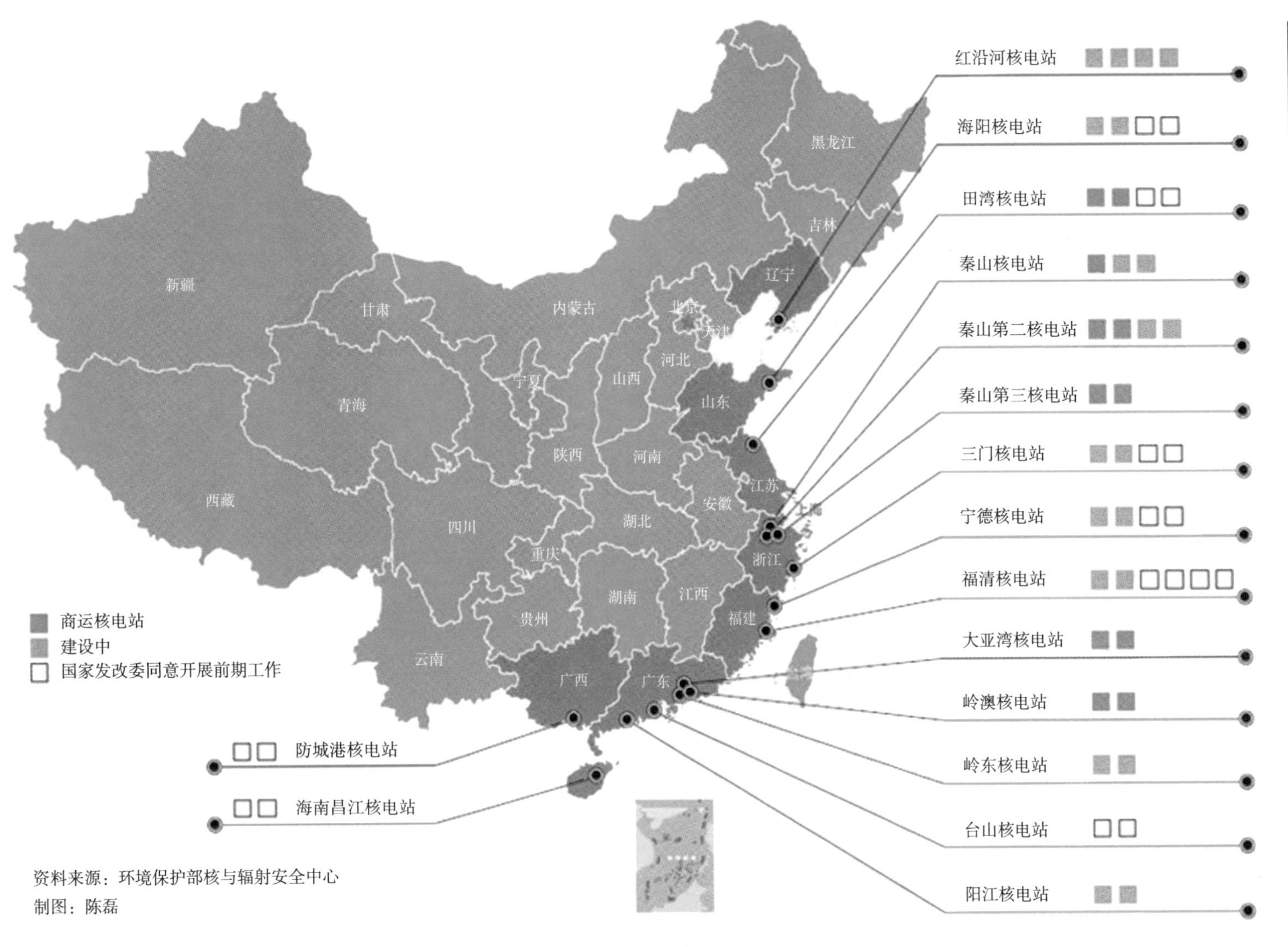

资料来源：环境保护部核与辐射安全中心

制图：陈磊

图9.25　中国核电站分布

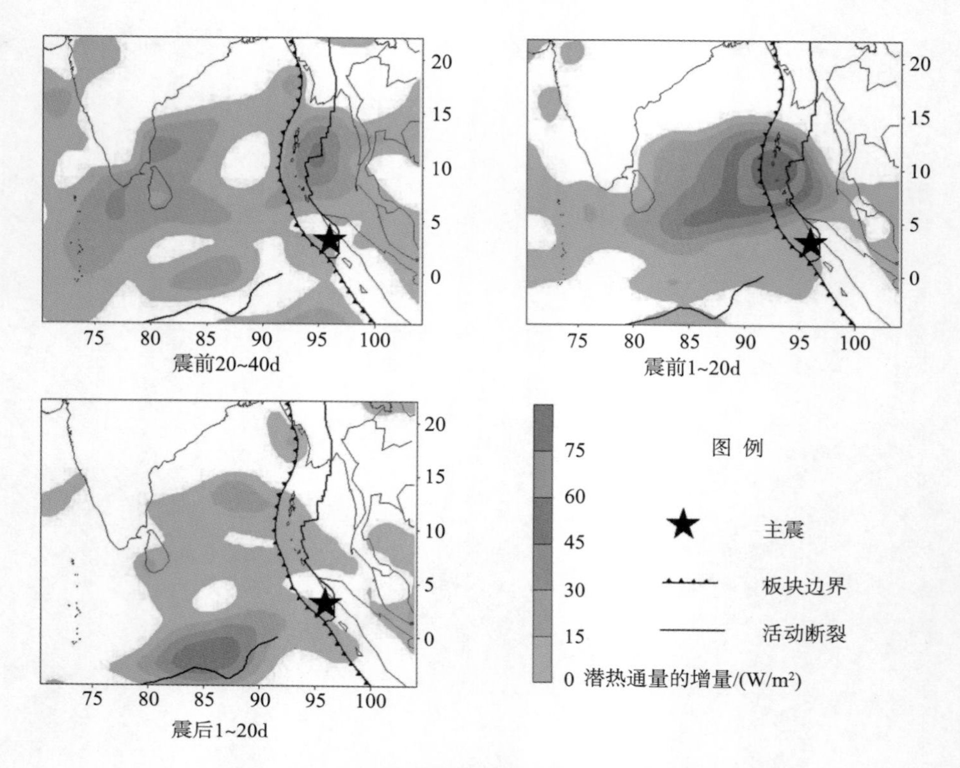

图 9.26　印尼地震前后潜热通量的增量分布

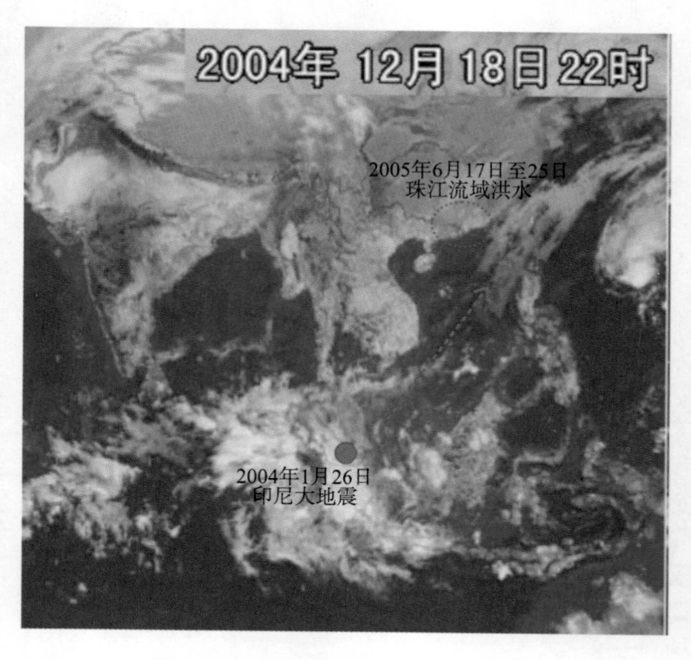

图 9.27　印尼大地震前水汽运动状态

因此，应当从洋陆耦合、地气耦合、海气耦合、地震成因及其物理过程等研究的新视角研究震洪链的成因。初步认为，这种异地灾害链可能与地幔软流圈流动带动洋陆板块作用过程中热水交换有关。地震前出现异常增温现象，大陆边缘大地震发生前地下热能释放明显，容易造成海水的大量蒸发，水汽随着大气流动在异地低压区汇聚成灾。

（4）冰川消融-海平面上升链

20 世纪海平面上升了 20cm，一般认为 21 世纪海平面上升速度还会继续加快。有很多种预测模型分析海平面的演变趋势（见图 9. 28）。近年来，极地冰川融化与海平面上升关系引起全球的关注，温室效应、全球变暖成为公众最关心的问题和全球最大的科学问题，自 1994 年《联合国气候变化框架公约》生效后，联合国组织的世界气候大会每年一次，多国领导人高度重视。

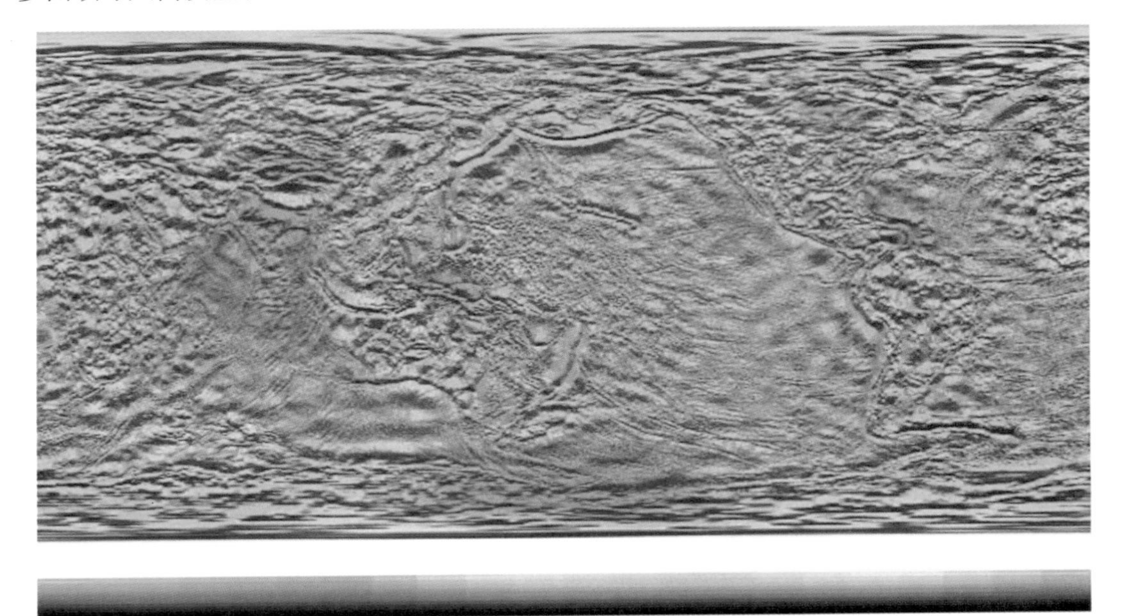

图 9. 28　全球海平面高度分布

地球极地部分冰融化，原本被重压的陆地反弹而上升，会造成重力场发生变化。利用卫星观测得到的精确重力场系数变化资料及重力卫星测高得到的海平面变化扣除由模式得到的热容海平面变化，研究海水的质量变化，得到海平面精确测量值。因此，研究卫星重力场与海平面的关联性机理、时空演化对于海平面监测、气候监测具有十分重要的意义。

海平面上升威胁沿海地区滨海城市（见图 9. 29），多为人口密集经济发达区。按现在的海平面上升速度，沿海城市淹没和海水倒灌灾害将会发生。

海平面上升的直接原因是冰川消融，间接原因是大气变暖、温室效应。目前主流观点是人类活动产生的温室气体造成全球气候变暖。

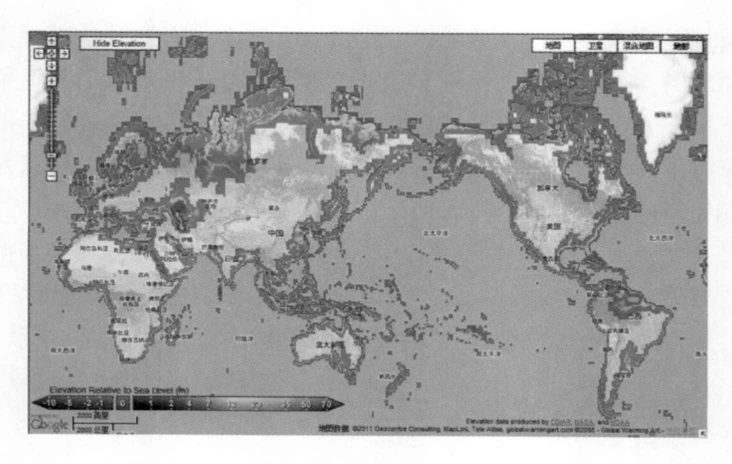

图 9.29　全球相对海平面上升将会影响的地区

人类活动是这个灾害链的主因（内因）还是外因？地球自然作用与温室效应、气候变暖-冰川消融-海平面上升灾害链有什么关系？这是必须加强研究的重大问题。

从地球演变历史上看，人类还没有出现的地质历史时期曾出现过多次气候冷暖交替期，47 亿年的地球发展过程是次冰期与间冰期的交替。6 亿年以来的显生宙全球大气温度和二氧化碳含量变化表明地质历史时期很长时间出现过比现今高很多的状况（见图 9.30）。

从空间上看，在人烟稀少的南极、北极和青藏高原的上空臭氧层破坏最严重。青藏高原地表热流值高，地震活动强。而澳大利亚地表热流值很低，地震活动弱。事实与人为因素造成温室效应的结论正好相反。

研究温室效应、气候变暖-冰川消融-海平面上升的全过程，找出真正的内因和主控因子，为正确认识和科学改善人类生存环境提供依据。

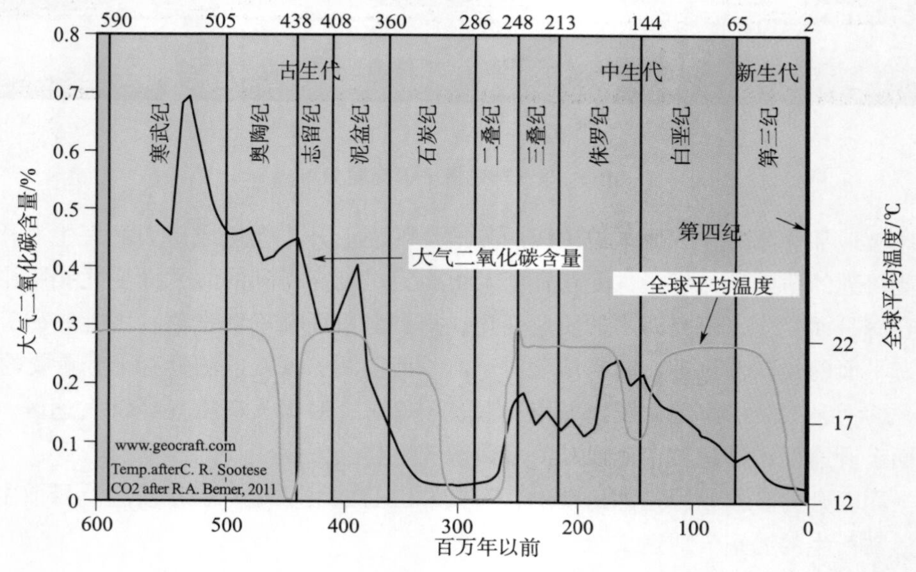

图 9.30　显生宙全球大气温度和二氧化碳含量变化（Berner，2001）

（5）台风-地震链

统计2009年至2010年的台风源区与洋（海）底火山分布（见图9.31），二者之间有一定的关系，洋底热活动强的区域往往是台风生成区域，如东南太平洋地震火山强活动区海水温度高（见图9.32），是重要的台风源区。说明台风生成可能是软流圈、岩石圈、水圈、大气圈耦合作用的结果。

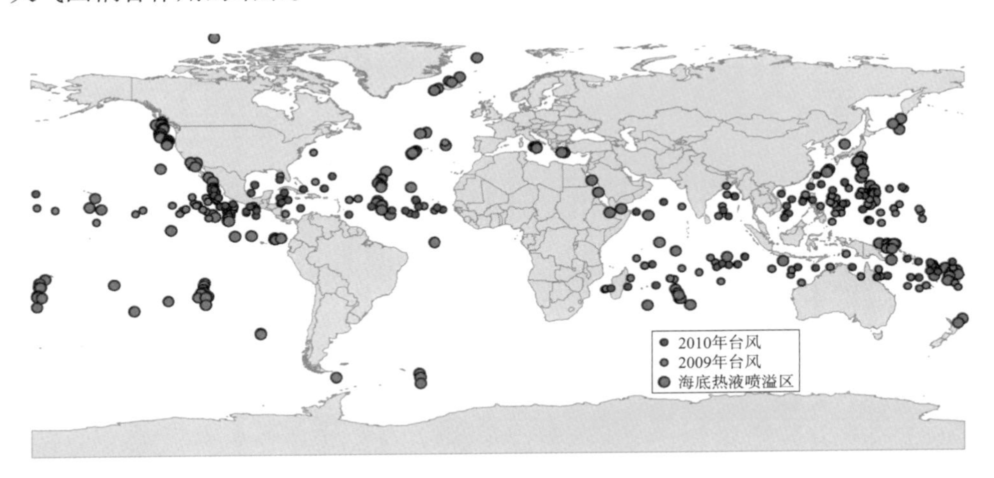

图9.31　海底热液喷溢区与风源地

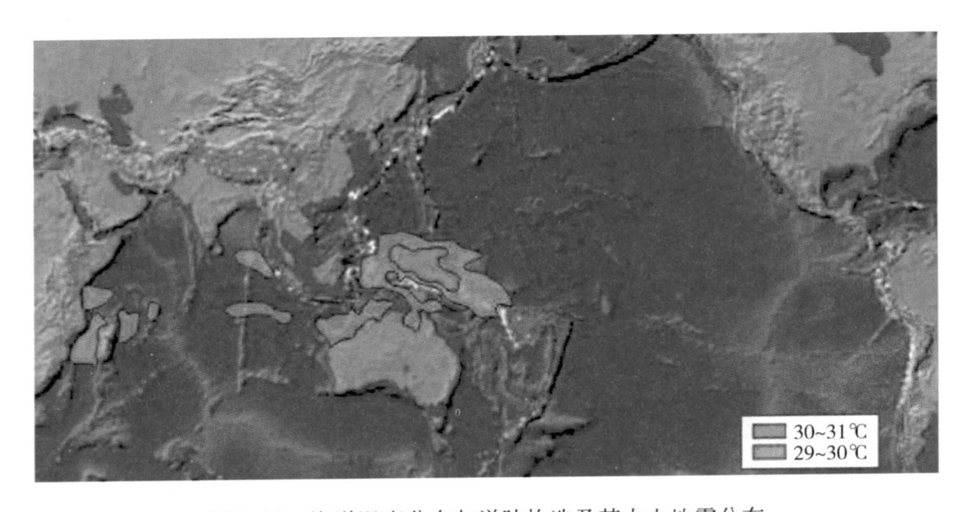

图9.32　海洋温度分布与洋陆构造及其火山地震分布

台风与大陆板内地震之间也可能存在某种关系，大陆板内地震孕育区可吸引或引渡台风。例如，1976年唐山大地震发生前的1973年出现两次异常路径的台风，经过渤海湾，进入华北或东北地区（见图9.33），这是十分罕见的现象。

值得注意的是，这种经过渤海湾进入华北、东北的异常台风路径2011年又出现了两次，2011年6月22日至28日米雷台风和2011年7月28日至8月10日梅花台风路径出现了当年唐山地震前几年台风异常情形（见图9.34）。

这种异常的洋陆耦合远程物质运动可能隐藏着灾害链的信息。1987 年耿庆国和陈玉琼最早提出地震可引渡台风。1988 年郭增建和秦保燕在全国灾害会议上提出地震和相关构造放出地下携热水汽吸引台风。高建国认为震台链是热带气旋路径随大地震孕震地区发生变异的现象。

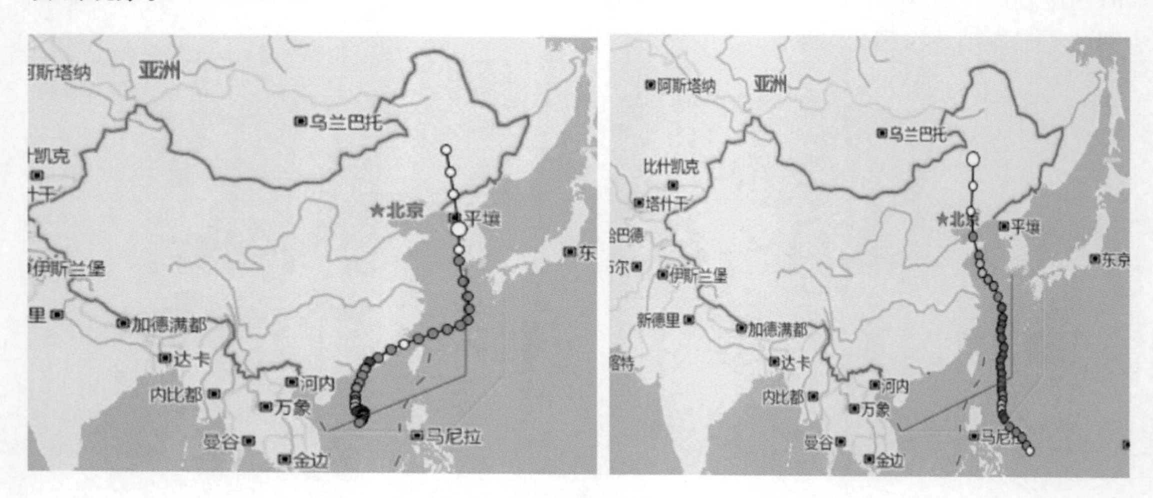

图 9. 33　可能与唐山地震有关的 1973 年台风路径

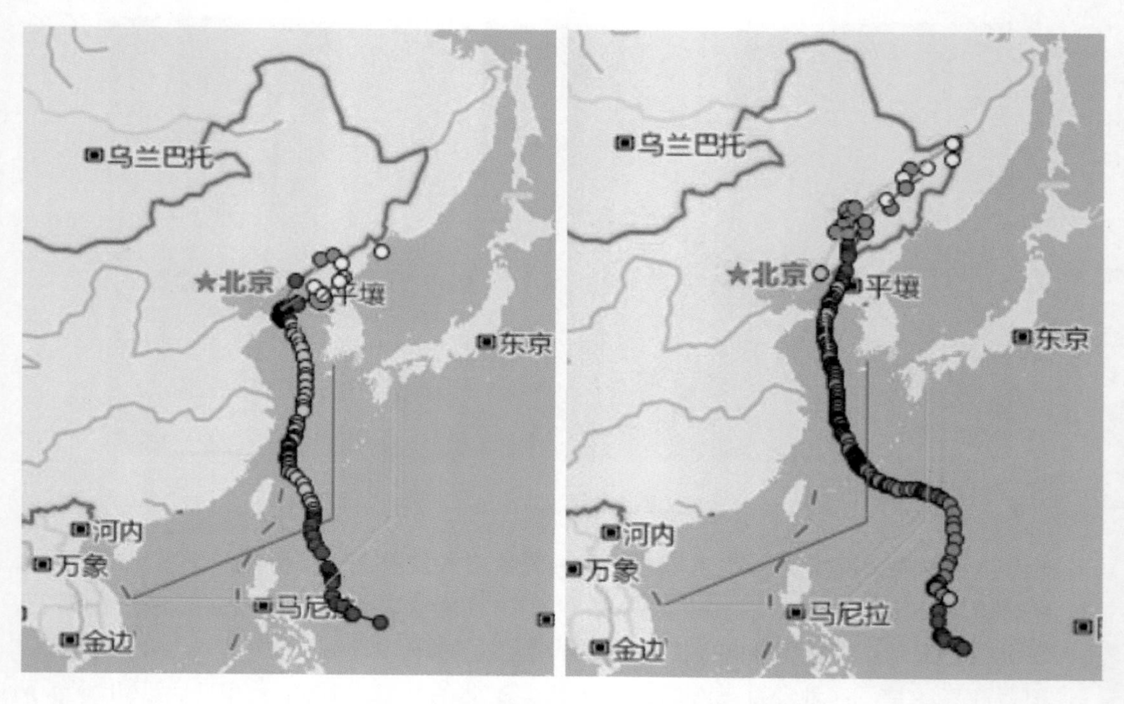

图 9. 34　2011 年米雷台风和梅花台风的异常路径

1972 年至 1976 年华北灾害链过程是：1972 年大旱；1973 年两个异常路径台风进入内陆并引起异常降雨；1974 年发生海城大地震；1975 年河南出现大洪水；1976 年发生唐山大地震。类似的情况发生在 2004 年至 2010 年的青海四川一带（见图 9.35）。

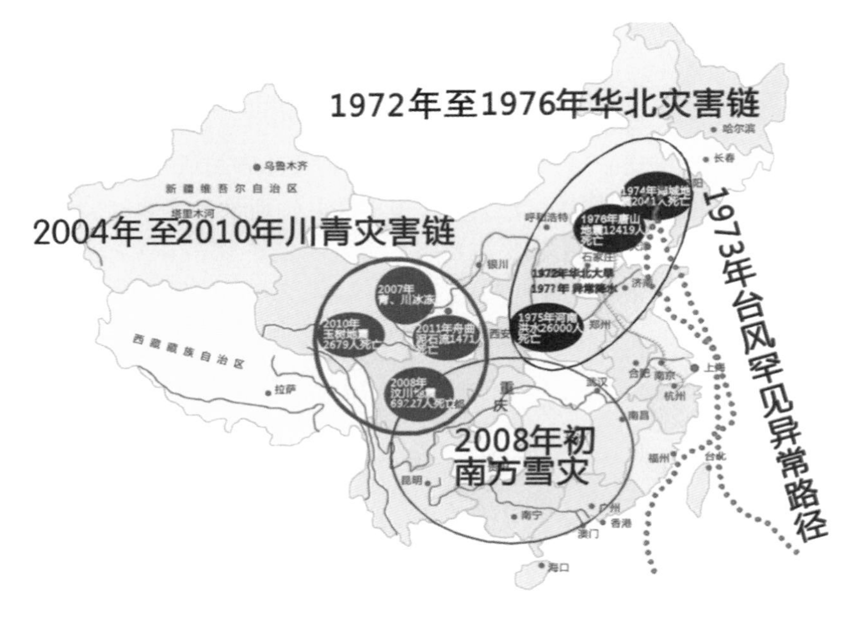

图 9.35　华北和川青灾害链演变过程

潜在的灾害链似乎在孕育甚至发展之中（见图 9.36），应当大力加强西南和华北地区灾害链的监测和预测工作。

图 9.36　西南和华北潜在的灾害链及其演变趋势

因此，要发挥卫星监测海洋灾害的优势，获取多源数据，建立海洋灾害数据库和相关的海洋、地质、地球物理、气象、天文数据库；研究海洋-大陆相关灾害的特点，分析台风进入大陆异常路径的成因和可能的灾害链，重点研究洋陆耦合灾害链的链接过程及其物质、能量变化，初步建立地震-（火山）-海啸链、地震-洪涝（暴雨）链、台风-地震链的关联模型，为灾害预测服务。

9.6.3.3　洋陆耦合灾害实验区建设

要进行洋陆耦合致灾机理的研究，以及对于海洋相关灾害的成因相关联的验证，在海洋-大陆耦合灾害关联性较好的地区，建立一个海洋关联性研究的实验区。

（1）洋陆耦合灾害实验区选区与建站

东北亚地区及其沿海位于亚欧板块与太平洋板块的交界处，发育典型的海沟-弧前盆地-岛弧-弧后盆地（边缘海）体系，地壳构造十分活动，自然灾害多发，而且强度大，是进行洋陆耦合灾害相关性研究的理想天然实验室。经过初步工作，在东北亚地区选取如图 9.37 所示的区域作为实验区。

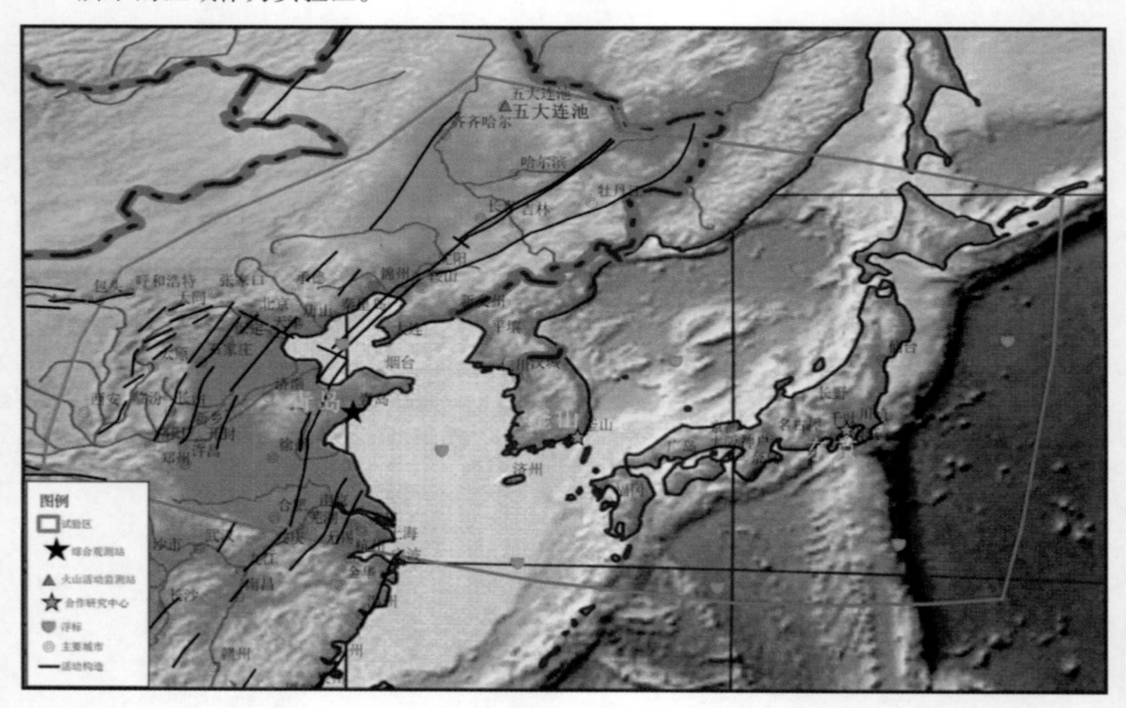

图 9.37　洋陆耦合灾害研究及其监测预测东北亚实验区

在东北亚地区建立一个洋陆耦合致灾综合观测研究体系，除了建立洋陆灾害综合观测站外，在海洋灾害多发海域建立 20 个浮标站，在五大连池建立火山观测研究站。

对于选定的实验区需要进行以下基础调查，为监测平台与灾害机理研究等打好基础：地面地质调查、海洋地质调查、海洋生态调查、海洋气象特征调查、海洋地球物理调查（海上重力、海上地磁、海上地电、海上地震）、海洋地球化学调查等。

（2）海陆灾害综合观测站

在青岛建立海陆灾害系统综合观测站和数据综合分析中心，通过卫星地面站收集来自各浮标站发送来的海洋和大陆相关灾害数据，为灾害发生前预测预警以及洋陆耦合过程中灾害的关联性研究服务。在该平台上建立各个灾害链监测系统：地震-（火山）-海啸链监测系统、火山-海啸链监测系统、地震-洪涝（暴雨）链监测系统、冰川消融-海平面上升链监测系统、台风-地震链监测系统。

（3）海洋浮标站

海洋浮标站安装锚定浮标，是一种现代化的海洋观测设施，浮标底部如钟摆式长臂，固定于附加装置上。它具有全天候、全天时稳定收集海洋环境资料的能力，是现代海洋环境主要监测系统。海洋浮标，一般分为水上和水下两部分，水上部分装有多种气象要素传感器，分别测量风速、风向、气温、气压和温度等气象要素；水下部分有多种水温要素传感器，分别测量波浪、海流、潮位、海温和盐度等海洋水温要素。各种传感器将采集到的信号，通过仪器自动处理，由发射机定时发出，经由卫星传至地面接收站，灾害关联性科学研究平台处理后就得到了所需要的数据，再结合其他方面的数据，一起为海洋灾害预测预警及灾害链的研究提供数据分析依据。

紧急或必要时租赁海洋调查船进行海洋灾害加密观测，同时负责海洋浮标站的设备维修。海洋浮标与卫星、飞机、调查船及声波探测设备，共同组成海洋环境主体监测系统。

综上所述，建立洋陆耦合灾害综合观测站，综合利用海洋局的海洋浮标站、监测船的灾害监测数据，研究海洋-大陆相关灾害形成、孕育及其发展变化的过程；综合多种手段和方法，提取海洋灾害前兆异常信息，建立主要海洋灾害的预测和预警模型。

9.6.3.4　洋陆耦合致灾机理和关联性及其模拟

海洋-大陆灾害的致灾机理研究十分薄弱。海洋处于地球系统中的水圈，在垂向上，与其下的岩石圈、软流圈和其上的大气圈甚至天体之间发生作用；在横向上，海洋周边必然是大陆，海洋与大陆耦合作用在很大程度上制约了海洋灾害的孕育、发生、发展、消减和消亡过程，目前在这方面的研究基本上属于空白。

海陆耦合自然灾害多，但是对海陆耦合灾害链的发生规律、形成机理、预测预警等重要科学问题和关键技术的研究还不够深入，尤其是从地球开放系统角度对于灾害之间的关联性缺乏研究。

在海洋与大陆的耦合过程中，大洋、大陆边缘（主动大陆边缘包括弧前盆地、岛弧、边缘海）、大陆之间甚至天体与地球之间、海洋大气之间不同程度地出现物质、能量交换，形成复杂的灾害链结构（见图 9. 38）。因此对于海陆灾害的耦合关系，要把海洋与大陆的耦合过程中物质、能量交换的方式作为出发点，来寻找灾害之间的关联性。不仅是空中大气环流所进行的海陆间的物质、能量循环，还包括地球内部的物质与能量的循环，地下热物质的运动应该作为主要因素来研究。海陆耦合过程中，大洋内部洋中脊、洋岛是地幔玄武岩喷发区，熔浆温度可高达 1300℃，喷出到洋底也达数百摄氏度。洋底热活动加热大洋中的海水，可能与赤道东太平洋大范围持续增温产生的厄尔尼诺现象有关，热带风暴和台风往往与洋中脊、洋岛有关。主动大陆边缘洋陆相互作用强烈，形成向大洋突出的弧形岛链，如阿拉斯加岛链、西太平洋岛链、苏门答腊岛链，它们是火山、地震频发区，一些地震引起海啸，也是海陆耦合作用的结果。

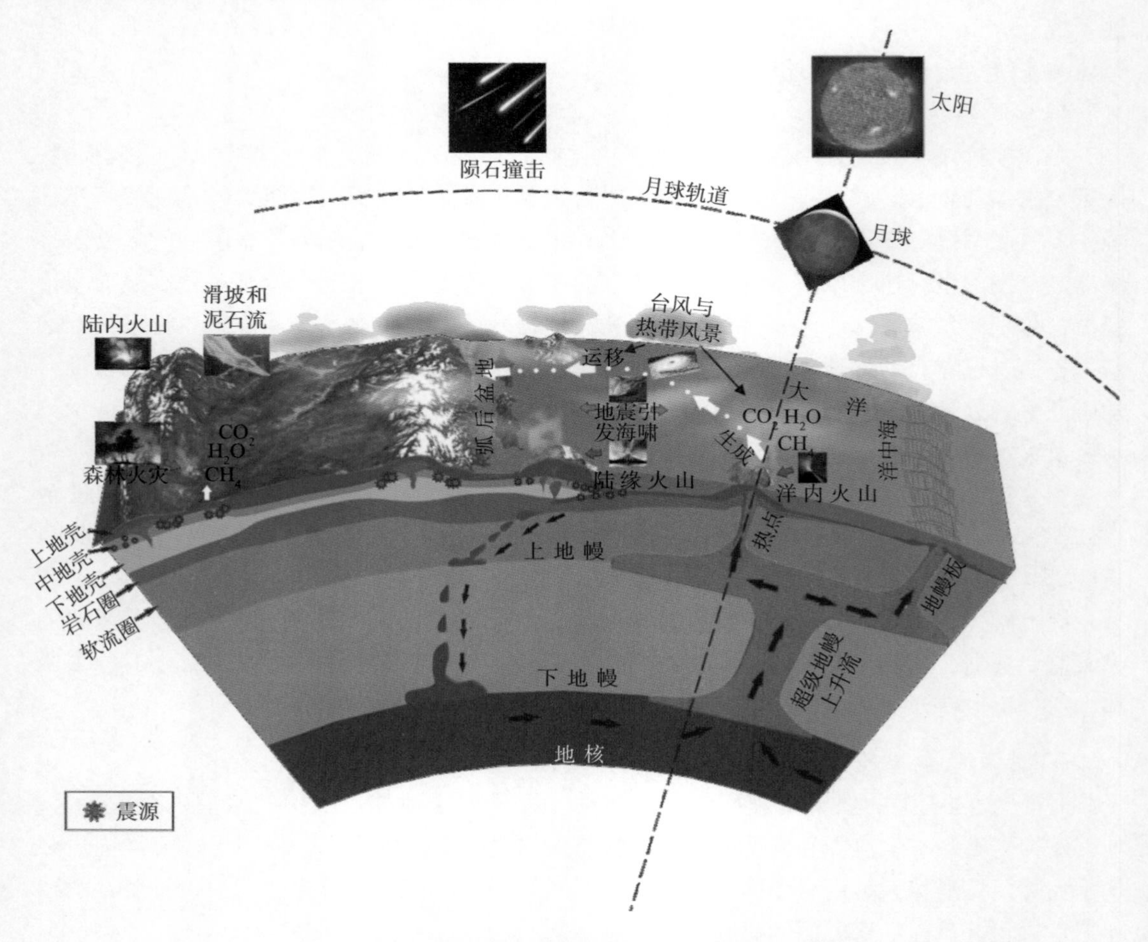

图 9.38　开放地球系统中洋陆耦合灾害系统示意图

对于不同的海洋-大陆自然灾害，不同圈层和不同块体的作用有所不同。对于大多数洋陆耦合形成的自然灾害而言，水圈与岩石圈、软流圈的作用，洋陆相互作用是形成灾害的关键因素。

各种海洋-大陆-大气-天体耦合灾害链中起始灾害对次生灾害或衍生灾害具有直接的主导的制约作用。例如，地震或火山引起海啸。很多海洋灾害的机理不明，台风与海洋本身的物理过程有关，也与大气运动有关，可能还与洋中脊、洋岛热液活动局部增温产生的低压中心和水汽喷发有关；太阳黑子活动可能影响地表周期性温度变化，可能触发厄尔尼诺和拉尼娜灾害的形成。因此，要从地球系统动力学角度研究火山、地震、海啸、热带风暴、台风、海平面上升等海洋灾害。

传统的海洋灾害研究往往只立足于海洋系统或者海洋-大气系统，往往忽视了洋陆耦合作用对海洋灾害形成的重要影响。许多海洋灾害都发生在洋陆过渡地带，主要由弧后盆地、岛弧、弧前盆地、边缘海等构成，尤其是在主动大陆边缘，构造活动强烈，洋壳向陆壳下俯冲，形成向大洋突出的弧形岛链，如阿拉斯加岛链、西太平洋岛链、苏门答腊岛链，海底火山、地震产生巨大能量，对海水造成严重的扰动，就极有可能形成海啸。例如，2004年12月26日，印尼北部苏门答腊岛海域发生里氏8.7级地震，并引发强烈海啸；而2010年10月25日，印尼苏门答腊岛再次发生7.2级强烈地震，同样引发了巨大的海啸；再如2011年3月11日日本东北部海域发生9.0级强地震，同时引发了约10m高的海啸。可见，洋陆耦合部位的强烈构造活动是该部位海底地震的致灾因子，而海地地震又成为海啸灾害的致灾因子。根据全球火山地震分布图（见图9.39）可知，全球洋陆耦合部位，尤其是位于环太平洋的部位，不仅是地震多发区，还是海底火山的密集分布地带。

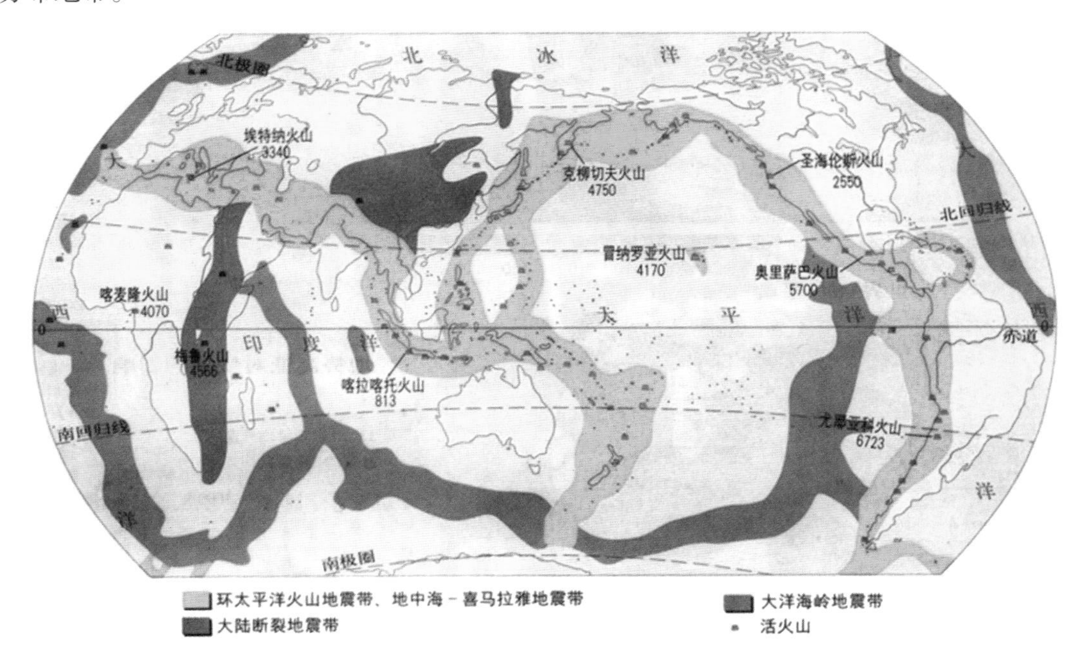

图9.39　全球洋陆格局及其火山和地震分布

洋陆耦合有不同的地质模型：板块构造学说、地幔柱理论和地球系统动力学假说。板块构造学说强调刚性大洋岩石圈板块在地幔软流圈对流带动下水平运动。地幔柱物质来源于核幔边界，低密度高温热柱浮力上升，形成巨大球状头冠和细窄的尾柱，并在岩石圈发育成热点-裂谷大洋扩张构造系统，产生相应的洋中脊和洋岛是海底高热流区。

地球系统动力学阐述地球内部系统物质运动规律：固态内核的偏移引起液态外核背离偏移点顺层流动，汇流的外核极高温热流体在核幔边界形成高温地幔上升热流，不同形态的低密度深地幔热流物质在浮力作用下上涌。柱状地幔热流物质上涌（地幔柱）构成热点，形成火山岛链；板状地幔热流物质上涌（地幔板）构成热线，形成洋中脊。地幔板热流物质上涌造成上部地幔部分熔融形成软流圈，软流圈溢出低密度的玄武岩之后相对较高密度的热流物质随着不断倾斜的软流圈底面从洋中脊顺层流向大陆，带动大洋岩石圈板块运动和洋盆扩张，引起大陆垂向增生。地幔板及其软流圈层流推动大洋岩石圈水平运动，导致地幔柱之上出现夏威夷式指示洋盆扩张方向的定向迁移火山岛链。流入大陆的增厚软流圈底辟上升造成热弱化下地壳从盆地流向造山带，导致盆山地壳物质发生循环运动，同步形成大陆内部厚壳造山带和薄壳盆地。当地幔板活力减弱，洋中脊的扩张作用随之减弱、从大洋流入大陆的软流圈热流作用同步减弱，上述洋控陆过程逐渐转向洋陆相互作用，强烈作用的洋陆边界发生板块俯冲，洋壳俯冲板片脱水熔融的热流物质底辟上升导致边缘海盆地下地壳侧向流动，形成大陆边缘盆山体系。当地幔板活力消失，洋中脊的扩张作用和地幔软流圈层流作用随之终止、转入陆控洋过程，最终大洋消失，大陆碰撞拼接，横向生长。在这个过程中各种海洋-大陆灾害系统有序生成。

洋陆耦合灾害系统往往不是单纯由地球内部因素引发，海底火山、地震、海啸、厄尔尼诺、热带风暴、台风、海平面上升等洋陆耦合自然灾害还可能直接或间接地与地球外部的因素有关。据杨学祥（2003），海洋表面热能快速积累与较高的厄尔尼诺事件发生的频率一一对应，强潮汐引发厄尔尼诺事件的规律更为明显。而 1984 年至 1985 年、1995 年至 1996 年两次拉尼娜事件都发生在太阳黑子活动最小值年。国外的很多学者研究表明厄尔尼诺事件和拉尼娜事件与太阳黑子活动具有很好的一致相关性（见图 9. 40），其中南方涛动指数正值对应厄尔尼诺，负值对应拉尼娜（赵玉林 等，2010 年）。

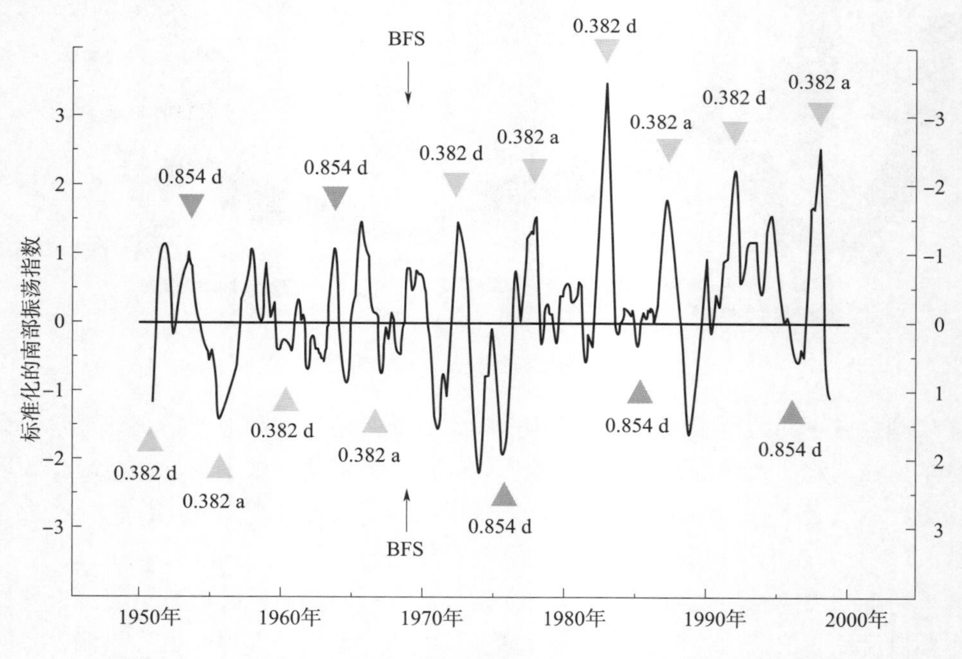

图 9. 40　1951 年至 2000 年太阳黑子周期活动与南方涛动指数的关系

研究海洋-大陆灾害的地球外部致灾因子需要从海洋灾害与地球外部的天体运行周期及运动规律之间的相关性入手，找出其中的物理链接，从而提出更加科学合理的解释，而非停留的表层现象。

结合上述海陆灾害系统的致灾因子的分析和讨论，对海洋-大陆自然灾害的成因进行分析，研究洋陆耦合自然灾害前兆现象和理论基础，建立各种洋陆耦合灾害关联性模式，对洋陆耦合灾害关联性进行模拟，以数值模拟为主，物理模拟为辅，进一步检验致灾机理模型。

9.6.4　天地耦合致灾关联性的观测与研究方法

解析天体与地球之间的耦合过程与其致灾机理，需要大量的观测事实与数据分析，在数据与分析结果的基础上建立日月地耦合致灾模型，并进行数值模拟，建立相关理论与灾害预测方法，其研究技术方案如图 9.41 所示。

其中数据获取方式主要有两种：一是建立地面卫星接收站，获取所属和其他相关卫星的电离层与卫星重力观测资料；二是实验区地面观测。另外，还需要收集的有气象资料和天文星历资料等。天文星历主要用于“三星一线”的引潮力叠加区计算。

地面观测方式主要有谐振共振波观测台站、地磁观测台站、时纬残差观测台站和重力观测台站。

天基观测方式主要为电离层观测、电磁卫星观测与重力卫星观测。

数据处理主要包括数据预处理、统计分析、数据挖掘、数据相关分析等模块，并分单要素分析和多要素分析两部分。

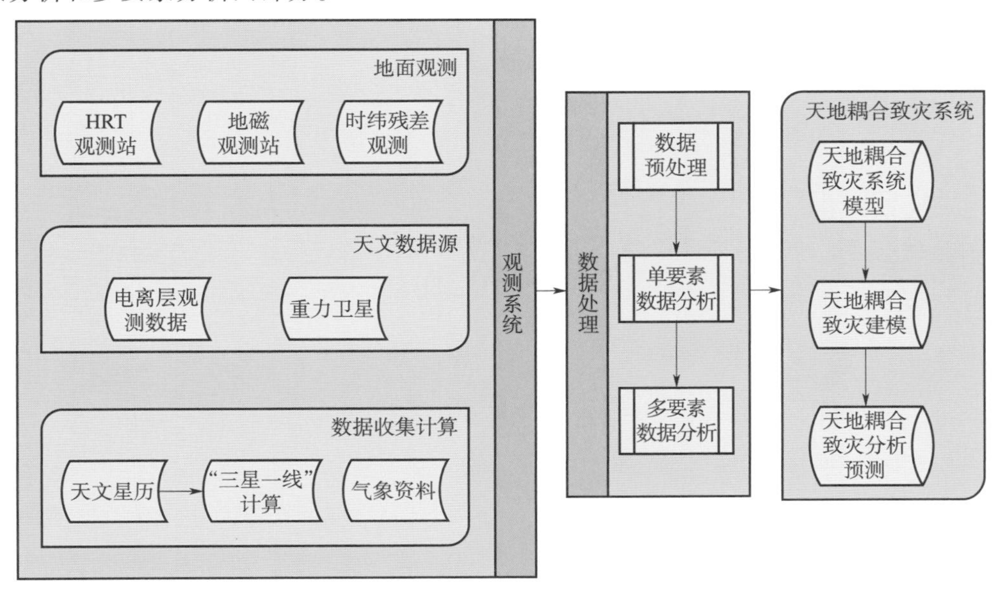

图 9.41　日月地耦合致灾研究解决方案

9.6.4.1　时纬残差

1976 年唐山 7.8 级大地震后，天文时纬残差在一些地震前出现短期异常波动的现象被发现。所谓时纬残差，就是通过专用天文仪器精确测量天体（恒星）经过天空中（天球上）某个特定位置（天顶、子午圈、等高圈）的时间（见图 9.42），来计算天文时间（世界时——UT）的变化（lod 变化）和纬度的变化（ $d\varphi$，地极移动 X，Y）。用于时纬残差观测的主要天文仪器有天顶筒、等高仪、天顶仪等。

各天文仪器的观测受地方性因素的影响，仪器及观测过程存在各类误差，由于每个仪器的观测得到的结果与全球统一的结果存在差异，这类差异称为测时测纬的“残差”，即时纬残差。

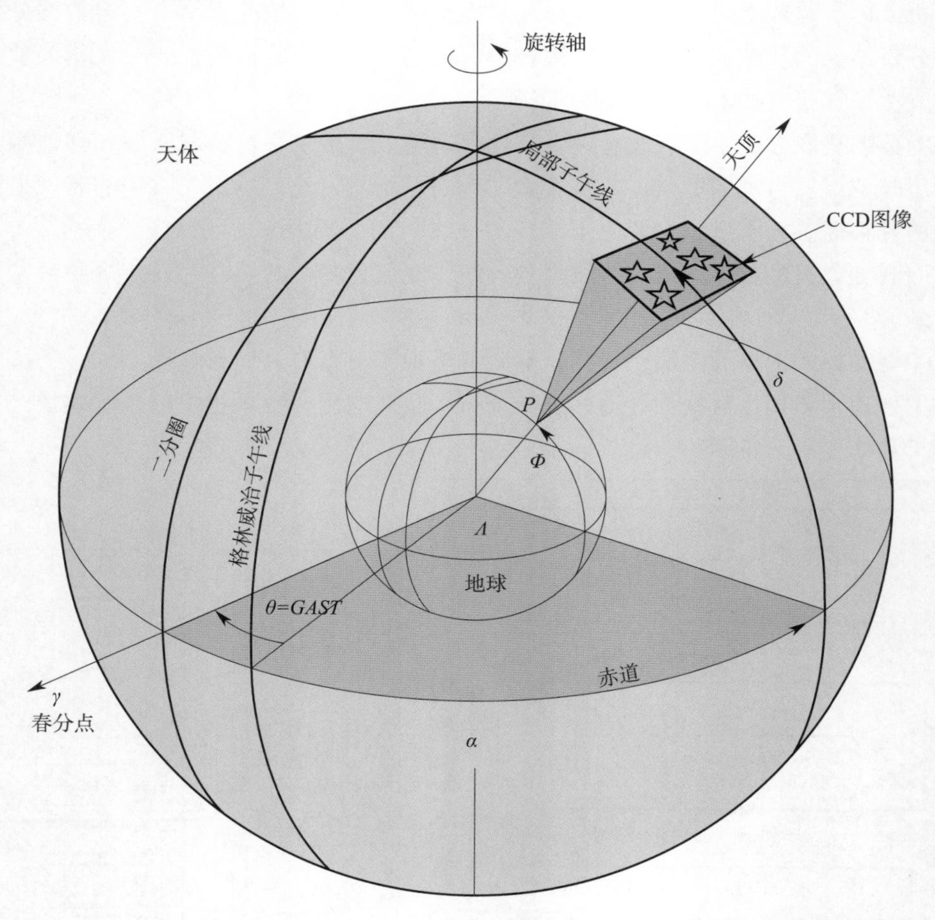

图 9.42　时纬残差测量原理示意图

图 9.43 是 1976 年北京天文台测量的反映唐山地震的时纬残差值，在 1976 年 7 月 28 日震前的 7 月份中，时间残差和纬度残差都有较明显的反映。李致森、张国栋（1978）等分析了多年时纬残差的资料与 6 级以上地震的关系后认为：

1）测时残差与强震对应关系非常明显，震前异常并有其独有的特征，地震皆发生在

残差 σ 的高值年份；

2）测纬残差的异常与地震的相关性不及测时显著。

时纬残差反映的是地下物质的迁移，因此，大规模地使用天文仪器进行地震孕育区的时纬残差观测有助于研究地震的发生、发展过程。但大规模即时地使用天文仪器进行时纬残差观测有很大的难度，适当地使用重力仪器来代替天文仪器是一个很好的替代方案。李正心等（2008）获得的唐山附近的地下质量迁移与地震的关系图（见图 9.44）说明用时纬残差研究地震是一种现实可行的方法。

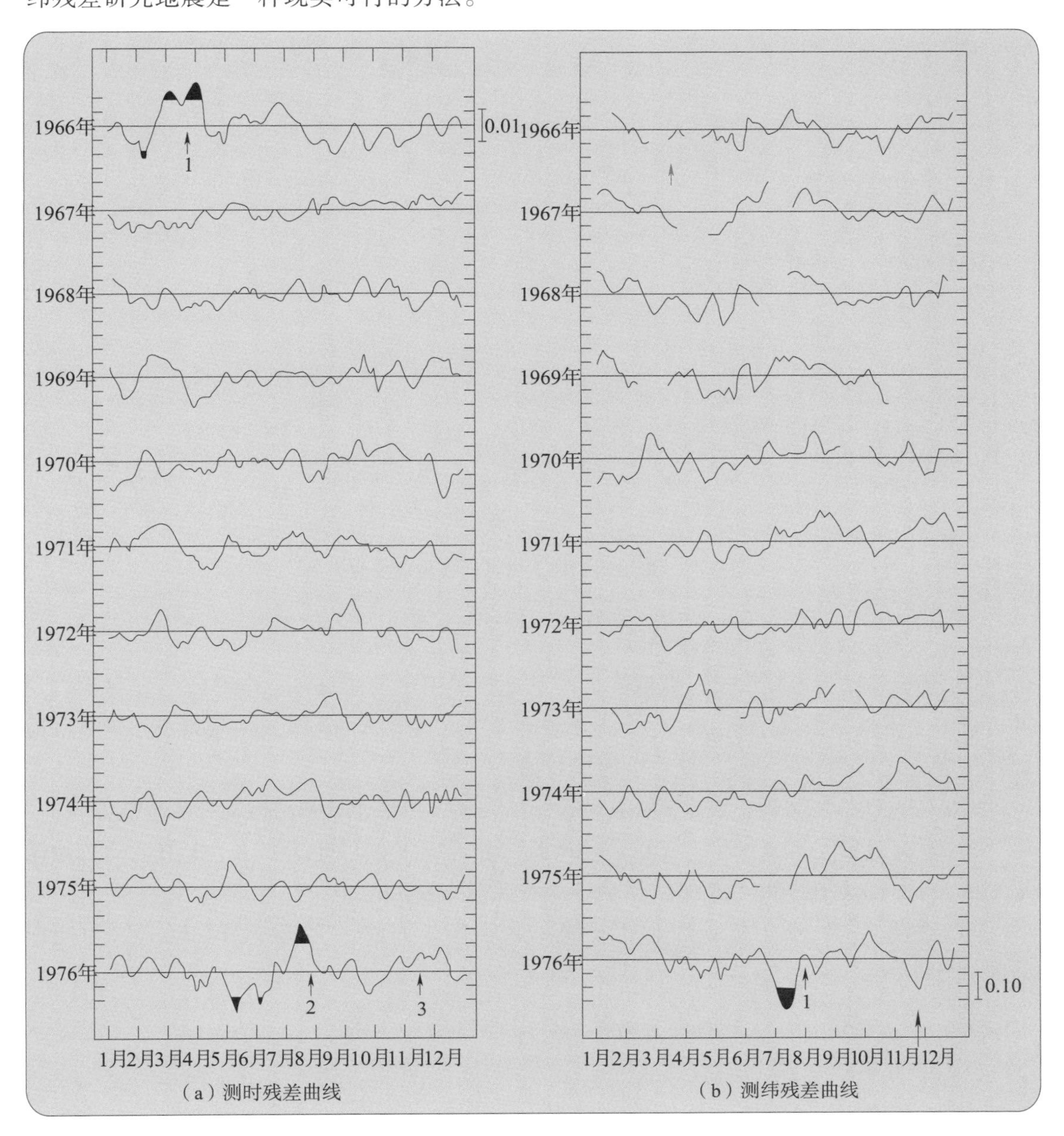

图 9.43　1976 年北京天文台测量的反映唐山地震的时纬残差值

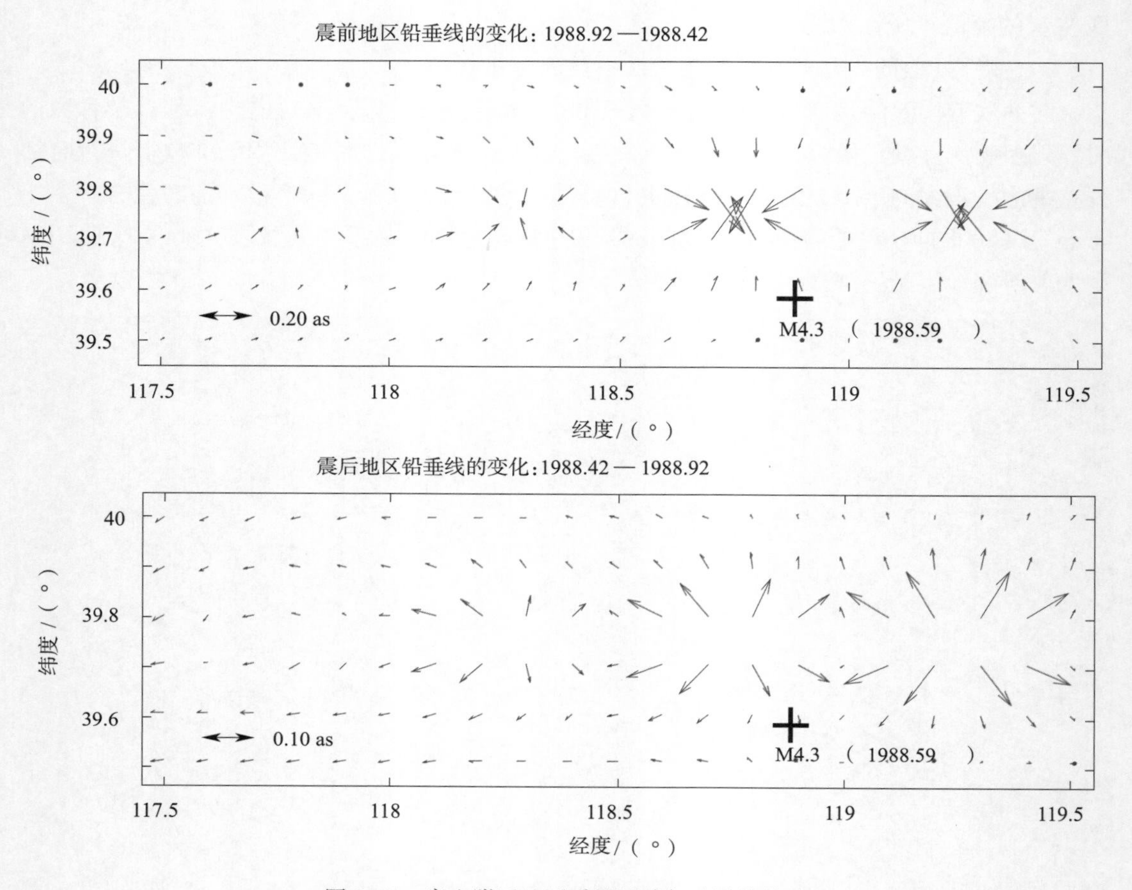

图 9.44　唐山附近地下质量迁移与地震的关系

9.6.4.2　卫星数据获取与处理系统

1）建立地面卫星接收站，获取所属和其他相关卫星的热红外、电离层与卫星重力观测等资料。电离层数据主要依靠 GPS 连续观测站、电离层垂测站，电离层斜测站构成，需要在卫星上设置信号脉冲仪器获取电离层数据。

2）对重力和电磁卫星原始观测数据进行预处理，包括滤波和网格化统计分析等。

3）研究气象灾害（干旱、洪涝、台风等）和地震灾害与日月运动、太阳活动及地球运动的关联性，找出卫星与地基数据和各自然灾害的关联性。

4）建设关联性灾害数据库和致灾因子数据库，形成一套完整的数据获取和处理系统。

9.6.4.3　“三星一线”引潮力叠加理论计算与检验

收集气象资料、地震资料等，根据天文星历计算未来一年到多年的“三星一线”引潮力叠加区，用历史资料检验台风、特大暴风雨、地震等灾害的符合率与正确性，并完善“三星一线”灾害预测方法。

（1）引潮力共振与震源物理量的关联性研究

根据震前地磁和次声波观测数据与“三星一线”引潮力共振叠加的计算结果，统计地磁场震源区附近地磁异常的时空变化，统计并制作次声波交会点，研究地磁场、次声波与“三星一线”引潮力共振叠加的关联性；收集已发生地震的震源机制解，与“三星一线”引潮力共振叠加的加减压区对比，分析共振加压或减压与震源的物理机制之间的关联性，并建立相关数学模型。

（2）引潮力共振触发临震的数值模拟

在实验区收集和筛选震源物理模式，建立震源物理机制的数学模型，计算引潮力共振加压或减压区的时空分布，用数值模拟的方法定量分析引潮力共振加压或减压引起的固体潮，触发地震的可能性、触发模式和地震的发生条件。

（3）引潮力共振与特大暴雨、台风突变的关联性研究

收集历史暴雨、特大暴雨、台风等气象数据和卫星云图，统计分析和检验暴雨突变为大暴雨、特大暴雨，台风突变时与引潮力共振减压的关联性。

分析计算特大暴雨、台风强度，与引潮力共振减压的定量关系，确定引潮力共振减压的定量条件。

（4）引潮力共振与暴雨中尺度模式相结合的特大暴雨模式研究

将已应用多年的中尺度暴雨模式加入引潮力共振减压计算公式，进行参数化处理（在重力项前加一参数由数值试验求出），研究用于预测大暴雨或特大暴雨的统计动力模式，并用现有气象资料检验其可靠性。

9.6.4.4　日月地耦合致灾机理研究

天地耦合致灾机理的研究会遇到“三星一线”的特殊引力作用，也面临着太阳黑子如何对地球作用等科学问题，因此需要开展：

1）用重力卫星观测天体“三星一线”情况下的特殊引力变化；

2）卫星观测太阳物理与日地空间电磁场的变化，为天地耦合致灾机理的研究提供基础科学观测条件。

（1）地面引潮力观测

在地面利用重力观测站进行引潮力观测，为致灾机理研究提供基础资料。

（2）日食月食过程地面重力加密观测

在日食时，地球的引力会发生异常变化，并且用万有引力定律和广义相对论都无法解释。我国科研人员也分别在 2001 年赴赞比亚和 2007 年在漠河观测时，都监测到了这一现象。如果重力异常现象确实存在，将对现有的重力理论形成挑战。日食月食过程就是“三星一线”的情况，需要提前计算好日食月食时间，安排仪器进行地面重力加密观测。

（3）地面地磁场观测与异常分析

在地面布置台站观测地球磁场变化，包括磁倾角、磁偏角和水平分量，获取数据并分析磁异常。

（4）地面电离层变化观测与异常分析

地面电离层观测主要依靠建立的电离层垂测站和电离层斜测站等来完成。电离层探测仪垂直向电离层发送一系列频率（一般为0.1～30MHz）的电磁波。随频率增高，信号在被反射前可以穿透更高的层；最后频率高到不再被反射。通过地面数据与卫星数据综合分析研究异常。

（5）太阳风与地磁场异常特征比较

通过卫星数据获取与处理系统得到的资料，分析太阳风的变化，并与地磁场异常比较，探究太阳风对地磁场影响的作用机制。

（6）天地耦合致灾机理研究

通过获得的引潮力数据、地磁场异常分析、电离层变化观测等资料，结合卫星数据分析结果，对天地耦合致灾机理进行综合的和定量的研究，建立相关理论。

9.6.4.5　谐振共振波（HRT 波）

（1）引潮力与地电数据的关联性

谐振共振波地震短临预测方法，其实质是利用地电（地电阻率和地电场）法作为观测手段，通过引潮力作用于地球块体，观测断层失稳（地震）前源区介质刚度 $\lambda \to 0$ 阶段（地震短临阶段），特别是驱动力周期 $T \approx T_0$（断层固有周期）时，地球介质对引潮力的响应特征。对于引潮力和地电数据的直接关系尚不明朗，需要利用大量的地电阻率观测数据，进行相关统计和分析，以确定引潮力与地电数据的关联性。

（2）孔隙流体对地电阻率影响的实验研究

地球介质（特别是浅源地震的介质）是多孔固体，而其孔、裂隙间常含有流体，谐振共振波会引起孔隙流体的运动或地下水位的变化，造成电阻率的变化。因此通过观测地电阻率的变化，来认识谐振共振波的产生和传播规律是可行的。岩石的电性或地电阻率的变化与介质孔隙中流体的运动（扰动）有关，因此需要通过科学实验，研究孔隙流体的类型和流速对地电阻率的影响，以便定量地研究谐振共振波的传播规律。

（3）孔隙介质的地电阻率影响的模拟计算

研究不同岩石介质中不同的流体类型、孔隙形状、孔隙度等对地电阻率的影响，建立符合实际介质情况的模型，进行模拟计算，以定量确定孔隙介质的地电阻率变化规律。

（4）地下水位对地电阻率的影响

地震前震区周围井水水位发生急剧变化，而水位变化会引起地电阻率的变化。因为谐振共振波法是通过地电阻率的变化来研究和预测地震，所以要详细研究地下水位对地电阻率的影响，消除无关因素。

（5）热流体运动的引潮力触发效应

在孕震早期，介质处于弹性阶段，震源区介质的刚度为很大的正的不变化的常数，因此电响应的振幅很小，或基本不变化（其正弦波动几乎看不出来）。

当介质刚度减小时，电响应变化规律和周期（T）与潮汐应力波周期相同，形态多为单向的潮汐波。其振幅与介质刚度成反比增大，震前出现的谐振波（HT 波）多呈振幅逐日增大的单向波。

当介质刚度进一步减小，在断层系统的固有周期处阻抗的无功分量等于零，电响应出现尖锐极值，即震源区出现幅度突然变化的共振波（RT 波）。当很长的驱动力周期 $T \to T_0$ 时，响应振幅逐日增大。

上述假说需要实际验证和进一步研究，以便建立符合实际的谐振共振波理论。

（6）热流体波动过程的数值模拟

目前有关谐振共振波的基本认识是：谐振共振波是波速很慢的流体波，要弄清楚谐振共振波产生的条件和运动规律，数值模拟是研究的最佳方法之一。

任何流体运动的规律都是以质量守恒定律、动量守恒定律和能量守恒定律为基础的。这些基本定律可以由数学方程组来描述，如欧拉方程，纳维-斯托克斯方程。因此可以采用数值计算方法，通过计算机求解这些数学方程，研究流体运动特性，找到热流体波动过程的特点，从而为建立谐振共振波理论提供坚实基础。

9.6.4.6　太阳活动对地球灾害的致灾因子研究

（1）太阳活动对电离层的影响

太阳爆发耀斑或黑子时发射的电磁波进入电离层，会引起电离层的扰动。此时经电离层反射的短波无线电信号会被部分或全部吸收，从而导致通信衰竭或中断。

但是，太阳活动对电离层的影响不仅于此，需要进一步研究太阳活动对电离层的影响，提出相应的理论。

（2）电离层的变化与灾害的关系

太阳耀斑和太阳风中的带电粒子可以与地球磁场相互作用，导致对电离层的扰乱。早在 1964 年阿拉斯加大地震时，Leonard 和 Barnes 就已发现电离层有扰动现象发生。1995 年，Calais 和 Minster 最早采用 GPS 来探测地震后电离层的电子浓度的扰动情况。

然而，电离层的这种变化与地震到底有何种关系？这是尚未解决的问题，需要系统的研究。

（3）太阳活动对地球磁场的影响

当太阳活动增强时，太阳大气抛出的带电粒子流，能使地球磁场受到扰动。当太阳风突然增强时太阳风磁场也突然增强，太阳风磁场对地球磁场的挤压也就突然增强，从而使地球磁场受挤压变形，产生“磁暴”现象。虽然宏观上的分析很清晰，但是并没有数学化的理论模型，还需要进一步研究。

（4）磁暴与灾害的关系

磁暴对地磁的影响很大，磁暴可以用来研究地震孕震区的物质变化，但目前尚不清楚孕震区的物质变化与地磁响应之间的确切关系。弄清楚这种物理机制，对地震及其相关灾害的研究和预测是十分必要的。

（5）宇宙线与灾害的关系

俄罗斯科学家研究发现，来自遥远太空的宇宙射线不断投射到地球大气层上部，并与大气层发生相互作用后产生次级射线流，最强的次级射线可在 15km 到 20km 的平流层中观测到，次级射线流同样也受到太阳活动的影响，宇宙射线在平流层与对流层将空气电离，使空气具有导电性，雷雨云带电，最终导致地球带电。而地球电荷形成的电场加速了空气中不带电悬浮粒子对比较轻的离子的吸附，比不带电悬浮粒子轻得多的带电悬浮粒子变成了水蒸气聚集的中心，这将导致对流层下层的云团数量增加。云团数量不仅影响太阳能流的变化，也影响近地大气层的温度变化。对于这些变化与灾害的关系，需要进一步的研究，以确定宇宙射线与地球自然灾害之间的关系。

（6）太阳活动与地球灾害关联性

综合统计和分析太阳耀斑、磁暴、宇宙线、电离层等异常变化与地震、干旱、洪涝等地球自然灾害的关系，确定太阳活动与地球灾害的关联性。

9.6.4.7　天地耦合动力学数值模拟

以天体与地球之间的耦合关系为基础，根据现有的天体运行与地球灾害之间的关系研究，结合地基空基获取的大量观测数据与灾害数据建立天地耦合致灾模型；将天文因素作为触发因子（初值条件），用数值模拟方法检验和完善日月地耦合致灾模型的机理。

（1）日月运动影响下的地质建模与物理建模

通过地质调查、地球物理调查和实验室实验来获得实验区的介质属性及结构构造信息，并利用这些信息分别进行介质属性建模和结构建模。下面逐一介绍地球物理调查、地质调查、实验室的做法及参数需求。

①地球物理调查

地球物理调查的目的是为了获得实验区的地质结构与介质属性，从而为模型的建立提供支撑。计划主要使用宽频地震和大地电磁测深相结合的地下动态扫描方法来进行地球物理调查。

大地电磁在模型区域内针对关键构造带进行流动观测，每年一次。实验区域共有 7 条剖面，观测点间距约为 25km，剖面长度共 7000km，目标深度为 0 ~ 100km，主要目标是上地幔和地壳的地质结构与电性结构。

在华北实验区的重要区域，布置宽频地震观测仪器，台站间距为 50 ~ 60km，至少连续观测 10 年以上，调查的主要目标层是 80km 以上的上地幔和地壳地质结构与地球物理属性。

②地质调查

地质调查主要是运用地质学、地球物理、地球化学、遥感等方法，通过野外勘查和观测研究（对于关键构造部位要加密观测），阐明各类地质体（如地层、岩体）的产状、分布、组分、时代、演化及相互间的关系等各种信息，从而让我们对所选区域的结构属性和介质属性有一定的了解，为模型的建立提供支撑。地质调查应获得以下信息：

1）地层具体划分及走向、倾向、倾角的空间变化信息；

2）地层的时代、演化历史以及各个地层之间的相互关系等信息；

3）断层的走向、倾向、倾角的空间变化信息；

4）地层的岩性划分，至少能够半定量地给出各个细层的孔隙度、含水饱和度、导磁率、密度、粒径、电阻率等信息；

5）区域地层岩性的各向异性信息。

③实验室实验

为了对所选区域的地质构造背景及介质属性有更深入的理解，需要采集一系列的岩石或岩心（通过打井获得）样品，并通过实验室分析，获得该岩石或岩心的孔隙度、饱和度、介电常数等参数，为模型的建立提供支撑。

（2）数值模拟参数数据库的建设

通过地球物理调查、地质调查、实验室实验及前人的研究资料，将获得的大量的有关实验区的地质构造与介质属性参数（见表9.3和表9.4），形成数据库，并方便于数值模拟和日月地耦合致灾机理的综合研究。

表9.3　地球物理调查参数需求

参数名称	参数符号	参数单位	物理意义
孔隙度	φ	无	孔隙体积与岩石总体积的比值
含水饱和度	S_w	无	表征岩石含水状况的物理量
电阻率	ρ_s	Ω·m	表征岩石导电性好坏的物理量
密度	ρ	g/cm^3	单位体积的质量
速度	v	m/s	表征波传播快慢的物理量

（3）日月运动影响下的初始及边界条件确定

由于在进行有限元剖分过程中，模型区域地质构造复杂，且存在着有限单元的破裂及重新组合问题，这就要求研究一种动态的适用于复杂地质构造的确定有限单元的初始及边界条件的技术，使数值模拟更加切合实际。

表9.4　实验室实验参数需求

参数名称	参数符号	参数单位	物理意义
孔隙度	φ	无	孔隙体积与岩石总体积的比值
含水饱和度	S_w	无	表征岩石含水状况的物理量
电阻率	ρ_s	Ω·m	表征岩石导电性好坏的物理量
抗压强度	p	kg/cm^2	岩体或土体单位面积上所承受的载荷
抗剪强度	σ_c	MPa	岩体或土体剪切面上所能承受的极限或允许剪应力
密度	ρ	g/cm^3	单位体积的质量
比热容	C	J/（kg·K）	单位质量物质的热容量，是表征物质热性质的物理量
导热系数	λ	W/（m·K）	单位温度梯度作用下物体内所产生的热流密度

续表

参数名称	参数符号	参数单位	物理意义
导磁率	μ	H/m	衡量物质导磁性能的物理量
弹性模量	E	GPa	表征岩石弹性性质的物理量
介电常数	ε	无	表征电介质或绝缘材料电性能的一个重要物理量
黏滞系数	h	Pa · s	描述液体内摩擦力性质的一个重要物理量
速度	v	m/s	表征波传播快慢的物理量
摩擦系数	μ	无	表征物质表面粗糙程度的物理量
磁化率	κ	无	表征磁介质属性的物理量

（4）引力方程、麦克斯韦方程与热流体方程的联合求解

以天地耦合实验区监测获得的重力、地磁、电离层、温度、地磁场、地应力等各种数据为基础，建立符合实际情况的地质地球物理模型（结构模型和属性模型），进行引力方程、麦克斯韦方程及热流体方程的数值求解，从而获得综合各种方法的优点的数值模拟结果，但是如何进行联合数值求解，怎样才能够使数值模拟的结果符合实际情况，指导进一步实践，是需要进一步研究的问题。

（5）天地耦合动力学模拟过程中的并行化计算与分析解释系统

由于研究对象是一个非常复杂的系统，将引力方程、麦克斯韦方程及热流体方程的耦合模拟后进行数值模拟必定会遇到非常大的计算量，所以需要进行并行化计算。同时，对模拟出来的结果也要建立一套分析解释系统。

9.6.4.8　地外引力与空间环境卫星监测方案论证

（1）“三星一线”行星际空间引力卫星观测方案论证

主要目的是设计和论证行星际空间引力卫星观测的方案，包括轨道设计、引力传感器载荷设计、飞行姿态等，为未来我国进行日食、月食和 L1、L2 点等“三星一线”特殊引力变化的观测和研究而服务。其中包括，在“三星一线”时，可以在外太空航天器上设置实验仪器测量引力等数据，并与地面数据进行对比研究等。

（2）太阳物理与日地空间电磁场卫星观测方案论证

近 20 年来，在地面和卫星上探测到了大量与地震相关的电磁异常信号。目前，国际上已经发射了以观测地震和火山喷发过程相关的电磁场变化为目的的多颗地震卫星，如 COMPASS系列卫星（俄罗斯）、QuakeSat（美国）和 DEMETER（法国）卫星等。这些地震卫星搭载了测量电场、磁场、离子成分、电子浓度和温度以及高能电子流量等部分物理量的相应仪器，为研究与地震活动与火山喷发相关的电离层扰动和检验地震前后的电离层扰动效应、研究与人类活动相关的电离层扰动、理解这些扰动产生的机制等提供了有效手段。

论证我国未来的用于太阳物理与日地空间电磁场观测的卫星，需要提前研究卫星载荷的各种参数，设计其飞行轨道等。

9.7　灾害关联性的应用研究

9.7.1　灾害监测预测

9.7.1.1　灾害链的预测研究

灾害链的预测研究主要研究地质灾害的时空关联性和因果关联性，分析致灾因子，总结灾害链的结构、物质、能量和演化规律，探索从灾害链与前兆异常相结合的角度预测地质灾害的思路和方法，并进行仿真模拟。

根据不同灾害链的时空结构与灾害成因和前兆的关联性，抓住初始灾害，可预测衍生灾害。例如，大陆地区跨年（季）度干旱→洪涝（冰冻）→地震灾害链均与地下热流体异常运动有关，系统动态监测大陆地壳热流异常及其相关的地质、地球物理、水文、大气异常，预测跨年（季）度干旱的发生区域和持续时间，研究灾害区域相关灾害的关联性，从灾害链发展和演化的角度对后续的洪涝、地震、泥石流等灾害进行中期预测和短期预测试验与研究。具体地，可以从实验区的灾害链开始做预测实验。

9.7.1.2　前兆异常相似情况下的灾种鉴别

基于前兆异常、地球系统结构和灾害关联性进行灾种鉴别，如地震、火山、矿难、滑坡等自然灾害发生之前常常出现卫星热红外、次声波等异常，单独依靠这些异常的结构、持续时间和量级很难确定是哪种灾害。因此要加强灾害机理、灾害链和前兆异常关联性研究，搞清灾害孕育地质环境，对比和分析天空地多种前兆异常精细结构，识别不同灾害的前兆异常差异，科学分析和鉴别可能发生的灾种。

不同自然灾害的成灾范围、灾情损失、防范措施、灾后救援也有很大的不同，因而，研究与灾害监测、预测密切相关的灾种鉴别技术极其重要。

灾种鉴别研究的基本内容和方法是：

1）加强自然灾害天空地多种前兆异常精细结构对比、分析和研究，尽可能找出不同灾害的前兆异常特性；加强灾害机理研究，理论指导实践，从潜在灾区自然灾害的发育背景、孕育过程、能量传输、物质运动出发，科学分析可能发生的灾种；将地形地貌、地壳结构、地质构造、热气资源量级与分布、矿产资源类型与分布、地下前兆异常、地表前兆异常有机结合，综合分析，确定灾种。

2）多年来我国有关部门积累了大量的自然灾害及其相关地质、地球物理、气象、矿产、海洋、油气、卫星遥感等方面的资料，新理论、新方法、新手段不断涌现，从整体观察、系统论的思想出发，综合分析和深入研究各种自然灾害的规律和关联性，认清机理，对比异同点，鉴别灾种。

例如，中国地球物理学会天灾预测专业委员会耿庆国、李均之、任振球等专家于2009年9月18日和19日在北京工业大学地震研究所研讨三峡库区和重庆市的地质、地震灾害，提出预测意见是：2009年9月19日至25日（特别是9月20日至21日），在重庆市（特别要关注万州、云阳、奉节一带）可能发生大型滑坡或6.5级左右地震，其预测依据是：

1）在2009年9月16至21日6天之内，多达12个引潮力共振加压叠加在该地区，具备触发大型滑坡或强震的天文背景；

2）9月10日，北京工业大学地震研究所观测到1400mV的次声波，9月12日台湾次声观测点也收到3100mV的次声异常信号；

3）虎皮鹦鹉在9月13日、15日、17日出现跳动异常，最大值为3726次/日，平常跳动为2500次/日；

4）磁三针在9月6日、7日、9日、11日、12日出现跳动异常，最大异常信号为80mV；

5）强磁暴组合法给出的危险日期为2009年9月19日至10月2日。

实况是9月20日下午4时50分在重庆市万州地区巫溪县峰灵镇庙溪村发生特大滑坡，滑坡长50m，宽220m，厚15m，超过100万m^3，庙溪村被滑坡吞没，预测后各级领导高度重视，全村56人无一人伤亡。

预测意见中将滑坡列为首选，地震其次，主要根据是：

1）资料分析表明，2003年三峡水库蓄水以来，特别是2005年后，库区及周边的矿难、泥石流、滑坡和蓄水诱发小震活动频次呈现明显增加的态势；

2）三峡所在的扬子地块地壳活动性较弱，基本上没有发生强震的构造背景。

9.7.2 变害为利

将致灾能量变成清洁可再生能源，主动控制大灾突发频发恶性事件，是有一定科学依据的全新设想，但是，在地下能量（热和气）调查、地热地气开发、灾害控制等方面有很多需要探索的新技术。

取能减灾系统技术是一个多学科综合技术，现阶段取能减灾系统技术的主要核心技术包括：

1）利用多种方法圈定地下热河分布与埋藏深度的技术；

2）地下热河可利用能源量的估算与建模技术；

3）地气成因天然气资源的成藏模式确定与资源量的估算技术。

对于地下热河资源，首先要查明地下热河分布。基本解决方案是：首先在区域范围内进行地表热流值普查测量，圈定可能的异常区域；然后结合遥感卫星的热红外遥感图像寻找可能的地热资源及地表水和浅层地下水的地理分布；最后利用地球物理方法进行详查。地球物理勘探适宜于圈定地下深部热储的位置，即确定地下热河的存在与分布，此外还要查明地下热河区相关的地质构造、火成岩体分布和性质、断裂情况、第四纪覆盖层各含水层的水文地质特征和判断地下热水的分布与埋藏状况等。

地下热河可利用能源量的估算与建模技术的解决方案是：结合地表热流值与地下热河分布，对地下高温异常体中地温的空间分布状况进行数值模拟，建立热储模型，并预测地热资源量。

地气资源主要通过断裂、裂隙等运移通道和岩浆作用自地球内部向外释放，易于在断裂带附近有效圈闭中聚集成藏，而盆山边界的大型逆冲推覆断层提供了良好的盖层结构，有利于地气资源的储藏。因此技术的关键是确定地气资源的成藏模式，具体的技术解决方案是：首先利用遥感光谱技术，对地气的几种主要气体进行区域范围的普查，圈定主要地气异常区域；然后针对地气储藏特点，在盆山边缘带进行天然气地质与地球物理勘查工作，查明地下构造分布，尤其是要查明逆冲推覆断层的结构，并利用地震技术圈定可能的气囊结构；再者是打井验证，如存在气囊，需要进一步对地气类别、储量进行分析；最后是针对不同类别的地气资源制定不同的开发利用方案。

取能减灾系统中的地热与地气遥感调查技术目前广泛应用于地质等行业，例如热红外遥感探查地热资源是成熟的技术。地热与地气的分布与储量估计技术，可以借用现成的地球物理调查技术和天然气评估技术，适当地改造、完善和发展，可以用于热储的分布与资源量估计。

参考文献

陈梅花. 2005. 卫星遥感的热信息与地震活动的关系研究，中国地震局地质研究所博士论文.

陈修高，张国民. 1989. 强震孕育及高潮期中成串地震发生的数值模拟分析//八十代地球物理学进展. 北京：学术书刊出版社.

陈运泰，顾浩鼎，卢造勋. 1980. 1975 年海城地震与 1976 年唐山地震前后的重力变化. 地震学报，2（1）：21－30.

丁鉴海，余素荣，肖武军. 2003. 地震前兆与短临预报探索. 地震，23（3）：43－50.

冯德益. 1983. 地震前兆三阶段发展过程的观测结果与理论. 地震研究，6（2）：405－411.

高建国，姚清林，强祖基，等. 2006. 印尼苏门答腊大地震和珠江大洪水的关系研究. 气象与减灾研究，29（2）：8－17.

高旭，等. 1984. 中国地震前兆资料图集. 北京：地震出版社.

耿庆国. 1985. 中国旱震关系研究. 北京：海洋出版社.

郭增建，秦保燕. 1987. 灾害物理学简论. 灾害学，2（2）：25－33.

胡辉，李晓明，王锐，等. 1993. 20 世纪中国强震与天体位置关系分析. 自然灾害学报，2（3）：80－84.

李德威. 1997. 大陆动力学的哲学探索. 大自然探索，16（2）：107－110.

李德威. 2008. 大陆板内地震的发震机理与地震预报——以汶川地震为例. 地质科技情报，27（5）1－6.

李德威. 2008. 东昆仑、玉树、汶川地震的发生规律和形成机理：兼论大陆地震成因与预测. 地学前缘，17（5）：179－192.

李德威. 2011. 地球系统动力学与地震成因及其四维预测. 北京：科学出版社.

李德威 . 2012. 初论地球自然灾害系统 . 地质科技情报，31（05），69－75.

李正心，李辉 . 2011. 唐山地区铅垂线变化与地震前后地下物质变化的关系 . 地震学报，33（6）：817－827.

李致森，张国栋，张焕志等 . 1978. 天文时纬残差的短期异常与天文台周围大地震的相关研究，地球物理学报，21（4）：278－291.

林云芳，曾小苹，董玉兰等 . 1988. 华北和东北地区地磁场变化与大地震的关系 . 地震学报，10（4）：396－405.

梅世蓉，冯德益，等 . 1993. 中国地震预报概论 . 北京：地震出版社 .

门可佩，高建国 . 2008. 重大灾害链及其防御 . 地球物理学进展，23（1）：270－275.

聂高众，汤懋苍，苏桂武，等 . 1999. 多灾种相关性研究进展与灾害综合机理的认识 . 第四纪研究，4（05）：466－475.

任振球，张芝和，周万福 . 1983. 华北汛期特大暴雨的天文成因探讨 . 气象科学技术集刊，（4）：72－80.

任振球 . 2002. 特大自然灾害预测的新途径和新方法 . 北京：科学出版社 .

任振球，2013. 天地耦合与突发性重大自然灾害的预测判据-任振球科学哲学论文集 .

汤懋苍，高晓清 . 1995. 1980—1993 年我国地热涡若干统计特征——Ⅰ. “地热涡” 的时空分布 . 中国科学（B 辑），25（11）：1186－1192.

汤懋苍，高晓清 . 1995. 1980—1993 年我国地热涡若干统计特征——Ⅱ. “地热涡” 与地震的统计相关 . 中国科学（B 辑），25（12）：1813－1319.

张国栋 . 1981. 强震前地下水活动引起的垂线变化 . 地震学报，3（2）：152－158.

张国民，张永仙，石耀霖 . 1994. 地震前兆复杂性的数值模拟研究 . 地震，5（1）：2－11.

赵玉林，赵璧如，钱卫，等 . 2010. HRT 地震前兆波及其机制 . 地球物理学报，53（3）：487－505.

Landscheidt T. 1999. Extrema in sunspot cycle linked to sun's motion. Solar Physics，189（2）：415－426.

Mogi K. 1984. Fundamental studies on earthquake prediction，A Collection of Papers of International Symposium on Continental Seismicity and Earthquake Prediction，Seismological Press，2（1）：195－205.

Wang Q，Yang X，et al. 2000. Precise measurement of gravity variations during a total solar eclipse. Phys. Rev，62，041101（R）.

第 10 章　天文因素对地震灾害的影响

灾害在孕育、发生过程中，其动力来源应有两个方面：一是来自地球内部；一是来自地球以外。天文因素的作用是一种外力，作用于相对较为广泛的地区，一般被看做是大范围、长时期的调制作用，有时也表现为灾害发生时的触发作用。外力通过各种方式可转化为内力而起作用。台风、暴雨等气象灾害就主要是由于日、月的运动对地球发生的巨大影响。本章专就天文因素对地震灾害的关系进行探讨。

历史上曾有人注意到各种天文因素与大地震、干旱、暴雨等灾害的关系。3000 多年前，我国就有“五星错行，夜中陨星如雨，地震，伊洛竭”的记录，把地震、干旱与陨星、星体位置的变化等现象按发生的次序记录在一起。有些人还依据天文观测资料对地震进行过预测。在中国大量历史资料中保存了许多地震与伴随有关天象的宝贵资料。

李四光（1926，1972）在 20 世纪 30 年代就十分重视地球自转与构造体系的关系，王嘉荫在 1955 年也提出了地震与太阳黑子、地磁场强度有关的论点。1966 年邢台地震后，我国许多人（包括许多天文学者）在地震预测实践中探索了天文因素与地震的关系，提出了一些具有中国特色的预测方法，如天文周期组合预测地震法、磁暴二倍法、时纬残差、太极序列等，在地震成因方面提出了共振假说、网络假说等。因而在这方面的研究有了十分显著的进展（徐道一，1981，1983；杜品仁 等，1989；赵德秀 等，1992，2007；韩延本 等，1996；瑟京斯基；1991），在中长期、短临预测中都有预测成功的震例。经过半个多世纪，天文与地震工作者之间的协作在中国进展最快。

多数与天文因素有关的数据具有明显的周期性（或似周期性）。利用天文因素进行灾害预测的方法主要有两种：第一种方法主要是根据现象的周期性进行分析研究，如与地震活动有序性有关的太阳黑子活动周期为 11a、月球交点运动周期为 18. 6a 等；第二种方法是根据灾害发生前可能出现的天象异常，如耀斑爆发、天文奇点等。

天文因素对地球上某一期间、某一个地区的地震等灾害发生的影响（作用）是错综复杂的，是经常在变化的。如果以完全可重复性来作为标准，那就会得出否定两者有关联的结论。

经过几十年探索，已有不少实例表明，对于地球上某些区域，在某些时间范围，有些天文因素表现有一定程度的关联、有序。

局限于篇幅，以下仅就作者了解的一些情况作简要介绍。

10.1 太阳活动与地震

太阳活动是发生在太阳大气的局部区域，而且是时间短暂的偶然性事件，包括太阳黑子、耀斑等。黑子是日面上的暗黑斑块，是局部强磁场区，其温度较周围低；耀斑则是太阳大气中大规模能量突然释放现象。太阳对地震的影响以电磁作用为主，后者通过各种转化可调制地震的发生。

地球在不同波段上接受到的太阳辐射对地球各圈层的运动会有重要影响，太阳通过引力、磁、电或宇宙线的效应，影响灾害包括地震在内的一些地球物理过程。国内外学者对太阳活动与地震关系研究结果，多数得出了肯定的结论。

10.1.1 太阳黑子

太阳活动具有明显约 11a 周期的变化。1968 年辛普森（J. F. Simpson）研究了 1950 年至 1963 年全球 $M_s \geqslant 5.5$ 的 22561 个地震与太阳活动关系后，提出在长趋势方面每日地震频数与太阳黑子数有较好对应关系，黑子数多的时候，地震频数也相应变大（图 10.1）。大多数 $M_s \geqslant 6$ 的地震与太阳黑子群位于日面中心附近有关，如 1960 年 5 月 22 日智利大地震是在大黑子群过日面中央线后两天发生（徐道一 等，1980）。

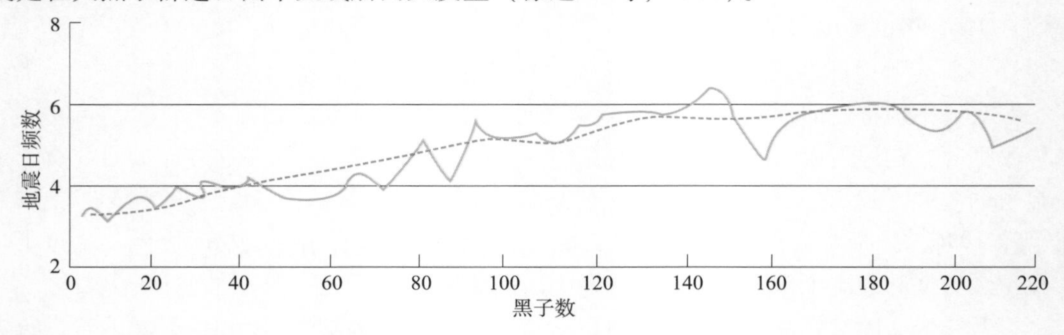

图 10.1　全球地震日频数（虚线）与黑子数（实线）的对应关系（王嘉荫，1963）

瑟京斯基在文献中指出，全球大地震（$M_s \geqslant 6.0$ 级）年能量总和（$\sum E(t)$）的极大值大多出现在太阳活动 11a 周期极大值附近，偏差为 +1a，以及出现在这一周期的极小值附近 ±1a。

太阳活动与地震都存在不同尺度的周期（或韵律、有序性）。蒋窈窕（1991）认为，中国历史地震记录时间长，相对较为完整，地震活动性对太阳活动 11a 周期的相位存在相关性（见图 10.2）。

对公元前 70 年到 1976 年期间中国大陆发生的 $M_s \geqslant 7.0$ 级地震（94 个）在太阳活动 11a 周期各位相分布研究结果表明，在太阳活动谷年及其后一年发生的有 29 个，占 30.9%，显著偏多，考虑到发震区域，则东部大地震多数（近 70%）发生在太阳活动的单周，西部大地震多数（近 70%）发生在双周内。

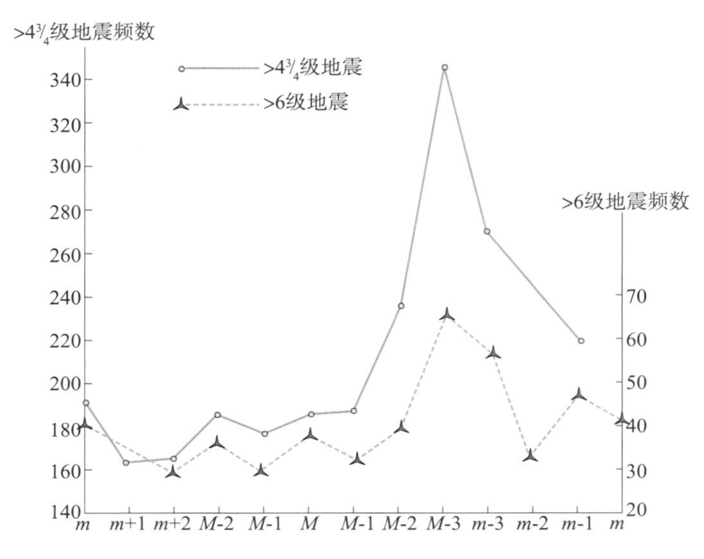

图 10.2　全国地震频次与太阳活动关系[11]

韩延本等（2003）对中国及蒙古国西部地区 22 个 $M_s \geqslant 8$ 级大地震与太阳活动研究结果表明，有 16 个地震发生在谷段和峰段，说明太阳活动变化与 $M_s \geqslant 8$ 级大震存在高相关性。

许多学者对中国大陆与它的分区研究结果大多表明存在不同程度的相关性，某些地区对某一震级范围内对太阳活动的不同指标具有明显的相关性，如新疆南天山强震的纬度随太阳黑子相对数的变化而变化。

图 10.3 表示太阳活动第 13 ~21 周期间，南天山带强震的纬度迁移的情况。当太阳黑子处于高潮时，南天山带地震北移，容易在乌什地区发震；而太阳黑子处于低潮时，地震南移，乌恰地区容易发震，历史上已有 9 次这种往返情况（高建国，1986）。

在 1973 年新疆地震大队同志曾依据乌什、西克尔、乌恰一带地震的时间间隔 10a 左右，预测 1974 年至 1975 年在乌恰附近可能发生大地震，结果于 1974 年 8 月 11 日在乌恰西南发生了 7.3 级大地震（徐道一 等，1980）。在 1985 年 8 月 23 日又在乌恰发生 7.1 级大地震（震前亦有中期预测），到 1996 年 3 月 19 日在离乌恰不远的阿图什发生 6.9 级地震。这几次地震大体上都相隔 11a，与太阳黑子周期基本相符。这些震例表明，天文因素是可用于地震预测的。

罗葆荣（1995）对 1900 年至 1992 年全球 $M_s \geqslant 7$ 中国 $M_s \geqslant 6$ 和云南 $M_s \geqslant 5$ 的地震（能量）研究得出三者的平均周期及均方根误差分别是：$P_{全球}$ = （10.8 ±1.1） a；$P_{中国}$ = （10.8 ±0.9） a；$P_{云南}$ = （11.17 ±1.2） a。它们与太阳活动 11a 周期相近似。对全球地震活动来说，发生在太阳活动谷段时的地震频次高于峰段时。他还应用反映太阳活动的另两个参数（宇宙线高能粒子流和太阳风高速粒子流）的 1954 年至 1984 年数据序列得出结果，两者与地震也存在相当好的相关性。

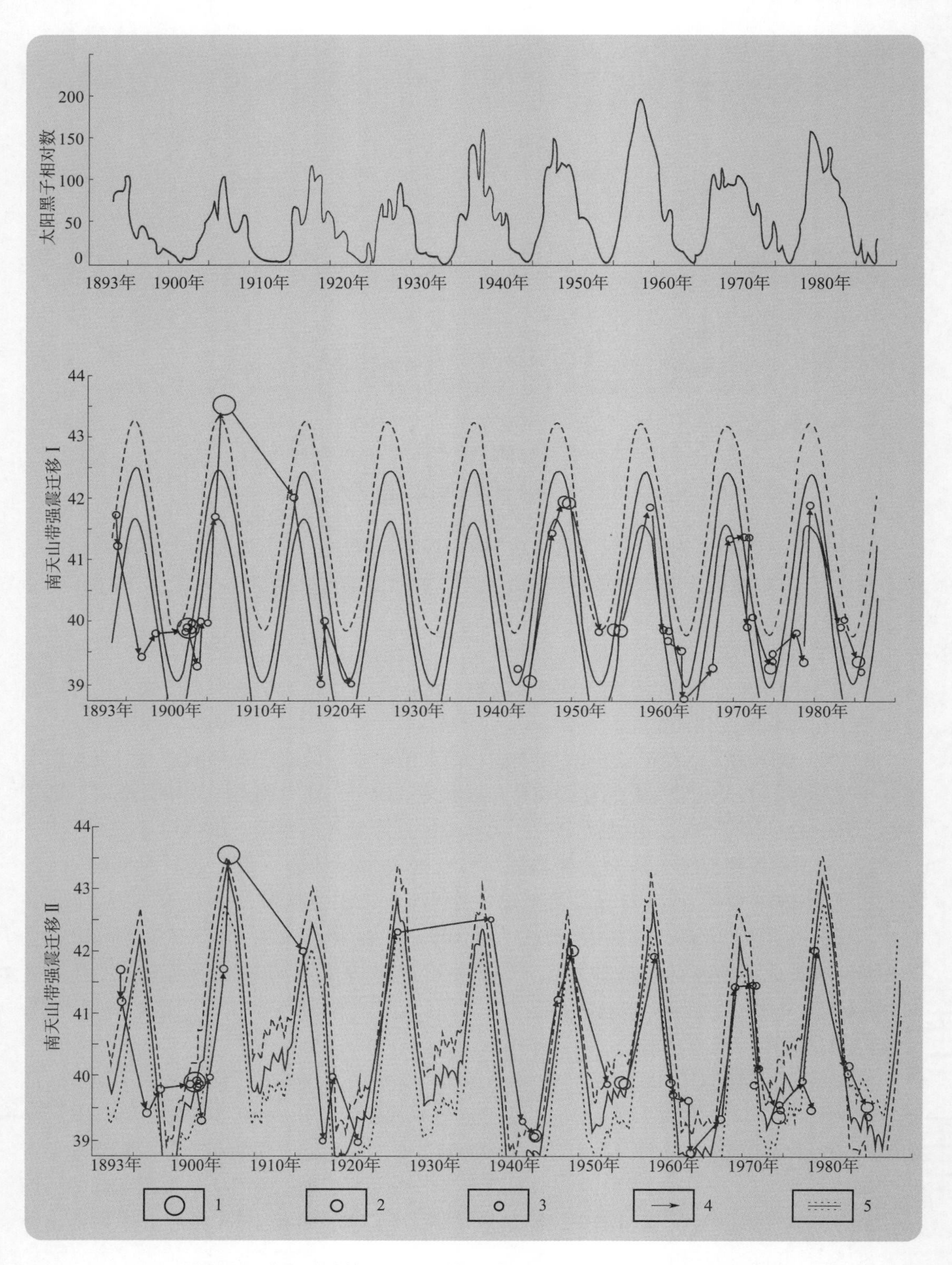

图 10.3　太阳活动第 13 ~ 21 周期间南天山带强震的纬度迁移的情况

10.1.2　宇宙线（GLE）事件

太阳的耀斑爆发可引起（地球表面记录）的宇宙线大的地面增强事件，称为GLE事件。罗葆荣（1995）认为，太阳活动是通过宇宙线高能粒子流及太阳风高速流子流而调制地震活动的。当高能粒子流增强时，使行星际空间电离度增大，行星际磁场增强，从而使地磁偶极子增大摩擦而损失能量。

自20世纪30年代至今共记录到6次GLE事件。虞震东（2009）认为，它们似乎与四川、云南地震有一定呼应关系，也与GLE事件后东亚地区M_s≥7.0级大地震数目明显增多有关（见表10.1）。

表10.1　20世纪30年代至今GLE事件后川滇地震的呼应

地区	GLE事件					地　震					时间间隔/a
	序号	年	月	日	增强幅度/%	年	月	日	震级	震中地区	
川滇地区	1	1942	02	28	600	1943	02	24	5.75	云南勐海	0.9
	2	1942	03	07	750	1943	03	31	5.5	云南大理	1
	3	1946	07	25	1100	1943	11	13	5.5	康定东	3
	4	1949	11	19	2000	1952	11	04	5.5	黑水东	3
	5	1956	02	23	9000	1958	02	08	6.2	茂县、北川	2
	6	2005	01	20	约4500	2008	05	12	8.0	四川汶川	3.3
东亚	4	1949	11	19	2000	1950	08	15	8.6	中国西藏察隅	0.7
						1951	11	18	8.0	中国西藏当雄	2.0
						1952	03	04	8.3	日本	2.5
						1952	11	04	8.2	堪察加半岛	3.0
	5	1956	02	23	9000	1957	12	04	8.0	蒙古	1.8
						1958	11	16	8.1	千岛群岛	2.7
	6	2005	01	20	约4500	2005	03	29	8.6	印尼苏门答腊	0.15
						2006	04	21	8.3	西伯利亚东部	1.2

10.2　天体运动

地球、月球等天体等的不均匀转动与地震的发生存在一定程度的联系。

10.2.1 地球旋转

地球旋转可分为地球自转和地球公转两大部分，它们都与地震存在一定程度的相关性。

10.2.1.1 地球自转

地球自转不规则变化主要有自转速率（日长）变化和极移（钱德勒摆动）两个方面。

（1）日长变化与地震

1973年李启斌等（1973）提出，我国一些地区在日长曲线下降段发生地震，而另一些的地区则在上升段发震。1920年以来，8级大地震全部发生在地球自转的加快期。在同一类型构造体系中，大致都在同一地球自转条件下发生大地震。傅征祥（1981）提出，亚欧大陆的浅源地震活动与地球自转速度变化的空间对应关系是具有以经、纬线为界的分块相关特征。

（2）极移与地震

对于极移和地震之间的可能联系的研究在国外较多，有的肯定，有的否定。1970年迈尔森（Myerson）证明了钱德勒摆动的振幅平方的变率与 $M_s \geqslant 7.0$ 地震年频数的相关性，与 $M_s \geqslant 7.5$ 深震相关性亦好，但与 $M_s \geqslant 7.5$ 浅源地震的相关性较差。总之，极移与地震有联系，已为大家公认。

10.2.1.2 地球公转与地震

1982年李明光（1982）发现，7级以上的地震有昼夜周期和季节周期。他还统计了全球8级以上地震沿纬向的分布，发现在北半球出现三个峰值，在南半球也出现三个峰值。靠近赤道的两个峰值的纬度相差25°。如果进行黄赤交角23.5°的校正后，则南半球和北半球各三个峰值是一一对称的。这充分表明，全球8级以上地震在纬度上的分布是受地球公转轨道所制约的。

10.2.2 月球运动

月球是离地球最近的一个天体。月球对地球的影响主要以引力作用为主，与太阳主要以电磁辐射作用为主不同。研究结果表明，月球对地震的发生有明显影响，影响的方式和程度各不相同，因地而异，因时而异。

10.2.2.1 朔望与地震

一些学者对全球地震资料与月相关系进行统计分析，得出两者没有明显相关性的结论。但是，以后多数研究结果表明，如果合理选取时段或地区，常可发现月球对在不同时段，不同地区地震的影响程度和方式也各不相同。

例如1966年3月8日河北邢台6.8级地震发生在望日，3月22日7.2级地震发生在朔日，1976年7月28日河北唐山7.8级地震发生在朔后一日。如以朔望前后一日为限进行统计，大约有54%的地震发生在此期间（徐道一 等，1980）。从有历史记载以来河北地区共发生 30 次 $M_s>6.0$ 地震，其中发生在朔望及前后一日的 15 次，占 50%，而此朔望期长度仅占朔望月的 20.3%。

我国华北地区 7.5 级以上地震与朔望的相关性也很高，发生在朔望附近的为平时的两倍。江苏溧阳地区 1974 年、1979 年两次 5～6 级地震的发震时刻与朔望时刻相差仅几小时（徐道一，1985）。华北地区 1966 年至 1984 年，$M_s>5.0$ 的地震共 95 次，其中发生在朔望及前一日至后两日的 48 次，占 50.5%，7 级以上的地震 5 次，发生在朔望期的有 3 次，概率为 60%，比自然概率（27.1%）高得多。后来的研究也证明这一结果（李志安 等，1994）。

陈荣华（2003）应用大地震前震源区及其附近发生的几次显著地震易受固体潮引潮力某个方位触发，做出成功预测。例如 2001 年 2 月 23 日在四川雅江发生 6.0 级地震（29.4N，101.1E），该震前发生了 3 次小地震：2000 年 10 月 15 日发生 3.5 级地震，该处引潮力矢量为 F_1；2000 年 12 月 28 日发生 3.5 级地震，该处引潮力矢量为 F_2；2001 年 1 月 9 日发生 3.4 级地震，该处引潮力矢量为 F_3。假设 α_{12} 为 F_1 与 F_2 之间的夹角，α_{13} 为 F_1 与 F_3 之间的夹角，α_{23} 为 F_2 与 F_3 之间夹角，计算得出 $\alpha_{12}=27°$，$\alpha_{13}=46°$，$\alpha_{23}=30°$，都很小，说明它们容易被引潮力某一方位附近触发，从而以后有可能在类似引潮力方位附近发生较大的强震。据此他作出预测：2001 年 2 月 5 日至 24 日在以 29.5N，101°E 为中心，半径 R 为 75km 范围内发生 6.0～6.4 级地震。该预测与上述雅江 6.0 级地震的三要素符合较好。

在 20 世纪，云南强震与月相的关系呈区带性的相关。云南中甸丽江一带的强震大多数发生在望，巧家、宜良一带多发生于朔和望，云南其他地区与月相关系不明显（吴铭蟾 等，1999）。

一些余震序列与月相亦有密切关系。例如 1976 年唐山大地震的余震明显受月相的调制和触发作用，余震释放应变能集中在朔后一日、望后一日、上弦前一日、下弦和下弦后第二天。其时间占总天数 17%，而释放的应变能占 70%（丁鉴海 等，1981）。

胡辉等（2008）对 20 世纪的全球 7 级以上的大地震与引潮力的关系进行研究，在 1900 年至 2000 年内全球共发生 7 级以上的大地震 1940 次，其中 8 级以上的 107 次。应用轮次检验方法，通过计算地震发生在引潮力极值与非极值附近的轮次，证明地震的发生与日、月引潮力确实是有关系的，天体引潮力对地震的触发可能主要来自其水平分力。

10.2.2.2　月球绕地球运转的 18.6a 周期

由于太阳引力的作用，月球绕地球运转的轨道（白道）与地球赤道面的交角（白赤交角）在不断地变化，变化值在 23°26′±5°09′之间，变化的周期为 18.61a。地球绕日运动（黄道）及月亮绕地球运动（白道）相交的平均角度为 $i=5°08'$，黄道与白道相交有两个交点（升交点与降交点）。月球升交点黄经的变化的周期同样为 18.61a。与月球有关的另外 3 个周期见表 10.2，它们都反映了与月球有关的对地球的引力作用的较长周期的变化。

表 10.2　4 个天文周期及其衍生周期

C	周期名称	2P	P	P/2	P/3
C1	月对恒星近点顺行周期/d	6465	3232.606	—	—
C2	沙罗周期/d	13171	6585.32	3293	2195
C3	月对恒星交点逆行周期/d	13587	6793.477	3397	2264
C4	章/d	13879	6939.688	3469	2313

注：据理科年表（1997）。

国外一些学者对 18.6a 等周期与地震的关系进行了探讨，有的肯定，有的否定。国内学者研究成果大多是肯定的结果。

杜品仁（1990）认为，中国西部地区 $M_s \geqslant 7.5$ 级大地震的发震时间有集中在 $N' = 0$ 的时间前后的趋势（见图 10.4），$N' = 0$ 为月球升交点黄经为 0 的时间，而 7 ~ 7.4 级地震的这种集中现象不明显。20 世纪云南 13 次 7 级以上的强烈地震中有 11 次发生在白赤交角的极值年及其前后两年中，1970 年通海峨山大地震就发生在白赤交角的最大值处。中甸丽江带的强震大多发生在望；巧家宜良带多发生于朔和望（吴铭蟾 等，1999）。

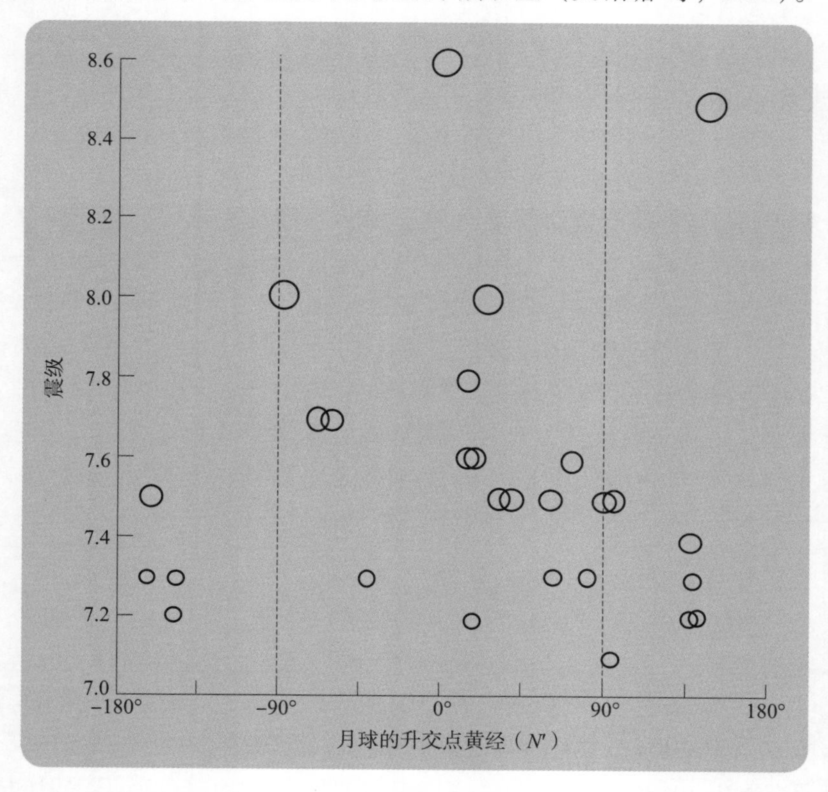

图 10.4　青藏断块区 $M_s \geqslant 7.1$ 地震的 18.6a 周位相分布（杜品仁，1990）

胡辉等（2002）根据20世纪中国大陆7级以上大地震与月亮白赤交角的变化和太阳活动的研究结果，提出21世纪中国大陆第一个大地震活动幕可能是2007年至2015年。2008年四川汶川大地震的发生证明他们的中期预测是基本正确的。

徐道一（1999）通过对兴都库什7级以上的中深震的研究，表明存在与18.6a、沙罗周期等4个天文周期有关，进一步论证了本区中深震的发生与日、月、地相互位置的周期变化有密切关联。

自1910年以来，在兴都库什区发生7级以上地震共15个（见表10.3），除1956年6月9日地震（此震的震源深度不明，有的学者把它列为浅震）以外，其他地震都位于一个1°见方的小区域内（北纬36°～37°，东经70°～71°），而且都为中深震。表10.3中，13个大地震的震源深度在190～240km小范围内。

表10.3　兴都库什地区 $M_s \geqslant 7$ 大地震目录（1911年至1997年）

地震日期			震中位置		震源深度/km	震级
年	月	日	北纬/（°）	东经/（°）		
1911	7	4	36	70.5	190	7.6
1917	4	21	37	70.5	220	7.0
1921	11	15	36.5	70.5	215	$7\frac{3}{4}$
1922	12	6	36.5	70.5	230	7.5
1924	10	13	36	70.5	220	7.3
1929	2	1	36.5	70.5	220	7.1
1937	11	14	36.5	70.5	240	7.2
1943	2	28	36.5	70.5	210	7.0
1949	3	4	36	70.5	230	7.5
1956	6	9	35	67.5	—	7.6
1965	3	14	36.4	70.7	205	7.6
1974	7	30	36.4	70.7	207	7.1
1983	12	30	36.37	70.7	215	7.4
1985	7	29	36.0	70.0	102	7.0
1993	8	9	36.37	70.8	230	7.0

设以每个地震的发震年份作为该地震的代号，可列出18对地震的时间间隔，它们与表10.2中的天文周期的理论值的相对误差小于1.5%。出现次数最多的是18.6a周期（表10.2中C3）及其衍生周期，出现7次；其次为沙罗周期（C2）及其衍生周期，出现5次。在表10.4中列出其中的11对数据。

表 10.4　兴都库什地区两个大地震的时间间隔 A 与相近天文周期及其理论值 B 的比较（高建国，1986）

序号	代号	地震时间间隔 A/d	天文周期类别	B/d	$B-A$/d	相对误差/%
1	1911—1929	6422	2C1	6465	43	0.7
2	1929—1937	3208	C1	3233	25	0.8
7	1929—1965	13190	2C2	13171	-19	0.1
8	1922—1929	2249	C3/3	2264	15	0.7
9	1924—1943	6712	C3	6793	81	1.2
10	1937—1956	6787	C3	6793	6	0.9
11	1937—1974	13407	2C3	13587	180	1.3
12	1956—1974	6754	C3	6793	39	0.6
13	1965—1983	6865	C3	6793	-72	1.1
14	1956—1993	13704	2C3	13587	-117	0.9
18	1974—1993	6950	C4	6940	-10	0.1

10.2.3　日、月、地三体运动

日食、月食是太阳、月球与地球处于近于一条直线的特殊位置发生的天象。

10.2.3.1　日食与地震

在日食时，由于月球的遮挡，地球上的月影区部分不能接受到太阳发出的能量，一次中纬度日食的地面月影区面积约为 $1\times10^8\text{km}^2$，在月影区损失能量为 10^{20}J，比全球每年地震能量大 3 个量级。以下主要引用赵德秀（1992，2007）的研究成果 。

通过对历史上 8 级以上大地震的统计，赵德秀归纳出：在 $M_s\geqslant8$ 级大地震发生前 4～38a（多数在 10a 左右），必有日食主食带中午见食地区（日食月影区能量损失中心区）靠近地震震中。

例如，20 世纪中国大陆最大一次地震是 1950 年 8 月 15 日发生在西藏察隅-墨脱的 8.6 级大地震（震中位置为 28.4°N，96.7°E），在震前 20a 有 3 次日食主食带横穿这一地区，其中 1944 年 7 月 20 日中午见食区（19°N，95°E）较为靠近震中地区。2004 年 12 月 26 日印尼苏门答腊 8.7 级大地震（震中位置为 3.15N，95.7E）发生前，在 1983 年和 1995 年各有一条日食主食带经过震区附近，如 1995 年 10 月 24 日中午见食区（110°E，10°N）与 8.7 级震中相距 1200 km，时间相差 9a。

赵德秀对应用日食相似年法于强震的预测效果进行研究的结果表明，由于相隔 54a 两次日食的中午见食地区在经度上可相差 30°，在纬度上可相差 10°，表明对一地区的邻近

的两次日食的见食地区的相似性较差，用于地震预测的准确度不高，待今后继续研究。

赵德秀认为，地震的发生过程应为：由于日食效应，地壳受力中心向断层薄弱地带应力集中，压力迅速增大，岩石内正空穴电子受压放出红外辐射，地球表面增温，断层裂隙增大而冒气。因此，断层带受应力集中影响而发生地震，震区便有降水，继而有余震，之后震区再有降水，受压地壳卸载，岩石回弹，封闭断层裂隙，地壳恢复平衡。地震虽对人类而言可能造成一种灾难，但对岩石圈却是一种保护。

10.2.3.2　沙罗周期

古代的巴比伦人早已发现日食有 223 个朔望月的周期，称之为沙罗周期。因此，沙罗周期与日食、月食有关。日食发生必须具备两个条件：首先月球必须在朔，其次月球必须在黄、白两道交点附近。因此，沙罗周期与日、月综合的引力对地球上某个特殊地区的作用有密切关系。

沙罗周期的长度是 18a11d（或 10d）。下列 4 个天文周期具共约关系：223 朔望月 = 6585.3212d（沙罗周期）；242 交点月 =6585.3572d；239 近点月 =6585.5376d；19 交点年 =6585.7806d。

有两个天文周期的长度接近于沙罗周期。一个是交点退行周期，约 18.6a（6793.477d）；另一个是 19a 周期，19 个太阳年为 6939.688d（见表 10.2）。

在研究亚洲 8 级大地震的时间分布的规律性时，徐道一等（1970）发现沙罗周期与大地震的有序性存在一定程度的联系。在 1934 年至 1970 年期间，在亚洲发生了 13 次 $M_s \geq 8$ 的大地震，其中 6 个大地震的发生时间的间隔显示了相当好的有序性，如表 10.5 所示，表 10.5 中 T 值为两个地震发生的时间之差，以天（d）为单位。

表 10.5 中 1 号与 4 号、2 号与 5 号、3 号与 6 号地震之间的三个 T 值（6516d、6553d、6529d）与沙罗周期（6585d）的时间差依次为 −69d、−32d、−56d。时间上相邻 6 个地震的间隔（2171d、2163d、2182d、2208d 和 2139d）都为 6a（2191d）左右，都接近沙罗周期的三分之一周期（2195d）。5 个间隔值与 2195d 的偏差依次为 24d、32d、13d、13d、56d，时间差的平均值为 27.6d。表 10.5 中 2 号与 4 号、4 号与 6 号地震之间的两个 T 值（4345d、4347d）的间隔值相差仅为 2d。

在中国大陆发生 $M_s \geq 8$ 的地震中，发现一些大地震的时间间隔（252 ~ 253a）与 14 个沙罗周期理论值（92194d）相差不大（见表 10.6）。6 次大地震形成 3 组，3 组的每两个地震之间的时间间隔依次为 92195d、92184d 和 92173d，表 10.6 中第一个组的 T 值与 14 个沙罗周期（92194d）的理论值的误差在 1d 左右。这表明一些 8 级大地震的时间间隔与沙罗周期有关（徐道一，2001）。

本例中，地震的有序性仅与 14 个沙罗周期的开始端与结束端相对应，而不是与 14 个沙罗周期中每个沙罗周期以及一个沙罗周期中的变化都有对应，这是必需严格区别的。

表 10.5　亚洲 6 个 8 级地震的时间间隔 T

序号	地震日期			震级	地点	发震时间间隔/d				
	年	月	日							
1	1934	1	15	8.3	尼泊尔	—		—		
						2171				
2	1939	12	26	8.0	土耳其	—	—		—	
						2163		6516		
3	1945	11	27	$8\frac{1}{4}$	阿拉伯海北岸	—	4345			—
						2182			6553	
4	1951	11	18	8.0	中国西藏	—	—	—		
						2208				6529
5	1957	12	4	8.3	蒙古	—	4347		—	
						2139				
6	1963	10	14	8.1	千岛群岛	—	—			—

注：本表地震参数依据时振梁等《1900—1980 年 $M_s \geqslant 6$ 世界地震目录》，北京：地图出版社，1986。

表 10.6　中国大陆 6 个地震的时间有序性

地震日期			震级	地点	时间相隔/d
年	月	日			
1654	7	21	8	甘肃天水南	
1906	12	23	8	新疆沙湾西南	92195
1668	7	25	8.5	山东郯城	
1920	12	16	8.5	宁夏海原	92184
1303	9	25	8	山西赵城、洪洞	
1556	2	02	8.25	陕西安县	92173

10.2.4　调制比与地震

1983 年秦保燕提出以“调制比”为核心的“小震调制法”，调制比是用于研究固体潮与小震时空演化相关程度的一个参数。她把组合模式作为小震调制法的预测指标和预测方法的物理基础，从模式中各单元之间的差异性去探讨地震三要素的预测。组合模式是由应力积累单元（震源体）和其两端的应力调整单元共同组合而成的。

调制比选择固体潮作为触发小震发生的外因。这一方法的基本思路是由固体潮对小震触发的数目与总地震数之比（调制比）的一定程度的增加（异常）值去考察震源系统不稳定过程，并由此探讨地震预测指标。

对地球上某一点来说，固体潮是一种周期性外力。假如该点有一小震震源已处于临界状态，此时多种应力途径（如减少围压、减小最小主应力、增大震源断层面上的剪应力等）均可触发小震。通过试验表明：新月期（阴历二十九、三十、初一、初二）和满月期（十四、十五、十六、十七）是固体潮触发小震的最有效的时段。

在一个朔望月（29.5d）中，按发震等概率，即8d内的发震自然概率为［r］=8/29.5=0.27。在无强震孕育和发生期间，调制比（R_m）值将围绕［r］作小幅度摆动。当$R_m \geqslant$［r］+$\triangle r$时，即认为达到或超过异常标准，$\triangle r$为正常摆动幅度。在调制小震带内，还可以用调制比衡量调制小震带调整应力的能力。

10.2.5　加卸载响应比与地震

设地震是地球介质中的突发性剪切破坏（失稳），地震的孕育过程则是震源区介质的损伤过程。岩石力学实验发现：岩石进入损伤阶段后，试件的加载变形模量小于卸载变形模量，定义二者的比值为加卸载响应比（LURR），它反映了材料的损伤程度。有的损伤力学教程中，就定义二者的比为损伤变量D（在损伤力学中用损伤变量D来刻画介质的损伤程度）。因此，LURR能够刻画震源区介质的损伤程度，从而可能用于预测地震和某些地质灾害（如滑坡、岩爆等）。

对于地震问题，可利用固体潮应力的变化作为加卸载手段。固体潮应力起因于月球和太阳对地球介质的万有引力，因此LURR和地震问题的天文因素发生了联系。在LURR理论中研究天文因素有一些特点：

1）LURR理论研究月亮和太阳的共同作用，而不仅研究月球的单独作用；

2）LURR理论研究月球和太阳对地球介质的万有引力在地球中引起的应力，比单独研究行星之间的相对位置或只讨论其引力更深入；

3）在LURR理论中，还要研究固体潮应力和该时该地的构造应力场的相互关系。

总而言之，由研究加卸载响应比而发展的固体潮应力计算方法，在研究天体对地震和其他行星震（如月震）的影响时，有其独到的优势。

10.2.6　引潮力共振的天文奇点与地震

天文奇点是指以月亮（或太阳）为主与黄道面上的主要天体之一对地球的视赤经相等或相差180°的发生时刻（简称“三星一线”）的引潮力共振现象。其中，黄道面上的主要天体有三类：一是太阳系七大行星，即水星、金星、火星、木星、土星、天王星、海王星（地球已包括在“三星一线”内）；二是黄道面上的8颗一等亮星，即毕宿五、心宿二、五车五、井宿三、北河二、北河三、轩辕十四、角宿一；三是黄道面上的3颗最强宇宙射电源，即M1、M87、天蝎座X-1。

上述三类中的任意一颗天体与月亮（或太阳）在视赤经方向严格成直线的发生时刻，

尤其是在日、月、地成直线的发生时刻（朔或望），均有其明显的地球物理效应。据此提出的三天体成直线的引力放大假设，已得到日全食引力异常观测和美国发射的 4 颗航天器轨道移速异常的证实。

在“三星一线”发生时刻，存在着 4 种引潮力共振区（见图 10. 5）：

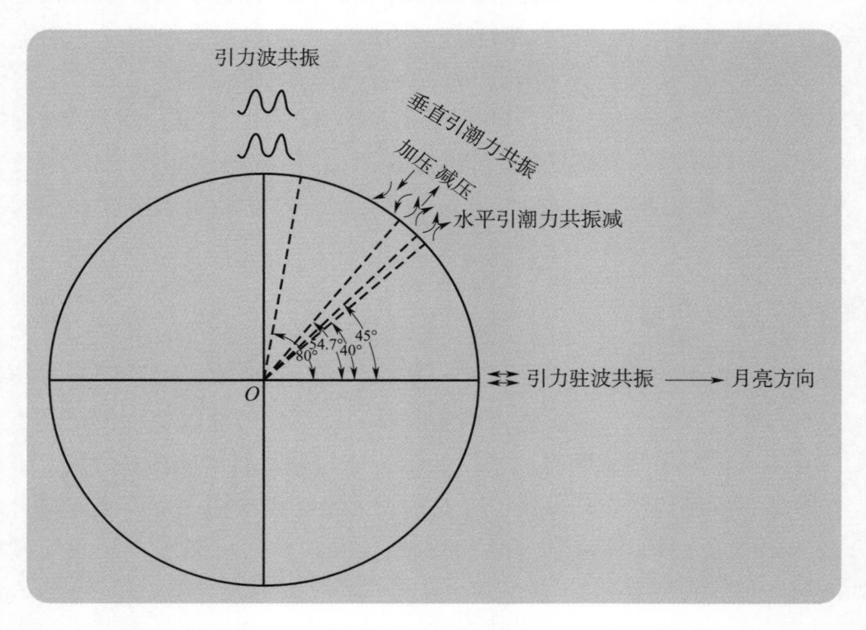

图 10. 5　“三星一线”时引潮力共振区的示意图

1）在“三星一线”发生时刻月下点（或对潮点）的 54. 7° 线（引潮力垂直分量的零线，为月心和地心连线在地心的夹角）以内 4°区和以外 10°区，分别有利低压、降水和高压迅速发展，为垂直引潮力的共振减压区和共振加压区。它系大气垂直运动初始状态与“三星一线”时外来引潮力分布同位相叠加所致，类似粒子同步回旋共振加速的原理。

2）在“三星一线”发生时刻月下点（或对潮点）的 80°线以外 10°区，有利于低压和高压同时发展，为引力波共振区。理论假设引力波为一横波，只有在月下点的 90°附近，才有可能由外来的月亮引力波与地球大气垂直运动出现同位相叠加而发生共振。但引力波共振究竟是起共振减压还是起共振加压作用，需视其前一个引潮力共振的性质而定。其前一个是引潮力共振减压，紧挨的引力波共振就起共振减压作用，反之，它就起共振加压作用。

3）在“三星一线”发生时刻或月亮中天时刻的月下点的 45°线以内 5°区，也有利于低压和降水迅速发展。为水平引潮力由大到小发生切变的共振减压区。

4）在月亮中天时月下点的 ± 2°区，低压系统进入此区也迅速发展。对此暂时假设为引力驻波共振区。

另外，在月亮对地球作相对运动的转折点（如月近地、月远地；月亮处赤道或黄道及其最南、最北；上弦、下弦；日月同纬——日月的纬度差不大于 2°等），在其发生时刻同样存在上述 4 种引潮力的共振效应区。

突发性地震是在内部条件基本具备情况下，由引潮力共振异常叠加的触发作用而引起。天地耦合临震预测 6 级以上地震的天文触发判据：在接连 6d 之内遇到不小于 6 个引潮力共振的异常叠加；再结合大地震可靠的临震前兆信号与之相耦合，可预测大地震的三要素。

首先必须查明某地历史震例究竟是由引潮力共振减压还是由引潮力共振加压而触发。其次，在发震日到前 5d 内（即地震发生前的 144h 内），必须遇到不小于 6 个引潮力共振减压或共振加压的异常叠加（必须与触发该地历史地震的引潮力共振的性质相一致）。由此，可以将接连 6d 之内，是否存在不小于 6 个引潮力共振减压（或加压），作为某地有无 $M_s \geq 6$ 级地震的触发条件。第三，必须有其他可靠的临震信号（如次声波异常、地应力突跳、虎皮鹦鹉跳跃异常，或异常潮汐力地电信号，或卫星红外异常等），与之相配合，也即必须具备天地耦合条件，方可考虑是否提出预测意见。

临震三要素（时间、地点、震级）的具体确定，则主要由引潮力共振加以判定：一般用所遇引潮力共振的最后一两天作为发震的日期，在某些地区，发震时刻的月亮位置往往是相似的。由于月亮确切时刻的确切位置是可以精确计算的，因而可以事先大致估算出某些地震的大体发震时间；用所遇引潮力共振的最里面的两根共振边界线的中线作为发震地点；用所遇引潮力共振的多寡确定其震级，遇 6 ~ 7 个引潮力共振一般可定为 6 级，遇 7 ~ 9 个引潮力共振一般可定为 7 级，如遇不小于 10 个引潮力共振一般可定为 8 级或以上。

以新疆伽师地震的预测为例。1997 年 4 月 3 日，正式预测：1997 年 4 月 7 日 ±3d，在新疆 38.7° ~ 40.2° N、75° ~ 77° E 范围内，将发生 7 ~ 7.5 级地震。实况是在 4 月 6 日在新疆南部（39.60°N、76.82°E）发生 6.3 级和 6.4 级两个强震。

预测依据是：

1）1997 年 4 月 5 日至 7 日，该区将遇到 8 个天文奇点的引潮力共振减压的异常叠加，预示 4 月 7 日 ±1d，该区将发生 6 级以上地震。

2）北京工业大学地震预测研究所的 6#地应力仪在 3 月 28 日测到突跳，次声波仪在 4 月 1 日出现最大为 1250mV 的大幅度异常，虎皮鹦鹉在 4 月 2 日出现跳跃次数达 2173 次/d 的异常，以及大地信息扫描结果显示发震地点可能在伽师南部。

本次预测的发震地点，主要是依据引潮力共振异常的共同叠加。由图 10.6 可见，点线为天文奇点时月下点的 45°线，其内 5°区为水平引潮力共振减压区。断线为天文奇点时月下点的 54.7°线，其内 4°区为垂直引潮力共振减压区。带箭头的直线为天文奇时月下点的 80°线，其外 10°区为引力波共振区。所有的线端，均标有天文奇点发生的日期及其时刻。小方框为未来可能发生地震的危险区。黑点为实际发震的地点。

预测可能发震危险区（见图 10.6 中小方框）的确定：以 5 日 13 时与纬圈平行的最南的月亮过该地中天时的 45°线为其北边界，以 6 日 14 时月中天时 45°线以内 5°线（38.7° N）为其南边界，以两根经向的引力波共振（7 日 9 时 06 分土星合月和 20 时 48 分金星合月均为当时月下点的 80°线）的中线的 ±1°（即 75° ~ 77°E）为地震危险的经区。其余 3 根共振边界线（包括 6 日 14 时 52 分月赤纬零度时的 45°线和 7 日 3 时 39 分 M87 冲月 45°线以内 5°区的水平引潮力共振减区，以及 7 日 17 时 51 分朔（赤经坐标时刻）月下点的

54. 7°线以内 4°区的垂直引潮力共振减压区），全都覆盖在图中小方框的共同叠加区；又以引潮力共振异常叠加的最后一天（7 日）的 ±1d，作为发震日期。震级确定为 6 级以上。实际发生的地震实况是：伽师在 4 月 6 日发生 6. 3 级和 6. 4 级地震，11 日又发生 6. 6 级地震。预测的时间和地点均相当准确，地震释放总能量相当于 6. 8 级多，预测的震级与实况也接近。

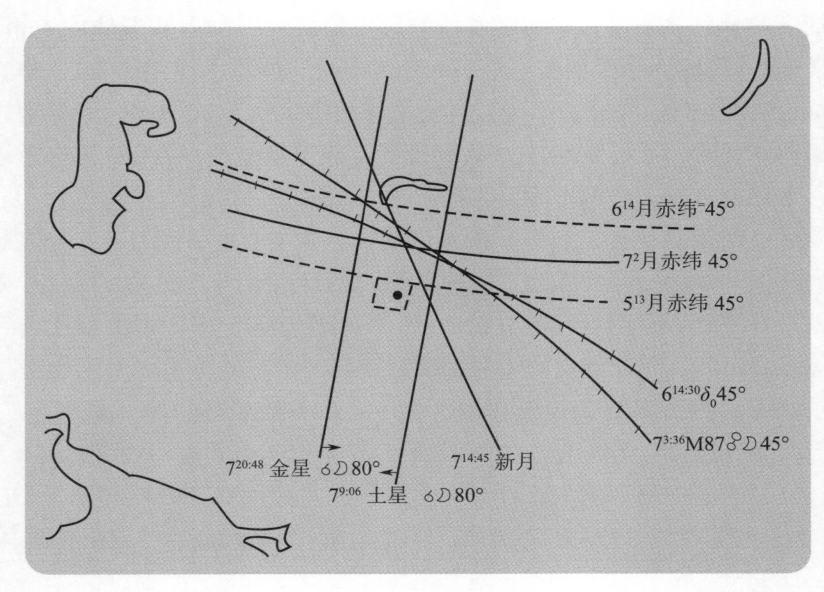

图 10. 6　1997 年 4 月 5 至 7 日新疆伽师地震期间遇到的引潮力共振减压条件

10. 3　天体对地球的综合作用

现有资料表明，许多天文因素与地震都有不同程度的联系，这些联系随着时间、空间、不同条件而有所不同。要确切掌握这些联系，必须研究各种天文因素的综合作用。

10. 3. 1　磁暴与地震的二倍关系

地球磁场在短时间内的剧烈变化被称为磁暴，磁暴是太阳活动强烈活动时对地球影响的一种表现。在应用磁暴于地震发震时间的预测方面，我国学者取得了独创性的成果。

10. 3. 1. 1　磁暴与地震

据北京地磁台统计资料，有记录的 168 次磁暴中，在其前后一日发生地震的情况有 127 次，约占 76%。蒋伯琴（1985）应用格林尼治天文台 1904 年至 1953 年的太阳黑子与磁暴资料，对太阳黑子、磁暴与地震的关系作了统计分析，结果表明磁暴与地震的相关性是显著的。这与许多学者的研究结论是一致的。

张铁铮在河北邢台震区的预测实践中发现了磁暴和发震时间的二倍关系，即两个经过处理和选择的磁暴的发生时间的间隔往后延长一倍的时间，即为地震的发震时间。第一个磁暴称为起倍磁暴，第二个磁暴称为被倍磁暴，他把这一预测方法称为磁暴二倍法。

在表 10.7 中所列出的 10 个震例资料表明，推算的发震日期与实际发震日期的相差较小，反映了一定程度的关联。其中第 9 号情况，是在 1970 年云南通海大地震前作出的发震时间对应较好的一次 7.7 级大地震的成功预测。

沈宗丕根据两个台的磁偏角幅度（也与磁暴有关）相减，根据一定标准选出异常，发现我国一些大地震与 1972 年 8 月 9 日大磁暴有二倍对应关系（见表 10.8），称为磁偏角二倍法。

张铁铮的磁暴二倍法、沈宗丕的磁偏角二倍法等对大地震（和强震）的发震时间的预测，已可以准确到几天或十几天，是它们的突出的优点，虽然它们在地点的预测能力较差。

表 10.7　20 世纪 60 年代我国大地震与磁暴对应情况（徐道一 等，1980）

序号	起倍磁暴日期	被倍磁暴日期	推算发震日期	实际发震日期	震级	天数差	地点
1	1961 年 4 月 15 日	1961 年 10 月 1 日	1962 年 3 月 19 日	1962 年 3 月 19 日	6.1	0	广东河源
2	1965 年 7 月 19 日	1965 年 9 月 16 日	1965 年 11 月 14 日	1965 年 11 月 13 日	6.6	1	乌鲁木齐
3	1964 年 2 月 6 日	1965 年 2 月 6 日	1966 年 2 月 7 日	1966 年 2 月 5 日	6.5	2	云南东川
4	1964 年 5 月 14 日	1965 年 4 月 18 日	1966 年 3 月 23 日	1966 年 3 月 22 日	7.2	1	河北宁晋
5	1967 年 1 月 9 日	1967 年 2 月 16 日	1967 年 3 月 26 日	1966 年 3 月 27 日	6.3	1	河北河间
6	1967 年 2 月 16 日	1967 年 5 月 23 日	1967 年 8 月 31 日	1967 年 8 月 30 日	6.8	1	四川甘孜
7	1968 年 9 月 7 日	1969 年 2 月 11 日	1969 年 7 月 18 日	1969 年 7 月 18 日	7.4	0	渤海
8	1967 年 5 月 3 日	1968 年 6 月 13 日	1969 年 7 月 25 日	1969 年 7 月 26 日	6.4	-1	广东阳江
9	1968 年 6 月 11 日	1969 年 3 月 24 日	1970 年 1 月 4 日	1970 年 1 月 5 日	7.7	-1	云南通海
10	1967 年 4 月 4 日	1968 年 9 月 13 日	1970 年 2 月 23 日	1970 年 2 月 24 日	6.2	-1	四川大邑

注：据张铁铮同志资料。

表 10.8　我国一些大地震与 1972 年 8 月 9 日大磁暴的关系
（起倍异常日期为 1972 年 8 月 9 日）（徐道一 等，1980）

序号	被倍异常日期	预测发震日期	实际发震日期	天数差	震级	地点
1	1973 年 6 月 25 日	1974 年 5 月 11 日	1974 年 5 月 11 日	0	7.1	云南大关北
2	1973 年 8 月 9 日	1974 年 8 月 9 日	1974 年 8 月 11 日	-2	7.3	新疆乌恰西南
3	1974 年 7 月 4 日	1974 年 5 月 28 日	1976 年 5 月 29 日	-1	7.4	云南龙陵
4	1974 年 8 月 4 日	1976 年 7 月 29 日	1976 年 7 月 28 日	1	7.8	河北唐山
5	1974 年 8 月 14 日	1976 年 8 月 18 日	1976 年 8 月 16 日	2	7.2	四川松潘
6	1974 年 8 月 11 日	1976 年 8 月 22 日	1976 年 8 月 23 日	-1	7.2	四川松潘

注：据沈宗丕同志资料。

10.3.1.2　磁暴、月相与地震

在磁暴二倍法的基础上，沈宗丕发现，应用发生在月相的磁暴作地震预测（称为磁暴月相二倍法），与地震有较好的对应关系，可提高预报发震日期的命中率，减少虚报率。月相指农历月的上弦（初七至初九），望日（十四至十六）、下弦（廿至廿三）、朔日（廿九、卅、初一）。

沈宗丕提出选取起倍磁暴日的原则是：

1）起倍磁暴日的 K 指数必须满足 $K \geqslant 7$。

2）必须在有代表性的月相中选取。

3）必须在起倍磁暴的最大活动程度时段（即主相）中选取日期。被倍磁暴日的月相可以与起倍磁暴日的月相相同，亦可不同。它们的 K 指数一般要小于或等于起倍磁暴日的 K 指数，但也有个别例外。

从 1997 年 5 月至 2000 年 7 月所有发生在 4 个月相中 $K \geqslant 7$ 的 20 个磁暴，在其中确定 9 个起倍磁暴日（见表 10.9）。15 个计算发震日期在 ±5d 的范围内对应了对应了 7.5 级以上的大地震 13 个。这一期间共发生 7.5 级以上的大地震 16 个，被成功预测的占 81%；成功预测地震的日期误差在 ±3d 以内的有 9 个，约占 75%。没有对应计算发震日期的 $M_s \geqslant 7.5$级大地震（漏测）有 3 次（沈宗丕 等，2002）。由表 10.10 可见，地震发生在计算发震时间的前后 5d 以内，对应相当好。这一方法对发震地区的预测能力差。

表 10.9　9 个 $K \geqslant 7$ 起倍磁暴日的月相（沈宗丕 等，2002）

序号	日期		月相	K 指数
	公历	农历		
1	1997 年 5 月 15 日	四月初九	上弦	7
2	1998 年 5 月 4 日	四月初九	上弦	8
3	8 月 6 日	六月十五	望	7
4	10 月 19 日	八月廿九	朔	7
5	1999 年 9 月 23 日	八月十四	望	8
6	10 月 22 日	九月十四	望	7
7	2000 年 2 月 12 日	一月初八	上弦	7
8	5 月 24 日	四月廿一	下弦	8
9	7 月 16 日	六月十五	望	9

表10.10 起倍磁暴日序号、被倍磁暴日和全球 $M_s \geq 7.5$ 级大地震对应情况（沈宗丕 等，2002）

起倍磁暴日序号	被倍磁暴日			相隔天数	计算发震日期	实际发生地震		时间差/d
	日期		K			发震日期	震级	
	公历	农历						
1	1997年11月7日	十月初八	6	176	1998年5月2日Δ☆	1998年5月4日	7.6	2
	1998年7月31日	六月初九	6	442	1999年10月16日Δ☆	1999年10月16日	7.6	0
	1998年12月25日	十一月初七	6	589	2000年8月5日	（2000年8月5日	7.4）	0
2	1998年7月31日	六月初九	6	88	1998年10月27日	（1998年10月29日	6.3）	2
	1998年12月25日	十一月初七	6	235	1999年8月17日☆	1999年8月17日	8.0	0
						1999年8月20日	7.6	3
3	1999年3月1日	一月十四	6*	207	1999年9月24日	1999年9月21日	7.7	−3
	1999年10月22日	九月十四	7	442	2001年1月6日Δ	2001年1月11日	7.5	5
4	1998年11月9日	九月廿一	6	21	1998年11月30日	1998年11月29日	7.7	−1
5	2000年5月24日	四月廿一	7	244	2001年1月23日Δ☆	2001年1月26日	7.9	3
6	2000年2月12日	一月初八	7	113	2000年6月4日Δ☆	2000年6月5日	7.9	1
	2000年6月8日	五月初七	6	230	2001年1月24日Δ☆	2001年1月26日	7.9	2
7	2000年6月8日	五月初七	6	119	2000年10月5日Δ☆	（2000年10月6日	7.2）	1
8	2000年6月8日	五月初七	6	15	2000年6月23日	2000年6月18日	8.0	−5
	2000年6月23日	五月廿二	6	30	2000年7月23日	（2000年7月21日	6.6）	−2
	2000年9月18日	八月廿一	8	117	2001年1月13日	2001年1月14日	8.4	1
9	2000年9月18日	八月廿一	8	64	2000年11月21日	2000年11月16日	7.7	−5
						2000年11月16日	7.8	−5

注：圆括号内是 $M_s \leq 7.4$ 级地震。

* 表示未被选入“磁暴报告”内。

Δ 表示在震前沈宗丕填写“地震短临预测卡片”，寄中国地震局有关部门。

☆表示在震前沈宗丕曾向天灾预测专业委员会提交发震时间与震级的书面预测意见。

10.3.2　明清宇宙期与自然灾害

由于16世纪至17世纪在中国、日本、朝鲜有关地震、气象、太阳活动、陨石、彗星、火山喷发等自然现象有明显的异常和相关性，1980年徐道一、安振声、裴申（1980）提出“明清宇宙期”，以1501年至1700年作为“明清宇宙期”的起始和结束时期。

在天象方面，从4世纪以来，在1645年至1715年太阳黑子活动非常衰微，被称为蒙德尔极小期。根据中国史料研究得出：在1555年的太阳活动很微弱，次年，即1556年发生了举世闻名（死亡83万人）的关中大地震。我国陨石（包括流星）数量在15世纪至17世纪呈现一个很显著的峰值，以16世纪为最高（见表10.11）。这一时期的陨石不仅数量多，而且分布范围广，单块质量大，所造成的灾情亦大（徐道一等，1980）。

表10.11　13世纪至19世纪中国大陆陨石和彗星频次表（王嘉荫，1963）

类型	13世纪	14世纪	15世纪	16世纪	17世纪	18世纪	19世纪
陨石	2	6	29	56	21	4	9
彗星	47	53	64	79	38	79	37

从行星会合周期角度看，1665年地心会合的张角很小（43°），在其临近时期，中国和北半球出现了3000年来最冷的17世纪低温期，中国发生了明末的特大干旱，黄河出现历史最大洪水。

20世纪前，中国大陆发生$M_s \geqslant 8$级地震12次，在明清宇宙期200年间发生5次，是一个大地震剧烈活动期。智利在1575年、1604年和1647年发生了5次8级以上地震，日本于1611年和1677年发生2次8级以上地震，菲律宾也在1627年、1641年、1645年发生过3次8级地震，土耳其、意大利、秘鲁、智利等国都发生过死亡万人以上大地震。这些表明，这一期间的大地震的剧烈活动是一个具全球性的现象。

16世纪至17世纪，中国的大震高潮与宇宙线强度之间有同步的变化，可以认为它们之间有一定联系。图10.7是^{14}C的变化与中国8级以上地震的对比关系曲线，反映了宇宙线强度长期变化与地震的对应关系。

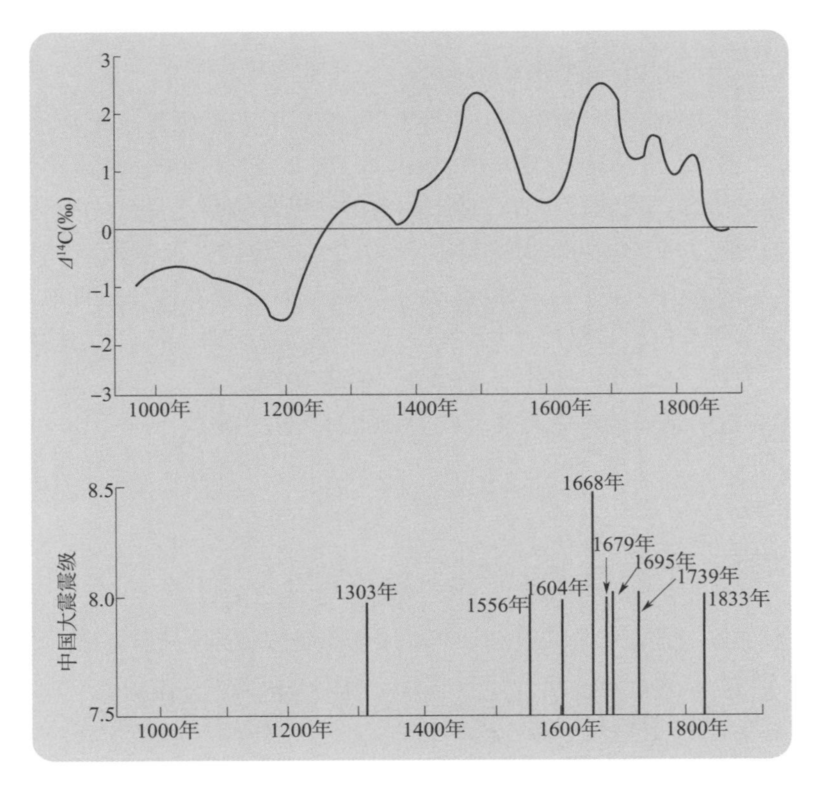

图 10.7　^{14}C 曲线变化与中国大震的对比关系曲线（徐道一 等，1980）

10.3.3　天干地支

天干地支（简称干支）是中国古人用来记历和预测的一种独特的方法。天干是由甲、乙、丙、丁、戊、已、庚、辛、壬、癸 10 个字组成；地支是由子、丑、寅、卯、辰、巳、午、未、申、酉、戌、亥 12 个字组成。由 10 个天干与 12 个地支顺序两两相配，构成 60 干支周期。在 60 干支周期中，由两个字定义的词不会出现重复，10 个天干中每一个字出现 6 次，12 个地支中每一个字出现 5 次。

在 3000 多年前的甲骨文中已发现用干支纪日，后来广泛用于纪年，民间称为 60 年甲子。这种纪年是以天体周而复始的运动为依据的。翁文波等（1993）认为，在太阳系各星球的运动中，存在着近似 60a 的周期，例如地球自转速度变化的长周期大约为 59. 55a。木星的恒量周期为 11. 86a，近似于地支周期（12a）。

据郑军（1992）研究，60 干支周期与日、月、地三体运动规律有关。对月亮运动观测可知，存在近点月（27. 55455d）、朔望月（29. 5059d），15 个近点月和 14 个朔望月的平均会合周期为 413d，被郑军称为月远（近）地点回归周期。他把 1/4 近点月运行时间（6. 8886375d）作为时间单位（简称为 1 个月亮单位），即有：

1 近点月 =4 月亮单位；

1 回归年 =53 月亮单位；

1 远（近）地点回归周 =60 月亮单位。

上述关系表示，经过一个回归年，日、月、地三体的相互位置与开始时有相当大的差距。过了 60a，三者之间的相互位置才最接近于最初的位置，构成一个完整的周期。

干支周期命名法可以反映日、月、地三体中不同组合的相互关系。不同三体关系在地球上产生不同的效应。在 60a 中，月亮运行 3180 个月亮单位，包含 795 个近点月，或 742 个朔望月。每一组天干年（10a），月亮点退行 10 位，日月距（月亮距日地连线）增加 10 位，相当于平均每年 1 位；每组地支年（12a），月亮点退行 24 位，日月距增加 24 位。

通过对 60a 中日、月、地三体关系的分析，郑军梳理出 30a、11a、22a 等周期（有序性）：地支纪年表达的是天地对应关系。12 地支可分为三小组：

1）子丑寅卯；

2）辰巳午未；

3）申酉戌亥。

古人应用天干地支的特性于各类天灾（包括地震）的预测。

以干支的形、数、义表征月地日运动 60a 周期内错综复杂的相对位置和位相关系，这就是干支纪年方法的含义。古人这一伟大创造，确实令人赞叹和崇敬。

10.3.3.1 日干支与地震

翁文波等（1993）应用日干支的性质预测地震的发生日期（以 d 为单位）。他选用 1923 年 3 月 22 日作为基点，它在 60d 周期序列中的日干支是“甲午”，符合干支纳音歌诀“甲午乙未沙中金”，因而翁文波称这种序列为沙中金序列。

1923 年 3 月 22 日至 1985 年 8 月 25 日，在中国大陆发生了 39 次 $M_s \geq 7$ 级大地震。他列出经验公式为

$$Y = 1923.2269 + 0.1642746i$$

式中，0.2269 为作为基点的 3 月 22 日在年内的天数，0.16427 为 60/365.2425 的结果，表示以年为单位的 60d 的数值，i 是整数，y 为计算发震日期，计算结果见表 10.12。计算日期与地震发生日期相差在 3d 之内，对应相当好。

表 10.12 用沙中金公式计算地震发震日期与实际地震比较

i	计算值	实际地震的要素				$x-y$/d
	预测日期 y	日期 x	北纬/（°）	东经/（°）	M_s	
0	1923 年 3 月 22 日	1923 年 3 月 24 日	31.3	100.8	7.3	2
8	1924 年 7 月 15 日	1924 年 7 月 12 日	37.1	83.6	7.3	-3
84	1937 年 1 月 9 日	1937 年 1 月 7 日	35.5	97.6	7.5	-2
131	1944 年 9 月 29 日	1944 年 9 月 28 日	39.1	75.0	7.0	-1
146	1947 年 3 月 16 日	1947 年 3 月 17 日	33.3	99.5	7.8	1

续表

i	计算值	实际地震的要素				$x-y$/d
	预测日期 y	日期 x	北纬/（°）	东经/（°）	M_s	
179	1952 年 8 月 17 日	1952 年 8 月 18 日	31.0	91.5	7.5	1
244	1963 年 4 月 22 日	1963 年 4 月 19 日	35.5	97.6	7.0	−3
282	1969 年 7 月 19 日	1969 年 7 月 18 日	38.2	119.4	7.4	−1
380	1985 年 8 月 25 日	1985 年 8 月 23 日	39.2	75.3	7.4	−2

10.3.3.2　60a 干支

翁文波（1993）主要应用美国的 1812 年至 1989 年地震资料中的 60a 干支信息（见表 10.13）。在 1992 年年初，应美国地球物理学界泰斗格林（Cecil H. Green）的要求，在与他学术交流时，翁文波提出了对美国地震的预测意见：发震时间为 1992 年 6 月 19 日；震级为 6.8 级；地区：旧金山大区。后来，在 1992 年 6 月 28 日加利福尼亚州发生 7.4 级大地震，它的三要素与翁文波的预测对应很好：发震时间差 9d；震级差为 0.6 级；震中位于预测地区的边缘（徐道一 等，2001）。

表 10.13　美国 1812 年至 1989 年 4 次地震的基本参数

i	$y(i)$	x	北纬/（°）	西经/（°）	M_s	$x-y$
0	1812.736	1812.939	34.2	117.9	7	0.203
0	1812.736	1812.974	34.2	114	7	0.238
1	1872.736	1872.238	36.7	118.1	8	−0.498
2	1932.736	1932.974	38.75	118	7.2	0.238
3	1992.736	1992.321	42.0	123.8	7	−0.415

10.3.4　太极序列

通过研究天、地、生各种现象的时间、空间分布和一些结构的特性后，徐道一等（1989）提出“太极序列”一词，它的意义在于归纳了自然界中广泛存在着各种周期（有序）现象，从中提取出部分主要周期（有序），并组成序列，这是在比周期（有序）更高一个层次的角度来研究周期（有序）。

由于这一序列广泛存在于从微观、宏观到宇观的各种天地生现象之中，可以把它作为自然界中普遍存在的一个参考标准（理论值）。实际观测的资料一般围绕着太极序列的理论值在一定范围内波动。

太极序列的理论值可由 $T_{ai}=\sqrt{2}k$ 式计算。在以年（a）为单位时 T_{ai}值见表 10.14。

表 10.14　太极序列的理论值

偶序列	k	0	2	4	6	18	10	12	14	16	…
	T_{ai}/a	1	2	4	8	16	32	64	128	256	…
奇序列	k	1	3	5	7	9	11	13	15	17	…
	T_{ai}/a	1.41	2.83	5.66	11.3	22.6	45.3	90.5	181	362	…

以 k 为奇数或偶数，可把太极序列区分为两个子序列：偶序列和奇序列。由奇序列的一个值，乘或除以 $\sqrt{2}=1.414$，则可转化成偶序列的对应值。偶序列中的 1，2，4，8，…值可对应于《周易》中的太极、阴阳、四象、八卦……

许多天文因素（例如太阳黑子、行星会合、地球自转等）的周期序列与太极序列的吻合较好（见表 10.15），其中以与奇序列的理论值相符的较多（徐道一 等，1987）。

表 10.15　3 个天文周期序列与太极序列的比较

a

太极序列		太阳黑子周期	地球自转速率变化	行星会合周期
奇	偶			
5.7		5.7	(6.9)	5.5
	8	8.1	(9.2)	(7.3)，8.0，(8.7)
11.3		(9.7)，10.6，11.2	11.2，12.15	11.1，(13.8)
	16			16
22.6		(19.2)，22.3	(18.6)，(19.9)，22.3	(19.9)
	32	30	29.8，(34.5)	(35.9)
45.3		45	45	45.4
	64	59，62.2	59.6	59.6，(76)
90.5		89.8	89.4	89.4
	128			
181		178.7	178.7	(171.4)，178.7

注：在圆括号中的周期值是与太极序列理论值不符合的。

对全球、华北及欧亚大陆的地震数据的谱分析结果表明，多数优势周期值与太极序列的理论值符合较好（见表 10.16）（徐道一 等，1987）。因此，太极序列的许多理论值可以看成多种天文因素对地球上许多事物综合作用的概括，可以在地震预测中发挥重要作用。

表 10.16　不同区域的地震周期与太极序列的对比

a

太极序列理论值	地　震		
	全球	华北	欧亚大陆
2		2	2
2.83	2.9	(3.6)	
4	4.4	4.5	
5.66		5.2	5.4
8	8	7.5，8.5	8.3
11.3	11，(13)	(9.5)，10.4	11
16		(14)	
22.6	(20)，22	(20) (20.5)	22.2
32	32		
45.3	45	42.5	
64	63		

注：括号中是与太极序列理论值不符合的。

通过对中国大陆 8 级地震的有序性与太极序列关系的研究，徐道一和王湘南、黄建发以书面形式在 1990 年 7 月 3 日提出了“关于 90 年代有可能发生 8 级地震的预测意见”。提出的预测地震三要素是：时间为 1990 年至 1996 年（1991 年至 1992 年可能性最大，其次为 1994 年至 1996 年）；震级为 $M_s \geqslant 8$；地点为中国陆地，可能是中国西部（包括南北地震带），尤其应注意西北部。有关论文见徐道一等（1991）发表的文献。1997 年 11 月 8 日在西藏北部发生了玛尼地震，这一地震基本上对应了上述 1990 年预测的 8 级地震。预测意见主要根据太极序列的 256a 理论值。由图 10.8 可见，14 个 8 级地震组成上下 7 对，每对地震的时间间隔都在 252 ~ 258a 范围内。在 1990 年是 1739 年地震还没有配对的地震，依据这一点提出上述预测意见。

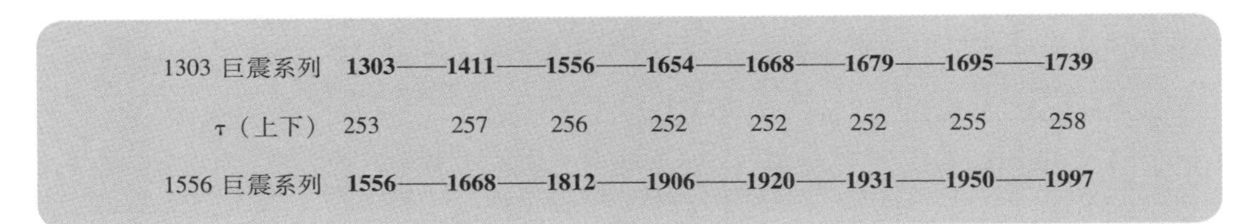

图 10.8　中国大陆 14 个巨震的 250a 时间跨度的信息有序
（加黑数字表示巨震发生的年份，不加黑数字表示上下两个地震的时间间隔（以 a 为单位））

表 10. 17 中列出中国大陆 20 世纪末以前发生的 20 个地震目录，其中 14 个巨震具有明显的自组织、自相似、倍分叉的特性。图 10. 9 的 1303 巨震序列中的 7 个时间间隔仅从自身来看似乎是无序的，但是，与其下的 1556 巨震序列中的 7 个时间间隔对照来看，则依次序对应得相当好，表明了很好的自相似的特性。

表 10. 17　20 世纪末以前中国大陆 8 级地震简表

代号	名称
1303	山西洪洞赵城地震
1411	西藏当雄地震
1556	陕西华县地震
1654	甘肃天水地震
1668	山东郯城地震
1679	河北三河地震
1695	山西临汾地震
1739	宁夏银川地震
1812	新疆尼勒克地震
1833A	西藏聂拉木地震
1833B	云南嵩明地震
1879	甘肃武都地震
1902	新疆阿图什地震
1906	新疆玛纳斯地震
1920	宁夏海原地震
1927	甘肃古浪地震
1931	新疆富蕴地震
1950	西藏察隅地震
1951	西藏当雄地震
1997	西藏玛尼地震

注：1604 年福建泉州地震由于震中在海中（震级修定为 7. 5 级），故未列入。

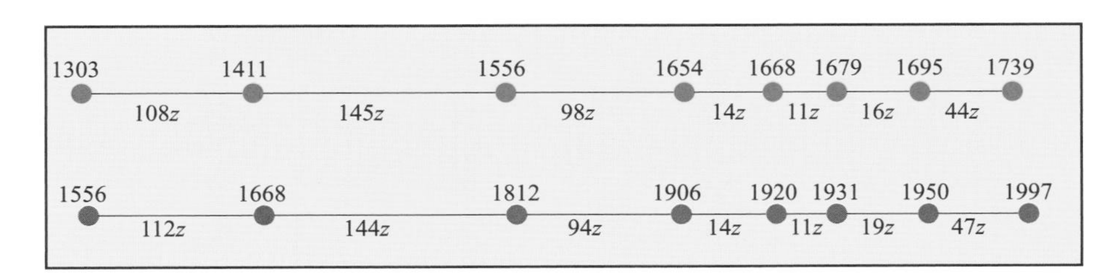

图10.9 14个$M_s \geq 8$级地震的时间有序性（徐道一 等，1987）

由表10.18可见，以d为单位，则有3个T值接近太极序列256a理论值（93503d），T值（涉及6个地震）与93503d的差值小于300d。

1997年玛尼地震发生后发现：它与另外3个太极序列的理论值也存在密切联系（见表10.19），如果在1990年提出预测意见时，能同时考虑它们，则预测发震时间可以大为缩短。

表10.18 8级地震的时间间隔T与太极序列256a理论值的对比

前导地震			后随地震			两地震时间间隔 T/d	$T-Y_2^*$/d
年	月	日	年	月	日		
1411	9	24	1668	7	25	93800	297
1556	1	23	1812	3	8	93537	34
1695	5	18	1951	11	18	93685	182

* Y_2为256a（93503d）

表10.19 玛尼地震与4个8级地震的时间差与太极序列理论值的对比（徐道一 等，2001）

中国大陆8级大地震		与1997年玛尼地震的时间差/a	太极序列理论值/a
地点	时间		
宁夏银川	1739年	258	256
新疆玛纳斯	1906年	91	90.5
西藏当雄	1951年	46	45.3
（河北唐山）*	1976年	21	22.6

* 按国内台网资料1976年唐山地震定为M_s7.8级。冯浩曾提出，此震应当判定为一次8级左右的地震。唐山地震列入此表中，但用括号表示。

10.4 天文因素与地震关系的特点和机制探讨

10.4.1 天文因素与地震关系的几个特点

尽管天文因素在应用于地震预测时有多种局限性，但其最大的优点是天文因素本身的未来变化在多数情况下是可以预测的。例如日、月、地球等在未来几十年的轨道变化可以精确地计算出来，以便地震预测的需要或参考。天文在地震预测中的其他优点、特点是：

1）天文观测数据可靠，历史天文资料的可靠性也较好。

2）天文参数可用于预测今后多年或 10 余年。

3）天文因素受地表环境变化的因素相对小，与地下深处变化联系密切。

4）一些天文因素用于发震时间的预测，精度可以达到较高的水平。

5）地震震级越大，与天文因素联系越密切、越明显。

6）天文因素多是周期性变化，对地球（尤其是地震）的影响主要表现为有序。

7）天文因素的交替作用。由于地震是在受各种天文因素综合作用下发生的，因此其形成过程是开放的复杂的网络。这些天文因素在一般情况下是无法被隔离的，但是在特定条件下一些因素作用可被压制或缩小，而另一些因素的作用可被放大，处于显著位置。这样一个多种天文因素交替起作用的动态变化过程常常表现得较为明显。这是在应用于地震预测时必须关注的。

8）自组织现象的部分原因有可能是“天组织”，即天文因素在起作用。

10.4.2 天文因素与地震关系的机制探讨

10.4.2.1 触发作用

当地震孕育到后期，震源区及其附近应变能高度积累，处于不稳定的临界状态，这时天文因素的触发作用将起重要作用。

李志安等（1994）计算了 1960 年以来发生在华北的 5.8 级以上的 65 个震例，约有 80% 左右地震发生在引潮力南北分量主峰前 3d 和后 3d 之内，认为在日月引潮力作用下容易触发地震。胡辉等（2008）对全球 1900 年至 2000 年内 1940 次 $M_s \geq 7$ 级地震的发震日期与引潮力关系进行研究，有 1483 次发生在日月引潮力水平分力的极值或极值附近，占总数的 76%，远高于其自然概率。这些成果说明，日月引潮力水平分量对触发地震起重要作用。

中国大陆在 1995 年 7 月至 1996 年 5 月连续发生了 5 次强震（见表 10.20）。在两年以内 5 次强震都发生在农历的朔或望期间。在朔望时，对地球的引潮力最大。李晓明（1999）对这 5 个地震的天体位置或引潮力加速度的计算结果都表明日、月对地震触发作用是明显的，它们多数在牵降带和引潮力提升区内发生，而以牵降带为著。他认可阚荣举的解释：地壳构造运动中，局部地区会分为几层块体，这些块体之间产生横向移动（或一定角度）的应力，这些应力逐渐积累达到一定强度，但与块体之间的摩擦力还处于均衡状态，为动态平衡。此时外加一个力，如是垂直于块体的，将使摩擦力减小而使应力释放发生地震；如果与应力方向一致，将使应力加强超过摩擦力，而释放发生地震（类似于牵降带）。吴小平（2005）对天文潮汐触发地震的特征进行研究后认为触发作用实质是潮汐应力对地震断层的促滑作用。

表10.20　1995年至1996年5次强震与望的关系（李晓明，1999）

日期	农历	震级	发震地区
1995年7月12日	六月十五日	7.3级	中缅边界
1995年10月24日	九月初一	6.5级	云南武定
1996年2月3日	十二月十五	7.0级	云南丽江
1986年3月19日	二月初一	6.9级	新疆阿图什北
1996年5月3日	三月十六	6.4级	内蒙古包头

10.4.2.2　调制作用

地震是地质、地球物理场和天体运动综合作用的结果。许多学者认为天文因素不仅有触发作用，而更重要的是可制约和影响地震的孕育和发展，有人更认为是参与了孕震过程。上述天文因素的调制作用应看作是大范围、长时期的控制作用，外力通过各种方式转化为内力而起作用。太阳对地球的作用一般以电磁作用等为主，月球对地球作用一般以引力作用为主；当电磁作用等作用力为主时，表现为外力转化为内力而起作用（调制作用）；以引力作用为主时，主要表现为触发作用。有些地区在某一时期以太阳电磁作用为主，有时以引力触发作用为主。

例如20世纪云南13次M_s≥7级地震中，11次发生在月球白赤交角的极值年或其前后两年中。一些学者认为，这些联系显示的是月球引力本身参与强震的孕育，即月球引力的短期或长期作用加入到震区的孕震过程中作为力的因素之一，其作用的累积效应使孕震区在极值期达到临界状态而发震。

太阳活动对地震的调控过程是通过电磁作用或高能微粒流作用的过程。强大的行星际磁场被冻结在高能离子体中随太阳风（太阳抛射高能粒子流）运动，地磁偶极子在行星际磁场中旋转，以磁流波形式释放能量，影响到地球自转速率改变和地球电磁场变化，进而导致地球表层平衡破坏（例如在地内产生热、电、磁场变化），降低岩石的耐剪强度和静摩擦极限，其后果之一是在那些脆弱地方引发地震。

罗葆荣（1995）研究了地震活动与高速太阳风粒子流和宇宙线高能粒子流的关系，发现它们之间存在着可信度很高的正相关，从而推测：太阳活动可能是通过调制到达地球的高能粒子流，进而调制地震活动的。

太阳活动通过太阳风、地磁场，可影响到地球自转、大气环流、气候和地球内部电磁场，进而可影响到极移和地震。地球自转速度变化亦可影响到大陆漂移和海底扩张作用，而太阳活动又与行星的运行轨道有关。地震与各因素之间的关系很复杂，图10.10表示了主要影响过程。

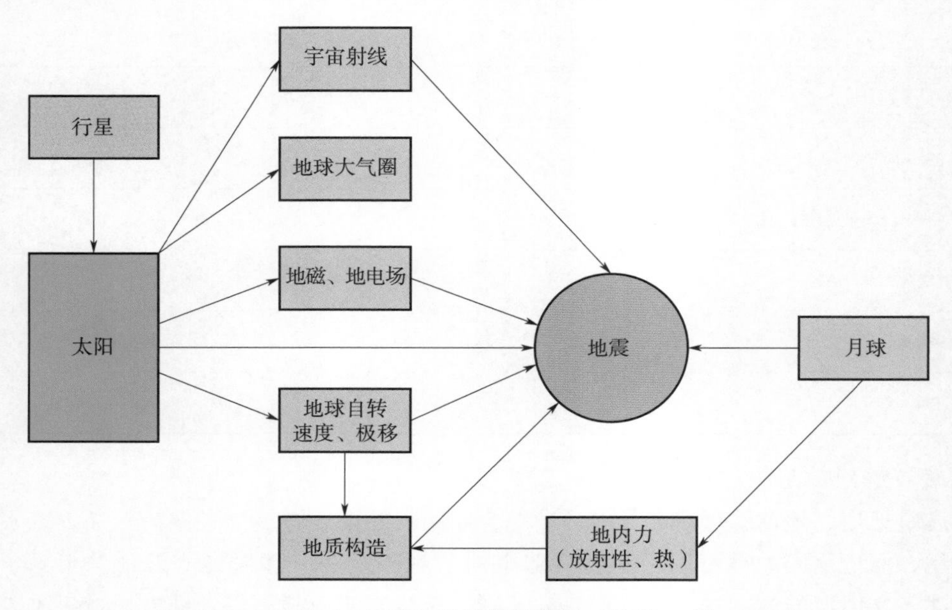

图 10.10　各种天文因素与地震关系简图（徐道一 等，1980）

10.4.2.3　周期共振

从海洋潮汐预测得到启示，郑文振在 1974 年提出地震形成的“共振说”，在《天体运动与地震预报》一书中有比较详细的阐述。这一假说的基本出发点与调制说是一致的，但进一步把调制作用用数学函数来表达。根据地震的发生具有一定周期性，与天文周期有明显的对应关系，把大部分天文因素的影响展开成周期函数。把每个地震区看成是不断地受到天体场周期性外力（策动力）作用的振动系统。由于各地震区的边界条件、结构和组成等不同，则对不同天文周期性力作用产生的反应也有不同，在某地震区的自由振动周期与上述各天体因素的某些周期相一致或接近整数倍时，可能发生共振。系统可能由于振动过于剧烈而遭到破坏，导致岩层破裂，便发生地震。

它的预测方法是：首先按照地质构造特点和地震活动性划分预报区，把该区的地震的震级转化为能量，把天文要素（太阳活动，行星运行和会合、极移，月球等）及地球物理场（地磁、地震等）的影响展开成周期函数，列出预测方程，求解预测方程系数，有多少个地震，列出多少个方程，联立求方程系数解，求出逼近反映地震活动的参数（频数、能量等）的时间序列曲线；然后外推进行地震趋势的预测。在 1970 年至 1977 年，应用这一方法对华北、燕山、云南、四川、天山和祁连山等地区，向国家地震局提出 73 次预测意见，符合和大体符合的有 54 次（徐道一 等，1980）。

图 10.11 为华北地区的 1975 年至 1986 年预测曲线及其与该区地震的对应情况。预测曲线的最高地区与 1976 年华北地区地震的高活动时期大体对应（安振声，1985）。

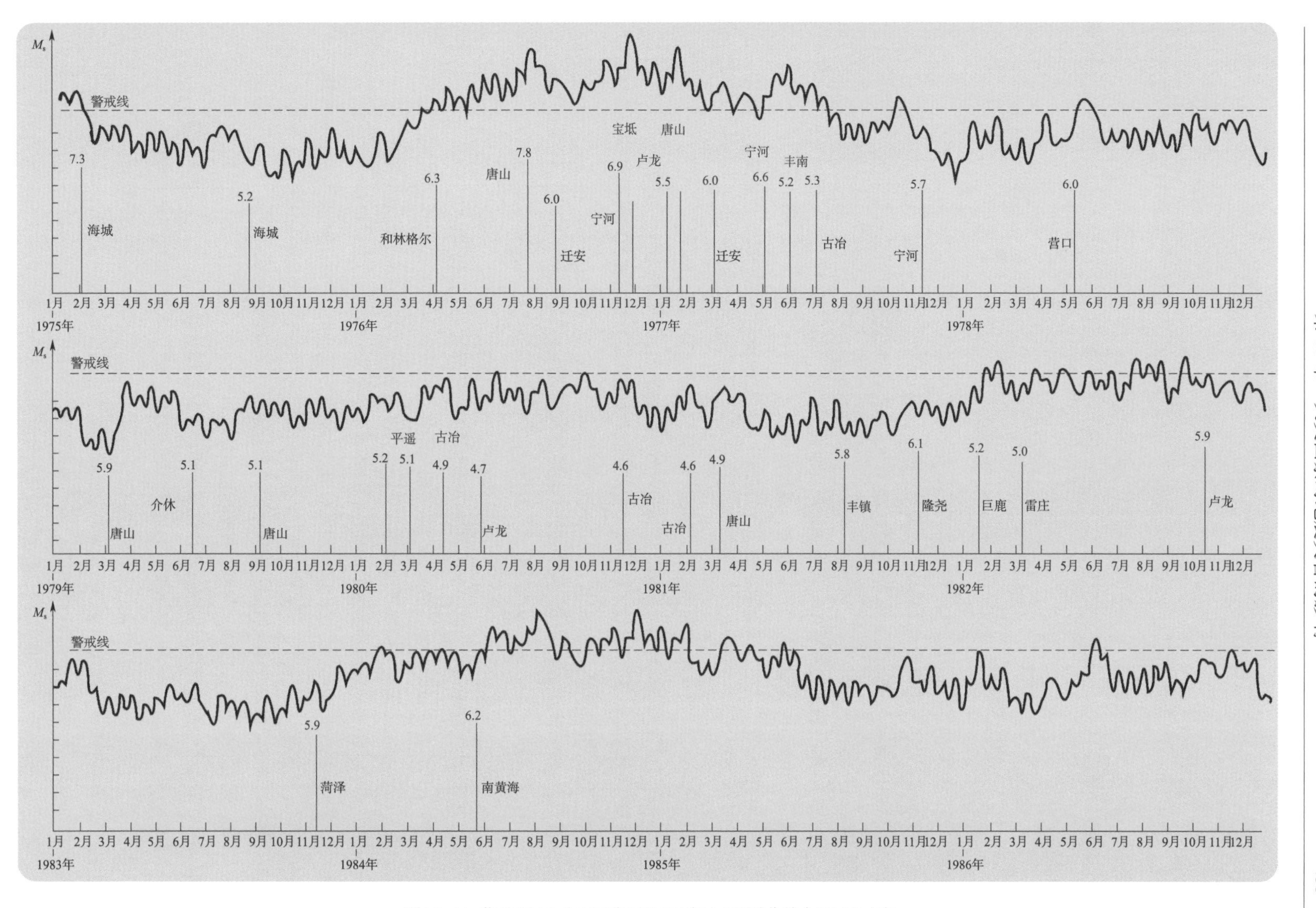

图10-11　华北地区（1975年至1985年）预测曲线与地震对应

10.5 小结

美、日、欧一些学者提出“地震不能预测”的看法。中国许多天文和地震学者通过开拓新思路、新方法，经历了几十年地震预测的实践和研究，得出地震是有可能预测、预报的基本认识。实践证明，从天文角度研究地震预测，是一条具有中国特色研究的很有前途的新方向。

参考文献

瑟京斯基 . 1991. 全球地震活动性与太阳活动及大气过程的关系 . 北京：地震出版社 .
安振声 . 1985. 天文因素与难黄海 6.2 级地震 . 地震学刊，1（1）：75 – 80.
陈荣华 . 2003. 引潮力对显著地震触发作用与大震关系及在雅江地震预报中的应用 . 地震，23（1）：53 – 56.
丁鉴海，黄雪香 . 1981. 唐山地震序列与月相的关系 . 地震，3（1）201 – 210.
杜品仁，徐道一 . 1989. 天文地震学引论 . 北京：地震出版社 .
杜品仁 . 1990. 根据地震活动的天文周期预测 2020 年前中国大陆的地震活动趋势 . 地震地质，12（1）：1 – 11.
傅征祥 . 1981. 浅源强震和地球自转速率变化 . 地震科学研究，12（3）：75 – 82.
高建国 . 1986. 南天山带强震迁移与太阳黑子的相关分析 . 地震研究，9（3）：322 – 327.
韩延本，郭增建，吴瑾冰，等 . 2003. 太阳活动对中国近东西向断层 8 级大地震的可能触发 . 中国科学（G 缉），33（6）：567 – 573.
韩延本，李志安 . 1996. 地震活动性的天文学研究 . 地球物理学进展 . 11（3）：59 – 69.
胡辉，韩延本，尹志强 . 2008. 全球大地震的引潮力检验 . 天文研究与技术（国家天文台台刊），5（4）：420 – 423.
胡辉，王锐 . 2002. 21 世纪中国大陆第一个大震活动幕的预测 . 云南天文台台刊，1（2）：65 – 69.
蒋伯琴 . 1985. 太阳黑子、磁暴与地震活动的关系 . 地震学报，7（4）：452.
蒋窈窕 . 1991. 全国历史地震与太阳黑子活动的相关性 . 天文与自然灾害，北京：地震出版社 .
李明光 . 1982. 浅谈太阳与地震活动频次的周期性 . 地震科学研究，21（4）：121 – 127.
李启斌，肖兴华，李致森 . 1973. 中国大限强地震与地球自转速度长期变化关系的初步分析 . 地球物理学报，16（3）：71 – 80.
李四光 . 1926. 地球表面形象变迁之主因 . 中国地质学会会志，3 – 4：209 – 262.
李四光 . 1926. 天文、地质、古生物 . 北京：科学出版社 .
李晓明 . 1999. 孟连至包头地震期间地震的天体位置分析 . 地球物理学进展，14（4）：102 – 108.
李志安，陈黎，韩延本，等 . 1994. 触发地震的日月引潮力 . 北京师范大学学报（自然科学版），30（3）：368 – 372.
罗葆荣 . 1995. 高能粒子流对地震活动的可能调制 . 云南天文台台刊，1（2）：1 – 11.
秦保燕，等，1983. 西海固地区小震调制特征 . 西北地震学报（海原 5.5 级地震专辑），1（2）：1 – 5.
沈宗丕，徐道一，张晓东，等 . 2002. 磁暴月相二倍法的计算日期与全球 $M_s \geq 7.5$ 大地震的对应关系 . 西北地震学报，24（4）：335－339.

王嘉荫. 1963. 中国地质史料. 北京：科学出版社.

翁文波，张清. 1993. 天干地支纪历与预测. 北京：石油工业出版社.

吴铭蟾，胡辉. 1999. 云南强震和月相、白赤交角的关系. 云南天文台台刊，1（1）：55－61.

吴小平，黄雍，冒蔚，等. 2005. 云南地震的潮汐触发机制及相关天体位置图像. 地球物理学报，35（3）：574－583.

徐道一，安振声，裴申. 1980. 宇宙因素与地震关系的探讨. 上海：中国科学院上海天文台、陕西天文台出版.

徐道一，大内徹，蔡文伯，等. 1999. 兴都库什大地震（$M_s \geq 7$）的时间有序性及其动力学意义. 北京：地震出版社.

徐道一，黄建发，王湘南. 1991. 中国大陆8级地震的有序性——一种新的预测方法. 地震地质，13（3）：231－236.

徐道一，解敬，汪纬林. 2001. 翁文波院士与天灾预测，北京：石油工业出版社.

徐道一，严正，黄建发，等. 1989. 太极序列与天地生现象. 北京：中国科学技术出版社.

徐道一，张勤文. 1987. 天地生各种现象的主周期序列及其重要意义. 大自然探索，20（2）：106－110.

徐道一，郑文振，安振声，等. 1980. 天体运行与地震预报. 北京：地震出版社.

徐道一. 1985. 天文地震学研究的进展. 中国地震年鉴. 北京：地震出版社.

徐道一. 2001. 预测20世纪90年代中国大陆8级大震的成果及其理论意义. 北京：地震出版社，24－30.

虞震东. 2009. 汶川8.0级地震的根源和成因. 大地测量与地球动力学，29（1）：66－71.

赵德秀，赵文桐. 1992. 论日食与水旱灾害的关系. 西安：西北工业大学出版社.

赵德秀. 2007. 地震探源与地震预报. 西安：西北工业大学出版社.

郑军. 1992. 太极太玄体系——普适规律的易学探奥. 北京：中国社会科学出版社.

Myerson R J. 1970. Long－term evidence for the association of earthquakes with the excitation of the Chandler wobble. Journ. Geophys. Res.，75（32）：182－191.

XU Dao－Yi and Ouchi T. 1998. Spatiotemporal ordering of great earthquakes（$M_s \geq 8$）in Asia during 1934－1970 Years. Research Report of RCUSS，Kobe University，1（2）：159－170.

XU Daoyi，MEN Kepei and DENG Zhihui. 2010. Self－organized ordering of earthquake（$M_s \geq 8$）in Mainland China. Engineering Sciences，8（4）：13－17.

第11章　自然灾害现代群测群防体系

11.1　群测群防的发展历程

11.1.1　群测群防的提出与成功案例

1966年邢台地震发生以后，周恩来总理三次亲临现场，代表党和国家发出庄严号召："一定要搞好地震预测、预报和预防工作"，并强调指出，要群策群力，不仅要有专业队伍，还要有地方队伍和环绕在专业队伍周围的业余群众队伍，从而为我国的地震群测群防工作奠定了基础。

1970年第一次全国地震工作会议正式建立地方地震工作队伍和群众观测队伍。1972年第二次全国地震工作会议再次强调要发挥中央和地方两个积极性，首次提出"群测群防"的概念。1974年国务院69号文件进一步推动了群测群防工作的发展。东北和华北各省、市普遍建立了地、县地震工作机构，进一步发展了群众测报点和宏观哨，并通过专群结合成功预报了1975年海城7.3级地震。1977年唐山地震后，国务院批转国家地震局《关于加强地震预测预防工作几项措施的请示报告》（国发151号文件）要求重点地震监视区的地（州、市）和县建立相应的地震管理机构，列入地方事业编制。为加速地震预测预报系统的建设，要建立巩固群测群防网。此文件下发后，地方地震工作机构和群众测报点急剧增加，群测群防工作达到历史顶峰。截至1979年，全国共有地、县地震办公室1344个，工作人员6000余人，群众测报点几万个，业余测报人员达20余万人（刘红桂，2012）。

11.1.1.1　辽宁海城地震

1975年2月4日19时，在辽宁海城、营口一带发生7.3级强烈地震。地震发生在人口稠密、现代工业集中的辽宁腹地，受灾人口830多万人。如果没有震前预报，按同等情况推算，至少10万人将死于地震，而海城地震实际直接死亡人数是1328人。震前，辽宁省当地政府与地震工作者发出预警，避免了巨大的民众生命、财产损失，这被誉为人类首次成功预报7级以上地震。

从1974年开始，营口、海城一带接连发生了100多次小震，辽宁省委非常重视，请专家上课讲地震知识、监测方法等。辽宁全省，特别是辽南各地迅速行动贯彻省委决定，建立了大量群众性业余地震监测点和监测小组。

1974年下半年到1975年年初，辽南营口、海城一带小震越来越频繁，震级逐渐升高。地震专家给省委常委上课时讲的"小震闹、大震到"的规律给省委常务书记李伯秋非常深刻印象。1975 年 2 月 4 日凌晨，营口、海城一带发生 5 级左右地震，沈阳有强烈震感。省委电话通知营口、鞍山两个市，先召集海城县（属鞍山市）、营口县（属营口市）及当地驻军的紧急会议，省地震办派人去传达李伯秋代表省委提出的主要防震措施；然后通过各级干部、民兵下去动员群众不要在室内过夜；同时，通过县有线广播网直接传达下去。

2 月 4 日 14 时，在海城召开了紧急会议，传达了省委的指示意见，布置具体的防震措施。从当天晚上起，辽南地区，主要是海城、营口两县，所有人员都不要住在室内，生产队的大牲口、农业机械都要拉到室外。各级干部、党员、民兵全部下去，挨家挨户动员老百姓到室外去。在生产队，在城镇的居民区，用大喇叭广播，动员群众搬到室外居住。

2 月 4 日 19 点 36 分，海城发生了 7.3 级强烈地震，整个辽宁省都被震动了。

海城大地震后，据统计，全省倒塌房屋 100 多万间，伤 1 万余人，死 1300 余人（主要是老人、病人等冬天不便搬出来的）。有关部门估计，如果不发地震预报，死亡人数可能近 10 万人。

海城地震预测预防的成功，吹响了人类攻克地震预测难关的进军号，是世界灾害史上一次破冰的壮举。海城地震的成功预报说明，在人类完全掌握地壳运动的规律之前，也还是能找到某些可行的办法，最大程度降低地震造成的危害，特别是人员的伤亡。专家的地质结构分析、中长期预报和日常的专业性工作，党政领导的当机立断和有效的措施，再加上群众业余地震监测网的监测信息，三者结合保证了海城地震预测防灾工作的胜利。

11.1.1.2　四川松潘地震

1976 年 8 月 16 日 22 时 06 分，四川松潘、平武之间发生 7.2 级地震，接着 22 日 05 时 49 分、23 日 11 时 30 分又发生了 6.7 级和 7.2 级地震。在中共四川省委和国家地震局的领导下，有计划、有组织地开展了预测、预报及预警和防震抗震工作，大大降低了地震灾害造成的损失。

1970 年 2 月 24 日，龙门山断裂带南段大邑西发生 6.2 级地震，为加强这一地区的预测预报工作，四川省地震办公室从 1970 年起就先后在松潘、灌县、汶川、茂汶、马尔康等地建立了地震台站。

1976 年 3 月起，大邑、邛崃、茂汶等地出现地下水等宏观异常现象，同时蛇、老鼠等小动物也有不同程度的习性异常。从 6 月中旬起，异常报告数量明显增加。

6 月 21 日，四川省委根据省地震局的紧急报告和会商中一些同志认为有 7 级地震的危险，专门发了文件，指出龙门山中南段有 7 级地震危险，要求阿坝、绵阳、温江、雅安、成都、甘孜等地、市、州各县立即加强对地震工作的领导，大力开展群测群防运动，做好防震抗震工作。

6 月 22 日，四川省委发文决定省和有关地市州县立即成立防震抗震指挥机构，迅速建立大量捕捉大震短期、临震前兆信息的群测群防网点。

8 月初至 8 月 13 日，宏观异常达到新的高潮，无论在数量和种类以及剧烈程度都超过前两次高潮，牛、马、狗、猪等动物习性异常的报告也大量增加，并且主要集中在茂汶、北川、安县、江油一带。

8 月 14 日，宏观异常突然平静下来，而在震中附近的平武却开始显著增加。

8 月 16 日下午，省防震抗震指挥部在成都召开 20 万人群众大会，贯彻中央对四川震情的指示精神，部署防震抗震工作。

8 月 16 日晚上 10 时 06 分松潘、平武发生 7.2 级大地震。松潘、平武、茂汶、南坪 4 个县在这 3 次大震中死亡 38 人（顾红叙 等，1983）。

由于震前四川省地震部门通过专业地震观测与群测群防工作相结合，成功预测预报了松潘地震灾害，当地党委政府和人民群众能提前采取防震抗震措施，从而大大减轻了地震灾害损失。松潘地震的预测预报实践表明，群测群防工作在短临预报中发挥着难以代替的作用。

11.1.1.3 唐山地震中青龙县奇迹

1976 年 7 月 28 日凌晨 3 时许，我国唐山瞬间地动山摇，全城顿成废墟，几十万人的生命瞬间逝去。然而，与唐山的迁安比邻的青龙满族自治县，在这场大地震中房屋损坏 18 万多间，其中倒塌 7300 多间，但 47 万人中直接死于地震灾害的只有 1 人。

1976 年 7 月中旬，青龙县科委主管地震工作的王春青在唐山参加全国的地震工作会议。会上，国家地震局分析预报室的汪成民说：华北地区一两年内可能发生 7 级以上强震。根据各地汇总的震情，当前京津唐渤海地区有七大异常，7 月 22 日至 8 月 5 日可能有地震。王春青急忙赶回县里向领导汇报。时任青龙县委书记的冉广岐顶住压力，冒着风险，拍板决定向县委常委会汇报，向全县发布临震预报。

1976 年 7 月 24 日晚，青龙县委召开常委会。次日，科委主任受县委委托，在县三级干部 800 多人大会上作了有关震情的报告。会议决定：每个公社回去两名干部抓防震，一名副书记，一名工作队长，连夜赶回所在公社，26 日早 8 点必须到岗！会议提出：第一，必须在 7 月 26 日前将震情通知到每个人。第二，干部必须在办公室坚守岗位，不得留在家里或处理个人事务。第三，立即开始地震和洪灾的预防和宣传工作。第四，每个公社、每个村必须设防震指挥办公室，向邻近市镇传递信息。第五，保证全天通信联络、汇报、巡逻，保持与邻县的联系。第六，利用各种宣传方式宣传：广播、车间宣传、电话通知、黑板报、夜校。第七，门窗一律打开；不要在屋里煮饭、吃饭；如可能睡在户外的防震棚内。

7 月 26 日早 8 点，青龙县 43 个公社的干部全部到岗。青龙县上上下下处于临震状态。震情通报在村子里反复播放；简易抗震棚随处可见；民兵把固执的老人送进抗震棚；村巡逻队每天检查两次，防止村民回家滞留。

7 月 27 日，青龙县中学群测群防小组发现，许多黄鼠狼一反常态，白天乱跑，当天达到高潮。干沟乡庞丈子村柳树沟平日清亮见底的泉水出现异常，不断往上翻白浆；平时在水底趴着的小黑虫子，浮在水面来回窜动。

7 月 27 日黄昏，群测点观测到大量宏观异常，有的听到四周响起“呜、呜”的声音，有的感觉是老牛在吼叫，有的看到雪亮的闪光。

7 月 28 日凌晨 3 时许，地震爆发，青龙人民幸运地逃脱了唐山大地震这场灭顶之灾。

唐山大地震后，青龙县一度成为唐山的后方医院，救助了众多伤员。

青龙县依靠群测群防及时的地震临短预报，全县 47 万人只有 1 人因地震而死亡。青龙奇迹表明震前的群测观测和有力的群防措施对于降低地震灾害具有显著效果，对于增强人民的减灾意识、加强今后防震减灾工作起到了一定的示范作用。

11.1.2　群测群防的本质

群测群防的本质就是党的群众路线和辩证唯物主义世界观。群众路线是党的根本路线，这是由我们党的全心全意为人民服务的宗旨所决定的。全心全意为人民服务，密切联系群众，是我们党区别于其他任何政党的一个显著标志。我们党是在与人民群众密切联系、共同战斗中诞生、发展、壮大、成熟起来的。党离不开人民，人民也离不开党。一切为了群众、一切依靠群众，从群众中来、到群众中去的群众路线，是我们的事业不断取得胜利的重要法宝，也是我们党始终保持生机与活力的重要源泉。

我国地震工作实行中央同地方、专业队伍同群测队伍相结合的体制和政策，尤其是地震预报工作除具有很强的任务性、探索性外，还具有很强的地方性、群众性和社会性，其中群测群防为成功地预报地震积累了丰富的经验，构成了我国地震工作的重大特色，是党的群众路线的重要体现，在地震预报工作中有重要意义。

我国幅员辽阔，而专业前兆台网密度不足。地方台、企业台和大量的群众观测点弥补了专业台网和手段的不足，提高了我国地震的监测能力。

群众观测队伍和掌握地震知识的广大群众分布广、控制范围大，既熟悉当地情况，同地方政府联系密切，又接近震区，群测群防队伍在地震短临预报中发挥着专业队伍难以替代的作用。

群测群防队伍在上情下达和下情上报方面能起到关键作用。特别是在震兆突发阶段，由于临震异常表现十分短暂，只有一两天时间甚至几个小时，特别是大量的宏观异常的收集，如何在极短的时间内发现、核实、上报是至关重要的。因此，地震发生前后，群测群防队伍在当好参谋、组织群众防震抗震方面有着重要作用。

海城、松潘、青龙等地震的预测预报实践也表明，群测群防工作在地震短临预报中发挥着十分重要的作用。群测群防工作的分布面广、控制范围大，观测网点多、密度大，并熟悉当地长年的自然观测环境条件，能够获得较专业台站丰富得多的信息量。如果仅靠有限数量的专业台站，有可能捕捉不到短临前兆或者数量甚少，致使灾害预报技术决策者难以判断和下决心，进而贻误良机。

在汶川地震发生前两天内，有多达 500 多起水质、水位、水温、次生地质灾害等宏观前兆异常出现，由于当时大量群众测报点已中止运行，未能观测这些重要的宏观异常信息，大大影响了汶川地震的预测预报。国家地震局在反思汶川地震时指出："龙门山及其邻近地区的前兆观测台站和群测点，比 1976 年首都圈少很多，因此汶川大震前，观测到的和已判断的异常自然比唐山地震少。" 1976 年唐山地震时，群众测报组 2000 余个，仅唐山地区就有骨干群众测报点 85 个，一般测报点 508 个，观测哨 5552 个（罗灼礼，王伟君，2008）。而2008年距汶川地震震中280km范围内，只有成都和江油2个地电阻率台站，200km内仅有成都1个地磁台站，几乎没有群测点。

群测群防工作在防灾减灾方面也发挥着重要作用。一方面，提高了群众对地震及其前兆的认识，使得群众具备了较强的防灾意识。例如唐山地震发生时，正在震区行驶的列车，由于铁路突然变形和受到巨大震动，先后有7列列车脱轨。然而，从北京开往旅大的129次直快列车，刚驶过唐山东北古冶车站后，正以90km/h的速度奔驰。突然，漆黑的夜空闪出耀眼的光束，并在夜空中留下蘑菇云雾。由于司机曾经历过1966年邢台地震与后来的群测群防培训，他意识到将发生地震，当机立断，拉了非常制动闸，使列车停了下来。另一方面，有助于及时发现异常情况，在灾害发生时能够及时地采取防灾措施，使灾害造成的生命财产损失降到较低限度。海城地震震级为7.3级，直接死亡人数为1328人，远小于同等情况推算下没有震前预报的10万人；松潘地震中三次地震分别为7.2级、6.7级和7.2级，松潘、平武、茂汶、南坪四县在这三次大震中死亡38人；青龙县在唐山大地震中直接死于地震灾害的仅有1人，群测群防对于减少地震损失的效果显著。

紧密联系群众，群测群防的工作思路和方针，在地质灾害的防灾减灾工作中发挥了重大作用。通过全国10万多群测群防员的监测，仅2006年至2009年，全国就成功预报地质灾害1920多起，避免了9万多人的伤亡，减少直接经济损失11亿多元。实践证明，实施群测群防是我国预防地质灾害的坚实基础和有效途径。各级政府和基层组织，广泛发动群众，大力开展地质灾害防灾意识和防灾基本知识的宣传培训，让群众掌握地质灾害防治基本知识，动员和组织受灾害威胁的群众积极主动地参与地质灾害的监测预警，打一场地质灾害防治的人民战争，最大限度地减少地质灾害造成的人员伤亡和经济财产损失。

从1999开始，国土资源部在全国部署开展了1640个山地丘陵区县（市、区）的地质灾害调查工作，在此基础上，各地每年开展汛前排查、汛中巡查和汛后复查。截至目前，各地共发现地质灾害隐患点24万多处。中国地质灾害点多面广，由于经济条件和技术条件等限制，目前对这些隐患点主要实施了“群专结合”的监测预警工作。只有少部分重大地质灾害隐患点采用专业监测，绝大部分的地质灾害隐患是依靠广大人民群众开展群测群防工作。

群测群防就是把最基层的广大干部群众动员起来，从最小最细的工作开始，最大限度地保障人民群众的生命安全。这些工作包括汛前根据地质灾害隐患点的变形趋势，确定地质灾害监测点，落实监测点的防灾预案，发放防灾明白卡和避险明白卡，也包括县、乡、村层层订立地质灾害防治责任状，从县、乡政府的管理责任人一直落实到村（组）和具体监测责任人，形成了一级抓一级、层层抓落实的管理格局。

群测群防的工作链条中，既有群测群防员的防灾意识和防灾知识培训，也有各级政府的作为，还有科技手段的支撑。群测群防的主要做法是，汛期前根据地质灾害隐患点的变形趋势，确定地质灾害监测点，落实监测点的防灾预案，发放防灾明白卡和避险明白卡；同时，县、乡、村层层订立地质灾害防治责任状，从县、乡政府的管理责任人一直落实到村（组）和具体监测责任人。通过这种责任制形式，明确了隐患点的具体责任人和监测人，保证各隐患点的变形特征能及时被捕捉，从而有效地实现了对地质灾害隐患点的监测预警。

党和政府服务民生的责任心，得到一线的积极响应。在地质灾害群测群防体系中，走在最前沿的是全国 10 多万名群测群防员。他们在群测群防这个貌似平凡、实际很不平凡的岗位上勤勤恳恳、兢兢业业，为地质灾害防治工作作出了最扎实的贡献。

国土资源部地质环境司司长关凤峻指出，群测群防主要依靠基层的地方政府和广大干部，特别是一些村支部书记、村长、村民小组长。实践经验证明，村支部书记、村长和村民小组长担当群测群防员是最合适人选，他们了解当地情况、熟悉村民、富有责任心。让他们当群测群防员，一旦遇有灾情险情最方便报告乡镇政府，立即就能使最基层政府直接组织抢险救灾。

关凤峻表示："全国目前有 10 万多群测群防员，他们为了人民群众的生命财产安全，不顾个人安危，不管是烈日炎炎、酷暑难耐，还是冰天雪地、寒风刺骨，始终坚守在地质灾害防治的最前线。在群测群防这个貌似平凡，实际很不平凡的岗位上，勤勤恳恳、兢兢业业，最大限度地保障了群众生命财产安全，值得自豪，更值得学习。对于他们，我特别感动和感激。"

1998 年以来，国土资源部在地质灾害多发区建立了群测群防体系，通过群测群防，全国共成功避让地质灾害 6300 多起，成功避免了 30 多万人伤亡，减少经济财产损失 50 多亿元（刘维，2010）。10 多年的实践一再证明，群测群防投资小，见效快。这种防灾减灾手段，在当前乃至今后相当长一段时期内，都将是我国地质灾害防治最有效的途径之一。

11.1.3　群测群防工作的调整与改革

11.1.3.1　地震灾害群测群防工作的调整

从 20 世纪 70 年代末开始国家对地震灾害群测群防工作先后进行了两次大规模调整。

第一次大规模调整始于 1979 年。国发［1979］160 号文件明确了划分重点地震监视区的原则，即：重点监视地震基本烈度在 7 度以上的人口较稠密的地区和地震基本烈度在 6 度以上的人口超过 50 万人的大城市、重要电力枢纽、重要铁路枢纽、库容量在 10 亿 m^3 以上的大型水库以及根据地震中长期预报有破坏性地震的地区。根据上述原则，对地、县地震机构和相应的群众测报点进行了调整和整顿。经过整顿和精简，至 1980 年年底，全国地、县地震机构减到 1206 个，地办人员减为 5258 人，骨干测报点 5107 个，业余测报人员 20000 人（刘红桂，2012）。

第二次大规模整顿开始于 1983 年。根据国务院办公厅《转发国家地震局关于省、市、自治区地震工作机构和管理体制调整改革报告的通知》（以下简称《通知》）精神，对全国地、县地震工作机构又进行了整顿和精简。

（1）机构精简

机构精简的原则是：地、市、县地震工作机构主要设在多震区和重点监视区；少震区和历史上没有破坏性地震的地区不设机构；地、市、县机关在同一城市者，只设一个机物；设区的大城市，只设市级机构，不设区级机构，北京、天津两市可在市郊的区、县设立机构；地域辽阔、人口稀少的地区不设地、县机构。贵州、广西、上海等 11 个省、市、自治区的地、县地震工作机构（除个别必须保留者外）建议予以撤销。其余省、市、自治区的地、县地震机构削减 1/3 以上（刘红桂，2012）。

（2）经费缩减

《通知》中要求“调整后保留的地、市、县地震工作机构、人员，仍列入地方事业编制，所需经费仍由地方地震事业经费中开支，基本建设由地方统一安排。地方地震事业经费建议由省、自治区、直辖市地震部门提出分配方案，协同省、自治区、直辖市财政部门管理，重点使用，以利于发展地方地震事业。”在此之前，国家地震局每年下拨 2000 多万元用于支持全国群测群防工作，1983 年机构改革之后这笔经费被国家财政砍掉，让地方地震机构向本地财政要经费。当时正值改革初期，各地政府财政都不富裕，对于地震事业的经费支持较不足。

（3）队伍缩编

在专业队伍、地方队伍和群众业余队伍构成的群测群防体系中，地方队伍起到了承上启下的关键作用。无论指令下达还是异常上报，都要通过地、县地震工作机构实现衔接，国家对业余测报队伍的经费支持也由其完成。经费调整后地方队伍自己都吃不饱，更不可能接济群众业余队伍，精简整顿之后，不但地、县地震工作机构被大幅裁减，专业队伍对地方队伍的影响力也大大削弱，以往的专业队伍、地方队伍和群众业余队伍“三位一体”功能纽带日渐松懈。

（4）工具改弦易辙

1983 年厦门“土地电机制讨论会”后在全国范围内开展的对“三土”（土地电、土地磁和土地应力）手段的清理工作。这次清理内容包括观测物理量、探头性能、环境条件、资料质量和预报效果等。全国累计清理点数 5688 个，占全部观测点数 77. 6%；清理仪器 7174 台；大部分简易“三土”观测手段都被撤掉，增加了井水位、动物异常、水氡、深井水动态等方法。通过这次清理，大部分地、县地震部门建立了岗位责任制，完善各项管理制度，同时调整了观测网点的布局，提高了观测资料质量和利用率，人员结构和知识结构也明显改观。但井水位、水氡、深井水动态等新手段对于场地观测环境和设备要求较高，业余观测队伍难以配备与掌握，这就使得“三土”观测手段被撤掉后，群众业余队伍陷入缺乏观测手段的境地，很多业余测报人员处于无事可做的状态，造成了群众观测力量的流失（刘红桂，2012）。

（5）国家再次重视群测群防工作

2000 年以来，特别是 2008 年汶川地震以后，地震灾害群测群防工作再次得到党和国家的高度重视。

温家宝总理在 2000 年在全国防震减灾工作会议的讲话中强调，要“进一步完善专家为主、专群结合的地震监测预报体系”，“要因地制宜地建立健全群众性地震测报网络。要认真研究新形势下如何开展地震群测群防工作，进一步发挥群测群防在防震减灾，尤其是地震短临和临震预测中的作用，努力提高地震预测水平”。

胡锦涛总书记在 2008 年的两院院士大会上指示：“要优化整合各类科技资源，将依靠科技建立自然灾害防御体系纳入国家和各地区各部门发展规划，并将灾害预防等科技知识纳入国民教育，纳入文化、科技、卫生‘三下乡’活动，纳入全社会科普活动，提高全民防灾意识、知识水平和避险自救能力。”

2008 年汶川地震后，国家修改了《中华人民共和国防震减灾法》，重新强调了群测群防的作用。《中华人民共和国防震减灾法》第八条规定：“任何单位和个人都有依法参加防震减灾活动的义务。国家鼓励、引导社会组织和个人开展地震群测群防活动，对地震进行监测和预防。国家鼓励、引导志愿者参加防震减灾活动。”第三十条规定：“地震重点监视防御区的县级以上地方人民政府负责管理地震工作的部门或者机构，应当增加地震监测台网密度，组织做好震情跟踪、流动观测和可能与地震有关的异常现象观测以及群测群防工作，并及时将有关情况报上一级人民政府负责管理地震工作的部门或者机构。”它以国家法律的形式，对曾在 24 年前遭到清理的地震群测群防工作予以肯定，并将其纳入国家地震监测和预防体系。

《国务院关于进一步加强防震减灾工作的意见》（国发［2010］18 号）强调：“加强群测群防工作。继续推进地震宏观测报网、地震灾情速报网、地震知识宣传网和乡镇防震减灾助理员的“三网一员”建设，完善群测群防体系，充分发挥群测群防在地震短临预报、灾情信息报告和普及地震知识中的重要作用。研究制定支持群测群防工作的政策措施，建立稳定的经费渠道，引导公民积极参与群测群防活动。”

《国家防震减灾规划（2006—2020 年）》要求：“全面提升社会公众防震减灾素质，形成全社会共同抗御地震灾害的局面。加强防震减灾教育和宣传工作，组织开展防震减灾知识进校园、进社区、进乡村活动。全面提升社会公众对防震减灾的参与程度，提高对地震信息的理解和心理承受能力，掌握自救互救技能。鼓励和支持社会团体、企事业单位和个人参与防震减灾活动，加强群测群防，形成全社会共同抗御地震灾害的局面。”

中国地震局中震测发［2010］94 号文件规定：“依加强地震预报社会管理，规范社会组织、公民的地震预测行为。建立开放合作的地震预测预报工作机制和地震预报效能科学评价机制。”

11.1.3.2　*地质灾害群测群防工作*

我国是地质灾害最为严重的国家之一，灾害种类多、发生频率高、分布地域广、造成损失大，如 1998 年地质灾害所造成的直接经济损失就高达 150 亿元。我国地质灾害点多面广，又多分散在偏远山区，治理难度大，防治任务重。

地质灾害群测群防工作是广大基层干部群众直接参与地质灾害点的监测和预防，及时捕捉地质灾害前兆、灾体变形、活动信息，迅速发现险情，及时预警自救，减少人员伤亡和经济损失的一种防灾减灾手段。

（1）《地质灾害防治条例》

2004 年 3 月 1 日国务院发布《地质灾害防治条例》，第十五条规定："地质灾害易发区的县、乡、村应当加强地质灾害的群测群防工作。在地质灾害重点防范期内，乡镇人民政府、基层群众自治组织应当加强地质灾害险情的巡回检查，发现险情及时处理和报告。""国家鼓励单位和个人提供地质灾害前兆信息。"

随着《地质灾害防治条例》的实施，使我国地质灾害防治工作基本步入了法制化的轨道。与此同时，全国各地狠抓地质灾害群测群防体系中的各项防灾措施建设，逐步建立完善了防灾预案、防灾明白卡、隐患巡查、汛期值班、灾情速报、应急指挥等行之有效的防灾减灾制度。在开展以省（区、市）为单元的地质环境调查基础上，1999 年以后，国土资源部陆续在全国地质灾害较为严重的县（市）开展了以县（市）为单元的地质灾害专项调查工作。截至 2007 年年底已累计部署 1430 个县（市）的地质灾害调查，累计完成调查面积 524 万 km^2，初步摸清了 10 多万处地质灾害隐患点的分布，圈定了地质灾害防治的重点区域，建立完善了地质灾害群测群防体系。

鉴于我国的国情，对于地质灾害易发区大量的地质灾害隐患点全部实施地质灾害治理工程是不现实的，将地质灾害隐患点上的居民全部搬迁同样也是不现实的。最近 10 年多来，随着我国地质灾害减灾防灾体系的建立和完善，每年因地质灾害造成的人员伤亡已从 20 世纪末的 1000 多人下降到 800 人以下，这些数据表明，对于地质灾害隐患点实行群测群防体系是具有中国特色的地质灾害防治道路，适合我国国情。

从地质灾害统计数据看，地质灾害导致人员伤亡的点大部分都不是已经发现的隐患点。这主要是因为对于已经发现的地质灾害隐患点，我们都采取了监测预警的措施，正是群测群防发挥了作用，所以这些隐患点成灾时很少导致人员伤亡。各地成功预报地质灾害的事件也主要发生在这些已发现并被监控的地质灾害隐患点上。

（2）地质灾害群测群防"十有县"

《国土资源部关于开展地质灾害群测群防"十有县"建设的通知》（国土资发［2009］46 号）决定，从 2009 年起，开展以县（区、市）为对象的地质灾害群测群防有组织有经费有规划等的"十有县"建设，计划利用 5 年时间，将全国绝大多数重点山地丘陵县（区、市）建设成为地质灾害群测群防"十有县"，以推进地质灾害群测群防体系建设的规范化、标准化，深化县级地质灾害防灾机制和体制建设，提高县级地质灾害防治能力，最大限度地保障人民群众生命财产安全。该通知的具体要求如下：

1）有组织：成立了以分管县（区、市）领导为组长、相关部门为成员单位的地质灾害防治工作领导小组，领导小组有专门的办事机构。县、乡两级签订了地质灾害防治责任书。

2）有经费：每年都有稳定的经费投入用于地质灾害防治工作，包括对隐患点的治理、应急处置和监测，对受威胁的群众进行搬迁避让。

3）有规划：县级地质灾害防治规划已经县（区、市）政府批准实施。每年都编制年度地质灾害防治工作方案，经县（区、市）政府批准，并向社会公布。

4）有预案：对本县（区、市）内的重大地质灾害隐患点制定了应急预案，包括险情发生时受威胁群众的撤离信号、路线和安置场所。

5）有制度：有地质灾害汛期值班、灾情险情速报、应急处置方面的规范性文件，有汛前排查、汛中巡查、汛后复查制度。

6）有宣传：在“地球日”、“土地日”和“防灾减灾日”，有针对群众和中小学生的地质灾害防治知识宣传教育培训活动。

7）有预报：县级国土资源部门和气象部门联合开展了汛期地质灾害气象预警预报，预警预报信息在当地电视台中播出，或通过其他媒体、通信等手段将信息告知防灾责任人和监测责任人。

8）有监测：已发现和查明的地质灾害隐患点，都已有落实到人的监测员和行政责任人，有完整的监测记录，已发放防灾明白卡和避险明白卡，乡镇国土所中有负责联络地质灾害防治工作的人员。

9）有手段：在重大地质灾害隐患点安装了地质灾害群测群防简易监测仪器等，监测人员配备有简易监测预警工具。

10）有警示：地质灾害易发区和重大地质灾害隐患点设有警示牌、贴有宣传画，地质灾害隐患出现发生前兆时，群众能及时得到警示信息。

各省级国土资源部门按照以上要求，组织县（区、市）开展建设活动。每年 10 月 20 日前，省级国土资源部门要对完成“十有县”建设的县（区、市）开展验收，并将通过验收的县（区、市）名单报国土资源部。国土资源部以通报形式公布“十有县”名单。

国土资源部配套政策措施包括：

1）为推进地质灾害群测群防“十有县”建设，国土资源部将在地质灾害治理、矿山地质环境治理、地质灾害详细调查项目及经费安排等方面给予支持。

2）县（区、市）被通报命名为“十有县”之后，国土资源部不定期开展检查、抽查，以召开座谈会、现场会等形式推广先进经验，促使各地提高建设质量，加快建设步伐。

国土资源部一直在坚持、倡导、推进群测群防的工作，截至 2013 年全国有约 30 万群测群防员参与到泥石流、滑坡等各类地质灾害的预测预报工作。

11.1.3.3　自然灾害群测群防工作分析

地震灾害群测群防工作经历两次大的调整和改革以后，群众力量大量流失，专业队伍面对接连发生的汶川地震、玉树地震、芦山地震，并未在震前做出有效的监控、预测、预报和预警工作。面对关系人民群众生命安全的重大自然灾害时，还应坚持党的群众路线和辩证唯物主义世界观，走群测群防的群众路线来共同应对自然灾害。

地震灾害群测群防工作的调整应以辩证唯物主义世界观为指导，采用两分法的方式来看待，一部分内容应该精简，另一部分内容仍需要保留。不能简单地全部都丢掉，把孩子和脏水一起泼了。群测群防积累的很多宝贵经验财富仍要继承和发扬。

李四光先生生前选定的群测群防观测点李四光井在汶川地震前出现了明显的宏观异

常，而地震局多年前就放弃了该群测群防点的观测，使得群众在发现宏观异常后无处通报，失去了重要的前兆信息。

群测群防进行两次大规模的调整的背景是，当时的各级政府把群测群防工作当作政治任务来抓，缺乏科学有效的管理；一味地扩大规模、扩充队伍，却没有统一的科学思路和规划布局，对观测方法未进行科学论证和试验，对观测人员未进行专门培训，对观测仪器也没有进行检验和核定；许多简易仪器可靠性很差，加之观测人员专业素质不高，产出了大量的伪“异常”和缺乏科学依据的“预报意见”，对社会稳定和群众生活造成了不利影响。这种混乱的局面使国家不堪重负，不得不对庞大的群测群防队伍进行清理整顿。

当时人们的认识水平、国民素质、技术手段、组织方式等影响了群测群防的发挥，但不应该否认群测群防、党的群众路线的指导意义。

我国在应对地质灾害时坚持群测群防、党的群众路线就取得了突出的成绩。在2012年4月13日，国土资源部召开地质灾害防治工作新闻发布会。国土资源部地质灾害应急管理办公室主任崔瑛谈到，“2006年以来，全国共成功避让地质灾害3600多起，避免人员伤亡20多万人，防灾减灾效果明显。成绩的取得，得益于党中央国务院高度重视，得益于地方各级党委政府狠抓落实，得益于相关部门密切合作，得益于地方各级国土资源部门指导有力，特别是得益于专业队伍、专家和群测群防监测员守护生命、守护家园的辛勤付出。”

2012年11月29日，国土资源部副部长汪民在全国地质灾害防治优秀群测群防监测员代表经验交流会上代表国土资源部党组、徐绍史部长向全体与会代表及全国35万名群测群防监测员表示敬意和感谢。他说，地质灾害防治事关人民生命财产安全，党中央国务院高度重视，社会非常关注。我国山区较多，地形复杂，岩石构造较破碎，生态环境较脆弱，地灾隐患分布非常广泛，且仍在不断发育，如果全用工程治理或全部搬迁，有很大的困难，这就需要把广大人民群众组织起来，守护好家园。而开展这项活动最重要的基础和最有效的办法就是群测群防，群测群防监测员在其中发挥着至关重要的作用。2012年1月至10月，全国成功预报地灾3500多起，避免伤亡近4万人，群测群防发挥了有效的作用。

2010年1月至11月，全国共成功预报与避让地质灾害1163起，避免了近十万人因灾伤亡，减少直接经济损失近10亿元。据国土资源部统计，其中90%以上的成功预报与避让地质灾害实例（《中国国土资源报》），都是由群测群防监测员发现险情、及时报告、果断预警、及时组织群众转移避让而实现的。

汪民表示，当前开展群测群防工作面临不少困难。面对困难，驻守一线的同志们需要扎实工作，不懈努力。要大力宣传群测群防员的先进事迹，弘扬群测群防员为国为民的精神，激励广大监测人员在基层一线继续努力做好地灾防治工作，这也是对十八大精神最好的贯彻落实。

同样，面对地震灾害开展群测群防也会面临不少困难，但人民群众的生命财产安危重于泰山，只要坚持群测群防、党的群众路线，就有希望不断的推进地震预测预报事业的发展，不断的提升地震灾害的防灾减灾水平。

11.2 现代群测群防体系

现代群测群防要坚持党的群众路线和辩证唯物主义的群测群防本质，避开以往工作中的若干不足，加深机理工作研究，提升观测与传输手段，提高国民素质等。

11.2.1 加深机理工作研究

目前地震预报是公认的世界性科学难题。原因在哪里？在以“中国地震预测与地球系统科学”为主题的第388次香山科学会议上专家们达成共识，认为地震发生机理不明是制约大陆地震预测的瓶颈（《科学时报》，2011年1月3日头版）。陈运泰（2007，2009）分析地震预测面临地球内部“不可入性”、大地震“非频发性”和地震物理过程复杂性等困难，同时强调要迎接挑战，知难而进，攻克难关。

1997年Robert Geller等人在著名的科学杂志Science上发表了“地震不能预测”的论文，认为地震是一种自组织临界现象，任何一次小地震都有可能灾变为一次大地震，这种非线性复杂系统决定地震三要素根本无法预报。许多专家不同意Geller的观点，例如：许绍燮院士提出地震存在时空结构规律，完全不同于沙堆式自组织临界现象；陈运泰院士指出用沙堆是自组织临界现象断定地震也是自组织临界现象存在逻辑推理问题，从物理特性上讲，地震完全不同于沙堆。而且，最新的沙堆实验研究表明，沙堆不是自组织临界现象。周硕愚等认为地震壳动力学过程是自组织而非自组织临界。另外，反应大气运动的不稳定性的“Lorenz蝴蝶效应”是自组织临界典型实例，但是气象预报水平在不断提高。

在地震不可预测论的影响下，国外强调防震减灾。“重抗震，轻预报”会带来严重后果，2011年发生在日本的9级地震就是一个惨痛教训。只有不断提高地震预测水平，才能从根本上解决问题。

实际上，地震是有前兆的，前兆是可以观测到的。我国曾经从观测前兆异常入手，成功预报了海城、松潘等大地震。因此，地震难以预报的一个重要原因是没有搞清前兆异常的机理及其各种前兆异常之间的内在联系，经常出现有前兆异常（如温度、流体、电磁、气象、天文、动物等）不知机理，知机理（地应力应变）的异常在地震之前不明显的局面，因而很难决策。

我国的地震科学工作者认真分析了地震时空规律，提出了一些新的地震成因理论和地震预报方法，逐步形成了具有中国特色的“长、中、短、临”阶段性渐进式地震预报的科学思路和工作程序，并按学科总结为测震、电磁、形变、流体四大学科数十种监测跟踪预报方法（见图11.1）。这些方法和手段都有一定的理论支撑，且在近40余年的预测预报实践过程中均有不同程度的成功预报案例。强震，特别是7级以上强震是有前兆的，是能够进行短临预测预报的。这些理论方法和实践经验是宝贵的科学财富，有可能是取得强震三要素（震级、时间、地点）短临预报突破的基础。

实际上，地震是地球内部能量缓慢积累到一定程度，在天体引潮力触动下发生的一种

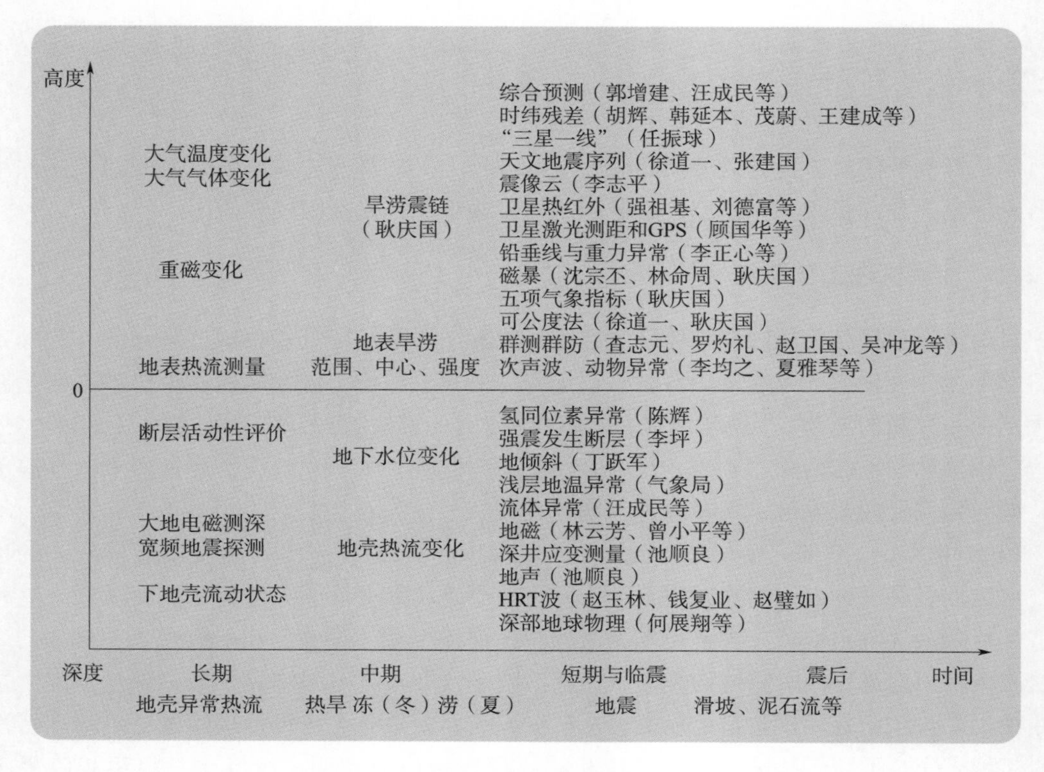

图 11.1　地震预测方法的时空配置及其相关专家

快速构造运动，具有时空分布规律、物质运动规律、能量聚散规律和前兆异常规律。只要从事实出发，敢于创新，不断加深和推进地震灾害的机理研究，地震成因和地震预测的难题就有望破解。

11.2.2　提升观测与传输手段

我国目前正在积极规划和计划建立我国天地一体化的综合信息系统，即通过发射一系列持续运转的卫星群，实现卫星通信、数据中继、全球卫星导航定位和多分辨率的光学、红外、高光谱遥感和全天候全天时的雷达卫星群，来获取国家经济建设、国防建设和社会可持续发展所需要的时空信息，与航空、地面、舰艇、水下等时空信息相融合，并与国外的对地观测系统相互协调与合作，成为信息时代我国的天地一体化时空信息获取系统，从而为地球空间信息的数据源提供坚实的保证，进而为国家的环境（包括生态环境、人居环境、交通环境等）和安全（包括国家安全、生态安全、交通安全、健康安全等）进行实时服务。

在地震预测研究工作中，天地信息一体化地震监测网络具体可理解为针对不同前兆观测信息的特性开展不同尺度的地震预测研究，并进行多学科的交叉、多信息的融合，为地震预测报工作提供准确实时的信息和超限预警。

11.2.2.1　大尺度

建立研究中国大陆地壳动力学模型，开展中国大陆地壳动力学模型与GPS观测结果研究、卫星观测资料的综合应用研究、各构造块体的动力学特征研究，继续发扬和保持目前的常规的监测预报工作体系（不能强调新而丢失我国几十年建成的监测预报系统和机制优势，并要充分利用它们），积累新的正反震例和观测现象。

11.2.2.2　中尺度

确定几个重点监视区，集中人力、物力在重点监视区全方位地开展各项手段密集观测和立体观测，反演地下结构和介质特性及其变化，从物理理论角度综合分析解释观测结果，开展有物理机理的地震预测研究和数值模拟，对得到的结果进行外推实验和实验室实验。

11.2.2.3　小尺度

对较确定的地震危险区或开展利用光纤综合感知系统进行阵观测和测量，力争捕捉地震破裂前的近场“前兆现象”，并对这些前兆现象进行综合物理机理分析解释，对已发生的地震，进行除观测现象经验以外的物理机理总结。

11.2.2.4　精细尺度

实验室模拟实验和研究，模拟各种岩石初始条件、岩性和应力加载条件下的岩石破裂孕育过程中的各种物理化学现象，并将实验结果外推向小尺度的预报实验。

在群测群防工作中正在研究围绕用于地震预报的基于光纤传感技术的新一代感知系统，该系统拟用于群测群防点，主要完成地下和地表多种宏观前兆信息和多参数的快速、实时、在线的采集，并将数据信息发送到地面的地震灾害应急管理和控制中心。

基于光纤传感技术的光纤感知系统，通过将光纤地磁传感器、光纤温度传感器、光纤应变传感器、光纤位移传感器、光纤液位传感器、光纤加速度计和光纤气体传感器等预先埋入地震活动频繁地区附近的地表或地层深处，可以组建一个光纤传感器网络，建立光纤地震监控预警系统。该系统将可以对地上地下地磁、温度、震动、地应力、位移、压力、地下水和气体等信息进行实时、在线监测，及时检测地下地质构造活动的异常情况。

基于光纤传感技术的新一代感知系统将综合利用分布式光纤传感技术和光纤通信技术，采用光纤冗余环形网拓扑结构，通过地磁、温度、应力、位移、压力、液位和气体等多参数光纤传感器，利用光纤复用技术将分布于待测场所各处的光纤传感探头连接起来。采用光纤以太网技术实现监测信号的传输。用于地震预报的基于光纤传感技术的新一代感知系统结构如图11.2所示。

如图11.2所示，分布式光纤地磁、温度、加速度、应变、位移、压力、液位和气体等传感器单元采用串并结构，再辅之以光纤冗余环形网络和巡检技术，可有效地提高整个系统的可靠性。光纤传感器体积小、精度高、响应快、耐腐蚀等特点使得系统可以工作在各种恶劣环境下。由于采用无源技术，对监测现场无须供电，因此，用于地震预报的基于光纤传感技术的新一代感知系统本征安全防爆，传感量监测及传输均为光信号，不受电磁环境干扰及核辐射的影响，具有良好的环境适应性。

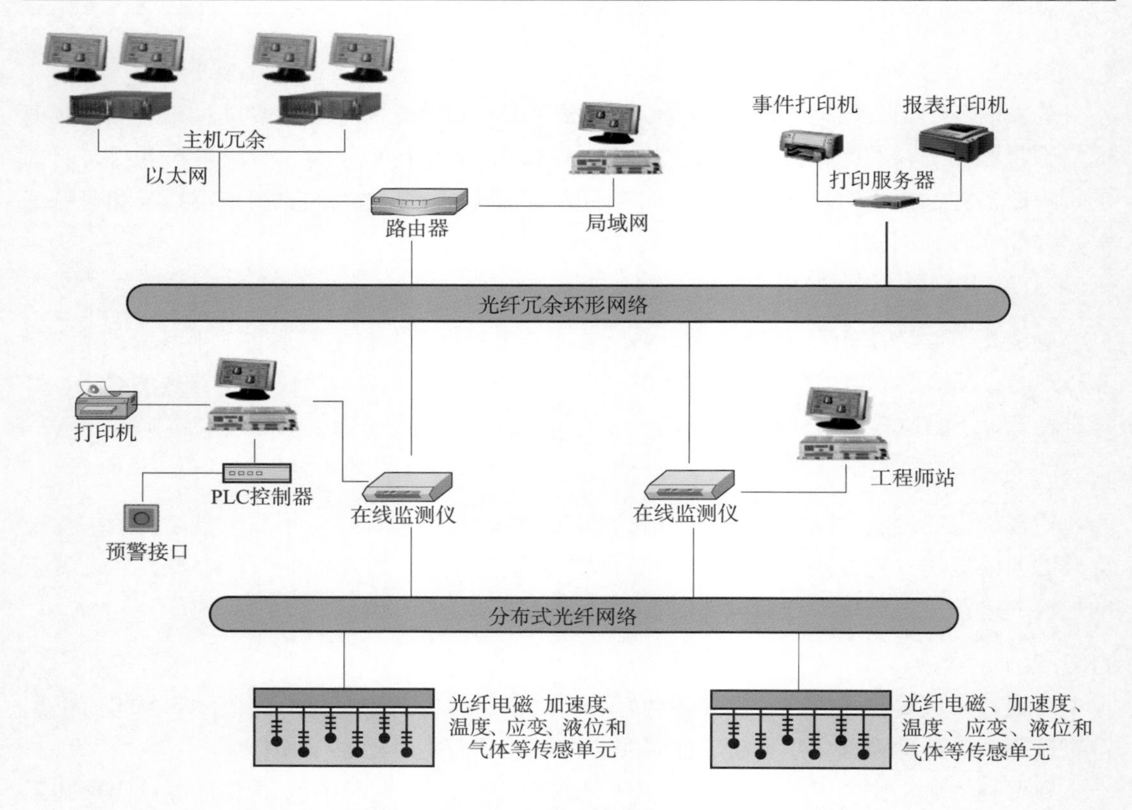

图 11.2　用于地震预报的基于光纤传感技术的新一代感知系统

通过控制中心将用于地震预报的基于光纤传感技术的新一代感知系统得到的在地面或地下原位测量得到的各种地震前兆信息进行收集、整理和分析，通过地面卫星基站的卫星接收机和发射机，与遥感卫星、无人机和平流层飞艇等先进监测平台进行数据交换，再将卫星、无人机遥感遥测的地震带附近的各种地质信息一同汇总，进行对比分析，就可以建立起基于光纤传感技术的“天、空、地”信息一体化地震监测预警网络系统。利用“天、空、地”三维空间所获得的数据信息更容易建立起地震带附近地质构造活动模型，有利于对即将发生的地震发出预警。

基于光纤传感技术的天地信息一体化地震监测预警网络系统的工作模式如图 11.3 所示，在育震区域建立监测站，将光纤地磁、温度、加速度、应变、液位和气体等传感器布设在监测站周围的广大区域，并利用传输光缆将多参数光纤传感器组成一个分布式光纤传感器网络。监测站实时测量育震区域的地磁场、温度场、加速度、应变、液位和气体等参数的实时变化，将原位测量信息通过通信网络发送到地震监测预报中心，地震监测预报中心根据和光纤感知网络数据对卫星遥测和遥感的数据进行定标，一方面提高系统测量的精确度，另一方面提高提高预报的准确度。

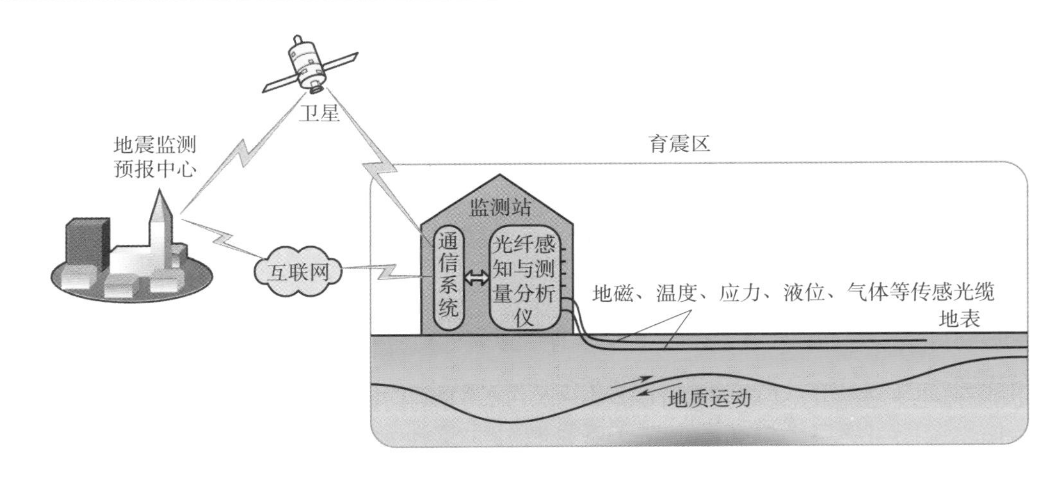

图 11.3　基于光纤传感技术的天地信息一体化地震监测预警网络系统示意图

11.2.3　提升国民防震减灾意识

防震减灾科普教育的建设与完善的指导思想主要是：认真贯彻落实防震减灾法，做好地震相关知识的科普教育工作；努力形成政府统一领导、部门协调联动、社会各界广泛参与的宣传格局。

主要从 4 个方面推进：一是多种形式的地震知识的宣传教育材料的汇编；二是地震知识宣传教育宣讲员队伍的建设；三是多种形式的地震知识宣传教育活动的开展与组织；四是防灾自救知识的普及教育与防灾自救活动的演习锻炼。具体内容可分为以下几点：

1）国家有关防震减灾的方针、政策、法律、法规的收集、整理与精要汇编。

2）地震知识收集、整理、汇编，制作系列宣传影片、系列宣传广告，制作培训手册、培训课件与制定具体培训方案。

3）宣传员、宣传讲师的选拔、聘任，培训制度设计。

4）推动防震减灾知识进学校、进社区、进乡村，形成点、线、面相结合的地震知识宣传网络。

5）自救互救知识教育。国内外地震自救互救知识综述、整理，国内外地震自救互救方法、工具综述、整理、编辑成培训手册，并制定培训方法，选定试点地区进行培训。

6）自救互救活动演练。国内外自救互救演练资料综述、整理；利用 3D 技术与实物景相结合的方式，开展自救互救演练环境设计，选择试点地区进行自救互救演练培训。

11.3　自然灾害综合集成研讨厅体系

11.3.1　自然灾害综合集成研讨厅的必要性

11.3.1.1　灾害是一个开放的复杂巨系统

钱学森院士在《一个科学新领域——开放的复杂巨系统及其方法论》中指出：如果按系统与其环境是否有物质、能量和信息的交换，可将系统划分为开放系统和封闭系统；而根据组成系统的子系统以及子系统种类的多少和它们之间相互关联的复杂程度，又可把系统分为简单系统和巨系统两大类。若子系统数量非常大（如成千上万，上百亿、万亿），则称作巨系统。如果子系统种类很多并有层次结构，它们之间的关联关系又很复杂，这就是复杂巨系统。如果在此基础上，该系统又是开放式的，就称作开放的复杂巨系统（钱学森 等，1990）。这些系统无论在结构、功能、行为还是演化方面，都很复杂。

自然灾害是各种引起灾害的社会和自然因素综合作用的复杂现象，复杂性是各种自然灾害的根本属性之一。从系统科学的角度分析，自然灾害系统是一个影响因素众多、规模巨大、层次多、结构复杂的系统，具有如下一些开放复杂巨系统的基本特征：

1）自然灾害系统本身与系统外围环境有着物质、信息和能量的交换，具有开放性。自然灾害系统与其他的系统可以相互转化，它们以物质流、信息流和能量流的方式进行关联。从灾害链的角度来看，自然灾害之间有着重要的联系，某种自然灾害可能会引起别的灾害。如地震、降雨等会导致崩塌、错落、坍塌，进而转变为滑坡，同时滑坡也会转化为崩塌、碎屑和泥石流等。而从社会经济系统的角度来看，自然灾害的发生会给人们造成巨大的经济损失和人员伤亡，同时经济和社会的快速发展也加大了自然灾害发生的可能性。

2）自然灾害系统所包含的子系统很多，而各个子系统之间的相关关系又很复杂。自然灾害包括泥石流、矿难、地震、滑坡、海啸等多种灾害，每种都可视为一个相对独立的子系统，而每种自然灾害中又包含很多的研究课题，又可视为一个细化的分支。例如滑坡灾害的研究内容有滑坡的基本概念、滑坡的分类、滑坡的分布规律、滑坡的成因、滑坡的发生发展机理、滑坡的调查勘查、滑坡的稳定性评价、滑坡的预测预报、滑坡灾害的社会影响、滑坡灾害的经济评估、滑坡的防治技术等，每项研究内容都构成了相对独立的子系统，同时各个子系统之间又相互关联，必须综合考虑。例如，滑坡的分类有利于滑坡机理的透彻分析，滑坡成因为滑坡机理提供了地质依据，而成因、机理分析又为滑坡的预测预报和稳定性评价提供理论支持。

3）自然灾害系统从宏观整体到分级子系统包含了很多层次。自然灾害系统从宏观上可以分为自然环境和社会经济两个子系统，每个子系统中包含有多个下一级子系统，这些子系统又含有多个不同的分支和功能。

自然灾害研究是一项非常复杂的“自然-社会-经济”的综合系统工程，需要及时全面准确的信息提供监测预警，需要现代科技揭示灾害规律、增强防范能力，需要多学科多部门通力协作，甚至是全社会的共同努力来实现灾害预测和防灾减灾，具有复杂性、开放性、动态性、关联性、不确定性、跨学科性、多样性、层次性和可研性等多项特征，因而自然灾害系统是一个开放的复杂巨系统。而实践证明，从定性到定量的综合集成研讨厅体系，是目前揭示开放复杂巨系统的唯一有效的方法，它可以将专家体系、机器体系和知识体系统一起来，应用于自然灾害的综合分析。

11.3.1.2　自然灾害之间的关联关系错综复杂

根据自然灾害的特点、灾害管理及减灾系统的差异，我国主要自然灾害可分为干旱与荒漠化、洪涝、地震、泥石流、台风、海啸、滑坡和崩塌、森林大火、环境灾害等。各种自然灾害都具有各自的形成、发展的规律，各灾害之间以及它们与其他因素之间又存在一定的相互关联性，可能相互引发，也可能多种灾害同时发生。因此，自然灾害具有群发性与群聚性、链发性、区域性等特性。中国工程院院士、国家减灾委员会专家委员会委员卢耀如认为自然界中的气候灾害、地质灾害和生物灾害之间构成一个灾害链，通常大灾之后有大疫，气候灾害常常诱发滑坡、泥石流及塌陷，造成更大危害等。认识这种相互关系并掌握其中的规律和知识，以期研究自然灾害和防灾减灾已经成为社会发展的一个重要组成部分。

一个地区的自然灾害可能有若干种，而它们在成因机理上是有关联的。例如，我国滇、黔、川接壤地区，形成了以滑坡、地震、泥石流为主的灾害系统。其原因是该地区的现代地壳活动强烈，地震频发、震级大。因为地壳活动强烈，山体中岩石破碎、风化严重，断裂发育，加上暴雨集中，干湿季分明，于是便经常造成泥石流、滑坡、崩塌等灾害的突发。

在一次灾害发生过程中，往往由一种原发性的主灾诱发其他灾害。例如，地震因毁坏生产和生活设施而成灾，同时形成地裂，并诱发滑坡、火灾、海啸等灾害，又因人员伤亡和医疗设施的破坏，会引起疫病蔓延等。1993年，四川茂县发生过由地震-山崩-滑坡-溃决性洪水连环组成的灾害链。先是发生7.5级地震，触发了数百处山崩；崩落的岩块冲入岷江，阻断了多处干流和支流，形成了10多处堰塞湖，其中有4处由堆石形成的拦河大坝高约100m；随后一场大雨使堰塞湖急剧上涨，积水冲溃石坝，水头高达60m，顷刻间冲毁下游10个县城和几乎全部村镇，淹没农田3000余hm^2，死亡2万多人。

人类活动会对自然灾害的发生和防治起着正反不同的作用，可能加剧或减小自然灾害的强度和损失。人类一方面通过修建防灾工程、进行减灾宣传教育、利用遥感监测自然灾害发展动态、制定灾害应急预警系统等措施和行为在抗御灾害、减小灾害影响；另一方面又由于短视或无知、迫于生存和发展需要而采取一些诸如坡地垦殖、围湖造田、工程不合理开挖等行为加剧灾害，造成泥石流、滑坡、崩塌、矿难等灾害事件时有发生。

同一灾害事件也可以由多种不同的原因引起，使人们对灾害的辨别和防范倍感困难，如地震的发生既可能由板块运动、下地壳层流、火山喷发、水库蓄水等过程所激发，也可能与太阳活动、行星运转和月球的引潮作用有种种关联。

自然灾害之间的关联错综复杂，具有典型的非线性、复杂不确定性、随机多样性等特征，急需一种新的理论和方法来研究灾害之间的关联性。而综合集成研讨厅系统通过定性与定量的结合，从特殊到一般，运用多种综合分析手段对各类自然灾害数据资源进行有效的组织和处理，其优势和特点正好满足此类需求。

11.3.1.3　自然灾害的孕育机理不清楚

自然灾害是在一定的自然环境背景下产生的，并且超出人类社会控制和承受能力而形成的危害人类社会的事件，如地震、滑坡、矿难、泥石流、海啸等。自然灾害导致的自然危机往往是自在自发的，对人类来说大多是不可抗拒的灾害。随着人类社会的发展，自然环境与社会环境发生着互动，自然灾害在一定程度上掺和着人为的因素，使自然灾害具有了某种复合性和交叉性，也使得对自然灾害的认识更加困难。虽然国内科学工作者对自然灾害的致灾机理的研究从未间断，但是，目前国内外对于自然灾害的发生、发展以及演化过程都认识不清，对于自然灾害的孕育机理也不清楚，在这种情况下来研究自然灾害就非常困难。

以地震为例，地震预测是一个全球性的科学难题，主要体现在三个方面：

1）地震过程的复杂性。我们对于地震发生的规律和机理的认识非常少，认知程度非常低，这大大限制了我们对地震的预测能力。

2）地壳深部的不可入性。因为地震发生在地下十几二十几千米的深度，现在人类还不能把仪器设置到地下深部进行探源，限制了我们对地震过程的监测，不论从理论上、方法上还是技术上都有很大的难度。

3）地震事件的小概率性。地震本身比较多，但是对于每一个地区来说是几百年一遇甚至是千年一遇，限制了我们对地震观测的资料积累从而决定了我们预测地震的科学水平非常低。

“重抗震，轻预报”会带来严重后果，2011 年 3 月 11 日日本发生的 9 级地震就是一个惨痛教训。只有不断提高地震预测和预报水平，才能从根本上解决问题。实际上，地震是有前兆的，前兆是可以观测到的。我国曾经从观测前兆异常入手，成功预报了海城、松潘等大地震。因此，地震难以预报的一个重要原因是没有搞清前兆异常的机理及各种前兆异常之间的内在联系，经常出现有前兆异常（如温度、流体、电磁、气象、天文、动物等）不知机理、知机理（地应力应变）的异常在地震之前不明显的局面，因而很难决策。

其他自然灾害，如滑坡、矿难、泥石流、海啸等也存在着类似的机理不清的问题。因此，要提高自然灾害预测和预报的水平，就必须搞清楚自然灾害发生的机理、前兆异常的机理及各种前兆异常之间的内在联系。这就迫切需要通过各种技术手段收集、综合各种前兆信息，并汇集各领域的专业知识，采用各种预测方法进行综合分析和判断，从而建立一个综合集成的研讨厅体系，提供一个综合研讨的平台和环境。

11.3.1.4　灾害的研究与应对需要多学科、多部门的协作

许多自然灾害发生之后，常常会诱发出一连串的次生灾害，这种现象就称为灾害的连发性或灾害链，表现在灾害之间存在十分密切的关联。最熟知的现象是强震发生之前感到

异常闷热，震后很快降雨或降雪，山区地震必有滑坡和泥石流。无论是灾前、灾后，还是灾中，灾害总是发生于一个广泛联系、相互链接、动态发展的复杂世界中，往往形成系统性、群发性的“链式反应”。大规模灾害风险往往通过灾害链的传递和放大，其影响远远超过单一灾种和直接受灾地区。

由于目前针对灾害链的研究甚少，必须要运用多学科手段开展重大灾害链机理、预测方法和群防群测的研究。重大灾害往往相互关联、互相影响，抓住它们之间的相互关系，采用多学科交叉的方法，用系统性、整体性思维去研究，有些过去不能预测的灾害，就有可能预测成功。

目前我国专业部门对灾害预测和处理基本上是按照西方传统、常规和各部门单打一的方法进行，因此对大灾复杂多变的链式结构，单一学科的研究和单一部门的处置都难以取得理想效果。

2008 年罕见的大雪灾，半个月内席卷了大半个中国，一系列大范围冰冻雨雪天气引发的连锁反应严重影响了灾区群众的生产生活，并迅速波及相邻省份。依靠多部门合作和区域调度，疏导滞留车辆保交通；首次启用省际会商视频会议，面对面即时沟通互通信息；调动所有社会资源，运输资源投向灾区最急需的地方，多部门、多地区的统筹安排、联动协作，有效缓解了电力紧张和春运困局，救灾效率明显提高。

在这场罕见的灾害面前，任何一个部门、任何一个地区的单兵作战都是无能为力的。而打破“灾害链条”，断链减灾，必须从打破“条块分割”入手，多领域、多部门的大协作由此成为打赢抗灾救灾这场硬仗的最强有力武器！

由此可见，应对自然灾害应加强各学科领域、各部门之间的合作和协调，依靠全社会联动，调动所有的社会资源，只有部门与部门之间、专业队伍之间及时沟通，通力协作，才能及时制定有效措施，解决问题。因此，构建一个能支持多学科专家、多部门共同协作的综合集成研讨平台就显得尤为迫切。

11.3.1.5　灾害预测预报具有复杂性和不确定性

自然灾害的预测方法多种多样。仅仅依靠一种技术、手段或方法实现准确的自然灾害的预测预报是不可能的，要结合多种方法，特别是给予新方法和新技术切实有效的支持，才有利于研究的进一步深化。这是一个需要多学科、多种观测方法、多观测点的综合分析和判断过程。

地震的预报方法包括地震学预报方法、前兆预报方法、地震活动大形势预报方法、卫星热红外遥感法、地震云、磁暴二倍法、引潮力共振的异常叠加法等多种方法。

20 世纪 60 年代以前几乎没有学者涉及滑坡的预报研究工作，预防滑坡灾害主要是依靠比较明显的滑坡宏观前兆现象，如地面变形、地下水位突然变化、地声、地热和动物表现异常等。20 世纪 80 年代以后，比较有代表性的滑坡预报方法包括边坡失稳前总变形量和位移速率的预报方法、预报斜坡破坏时间的福囿法、突变理论预测模型、Markov 链预测法、Verhulst 反函数模型、Arctg（0）时间序列法、尖点突变和灰色尖点突变模型、动态分维跟踪预报模型、非线性预报、实时跟踪预报、全息预报、人工免疫系统理论预报。同时，人们开始注意到研究滑坡物理现象的重要性，并尝试着从物理现象和物理模型分析入手探索滑坡预报问题，初步形成了综合预报的思想。比较有代表性的滑坡预报模型有：依据弹塑性力学原理提出的滑坡预报的物理功率模型；以滑坡各种变形破坏迹象及诱发因素为基础的滑坡宏观预报和综合预报；综合信息预报模型；综合模拟和综合分析的模型；将斜坡的地质（Geology）结构基础、内部力学破坏过程机理（Mechanism）及变形（Deformation）三者有机地结合起来，通过物理模拟和数值分析等途径进行滑坡的综合分析预报。

泥石流灾害系统被认为是一种自组织临界性系统，这种系统的演化总是处在混沌的边缘，系统的演化过程是难以预测的。暴雨型泥石流的预报模式主要有两种：一是基于降水统计的泥石流预报模式，二是基于泥石流形成机理的预报模式。暴雨泥石流形成的过程可以描述为：降雨→土体含水量、土体结构和土体组成的变化→土体强度变化→斜坡稳定性变化→土体破坏（滑坡形成）→坡面泥石流→沟谷泥石流。近年来许多新技术新方法已在泥石流预报中应用，如遥感技术、灰色系统理论、专家系统判别技术、人工神经网络技术、可拓空间数据挖掘技术等。

海啸通常是由海底地震、海底火山爆发、海底大面积滑坡、海底核爆炸等海底事件，或行星撞击所产生的系列具有超长波长和周期（与风浪相比）的大洋行波。其中海底地震是诱发海啸的主要原因。据不完全统计全球90%左右的海啸事件是由海底地震引发，其中“倾滑型”地震是引起海啸的最大“元凶”。海啸源模型的研究就成为海啸数值预报模型研究的基础，断层模型主要通过利用海床位移量来估算地震引起的初始水面高度，为海啸数值模型提供初始条件。海啸传播模型是海啸数值预报模型的核心部分，海啸传播过程的预报是海啸预警系统的重要功能。海啸传播模型的设计通常是针对海啸越洋传播和近岸传播的特征，进行物理过程和计算方法的设计。海啸淹没模型在海啸的预警和海啸灾害风险评估工作中都具有重要作用。海啸预警工作中不但要计算海啸的传播，还要计算海啸的爬高和淹没，因为大多数生命和财产的损失是由于海啸波的爬高所致。现阶段有两种主流的数值计算方法来实现海啸波的爬高和淹没过程：一是网格的边缘随着水面而移动，网格单元在局部或者球面上变形；另一种是根据网格有没有干节点而判断它是活动的或是非活动的。

综上所述，自然灾害的预测预报方法多种多样，但是每一种预报方法仅针对某一种自然灾害，没有考虑不同灾害之间的关联，更没有考虑灾害链。尽管众多的专家、学者在滑坡灾害时间预报方面进行了不懈努力，也取得了诸多成果，但由于自然灾害的预测预报的复杂性、不确定性，导致自然灾害的预测预报目前仍是一个没有得到很好解决的难题。为了提高自然灾害的预测预报的科学性和准确性，必须采取切实有效的措施对预测方法进行评价与验证。这就需要对自然灾害的预测预报结果进行综合分析，其关键在于如何将各种基于微观异常监测的预测结果以及宏观异常现象进行有机组合，对各种信息进行博采众长、去粗取精、去伪存真、由表及里的深入研究，以自然灾害的预测预报机理为线索，将关联证据有效串联起来，形成前后逻辑一致的非确定性证据网络，才能有效解决灾害的预测预报问题。

11.3.1.6　灾害系统理论不成熟，综合灾害模拟预报能力不足

自然灾害纷繁复杂，灾害模式各不相同，到目前为止，各种自然灾害发生、发展的机理仍然不清，而灾害模式又较多。

例如地震起因说，从板块运动、下地壳层流、贝尼奥夫带、地球自转到潮汐等，可谓众说纷纭。全球可分为三个地震构造系：环太平洋地震构造系、大陆地震构造系、大洋脊地震构造系。但由于没有一个成熟的地震理论，没有解决地震动力源这个根本性问题，因此，地震预报成效不大。再如滑坡的发生也有各种不同的模式，按滑坡体的物质组成可以分为以下几类：

1）黄土滑坡，新、老黄土中发生的滑坡，多沿着新、老黄土接触面滑动，滑坡的产生王伟与黄土对地下水的不稳定性有关；

2）堆积层滑坡，主要是坡积、洪积、重力堆积体或沿基岩顶面滑动的各种滑坡，主要是地下水的作用而引起的；

3）预堆积土滑坡，人工填筑的土和弃土，主要是路堤沿原地面发生滑动，有时也会带动其下的堆积层一起下滑；

4）岩石滑坡，较完整的岩石，以片岩、页岩、泥岩等软弱岩石中的滑坡较常见。

对于每一种滑坡到底是怎样孕育和发展的，对于其内部机理，国内外没有统一的认识。

利用灾害模型对全球和区域尺度灾害的模拟与预测目前仍然是探索性研究，没有系统地将灾害与地球系统环境联系在一起。过去 30 年，地球系统模式在大气、海洋、陆地和生态等复杂物理过程模拟积累了丰富的模式基础，受计算能力的软硬件限制，真正的地球系统模式作为一个整体考虑仍然刚刚起步，如当前最先进的日本的地球模拟器、美国的地球系统模式（CESM）、英国的高分辨率气候模式（HiGEM）已经形成对地球系统的模拟和预报能力。

我国自主研发的各种灾害模型、天气预报模式、海洋预报模式、气候系统模式在各部委日常业务运行以及各科研院所进行的科学研究中发挥了重要作用，然而，灾害模型以及地球系统模式仿真模拟还没有高效流转，无法满足开展地球灾害变化模拟和科学分析的需求，也无法提供面向多种灾害的预测、预报、预警和灾情速报等服务。总体来说，国内外还没有真正建立全球尺度的地球灾害仿真模拟与分析基础平台，有些国际合作机构针对区域尺度灾害模拟提出了相关研究计划，如 ICT - Asia 计划，其主旨主要是研究和开发灾害模型，评估灾害风险，对灾害发生进行预测预警。

总之，自然灾害模式众多，而统一的系统理论又很少。在这种情况下，对自然灾害进行预测预报，就非常困难。因此，建设面向各行业部门、学术机构与专家的一种高性能、开放式、可扩展、可定制的多尺度、多应用层面、可视的多灾种致灾因子分析、机理研究与预测预报的自然灾害综合集成研讨厅很有必要。

11.3.1.7　关联性研究需要通过实验验证才能加以推广

为了能更好地对自然灾害的发生及时做出准确的预测，需要了解其规律以及致灾机

理。要证实自然灾害的多种致灾机理假说是否正确、各种前兆异常对于预测是否有效，选取实验区的关键构造部位进行动态立体观测实验是必要的：

1）专家提出的灾害机理，需要通过实验进行验证；

2）根据专家研究的灾害机理研制出来的观测设备，需要考验新型观测设备的有效性、可靠性与稳定性，验证地球系统动力学模型、致灾机理、灾害链关联模型的新理论和新方法。

在经过理论研究与实验验证之后，需要对所提出的理论体系进行推广。在研究——实验验证——推广这一个过程中，涉及多学科交叉研究，包含的信息量巨大，需要多个学科专家及多部门共同协作，因此，综合集成研讨厅平台的构建就显得尤为重要。通过这一平台，以往的预测工作以及最终预测结果，都可以系统地存入研讨厅案例库中，为以后的预测工作提供可供检索的案例，不断丰富的案例库可以从一定程度上提高灾害预测的准确性；同时在灾害综合集成研讨系统的应用过程中，不断发现新问题，提出新目标，为问题的解决提供一个智能化人机交互平台，将非结构化、半结构化的灾害预测问题量化分析，提供整体的定量结论。

11.3.1.8　灾害研究需要一个开放自由的学术氛围

自然灾害是一个极其复杂的问题，其涉及的领域众多。首先，自然灾害之间的关联错综复杂。其次，自然灾害是在一定的自然环境背景下产生的且超出人类社会控制和承受能力而形成的危害人类社会的事件。第三，自然灾害的研究是一个多学科交叉的复杂领域，需要来自于多个领域的科学家进行协同合作开展研究，而自然灾害的应急处置不但需要各领域的专家参与，还涉及政府和社会相关的各个部门，需要多方精诚协作。第四，自然灾害的预测方法多种多样。仅仅依靠一种技术、手段或方法实现准确的地震预报是不可能的，要结合多种方法，特别是给予新方法新技术切实有效的支持，以利于研究的进一步深化。这是一个需要多学科、多种观测方法、多观测点的综合分析和判断过程。最后，自然灾害的模式多，系统理论少；综合灾害模拟预报能力不足。在这些背景之下，急需一种新的理论和方法来对自然灾害进入深入的研究，而综合集成研讨厅体系的优势和特点正好满足此类需求。

若要对自然灾害有一个全面的有意义的研究，势必需要各领域的专业知识的支撑。如果要求某个人掌握自然灾害涉及的所有知识，显然是不现实的，所以在研究过程中需要各领域中专家的参与。综合集成研讨厅提供了这一环境。综合集成研讨厅可以建立一个专家库，集专家体系、机器体系和知识体系于一体，强调把专家成果和智慧、各种资料信息和工具以及系统思维和方法集成起来，应用于自然灾害的综合研究中。基于系统科学与从定性到定量综合集成研讨厅体系方法，从研讨会（Seminar）的改进、实践与理论的关系、人机关系、定性与定量的关系探讨综合集成研讨厅的基本思想，建立灾害综合集成研讨厅体系的理论与技术框架。引入人机结合以人为主的协同研讨模式、面向灾害过程的虚实耦合方法、从定性到定量的评价体系以及结合民主与集中的综合方法，将可能处于不同地点、使用不同方法的专家、学者、公众共同组织到研讨厅中，对某个自然灾害/灾害链问题进行协同研讨。

综合集成研讨厅体系的实质，是将专家群体（各方面的专家）、数据和各种信息与计算机、网络等信息技术有机结合起来，把各种学科的科学理论和人的认识结合起来，由这三者构成一个基于网络的系统，建立一个既有广泛的远程研讨人参加的又有专家群体在中心研讨厅进行最终研讨决策的大范围、分布式、多层次、自下而上递进式、人机动态交互性的研讨、决策体系。

综合研讨厅可以建立一种自由的学术氛围。对不同的观点、不同的预测方法和理论，包容兼蓄；不同学派的专家都可以各抒己见，鼓励百花齐放，百家争鸣；将社会各领域专家、知识库、信息系统、各种人工智能系统，通过网络和计算机组织起来，形成一个巨型的人机结合的研讨系统，为地球自然灾害致灾机理和前兆分析以及灾害预测预报服务。

11.3.1.9　小结

从以上 8 个方面可以看出，自然灾害的本质特征以及灾害研究所需要的环境，都要求我们采用系统化、整体化的研究思路，人机结合、民主与集中结合、理论研究与观测实验结合、解析与仿真结合，才能够在灾害的预测预报研究中取得突破。综合集成研讨厅体系为这种研究模式提供了坚实的基础。

11.3.2　自然灾害综合集成研讨厅总体方案

灾害的机理不清、灾害与前兆之间的关系不确定是目前灾害研究面临的主要困难。综合集成的关键是将各种异常作为证据，形成前后逻辑一致的非确定性证据网络，通过各种前兆间的相互印证关系，并与现有的致灾机理相结合，形成对灾情的有效判断。综合集成研讨厅包括信息支持、建模支持、协作支持以及意见综合支持 4 个方面的决策支持手段。

综合集成研讨厅的总体方案如图 11.4 所示，采用系统工程的思想，研究自然灾害链的孕育与发生机理和预测的关联性，建立灾害监测预测实验区、灾害物理和数值模拟平台以及综合集成研讨厅体系，并充分利用国内外共享数据，开展地球系统动力学与天地耦合理论、灾害系统（含成因、灾害链、前兆）理论和灾害监测预测 3 个层次的研究，理论与实践相结合，依靠社会力量专群结合，产学研用相结合，协同创新，为灾害监测预测、防灾减灾，提供灾害关联性的相关理论、方法和手段。

钱学森综合集成研讨厅体系是在模拟仿真和可视化的硬软件支持下的综合集成研究环境，基于系统工程的思想，统一指导灾害实验区、模拟仿真平台和灾害的群测群防等各项工作，联合开展灾害的关联性研究，以综合集成研讨厅的形式为各灾种研究与预测服务。

钱学森综合集成研讨厅的工作原则和方式是：综合专家知识，重视专家经验，专群结合，人机结合。针对研究的每一项命题，从自然灾害关联性总体构思出发，有步骤分阶段地逐项进行研究，它是一个开放的学术环境，吸引、吸收、欢迎、邀请国内外专业人员来探讨相对应的各种专业命题。

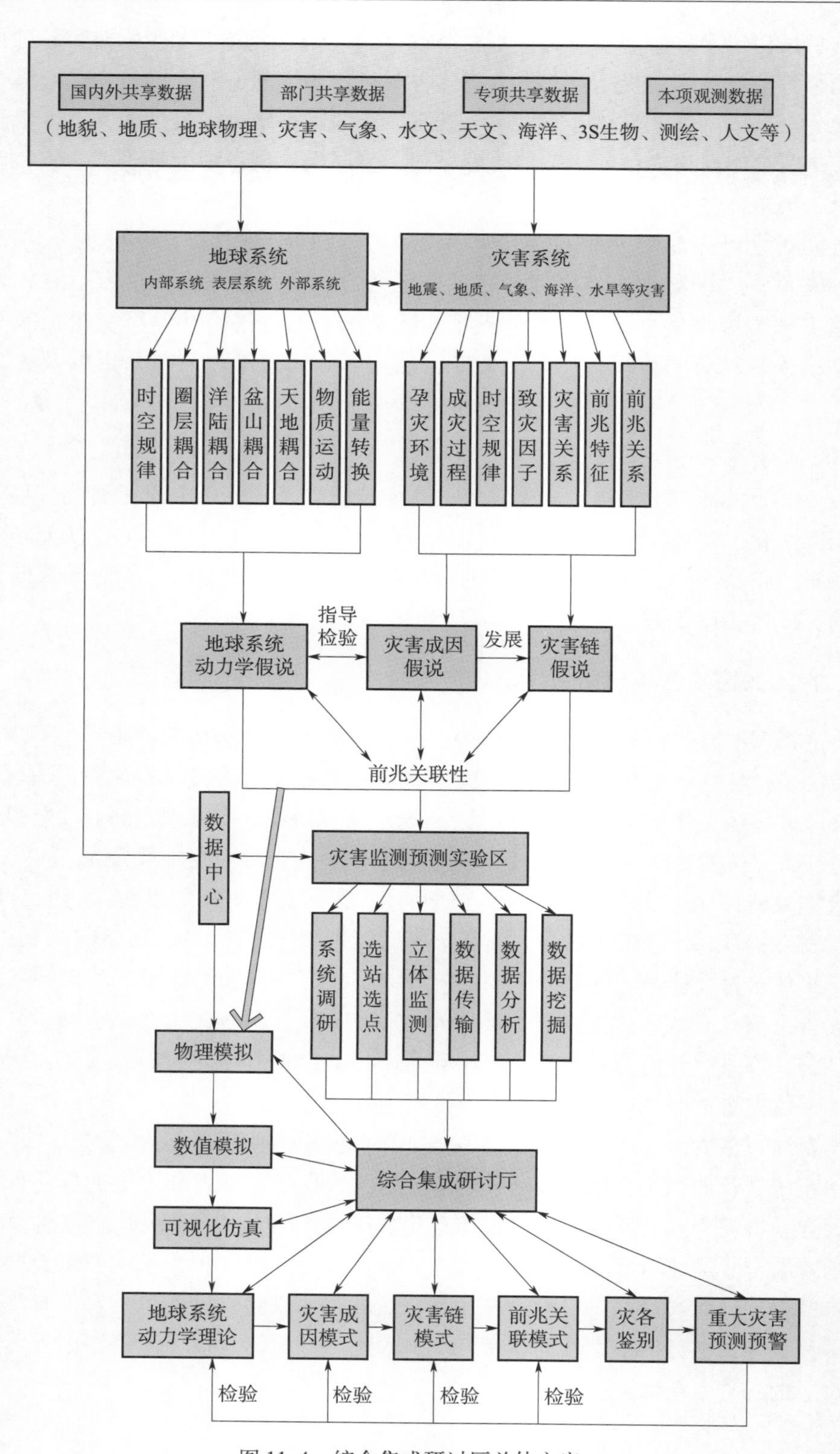

图 11.4　综合集成研讨厅总体方案

11.3.3 自然灾害综合集成研讨厅组织结构

从自然灾害的关联性出发，综合集成研讨厅体系可针对自然灾害关联性，有步骤、分阶段地研究总体构思中的各项命题，既采用定量的模型也兼顾定性的经验，既遵守普适的规律也考虑专家的个人意见。因此，在组织形式上，必须是开放的学术自由的允许不同的甚至完全相反的学术观点争辩；邀请国内外学者和行业专家，经过反复研讨，持续的试验验证、争论和模拟仿真，通过实践检验各种经验、认识、规律，从而形成定性和定量的体系，深化灾害关联性研究，使各种灾害机理、前兆及关联性的综合集成规律更具指导价值。自然灾害关联性研究的成果可以作为基础信息提供给各个业务部门，为进一步的灾害机理研究和预测预报提供基础信息。

自然灾害之间在成因机理上有关联性；对每一灾种的成因机理的各种假说之间也有许多方面存在着关联性；每一灾种的各种预测方法之间有的也有关联性，它们所依赖的灾害成因机理有关联性；某种灾害预测方法还可应用到另一种灾害的预测上，这又是关联性。

鉴于自然灾害之间存在着关联性，仅靠各分中心分工研究还是不够，需要在中心之上有一个综合机构，从总体全局上协调各分中心的关联性技术。按照系统工程思想，把自然灾害巨系统的相互关联加以研究，不是仅仅孤立分割式的研究，而是有组织、有计划、有步骤、分阶段地去协同完成，以取得国家自然灾害有成效的一个又一个的阶段成果。

因此综合集成研讨厅的组织结构采用常设研究机构和项目管理制相结合的任务分工，设总体技术部（常设机构）和专题研究部（项目制）。

11.3.3.1 总体技术部的任务

总体技术部是综合集成研讨厅的常设机构，其主要任务包括：

1）研究各类灾害之间的关联性；

2）研究灾害从孕育到各种前兆现象出现在时间上发生时序的相关性；

3）研究灾害发生前兆在地理位置上的相关性；

4）研究前兆现象导致危害大小的相关性；

5）研究所产生前兆现象与产生机理间的相关性；

6）根据不同项目实施的需要，总体技术部的职责还包括统筹项目的总体技术方案、任务分解、技术对接、综合实验等技术性工作。

11.3.3.2 专题研究部的任务

专题研究部受总体技术部的委托开展某一方面的专题研究工作，是临时性的跨部门的组织，采用项目制对专题研究部的研究工作进行管理，其主要任务是：

1）根据总体技术部提出的研究内容要求，对每个专题进行深入研究，探索相关机理；

2）收集和整理专题研究所需的科学观测数据，提交观测数据分析报告，根据专题研究需要提出新的观测需求；

3）设计和开展本专题研究相关实验，并对实验结果进行分析，提供分析结果供综合集成研讨厅分析集成；

4）参与综合集成研讨厅的集成研讨，为综合集成研讨提供所需的观测数据分析报告和基础的机理研究成果。

11.3.3.3　研讨厅的工作模式

灾害关联性问题是开放的复杂性问题，问题结构不清晰，求解目标多样或尚无明确的求解方案，通过现有的知识基础难以直接提供完整的求解操作。需要有专门团队从事研究，并综合协调多部门的专家，利用多学科的经验和知识，对问题进行定性分析和结构化处理。

综合集成研讨厅的工作模式采用总体技术部负责任务分析和综合集成，专题研究部采用项目的形式完成专题研究，长期目标与短期计划相结合，在总体目标的指引下，提供阶段性的研究成果。

11.3.4　自然灾害综合集成研讨厅体系结构

自然灾害综合集成研讨厅将灾害专家体系、知识体系和机器体系进行有效集成，以专家体系为核心，机器体系为物质支持，人机结合作为知识体系的载体，充分发挥专家的智慧和计算机的高存储及数据处理能力，通过专家之间的研讨和相互启发，形成创新性的科学知识理论，使得灾害关联分析和预测问题得以解决。在研讨过程中，专家与计算机交互，查询相关的模型、方法、规则和案例，通过与自身知识和经验的结合，以及与其他专家的协同式研讨，共同完成灾害关联分析和预测任务。灾害综合集成研讨厅主要包括：专家体系、知识体系和机器体系，如图 11.5 所示。

对于实际的复杂问题，采用研讨厅体系思想进行求解的交互过程可用图 11.6 加以说明。

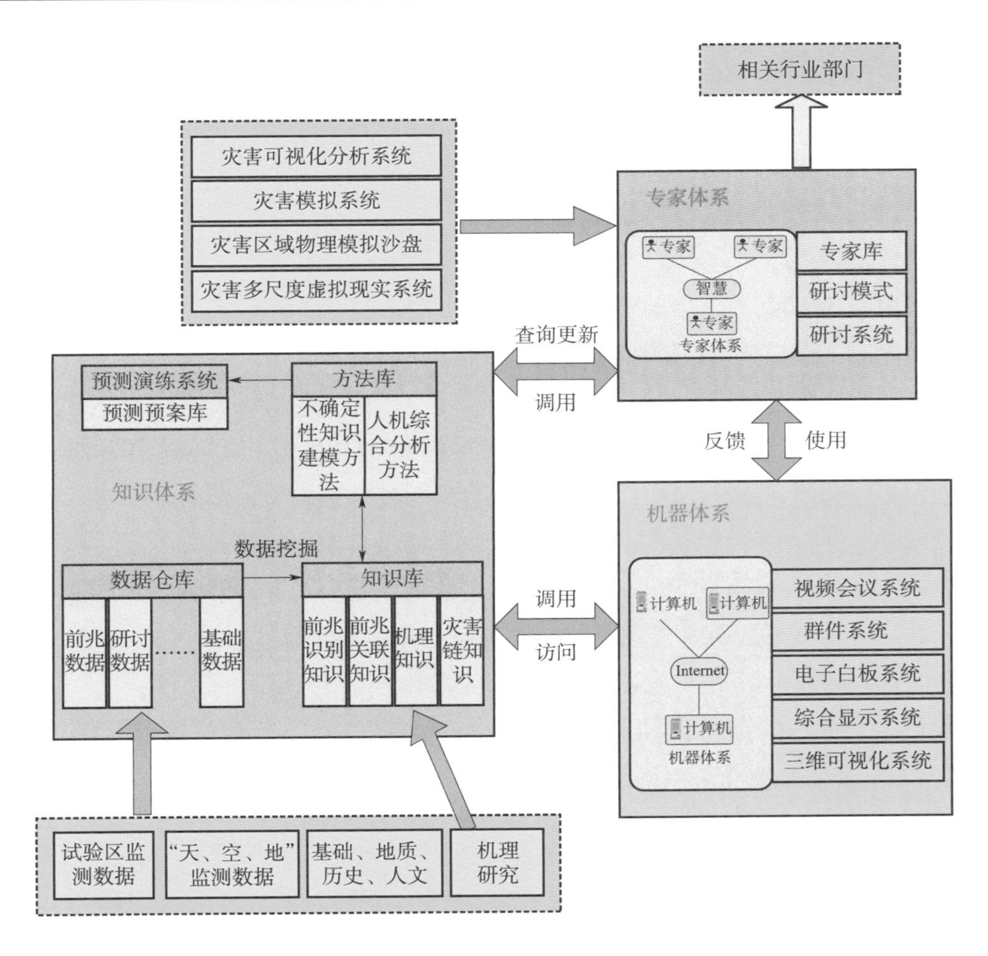

图 11.5　自然灾害综合集成研讨厅体系结构

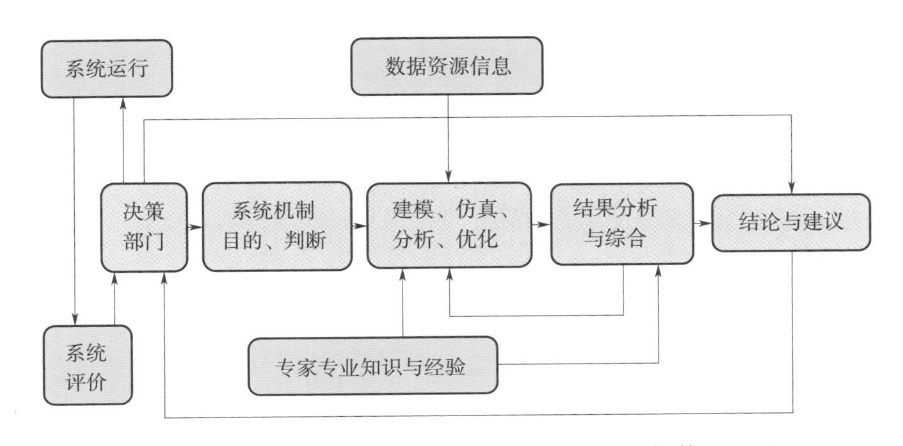

图 11.6　灾害预测综合研讨人机交互流程（钱学森 等，1990）

11.3.5 自然灾害综合集成研讨厅技术支撑体系

自然灾害综合集成研讨厅的体系结构设计基于面向服务的架构，采用三层体系结构，如图 11.7 所示，即用户层、服务层、资源层。这样的分层结构可使系统的灵活性、开放性、可维护性得到提高。

系统采用 B/S 结构进行设计部署。其中，用户层将 Web 浏览器作为工作站专家与服务器交互的界面，少量处理逻辑在前端实现，主要逻辑处理在服务器端实现，并且允许用户对异构平台服务器中的信息进行访问。

资源层描述灾害综合集成研讨过程中所需的各种资源信息，包括仿真资源、历史文档、专家、案例、监测数据、集成模型、综合方法、推理知识、地质数据、天文数据、气象数据以及其他支持工具集等。其中，仿真工具、研讨系统、评价系统等统一作为仿真资源进行管理，并且按地域分为本地资源和网络资源两大类，本地资源是研讨系统建立的专用资源，而网络资源则是物理上分布于网络各处的其种类、数量和状态动态变化的资源。研讨系统的信息和流程协调建立在工作流引擎的基础之上。

服务层是灾害综合分析系统的核心，采用面向服务的架构将系统的各相关要素联系起来，包括与解决综合预测问题相关的数据、文档、模型、方法、知识、案例、专家、工具等的管理（研讨资源管理），以支持系统管理、研讨支持环境、研讨流程控制、研讨工具集、综合分析支持的实现。其中，系统管理包括综合集成研讨所需的一些系统管理功能，用于完成专家信息和权限的管理、组织结构管理、代码维护、参数与日志管理等；研讨支持环境是系统运行的基本保障，包括研讨会议的准备和管理、文件和信息传输、专家协作工具和专业应用共享等；研讨流程控制则是联系工作站专家和综合集成研讨系统的纽带，主要包括人机交互控制和问题综合求解等；研讨工具集旨在辅助工作站专家顺利完成同步/异步研讨论证，主要包括定量计算工具、信息协同工具、案例匹配工具、仿真同步工具、会议主持工具等；综合分析支持是系统智能决策支持的关键，通过问题分解评估、集成推理建模、群体共识综合和案例对比分析等手段来驱动灾害的综合分析。

灾害综合集成研讨厅采用 Web 服务和 XML 统一表达方式，按 B/S 体系结构提供服务，并能够适应研讨环境和研讨主题的变化，具有自学习能力，可及时更新综合分析模型及方法，具有良好的扩展性。在操作方式、运行环境需做某些变更时，系统还可以在不影响系统正常运行的前提下适应性地新增、修改、删除服务层和资源层内容。

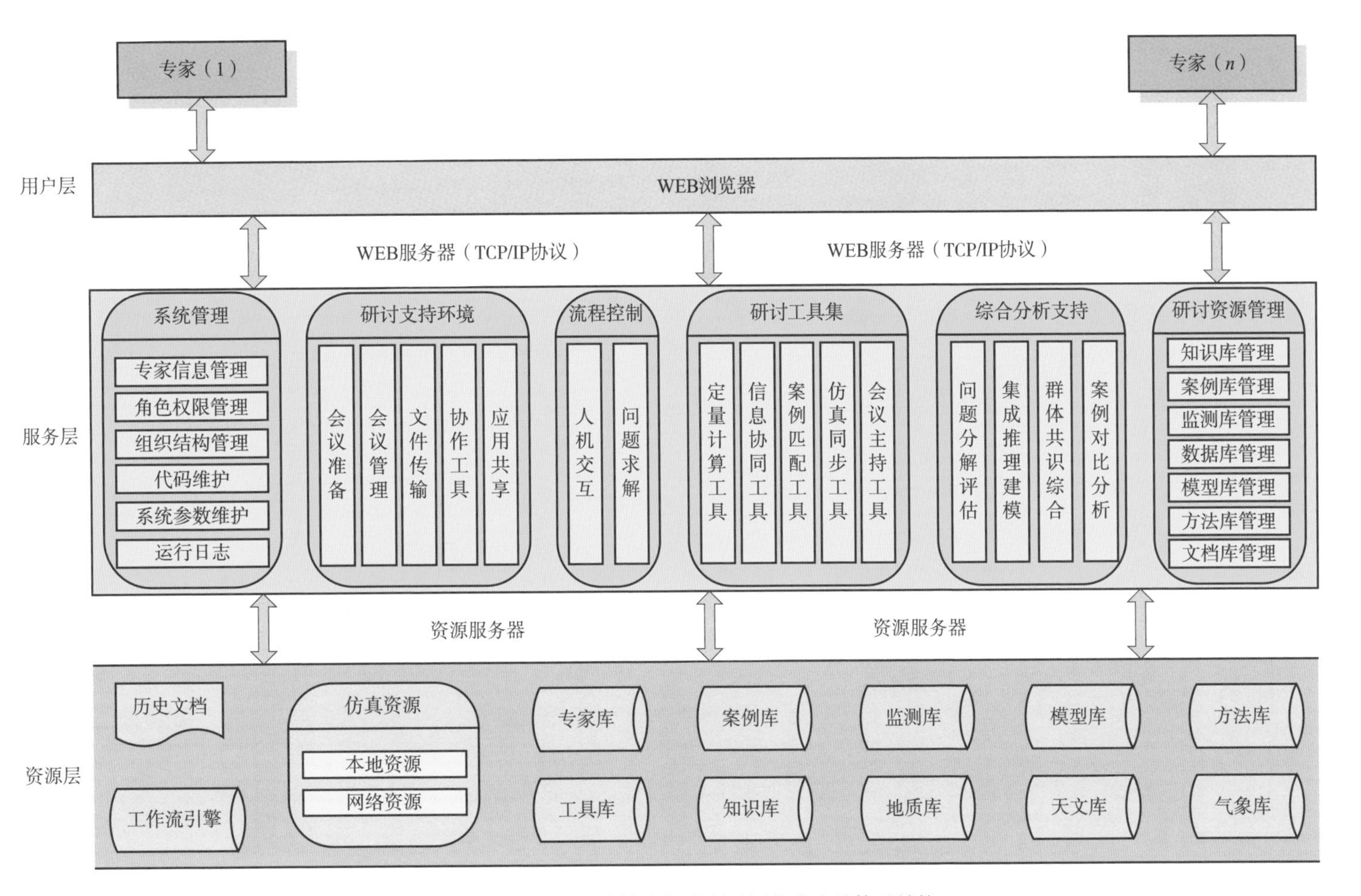

图11.7　自然灾害综合集成研讨厅技术支撑体系结构

11.3.6 自然灾害综合集成研讨厅中的灾害关联性建模仿真与反演

系统仿真（system simulation）就是根据系统分析的目的，在分析系统各要素性质及其相互关系的基础上，建立能描述系统结构或行为过程的且具有一定逻辑关系或数量关系的仿真模型，据此进行试验或定量分析，以获得正确决策所需的各种信息。

对自然灾害进行科学分析，通常不具备“资料齐全”与可比性强等前提条件，在很大程度上依赖于宏观、统计、推理、不同学科的互补以及高技术的模拟、实验等。

研讨厅中的灾害建模仿真与反演，重点关注灾害关联性的建模与仿真，支持灾害关联性的研讨，主要包括灾害机理建模与仿真、灾害前兆关联性建模与仿真、灾害反演以及灾害预测模拟等几个方面。

自然灾害的孕育和发生是一个极其复杂的过程，其影响因素众多，在自然灾害综合集成研讨厅中所讨论的灾害知识主要包括前兆异常信息、前兆关联性机理及灾害链。

各种自然灾害的前兆异常信息之间存在着复杂的相互关联性，它们的时空配置和内在联系是评价灾害机理科学性和预测推理有效性的根本标志。

以地震预测模拟为例，地震预测模拟是在各单项手段基础上，应用现有的震例经验和现阶段对地震孕育过程的理论认识（地震机理），着重研究在地震孕育、发生过程中多种异常现象之间的关联和组合，及其与孕震过程的内在联系，从而综合判定震情，并进行地震预测。目前关于地震机理的主要观点有活动断层运动和下地壳层流等几种，可以分别采用灾害机理建模的方法对其建立仿真模型。

从活动断层运动的观点，地震是在板块构造背景下，地应力作用下的活动断层运动的结果；是在区域构造作用下，应力在变形非连续地段的不断积累并达到极限状态后而突发失稳破裂的结果。活动断层边界带由于其差异运动强烈而构造变形非连续性最强，最有利于应力的高度积累而孕育强震。按照这种观点，震源及附近地区是应力集中区，且应力、应变随时间而增长。大震前的前兆异常在时间上显示的长中短临的阶段性发展和空间上显示的集中性与离散性并存的不均匀分布，是地震前兆的最基本特征。

从下地壳层流作用的观点，软流圈为大陆下地壳流动及其地震活动提供了热能；下地壳热软化和热融化介质非地震式韧性流动，是大陆板内地震的动力源，是大陆板内地震的孕震构造；中地壳顺层滑脱性质的韧-脆性剪切带热力与应力的转化，应变积累达到临界值，在引潮力触发下产生地震，震源常在上地壳脆性断层与中地壳韧-脆性剪切带交汇处，且沿中地壳层状分布。断层、裂隙、孔隙释放热能、流体，是有效的地震前兆。这些相应的物理异常、化学异常、气象异常、天文异常、形变异常和生物异常之间的内在联系大致如图 11.8 所示，但是其中所涉及的“制约”关系本身也是不确定的，到底如何制约也不是太明确，对制约的强度也没有进行相关描述，这些以实线描述的相关性不一定总是以指定的形式存在。

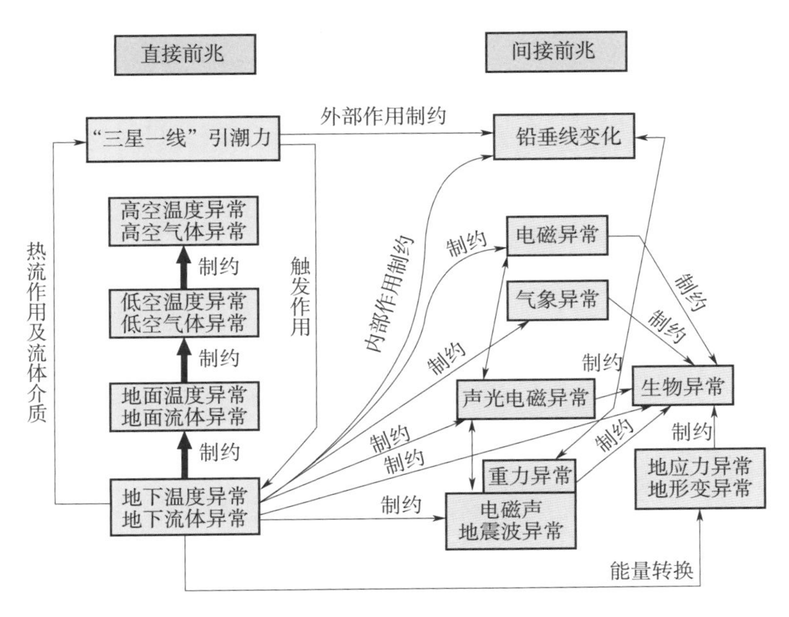

图 11.8 地震前兆异常内在联系示意图（李德威，2011）

在目前灾害机理及机理表现形式还不是很清楚或者存在很多不确定性的情况下，可以分别采用不同的灾害机理建立前兆异常的相关性模型，通过对以往灾害案例的分析，形成相应的定量化模型。随着监测的不断深入，将监测结果融合到模型中，可以逐步提高模型的可信度，同时也为灾害机理提供重要的佐证。这里所说的灾害机理建模的工作目的就是进行灾害预测实验和实现灾害机理检验。

灾害建模与仿真是一个复杂的系统性工作，需要在系统论、信息论、控制论等基础理论的指导下，利用计算机数据处理技术，特别是地理信息系统技术对自然灾害作系统的信息处理和数值模拟。通过地理信息系统对灾害信息的管理不仅可以对数据进行有效的查询检索，而且可以利用这些数据通过建模进行分析，实现数据的有效使用。应用于灾害科学分析的地理信息系统中的模型不仅有一般的统计模型，而且有空间分析模型；既有二维平面模型，也有三维动态模型。

基于灾害机理与预测理论，利用并行化的区域和全球灾害模拟仿真模型，对有效的全球灾害数据进行高效计算，提供可视化的仿真；同时提供可视化分析功能，对各部门、学术机构的专家与公众可视化交互操作进行高时效的反应，并将计算结果以逼真的可视效果反馈给用户，完成灾害的感知、模拟、预测、校正这一仿真环路。

参 考 文 献

顾功叙，等 . 1983. 中国地震目录（公元 1970—1979 年）. 北京：地震出版社 .

李德威 . 2011. 地球系统动力学与地震成因及其四维预测 . 香山科学会议组 . 科学前沿与未来（2009—2011）. 北京：科学出版社，184 - 195.

刘红桂 . 2012. 浅谈市县地震工作机构在防震减灾工作中的作用［R/OL］. 中国地震继续教育网 http：//www. dzjy. net. cn/Article/ArticleNews. aspx？ id = 2602.

刘维 . 2010. 全国地质灾害防治优秀群测群防监测员表彰暨经验交流会召开 . 中国国土资源报，2010 - 12 - 30.

罗灼礼，王伟君 . 2008. 地震前兆的复杂性及地震预报、预警、预防综合决策问题的讨论——浅释唐山、海城、松潘、丽江等大地震的经验教训 . 地震，28（1）：19 - 33.

钱学森，于景元，戴汝为 . 1990. 一个科学新领域——开放的复杂巨系统及其方法论 . 自然杂志（1）：3 - 10，64.

第 12 章　综合防灾减灾的科学管理

12.1　灾害背景

新中国成立 60 多年来，我国已经从一个落后的农业国发展成先进的工业国，人民生活不断改善。特别是改革开放 30 年来，政治和社会大局稳定，有效应对了一系列危机和灾难，公共安全形势保持了总体稳定、趋向好转的态势。但是我国的防灾减灾任务任重道远，灾害的基本特点如下（闪淳昌，2010）：

1）灾害种类多、分布地域广、发生频率高、造成损失重。由于特有的地质构造和地理环境，我国是世界上遭受自然灾害最严重的国家之一，主要有地震、地质、洪涝干旱、海洋、气象灾害和森林草原火灾等。近年来，极端性气候不断出现，难以预料的全球性气候反常和难以控制的自然灾害时有发生，造成损失更加严重。总体看，年均 3 亿多人次受灾，倒塌房屋 300 多万间，直接经济损失超过 2000 亿元。

2）高风险的城市、不设防的农村并存。我国的防灾减灾基础薄弱，我国东、中、西地域差别大，城乡差别大。改革开放以来，城镇化和城市现代化快速发展，年均增加 166 个城市和 1.4% 城镇人口。目前城镇人口 6.07 亿，城镇化率 45.7%，百万人口以上大城市 118 座。城市灾害的突发性、复杂性、多样性、连锁性、集中性、严重性、放大性等特点呈现，城市脆弱性凸显，如 2008 年冰雪灾害中电力线路及设施大面积受损，造成大面积停电、交通一度中断等暴露了脆弱性。而基层特别是农村的防灾减灾能力尤为薄弱，农村基本是不设防，如汶川地震和玉树地震暴露出农村和学校、医院等公共服务设施抵御自然灾害的能力相当薄弱等。

3）自然灾害与事故灾难、公共卫生事件和社会安全事件的关联性越来越强。自然灾害往往导致一系列次生、衍生事故和事件，2008 年的冰雪灾害和汶川特大灾害导致一些生命线工程和信息网络被破坏，造成经济社会局部或暂时瘫痪，经济损失严重。而且，我国自然灾害的社会性和政治性强，特别是我国经济社会发展进入了一个关键时期，经济体制深刻变革，社会结构深刻变动，利益格局深刻调整，人们思想观念深刻变化，再加上民族宗教问题的影响，不稳定、不确定、不安全因素增加，人民群众的法律意识、权利意识明显增强，舆论监督、社会监督力度空前加大，对公共安全的要求越来越高。保障公众的生命安全和健康越来越成为当前防灾减灾工作中的头等重大而迫切的问题。

特别是进入“十二五”时期以来，在全球气候变化背景下，自然灾害风险进一步加大，防灾减灾工作形势严峻。干旱、洪涝、台风、低温、冰雪、高温热浪、沙尘暴、病虫害等灾害风险增加，崩塌、滑坡、泥石流、山洪等灾害仍呈高发态势。自然灾害时空分布、损失程度、影响深度和广度出现新变化，各类灾害的突发性、异常性、难以预见性日显突出。同时，随着我国工业化和城镇化进程明显加快，城镇人口密度增加，基础设施承载负荷不断加大，自然灾害对城市的影响日趋严重；广大农村尤其是中西部地区，经济社会发展相对滞后，设防水平偏低，农村居民抵御灾害的能力较弱。自然灾害引发次生、衍生灾害的风险仍然很大。

面对严峻的灾害形势和挑战，国际减灾战略正在做重大调整，其主要特征：一是由单项减灾向综合减灾转变；二是由单纯减灾向减灾与可持续发展相结合转变；三是由减轻灾害向减轻灾害风险转变；四是由一个国家减灾向全球或区域联合减灾转变。

鉴于我国灾害实际和国际防灾减灾战略，我国确立综合防灾减灾的灾害应对策略，将防灾减灾工作作为政府社会管理和公共服务的重要组成部分并纳入经济社会发展规划，将减轻灾害风险列为政府工作的优先事项，更加凸显防灾减灾的地位和作用。同时，我国经济保持平稳较快发展，综合国力显著增强，为防灾减灾奠定了坚实的物质基础；社会各界积极主动参与防灾减灾，为开展综合减灾工作创造了良好社会氛围。

12.2　综合防灾减灾的内涵

综合防灾减灾，需要统筹考虑各类自然灾害和灾害过程各个阶段，综合运用各类资源和多种手段，努力推动防灾减灾与经济社会发展相协调、与城乡区域建设相结合、与应对气候变化相适应，充分发挥各级政府在防灾减灾工作中的主导作用，将综合减灾战略融入到国家和地方发展政策计划之中，使之成为核心要素和优先事项，积极调动各方力量，全面加强综合防灾减灾能力建设，切实维护人民群众生命财产安全，有力保障经济社会全面协调可持续发展。具体来讲（范一大，2012）：

1）统筹考虑各类自然灾害。从自然灾害系统认知和综合管理角度出发，分析各类自然灾害的共性和个性特点，以及其相互之间联系和驱动机制。

2）统筹考虑灾害过程各个阶段。综合考虑灾前、灾中、灾后的防灾、抗灾、救灾等防灾减灾工作的各个方面，尤其是灾前做好监测预警、风险管理、备灾和防灾知识普及，灾中做好灾情控制和应急处置，灾后结合灾区自然生态条件、经济社会建设和区域可持续发展战略做好恢复重建规划。

3）综合运用各类资源。需要充分利用各地区、各部门、各行业的信息、科技、文化、教育、人才、设备装备以及基础设施等资源。

4）综合运用各种手段。综合运用法律、行政、科技、市场等手段，为提高防灾减灾能力提供保障和支撑。

12.3　综合防灾减灾科学管理方法

综合防灾减灾是一项复杂的社会系统工程，其管理原则是：

1）政府主导，社会参与。坚持各级政府在防灾减灾工作中的主导作用，加强部门之间的协同配合，组织动员社会各方力量参与防灾减灾。

2）以人为本，依靠科学。把保护人民群众生命财产安全和保障受灾群众基本生活作为防灾减灾的出发点和落脚点，把科技进步作为全面提高防灾减灾能力的重要支撑。

3）预防为主，综合减灾。加强自然灾害监测预警、风险调查、工程防御、宣传教育等预防工作，坚持防灾、抗灾和救灾相结合，综合推进灾害管理各个方面和各个环节的工作。

4）统筹谋划，突出重点。从战略高度统筹谋划防灾减灾工作，着力推进防灾减灾能力建设，夯实基础，循序渐进，讲求实效，优先解决防灾减灾领域的关键和突出问题。

具体而言，综合防灾减灾需从法制、体制、机制和能力建设 4 个方面加强科学管理。在依法治国方略的指导下，中国颁布和实施了一系列减灾法律法规，逐步把减灾工作纳入了法制化轨道。同时，中国政府倡导科学发展观，推动人与自然和谐发展，明确要求把减灾纳入国家可持续发展战略。中国实行政府统一领导，部门分工负责，灾害分级管理的减灾领导体制。在长期的减灾实践中，中国建立了符合中国国情、具有中国特色的减灾工作机制。在中央层面，已建立灾害应急响应机制、救灾物资储备机制、灾情会商和信息共享机制、重大灾害救灾联动协调机制和灾害应急社会动员机制。各级地方政府也参照中央政府的做法，建立了相应的减灾工作机制。同时，中国重视减灾的能力建设，在灾害预警、灾害风险管理、应急处置、科技支撑、人才培养和社区减灾等方面开展了大量工作（邹铭，袁艺，2010）。

12.3.1　法制建设（应松年，2010）

法律在灾害应对中的意义在于：一方面，灾害法是人类与各种灾害长期斗争产生的知识升华和方法积累，人们通过赋予这些知识和方法以法律的效力来指引集体的行动，保证灾害应对的有序进行；另一方面，在人们应对各种灾害时，法律上具体的强制的以问责制为后盾的规定所产生的威慑力，构成了一种外在的制度约束条件，限制了人们在灾害管理中的决策选择，有利于督促各义务主体履行职责。

中国高度重视减灾的法制建设。在依法治国方略的指导下，颁布和实施了一系列减灾法律法规，把减灾工作纳入了法制化轨道。20 世纪 80 年代以来，中国政府颁布了《中华人民共和国突发事件应对法》《中华人民共和国水土保持法》《中华人民共和国防震减灾法》《中华人民共和国水法》《中华人民共和国防洪法》《中华人民共和国防沙治沙法》《中华人民共和国气象法》《中华人民共和国森林法》《中华人民共和国海洋环境保护法》《中华人民共和国防汛条例》《森林防火条例》《草原防火条例》《森林病虫害防治条例》

《地质灾害防治条例》《破坏性地震应急条例》《水库大坝安全管理条例》等30多部防灾减灾的法律法规，使中国水土保持、防震减灾、消防、防洪和气象等方面的工作有法可依（邹铭，袁艺，2010）。

现阶段，对于大多数常见灾种，我国都已经制定了相应法律，对某些灾种还制定了相配套的行政法规。但这种立法模式基本上还是以“一事一法”为特点的，即一个灾种由一部法律做出规定，一部法律又由一个部门来执行。许多巨灾的出现，往往表现为新型灾害，或表现为多种常规灾害以罕见的方式交错复合。因此，“一事一法”的做法可能导致如下后果：一方面，一旦出现新的灾种，其应对工作将面临无法可依的局面；另一方面，过度强调部门应对、专业分工与灾害管理的统一领导、综合协调原则背道而驰，在应对复合型巨灾时尤其如此。因此，制定综合性的防灾减灾法律为应对新型灾害和复合型灾害提供制度保障。

我国当前已经具备了制定综合性防灾减灾立法的条件：一方面，我国的应急法律规范体系正处于快速发展之中。近年来，一大批应急法律、法规陆续出台，并出现了《突发事件应对法》这样的综合性立法，更新了传统上以应急处置为中心、以单一灾种为调整对象的立法理念，为将来制定其他的综合性应急法律（包括综合性的防灾减灾立法）提供了基础和范本。另一方面，我国的防灾减灾管理体制已经具备了“半综合化”的特征。中央和地方政府早已存在常设性的综合协调机构（国家减灾委员会）和应对主要自然灾害的议事协调机构（抗震救灾指挥部、防汛抗旱指挥部等），基本可以保证灾害应对的决策在各个部门中顺利落实，而在救灾物资储备、灾后救助等方面也初步实现了资源整合。此外，国外也有为数众多的立法例可供我们借鉴。美国、日本等受自然灾害影响较重的国家，已经制定了自然灾害管理方面的综合性法律。这些国家的立法实践至少表明，在防灾减灾领域制定一部综合性的基本法，在立法技术上是完全必要和可行的。

另外，巨灾在发生、发展和后果上都具有高度的不确定性，这种不确定性传递到其应对方法上，必然要求对灾害的处置具备相当的灵活性与个别性，而这恰恰与法律调整所追求的确定性与普遍性相悖。法律的确定性与巨灾的不确定性间的紧张关系一旦加剧，防灾减灾组织体制就很难按照法律预设的方式运作，常规灾害应对机制所蕴含的经验法则也将纷纷失灵。此时，人们如果仍旧遵循法律行事将可能招致严重后果；如果在法律之外寻求新的解决之道，又将因决策后果难料而面临承担法律责任的巨大压力；如果允许人们摒弃法律不择手段，又必将在战胜灾害的同时制造出威力强大而不被法律驯服的权力武器，发生损害民主制度的危险。

因此，在巨灾冲击背景下，要继续发挥法律系统在灾害管理中的保障和支持功能，就需要其具备足够的弹性和适应性。这样的灾害法律系统，既能够在常规灾害管理中指引人们如何克服困难；也可以在巨灾情景下，在保留法治目标所必需的少数核心规则的同时摒弃一切成法，释放出足够的策略选择空间。

巨灾应对中的紧急决策，包括事前的风险规制决策与事发时的现场决策，两者都需要以法律授予决策者巨大的裁量空间为前提。对巨灾的风险规制，往往需要在事件发生的可能性、损害的可能性、事件与损害之间的因果关系等尚未得到确证，甚至存在激烈争论的情况下进行。面对仅仅是潜在的可能的在科学上尚未被完全证明的巨灾风险，政府是否主动出击采取规制措施，都有可能招致严重后果。对此，法律必须对政府实施风险规制的条件、限度和法律责任做出系统规定。现场应急决策更是巨灾应对的核心环节，其特点在于：

1）决策的约束条件非常苛刻，决策者在短暂的时间内无法完全了解其拥有的法定权力；

2）在法定的决策主体无法履行职责时，需要由其他主体越权决策；

3）法定的决策程序可能被抛弃，大多数情况下的应急决策将表现为个人独断；

4）决策结果很难预料，可能产生违法后果。

为此，法律既要尽可能为巨灾情景下决策主体、决策程序和决策内容等方面的权变性选择提供必要空间，又要确保其不脱离法治的基本轨道。为此需要设计越权决策、集体决策的条件、效力和追认制度，同时规定豁免决策者法律责任的条件和方式。

12.3.2　体制建设（闪淳昌，2010）

《中华人民共和国突发事件应对法》明确规定“国家建立统一领导、综合协调、分类管理、分级负责、属地管理为主的应急管理体制”。

12.3.2.1　统一领导、综合协调

在党中央的领导下，国务院是突发公共事件应急管理工作的最高行政领导机构。国务院在总理领导下研究、决定和部署特别重大突发事件的应对工作；根据实际需要，设立国家突发事件应急指挥机构，负责突发事件应对工作；必要时，国务院可以派出工作组指导有关工作。

“统一领导”既包涵了中央政府对地方政府、对部委的领导，也包含了地方政府对下级政府、地方部门的领导，体现了应急指挥决策核心对所属相关地区、部门和单位的领导。这种纵向关系要求特别注意把握好上下级之间的集权与分权程度，层层落实职责，健全运行机制。“综合协调”既包含了应急管理中负有责任的地区、部门、单位之间的协调联动，也包含军地之间的协调联动，包含了政府与非政府组织、企事业单位和公众之间的协调联动，还包含了跨地区、跨国的合作等，这种横向关系要求特别注意发挥好各方面的积极性，实现信息互通、资源共享、协调配合、高效联动。

巨灾的发生和演变往往超出人们的认知范围，要确保能够在第一时间举全国（省、市）之力与之应对，就必须对防灾减灾组织体系做出特殊设计。应对巨灾的组织体系必须做到（应松年，2010）：

1）建立起以国家公权力为中心，由企事业单位、基层组织、社会团体、志愿者组成的多元系统，保证灾害爆发后能够在短时间内实现应对能力倍增；

2）在横向关系上，必要时可以打破不同公权力组织之间的权责界限以保证该体系的持续运作；

3）在纵向关系上，构建上下级组织间的联动、互补机制，既能实现自上而下的快速援助，也能实现自下而上的及时补位。

在国务院统一领导下，中央层面设立了国家减灾委员会、国务院安全生产委员会、国家防汛抗旱总指挥部、国家森林防火指挥部和有关部级联席会议及其办公室，负责减灾救灾和处置各类灾难的协调和组织工作。各级地方政府也成立了类似职能协调机构。实践证明，党中央、国务院坚强有力的领导，各部门的协调联动，对于应对各类突发事件具有十分重要的作用。2003 年抗击非典的斗争，2008 年应对冰雪灾害和汶川地震、玉树地震的抗震救灾就是最好的例证。

12.3.2.2　分类管理、分级负责

我国将突发事件分为自然灾害、事故灾难、公共卫生和社会安全 4 类，并将各类突发事件按照其性质、严重程度、可控性和影响范围等因素，分为 4 级：I 级（特别重大）、II 级（重大）、III 级（较大）和Ⅳ级（一般），预警依次用红色、橙色、黄色和蓝色表示。中央政府主要负责涉及跨省级行政区划的，或超出事发地省级人民政府处置能力的特别重大突发公共事件应对工作。对于不同种类、不同级别的突发事件，中央政府和地方各级政府都有相应的指挥机构及部门进行统一管理。例如国家有关预案规定，发生一次死亡 300 人以上或在人口密集地区发生 7 级以上的特别重大地震，国务院就要启动国务院抗震救灾指挥部。汶川地震、玉树地震发生后，分别成立的以温家宝总理、回良玉副总理为总指挥的抗震救灾指挥部立即启动并奔赴灾区，国家减灾委员会各个成员单位认真履行本部门职责，对有力、有序、有效抗震救灾发挥了重要作用。

12.3.2.3　属地管理为主

《中华人民共和国突发事件应对法》规定："地方各级人民政府是本行政区域突发公共事件应急管理工作的行政领导机构。""县级以上地方各级人民政府设立由本级人民政府主要负责人、相关部门负责人、驻当地中国人民解放军和中国人民武装警察部队有关负责人组成的突发事件应急指挥机构，统一领导、协调本级人民政府各有关部门和下级人民政府开展突发事件应对工作；根据实际需要，设立相关类别突发事件应急指挥机构，组织、协调、指挥突发事件应对工作。"

"属地管理为主"是应急处置的重要原则。其核心是建立以事发地党委和政府为主，有关部门和相关地区协调配合的领导责任制。在汶川特大地震和玉树地震的处置过程中，四川省委、省政府和青海省委、省政府都及时成立了抗震救灾指挥部，在组织灾区抗震救灾、协调各地和军队的救援力量、救援物资中发挥了重要作用。

该管理体制有利于统一指挥、快速反应，高效联动；有利于体现社会主义制度集中力量办大事的政治优势和组织优势；有利于发挥中央、地方两个积极性。中央政府的统一领导和事发地政府属地管理的原则，以及紧急状态下的必要的越级直报制度，使中央和各级地方政府及其有关部门基本明确了职责和权限，有利于发挥中央和地方政府两方面的积极性。

12.3.3　机制建设（邹铭，袁艺，2010）

在长期的减灾救灾实践中，中国建立了符合国情、具有中国特色的减灾救灾工作机制。中央政府构建了灾害应急响应机制、灾害信息发布机制、救灾应急物资储备机制、灾情预警会商和信息共享机制、重大灾害抢险救灾联动协调机制和灾害应急社会动员机制等。各级地方政府建立了相应的减灾工作机制。

12.3.3.1　灾害应急响应机制

中央政府应对突发性自然灾害预案体系分为 3 个层次，即国家总体应急预案、国家专项应急预案和部门应急预案。政府各部门根据自然灾害专项应急预案和部门职责，制定更具操作性的预案实施办法和应急工作规程。重大自然灾害发生后，在国务院统一领导下，相关部门各司其职，密切配合，及时启动应急预案，按照预案做好各项抗灾救灾工作。灾区各级政府在第一时间启动应急响应，成立由当地政府负责人担任指挥、有关部门作为成员的灾害应急指挥机构，负责统一制定灾害应对策略和措施，组织开展现场应急处置工作，及时向上级政府和有关部门报告灾情和抗灾救灾工作情况。

12.3.3.2　灾害信息发布机制

按照及时准确、公开透明的原则，中央和地方各级政府认真做好自然灾害等各类突发事件的应急管理信息发布工作，采取授权发布、发布新闻稿、组织记者采访、举办新闻发布会等多种方式，及时向公众发布灾害发生发展情况、应对处置工作进展和防灾避险知识等相关信息，保障公众知情权和监督权。

12.3.3.3　救灾应急物资储备机制

已经建立以物资储备仓库为依托的救灾物资储备网络，国家应急物资储备体系逐步完善。目前，全国设立了 10 个中央级生活类救灾物资储备仓库，并不断建设完善中央级救灾物资、防汛物资、森林防火物资等物资储备库。部分省、市、县建立了地方救灾物资储备仓库，抗灾救灾物资储备体系初步形成。通过与生产厂家签订救灾物资紧急购销协议、建立救灾物资生产厂家名录等方式，进一步完善应急救灾物资保障机制。

12.3.3.4　灾情预警会商和信息共享机制

建立由民政、国土资源、水利、农业、林业、统计、地震、海洋、气象等主要涉灾部门参加的灾情预警会商和信息共享机制，开展灾害信息数据库建设，启动国家地理信息公共服务平台，建立灾情信息共享与发布系统，建设国家综合减灾和风险管理信息平台，及时为中央和地方各部门灾害应急决策提供有效支持。

12.3.3.5　重大灾害抢险救灾联动协调机制

重大灾害发生后，各有关部门发挥职能作用，及时向灾区派出由相关部委组成的工作组，了解灾情和指导抗灾救灾工作，并根据国务院要求，及时协调有关部门提出救灾意见，帮助灾区开展救助工作，防范次生、衍生灾害的发生。

12.3.3.6　灾害应急社会动员机制

国家已初步建立以抢险动员、搜救动员、救护动员、救助动员、救灾捐赠动员为主要内容的社会应急动员机制，并注重发挥人民团体、红十字会等民间组织、基层自治组织和志愿者在灾害防御、紧急救援、救灾捐赠、医疗救助、卫生防疫、恢复重建、灾后心理支持等方面的作用。

12.3.3.7　国际合作交流机制

中国本着开放与合作的态度，积极参与国际减灾领域的有关活动，与国际社会一起，建立和完善减灾合作机制，加强减灾能力建设的国际合作和重大灾害的相互援助；与联合国建立紧密合作伙伴关系，推动建立亚洲国家间的减灾对话与交流平台，加强与东南亚国家联盟减灾能力建设合作，推动上海合作组织成员国之间的救灾协作。

12.3.4　能力建设

国家综合减灾“十一五”和“十二五”规划指出，从自然灾害监测预警、防灾减灾信息管理与服务、自然灾害风险管理、自然灾害工程防御、区域和城乡基层防灾减灾、自然灾害应急处置与恢复重建、防灾减灾科技支撑、防灾减灾社会动员、防灾减灾人才和专业队伍建设、防灾减灾文化建设等方面加强能力建设。

12.3.4.1　加强自然灾害监测预警能力建设

加快自然灾害监测预警体系建设，完善自然灾害监测网络，加强气象、水文、地震、地质、农业、林业、海洋、草原、野生动物疫病疫源等自然灾害监测站网建设，强化部门间信息共享，避免重复建设；完善自然灾害灾情上报与统计核查系统，尤其重视县级以下灾害监测基础设施建设，增加各类自然灾害监测站网密度，优化功能布局，提高监测水平；健全自然灾害预报预警和信息发布机制，加强自然灾害早期预警能力建设。

加强国家防灾减灾空间信息基础设施建设，逐步完善环境与灾害监测预报小卫星星座、气象卫星、海洋卫星、资源卫星和航空遥感等系统，推动环境与灾害监测预报小卫星星座在轨“4+4”星座建设，加强静止轨道灾害监测预警凝视卫星建设，提高自然灾害综合观测能力、高分辨率观测能力和应急观测能力；加强与相关规划的衔接，整合各类卫星应用需求，统筹规划卫星、卫星应用及相关基础设施的发展，提高卫星的复合观测能力和地面系统的综合应用能力；充分利用国内外各类民用、军用对地观测手段和无线传感器网络，提高自然灾害的大范围、全天候、全天时、多要素、高密度、集成化的立体监测能力和业务运行水平；完善灾害遥感应用模型、方法和标准规范，提升业务系统处理、分析与服务水平，完善灾害监测预警、灾害评估、应急响应和恢复重建等业务体系和产品体系，论证建立综合防灾减灾空间信息服务平台。

加强卫星减灾应用技术的示范与推广，提高应用能力和水平；统筹利用国家遥感校验场、目标检测场和综合实验场资源，提高灾害定量化应用水平；完善重大自然灾害卫星和航空遥感应急监测合作机制，推动区域和省级减灾应用能力建设，完善现有区域和省级卫星减灾应用中心，提高卫星减灾应用水平。

12.3.4.2　加强防灾减灾信息管理与服务能力建设

提高防灾减灾信息管理水平，科学规划并有效利用各级各类信息资源，拓展信息获取渠道和手段，提高信息处理与分析水平，完善灾情信息采集、传输、处理和存储等方面的标准和规范；论证建立国家综合防灾减灾数据库，完善灾害信息动态更新机制，提高信息系统的安全防护标准，保障防灾减灾信息安全。

加强防灾减灾信息共享能力，论证建设国家综合减灾与风险管理信息平台，提高防灾减灾信息集成、智能处理和服务水平，加强各级相关部门防灾减灾信息互联互通、交换共享与协同服务；充分利用卫星通信、广播电视、互联网、导航定位等技术和移动信息终端等装备，提高信息获取、远程会商、公众服务和应急保障能力，推进“数字减灾”工程建设。

充分利用现有的系统，通过有效的技术创新和机制创新，进行多系统的综合集成，聚焦应急响应服务过程，以信息流带动人流、物流和资金流，及时提供可靠的信息，保证做出准确的决策，迅速将有限的资源（人、物、财等）投放到最需要的地点，最大限度发挥应急响应对减轻自然灾害影响的作用。

12.3.4.3　加强自然灾害风险管理能力建设

加强国家自然灾害综合风险管理，完善减轻灾害风险的措施，建立自然灾害风险转移分担机制，加快建立灾害调查评价体系；以县级为调查单位，开展全国自然灾害风险与减灾能力调查，摸清底数，建立完善数据库，提高现势更新能力；建立国家、区域综合灾害风险评价指标体系和评估制度，研究自然灾害综合风险评估方法和临界致灾条件，开展综合风险评估试点和示范工作；编制全国、省、市及灾害频发易发区县级行政单元自然灾害风险图和自然灾害综合区划图，建立风险信息更新、分析评估和产品服务机制；编制全国（1：100万）、省级（1：25万）、地市及灾害频发易发区县级（1：5万）自然灾害风险图，为中央和地方各级政府制定区域发展规划、自然灾害防治、应急抢险救灾、重大工程项目建设等提供科学依据。

建立健全国家自然灾害评估体系，不断提高风险评估、应急评估、损失评估、社会影响评估和绩效评估水平，完善重特大自然灾害综合评估机制，提高灾害评估的科学化、标准化和规范化水平；结合重大工程、生产建设和区域开发等项目的可行性研究，开展自然灾害风险评价试点工作，合理利用自然资源，注重生态保护；研究建立减少人为因素引发自然灾害的预防机制。

灾害风险管理是一个系统过程，通过采用行政命令、机构和工作技能和能力实施战略、政策和改进的应对力量，来减轻由致灾因子带来的不利影响和可能发生的灾害。目前，中国已基本形成自下而上的灾害风险信息的传递——共享机制和自上而下的减轻灾害风险资源/工程的建设——配置机制，综合灾害风险管理体系正逐步形成。但是，仍需在综合减灾中强化灾害风险管理的作用，用风险管理指导综合减灾系列行动措施的开展，切实使得风险管理指导下的综合减灾达到减少风险、保障突发事件应急处置高效实施的目标。

12.3.4.4　加强自然灾害工程防御能力建设

加强防汛抗旱、防震抗震、防寒抗冻、防风抗潮、防沙治沙、森林草原防火、病虫害防治、野生动物疫病疫源防控等防灾减灾骨干工程建设，提高重特大自然灾害的工程防御能力；提高城乡建（构）筑物，特别是人员密集场所、大中型工业基地、交通干线、通信枢纽等重大建设工程和生命线工程的灾害防御性能，推广安全校舍和安全医院等工程建设。

加强中小河流治理和病险水库除险加固、山洪地质灾害防治、易灾地区生态环境综合治理，加大危房改造、农田水利设施、抗旱应急水源、农村饮水安全等工程及农机防灾减灾作业的投入力度；加快实施自然灾害隐患点重点治理和居民搬迁避让。

制定土地利用规划、城市规划以及开展灾后恢复重建，要充分考虑减灾因素；按照土地利用总体规划要求和节约集约利用土地原则，统筹做好农业和农村减灾，工业和城市减灾以及重点地区的防灾避灾专项规划编制与减灾工程建设，全面提高灾害综合防范防御能力。

12.3.4.5　加强区域和城乡基层防灾减灾能力建设

统筹协调区域防灾减灾能力建设，将防灾减灾与区域发展规划、主体功能区建设、产业结构优化升级、生态环境改善紧密结合起来；提高城乡建筑和公共设施的设防标准，加强城乡交通、通信、广播电视、电力、供气、供排水管网、学校、医院等基础设施的抗灾能力建设；大力推进大中城市、城市群、人口密集区、经济集中区和经济发展带防灾减灾能力建设，通过政府财政支持和社会积极参与，社区利用公园、绿地、广场、体育场、停车场、学校操场或其他空地建立应急避难场所，设置明显的安全应急标识或指示牌，建立减灾宣传教育场所（社区减灾教室、社区图书室、老年人活动室）及设施（宣传栏、宣传橱窗等），配备必需的消防、安全和应对灾害的器材或救生设施工具，使减灾公共设施和装备得到健全和完善，建立城市综合防灾减灾新模式。

加强城乡基层防灾减灾能力建设，健全城乡基层防灾减灾体制机制，完善乡镇、街道自然灾害应急预案并适时组织演练，加强预警信息发布能力建设。基层政府根据《国家突发公共事件总体应急预案》和《国家自然灾害救助应急预案》以及地方政府制定的应急预案，结合社区所在区域环境、灾害发生规律和社区居民特点，指导社区制定社区灾害应急救援预案，明确应急工作程序、管理职责和协调联动机制。社区在政府有关部门的支持、配合下，经常组织社区居民开展形式多样的预案演练活动。继续开展“全国综合减灾示范社区”创建活动，加强城乡基层社区居民家庭防灾减灾准备工作。结合社会主义新农村建设，着力提高农村防灾减灾能力。加大对自然灾害严重的革命老区、民族地区、边疆地区和贫困地区防灾减灾能力建设的支持力度。

12.3.4.6　加强自然灾害应急处置与恢复重建能力建设

加强国家自然灾害抢险救援指挥体系建设，建立健全统一指挥、综合协调、分类管理、分级负责、属地管理为主的灾害应急管理体制和协调有序、运转高效的运行机制；坚持政府主导和社会参与相结合，建立健全抢险救灾协同联动机制。

加强救灾应急装备建设，研究制定各级救灾应急技术装备配备标准，全面加强生命探测、通信广播、救援搜救以及救灾专用车辆、直升机、船舶、机械设备等装备建设；优先加强西部欠发达、灾害易发地区应急装备的配备。

加强救灾物资应急保障能力建设，制定物资储备规划，扩大储备库覆盖范围，丰富物资储备种类，提高物资调配效率；充分发挥各类资源在应急救灾物资保障中的作用，提高重要救灾物资应急生产能力，利用国家战略物资储备、国防交通物资储备和企业储备等，建立健全政府储备为主、社会储备为补充、军民兼容、平战结合的救灾物资应急保障机制。

加强受灾群众生活保障能力建设，推进与国民经济社会发展水平和受灾群众实际生活需求相适应的救助资金长效保障机制建设，完善自然灾害救助政策，充实自然灾害救助项目，适时提高自然灾害救助资金补助标准，提高受灾群众救助质量和生活保障水平；加强重特大自然灾害伤病人员集中收治能力建设。

加强灾后恢复重建能力建设，建立健全恢复重建评估制度和重大项目听证制度，做好恢复重建需求评估、规划选址、工程实施、技术保障等工作，加强受灾群众的心理援助，提高城乡住房、基础设施、公共服务设施、产业、生态环境、组织系统、社会关系等方面的恢复重建能力，提高恢复重建监管水平。

12.3.4.7　加强防灾减灾科技支撑能力建设

加强防灾减灾科学研究，启动一批防灾减灾科技项目。在国家科技项目、863 计划和国家自然科学基金重大项目中安排实施一批气象、地震、地质、海洋、水利、农林、雷电等方面的科技项目；资助一批关于防灾减灾的基础研究项目，开展自然灾害形成机理和演化规律研究，重点加强自然灾害早期预警、重特大自然灾害链、自然灾害与社会经济环境相互作用、全球气候变化背景下自然灾害风险等科学研究。

开展亚洲巨灾综合风险评估技术及应用研究、中国巨灾应急救援信息集成系统与示范、中国重大自然灾害风险等级综合评估技术研究，以及“汶川地震断裂带科学钻探”（WFSD）等项目；围绕重特大自然灾害开展灾害发生发展机理、情景分析、应急处置等方面的数值模拟研究；重点针对地震—地质、台风—暴雨—洪涝、高温—干旱—沙尘、低温—冰冻—寒潮等灾害链，统筹整合现有资源，建立计算机模拟仿真系统，实现灾害风险预警、应急响应推演和指挥决策优化等多维可视化模拟仿真，为重特大自然灾害影响评估、指挥决策提供条件平台和科技支撑。

编制国家防灾减灾科技规划，注重防灾减灾跨领域、多专业的交叉科学研究；针对自然灾害预警预报、应急响应、恢复重建、减灾救灾、信息平台等各个环节存在的问题，加强顶层设计，统筹布局，强化薄弱环节，逐步建立和完善防灾减灾国家科技支撑体系。

加强遥感、地理信息系统、导航定位、三网融合、物联网和数字地球等关键技术在防灾减灾领域的应用研究，推进防灾减灾科技成果的集成转化与应用示范；开展防灾减灾新材料、新产品和新装备研发。建设防灾减灾技术标准体系，提高防灾减灾的标准化水平。

加强防灾减灾科学交流与技术合作，引进和吸收国际先进的防灾减灾技术，推动防灾减灾领域国家重点实验室、工程技术研究中心以及亚洲区域巨灾研究中心等建设；推进防灾减灾产业发展，完善产业发展政策，加强国家战略性新兴产业在防灾减灾领域的支撑作用。

12.3.4.8　加强防灾减灾社会动员能力建设

完善防灾减灾社会动员机制，建立畅通的防灾减灾社会参与渠道，完善鼓励企事业单位、社会组织、志愿者等参与防灾减灾的政策措施，建立自然灾害救援救助征用补偿机制，形成全社会积极参与的良好氛围；充分发挥公益慈善机构在防灾减灾中的作用，完善自然灾害社会捐赠管理机制，加强捐赠款物的管理、使用和监督。

充分发挥社会组织、基层自治组织和公众在灾害防御、紧急救援、救灾捐赠、医疗救助、卫生防疫、恢复重建、灾后心理干预等方面作用；研究制定加强防灾减灾志愿服务的指导意见，扶持基层社区建立防灾减灾志愿者队伍；提高志愿者的防灾减灾知识和技能，促进防灾减灾志愿者队伍的发展壮大。

为了切实贯彻防灾减灾工作中的社会动员原则，应当通过制度设计为民间力量参与巨灾应对提供用武之地。最为重要的举措就是授予某些重要的企事业单位参与巨灾处置的权力，设计具体制度时应做如下考虑（应松年，2010）：

1）授权对象，局限在某些经营重要公用事业的企事业单位；

2）授权范围，仅限于在其经营、管理范围之内实施应急处置，在其经营、管理范围之外参加应急处置的，只能依行政机关的征召、委托进行；

3）授权内容，不得授权其实施影响公民人身权利的处置措施；

4）授权条件，只有当处置措施必须被立即实施而政府尚未采取行动或无法采取行动的情况下，企事业单位才有直接实施处置的必要。

与此同时，为了充分发挥其他非政府组织和个人的救灾能力，还应考虑下列制度：

1）灾害救援合同，即通过政府与非政府组织签订行政合同来约定双方在灾害应对中的权利义务和合作分工，并将这些内容纳入政府的应急预案。非政府组织按照这些协议帮助政府储备或提供救援资源，既减轻了政府负担，又确保了灾害救援的物资、人员和设备供应。协议方式可以适用于灾害救援和灾后重建，其科学性已经被实践反复验证并在国外广泛应用。

2）官方与民间对话机制，即在政府防灾减灾决策的议事机构和综合协调机构中安排非政府组织的代表参加，在灾害管理部门中设置与非政府组织进行联系沟通的机构或官员。这样做既可以顺利地向非政府组织传达政府的意图，也方便后者向政府表达自己的意见。

3）志愿者保险和服务认证制度。为了激发和保持志愿者参与灾害应对的热情，必须从法律上保证其参与灾害救援遭受人身损害之后能够获得补偿，同时满足其精神上的荣誉感。前者主要通过保险和抚恤制度加以实现，后者则可以通过推行志愿服务认证制度来满足。

建立健全灾害保险制度，充分发挥保险在灾害风险转移中的作用，拓宽灾害风险转移渠道，推动建立规范合理的灾害风险分担机制。2008年年初中国南方发生了极为严重的低温雨雪冰冻灾害，经民政部核定，因灾直接经济损失达15165亿元。而据中国保监会公布的数据，截至2008年年底，来自保险业的灾害损失赔款为55亿元，约占直接经济损失的3.62%，大量的损失还是由政府承担。而10年前，即1998年发生的特大洪灾，造成直接经济损失达2484亿元，保险业共支付水灾赔款为33.5亿元，赔付比例也很小（1.34%）。10年来，中国保险业发展迅速，在总资产、保险公司数量、保险费规模等方面都与10年前不可同日而语，而巨灾保险却发展迟缓，对灾害风险分担的贡献极为有限。5·12汶川地震是新中国成立以来最为严重的一次巨灾，造成的直接经济损失近万亿元。而相对于数千亿元的财产损失，财产保险的赔付是杯水车薪，保险作为风险转移的作用没有发挥出来。这两次历史罕见的巨灾，直接引发了建立巨灾保险体系，发展各类金融手段来转移分担巨灾风险的强烈需求；而中国现行的灾害风险转移分担机制主要是中央与地方救灾工作事权划分机制占主体，灾害管理公共合作机制为重要补充的机制体系。金融保险机制作为一种新兴的灾害风险转移分担形式，可以在很大程度上削弱巨灾风险对人民生产和生活的冲击（邹铭，袁艺，2010）。

随着金融手段在巨灾中发挥的作用越来越受到重视，尤其是在中国两次巨灾发生后，民众整体投保意识增强，巨灾救助保险、特种赈灾彩票、巨灾债券等新型金融形式相继出现，巨灾保险体制的建立逐渐提上了日程。加强金融手段在风险分担中的应用，重点是：在法律上保障巨灾保险制度的形成和工作开展，加强政府相关部门的合作，保障巨灾保险机制的建立；建立多层次的分散承保风险体系，通过保险、再保险以及更多的金融衍生产品来服务于巨灾保险风险的分散；加强风险分析评估在巨灾保险中的应用；借鉴其他国家在巨灾风险保险体系建设以及运营方面的经验，探索具有中国特色的巨灾保险制度。

12.3.4.9　加强防灾减灾人才和专业队伍建设

全面推进防灾减灾人才战略实施，整体性开发防灾减灾人才资源，扩充队伍总量，优化队伍结构，完善队伍管理，提高队伍素质，形成以防灾减灾管理和专业人才队伍为骨干力量，以各类灾害应急救援队伍为突击力量，以防灾减灾社会工作者和志愿者队伍为辅助力量的防灾减灾队伍。

加强防灾减灾科学研究、工程技术、救灾抢险和行政管理等方面的人才培养，结合救灾抢险工作特点，加强救灾抢险队伍建设，定期开展针对性训练和技能培训，培育和发展“一队多用、专兼结合、军民结合、平战结合”的救灾抢险专业队伍；充分发挥人民解放军、武警部队、公安民警、医疗卫生、矿山救援、民兵预备役、国防动员等相关专业保障队伍、红十字会和社会志愿力量等在救灾工作中的作用；加强基层灾害信息员队伍建设，推进防灾减灾社会工作人才队伍建设。

加强高等教育自然灾害及风险管理相关学科建设，扩大相关专业研究生和本科生规模，注重专业技术人才和急需紧缺型人才培养；加强各级减灾委员会专家委员会的建设，充分发挥专家在防灾减灾工作中的参谋咨询作用。

12.3.4.10　加强防灾减灾文化建设

将防灾减灾文化建设作为加强社会主义文化建设的重要内容，将防灾减灾文化服务作为国家公共文化服务体系的重要组成部分，提高综合防灾减灾软实力；强化各级人民政府的防灾减灾责任意识，提高各级领导干部的灾害风险管理和应急管理水平，完善政府部门、社会组织和新闻媒体等合作开展防灾减灾宣传教育的工作机制。

提升社会各界的防灾减灾意识和文化素养。结合全国“防灾减灾日”和“国际减灾日”等，组织开展多种形式的防灾减灾宣传教育活动；把防灾减灾教育纳入国民教育体系，加强中小学校、幼儿园防灾减灾知识和技能教育，将防灾减灾知识和技术普及纳入文化、科技、卫生“三下乡”活动；经常性开展疏散逃生和自救互救演练，提高公众应对自然灾害的能力。

创新防灾减灾知识和技能的宣传教育形式，强化防灾减灾文化场所建设，充分发挥各级公共文化场所的重要作用，推进防灾减灾宣传教育基地和国家防灾减灾宣传教育网络平台建设，发挥重特大自然灾害遗址和有关纪念馆的宣传教育和警示作用。

利用现有设施，在每个省份至少新建或改扩建一个防灾减灾文化宣传教育基地，重点扶持中西部灾害多发地区，配置防灾减灾相关专业器材及多媒体设备，为公众免费提供体验式、参与式的防灾减灾知识文化服务；开发国家防灾减灾宣传教育网络平台，建立资源数据库和专家库，建设国家防灾减灾数字图书馆，实现资源共享、在线交流、远程教育等功能。

开发防灾减灾系列科普读物、挂图和音像制品，编制适合不同群体的防灾减灾教育培训教材，组织形式多样的防灾减灾知识宣传活动和专业性教育培训，开展各类自然灾害的应急演练，加强各级领导干部防灾减灾教育培训，增强公众防灾减灾意识，提高自救互救技能。

12.4　我国现行综合防灾减灾科技支撑能力

尊重科学，善用科技，将传统经验与现代手段有机结合，是做好减灾救灾工作的关键所在。民政部国家减灾中心自2002年成立以来，始终围绕国家减灾救灾事业发展大局，以加强减灾救灾业务能力建设为主线，以提升减灾救灾科技支撑能力为着力点，不断拓展工作范围、延伸服务领域，较好地发挥了减灾科技支撑作用。其主要功能为（张卫星，2012）：

1）国家减灾救灾数据信息管理、灾害及风险评估、产品服务、空间科技应用、科技与政策研究、技术装备和救灾物资研发、宣传教育、培训和国际交流等职能，为政府减灾救灾工作提供信息服务、技术支持和决策咨询。

2）经过多年努力，民政部国家减灾中心已初步建成8个核心业务体系：

一是由卫星遥感、航空遥感、现场统计核查等手段构成的灾害立体监测体系。成功发射环境与灾害监测预报小卫星星座A、B星，截至2012年5月6日，环境减灾A、B星稳定运行 3 年 8 个月，成像共约 8300 多轨，获取遥感影像 70 余万景，有效覆盖全球 80% 以上陆地面积，具有 48 小时灾害应急观测能力。编制灾害遥感监测工作规程，制定灾害遥感监测培训业务制度，建立以数据处理、灾害风险监测、灾害损失评估和决策支持为支撑的灾害遥感监测业务平台，具备洪涝、地震、旱灾、滑坡、泥石流等灾害监测与评估能力和救灾决策支持服务能力。建立了由 8 个监测站组成、覆盖全国的重大自然灾害应急监测无人机合作机制，开展了江西洪涝灾害、汶川和盈江地震灾后无人机数据应急获取与监测评估，为救灾应急决策提供了技术支持。制定了《自然灾害分类与代码》国家标准，修订完成《自然灾害情况统计制度》，研究制定灾害现场抽样调查的技术方法和工作规范，组织开展针对暴雨洪涝、台风、旱灾、地震等灾害的现场核查，为救灾资金的科学规范管理提供重要保障。

二是以数据资源管理、灾情报送系统、灾情会商、产品服务和灾害信息员队伍建设为主要内容的信息管理与服务体系。编制和实施《国家减灾中心数据资源规划》，加强了数据资源管理制度建设；开展多部门、跨领域的数据资源整合改造，完成社会经济、灾害案例以及新中国成立以来主要灾种分省灾情数据共计 100 余万条的整理、核定和标准化处理；初步建成种类齐全、结构合理、体系完整、扩展性强的综合减灾数据库，实现灾害数据与信息产品的多模式管理，为国家综合减灾信息化工作奠定了基础；健全实时和阶段性灾情会商机制，形成了月度会商、年度灾害趋势会商、年度灾情核定会商和重大灾害过程会商 4 种模式，会商单位涉及国家减灾委 16 个成员单位。国家自然灾害灾情报送系统覆盖全国所有县市区，乡镇直报试点扩展至河北、江苏等 5 省 3746 个乡镇，年均接收各地报送信息 10 万余条。与中国气象局开展灾害数据资源共享合作，实现了 22 类气象数据信息共享。制定灾害信息员培训鉴定工作发展规划，成立国家灾害信息员职业鉴定站，建立灾害信息员职业队伍管理数据库，推动全国 92% 的县建立灾害信息员制度，灾害信息员总数达 72 万名，灾情统计上报的时效性、准确性和规范化程度大大提高。

三是由灾害风险评估、灾害应急评估、灾害损失评估、恢复重建评估、冬春救助需求评估构成的灾害评估体系。初步建立洪涝、雪灾、地质灾害风险预警指数和灾害风险等级划分体系，持续开展新发灾害风险监测与预警业务；建立了综合自然灾害风险评估与制图技术体系，为区域备灾、减灾决策提供了重要的技术支撑；利用灾害统计、机理、经验等模型对地震、洪涝、台风、干旱等灾害风险及其造成的损失和影响进行快速评估，基本做到 1 小时内完成地震灾害评估、3 ~ 6 小时内完成旱灾、洪涝、台风灾害评估，评估的时效性和云南盈江地震评估图组准确性初步满足决策需求；建立重特大灾害损失评估指标体系、统计报表体系，初步形成重特大灾害范围评估、实物破坏评估、直接经济损失评估方法体系，承担了汶川特大地震、玉树地震、舟曲特大山洪泥石流等重大灾害的综合评估工作，为国家编制恢复重建规划提供重要依据；编制完成《灾区农房倒塌或损坏情况核查方法》国家标准，形成灾害现场抽样调查的技术方法和工作规范，对灾区倒损房屋数量进行调查、核定，对灾区倒损房屋恢复重建进度进行跟踪评估，为恢复重建提供科学依据；基于全年灾害损失情况对冬春期间生活困难需救助数量、分布和需求物资种类做出评估，为开展冬春救助工作提供依据。

四是以应急值守、应急装备和应急平台为主要内容的应急保障体系。建立了以52829999为联络枢纽，以《昨日灾情》和《救灾快报》为主要产品，全年365天全天24小时值班的应急值守制度，为及时有效处置灾情发挥了十分重要的作用；初步建成由内网门户、应急值守、互联网舆情监测、地震信息监测、短信推送等系统构成的"一站式"综合减灾业务平台，实现灾害监测、预警、评估和研判业务协同推进；编制完成中心业务总体规程，提高各项业务高效稳定运行水平；完成减灾卫星系统工程业务运行管理、用户服务与信息发布、监测预警、应急响应、灾情评估和决策支持等8个分系统的上线调试、系统集成和业务应用；完成多媒体信息发布系统和国家减灾委指挥中心会商系统建设，开展了灾害现场远程视频灾情会商演练；开发基于遥感、地理信息系统、卫星导航定位和移动通信技术自然灾害移动信息平台，使灾情报送手段由有线扩展到无线，由办公室扩展到灾害现场，由单一的表单形式扩展到表单、图片、坐标等多信息融合，为灾害损失评估提供数据及技术支持，配备了野外光谱仪、大孔径闪烁仪等灾害科研装备，铱星电话、BGAN等便携式数据终端，为灾害信息的地面调查和救灾应急通信提供技术保障。

五是由科学研究、标准化建设、科技成果转化、应用与示范等构成的防灾减灾科技支撑体系。参与并完成"十一五"和"十二五"防灾减灾规划、防灾减灾中长期人才规划和应急体系建设规划的论证和编制工作；参与综合减灾示范社区创建管理办法、中央物资储备库管理制度等多项政策创制工作；参与举办第一、二、三届"国家综合减灾与可持续发展论坛"和"全国减灾救灾政策理论研讨会"，为政策创制提供智力支持；开展救灾应急体系建设、灾害保险、灾害社会心理干预等政策研究，形成一批高质量的专题报告；成立全国减灾救灾标准技术委员会，初步形成减灾救灾标准框架体系，颁布实施20余项国家和行业标准；成立减灾和应急工程、灾害评估与风险防范两个民政部重点实验室，编制了实验室发展规划及配套建设方案，初步搭建科研应用示范环境、科研数据资源库、减灾云服务应用开发测试环境等基础条件平台，科研基础条件配置与布局基本形成。

六是由灾害应急管理培训、减灾救灾业务培训和国际灾害管理培训为主体的防灾减灾培训体系。从2004年开始，先后参与或举办了"省部级干部灾害应急管理专题研究班"、"地市级干部灾害应急管理专题培训班"和"山地灾害应急管理培训班"，500多名主管减灾救灾的领导干部参加培训，应急管理能力进一步提高。2004年以来，先后举办了"灾情统计制度专题培训班""洪涝灾害应急管理专题培训班""汛前灾害应急管理专题培训班"等培训班次，为地方民政部门培训救灾干部上万人，有效提高了民政救灾干部的业务能力。

七是以国家减灾网、《中国减灾》杂志为主要载体的防灾减灾宣传教育体系。建立灾情信息发布平台，通过国家减灾网和民政部门户网向社会公众及时发布灾情信息；依托国家减灾委专家委员会、国家减灾网，结合国家防灾减灾日、国际减灾日，开展经常性的防灾减灾宣传教育活动；组织国家减灾委专家组成"防灾减灾知识宣讲团"，进入社区学校宣讲防灾减灾知识。

八是与国内外有关机构和部门、联合国机构、国际和区域组织相互协作的减灾交流与合作体系。依托减灾委办公室、减灾委专家委和民政部－教育部减灾与应急管理研究院等建立交流平台；举办全国减灾中心业务交流会，加强中央与地方减灾中心科学研究、成果转化、应用示范等合作；开展国家级科研项目成果的推广与示范应用，为地方民政部门提供救灾应急体系建设、通信保障、技术装备方面的咨询和技术指导；根据有关国家和国际组织申请，为日本地震海啸、泰国洪涝、澳大利亚火灾和非洲之角旱灾等 20 多场国外重大灾害提供遥感监测数据与产品服务。

12.5　小结

我国特有的自然地理、气象气候环境和全球气候变化背景下灾害时空分布出现新变化、呈现新特点；经济社会快速发展，工业化、信息化、城镇化、市场化、全球化进程相互交织、加速发展，人地矛盾、生存与发展矛盾加剧，人口资源环境问题日益严峻，人为因素加重自然灾害风险的现象时有发生。《国家综合防灾减灾规划（2011—2015 年》指出，在严峻的防灾减灾形式下应做到：

1）加强防灾减灾法制建设，健全法律法规和预案体系。推进防灾减灾法律法规体系建设，国务院各有关部门要根据实际工作需要，抓紧做好有关减灾法律、行政法规、部门规章和相关标准的起草、制定和修订工作；各地区要依据有关法律、行政法规，结合实际制定或修订减灾工作的地方性法规和地方政府规章；加强各级各类防灾减灾救灾预案的制（修）订工作，完善防灾减灾救灾预案体系，不断提高预案的科学性、可行性和操作性；加强灾害管理、救灾物资、救灾装备、灾害信息产品等政策研究和标准制（修）订工作，提高防灾减灾工作的规范化和标准化水平。

2）加强国家综合减灾管理体制和机制建设。进一步强化国家减灾委员会的综合协调职能，健全地方各级政府防灾减灾综合协调机制；认真落实责任制，各地区、各部门各司其职、各负其责，分解目标、明确任务、细化责任，建立减灾工作绩效评估制度、责任追究制度，确保行政领导责任制落到实处；完善部门协同、上下联动、社会参与、分工合作的防灾减灾决策和运行机制，建立健全防灾减灾资金投入、信息共享、征用补偿、社会动员、人才培养、国际合作等机制，完善防灾减灾绩效评估、责任追究制度，形成较为完善的国家综合防灾减灾体制和机制。

3）加大资金投入力度，加强防灾减灾能力建设。完善防灾减灾资金投入机制，拓宽资金投入渠道，加大防灾减灾基础设施建设、重大工程建设、科学研究、技术开发、科普宣传和教育培训的经费投入；完善防灾减灾项目建设经费中央和地方分级投入机制，加强防灾减灾资金管理和使用；完善自然灾害救助政策，健全救灾补助项目，规范补助标准，建立健全救灾和捐赠款物的管理、使用和监督机制。中央财政加强对中西部地区、集中连片贫困地区和农村地区防灾减灾支持力度；研究建立财政支持的重特大自然灾害风险分担机制，探索通过金融、保险等多元化机制实现自然灾害的经济补偿与损失转移分担。

4）广泛开展国际合作与交流。推动防灾减灾领域信息管理、宣传教育、专业培训、科技研发等方面的国际合作与交流，建立和完善与联合国组织、国际和区域防灾减灾机构、有关国家政府和非政府组织在防灾减灾领域的合作与交流机制，广泛宣传我国防灾减灾的成就和经验，积极借鉴国际先进的防灾减灾理念和做法，引进国外先进的防灾减灾技术；进一步实施《加强国家和社区的抗灾能力：2005—2015 兵库行动纲领》，发挥空间与重大灾害国际宪章机制、联合国灾害管理与应急反应天基信息平台北京办公室和国际减轻旱灾风险中心的作用，深化空间信息技术减灾领域的国际合作。

通过法制、体制、机制、能力建设，全面提高国家和全社会的抗风险能力，保障人民生命财产安全，促进经济社会发展，促进社会主义和谐社会建设。

参考文献

范一大 . 2012. 综合减灾空间信息服务发展战略研究［EB/OL］. http：//www. jianzai. gov. cn/portal/html/2c9201823488e588013488ee72d3000d/_ content/12_ 05/12/1336797906125. html.

闪淳昌 . 2010. 我国的防灾减灾与应急管理体制 . 国家综合防灾减灾与可持续发展论坛文集：14 - 21.

应松年 . 2010. 巨灾冲击与我国灾害法律体系的改革 . 国家综合防灾减灾与可持续发展论坛文集：53 - 58.

张卫星 . 2012. 坚持改革创新，狠抓业务建设，切实提高国家综合减灾科技支撑能力［EB/OL］. http：//www. jianzai. gov. cn/portal/html/2c9201823488e588013488ee72d3000d/_ content/12_ 05/12/1336797906125. html.

邹铭，袁艺 . 2010. 中国的综合减灾 . 国家综合防灾减灾与可持续发展论坛文集：3 - 13.